住房和城乡建设领域专业人员岗位培训考核系列用书

# 施工员专业管理实务
# （市政工程）

江苏省建设教育协会　组织编写

中国建筑工业出版社

**图书在版编目(CIP)数据**

施工员专业管理实务（市政工程）/江苏省建设教育协会组织编写．—北京：中国建筑工业出版社，2014.4
住房和城乡建设领域专业人员岗位培训考核系列用书
ISBN 978-7-112-16579-7

Ⅰ.①施… Ⅱ.①江… Ⅲ.①建筑工程-工程施工-岗位培训-教材②市政工程-工程施工-岗位培训-教材
Ⅳ.①TU74②TU99

中国版本图书馆 CIP 数据核字(2014)第 052628 号

本书是《住房和城乡建设领域专业人员岗位培训考核系列用书》中的一本，依据《建筑与市政工程施工现场专业人员职业标准》编写。全书共分 10 章，包括城市道路工程施工、城市桥梁工程施工、城市轨道交通与隧道工程施工、管道工程及构筑物施工、施工组织设计、施工项目管理概论、施工项目质量管理、进度管理、成本管理、安全及环境保护。本书可作为市政工程施工员岗位考试的指导用书，又可作为施工现场相关专业人员的实用手册，也可供职业院校师生和相关专业技术人员参考使用。

责任编辑：刘　江　岳建光　周世明
责任设计：董建平
责任校对：姜小莲　陈晶晶

住房和城乡建设领域专业人员岗位培训考核系列用书
**施工员专业管理实务**
**(市政工程)**
江苏省建设教育协会　组织编写
*
中国建筑工业出版社出版、发行（北京西郊百万庄）
各地新华书店、建筑书店经销
北京科地亚盟排版公司制版
北京市安泰印刷厂印刷
*
开本：787×1092 毫米　1/16　印张：25　字数：605 千字
2014 年 9 月第一版　2015 年 3 月第四次印刷
定价：**65.00** 元
ISBN 978-7-112-16579-7
(25335)

住房和城乡建设领域专业人员岗位培训考核系列用书

# 出版说明

为加强住房城乡建设领域人才队伍建设，住房和城乡建设部组织编制了住房城乡建设领域专业人员职业标准。实施新颁职业标准，有利于进一步完善建设领域生产一线岗位培训考核工作，不断提高建设从业人员队伍素质，更好地保障施工质量和安全生产。第一部职业标准——《建筑与市政工程施工现场专业人员职业标准》（以下简称《职业标准》），已于2012年1月1日实施，其余职业标准也在制定中，并将陆续发布实施。

为贯彻落实《职业标准》，受江苏省住房和城乡建设厅委托，江苏省建设教育协会组织了具有较高理论水平和丰富实践经验的专家和学者，以职业标准为指导，结合一线专业人员的岗位工作实际，按照综合性、实用性、科学性和前瞻性的要求，编写了这套《住房和城乡建设领域专业人员岗位培训考核系列用书》（以下简称《考核系列用书》）。

本套《考核系列用书》覆盖施工员、质量员、资料员、机械员、材料员、劳务员等《职业标准》涉及的岗位（其中，施工员、质量员分为土建施工、装饰装修、设备安装和市政工程四个子专业），并根据实际需求增加了试验员、城建档案管理员岗位；每个岗位结合其职业特点以及培训考核的要求，包括《专业基础知识》、《专业管理实务》和《考试大纲·习题集》三个分册。随着住房城乡建设领域专业人员职业标准的陆续发布实施和岗位的需求，本套《考核系列用书》还将不断补充和完善。

本套《考核系列用书》系统性、针对性较强，通俗易懂，图文并茂，深入浅出，配以考试大纲和习题集，力求做到易学、易懂、易记、易操作。既是相关岗位培训考核的指导用书，又是一线专业人员的实用手册；既可供建设单位、施工单位及相关高、中等职业院校教学培训使用，又可供相关专业技术人员自学参考使用。

本套《考核系列用书》在编写过程中，虽经多次推敲修改，但由于时间仓促，加之编者水平有限，如有疏漏之处，恳请广大读者批评指正（相关意见和建议请发送至JYXH05@163.com），以便我们认真加以修改，不断完善。

# 本书编写委员会

**主　编：**金广谦

**副主编：**王敬东

**参加编写人员：**苏　杨　金　巍　张广友　段壮志

# 前　言

为贯彻落实住房城乡建设领域专业人员新颁职业标准，受江苏省住房和城乡建设厅委托，江苏省建设教育协会组织编写了《住房和城乡建设领域专业人员岗位培训考核系列用书》，本书为其中的一本。

施工员（市政工程）培训考核用书包括《施工员专业基础知识（市政工程）》、《施工员专业管理实务（市政工程）》、《施工员考试大纲·习题集（市政工程）》三本，反映了国家现行规范、规程、标准，并以国家施工和验收规范为主线，不仅涵盖了现场施工人员应掌握的通用知识、基础知识和岗位知识，还涉及新技术、新设备、新工艺、新材料方面的知识等。

本书为《施工员专业管理实务（市政工程）》分册，全书共分10章，内容包括：城市道路工程施工；城市桥梁工程施工；城市轨道交通与隧道工程施工；城市管道工程及构筑物施工；施工组织设计；施工项目管理概论；施工项目质量管理；施工项目进度管理；施工项目成本管理；施工项目安全管理和环境保护。

本书部分内容参考了江苏省建设专业管理人员岗位培训教材，对原培训教材作者的辛勤劳动和对本书出版工作的支持表示衷心感谢！

本书既可作为施工员（市政工程）岗位培训考核的指导用书，又可作为施工现场相关专业人员的实用手册，也可供职业院校师生和相关专业技术人员参考使用。

# 目　　录

# 第1章　城市道路工程施工

城市道路是指在城市范围内，供车辆及行人通行的具备一定技术和设施的条带状构筑物。与公路相比，城市道路的组成更为复杂，其功能也更多。城市道路主要由车行道（机动车道和非机动车道）、人行道、分隔带、路线交叉、公交停靠站台、道路雨水排水系统、路灯照明设备和交通信号设施等不同功能部分组成。

城市道路按道路在道路网中的地位、交通功能和服务功能分类，可分为快速路、主干路、次干路、支路四个等级。按结构层次分类，城市道路由路基、基层和面层组成；按路面等级分类，分为高级路面和次高级路面。按面层使用材料不同分类，城市道路又可分为沥青混凝土道路和水泥混凝土道路等。按力学特性分类，又可分为柔性路面和刚性路面。

城市道路应当具备功能性、耐久性、舒适性、景观性和经济合理性。城市道路同时还具有公共性、公用性和公益性等特征，为满足城市市政基础设施的需要，城市道路范围内还需埋设自来水、燃气、供配电、通信、雨污水等管道。因此，城市道路与城市发展相互促进，与市民生活休戚相关。城市道路是城市中人们活动和物资流动必不可少的重要基础设施，是城市建设的重要组成部分。

## 1.1　路基施工

### 1.1.1　路基基本知识

**1. 路基概念和作用**

路基是直接在地面上填筑或挖去一部分地面建成的线性土工构筑物，是道路的重要组成部分。路基是路面的基础，它与路面共同承担汽车荷载的作用。道路的路面靠路基来支承，因此，保证路基的强度和稳定性是保证路面强度和稳定性的前提。实践证明，提高路基的强度和稳定性，可以适当减薄路面的结构层，从而可降低其造价。

**2. 路基横断面基本形式**

根据路基与原地面的相对位置关系，路基的横断面分为路堤、路堑、半填半挖和不填不挖四种基本形式。如图1-1所示。

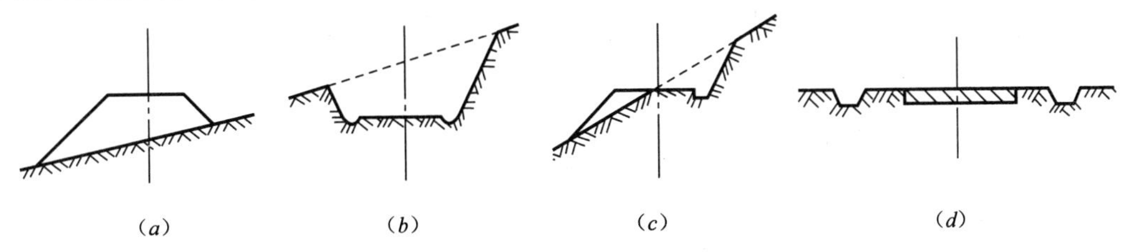


图1-1　路基横断面图

(a) 路堤；(b) 路堑；(c) 半填半挖路基；(d) 不填不挖路基

（1）路堤：高于原地面，由填方构成的路基断面形式；
（2）路堑：低于原地面，由挖方构成的路基断面形式；
（3）半填半挖路基：是路堤和路堑的综合形式，主要设置在较陡的山坡上；
（4）不填不挖路基：原地面与路基标高相同构成不填不挖的路基断面形式。

**3. 筑路用土的分类和特性**

城市道路工程筑路用土的分类表1-1。

**土壤及岩石（普氏）分类表** **表 1-1**

<table>
<tr><th>定额分类</th><th>普式分类</th><th>土壤及岩石名称</th><th>天然湿度下平均密度（kg/m³）</th><th>极限压碎强度（MPa）</th><th>用轻钻孔机钻进1m耗时（min）</th><th>开挖方法及工具</th><th>紧固系数 f</th></tr>
<tr><td rowspan="2">一、二类土壤</td><td>Ⅰ</td><td>砂<br>砂黏土<br>腐殖土<br>泥炭</td><td>1500<br>1600<br>1200<br>600</td><td></td><td></td><td>用锹开挖</td><td>0.5～0.6</td></tr>
<tr><td>Ⅱ</td><td>轻黏土和黄土类土<br>潮湿而松散的黄土、软的盐渍土和碱土<br>平均直径15mm以内松散而软的砾石<br>含有草根的密实腐殖土<br>含有直径在30mm以内根类的泥炭和腐殖土<br>掺有卵石、碎石和屑的砂和腐殖土<br>含有卵石或碎石杂质的胶结成块的填土<br>含有卵石、碎石和建筑杂质的砂黏土</td><td>1600<br>1600<br>1700<br>1400<br>1100<br>1650<br>1750<br>1900</td><td></td><td></td><td>用锹开挖并少数用镐开挖</td><td>0.6～0.8</td></tr>
<tr><td>三类土壤</td><td>Ⅲ</td><td>肥黏土其中包括石炭纪、侏罗纪黏土和冰黏土重黏土、粗砾石，粒径为15～40mm的砾石和卵石<br>干黄土和掺有碎石的自然含水量黄土<br>含有直径大于30mm根类的腐殖土或泥炭<br>掺有碎石或卵石和建筑垃圾的壤土</td><td>1800<br>1750<br>1790<br>1400<br>1900</td><td></td><td></td><td>用锹并同时用镐开挖30%</td><td>0.8～1.0</td></tr>
<tr><td>四类土壤</td><td>Ⅳ</td><td>含碎石重黏土、其中包括侏罗纪黏土和石炭纪的硬黏土<br>含有碎石、卵石、建筑碎料和重达25kg以内的顽石（占总体积10%以内）等杂质的肥黏土和重黏土<br>冰碛黏土，含有重量在50kg以内的巨砾，其含量为总体积10%以内<br>泥板岩<br>不含或含量达10kg的顽石</td><td>1950<br>1950<br>2000<br>2000<br>1950</td><td></td><td></td><td>用锹并同时用镐和撬棍开挖30%</td><td>1.0～1.5</td></tr>
<tr><td>松石</td><td>Ⅴ</td><td>含有重量在50kg以内的巨砾石（占体积10%以上）的冰碛石<br>矽藻岩和软白垩岩<br>胶结力弱的砾岩<br>各种不坚实的片岩<br>石膏</td><td>2100<br>1800<br>1900<br>2600<br>2200</td><td>小于20</td><td>小于3.5</td><td>部分用手工凿部分用爆破开挖</td><td>1.5～2.0</td></tr>
<tr><td>次坚石</td><td>Ⅵ</td><td>凝灰岩和浮石<br>松软多孔和裂隙严重的石灰和介质石灰岩<br>中等硬度的片岩<br>中等硬度的泥灰岩</td><td>1100<br>1200<br>2700<br>2300</td><td>20.0～39.0</td><td>3.5</td><td>用风镐和爆破开挖</td><td>2.0～4.0</td></tr>
</table>

续表

| 定额分类 | 普式分类 | 土壤及岩石名称 | 天然湿度下平均密度（$kg/m^3$） | 极限压碎强度（MPa） | 用轻钻孔机钻进1m耗时（min） | 开挖方法及工具 | 紧固系数 $f$ |
|---|---|---|---|---|---|---|---|
| 次坚石 | Ⅶ | 石灰石胶结构的带有卵石和沉积岩的砾石<br>风化的和大裂缝的黏土质砂岩<br>坚实的泥板岩<br>坚实的泥灰岩 | 2200<br>2000<br>2800<br>2500 | 39.0～59.0 | 6.0 | 爆破开挖 | 4.0～6.0 |
| | Ⅷ | 砾质花岗岩<br>泥灰质石灰岩<br>黏土质砂岩<br>砂质云母片岩<br>硬石膏 | 2300<br>2300<br>2200<br>2300<br>2900 | 59.0～78.0 | 8.5 | 用爆破方法开挖 | 6.0～8.0 |
| 普坚石 | Ⅸ | 严重风化的软弱的花岗岩、片麻岩和正长岩<br>滑石化的蛇纹岩<br>致密的石灰岩<br>含有卵石、沉积岩的碴质胶结的砾岩<br>砂岩<br>砂质石灰质片岩<br>菱镁矿 | 2500<br>2400<br>2500<br>2500<br>2500<br>2500<br>3000 | 78.0～98.0 | 11.5 | 用爆破方法开挖 | 8～10 |
| | Ⅹ | 白云石<br>坚固的石灰岩<br>大理石<br>石灰质胶结的致密砾石<br>坚固砂质片岩 | 2700<br>2700<br>2700<br>2600<br>2600 | 98.0～118.0 | 15.0 | 用爆破方法开挖 | 10～12 |
| 特坚石 | Ⅺ | 粗花岗岩<br>非常坚硬的白云岩<br>蛇纹岩<br>石灰质胶结构的含有火或岩之卵石的砾岩<br>石英胶结的坚固砂岩<br>粗粒正长岩 | 2800<br>2900<br>2600<br>2800<br>2700<br>2700 | 118.0～137.0 | 18.5 | 用爆破方法开挖 | 12～14 |
| | Ⅻ | 具有风化痕迹的安山岩和玄武岩<br>片麻岩<br>非常坚固的石灰岩<br>硅质胶结的含有火成岩之卵石的砾岩<br>粗石岩 | 2700<br>2600<br>2900<br>2900<br>2600 | 137.0～157.0 | 22.0 | | 14～16 |
| | XⅢ | 中粒花岗石<br>坚固的片麻岩<br>辉绿岩<br>玢岩<br>坚固的粗石岩<br>中粒正长岩 | 3100<br>2800<br>2700<br>2500<br>2800<br>2800 | 157.0～176.0 | 27.5 | 用爆破方法开挖 | 16～18 |
| | XⅣ | 非常坚固的粗粒花岗岩<br>花岗岩麻岩<br>闪长岩<br>高硬度的石灰岩<br>坚固的玢岩 | 3300<br>2900<br>2900<br>3100<br>3100 | 176.0～196.0 | 32.0 | 用爆破方法开挖 | 18～20 |
| | XⅤ | 安山岩、玄武岩、坚固的角页岩<br>高硬度的辉绿岩和闪长岩<br>坚固的辉长岩和石英岩 | 3100<br>2900<br>2800 | 196.0～245.0 | 46.0 | 用爆破方法开挖 | 20～25 |
| | XⅥ | 拉长玄武岩的橄榄玄武岩<br>特别坚固的辉长辉绿岩、石英岩和玢岩 | 3300<br>3000 | 大于245.0 | 大于60 | 用爆破方法开挖 | 大于25 |

### 1.1.2 路基施工

路基施工一般程序为：施工前准备工作→修建小型构筑物（排水沟、挡墙等）→路基基础处理→路基土石方施工→路基工程质量的检查与验收等。

**1. 施工前准备工作**

（1）施工准备

1）组织准备工作

组建施工项目管理机构，针对施工任务的特点，设置相应部门和配备满足工程施工需要的技术管理人员，制定规章制度，建立健全施工技术、质量、安全生产管理体系，确定预期应达到的目标，明确分工，落实责任。

2）物质准备工作

承包单位应根据建设单位提供的资料，组织有关施工技术管理人员对施工现场进行全面详尽、深入的调查；熟悉现场地形、地貌、环境条件；掌握水、电、劳动力、设备等资源供应条件；制定劳动力调配、机具配置及主要材料供应计划。做好临时道路及工程用房的修建，水、电、通讯以及必需的生活设施的建设等。

3）技术准备工作

开工前，建设单位应向承包单位提供施工现场及其毗邻区域内各种地下管线等建（构）筑物的现况翔实资料和地勘、气象、水文观测资料，并约请相关设施产权单位向施工、监理单位的有关技术管理人员进行详细的交底；研究确定施工区域内地上、地下管线等建（构）筑物的拆移或保护、加固方案，形成文件，并予以实施。建设单位应召集施工、监理、设计等单位有关人员，由设计人员进行设计交底，并形成文件。承包单位应组织有关施工技术人员对施工图进行认真审查，发现问题应及时与设计人员联系进行变更，并形成文件。

开工前，承包单位应编制施工组织设计。施工组织设计应根据合同、标书、设计文件和有关施工的法规、标准、规范、规程及现场实际条件编制。内容应包括：施工部署、施工方案、保证质量和安全的保障体系与技术措施、必要的专项施工设计以及环境保护、交通疏导等方案。承包单位应结合工程特点对现场作业人员进行安全技术交底，对取得特殊工种资格进行继续教育培训。施工前应依据国家现行标准的有关规定，做好量具、器具的检测与有关原材料的检验工作。

（2）施工测量

路基施工测量分为高程控制测量、平面控制测量和施工放线测量。

施工前，建设单位组织勘测、设计单位向承包单位办理桩点交接手续。给出施工图控制网、点等级、起算数据，并形成文件。承包单位对控制点进行复核并加以固定保护。

承包单位应根据设计文件及相应技术标准要求，编制施工测量方案。测量仪器、设备、工具等使用前应进行符合性检查。开工前，承包单位应在合同规定的期限内向建设单位提交测量复核书面报告。经监理工程师签认批准后，方可作为施工控制桩放线测量、建立施工控制网、线、点的依据。施工中应建立施工测量的技术质量保证体系，建立健全测量复核制度。从事施工测量的作业人员应经专业培训，考核合格后持证上岗。

在施工过程中，应对路基开挖或填筑的情况经常进行检查，确保施工符合设计要求。

施工中应根据施工方案布设施工中线与高程控制桩，并根据工序要求布设测桩。施工布桩、放线测量前应建立平面、高程控制网，控制桩应埋设牢固、通视良好。道路施工放线采用的经纬仪等级不应低于 DJ6 级。道路中心桩间距宜为 10～20m，曲线段应适当加密，高程测量视线长宜为 50～80m。

（3）路基放样

路基放样是把路基设计横断面的主要特征点根据路线中桩把路基边缘、路堤坡脚、路堑坡顶或边沟具体位置标定在地面上，以便定出路基轮廓作为施工的依据。

1）路基边桩放样

路基边桩可根据横断面图 1-2 中所示的尺寸，直接在地面上沿横断面方向量出路肩、坡脚等各特征点到道路中桩的距离，定出边桩。当地形平坦或地面横向坡度均匀一致时，可用计算法放样路基边桩。

① 平地边桩放样

路堤坡脚至中桩的距离：$l=\frac{b}{2}+m\cdot H$

路堑坡顶至中桩的距离：$l=\frac{b_1}{2}+m\cdot H$

式中：$l$——距离（m）；

$b$——路基设计宽度（m）；

$b_1$——路基与两侧边沟宽度之和（m）；

$m$——边坡设计坡率；

$H$——路基中心设计填挖高度（m）。

② 坡地上放边桩时，须先测出地面横坡 $l:s$（$s$ 为地面横坡率），按图 1-2 所示几何关系可得：

路堤上坡脚至中桩的距离：$l_1=\left(\frac{b}{2}+m\cdot H\right)\frac{s}{s+m}$

路堤下坡脚至中桩的距离：$l_2=\left(\frac{b}{2}+m\cdot H\right)\frac{s}{s-m}$

路堑上侧坡顶和下侧坡顶至中桩的距离：$l_1=\left(\frac{b_1}{2}+m\cdot H\right)\frac{s}{s-m}$

$$l_2=\left(\frac{b_1}{2}+m\cdot H\right)\frac{s}{s+m}$$

当地形复杂，地面横向坡度变化较大，而路基中心填挖高度较大时，可采用渐近法，即按计算结果和水平测量距离验证，逐步移动边桩，使计算与实际丈量一致时为止。

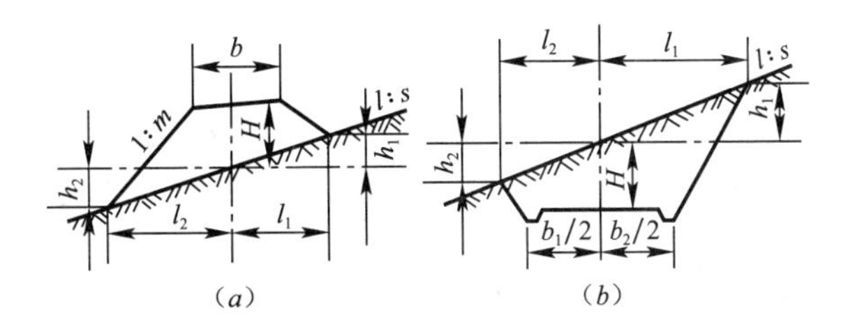


图 1-2　坡地上放边桩

（a）路堤；（b）路堑

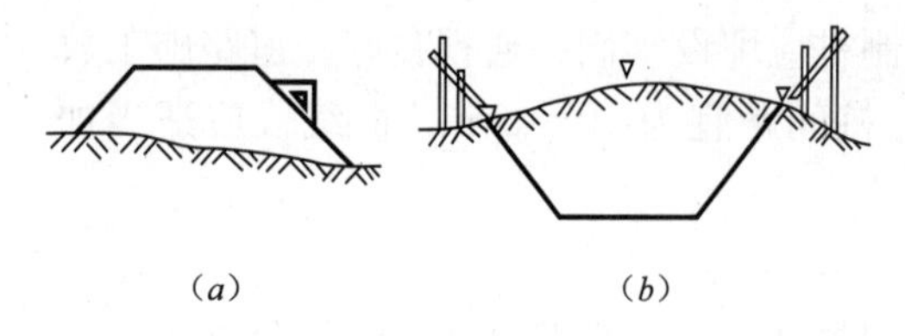

(*a*)　(*b*)

图 1-3　用样板放边坡

(*a*) 活动样板；(*b*) 固定样板

2）边坡放样

采用符合设计边坡坡率的样板校正开挖和填筑。样板有固定式和活动式（见图 1-3）。

（4）场地清理

路基施工范围内原有的房屋、道路、沟渠、市政管网（自来水、燃气、通讯、电力、雨污水）及其他建筑物，均应会同有关部门协商妥善拆迁、清除或改造。因路基施工影响沿线附近建筑物的稳定时，应予适当加固。施工中发现文物、古迹和不明物体应立即停止施工，保护好现场，并及时通知建设单位及有关管理部门到场处理。

施工前，应根据工程地质、水文、气象资料、施工工期和现场环境编制排水与降水方案，及时修设排水设施，施工期间保证排水通畅。施工排水与降水应保证路基土壤天然结构不受扰动，保证附近建（构）筑物的安全。施工排水与降水设施，不得破坏原有地面排水系统，且宜与现况地面排水系统及道路工程永久排水系统相结合。采用明沟排水，排水沟的断面及纵坡应根据地形、土质和排水量而定。当需用排水泵时，应根据施工条件、渗水量、压程与吸程要求选择。施工排出的水，应引向离路基较远的地点。在细砂、粉砂土中降水时，应采取防止流砂的措施。在路堑坡顶部外侧设排水沟时，其横断面和纵向坡度，应经水力计算确定，且底宽与沟深不宜小于 50cm。排水沟应采取防冲刷措施。离路堑顶部边缘应有足够的防渗安全距离或采取防渗措施，并在路堑坡顶部筑成倾向排水沟不小于 2%的横坡。

（5）临时工程

施工前，应根据现场与周边环境条件、交通状况与道路交通管理部门，研究制定交通疏导方案，并组织实施。施工中影响或阻断既有人行交通时，应在施工前采取修筑临时道路等措施，保障人行交通畅通、安全。为维持施工期间场内外的交通，保证机具、材料、人员和给养运送，工程开工前应修筑场内施工便道，且应尽量利用原道路，拓宽整平。

为保证施工人员住宿，设备器材的存放，机具的维修，要修建临时房屋、仓库或工棚。为保证工程和生活用水的需要，应充分利用就近水源，必要时需铺设临时供水管道。为保证工程用电的需求，应充分利用附近电源，必要时自备电源，铺设临时电力线。

**2. 填方路基施工**

路堤填筑施工的工艺流程如图 1-4 所示。

（1）基底处理

路堤基底是指路堤所在的原地面表面部

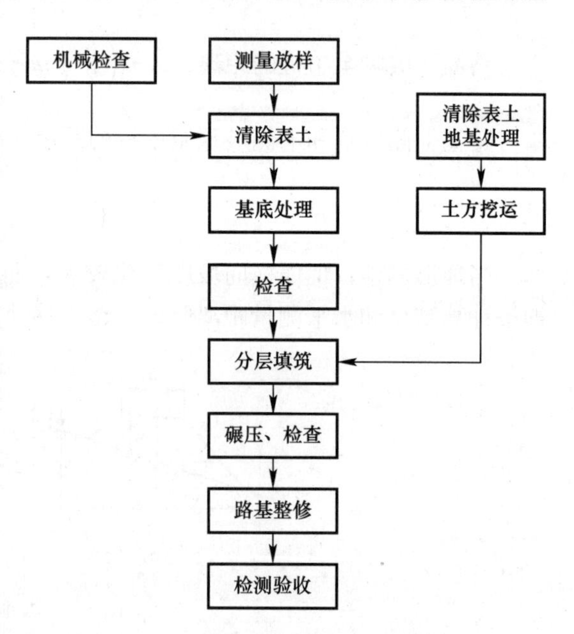


图 1-4　填方路堤施工工艺流程图

分。为使路堤填筑后不致产生过大的沉陷变形，并使路堤与原地面结合紧密，防止路堤沿基底发生滑动，应根据基底的土质、水文、坡度和植被情况及填土高度采取相应措施。

1）基底土密实稳定

① 地面横坡不陡于1∶10且路堤高超过0.5m时，基底可不做处理，路堤直接填筑在天然地面上；

② 路堤高度低于0.5m的地段或地面横坡为1∶10～1∶5时，应清除原地面的草皮、杂物、淤泥等再填筑；

③ 地面横坡陡于1∶5时，在清除草皮杂物后，还应将坡面挖成台阶，其阶梯宽不小于1m，高度为0.2～0.3m。

2）路堤基底为耕地或松土时，应先清除有机土、种植土，平整后按规定要求压实。

① 在深耕地段，必要时应将松土翻挖，土块打碎然后回填、整平、压实后才能填筑。

② 经过水田、池塘或洼地时，应根据具体情况采取排水疏干、挖除淤泥、打砂桩，抛填片石、砂砾石或石灰水泥土处理等措施，将基底加固后再行填筑。

③ 路堤修筑范围内，原地面的坑洞等，应用原地土或砂性土回填，并按规定分层回填分层压实。

（2）填料选择

1）填筑路堤的材料（以下简称填料）

以采用强度高、水稳定性好、压缩性小、便于施工压实以及运距短的土或石材料为宜。在选择填料时，一方面要考虑料源和经济性，另一方面要顾及填料的性质是否合适。如淤泥、沼泽土、含有残树根和易于腐朽物质的土以及含水量过大的土，均不能用于填筑路堤。各种填料的工程性质和适用性分述如下：

① 不易风化的石块　透水性大、强度高、水稳定性好，使用场合和施工季节均不受限制。但石块之间要嵌密实，以免在自重和行车荷载作用下，石块松动、位移产生沉陷变形。

② 碎（砾）石土　透水性大、内摩擦系数高、水稳定性好，施工压实方便。若细粒含量增多，则透水性和水稳定性就下降。

③ 砂土　无塑性，透水性和水稳定性均良好，毛细管上升高度很小，具有较大的内摩擦系数。但由于其黏性小，易于松散，对流水冲刷和风蚀的抵抗能力较弱。为克服该缺点，可适当掺加一些黏性大的土。

④ 砂性土　内摩擦系数较大，又有一定的粘结性，易于压实，或获得足够的强度和稳定性，是良好的填筑材料。

⑤ 粉性土　因含有较多的粉粒，毛细现象严重，干时易被风蚀，浸水后很快被湿透，在季节性冰冻地区常引起冻胀和翻浆，水饱和时有振动液化问题。粉性土，特别是粉土，是稳定性差的填料，不得已使用时，宜掺配其他材料，并采取加强排水和隔离等措施。

⑥ 黏性土　透水性小，干燥时坚硬而不易挖掘，浸水后强度下降较多，干湿循环因胀缩引起的体积变化也大，过干或过湿时都不便施工；在给予充分压实和良好排水的条件下，黏性土可作路堤填料。

⑦ 膨胀性重黏土　透水性较差，黏结力特强，干时难挖掘，湿时膨胀性和塑性都很大。膨胀性重黏土受黏土矿物成分影响较大，不宜用来填筑路堤。

⑧ 易风化的软质岩石（如泥灰岩、硅藻岩等）浸水后易崩解，强度显著降低，变形量大，一般不宜作路堤填料。

2）填方施工要点

① 填方前应将地面积水、积雪（冰）和冻土层、生活垃圾等清除干净；

② 填方材料的强度（CBR）值应符合设计要求，其最小强度应符合表 1-2 的规定。对液限大于 50、塑性指数大于 26、可溶盐含量大于 5%、700℃有机质烧失量大于 8%的土，未经技术处理不得用作路基填料；

**路基填料强度（CBR）的最小值** **表 1-2**

| 填方类型 | 路床顶面以下深度（cm） | 最小强度（%） | |
|---|---|---|---|
| | | 城市快速路、主干路 | 其他等级道路 |
| 路床 | 0～30 | 8.0 | 6.0 |
| 路基 | 30～80 | 5.0 | 4.0 |
| 路基 | 80～150 | 4.0 | 3.0 |
| 路基 | ＞150 | 3.0 | 2.0 |

③ 填方中使用建筑渣土、工业废渣等需经过试验，确认可靠并经建设单位、设计单位同意后方可使用；

④ 路基填方高度应按设计标高增加预沉量值。预沉量应根据工程性质、填方高度、填料种类、压实系数和地基情况与建设单位、设计单位共同商定确认；

⑤ 填土应分层进行。下层填土经自检、监理抽检验收合格后，方可进行上一层填筑。路基填土宽度每侧应比设计规定宽出 50cm；

⑥ 路基填土中断时，应对已填筑的路基表面土层压实并进行维护。

（3）填筑方式

路堤填筑必须考虑不同的土质，从原地面逐层填起并分层压实，不允许任意混填，每层厚度应随压实机具、压实方法而定，一般有下列几种填筑方式：

1）水平分层填筑

水平分层填筑是路堤填筑的基本方案，即按照路堤设计横断面，在路基总宽度内，采用水平分层方法自下而上逐层填筑，可将不同性质的土有规则地水平分层填筑和压实，易于获得必要的压实度和稳定性。如原地面不平，应由最低处开始分层填筑。水平分层填筑有利于压实，可以保证不同的填料按规定层次填筑。每层虚厚随压实方法和土质而定，一般为：

压路机　　不大于 0.3m

动力打夯机　不大于 0.3m

人工打夯　　小于 0.2m

当采用不同的土质分层填筑路堤时应遵守以下规则：

① 路基填筑宜做成双向横坡，一般土质填筑横坡宜为 2%～3%，透水性小的土类填筑横坡宜为 4%；

② 以透水性较差的土填筑路堤上层时，不应覆盖封闭其下层透水性较大的填料，以保证水分的蒸发和排出；

③ 不同性质的土应分类、分层填筑，不得混填，填土中大于 10cm 的土块应打碎或剔除。

④ 根据强度和稳定性的要求合理安排不同土质的层位，将不因潮湿或冻结而改变其体积的优良土类填在路堤上层，强度较低的土填在下层；

⑤ 在路线纵向用不同土质填筑的相接处，为防止发生不均匀变形，在交接处做成斜面，将透水性差的土安排在斜面的下部；

⑥ 桥涵、挡土墙等结构物的回填土，宜采用砂性土，以防止产生不均匀沉陷，并按有关操作规程回填并夯实。不同的填筑方案如图 1-5 所示。

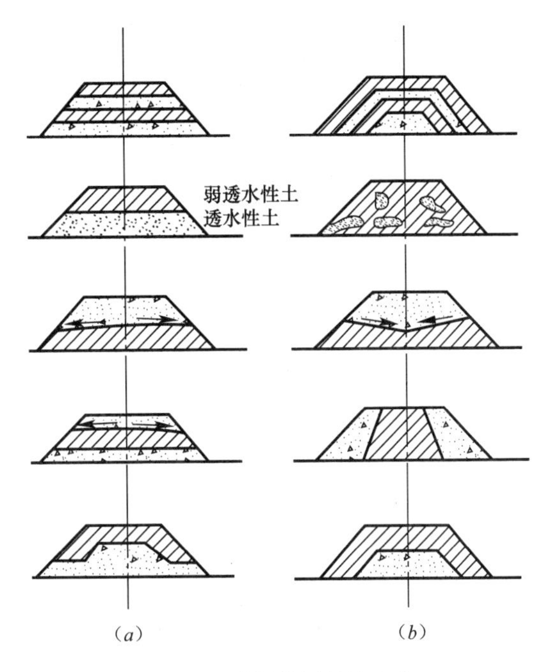


图 1-5　路堤分层填筑方案

(a) 正确；(b) 错误

2) 竖向填筑

竖向填筑指沿道路纵向或横向逐步向前填筑，如图 1-6 (a) 所示。在路线跨越深谷、陡坡地段时，地面高差大，难以水平分层卸土填筑，或局部横坡较陡、难以分层填筑时，可采用竖向填筑方案。竖向填筑因填土过厚不易压实，宜采取必要的技术措施，如选用沉陷量较小的砂石或开挖路堑的废石方，并以路堤全宽一次填足，选用高效能压实机械进行压实。

3) 混合填筑

混合填筑指路堤下层用竖向填筑而上层用水平分层填筑，以使上部填土经分层压实获得足够的密实程度。如图 1-6 (b) 所示。

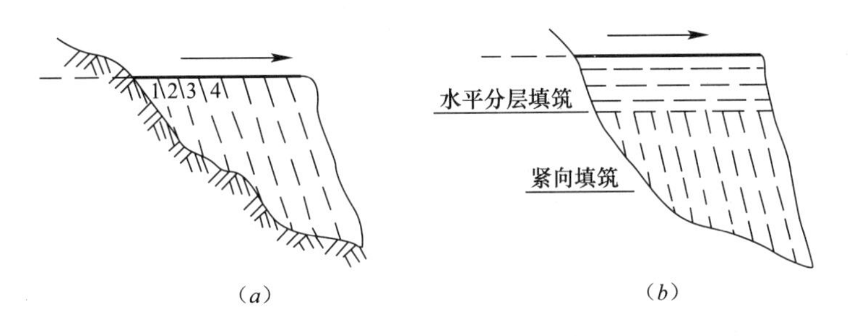


图 1-6　路基混合填筑方式

(a) 竖向填筑方案；(b) 混合填筑方案

(4) 碾压

碾压是路基工程的一个关键工序，有效地压实路基填筑土，才能保证路基工程的施工质量。除了采用透水性良好的砂石材料，其他填料均需使其含水量控制在最佳含水量±2%内，方可进行碾压。因此，在路基施工中应分层填筑和碾压，同时必须经常检查填土的含水量，并按规定和要求检查压实度。

1）确定要求的压实度。路基要求的压实度根据填挖类型和道路等级及路堤填筑的高度而定。通常根据规定，从料源取土采用重型标准进行击实试验，以确定填土的最大干密度和最佳含水量。此最大干密度作为计算压实度的依据，而最佳含水量作为施工控制的依据。

2）通过试验段确定压实机具的组合和压实遍数。各种压实机具碾压不同土类的适宜厚度和所需压实遍数与填土的实际含水量（最佳含水量±2%以内）及所要求的压实度大小有关，应根据要求的压实度，在做试验段时加以确定。采用振动压路机碾压时，第一遍应静压以稳住土层，第二遍开始用振动压实。

3）压实过程中严格控制填土的含水量。含水量过大时，应将土翻晒至要求的含水量再碾压；含水量过小时，需均匀洒水后再进行碾压。通常，天然土的含水量接近最佳含水量，在填土后应及时压实。

4）检查填土的压实度。检查压实后填土的含水量和干密度，并求得压实度。

当用灌砂法检查压实度时，取土样的底面位置为每一压实层底部；用环刀法试验时，环刀应位于压实层厚的 1/2 深度。

5）填石路堤压实到所要求的密实度所需的碾压遍数（或夯压遍数）应经过试验确定。以 12t 以上振动压路机进行压实试验，当压实层顶面稳定，不再下沉（无轮迹）时，可判为密实状态，即压实度合格。

6）土石路堤的压实要根据混合料中巨粒土含量的多少来确定。当巨粒土含量较少时，应按填土路堤的压实方法进行压实，当巨粒土含量较大时，应按填石路堤的压实方法进行压实。土石路堤的压实度检测采用灌砂法或灌水法，其标准干密度应根据每种填料的不同含石量，从标准干密度曲线上查出对应的标准密度。压实度的要求同土质路堤的标准。路堤碾压必须确保均匀密实。

每个测点的压实度必须合格，不合格的，须重新处理，直至压实度合格为止。

压实度检测有环刀法、灌砂法、灌水法和核子密度仪检测等方法；在使用核子密度仪时，事先应作与规定试验方法的对比试验。

（5）路基填土压实应注意的问题

1）达到密实度 95%（重型压实）应采取的措施：使用 15t 或 15t 以上的三轮压路机或净重 12t 以上的振动压路机；严格控制压实含水量在最佳含水量的±2%以内；填土的松铺厚度不应大于 23cm（对于 15t 静力压路机）或 18cm（对于 12t 振动压路机）；砂类土的碾压遍数 4～6 遍（加振减重，取小值），黏土类 6～8 遍（加振减重，取小值）；

2）路基压实每一层均应检验压实度，合格后方可填筑其上一层。路基压实的最终目的是要确定整体强度—路床的回弹模量是否满足路面设计要求。由于实测土基回弹模量 E 比较困难，常用测试弯沉值 L 代替。路床弯沉值反映路基上部的整体强度，而压实度反映路基每一层的密实状态，只有弯沉值和压实度两者都合格，路基的整体强度、稳定性和耐久性才能符合设计要求；

3）市政道路路基施工范围内有地下管线，为防止路基范围内沟槽、检查井及雨水口等填土沉陷，以保证路基质量，应按《给水排水管道工程施工及验收规范》（GB 50268—2008）要求采取相应措施；

4）碾压时应特别注意均匀一致，并随时保持土壤含水量符合要求，不得干压。在填土施工过程中，应经常检查土壤含水量及密实度；

5）为保证路基设计宽度内的压实度和防止发生溜坡事故，碾轮外侧距填土边缘不得小于50cm；碾压完成后再修整至设计宽度；对于不易碾压的路基边缘，可用人工或蛙式打夯机夯实；

6）桥涵附近的填土，应注意填料、填筑、排水、压实等工作，以免桥头与路基连接处发生不均匀沉降；

7）不得使用淤泥、沼泽土、泥炭土、冻土、有机土以及含生活垃圾的土做路基填料；

8）为使路床弯沉值达到设计要求，可对路床进行加强处理，如增加灰土中石灰剂量等。

**3. 挖方路基施工**

挖方路基（又称路堑）施工程序基本同填方路基施工程序。

土质路堑开挖根据挖方数量大小及施工方法的不同主要有横向全宽挖掘法、纵向挖掘法和混合法三种。不论采用何种方法开挖，均应保证施工过程中及竣工后能顺利排水，随时注意边坡的稳定，防止因开挖不当导致坍方。注意有效地扩大工作面，提高生产效率，保证施工安全。各种挖掘方案选择应视当地地形条件、工程量大小、施工方法和工期长短而定。

（1）横向全宽挖掘法

横向全宽挖掘法适用于短而深的路堑，可按其整个横断面从路堑的一端或两端进行，如图1-7所示。用人工开挖时，为了增加工作面，加快施工进度，可以在不同高度处分为几个台阶进行开挖，其深度视施工操作便利与安全而定，一般为1.5～2.0m。无论自两端或分台阶开挖，均应有各自单独的运土路线和临时排水沟渠，以便顺利进行施工。

（2）纵向开挖法

纵向开挖法可分为分层纵挖法和通道纵挖法。

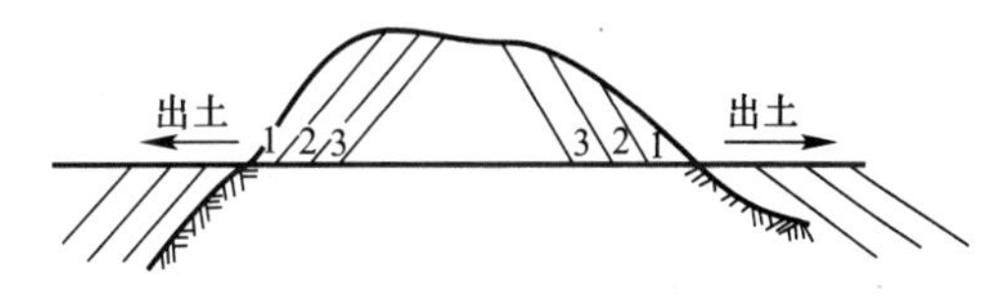

图1-7 全断面开挖法

分层纵挖法是沿路线全宽分为宽度及深度都不大的纵向层次挖掘，如图1-8所示。选用机械挖掘。机械选择可视具体情况而定，一般可用各式铲运机挖掘；在短距离及大坡度时可用推土机；较长较宽的路堑可用铲运机并配备运土机具进行挖掘等。

通道纵挖法是先沿路堑纵向挖一通道，然后由通道向两侧开挖，如图1-9所示。用此方法挖掘时，可采用人力或机械挖掘。

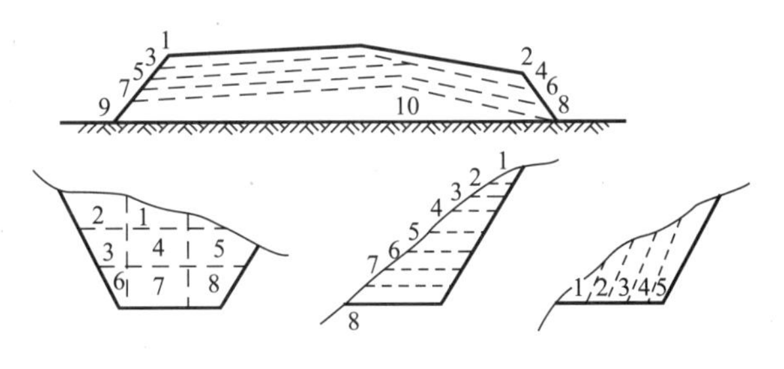

图1-8 分层综挖法

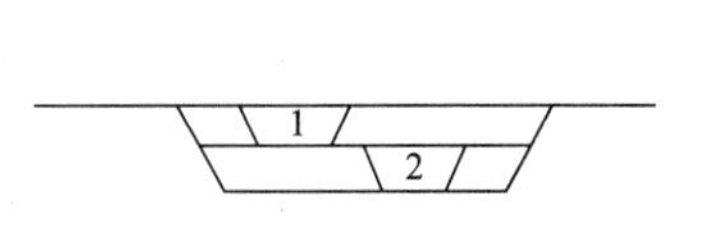

图1-9 通道纵挖法

1—第一次通道；2—第二次通道

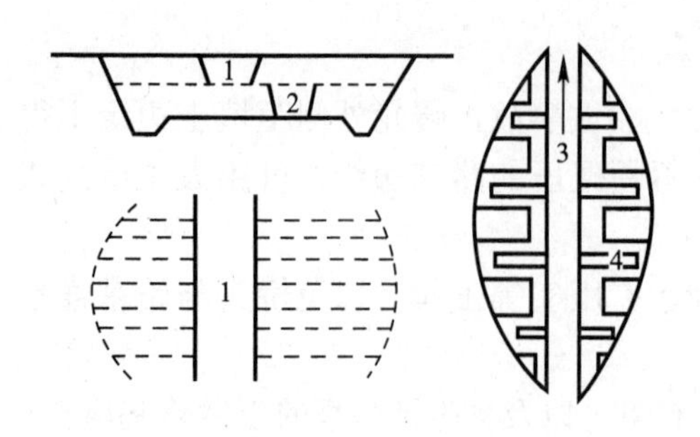


图 1-10　混合式开挖法

1、2—第一、二次通道；3—纵向运送；4—横向运送

(3) 混合式开挖法

混合式开挖法是将横挖法和通道纵挖法混合使用（见图 1-10）。即先沿路堑纵向开挖通道，然后沿横向坡面挖掘，以增加开挖坡面，每一开挖坡面至少应能容纳一个施工作业组或一台机械。在较大的挖方地段，还可沿横向再挖掘通道，以设置运土传动设备或布置运土车辆。

(4) 挖方施工要点

1) 路堑、边坡开挖方法应根据地形地貌、环境状况、路堑尺寸及土壤种类而定。

2) 挖土时应自上向下分层开挖，严禁掏洞挖掘。作业中断或作业后，开挖面应做成和缓的稳定边坡。

3) 路堑边坡坡度应符合设计规定。如地质情况变化与原设计不符或地层中夹有易塌方土层时，应及时办理设计变更。

4) 机械开挖作业时，必须避开建（构）筑物、管线，在距管道边 1m 范围内应采取人工开挖；在距直埋缆线 2m 范围内必须采用人工开挖，且宜在管理单位监护下进行。

5) 严禁挖掘机等机械在电力架空线路下作业。需在其一侧作业时，垂直及水平安全距离应符合表 1-3 规定。

**挖掘机、起重机（含吊物、载物）等机械与电力架空线路的最小距离　　表 1-3**

| 电力架空线路电压（kV） | | ＜1 | 1～15 | 20～40 | 60～110 | 220 |
|---|---|---|---|---|---|---|
| 最小距离（m） | 垂直方向 | 1.5 | 3.0 | 4.0 | 5.0 | 6.0 |
| | 水平方向 | 1.0 | 1.5 | 2.0 | 4.0 | 6.0 |

6) 应控制每层土方开挖的深度，人工开挖宜为 1.5～2m；机械开挖宜为 3～4m。

(5) 压实度要求

1) 路基压实度应符合表 1-4 的规定。

**路基压实度标准　　表 1-4**

| 填挖类型 | 路床顶面以下深度（cm） | 道路类别 | 压实度（%） | 检验频率 | | 检验方法 |
|---|---|---|---|---|---|---|
| | | | | 范围 | 点数 | |
| 挖方 | 0～30 | 城市快速路、主干路 | 95 | 1000m² | 每层 1 组（3 点） | 细粒土用环刀法，粗粒土用灌水法或灌砂法 |
| | | 次干路 | 93 | | | |
| | | 支路及其他小路 | 90 | | | |
| 填方 | 0～80 | 城市快速路、主干路 | 95 | | | |
| | | 次干路 | 93 | | | |
| | | 支路及其他小路 | 90 | | | |
| | ＞80～150 | 城市快速路、主干路 | 93 | | | |
| | | 次干路 | 90 | | | |
| | | 支路及其他小路 | 90 | | | |
| | ＞150 | 城市快速路、主干路 | 90 | | | |
| | | 次干路 | 90 | | | |
| | | 支路及其他小路 | 87 | | | |

2）压实时应做到先轻后重、先慢后快、均匀一致。压路机最大速度不宜超过 4km/h；

3）填土的压实遍数，应根据土层的位置及压实度要求，经现场试验确定；

4）压实前应先检查土壤含水量，使其在最佳含水量附近±2%时进行碾压；

5）双向坡度路基碾压应自边缘向中央进行，设超高的单向坡度路基应自内侧向外侧进行碾压。压路机轮外缘距路基边应不小于 0.5m 的保持安全距离，压实度应达到要求，且表面应无显著轮迹、翻浆、起皮、波浪等现象；

6）压实过程中应采取有效措施保护地下管线及构筑物安全；

7）对旧路加宽段，宜选用与原路基相同或透水性较好的土壤填筑。

**4. 石方路基施工**

（1）石方开挖路基施工

石方（石质）路基开挖施工的基本方法是爆破法，采用爆破法施工必须符合现行国家标准《爆破安全规程》（GB 6722）的有关规定，并应符合下列规定：

1）施工前，应由具有相应爆破设计施工资质的单位填写申报表，编制爆破施工组织设计和技术设计方案，制定爆破警戒方案和应急预案，经市、区政府行政主管部门批准。

2）爆破施工必须由取得爆破施工资质的企业承担，爆破作业人员应经公安部门进行技术培训合格后持证上岗。现场必须设专人指挥和技术人员指导。

3）在市区、人口稠密区，应采用非电方式起爆；并采取有效措施抑制扬尘，以防造成环境污染。

4）应按批准的时间进行爆破作业。爆破前应先通报告示，起爆前必须完成对爆破影响区内的房屋、构筑物和设备的安全防护、交通管制与疏导，安全警戒且施爆区内人、畜等已撤至安全地带，指挥与操作人员就位。

5）起爆前爆破人员已确认装药与导爆、起爆系统安装正确有效；

6）爆破后，技术人员应先检查是否有哑炮等异常情况，确认安全后，方可解除警报。

（2）石方填筑路基施工

1）修筑填石路堤应在地表清理后进行施工。先码砌边部，然后逐层水平填筑石料，确保边坡稳定；

2）施工前应先通过修筑试验段，以确定能达到最大压实干密度的松铺厚度与压实机械组合及相应的压实遍数、沉降差等施工参数；

3）填石路堤宜选用 12t 以上的振动压路机、25t 以上的轮胎压路机或 2.5t 以上的夯锤压（夯）实；

4）路基范围内管线、构筑物四周的沟（坑）槽宜用土料回填压实。

**5. 路基整修**

路基工程基本完工后，承包单位应按设计文件要求检测路基中线、高程、宽度、边坡坡度和排水系统。在重要桩号及坡度变更处用水平仪复核高程，根据检查结果编制整修计划，进行路基及排水系统整修。承包单位在自检合格后，应及时上报监理单位验收，验收合格后方可进入下一道工序继续施工。

整修工作应包括路床、路肩、边沟、边坡等项目。

（1）路基填挖方接近路床标高时，应按设计要求检测路床宽度、标高和平整度，并进行整修，路基压实不合格处应返工处理至合格；

(2) 根据设计要求，机动车车行道的路拱横坡度，非机动车和人行道应整修平顺；

(3) 整修路床应根据设计纵横高程清理土方，检查路拱、纵坡及边线，对不符合设计要求的部分，整修后再洒水作补充碾压；

(4) 挖方路床均须碾压至表面无显著轮迹，并符合密实度要求。如路床土壤干燥时，须酌量洒水，在水份渗透后不粘轮时，再开始碾压；

(5) 路肩应与路基、基层、面层等各结构层同步施工。路肩的碾压要求与路床相同，因碾压而破坏的路肩边线应重新修整。填土路基的路肩边缘压路机未能压实处，应用小型压实机具或人工夯实，路肩及肩线横坡应符合设计要求；

(6) 边沟在整修时，应用边沟样板或拉线放样，通过修整挖除土方后，要求边直坡平。在土质不良或纵坡过大地段，边沟宜用块石、卵石等加固处理；

(7) 整修挖土路堑边坡时，对凸出部分应予整平、对凹入部分应挖成台阶培土夯实，以保证边坡坚实稳定；

(8) 当路基填土到最高层后，应进行边坡的修筑，整修时应按路基宽度挂线，削坡修整，使之符合设计要求，不得有挖亏贴坡现象；

(9) 开挖岩石边坡应一次做到位。如在边坡上有附着不牢的石块，或在净空范围内有突出的石块，均应及时清除。在土质不良或边坡易被雨水冲刷的地段，应按设计要求进行加固。

**6. 构筑物处理**

(1) 路基范围内存在既有地下管线等构筑物时，施工应符合下列规定：

1) 施工前，应根据管线等构筑物顶部与路床的高差，结合构筑物结构状况，分析、评估其受施工影响程度，采取相应的保护措施；

2) 构筑物拆改或加固保护处理措施完成后，应进行隐蔽验收，确认符合要求、形成文件后，方可进行下一工序施工；

3) 施工中，应保持构筑物的临时加固设施处于有效工作状态；

4) 对构筑物的永久性加固，应在达到规定强度后，方可承受施工荷载；

(2) 新建管线等构筑物间或新建管线与既有管线、构筑物间有矛盾时，应报请建设单位，由管线管理单位、设计单位确定处理方案并形成文件，方可施工；

(3) 沟槽回填土施工应符合下列规定：

1) 回填时应保证涵洞、地下建（构）筑物结构安全和外部防水层及保护层不受破坏。

2) 预制涵洞的现浇混凝土基础强度及预制件装配接缝的水泥砂浆强度达 5MPa 后，方可进行回填。砌体涵洞应在砌体砂浆强度达到 5MPa 且预制盖板安装后进行回填；现浇钢筋混凝土涵洞的胸腔回填土宜在混凝土强度达到设计强度 70％后进行，顶板以上填土应在达到设计强度后进行；

3) 涵洞两侧应同时回填，两侧填土高差不得大于 30cm；

4) 对有防水层的涵洞贴近防水层部位应回填细粒土，填土中不得含有碎石、碎砖及大于 10cm 的硬块；

5) 土壤最佳含水量和最大干密度应经试验确定。

### 1.1.3 路基施工常用机械

**1. 常用机械简介**

(1) 推土机

1) 推土机的用途

推土机是由履带式或轮胎式基础车（见图 1-11）、工作装置和操纵机构组成。它是一种自行式的铲土运输机械，推土机适用于高度在 3m 以内，运距 10～100m 以内的路堤和路堑土方施工，也可用以平整场地、挖基坑、填埋沟槽、配合其他机械进行辅助作业，如堆集、整平、碾压、清除积雪、树桩等，推土机还易改型为其他施工机械，如装载机、除草机等。

(*a*)

(*b*)

图 1-11　推土机

(*a*) 履带式；(*b*) 轮胎式

推土机作业时将铲刀切入土中，机械向前行驶，完成土的切削和推运作业。

2) 推土机分类

按发动机功率分类

① 小型发动机功率小于 88kW 称为小型推土机；

② 中型发动功率在 88～160kW，称为中型推土机；

③ 大型发动机功率在 160kW 以上，称为大型推土机。

(2) 装载机

1) 装载机的用途

装载机是一种广泛用于公路、铁路、建筑、水电、港口、矿山等建设工程的土石方施工机械（见图 1-12），它主要用于铲装土壤、砂石、石灰、煤炭等散状物料，也可对矿石、硬土等作轻度铲挖作业。换装不同的辅助工作装置还可进行推土、起重和其他物料如木材的装卸作业。在道路施工中，装载机用于路基的填挖、沥青混合料和水泥混凝土料场的堆集与装料等作业。此外还可进行推运土壤、刮平地面和牵引其他机械等作业。特点是作业速度快、效率高、机动性好、操作轻便。

2) 装载机的分类

装载机有单斗和多斗两种，在市政工程施工中常用单斗装载机。单斗装载机按发动机

(*a*)

(*b*)

图 1-12　装载机

(*a*) 履带式；(*b*) 轮胎式

的功率大小分为四类：

① 小型　　功率小于 74kW；

② 中型　　功率为 74～147kW；

③ 大型　　功率为 147～515kW；

④ 特大型　功率大于 515kW。

(3) 平地机

1) 平地机用途

平地机是土方工程中进行大面积整形和平整作业的主要机械（见图 1-13），其特点是机动性大、工效高，可用以进行大面积场地平整，修筑路基表面和路拱，修筑 0.75m 以下矮路堤和 0.5～0.6m 的浅路堑，平整边坡，开挖排水沟、边沟等作业。还可以用来在路基上拌和路面基层材料、清除杂草和积雪等。

图 1-13　平地机

2) 平地机的分类

① 按行走车轮数目分为四轮和六轮；

② 按车轮驱动方式分为后轮驱动和全轮驱动；

③ 按传动形式分为机械传动、液压机械传动和全液压传动。

(4) 挖掘机

1) 挖掘机的用途

工程施工中常用全圆回转的履带式挖掘机，斗容量为 0.25、0.50、0.75、1.0、1.5 和 2.0$m^3$ 等几种。常用的工作装置有正铲、反铲、拉铲和抓铲四种类型（见图 1-14）。挖掘机只完成挖土和装土的工作，必须配备运土机具（如汽车和其他运输机械）共同作业。挖掘机工作效率高，但机动性差，调运困难，仅当工程数量大且集中（数万立方米以上），并备有足够数量的运土车辆予以保证时方可发挥优势。

正铲可直接开挖Ⅰ～Ⅳ类土，常用于挖土坑高于挖掘机所在位置的情况，如开挖路堑、集中取土等。

(*a*)　(*b*)　(*c*)　(*d*)

图 1-14　挖掘机

(*a*) 正铲；(*b*) 反铲；(*c*) 拉铲；(*d*) 抓铲

反铲适合于非石质土壤和地下水位较高或水下挖土。反铲斗容量为 0.25～1.0m³ 时，其铲斗工作行程可以低于挖掘机停留面以下 3～6m，常用于挖基坑、沟槽等。

工程数量不大而必须使用挖掘机施工时，可选用铲斗容量小、机动性大的汽车轮胎式挖掘机或装载机。

2）单斗挖掘机的分类

单斗挖掘机一般按铲斗容量、工作装置和行走方式进行分类。

① 根据铲斗容量分类

铲斗容量在 1m³ 以下属小型；铲斗容量在 1～4m³ 属中型；斗容量超过 4m³ 属大型。

② 根据工作装置分类

正铲挖掘机——铲斗向上、挖掘停机面以上的工作面；

反铲挖掘机——铲斗向下、挖掘停机面以下的工作面；

拉铲挖掘机——铲斗在拉向机身时进行挖掘。铲斗由钢索悬吊操纵，适用于开挖停机面以下的工作面和抛掷卸土；

抓铲挖掘机——合瓣形的铲斗由钢索悬吊操纵，适于开挖停机面以上和以下的工作面。

③ 根据行走方式分类

轮胎式挖掘机——自行式、轮胎底盘。最大优点是机动性高、操作灵活。

履带式挖掘机——大、中型单斗挖掘机普遍为履带式行走装置。其特点是履带板宽，履带刺很短或没有，接地压力小，便于转向且不易破坏地面。最大的优点是工作时稳定、机身不下沉、不倾斜。

（5）土方压实机械

路基压实是保证路基质量的重要施工环节，在施工中，应根据不同的土质和不同的压实质量要求，选用不同的压实机械。压实机械的种类较多，可按作用力的性质、轮的外形与数量等进行分类。

1）静力式压实机械

依靠自重压实土的压路机，具有静压作用，称为静力式压实机械。开始碾压时，由于土体处于松散状态，易被压缩，产生较大的塑性变形，随着碾压遍数增加，压实度不断提高，土体变得越来越密实。

① 光轮压路机

静力式光轮压路机有两轮和三轮两种。其单位线压较小，压实深度较浅。两轮压路机用于路基与路面的压实以形成平整的表面；而三轮压路机的吨位较大，压实效果好，多用于路面及基层的压实等。

国产光轮压路机有 6～8t 与 8～10t 的双轮二轴式压路机，10～12t、12～15t 与 18～20t 的三轮二轴式压路机。常用压路机类型如图 1-15 所示。光轮压路机性能见表 1-5。

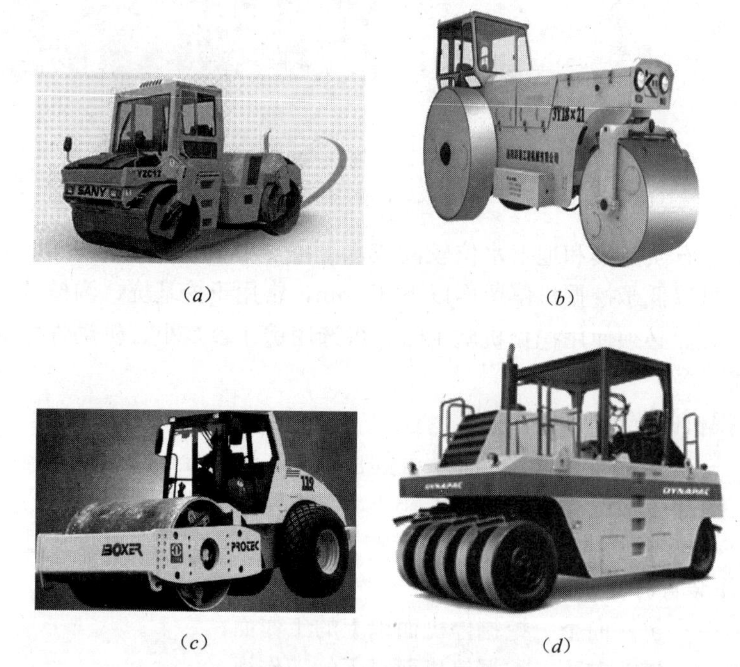


（a）　（b）　（c）　（d）

图 1-15　常用压路机类型

（a）双轮钢筒式；（b）三轮钢筒式；（c）振动式；（d）轮胎式

**光轮压路机性能**　　**表 1-5**

| 型　式 | 质量（t） | 单位线压力（N/cm³） | 发动机功率（kW） | 应用范围 |
|---|---|---|---|---|
| 轻型 | 3～5 | 200～400 | 15～18 | 一般道路、广场、车间和人行道的压实 |
| 中型 | 6～9 | 400～600 | 20～30 | |
| 重型 | 10～14 | 600～800 | 30～44 | 碎石路面、黑色路面的压实 |
| 超重型 | 15～20 | 800～1200 | 44 以上 | 碎石路面、黑色路面的压实 |

② 羊脚轮压路机

羊脚轮压路机有较大的单位压力（包括羊脚步的挤压力），压实深度大而均匀，并能挤碎土块，因而有很好的压实效果和较高的生产率，多用于填土或路基的初压工作，特别对含水量较大，土颗粒大，土颗粒大小不等的黏性土，压实效果较好。广泛应用于黏性土壤的分层碾压，而对于非黏性土壤和高含水量黏土的效果不好，不宜采用。

③ 轮胎压路机

轮胎压路机是一种静力作用压路机，它是以充气轮胎对铺层材料施以压实作用。具有弹性的轮胎压路机在压实土料时的情况与刚性光轮压路机不同，在最初几遍碾压过程中，土料强度不断提高，沉陷量逐渐减小，从而引起轮胎接触面积减小，接触压力增大。

轮胎压路机由于轮胎具有弹性，在碾压时土与轮胎同时变形，压实土壤在同一点上受压的时间长、力的影响深，故功效较高，且机动性好，是一种较为理想的压实机械。它适用于压实黏性土及非黏性土，如黏土、砂黏土、砂土、砂砾料以及结合料和沥青混合料等。

2）振动压路机

振动压路机的压实原理是在振动轮上利用机械高频振动（对于土壤为1000～3000次/min）使材料微粒产生共振。此时材料微粒间由于动荷载的作用，其摩擦阻力减小，又因为材料微粒的质量不同，它们运动的速度各异，从而破坏了材料微粒间的原始结构，产生相对位移，互相楔紧，使密实度大大增加。

在振实过程中，与振动机械直接接触的材料最先受到压实，此后被压实层又作为一种弹性体把振动能传到更深的材料层中去，一直传到振动力所能及的层次。振实的深度与效果随振动机械的质量和振动力的增加而提高。振动压路机的分类方法较多。

① 按行走方式分为自行式和拖式；

② 按驱动方式分为单轮驱动和全轮驱动；

③ 按传动方式分为机械式、液力机械式和全液压式；

④ 按自身质量大小分为三类：轻型3～6t；中型6～14t；重型14t以上。

3）夯

主要有机夯、人力夯。适用于压路机不能压实的狭窄部位的碾压或管线的胸腔范围。

**2. 路基土方施工与机械选用**

（1）路基土方施工与机械选用原则

路基土方作业，是道路工程重要的一道工序，通常工程量大，作业种类多，尤其在市内地下管线多，施工更为复杂。因此，有必要对机械功能进行选择，结合机械性能和供应情况，确定适应性较强的机械组合，最大限度发挥主导机械的效能（见表1-6、表1-7）。

**筑路机械适应土方作业种类表** **表1-6**

| 作业种类 | 筑路机械种类 |
|---|---|
| 伐树挖根 | 推土机 |
| 挖掘 | 铲式挖掘机［正铲、反铲、拉铲挖土机］、牵引式铲斗装载机、推土机、豁土机、轧碎机 |
| 装载 | 装载机、铲式挖掘机［正铲、反铲、拉铲挖土机］、牵引式铲斗装载机、旋斗式挖土机、铲运机 |

续表

| 作业种类 | 筑路机械种类 |
| --- | --- |
| 挖掘运载 | 铲式挖掘机 [动力铲、反铲式、索铲挖土机、蛤引式铲斗装载机]、牵引式铲斗装载机、旋斗式挖土机 |
| 挖掘运输 | 推土机、挖掘机、铲运机、运输机 |
| 运输 | 自卸卡车、皮带式运输机、装载机 |
| 推铺 | 推土机、自动平地机 |
| 调节含水量 | 悬挂犁、圆盘耙、自动平地机、洒水车 |
| 压实 | 轮胎压路机、振动压路机、光面压路机、冲击式夯实机、夯具、推土机 |
| 整平 | 推土机、自动平地机 |
| 挖沟 | 挖沟机、反铲挖掘机 |

**路基土碾压机械选择表** **表 1-7**

| 机械名称 | 土质名称 | | | | | | | | 备　注 |
| --- | --- | --- | --- | --- | --- | --- | --- | --- | --- |
| | 块石圆石砾石 | 砾石土 | 砂 | 砂质土 | 黏土，黏质土 | 混杂砾石的黏性土、黏土 | 软黏土、黏性土 | 硬黏土、黏性土 | |
| 钢质光轮压路机 | B | A | A | A | B | B | C | C | 路基、路面的平整 |
| 自行式轮胎压路机 | B | A | A | A | A | A | C | B | 最常用 |
| 牵引式轮胎压路机 | B | A | A | A | A | A | C | B | 用于坡面，坡长 5～6m 时最有效 |
| 振动压路机 | A | A | A | A | C | B | C | C | 适用于路基、基层 |
| 夯实机 | A | A | A | A | C | B | C | C | 适用于狭窄地点的碾压 |
| 夯锤 | B | A | A | A | B | B | C | C | 适用于狭窄地点的碾压 |
| 推土机 | A | A | A | A | B | B | C | A | 用于摊平 |
| 夯式压路机 | C | C | B | B | B | B | C | A | 破碎作用大 |
| 沼泽地区推土机 | C | C | C | | B | B | A | C | 常用于含水量比较高的土壤 |

注：A—适合使用；B—无适当的机械时可用；C—不适合使用

压路机碾压施工前，填土层应先整平，并自路中线向两侧作 2%～4%的横坡。碾压时一般遵循“先轻后重，先慢后快，先两侧后中间，在小半径曲线段应先内侧后外侧”原则。相邻两次压实后轮应重叠 1/3 轮宽，三轮压路机后轮应重叠 1/2 轮宽。夯锤应重叠 40～50cm。

初压阶段，土料中各颗粒尚呈松散状态，低速碾压可使土料各个颗粒得到较好的嵌入，减少压路机前土体的推移现象。经初压后，面层的颗粒不再滑动，表面也渐平滑，此时碾压速度可快一些，压路机吨位也可大一些。

（2）路基土方分层厚度与碾压遍数

路基须分层碾压，每层铺土厚度应均匀，填土的含水量必须接近最佳含水量。为达到规定压实度，其土层厚度和碾压遍数，应根据压路机吨位和松铺厚度等通过试验确定。也可按表 1-8 参考选用。

**路基土方分层厚度与碾压（夯击）遍数参考表** **表 1-8**

| 压实机具 | | 每层松铺厚度（cm） | 有效碾压（夯击）遍数 | | 合理选用压实机具的条件 |
|---|---|---|---|---|---|
| | | | 非塑性土 | 塑性土 | |
| 羊蹄路碾（6～8t） | | 20～30 | 4 | 8 | 碾压段长度不宜小于100m，宜于压实塑性土；钢质光轮压路机适用于压实非塑性土 |
| 钢质光轮压路机 | 轻型（6～8t） | 15～20 | 4 | 8 | |
| | 中型（9～10t）（10～12t） | 20～30 | 4 | 8 | |
| | 重型（12～15t） | 25～35 | 4 | 8 | |
| 轮胎压路机 | （16t） | 30～35 | 4 | 8 | |
| 振动压路机 | 2t | 11～20 | 3 | 5 | 碾压段长度不宜小于100m，宜于压实非塑性土，亦可用于压实塑性土 |
| | 4.5t | 25～35 | 3 | 5 | |
| | 10t | 30～50 | 3 | 4 | |
| | 12t | 40～55 | 3 | 4 | |
| | 15t | 50～70 | 3 | 4 | |
| 重锤（板夯） | 1t举高2m | 65～80 | 3 | 5 | 用于工作面受限制时，宜于夯实非塑性土，亦可夯实塑性土 |
| | 1.5t举高1m | 60～70 | 3 | 5 | |
| | 1.5t举高2m | 70～90 | 3 | 4 | |
| 机夯 | （0.3t） | 30～50 | 3 | 4 | 用于工作面受到限制及结构物接头处 |
| 人力夯 | （0.04t） | 20～25 | 2 | 4 | |
| 振动器 | （2t） | 60～75 | 1～3min | 3～5mm | 宜于压实非塑性土 |

注：非塑性土是指砂、砂砾等无塑性的土。

# 1.2 路面施工

## 1.2.1 路面基本知识

路面是用各种筑路材料铺筑在道路路基上直接承受车辆荷载作用的层状构造物。城市道路路面结构自上而下分为面层、基层和垫层三个结构层（见图1-16）。路面工程是道路建设中的一个重要组成部分，它的技术性能好坏，直接影响行车速度、安全和运营经济。路面结构应具有足够的强度、稳定性、耐久性，以抵抗车轮等外荷载作用；为了保证行车

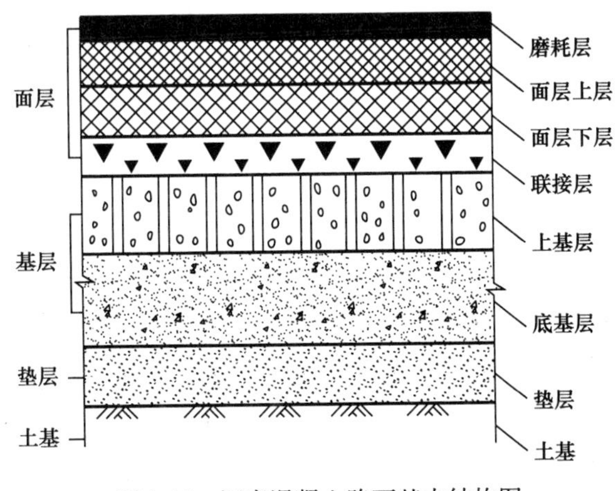


图1-16 沥青混凝土路面基本结构图

舒适安全，路面还必须具有较高的平整度和抗滑性。根据路面使用的材料不同，城市道路通常采用沥青混凝土路面（又称柔性路面）和水泥混凝土路面（又称刚性路面）。

路面工程开工前，应安排人员提前进入现场踏勘，做好施工测量工作；组织施工材料及机具进场；做好季节性的施工准备。另外路面的施工为露天作业，受季节变化的影响大，为保证施工质量、工期和安全，除正常施工外，还必须做好夏季、冬季和雨季施工的准备工作。

### 1.2.2 沥青混凝土路面施工

由适当比例的粗集料、细集料及填料组成的符合规定级配的矿料，与沥青结合料拌和而制成的符合技术标准的沥青混合料称为沥青混凝土混合料，简称沥青混凝土。

**1. 沥青混凝土路面结构**

（1）面层

沥青混凝土路面因其刚度小、抗弯拉强度低而属于柔性路面结构。在车辆荷载作用下弯沉变形大。荷载通过各结构层往下扩散，最后传递给土基。因而土基的强度和稳定性，对路面结构的强度和稳定性有较大的影响。一般根据使用要求、受力情况和自然因素等作用程度不同，把整个路面结构自上而下分成面层、基层和垫层三个结构层。

面层直接与行车和大气相接触，它承受行车荷载的垂直力、水平力和冲击力作用以及雨水和气温变化的不利影响。因此，同其他结构层相比，面层应具备较高的结构强度、刚度和稳定性，要求耐磨、不透水、无污染，其表面还应有良好的抗滑性和平整度。

沥青混凝土具有很高的强度和密实度，在常温下并具有一定的塑性。密实的沥青混凝土透水性小、水稳性好、使用寿命长，耐久性好。沥青混凝土面层是适合现代高速汽车行驶的一种优质高级柔性面层，铺在坚实基层上的优质沥青混凝土面层可以使用20～25年，城市快速路主干路和高等级公路，主要采用沥青混凝土做面层。

我国按沥青混凝土中矿料的最大粒径分为粗粒式沥青混凝土、中粒式沥青混凝土和细粒式沥青混凝土三种。粗粒式沥青混凝土通常用于铺筑面层的下层，其粗糙表面能与上层具有良好的粘结作用。中粒式沥青混凝土主要用于铺筑面层的中层或用于铺筑单层面层。中粒式沥青混凝土面层表面具有较大的粗糙度，在环境不良路段可保证汽车轮胎与面层有适当的附着力，或在高速行车时可使面层表面的摩擦系数降低的幅度小，有利于行车安全，但其孔隙率较大和透水性较大，因此耐久性较差。细粒式沥青混凝土常用于面层的上层。它具有较好的均匀性、较高的耐腐蚀性和足够的抗剪切稳定性等优点，可防止产生推挤、波浪和其他剪切形变。

（2）基层

直接位于沥青面层下由不同材料铺筑的主要承重层称作基层。基层主要承受由面层传来的车辆荷载竖向力，并把这种作用力扩散到垫层和土基中，故基层应具有足够的强度和刚度。还应有平整的表面，保证面层厚度均匀。基层受车轮和大气因素的影响小，没有耐磨性要求，但因有表面透水及地下水的侵入，要求基层结构有足够的水稳性。

修筑基层所用的材料主要有：各种结合料（如石灰、水泥和沥青等）稳定土或稳定碎石、天然砂砾、各种碎石或砾石、片石、块石；各种工业废渣（如煤渣、粉煤灰、矿渣、石灰渣等）所组成的混合料以及它们与土、砂、石所组成的混合料等。

目前基层常用的材料有：石灰稳定土、水泥稳定土、二灰结石等。

（3）垫层

垫层通常设置在路基与基层之间，一方面起到扩散由顶面传来的车轮荷载的垂直压力，另一方面还能改善路基的湿度和温度状况，以保证面层和基层不受冻胀作用的影响。垫层通常设置在排水不良和有冻胀翻浆的地段。在地下水位较高地区铺设能起隔水作用的垫层称为隔离层；在冻深较大的地区铺设能起防冻作用的垫层称为防冻层。

修筑垫层所用材料，强度要求不高，但水稳性和隔热性要好。常用垫层材料有两类：一类是松散颗粒材料，如砂、砾石、炉渣、片石、卵石等组成的透水性垫层；另一类是整体性材料，如石灰土、水泥稳定土、沥青稳定土等组成的不透水稳定性垫层。

**2. 沥青混凝土面层施工**

沥青混合料按拌和温度分为热拌、温拌和冷拌三种工艺，各自对施工的要求各不相同。

（1）热拌沥青混合料摊铺

将混合料直接摊铺在下承层上是热拌沥青混合料路面施工的关键工序之一。其内容包括摊铺前的准备工作、摊铺机各种参数的选择与调整、摊铺作业等工作。

1）摊铺前的准备工作

摊铺前的准备工作包括下承层准备、施工测量及摊铺机检查等。

必要的检测。若下承层受到损坏或出现软弹、松散时，应进行加固处理；若下承层表面有表面浮尘或受到泥土污染时应清理干净。以保证下承层达到设计要求的强度和刚度，有良好的水稳定性，温缩变形小，表面平整密实。

在下承层上浇洒透层、粘层或封层沥青，以保证下承层与沥青面层结合良好。

标高及平面控制等施工测量。目的是确定下承层表面高程与设计高程是否符合设计要求，根据实测的确切偏差数值，来修正挂线位置，以保证施工层的厚度。另外，根据平面测量结果，每日的开工应对摊铺机的刮板输送器、闸门、螺旋布料器、振动梁、熨平板、厚度调节器等工作装置和调节机构进行检查，在确认各种装置及机构处于正常工作状态后才能开始施工，若存在缺陷和故障时应及时排除。

2）调整、确定摊铺机的参数

摊铺前应先调整摊铺机的机构参数和运行参数。其中机构参数包括熨平板的宽度、摊铺厚度、熨平板的拱度、初始工作仰角、布料螺旋与熨平板前缘的距离、振捣梁行程等。摊铺机的摊铺带宽度应尽可能达到摊铺机的最大摊铺宽度，这样可减少摊铺次数和纵向接缝，提高摊铺质量和摊铺效率。确定摊铺宽度时，最小摊铺宽度不应小于摊铺机的标准摊铺宽度，并使上、下摊铺层的纵向接缝错位 30cm 以上。摊铺厚度是用两块 5～10cm 宽的长方木为基准来确定，方木长度与熨平板纵向尺寸相当，厚度为摊铺厚度。定位时将熨平板抬起，方木置于熨平板两端的下面，然后放下熨平板，此时熨平板自由落在方木上，转动厚度调节螺杆，使之处于微量间隙的中立值。摊铺机熨平板的拱度和工作初始仰角根据各机型的操作方法调节，通常要经过试铺来确定。

大多数摊铺机的布料螺旋与熨平板前缘的距离是可变的，通常根据摊铺厚度、沥青混合料组成、下承层的强度与刚度等条件确定。

3）摊铺作业

摊铺机的各种参数确定后，即可进行沥青混合料路面的摊铺作业。摊铺作业的第一步是对熨平板加热，以免摊铺层被熨平板上粘附的粒料拉裂而形成沟槽和裂纹，同时对摊铺层起到熨烫的作用，使其表面平整无痕。加热温度应适当，过高的加热温度将导致烫平板变形和加速磨耗，还会使混合料表面泛出沥青胶浆或形成拉沟。

摊铺机应装有自动或半自动调整摊铺厚度及自动找平的装置，有容量足够的受料斗和足够的功率推动运料车前行，有可加热的振动熨平板或初步振动压实装置，摊铺宽度可调节。通常采用两台以上摊铺机成梯队进行联合作业，相邻两幅摊铺带重叠 5～10cm，相邻两台摊铺机相距 10～30m，以免前面已摊铺的混合料冷却而形成冷接缝，摊铺机在开始受料前应在料斗内涂刷防止粘结的柴油，避免沥青混合料冷却后粘附在料斗上。

摊铺机必须缓慢、均匀、连续不间断地进行摊铺，摊铺速度宜为 2～6m/min，摊铺过程中不得随便变换速度或中途停顿。摊铺机螺旋布料器应不停顿地转动，两侧应保证有不低于布料器高度 2/3 的混合料，并保证在摊铺的宽度范围内混合料不出现离析现象。

摊铺机自动找平时，中、下面层宜采用一侧钢丝绳引导的方式控制高程，上面层宜采用摊铺前后保持相同高差的摊铺厚度控制方式。经摊铺机初步压实的摊铺层平整度、横坡等应符合设计要求。沥青混合料的松铺系数应根据混合料类型、施工机械和施工工艺等通过试验段确定，试验段长不宜小于 100m。松铺系数可按照表 1-9 进行初选。

**沥青混合料的松铺系数** **表 1-9**

| 种　类 | 机械摊铺 | 人工摊铺 |
|---|---|---|
| 沥青混凝土混合料 | 1.15～1.35 | 1.25～1.50 |
| 沥青碎石混合料 | 1.15～1.30 | 1.20～1.45 |

在沥青混合料摊铺过程中，若出现横断面不符合设计要求、构造物接头部位缺料、摊铺带边缘局部缺料、表面明显不平整、局部混合料明显离析及摊铺机有明显拖痕时，可用人工局部找补或更换混合料，但不应由人工反复修整。

控制沥青混合料的摊铺温度是确保摊铺质量的关键之一，各施工环节的温度控制值见表 1-10。

**热拌沥青混合料的搅拌及施工温度（℃）** **表 1-10**

| 施工工序 | | 石油沥青的标号 | | | |
|---|---|---|---|---|---|
| | | 50 号 | 70 号 | 90 号 | 110 号 |
| 沥青加热温度 | | 160～170 | 155～165 | 150～160 | 145～155 |
| 矿料加热温度 | 间隙式搅拌机 | 集料加热温度比沥青温度高 10～30 | | | |
| | 连续式搅拌机 | 矿料加热温度比沥青温度高 5～10 | | | |
| 沥青混合料出料温度① | | 150～170 | 145～165 | 140～160 | 135～155 |
| 混合料贮料仓贮存温度 | | 贮料过程中温度降低不超过 10 | | | |
| 混合料废弃温度，高于 | | 200 | 195 | 190 | 185 |
| 运输到现场温度① | | 145～165 | 140～155 | 135～145 | 130～140 |
| 混合料摊铺温度，不低于① | | 140～160 | 135～150 | 130～140 | 125～135 |
| 开始碾压的混合料内部温度，不低于① | | 135～150 | 130～145 | 125～135 | 120～130 |

续表

| 施工工序 | 石油沥青的标号 | | | |
|---|---|---|---|---|
| | 50号 | 70号 | 90号 | 110号 |
| 碾压终了的表面温度，不低于② | 75～85 | 70～80 | 65～75 | 55～70 |
| | 75 | 70 | 60 | 55 |
| 开放交通的路表面温度，不高于 | 50 | 50 | 50 | 45 |

注：1 沥青混合料的施工温度采用具有金属探测针的插入式数显温度计测量。表面温度可采用表面接触式温度计测定。当红外线温度计测量表面温度时，应进行标定。

2 表中未列入的130号、160号及30号沥青的施工温度由试验确定。

① 常温下宜用低值，低温下宜用高值。

② 视压路机类型而定。轮胎压路机取高值，振动压路机取低值。

沥青混合料面层不得在雨、雪天气及环境最高温度低于5℃时施工。城市快速路、主干路不宜在气温低于10℃条件下施工。必须摊铺时，应提高沥青混合料拌合温度，并符合规定的低温摊铺要求。运料车必须覆盖保温，尽可能采用高密度摊铺机摊铺，并在熨平板加热摊铺后紧接着碾压，缩短碾压长度。

（2）热拌沥青混合料的压实

碾压是热拌沥青混合料路面施工的最后一道工序，是形成高质量沥青混凝土路面的又一关键工序。碾压工作包括碾压机械的选型与组合、碾压温度和碾压速度的控制、碾压遍数、碾压方式及压实质量检查等。沥青混合料压实宜采用钢筒式静态压路机与轮胎压路机或振动压路机组合的方式压实。

1）碾压原则

① 少量喷水，保持高温，梯形重叠，分段碾压；

② 由路外侧（低侧）向中央分隔带（高侧）方向碾压；

③ 每个碾道与相邻碾道重叠1/2轮宽；

④ 压路机不得在未压完或刚压完的路面上急刹车、急弯、调头、转向，严禁在未压完的沥青层上停机；

⑤ 振动压路机用振动压实中需停驶、前进或后返时，应先停振，再换挡。

2）压实机械组合形式

以某城市道路沥青混凝土面层施工为例，其面层结构为：上面层为AC-16B（厚4cm）；中面层AC-25Ⅰ（厚6cm）；下面层AC-25Ⅱ（厚6cm）。其压实机械选型组合见表1-11。

**各结构层压路机机械组合形式、碾压速度、碾压遍数表　　表1-11**

| 沥青路面层次 | 压路机类型 | 初压 | | 复压 | | 终压 | |
|---|---|---|---|---|---|---|---|
| | | 速度（km/h） | 遍数 | 速度（km/h） | 遍数 | 速度（km/h） | 遍数 |
| 上面层 | CC21振动压路机 | 3 | 2 | | | | |
| | DD110振动压路机 | | | 4 | 2 | | |
| | 16t轮胎压路机 | | | 6 | 6 | | |
| | VV150振动压路机 | | | | | 4 | 2 |
| 中面层 | CC21振动压路机 | 3 | 2 | | | | |
| | 16t轮胎压路机 | | | 5 | 9 | | |
| | DD110振动压路机 | | | | | 5 | 2 |

续表

| 沥青路面层次 | 压路机类型 | 初压 | | 复压 | | 终压 | |
|---|---|---|---|---|---|---|---|
| | | 速度（km/h） | 遍数 | 速度（km/h） | 遍数 | 速度（km/h） | 遍数 |
| 下面层 | CC21振动压路机 | 3 | 2 | | | | |
| | 16t轮胎压路机 | | | 5 | 9 | | |
| | DD110振动压路机 | | | | | 5 | 2 |

3）碾压程序

沥青混合料压实应按初压、复压、终压（包括成形）三个阶段进行。压路机应以慢而均匀的速度碾压，压路机的碾压速度宜符合表1-12的规定。

**压路机碾压速度（km/h）** **表1-12**

| 压路机类型 | 初压 | | 复压 | | 终压 | |
|---|---|---|---|---|---|---|
| | 适宜 | 最大 | 适宜 | 最大 | 适宜 | 最大 |
| 钢筒式压路机 | 1.5～2 | 3 | 2.5～3.5 | 5 | 2.5～3.5 | 5 |
| 轮胎压路机 | — | — | 3.5～4.5 | 6 | 4～6 | 8 |
| 振动压路机 | 1.5～2（静压） | 5（静压） | 1.5～2（振动） | 1.5～2（振动） | 2～3（静压） | 5（静压） |

① 初压主要起稳定作用。碾压应从外侧向中心碾压，碾速稳定均匀。初压应采用轻型钢筒式压路机碾压1～2遍。初压后应检查平整度、路拱，必要时应修整。

② 复压应紧跟初压连续进行。碾压段长度宜为60～80m。当采用不同型号的压路机组合碾压时，每一台压路机均应做全幅碾压。密级配沥青混凝土宜优先采用重型的轮胎压路机进行碾压，碾压到要求的压实度为止。对大粒径沥青稳定碎石类的基层，宜优先采用振动压路机复压。厚度小于30mm的沥青碎石基层不宜采用振动压路机碾压。相邻碾压带重叠宽度宜为10～20cm。振动压路机折返时应先停止振动。采用三轮钢筒式压路机时，总质量不宜小于12t。大型压路机难于碾压的部位，宜采用小型压实工具进行压实。

③ 终压宜选用双轮钢筒式压路机，碾压至无明显轮迹为止。主要是消除压实中产生的轮迹，使表面平整度达到或超过要求值。

沥青路面边缘压实时应先留下30cm左右不压，待两个压实阶段完后再压，并多压1～2遍，靠路缘石处压路机压不到时，用振动夯板补压。经过终压后，由专人检测平整度，发现平整度超出规定时，应在表面温度较高时，进行处理，直至符合要求。

（3）接缝处理

整幅摊铺无纵向接缝，只要认真处理好横向接缝，就能保证沥青上面层有较高的平整度。由于横向接缝为冷接缝，处理难度较大，但处理的好与坏将直接影响路面平整度，为此采取以下措施：

1）在已成型沥青路面的端部，先用6m直尺检查，将平整度超过3mm的部分切去，并将切面上的污染物用水洗刷干净，再涂以粘层沥青。基本干后，摊铺机再就位。

2）在熨平板开始预热前，量出接缝处沥青层的实际厚度，根据松铺系数算出松铺厚度。熨平板应预热15～20min，使接缝处原路面的温度在65℃以上。开始时铺筑的速度要慢，一般为2m/min。

3）碾压开始前，将原路面上的沥青混合料清除干净，接缝处保持线条顺直，固定1

台 DD110 振动压路机处理接缝。由于路堤较高，中央分隔带处有路缘石，路面中间部分采用横向碾压，两侧采用纵向碾压；一般为静压 2 遍，振压 2 遍，用 6m 直尺检查平整度，发现高时就刮平；发现低时就填以细混合料，反复整平碾压，直至符合要求。横压时钢轮大部分压在原路面上，逐渐移向新铺路面，前后约 5～6 遍；纵压时应使压路机的后轮超出接缝 3～6m。

## 1.2.3 水泥混凝土路面施工

### 1. 水泥混凝土路面结构

水泥混凝土路面俗称白色路面，通常是由水泥与碎石、砂、水和外加剂拌合形成混合料铺筑而成。其优点是强度高、刚度大、使用耐久、养护工作量小、使用年限长（达 20～40 年）等；其缺点是一次性投资大、埋管修复难度大、纵横缝较多导致行车舒适降低、施工周期长等。

目前水泥混凝土路面包括素混凝土、钢筋混凝土、连续配筋混凝土、预应力混凝土、装配式混凝土、钢纤维混凝土和预制混凝土板等七类，其中以现浇素混凝土路面使用最为广泛。此外，混凝土施工方法除大部分采用机械或者人工振捣密实外，还有用压路机碾压密实的（RCCP）碾压混凝土路面。水泥混凝土路面大量采用素混凝土路面，而素混凝土抗弯拉强度大大低于抗压强度，因而基层以下部分如果发生沉陷则将引起混凝土路面沉陷、断裂，所以水泥混凝土路面施工之前应从土基、垫层到基层的各道工序必须确保压实、弯沉等技术指标，此外还必须做好排水设施，北方地区做好防冻层。

水泥混凝土路面由面层、基层、垫层、路肩和排水设施等组成。其结构如图 1-17 所示。当然，实际路面不一定都具有这么多的结构层次，各结构层次的划分，也不是一成不变的。

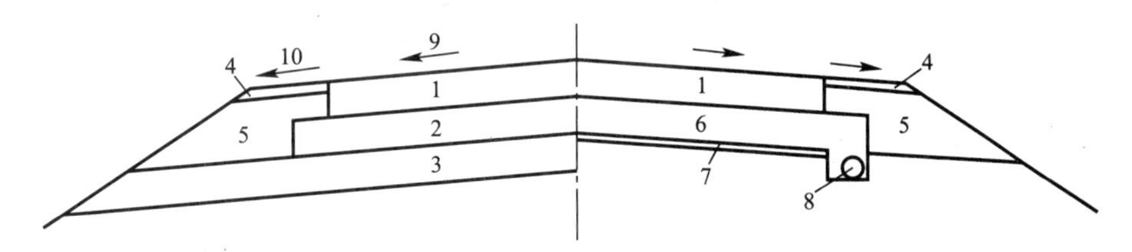


图 1-17 水泥混凝土路面组成

1—面层；2—基层；3—垫层；4—路肩；5—路肩基层；6—排水基层；7—反滤层；8—集水管；9—路面横坡；10—路肩横坡

(1) 面层

水泥混凝土面层暴露在大气中，既直接承受行车荷载的作用又受环境因素的影响，因此应具有足够的弯拉强度、疲劳强度、抗压强度和耐久性。为保证行车的安全、舒适和经济性要求，面层还应具有良好的抗滑、耐磨、平整等表面特性。

水泥混凝土面层通常采用普通素混凝土铺筑而成，并设接缝。当面层板的尺寸较大或形状不规则，或路面结构下埋有地下设施，高填方、软土地基、填挖交界段的路基有可能产生不均匀沉降时，可采用设置接缝的钢筋混凝土面层。行车舒适性和使用耐久性要求高的高速公路，可视需要选用连续配筋混凝土面层，或采用沥青上面层与连续配筋混凝土或横缝设传力杆的普通混凝土下面层组成的复合式面层。在标高受限制路段、收费站及桥面铺装和混凝土加铺层可选用钢纤维混凝土。

（2）基层

水泥混凝土面层具有较大的刚度和承载能力，因而其基层往往不起主要承载作用。但是基层应具有足够的抗冲刷能力和一定的刚度。不耐冲刷的基层，在渗入基层的水和荷载的共同作用下，会使混凝土路面产生唧泥、板底脱空和错台等病害，导致承载力降低和行车不舒适，并加速和加剧面板的断裂。此外，提高基层的刚度有利于改善接缝的传荷能力。

目前可供选择的基层类型主要有：

1）素混凝土和碾压混凝土；

2）无机结合料（水泥、石灰—粉煤灰）、稳定粒料（碎石或砾石）和土；

3）沥青稳定碎石；

4）碎石、砾石。

为了能将渗入路面结构内部的水分迅速排除，基层应具有一定的排水能力，这样有助于延长路面使用寿命。如采用不含或含少量细集料的粒料，或结合料稳定开级配粒料作基层，其使用性能要优于密级配基层。

由于提高基层的强度或刚度，对于降低面层的应力或减薄面层的厚度作用很小，因而混凝土面层下的基层不必很厚，以 200mm 左右为宜。

（3）垫层

垫层是为了解决地下水、冰冻、热融对路面基层以上结构层带来的损害而在特殊路段设置的路基结构层。明确垫层不属于路面基层，而属于路基补强结构层，其位置应在路床标高以下，厚度和标高均不占用基层或底基层的位置。

垫层可以选用粒料（砂砾）、结合料（水泥、石灰—粉煤灰）或稳定材料（粒料或土）。对于排水基层下的垫层，须采用符合反滤要求的密级配粒料。防冻垫层和排水垫层宜用砂、砂砾等颗粒材料。半刚性垫层可采用低剂量无机结合料稳定粒料和土，也可直接使用半刚性底基层材料。

垫层所需的厚度，应按路基的水稳定性、刚度及施工和使用期间交通的繁重程度确定；在季节性冰冻地则要考虑最小防冻厚度的要求。垫层的宽度应与路基同宽，其最小厚度为 150mm。一般采用的厚度范围 150～300mm。防冻垫层最厚，排水与补强垫层有 150～250mm。

（4）水泥混凝土路面面板形式

理论分析表明，轮载作用于板中部时板所产生的最大的应力约为轮载作用于板边部时的 2/3。面层板的横断面应采用中间薄两边厚的形式，以适应荷载应力的变化。一般边部厚度较中部厚大约 25 %，从路面最外两侧板的中部，在 0.6～1.0m 宽度范围内逐渐加厚，如图 1-18 所示。考虑施工方便及使用经验，目前国内外常采用等边厚式断面，或在等中厚式断面板的最外两侧板边部配置钢筋予以加固。

（5）水泥混凝土路面板平面尺寸

暴露在大气中的水泥混凝土面板随温度热胀冷缩。设置纵横接缝可减少因面板的伸缩和翘曲变形受到约束而产生的温度应力。为满足施工的需要，通常通过纵向和横向接缝把

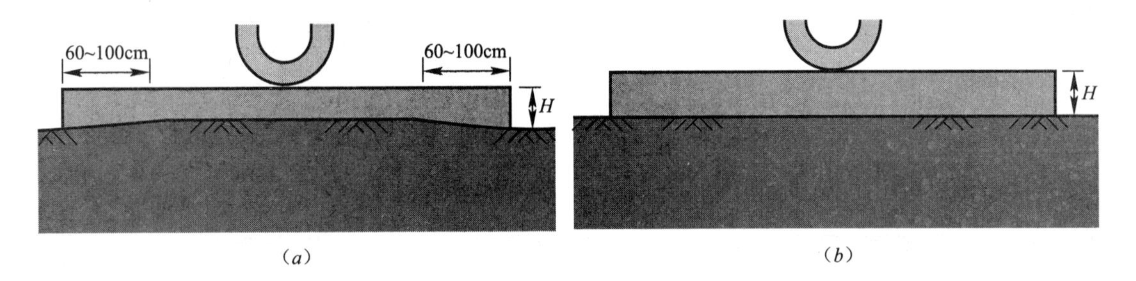


图 1-18 不同面板断面

(*a*) 厚边式断面；(*b*) 等厚式断面

混凝土路面划分成若干形状规则的矩形板等。纵向和横向接缝应垂直相交，纵缝两侧的横缝不得互相错位。但接缝是路面结构的薄弱部位，又会影响行车平稳，而且易渗水，容易产生唧泥、错台等损坏现象。因此，接缝要合理布置，并有足够的传荷能力和防水措施。混凝土板长度应通过验算混凝土板的温度翘曲应力后确定，一般可采用 4.5～5.5m，最大不超过 6m。横向接缝的间距按面层类型选定：

1）普通混凝土面层一般为 4～6m，面层板的长宽比不宜超过 1.30，平面尺寸不宜大于 $25m^2$；

2）碾压混凝土或钢纤维混凝土面层一般为 6～10m；

3）钢筋混凝土面层一般为 6～15m。混凝土板的纵缝必须与道路中线平行。纵缝间距按车道宽度选用，可采用 3.5、3.75m，最大为 4.0m。纵缝间距超过 4.0m 时，应在板中线上设纵向缩缝。碾压混凝土、钢纤维混凝土面层在全幅摊铺时，可不设纵向缩缝。

（6）接缝构造

混凝土面层由一定厚度的混凝土板组成，它具有热胀冷缩的性质。由于一年四季大气温度的变化，混凝土面层会随之产生不同程度的胀缩变形。在一昼夜中，由于日温差较大，温度变化周期较短，在面层厚度范围内呈现不均匀分布，造成面层上下底面的温度梯度（温降坡差），使其产生翘曲变形。当板顶的温度较底面低时，会使板的周边和角隅翘起，如图 1-19（*a*）所示；反之，当板顶的温度较底面高时，会造成板的中部隆起。此类胀缩和翘曲变形一旦受到约束，将在面层内产生温度应力。若此应力超出极限值，面层即产生裂缝或被挤碎，如图 1-19（*b*）所示；若板体的温度均匀下降引起收缩，将使板体被拉开，从而失去荷载传递作用，如图 1-19（*c*）所示。

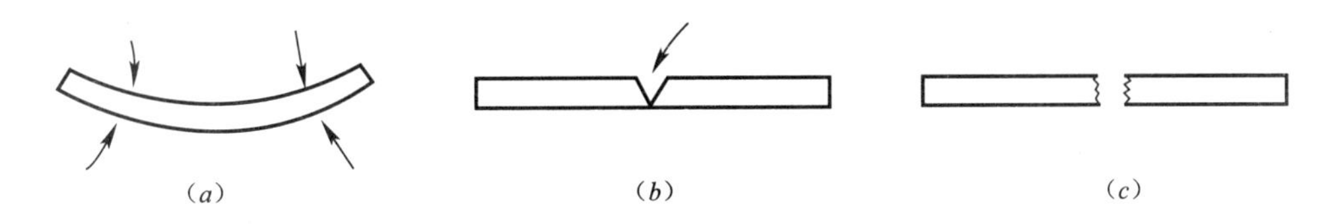


图 1-19 混凝土由于温度坡差引起的变形

为避免这些缺陷，混凝土路面在纵横两个方向设置许多接缝，将整个路面分割成为许多板块，如图 1-20 所示。

为减小温度应力设置缩缝、胀缝。如缩缝保证面层因温度降低而自由收缩；而胀缝保证面层在温度升高时能自由膨胀。此外，混凝土路面每天完工以及因雨天或其他原因不能

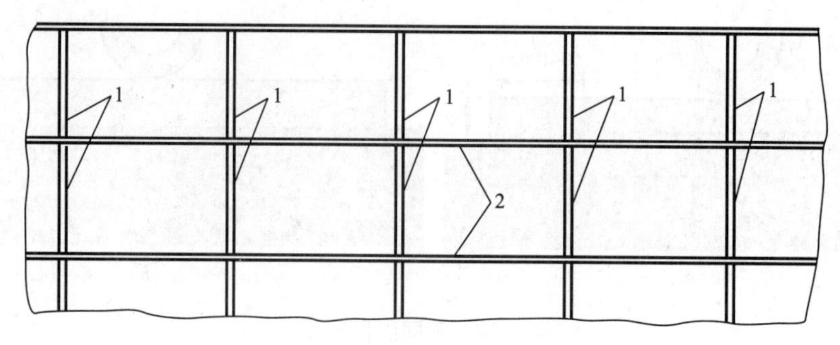


图 1-20　混凝土路面的分块与接缝

1—横缝；2—纵缝

继续施工时，需做施工缝。施工缝应尽量做到胀缝处，在胀缝处其构造与胀缝相同，如有困难，也应做至缩缝处。横向施工缝在缩缝处采用平缝加传力杆型。

不同形式的接缝，对于减小或消除面层内的温度胀缩及翘曲应力具有不同的作用，各种接缝的设置条件和构造要求也各不相同。但是，在任何形式的接缝处，板体都不可能是连续的，其传递荷载的能力会有所降低，而且任何形式的接缝都不免要漏水。因此，对各种形式的接缝，都必须为其提供相应的传荷及防水构造。目前，接缝主要通过集料嵌锁作用、传力杆或拉杆及其他附设机械装置传递荷载。此外，为防止水分及其他杂物进入接缝内部，各类接缝的槽口需用不同类型的接缝板或填缝料予以填封。

1）横缝构造

横缝与车行道垂直设置。包括胀缝、缩缝和施工缝。

① 胀缝的构造

缝隙宽约 20mm，对于交通繁忙的道路，为保证混凝土板有效地传递载荷，防止形成错台，可在胀缝处板厚中央设置传力杆。传力杆一般长 0.4～0.6m 直径 20～25mm 的光圆钢筋，每隔 0.3～0.5m 设一根。杆的半段固定在混凝土内，另半段涂以沥青，套上长约 80～100mm 的铁皮或塑料筒，筒底与杆端之间留出宽约 30～40mm 的空隙，并用木屑与弹性材料填充，以利板的自由伸缩，如图 1-21（*a*）所示。在同一条胀缝上的传力杆，设有套筒的活动端最好在缝的两边交错布置。

不设传力杆时，可在板下用 C10 混凝土或其他刚性较大的材料，铺成断面为矩形或梯形的垫枕，见图 1-21（*b*）。当用炉渣石灰土等半刚性材料作基层时，可将基层加厚形成垫枕，见图 1-21（*c*），其结构简单，造价低廉。板与垫枕或基层之间铺一层或两层油毛毡或 20 厚沥青砂用于防止水经过胀缝渗入基层和土层。

② 缩缝的构造

缩缝一般采用假缝形式，即只在板的上部设缝隙，当板收缩时将沿此最薄弱断面有规则地自行断裂，见图 1-22（*a*）。缝隙宽约 5～10mm，深度约为板厚的 1/ 4～1/3，一般为 40～60mm。对于交通繁忙或地基水文条件不良路段，应在板厚中央设置传力杆，其长度约为 0.3～0.4m，直径 14～16mm，间距 0.3～0.75m，见图 1-22（*b*）。

③ 施工缝构造

施工缝通常采用平头缝或企口缝的构造形式。平头缝上部应设置深为板厚的 1/4～1/3 或 40～60mm、宽为 8～12mm 的沟槽，能浇灌填缝料。为利于板间传递荷载，在板厚的

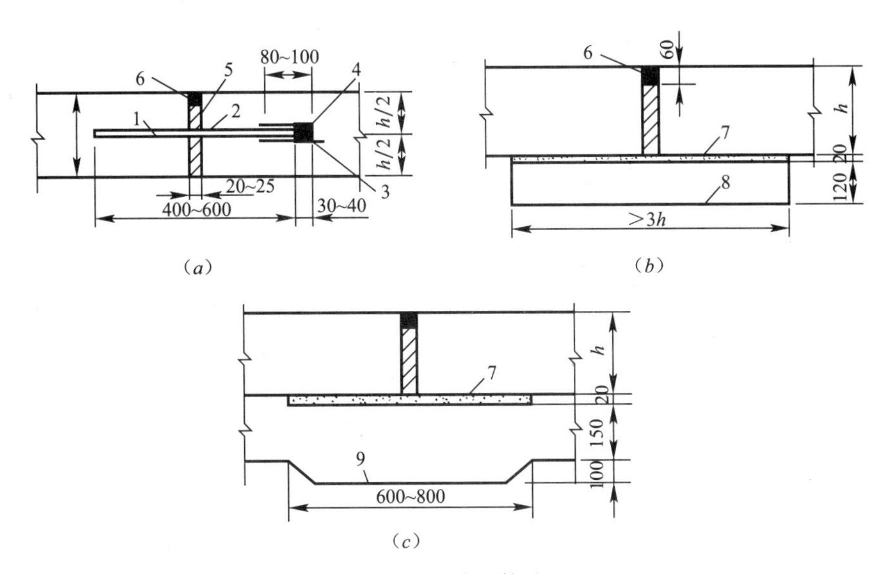


图 1-21　胀缝构造

(a) 传力杆式；(b) 枕垫式；(c) 基层枕垫式

1—传力杆固定端；2—传力杆活动端；3—金属套筒；4—弹性材料；5—软木板；6—沥青填缝料；7—沥青砂；8—C8～C10 水泥混凝土预制枕垫；9—炉渣石灰土

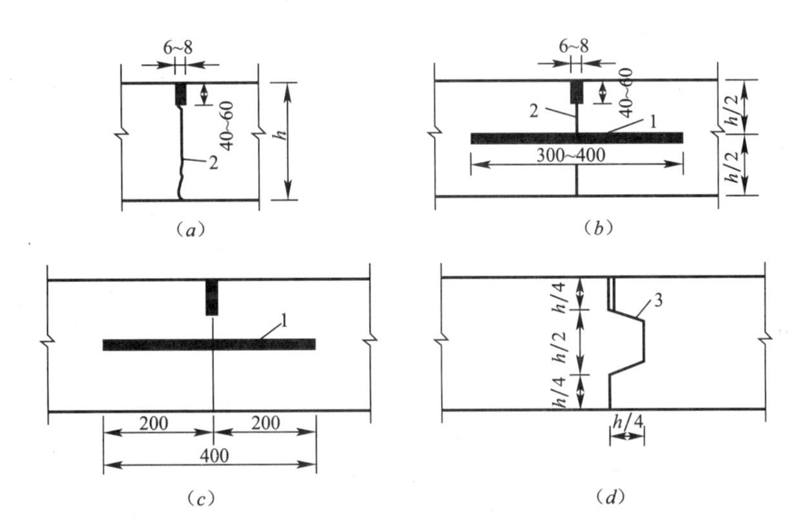


图 1-22　缩缝构造

(a) 无传力杆式的假缝；(b) 有传力杆式的假缝；(c) 有传力杆式的工作缝；(d) 企口式工作缝

1—传力杆；2—自行断裂缝；3—涂沥青

中央也应设置传力杆，其长度约为 0.4m，直径 20mm，半段锚固在混凝土中，另半段涂沥青或润滑油，又称滑动传力杆。如不设传力杆，则需要专门的拉毛模板，把混凝土接头处做成凹凸不平的表面，以利传递荷载。另一种形式是企口缝（见图 1-22*d*）。

2）纵缝构造

纵缝是指平行于混凝土行车方向的接缝，纵缝一般按 3～4.5m 设置。当双车道路面按全幅宽度施工时，纵缝可做成假缝形式。在板厚中央设置拉杆，拉杆直径可小于传力杆，间距为 1.0m 左右，锚固在混凝土内，以保证两侧板不致被拉开而失去缝下部的颗粒嵌锁作用（见图1-23*a*）。当按一个车道依次施工时，在半幅板做成后，对板侧壁涂以沥青，并在其上部安装厚约10mm，高约40mm的压缝板，随即浇注另半幅混凝土，待硬结后拔出压缝板，浇灌填缝料，作成平头纵缝（见图1-23*b*）。考虑利于板间荷载传递，也可采用企口纵缝（见图1-23*c*），缝壁应涂沥青，缝的上部应留有宽6～8mm的缝隙，内浇灌填缝料。有时在平口式及企口式纵缝上设置拉杆，见图1-23（*c*）、（*d*），拉杆长0.5～0.7m，直径18～120mm，每隔1m～1.5m各设置一根。可防止板沿两侧拱坡爬动拉开和形成错台及防止横缝搓开。

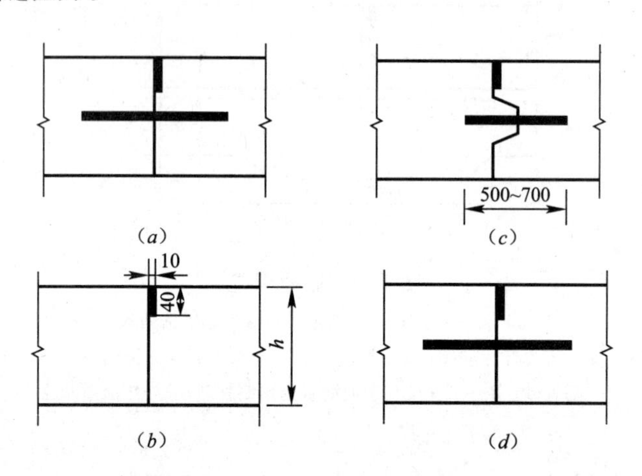


图1-23　纵缩缝的构造形式

（*a*）假缝带拉杆；（*b*）平头缝；（*c*）企口缝加拉杆；（*d*）平台缝加拉杆

**2. 水泥混凝土面层施工**

混凝土路面板施工程序因摊铺机具而异，我国目前采用的摊铺机具与摊铺方式包括滑模摊铺、轨道摊铺、碾压摊铺、三辊轴摊铺和手工摊铺等。基本施工程序为：安装模板、设置传力杆、混凝土的拌合与运输、混凝土的摊铺和振捣、接缝的设置、表面整修、混凝土的养护与填缝。

（1）模板安装

模板安装前，先进行定位测量放样，每20m设中心桩，每100m设临时水准点；核对路面标高、面板分块、接缝和构造的位置。模板安装应符合下列规定：

1）支模前应核对路面标高、面板分块、胀缝和构造物位置；

2）模板应安装稳固、顺直、平整，无扭曲，相邻模板连接应紧密平顺，不得错位；

3）严禁在基层上挖槽嵌入模板；

4）使用轨道摊铺机应采用专用钢制轨模；

5）模板安装完毕，应进行检验，合格后方可使用。其安装质量应符合表1-13的规定。

**模板安装允许偏差**　　**表1-13**

| 检测项目＼施工方式 | 允许偏差 | | | 检验频率 | | 检验方法 |
|---|---|---|---|---|---|---|
| | 三辊轴机组 | 轨道摊铺机 | 小型机具 | 范围 | 点数 | |
| 中线偏位（mm） | ≤10 | ≤5 | ≤15 | 100m | 2 | 用经纬仪、钢尺量 |
| 宽度（mm） | ≤10 | ≤5 | ≤15 | 20m | 1 | 用钢尺量 |

续表

| 检测项目 \ 施工方式 | 允许偏差 | | | 检验频率 | | 检验方法 |
|---|---|---|---|---|---|---|
| | 三辊轴机组 | 轨道摊铺机 | 小型机具 | 范围 | 点数 | |
| 顶面高程（mm） | ±5 | ±5 | ±10 | 20m | 1 | 用水准仪具量测 |
| 横坡（%） | ±0.10 | ±0.10 | ±0.20 | 20m | 1 | 用钢尺量 |
| 相邻板高差（mm） | ≤1 | ≤1 | ≤2 | 每缝 | 1 | 用水平尺、塞尺量 |
| 模板接缝宽度（mm） | ≤3 | ≤2 | ≤3 | 每缝 | 1 | 用钢尺量 |
| 侧面垂直度（mm） | ≤3 | ≤2 | ≤4 | 20m | 1 | 用水平尺、卡尺量 |
| 纵向顺直度（mm） | ≤3 | ≤2 | ≤4 | 40m | 1 | 用 20m 线和钢尺量 |
| 顶面平整度（mm） | ≤1.5 | ≤1 | ≤2 | 每两缝间 | 1 | 用 3m 直尺、塞尺量 |

（2）传力杆设置

通常在完成模板安装之后，设置各种接缝的传力装置，包括拉杆、胀缝板、传力杆及其套帽、滑移端等。通常采用传力杆钢筋架安装固定。钢筋安装前应检查其原材料品种、规格与加工质量，确认符合设计规定。各类钢筋安装应牢固、位置准确。胀缝传力杆应与胀缝板、提缝板一起安装。

（3）混凝土的拌合与运输

面层用混凝土应选择具备资质、混凝土质量稳定的搅拌站供应。施工中应根据运距、混凝土搅拌能力、摊铺能力配置运输车辆。不同摊铺工艺的混凝土搅拌物从搅拌机出料到运输、铺筑完毕的允许最长时间应符合表 1-14 的规定。

**混凝土拌合物出料到运输、铺筑完毕允许最长时间　　表 1-14**

| 施工气温*（℃） | 到运输完毕允许最长时间（h） | | 到铺筑完毕允许最长时间（h） | |
|---|---|---|---|---|
| | 滑模、轨道 | 三轴、小机具 | 滑模、轨道 | 三轴、小机具 |
| 5～9 | 2.0 | 1.5 | 2.5 | 2.0 |
| 10～19 | 1.5 | 1.0 | 2.0 | 1.5 |
| 20～29 | 1.0 | 0.75 | 1.5 | 1.25 |
| 30～35 | 0.75 | 0.50 | 1.25 | 1.0 |

注：表中*指施工时间的日间平均气温，使用缓凝剂延长凝结时间后，本表数值可增加 0.25～0.5h。

（4）混凝土的摊铺和振捣

混凝土铺筑前应检查基层或砂垫层表面、模板位置、高程等符合设计要求；模板支撑接缝严密、模内洁净、隔离剂涂刷均匀；钢筋、预埋胀缝板的位置正确，传力杆等安装符合要求；混凝土搅拌、运输与摊铺设备状况良好。

1）三辊轴机组铺筑应符合下列规定：

① 三辊轴机组铺筑混凝土面层时，辊轴直径应与摊铺层厚度匹配，且必须同时配备一台安装插入式振捣器组的排式振捣机，振捣器的直径宜为 50～100mm，间距不得大于其有效作用半径的 1.5 倍，且不得大于 50cm；

② 当面层铺装厚度小于 15cm 时，可采用振捣梁。其振捣频率宜为 50～100Hz，振捣加速度宜为 4～5g（g 为重力加速度）；

③ 当一次摊铺双车道面层时，应配备纵缝拉杆插入机，并配有插入深度控制和拉杆间距调整装置。

轨道摊铺机基本技术参数见表 1-15。

**轨道摊铺机基本技术参数** 表 1-15

| 项　目 | 发动机功率（kW） | 最大摊铺宽度（m） | 摊铺厚度（mm） | 摊铺速度（m/min） | 整机质量（t） |
|---|---|---|---|---|---|
| 三车道轨道摊铺机 | 33～45 | 11.75～18.3 | 250～600 | 1～3 | 13～38 |
| 双车道轨道摊铺机 | 15～33 | 7.5～9.0 | 250～600 | 1～3 | 7～13 |
| 单车道轨道摊铺机 | 8～22 | 3.5～4.5 | 250～450 | 1～4 | ≤7 |

④ 铺筑作业应符合下列要求：卸料应均匀，布料应与摊铺速度相适应；设有纵缝、缩缝拉杆的混凝土面层，应在面层施工中及时安设拉杆；三辊轴整平机分段整平的作业单元长度宜为 20～30m，振捣机振实与三辊轴整平工序之间的时间间隔不宜超过 15min；在一个作业单元长度内，应采用前进振动、后退静滚方式作业，最佳滚压遍数应经过试铺确定。

2）采用轨道摊铺机铺筑时，最小摊铺宽度不宜小于 3.75m，并应符合下列规定：

① 应根据设计车道数按表 1-16 的技术参数选择摊铺机；

② 坍落度宜控制在 20～40mm。不同坍落度时的松铺系数（$K$）可参考表 1-16 确定，并按此计算出松铺厚度；

**松铺系数（$K$）与坍落度（$S_L$）的关系** 表 1-16

| 坍落度 $S_L$（mm） | 5 | 10 | 20 | 30 | 40 | 50 | 60 |
|---|---|---|---|---|---|---|---|
| 松铺系数 $K$ | 1.30 | 1.25 | 1.22 | 1.19 | 1.17 | 1.15 | 1.12 |

③ 当施工钢筋混凝土面层时，宜选用两台箱型轨道摊铺机分两层两次布料。下层混凝土的布料长度应根据钢筋网片长度和混凝土凝结时间确定，且不宜超过 20m；

④ 振实作业的要求如下：轨道摊铺机应配备振捣器组，当面板厚度超过 150mm、坍落度小于 30mm 时，必须插入振捣；轨道摊铺机应配备振动梁或振动板对混凝土表面进行振捣和修整，使用振动板振动提浆饰面时，提浆厚度宜控制在（4±1）mm；面层表面整平时，应及时清除余料，用抹平板完成表面整修。

3）人工小型机具施工水泥混凝土路面层，应符合下列规定：

① 混凝土松铺系数宜控制在 1.10～1.25；

② 摊铺厚度达到混凝土板厚的 2/3 时，应拔出模内钢钎，并填实钎洞；

③ 混凝土面层分两次摊铺时，上层混凝土的摊铺应在下层混凝土初凝前完成，且下层厚度宜为总厚的 3/5；

④ 混凝土摊铺应与钢筋网、传力杆及边缘角隅钢筋的安放相配合；

⑤ 一块混凝土板应一次连续浇筑完毕；

⑥ 混凝土使用插入式振捣器振捣时，不得过振，且振动时间不宜少于 30s，移动间距不宜大于 50cm。使用平板振捣器振捣时应重叠 10～20cm，振捣器行进速度应均匀一致。

（5）接缝制作

1）胀缝，先浇筑胀缝一侧混凝土，取去胀缝模板后，再浇筑另一侧混凝土，钢筋支架浇在混凝土内。压缝板条使用前应涂废机油或其他润滑油，在混凝土振捣后，先抽动一下，而后最迟在终凝前将压缝板条抽出。缝隙上部浇灌填缝料，留在缝隙下部的嵌缝板是用沥青浸制的软木板或油毡等材料制成。

2）横向缩缝，即假缝，常用方法有压缝法和切缝法。

压缝法：在混凝土振实整平后，利用振捣梁将“T”形振动刀准确地按缩缝位置振压出一条槽，随后将铁制压缝板放入，并用原浆修平槽边。当混凝土收浆抹面后，再轻轻取出压缝板，并用专用抹子修整缝缘。

切缝法：在结硬的混凝土（混凝土强度达到设计强度的25%～30%）中用锯缝机切割出要求深度的槽口。

3）纵缝，通常做成企口式。模板内壁做成凸榫状。拆模后，混凝土板侧面即形成凹槽。需设置拉杆时，模板在相应位置处要钻成圆孔，以便拉杆穿入。浇注另一侧混凝土前，应先在凹槽壁上涂抹沥青。

（6）表面整修

混凝土终凝前必须用人工或机械抹平其表面。目前国产的小型电动抹面机有两种装置：装上圆盘即可进行粗光；装上细抹叶片即可进行精光。

（7）养生与填缝

1）养生

水泥混凝土养生方法有湿法养生和喷洒养生剂养生。

湿法养护方法是：在混凝土终凝后，用塑料保湿膜、土工毡、土工布、麻袋、草袋、草帘或者20～30mm厚的湿砂、锯末屑等覆盖于混凝土板表面，每天应均匀洒水，始终保持潮湿状态。昼夜温差大的地区，混凝土板浇筑后3d内应采取保温措施，防止混凝土板产生收缩裂缝。混凝土板在养生期间和填缝前，应禁止车辆通行。在达到设计强度的40%以后，方可允许行人通行。在路面养生期间，平交道口应搭建临时便桥。养生时间应根据混凝土强度增长情况而定，一般宜为14～21d。养生期满方可将覆盖物清除，板面不得留有痕迹。

混凝土路面也可采用喷洒养生剂养生，喷洒应均匀、成膜厚度应足以形成完全密闭水分的薄膜，喷洒后的表面不得有颜色差异。喷洒时间宜在表面混凝土泌水完毕后进行。

2）拆模

拆模应根据气温和混凝土强度增长情况而定。拆模过早易损坏混凝土，过迟则又影响模板周转使用。采用普通水泥时，一般允许拆模时间表1-17的规定。若达不到要求不能拆除端模时，可空出一块面板，重新起头摊铺，空出的面板待两端均可拆模后再补做。

**混凝土板允许拆模时间表** **表1-17**

| 昼夜平均气温（℃） | 允许拆模时间（h） | 昼夜平均气温（℃） | 允许拆模时间（h） |
|---|---|---|---|
| 5 | 72 | 20 | 30 |
| 10 | 48 | 25 | 24 |
| 15 | 36 | 30以上 | 18 |

注：1. 允许拆模时间为自混凝土成型后至开始拆模时的间隔时间。
2. 使用矿渣水泥时，允许拆模时间宜延长50%～100%。

拆模时要操作细致，不得损坏板边、板角和传力杆、拉杆周围的混凝土，也不得造成传力杆和拉杆松动或变形。模板拆卸宜使用专用拔楔工具，严禁使用大锤强击拆卸模板，尽量保持模板完好。拆下的模板应将粘附的砂浆清除干净，堆放整齐，并矫正变形或局部损坏，矫正精度应符合模板允许偏差规定的要求。不符合要求的模板应废弃，不得再使用。

拆模顺序如下：先拆下模板外侧支撑（内侧支撑已于混凝土路面现浇到位时拆除）、外侧小钢钎等模板固定部分，再用偏头小铁棒插入模板与混凝土路面之间轻轻向外撬动模板，小心取出，清洗后上脱模剂，整齐堆码以利下次使用。

3）填缝

为防止雨水下渗、泥土等杂物落入接缝内影响自由伸缩，应采用柔性材料将缝内灌实。填缝前先清缝，清缝可采用人工抠除杂物、空压机吹扫的方式，保证缝内清洁、干燥，无污泥、杂物，然后浇灌填缝料。灌注填缝料必须在缝槽干燥状态下进行，填缝料应与混凝土缝壁粘附紧密不渗水。填缝料的灌注深度宜为 30～40mm。当缝槽大于 30～40mm 时，可填入多孔柔性衬底材料。填缝料的灌注高度，夏天宜与板面平，冬天宜稍低于板面。面层混凝土弯拉强度达到设计强度，且填缝完成后，方可开放交通。

理想的填缝料应能长期保持弹性、韧性、耐磨、耐疲劳、不易老化，能与混凝土粘牢。常用灌缝材料有聚氯乙烯胶泥，沥青橡胶、聚胺醋、沥青麻絮以及南方地区可使用的沥青玛啼脂（但其低温延续性差）等材料，尤以聚氯乙烯胶泥使用效果最好。

### 1.2.4 路面施工常用机械

**1. 沥青路面施工机械**

（1）沥青混凝土摊铺机

沥青混凝土摊铺机是专门用于摊铺沥青混凝土路面的施工机械，可一次完成摊铺、捣压和熨平三道工序，与自卸汽车和压路机配合作业，可完成铺设沥青混凝土路面全部工程。摊铺机可按移动方式、行驶装置和接料方式进行分类。

1）按移动方式分类

按移动方式不同，沥青混凝土摊铺机分为拖式和自行式两种，拖式摊铺机要靠自卸汽车牵引移动，生产率和摊铺质量都较低，应用较少。

2）按行驶装置分类

轮胎式沥青混凝土摊铺机（见图 1-24）：自行速度较高、机动性好、构造简单，应用较为广泛。

履带式沥青混凝土摊铺机（见图 1-25）：牵引力大、接地比压小、可在较软路基上进行作业，且由于履带的滤波作用，使其对路基不平度敏感性不大。缺点是行驶速度低，机动性差，制造成本较高。

复合式沥青混凝土摊铺机：综合应用了前两种形式的特点，工作时用履带行走，运输时用轮胎，一般用于小型摊铺机，便于转移工作地点。

3）按接料方式分类

有接料斗的沥青混凝土摊铺机：可借助于刮板输送器和倾翻料斗来对工作机构进行供料，特点是易于调节混合料的称量，但结构复杂（见图 1-26、图 1-27）。

图 1-24　轮胎式沥青混凝土摊铺机

图 1-25　履带式沥青混凝土摊铺机

图 1-26　有接料斗的沥青混凝土摊

图 1-27　沥青混凝土路面施工现场

无接料斗的沥青混凝土摊铺机：混合料直接卸于路基上，特点是结构简单，但混合料的计量精度较低。

(2) 压路机

路面碾压施工机械基本同路基施工机械。主要选用钢轮（双轮和三轮）压路机、轮胎压路机和振动压路机等。

摊铺施工中，一般先选双轮压路机进行初压，然后选轮胎压路机复压，最后再用双轮或三轮压路机溜光。

(3) 沥青混凝土拌合站

沥青混凝土拌合站及配料仓见图 1-28。

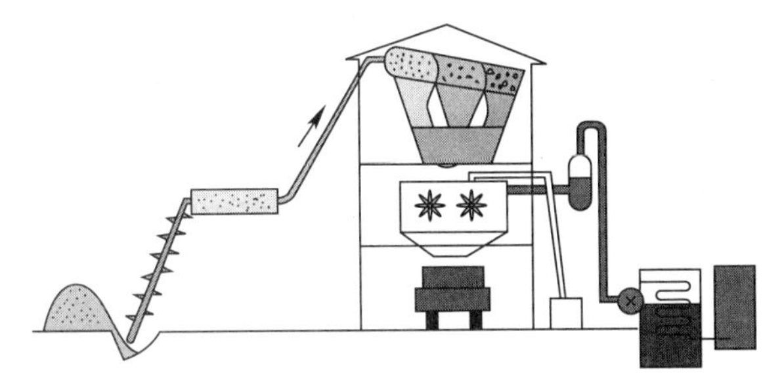

图 1-28　沥青拌合站及配料仓

**2. 水泥混凝土路面施工机械**

（1）振捣及辅助机械

混凝土振捣机械包括插入式振捣器、平板式振捣器、磨光机、切缝机等，见图 1-29。

（*a*） （*b*） （*c*） （*d*）

图 1-29 混凝土路面施工机具

（*a*）插入式振捣棒；（*b*）平板式振捣器；（*c*）磨光机；（*d*）切缝机

（2）摊铺机

水泥混凝土路面施工的摊铺机有滑膜摊铺机（见图 1-30）、轨模式摊铺机等。混凝土路面施工现场简图 1-31。

图 1-30 滑膜摊铺机

图 1-31 混凝土路面施工现场

## 1.3 道路附属构筑物施工

城市道路附属构筑物，一般包括路缘石，人行道、雨水口、涵洞、护坡、护底、排水沟及挡土墙等。附属构筑物虽不是道路工程的主体结构，然而，它不仅关系到道路工程的整体质量，而且起着完善道路使用功能、保证道路主体结构稳定的作用。但在实际施工中重主体、轻附属的倾向一直存在，造成道路附属结构物的施工质量不理想，在竣工后使用不久便暴露出许多质量问题。本章着重就道路侧石、平石、人行道、雨水井、挡土墙等几种常见的附属构筑物的施工及质量控制作一介绍。

### 1.3.1 路缘石施工

**1. 概述**

路缘石包括侧缘石和平缘石。侧缘石是设在道路两侧，用于区分车道、人行道、绿化带、分隔带的界石，一般高出路面 12～15cm，也称为道牙。作用是保障行人、车辆的交通安全。平缘石设在侧缘石与路面之间，平缘石顶面与路面平齐，有标定路面范围、整齐路容的作用，特别是沥青类路面有方便路面碾压施工及保护路面边缘的作用。路缘石与路面构造见图 1-32 所示。路缘石宜采用石材或预制混凝土标准块。路口、隔离带端部等曲线段路缘石，宜按设计弧形加工预制，也可采用小标准块。侧缘石的断面形状如图 1-33 所示。

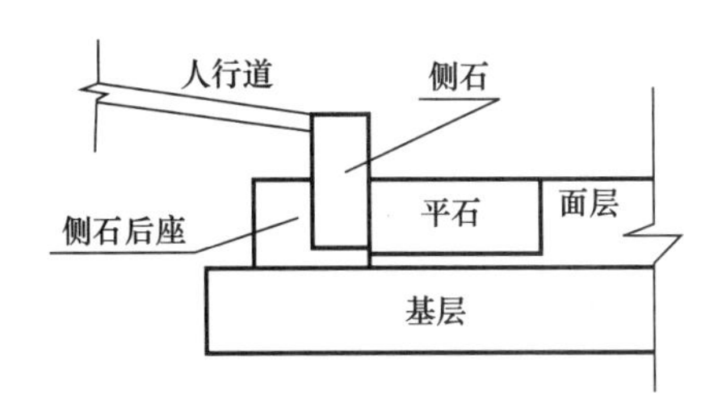


图 1-32　路缘石安砌位置图

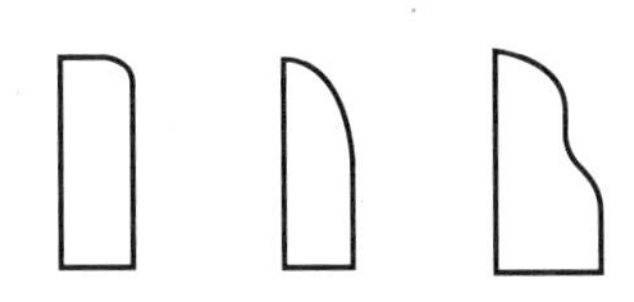

图 1-33　侧石断面示意图

**2. 施工程序及工艺**

路缘石的施工一般以预制安砌为主，施工程序为：测量放样→基础铺设→排列安砌→填缝养生。

（1）施工工艺

1）测量放样，通常在作完基层后进行，按设计边线或其他施工基准线，准确地放线钉桩，测定侧缘石的位置和施工标高，以控制方向和高程；

2）放样后，开槽做基础，并钉桩挂线，直线部分桩距 10～15m，弯道部分 5～10m，路口处桩距 1～5m；

3）路缘石应以干硬性砂浆铺砌，砂浆应饱满、厚度均匀。路缘石砌筑应稳固、直线段顺直、曲线段圆顺、缝隙均匀；路缘石灌缝应密实，平缘石表面应平顺不阻水；

4）路缘石背后应浇筑水泥混凝土支撑，并还土夯实。还土夯实宽度不宜小于 50cm，高度不宜小于 15cm，压实度不得小于 90%。也可以在侧缘石后现浇低标号混凝土侧缘石后座，以确保侧缘石的稳固；

5）路缘石采用 M10 水泥砂浆灌缝，灌缝密实后，常温养护期不得少于 3d。

（2）施工质量要求

侧缘石必须稳固，并应线条直顺，曲线圆滑美观、无折角、顶面应平整无错牙，勾缝严密砂浆饱满，平缘石不得阻水；侧缘石背后回填并夯实。路缘石安砌允许偏差应符合表 1-18 规定。

**侧缘石、平缘石安砌允许偏差**　　**表 1-18**

| 项　目 | 允许偏差（mm） | 检验频率 | | 检验方法 |
|---|---|---|---|---|
| | | 范围（m） | 点数 | |
| 直顺度 | ≤10 | 100 | 1 | 用 20m 线和钢尺量 |
| 相邻块高差 | ≤3 | 20 | 1 | 用钢板尺和塞尺量 |
| 缝宽 | ±3 | 20 | 1 | 用钢尺量 |
| 顶面高程 | ±10 | 20 | 1 | 用水准仪测量 |

### 1.3.2 人行道施工

**1. 概述**

人行道是城市道路的重要组成部分，具有美化市容、展示城市建筑风貌的形象作用。人行道按使用材料不同可分为沥青面层人行道、水泥混凝土人行道和预制块人行道等。前两种人行道的施工程序和工艺基本与相应路面施工相同。预制块人行道通常是用水泥混凝土预制块铺砌而成。基层有石灰稳定土、水泥石屑或良好土基铺砂垫层等，对人行道的使用质量而言，要求基层具有足够的强度、稳定性和平整度，保证人行道面层的铺砌质量。

**2. 施工程序和工艺**

预制块人行道施工一般在车行道完毕后进行，通常采用人工挂线铺砌。施工程序为：基层摊铺碾压→测量挂线→预制块铺砌→扫填砌缝→养护。

（1）施工工艺

1）人行道基层的摊铺碾压请参阅“道路基层施工”。

2）在碾压平整的基层上，按控制点定出方格坐标，并挂线，随时检查位置和高程；

3）预制块铺砌要轻放，铺砌应采用干硬性水泥砂浆，虚铺系数应经试验确定。

4）铺好预制块后应沿线检查平整度，发现有位移、不稳、翘角、与相邻板不平等现象，应立即修正，最后用砂或石屑扫缝或作干砂掺水泥（1∶10体积比）拌和均匀填缝并洒水。

5）铺砌面层完成后，必须封闭交通，并应湿润养护，当水泥砂浆达到设计强度后，方可开放交通。

6）盲道铺砌应做到：行进盲道砌块与提示盲道砌块不得混用；盲道必须避开树池、检查井、杆线等障碍物；路口处盲道应铺设为无障碍形式。

（2）质量要求

水泥混凝土预制人行道砌块的抗压强度应符合设计规定，设计未规定时，不宜低于30MPa。砌块应表面平整、粗糙、纹路清晰、棱角整齐，不得有蜂窝、露石、脱皮等现象；彩色道砖应色彩均匀。预制人行道砌块加工尺寸与外观质量允许偏差应符合表1-19和表1-20的规定。

**预制人行道砌块加工尺寸与外观质量允许偏差　　表1-19**

| 项　目 | 允许偏差（mm） |
|---|---|
| 长度、宽度（mm） | ±2.0 |
| 厚度（mm） | ±3.0 |
| 厚度差*（mm） | ≤3.0 |
| 平整度（mm） | ≤2.0 |
| 正面粘皮及缺损的最大投影尺寸（mm） | ≤5 |
| 缺棱掉角的最大投影尺寸（mm） | ≤10 |
| 非贯穿裂纹长度最大投影尺寸（mm） | ≤10 |
| 贯穿裂纹（mm） | 不允许 |
| 分层 | 不允许 |
| 色差、杂色 | 不明显 |

注：*示同一砌块厚度差。

**预制砌块铺砌允许偏差** **表 1-20**

| 项　目 | 允许偏差 | 检验频率 | | 检验方法 |
|---|---|---|---|---|
| | | 范围 | 点数 | |
| 平整度（mm） | ≤5 | 20m | 1 | 用3m直尺和塞尺量 |
| 横坡（%） | ±0.3%且不反坡 | 20m | 1 | 用水准仪量测 |
| 井框与面层高差（mm） | ≤4 | 每座 | 1 | 十字法用直尺和塞尺量最大值 |
| 相邻块高差（mm） | ≤3 | 20m | 1 | 用钢尺量 |
| 纵缝直顺（mm） | ≤10 | 40m | 1 | 用20m线和钢尺量 |
| 横缝直顺（mm） | ≤10 | 20m | 1 | 沿路宽用线和钢尺量 |
| 缝宽（mm） | +3　−2 | 20m | 1 | 用钢尺量 |

### 1.3.3 雨水口施工

**1. 概述**

雨水口是雨水管道或合流排水系统上收集雨水的构筑物，道路及人行道上的雨水经过雨水口流经支管汇入排水主干管。

雨水口按照进水方式分为平入式、侧入式和联合式三类。按照雨水口与支管的连接高低不同分为有落底（也可称沉砂井）和无落底两种，有落底的好处是可将砂石及杂物截留沉积在井底，定期掏挖以防堵塞管道。

雨水口一般布设在能有效收集雨水的道路边缘，沿道路纵向间距宜为25～50m，其位置应与检查井协调。侧入式的进水口可与侧石预制成一体进行安砌。

平入式雨水进水口在平坦路段可与平石配合形成的锯齿形边沟有效集水或在井口周围做成下凹弧面。

**2. 施工程序和工艺**

雨水口一般采用砖砌结构，雨水口（雨篦）预制安装。其施工程序一般为：放样定位→开挖→基底处理→砌井墙→安井口。

（1）施工工艺

1）雨水口施工一般在作完基层后进行，按设计图中的边线高程放线挖槽，控制位置、方向和高程；按道路设计边线及支管位置，定出雨水口中心线桩使雨水口长边与道路边线重合（弯道部分除外）。

2）按雨水口中心线桩挖槽，注意留有足够的工作面，如核对雨水口位置有误差时，应以支管为准，平行于路边修正位置，并挖至设计深度。

3）槽底要仔细夯实，如有水应排除并浇注C10混凝土基础，或铺碎石厚10cm，槽底松软土应夯实，并构筑3：7灰土垫层，然后砌筑井墙。

4）砌井墙

① 按井墙位置挂线，先砌筑井墙一层，用对角线来核对方正。

② 砌筑井墙，随砌随刮平缝（或双面抹面），每砌高30cm应将墙外及时回填土（灰土）并夯实；

③ 砌至雨水支管处应满铺砂浆，砌砖已包满支管时应将管口周围用砂浆抹严抹平，不能有缝隙，管顶砌半圆砖，管口应与井墙砌齐平。支管与井壁斜交时，允许管口入墙

2cm，另一侧凸出 2cm，超过此限时须考虑调整雨水口位置；

④ 井口应与路面施工配合同时升高，当混凝土井圈安装后，应备木板或铁盖加以保护，以防在面层施工时被压路机压坏。

⑤ 井底应用 C10 细石混凝土抹出向雨水支管集水的泛水坡。

5）预制井圈内侧应与缘石或路边成一直线，并须满铺砂浆，找平坐稳。井圈顶与路面齐平或稍低，不得凸出；现浇井圈时，模板应支立牢固，尺寸准确，浇注后应立即养生，待雨水井具有一定强度后可铺筑路面。

（2）质量要求

雨水口及支管的施工质量要求为：

1）雨水支管、雨水口位置应符合设计规定，且满足路面排水要求。当设计规定位置不能满足路面排水要求时，应在施工前办理变更设计。

2）雨水支管、雨水口基底应坚实，现浇混凝土基础应振捣密实，强度符合设计要求。

3）砌筑雨水口应符合下列规定：

① 雨水管端面应露出井内壁，其露出长度不得大于 2cm；

② 雨水口井壁，应表面平整，砌筑砂浆应饱满，勾缝应平顺；

③ 雨水管穿井墙处，管顶应砌砖券；

④ 井底应采用水泥砂浆抹出雨水口泛水坡。

4）雨水支管敷设应直顺，不得错口、反坡、凹兜。检查井、雨水口内的外露管端面应完好，不得将断管端置入雨水口。

5）雨水支管与雨水口四周应回填夯实。处于道路基层内的雨水支管应做 360°混凝土包封，且在包封混凝土达至设计强度 75%前不得放行交通。

6）雨水支管与既有雨水干线连接时，宜避开雨期。施工中需进入检查井时，必须采取防缺氧、防毒和有害气体的安全措施。

收水井、支管允许偏差符合表 1-21 中的规定。

**雨水口、支管允许偏差** **表 1-21**

| 序　号 | 项　目 | 允许偏差（mm） | 检验频率 | | 检验方法 |
|---|---|---|---|---|---|
| | | | 范围 | 点数 | |
| 1 | 井框与井壁吻合 | 10 | 座 | 1 | 用尺量 |
| 2 | 井口高程 | +10　−30 | 座 | 1 | 与井周路面比 |
| 3 | 井位与路边线吻合 | 20 | 座 | 2 | 用尺量 |
| 4 | 井内尺寸 | +20　0 | 座 | 1 | 用尺量 |

### 1.3.4 挡土墙施工

**1. 概述**

挡土墙是设置于天然地面或人工坡面上，用以抵抗侧向土压力，防止墙后土体坍塌的支挡结构物。在道路工程中，它可以稳定路堤和路堑边坡，减少土（石）方和占地面积，防止水流冲刷及避免山体滑坡、路基坍方等病害发生。

（1）挡土墙分类（表 1-22）

挡土墙按其在道路横断面上的位置可分为：路堑墙、路堤墙、路肩墙、山坡墙等；按其结构形式可分为：重力式、衡重式、半重力式、锚杆式、垛式、扶壁式等；按砌筑墙身材料可分为：石砌、砖砌、混凝土、钢筋混凝土、加筋挡土墙等。

道路中常用的挡土墙有石砌重力式、衡重式及混凝土、钢筋混凝土悬臂式。

**挡土墙的类型及适用范围** **表 1-22**

| 顺序 | 类 型 | 特 点 | 结构示意图 | 适用范围 |
| --- | --- | --- | --- | --- |
| 1 | 石砌重力式 | 1. 依靠墙身自重抵抗土压力的作用<br>2. 型式简单，取材容易，施工简易 | 墙顶<br>墙面<br>墙背<br>基底 | 1. 产砂石地区<br>2. 墙高在 6.0m 以下，地基良好，非地震区和沿河受水冲刷时，可采用干砌<br>3. 其他情况，宜用浆石砌 |
| 2 | 石砌衡重式 | 1. 利用衡重台上部填土的下压作用和全墙重心的后移，增加墙身稳定，节约断面尺寸<br>2. 墙面陡直，下墙墙背仰斜，可降低墙高，减少基础开挖 | 上墙<br>衡重台<br>下墙 | 1. 山区、地面横坡陡峻的路肩墙<br>2. 也可用于路堑墙，兼有拦挡坠石作用<br>3. 亦可用于路堤墙 |
| 3 | 混凝土半重力式 | 1. 在墙背加入少量钢筋，以减薄墙身，节省圬工<br>2. 墙趾较宽，以保证基底宽度，必要时在墙趾处设少量钢筋 | 钢筋 | 1. 缺乏石料地区<br>2. 一般适用于低墙 |
| 4 | 锚杆式 | 1. 由立柱、挡板和锚杆三部分组成，靠锚杆锚固在山体内拉住立柱<br>2. 断面尺寸小<br>3. 立柱、挡板可预制 | 立柱<br>挡板<br>锚杆 | 1. 高挡墙<br>2. 备有钻岩机、压浆机等设备<br>3. 较宜用于路堑墙，亦可用于路肩墙 |
| 5 | 垛式 | 利用钢筋混凝土预制杆件，纵横交错锚装配成框架，内填土石，以抵抗土的推力 | 混凝土构件<br>基座 | 缺乏石料地区 |
| 6 | 钢筋混凝土悬臂式 | 1. 由立壁、墙趾板和墙踵板三个悬臂梁组成，断面尺寸较小<br>2. 墙高时，立壁下部的弯矩大，消耗钢筋多，不经济 | 立壁<br>墙趾板<br>墙踵板 | 1. 缺乏石料地区<br>2. 普通高度的路肩墙<br>3. 地基情况可以差些 |
| 7 | 钢筋混凝土扶壁式 | 沿悬壁式墙的墙长，隔一距离加一道扶壁，使立壁与墙踵板连接起来，更好受力 | 扶壁 | 在高挡墙时较悬臂式经济。其余同上 |

（2）挡土墙构造

常用的石砌挡土墙一般由基础、墙身、排水系统、沉降缝等组成。

1）基础

挡土墙的基础是挡土墙安全、稳定性的关键，一般土质地基可采用石砌或现浇混凝土扩大基础。当地面纵坡较大时，基础沿长度方向做成台阶式，可以节省工程量。

2）墙身

挡土墙的墙身是挡土的主体结构。当材料为石砌或混凝土时，墙身断面形式按照墙背的倾斜方向分为：仰斜、垂直、俯斜、折线、衡重等几种形式。如图 1-34 所示。

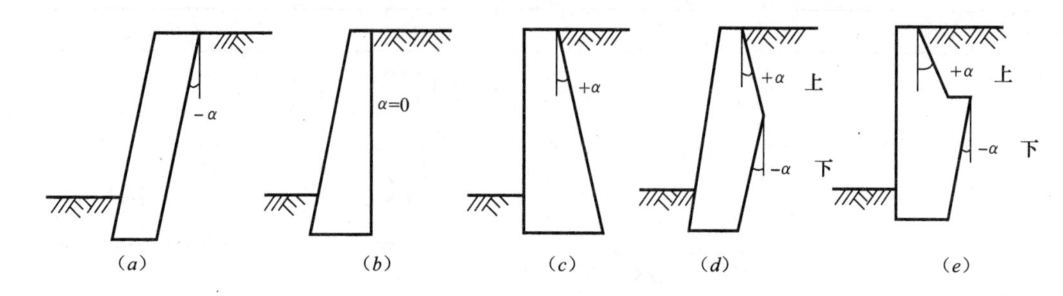


图 1-34　石砌挡土墙的断面形式

(*a*) 仰斜；(*b*) 垂直；(*c*) 俯斜；(*d*) 凸型折线式；(*e*) 衡重式

3）排水系统

挡土墙墙后排水十分重要。若排水不畅，会导致地基承载力下降和墙背土压力增加，严重时造成墙体损坏或发生倾覆。为迅速排除墙背土体的积水，在墙身的适当高度处设置一排或数排泄水孔，如图 1-35 (*a*)(*b*)(*c*) 所示。泄水孔尺寸可视墙背泄水量的大小，常采用 5cm×10cm 或 10cm×10cm 的矩形或圆形孔。泄水孔横竖间距，一般为 2～3m，上下排泄水孔应交错布置。为保证泄水顺畅，避免墙外雨水倒灌，泄水孔应布置成向墙面倾斜，并设成 2%～4%的泄水坡度。

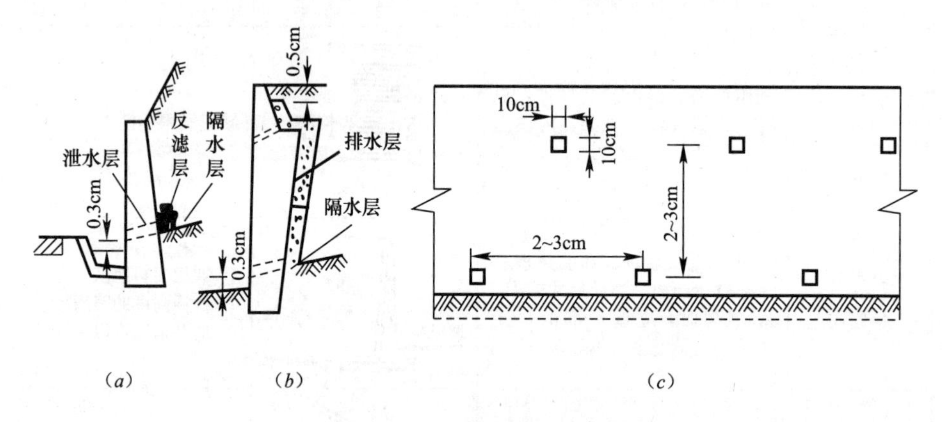


图 1-35　挡土墙的泄水孔及排水层

最下一排泄水孔出口应高出原地面、边沟、排水沟及积水地带的常水位线至少 0.3m。为了防止墙后积水下渗进地基，最下一排墙背泄水孔下面需铺设 0.3m 的黏土隔水层。泄水孔的进水孔处应设粒料反滤层，以防孔洞被土体堵塞。在墙后排水不良或填土透水性差时，应从最下一排泄水孔至墙顶下 0.5m 高度内，铺设厚度不小于 0.3m 砂、石排水层，同时也可减小冻胀时对墙体破坏。

路堑挡土墙墙趾边沟应予以铺砌加固，以防水渗入挡土墙基础。干砌挡土墙可不设泄水孔。

4）沉降与伸缩缝

为了防止墙身因地基不均匀沉降而引起的断裂，需设沉降缝。为了防止砌体硬化收缩和温度与湿度变化所引起的开裂，需设伸缩缝（见图 1-36）。

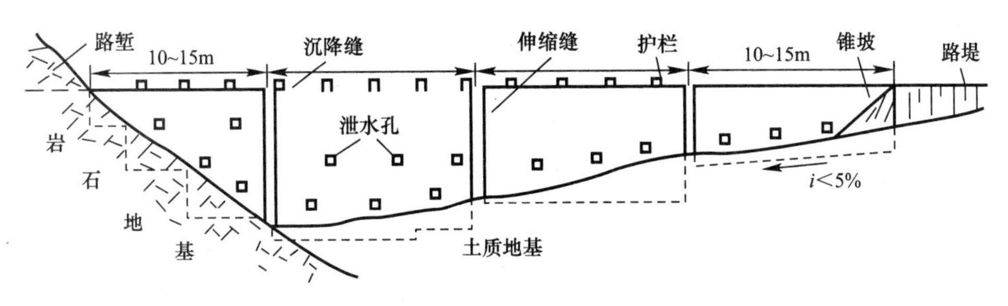


图 1-36 挡土墙沉降与伸缩缝示意图

沉降缝和伸缩缝在挡土墙中同设于一处，称之为沉降伸缩缝。对于非岩石地基，挡土墙每隔 10～15m 设置一道沉降伸缩缝。对于岩石地基应根据地基岩层变化情况，可适当增大沉降缝间距。设置缝宽为 2～3cm，自地基底到墙顶拉通。浆液挡土墙缝内可用胶泥填塞；但在渗水量大、填料易流失或冻害严重地区，宜用沥青麻筋或沥青木板材料，沿墙内、外、顶三边填塞，深度不小于 15cm。墙背为填石料时，留空不填防水材料板。干砌挡土墙，缝的两侧应用平整石料砌成垂直通缝。

**2. 施工程序和工艺**

城市道路中的挡土墙常用的是钢筋混凝土悬壁式、扶壁式和混凝土重力式以及石砌重力式挡土墙，前三种的施工程序和工艺可参照桥梁工程中钢筋混凝土墩台的施工。石砌重力式挡土墙的施工程序可概括为：测量放线→基槽开挖→石料砌筑→勾缝。需注意以下几点：

第一、测量人员应严格按道路施工中线，高程控制点放出基槽开挖界线及深度，随着施工进度测量控制挡土墙的平面位置和纵断面高程。

第二、基槽开挖不得扰动基底原状土，做好排降水设施，保持基底干燥施工。对不符合设计要求的软弱基底应提出处理措施。

（1）施工工艺

1）砌石作业前的施工准备工作

① 施工前应将地基清理干净，复核地基位置、尺寸、高程，遇有松软或其他不符合砌筑条件等的情况必须坚决处理，使之满足设计要求，地基遇水应排除并必须夯填 10cm 厚的碎（卵）石或砂石垫层，使地基坚实，方可砌筑；

② 续砌时应清扫尘土及杂物落叶，石料使用前应清洗干净，不要在刚砌好的砌体上清洗；

③ 砌筑的样板，尺杆、尺寸线等均应测量核实正确，砌筑应挂线，并经常吊线校正尺杆，以免出现误差；

④ 水泥砂浆拌和应符合设计及施工规范要求；

⑤ 砌筑用工具、劳保用品、脚手架等均应牢固、可靠。

2）砌石方法

① 第一层石料砌筑选择大块石料铺砌，大面向下，大石料铺满一层，用砂浆灌入空隙处，然后用小石块挤入砂浆，使砂浆充满空隙，分层向上砌平。遇在岩石或混凝土上砌筑时必须先铺底层砂浆后，再安砌石料，使砂浆和砌石联成一体，以使受力均匀，增强稳定。

② 砌筑从最外边及角石开始，砌好外圈接砌内圈，直至铺满一层。再铺砂浆并用小石块填砌平实。砌筑时应注意：

a. 外边、角石砌筑应选择有平面，有棱角、大致方正的石块，使其尺寸、坡度、角度符合挂线，同层高度大致相等；

b. 砌筑中石块应大小搭配、相互错叠、咬接紧密，所有石块之间均应有砂浆填实，隔开，不能石与石直接接触，工作缝须留斜茬（台阶茬）；

c. 上下层交叉错缝不得小于 8cm，转角处不小于是 15cm，片石不镶面，缝宽不宜大于 4cm，不得出现通缝（见图 1-37）；

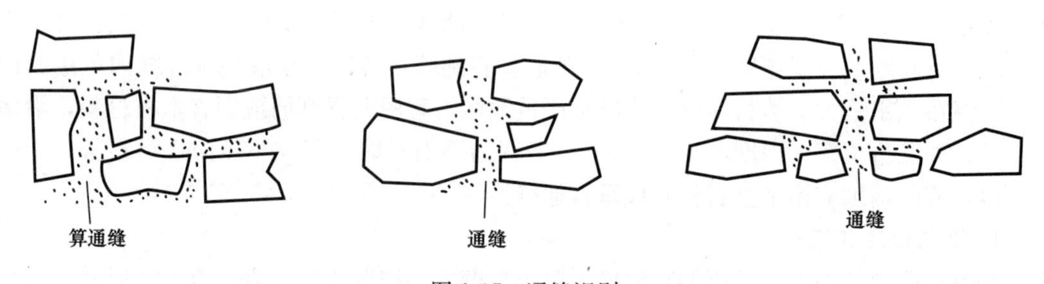


图 1-37　通缝识别

d. 丁石和顺石要相间砌筑，至少两顺一丁或一层丁石一层顺石。丁石长应为顺石的 1.5 倍以上；

e. 伸缩缝（沉降缝）处两面石块可靠着伸缩缝（沉降缝）隔板砌筑，砌完一层即把木隔板（缝板）提高一层，位置、垂直度、尺寸必须准确。遇构造物有沉降缝，须认真核实，使砌石与构造物沉降缝相符合，起到伸缩和沉降作用。

3）勾缝

① 设计无勾缝时可随砌随用灰刀将灰缝刮平；

② 勾缝前应清除墙面污染物，保证湿润，齿剔缝隙；

③ 片石砌体宜采用凸缝或平缝，料石应采用凸缝，保证砌体的自然缝，拐弯圆滑，宽度一致，赶光压实，结合牢固，无毛刺、无空鼓；

④ 砂浆强度不低于 M10（体积比 1∶2.5）。

（2）质量要求

重力式挡土墙的质量要求是：砌体砂浆必须嵌填饱满、密实；灰缝应整齐均匀；缝宽符合要求，勾缝不得有空鼓、脱落；砌体分层填筑必须错缝，其相交处的咬扣必须紧密；沉降缝必须直顺贯通。预埋件，池水孔、反滤层防水设施等必须符合设计规范的要求。砌石不得有松动、叠砌和浮塞现象。其允许偏差见表 1-23。

<table>
<caption>砌筑挡土墙允许偏差　表 1-23</caption>
<tr><th colspan="2" rowspan="2">项　目</th><th colspan="4">允许偏差、规定值</th><th colspan="2">检验频率</th><th rowspan="2">检验方法</th></tr>
<tr><th>料石</th><th colspan="2">块石、片石</th><th>预制块（砖）</th><th>范围</th><th>点数</th></tr>
<tr><td colspan="2">断面尺寸（mm）</td><td>0　+10</td><td colspan="3">不小于设计规定</td><td>20m</td><td>2</td><td>用钢尺量，上下各 1 点</td></tr>
<tr><td rowspan="2">基底高程（mm）</td><td>土方</td><td>±20</td><td>±20</td><td>±20</td><td>±20</td><td rowspan="7"></td><td rowspan="2">2</td><td rowspan="3">用水准仪测量</td></tr>
<tr><td>石方</td><td>±100</td><td>±100</td><td>±100</td><td>±100</td></tr>
<tr><td colspan="2">顶面高程（mm）</td><td>±10</td><td>±15</td><td>±20</td><td>±10</td><td>2</td></tr>
<tr><td colspan="2">轴线偏位（mm）</td><td>≤10</td><td>≤15</td><td>≤15</td><td>≤10</td><td>2</td><td>用经纬仪测量</td></tr>
<tr><td colspan="2">墙面垂直度</td><td>≤0.5%H 且≤20mm</td><td>≤0.5%H 且≤30mm</td><td>≤0.5%H 且≤30mm</td><td>≤0.5%H 且≤20mm</td><td>2</td><td>用垂线检测</td></tr>
<tr><td colspan="2">平整度（mm）</td><td>≤5</td><td>≤30</td><td>≤30</td><td>≤5</td><td>2</td><td>用 2m 直尺和塞尺量</td></tr>
<tr><td colspan="2">水平缝平直度（mm）</td><td>≤10</td><td>—</td><td>—</td><td>≤10</td><td>2</td><td>用 20m 线和钢尺量</td></tr>
<tr><td colspan="2">墙面坡度</td><td colspan="4">不陡于设计规定</td><td></td><td>1</td><td>用坡度板检验</td></tr>
</table>

注：表中 H 为构筑物全高。

# 第 2 章　城市桥梁工程施工

## 2.1　概　　述

桥梁由能够满足其功能要求的不同结构物组成。按其构造型式可分为梁式桥（见图 2-1）、拱桥、刚架桥、悬索桥和组合体系桥（如斜拉桥等）；按照桥梁的组成可分为上部结构（桥跨结构）、下部结构（桥墩、桥台及墩台基础）、桥面系和附属工程。

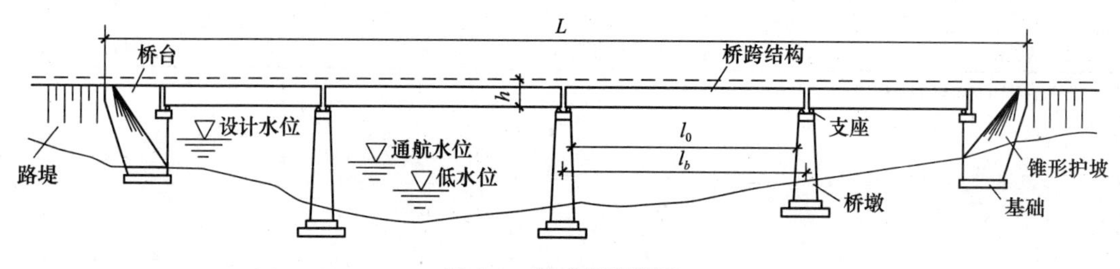


图 2-1　梁式桥概貌图

**1. 桥梁组成**

（1）桥跨结构（上部结构）：作用为跨越障碍物并提供通道。

（2）桥墩、桥台：主要作用是支撑上部结构并传递荷载给基础，其中，桥墩（台）有支座，支座必须保证上部结构具有预计的位移功能，桥台必须保证桥梁与路堤良好衔接。

（3）桥梁基础：把墩台传递来的荷载再传给地基。

（4）桥墩＋桥台＋基础＝下部结构。

**2. 桥梁工程主要名词术语**

（1）计算跨径 $l$：桥梁结构相邻两个支座中心之间的距离；

（2）标准跨径 $l_b$：两桥墩中线间距离或桥墩中线与台背前缘间的距离；

（3）净跨径 $l_0$：设计水位上相邻两桥墩（或墩与桥台）之间的净距；

（4）总跨径：指多孔桥梁中各孔净跨径的总和；

（5）桥梁全长 L：有桥台的桥梁为两岸桥台翼墙（或八字墙等）尾端间的距离；

（6）桥梁建筑高度：桥面至上部结构最下缘之间的高差；

（7）桥梁高度：桥面与低水位之间的高差，或桥面与桥下线路路面之间的距离；

（8）桥下净空高度：设计水位或设计通航水位与桥跨结构最下缘之间的高差。

### 2.1.1　下部结构施工

桥梁基础是支承桥梁墩台并将荷载传递给地基的结构物。基础施工由于在地面以下或在水中，涉及水、岩土问题，从而增加了施工的复杂程度，使桥梁基础的施工无法采用统一的模式。常用的基础形式有明挖扩大基础、桩与管桩基础及沉井基础等。

墩台施工常用的施工方法有：整体式墩台和装配式墩台两大类。

### 2.1.2 上部结构施工

常见的上部结构施工方法有支架法、预制安装法、悬臂法和顶推法等。

1. 支架法施工：支架法施工就是在桥位处搭设支架，在支架上浇筑梁体混凝土或砌筑拱圈，待混凝土达到一定强度后拆除模板、支架的施工方法。该方法适用于小跨径桥及斜坡弯桥等其他方法不适宜的桥梁施工。

根据支架的密集程度又分为满堂支架、梁柱式支架和梁式支架，如图 2-2 所示。

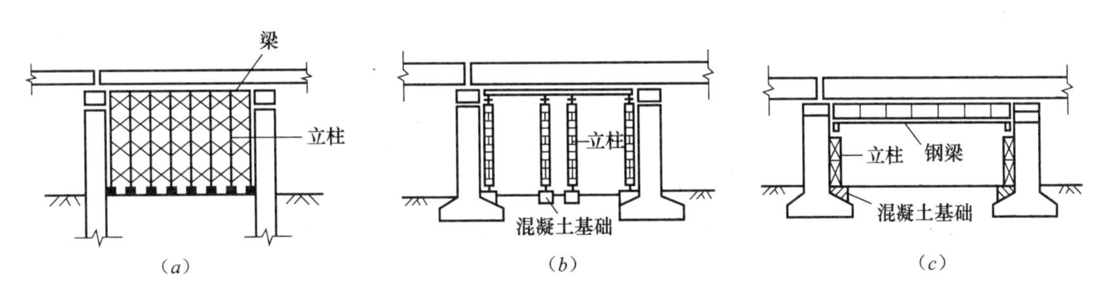


图 2-2 支架施工方法

(a) 满堂支架法；(b) 梁柱式支架法；(c) 梁式支架法

2. 预制安装法施工：在预制工厂或在运输方便的桥址附近设置的预制场进行梁的预制工作，然后采用一定的架设方法进行安装（见图 2-3）。该法一般适用于钢筋混凝土或预应力混凝土简支梁桥的施工。如预制钢筋混凝土或预应力混凝土空心板梁、T 梁、I 梁等。

(a)

(b)

(c)

图 2-3 预制安装方法

(a) 先张法预制梁；(b) 后张法预制梁 (c) 预制梁吊装

3. 悬臂法施工：悬臂法（又称挂篮施工）施工是从中间桥墩开始，向两侧对称进行梁段现浇或将预制梁段对称进行悬臂拼装。前者称为悬臂浇筑施工，后者称为悬臂拼装施工。该法适用于大跨径的连续梁桥、悬臂梁桥、T 型刚构桥、连续刚构桥、斜拉桥等结构的施工。图 2-4 所示为悬臂浇筑施工中的挂篮施工图。

图 2-4　悬臂浇筑施工方法

4. 顶推法施工：顶推法施工是在沿桥纵轴方向的台后设置预制场，分节段预制，并纵向用预应力筋将预制节段与施工完成的梁体连成整体，然后通过水平千斤顶施力，将梁体向前推出预制场地。之后继续在预制场进行下一节段梁的预制，循环操作直至完成施工。该法适用于连续梁桥的施工（见图 2-5）。

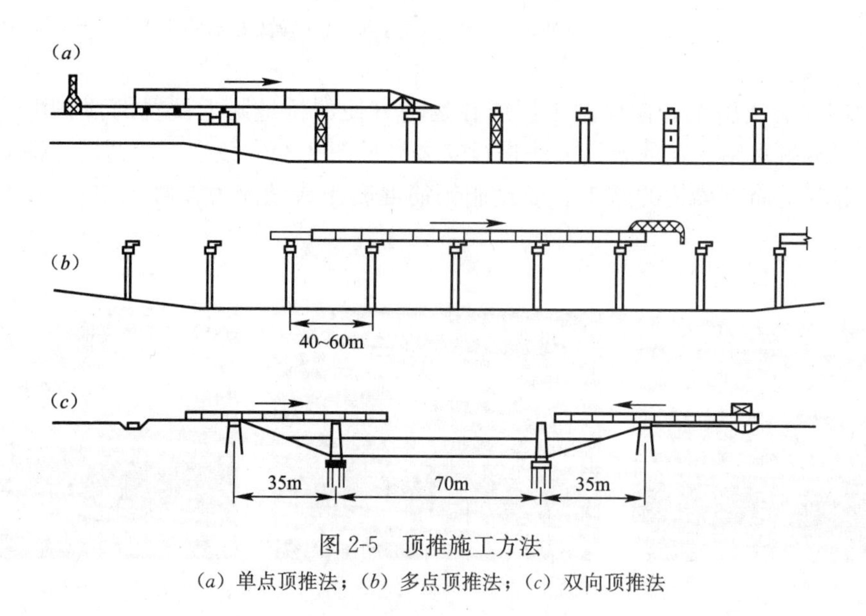


图 2-5　顶推施工方法

(a) 单点顶推法；(b) 多点顶推法；(c) 双向顶推法

## 2.2　基 础 工 程

桥梁基础按照施工方法不同可分为：扩大基础、沉入桩基础、灌注桩基础、沉井基础、地下连续墙基础等。本节重点介绍沉入桩和灌注桩基础施工。

### 2.2.1 沉入桩施工

**1. 钢筋混凝土预制桩施工**

(1) 工程地质勘察

工程地质勘察是桩基础设计与施工的重要依据，其内容主要包括：

① 勘探点的平面布置图；

② 工程地质柱状图和剖面图；

③ 土的物理力学指标和建议的单桩承载力；

④ 静力触探或标准贯入试验；

⑤ 地下水情况。

在桩基施工之前要详细研究地质勘察报告，深入了解土层分布和各土层物理力学指标，对正确选择桩锤和打桩工艺是十分重要的。

(2) 预制桩的沉桩工艺

1) 锤击法沉桩

a. 打桩机械

打桩的机械设备包括桩架、桩锤及动力装置。

(a) 桩架。桩架的作用是固定桩的位置，在打入过程中引导桩的方向，承载桩锤并保证桩锤沿着所要求的方向冲击桩。

桩架的选择，主要根据桩锤种类、桩长、施工条件等而定。

(b) 桩锤。桩锤有落锤、单动汽锤、双动汽锤、柴油锤、振动锤和液压锤六种。目前应用最多的是柴油锤。

液压锤是在城市环境保护日益提高的情况下研制出的新型低噪音、无油烟、耗能小的打桩锤。它是由液压推动密闭在锤壳体内的芯锤活塞柱，其往返实现夯击作用，将桩沉入土中。液压锤芯锤重量约 2～10t，锤击能量 12～60.8kN·m，锤击次数为 2.5～28 次/min，可用于沉送钢筋混凝土桩和钢管桩。

b. 打桩施工

(a) 准备工作。打桩前应平整场地，清除高空和地下障碍物，进行地质情况和设计意图交底等。

打桩前应在打桩地区附近设置水准点，以便进行水准测量，控制桩顶的水平标高。还应准备好垫木、桩帽和送桩设备，以备打桩使用。

(b) 打桩

a) 吊桩。打桩机就位后，先将桩锤吊起固定在桩架上，以便进行吊桩。

b) 打桩。开始打桩时，桩锤落距宜低，一般为 0.5～0.8m，使桩能正常沉入土中。待桩入土一定深度，桩尖不易产生偏移时，可适当增加落距，将落距逐渐提高到规定数值。一般说来，重锤低击可取得良好的效果。

停打标准一般摩擦桩以标高为主，以贯入度作为参考；端承桩以贯入度为主，以标高作为参考。但亦有摩擦桩桩尖进入硬土持力层的情况，此时如一定要求按标高控制，会出现桩打不到设计标高的情况。为此，宜按桩尖所处的土层条件来确定，是用标高进行控制，还是以贯入度来进行控制，应与设计部门协商确定。

打桩施工是一项隐蔽工程，为确保工程质量，并为工程验收提供真实可靠的依据，应在打桩过程中，对每根桩的施打情况做好详细的书面记录，并分析处理打桩过程中出现的质量事故。

2）静力压桩法

静力压桩法是在软土地基上，利用静力压桩机或液压压桩机用无振动、无噪声的静压力（自重和配重）将预制桩压入土中的一种沉桩工艺。与锤击沉桩相比，它具有施工无噪声、无振动、节约材料、降低成本、提高施工质量、沉桩速度快等特点。特别适宜于扩建工程和城市内桩基工程施工。

静力压桩法的工作原理是通过安置在压桩机上的卷扬机的牵引，由钢丝绳、滑轮及压梁，将整个桩机的自重力 800～1500kN，反压在桩顶上，以克服桩身下沉时与土的摩擦力，使预制桩下沉到位。

a. 压桩工艺方法

静力压桩的施工，一般都采取分段压入，逐段接长的方法。施工程序为：测量定位→压桩机就位→吊桩插桩→桩身对中调直→静压沉桩→接桩一再静压沉桩→终止压桩。静力压桩施工前的准备工作以及桩的制作、起吊、运输、堆放、施工流水、测量放线、定位等均同锤击沉桩法。

压桩时，用起重机将预制桩吊运或用汽车运至桩机附近，再利用桩机自身设置的起重机将其吊入夹持器中，夹持油缸将桩从侧面夹紧，即可开动压桩油缸，先将桩压入土中 1m 左右后停止，矫正桩在互相垂直的两个方向的垂直度后，压桩油缸继续伸程动作，把桩压入土层中。伸长完后，夹持油缸回程松夹，压桩油缸回程，重复上述动作，可实现连续压桩操作，直至把桩压入预定深度土层中。

b. 压桩施工注意事项

压同一根（节）桩时应连续进行，应缩短停歇时间和接桩时间，以防桩周与土固结，压桩力骤增，造成压桩困难或桩机被抬起情况。

在压桩过程中应记录桩入土深度和压力表读数的关系，以判断桩的质量及承载力。当压力表读数突然上升或下降时，应停机，对照地质资料进行分析，判断是否遇到障碍物或产生断桩现象等。

当压力表数值达到预先规定值，便可停止压桩。压桩的终止条件控制很重要。一般对纯摩擦桩，终压时按设计桩长进行控制。对端承摩擦桩或摩擦端承桩，按终压力值进行控制。长度大于 21m 的端承摩擦型静压桩，终压力值一般取桩的设计承载力；对长 14～21m 的静压桩，终压力按设计承载力的 1.1～1.4 倍取值；对长度小于 14m 的桩，终压力按设计承载力的 1.4～1.6 倍取值。

静力压桩单桩竖向承载力，可通过桩的终止压力值大致判断。如判断的终止压力值不能满足设计要求，应采取送桩加深处理或补桩，以保证桩基的施工质量。

**2. 钢管桩施工**

钢管桩不加桩靴，直接开口打入，入土后有大量土体涌入钢管桩内，当涌入桩内的土达到一定高度后，因挤密就把桩口封死，产生封闭效应，所以受力方面和闭口桩相似。

沉入桩施工质量检查要求见表 2-1。

**沉入桩施工质量检查要求** **表 2-1**

<table>
<tr><th colspan="2" rowspan="2">项　目</th><th rowspan="2">允许偏差（mm）</th><th colspan="2">检验频率</th><th rowspan="2">检验方法</th></tr>
<tr><th>范围</th><th>点数</th></tr>
<tr><td rowspan="6">实心桩</td><td>横截面边长</td><td>±5</td><td rowspan="3">每批抽查 10%</td><td>3</td><td>用钢尺量相邻两边</td></tr>
<tr><td>长度</td><td>±50</td><td>2</td><td>用钢尺量</td></tr>
<tr><td>桩尖对中轴线的倾斜</td><td>10</td><td>1</td><td>用钢尺量</td></tr>
<tr><td>桩轴线的弯曲矢高</td><td>≤0.1%桩长，<br>且不大于 20</td><td>全数</td><td>1</td><td>沿构件全长拉线，<br>用钢尺量</td></tr>
<tr><td>桩顶平面对桩纵轴线的倾斜</td><td>≤1%桩长（边长），<br>且不大于 3</td><td>每批抽查 10%</td><td>1</td><td>用垂线和钢尺量</td></tr>
<tr><td>接桩的接头平面与桩轴<br>平面垂直度</td><td>0.5%</td><td>每批抽查 20%</td><td>4</td><td>用钢尺量</td></tr>
<tr><td rowspan="3">空心桩</td><td>内径</td><td>不小于设计</td><td rowspan="2">每批抽查 10%</td><td>2</td><td>用钢尺量</td></tr>
<tr><td>壁厚</td><td>0<br>−3</td><td>2</td><td>用钢尺量</td></tr>
<tr><td>桩轴线的弯曲矢高</td><td>0.2%</td><td>全数</td><td>1</td><td>沿管节全长拉线，<br>用钢尺量</td></tr>
</table>

### 2.2.2 灌注桩施工

目前在桥梁基础工程中，普遍采用钻孔灌注桩基础桩型，并向大直径、多样化（变截面桩、空心桩、变截面空心桩）方向发展。钻孔工艺水平不断提高，特别是引进了国外先进的大功率全液压钻孔机械，同时国内钻机也进行研制改进，满足了深基础施工的需要（见图 2-6）。

**1. 钻孔灌注桩的施工工艺流程**

钻孔灌注桩的施工因成孔方法不同和现场情况各异，施工工艺流程也不完全相同。在施工前编制施工组织设计或钻孔桩施工方案，安排好施工计划，编制施工工艺流程图，方便各工序施工操作和进度控制。

主要工艺流程包括场地准备、护筒埋设、泥浆制备、钻孔、清孔、下钢筋笼、下导管浇筑水下混凝土等。

**2. 钻孔前准备工作**

钻孔灌注桩施工用机械有正循环钻机、反循环钻机、冲击钻机等。正反循环钻机施工及排渣示意图如图 2-7 所示。

钻孔的准备工作主要有整理场地、桩位测量放样、修筑施工便道、设置供电、供水系统、制作和埋设护筒、泥浆备料、调制、沉淀、出渣和准备钻孔机具等。

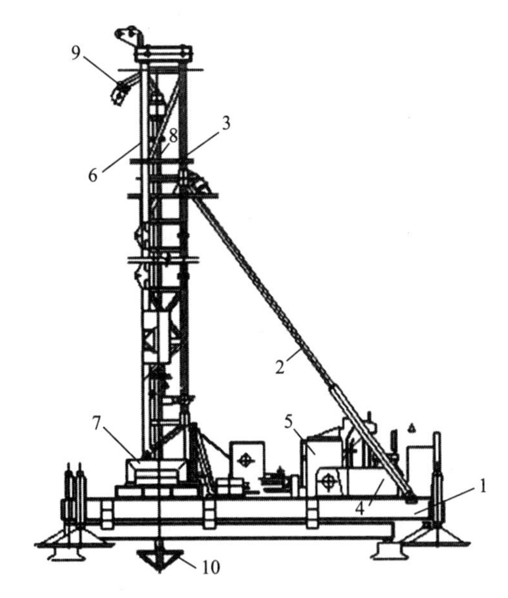


图 2-6　回旋钻机工作示意图

1—座盘；2—斜撑；3—塔架；4—电机；5—卷扬机；6—搭架；7—转盘；8—钻杆；9—泥浆输送管；10—钻头

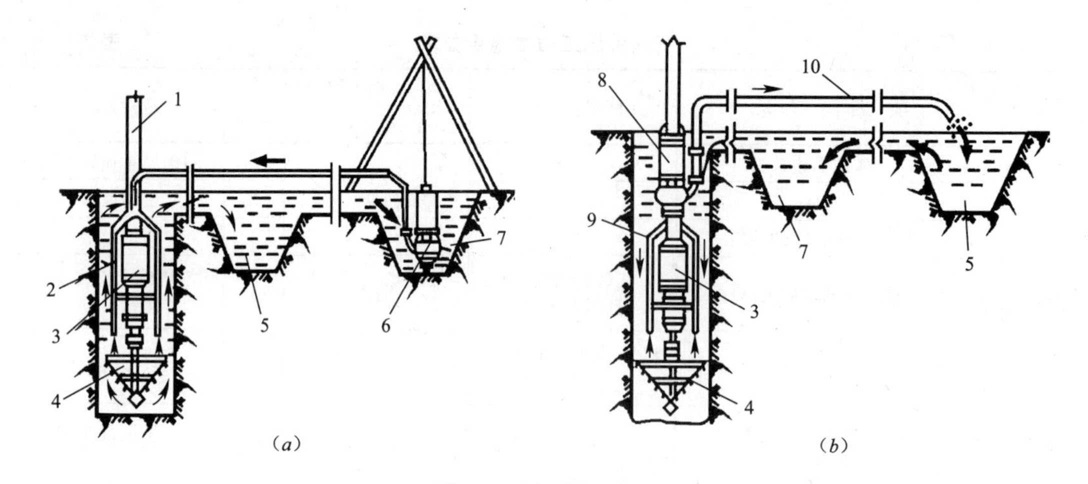


图 2-7　循环排渣方法

(a) 正循环排渣；(b) 泵举反循环排渣

1—钻杆；2—送水管；3—主机；4—钻头；5—沉淀池；6—潜水泥浆泵；7—泥浆池；8—砂石泵；9—抽渣管；10—排渣胶管

钻孔场地的平面尺寸应按桩基设计的平面尺寸、钻机数量和钻机底座平面尺寸、钻机移位要求、施工方法以及其他配合施工机具设施布置等情况决定。

施工场地或工作平台的高度应考虑施工期间可能出现的高水位或潮水位，并比其高出0.5～1.0m。

施工场地应按以下不同情况进行整理：

1）场地为旱地时，应平整场地，清除杂物，换除软土，夯打密实。钻机底座不宜直接置于不坚实的填土上，以免产生不均匀沉陷。

2）场地为陡坡时，可用枕木或木挑架搭设坚固稳定的工作平台。

3）场地为浅水时，宜采用筑岛方法。当水不深、流速不大时，根据技术经济比较、采取截流或临时改河方案有利时，也可改水中钻孔为旱地钻孔方案。

4）场地为深水时，可搭设水上工作平台，工作平台可用木桩、钢筋混凝土桩作基桩，顶面纵横梁、支撑架可用木料、型钢或其他材料造成。平台应能支撑钻孔机械、护筒加压、钻孔操作以及灌注水下混凝土时可能发生的重量，要有足够的刚度，保持稳定，并考虑洪水季节能使钻机顺利进入和撤出场地。

5）场地为深水且水流平稳时，钻孔的钻机可设在船上，但必须锚固稳定，以免造成偏位、斜孔或其他事故。

**3. 埋设护筒**

护筒有固定桩位，引导钻头（锥）钻进方向，并隔离地面水以免其流入井孔，保护孔口不坍塌，并保证孔内水位（泥浆）高出地下水或施工水位一定高度，形成静水压力（水头），以保护孔壁免于坍塌等作用。

（1）一般要求

1）用钢板或钢筋混凝土制成的埋设护筒，应坚实不漏水；护筒入土深时，宜以压重、振动、锤击或辅以筒内除土等方法沉入。

2）护筒内径应比桩径大：当护筒长度在2～6m范围时，有钻杆导向的正、反循环回转钻护筒内径比桩径宜大 200mm；无钻杆导向的正反潜水电钻和冲抓、冲击锥护筒内径比桩径宜大 400mm。

3）护筒顶面宜高出施工水位或地下水位 2m，并宜高出施工地面 0.3m。其高度尚应满足孔内泥浆面高度。

（2）护筒的种类

构造上要求坚固耐用，便于安装、拆除，不漏水。根据所用材料，主要分为钢护筒和钢筋混凝土护筒两种（见图 2-8、图 2-9）。现将几种主要护筒的制作要点、适用条件分述如下：

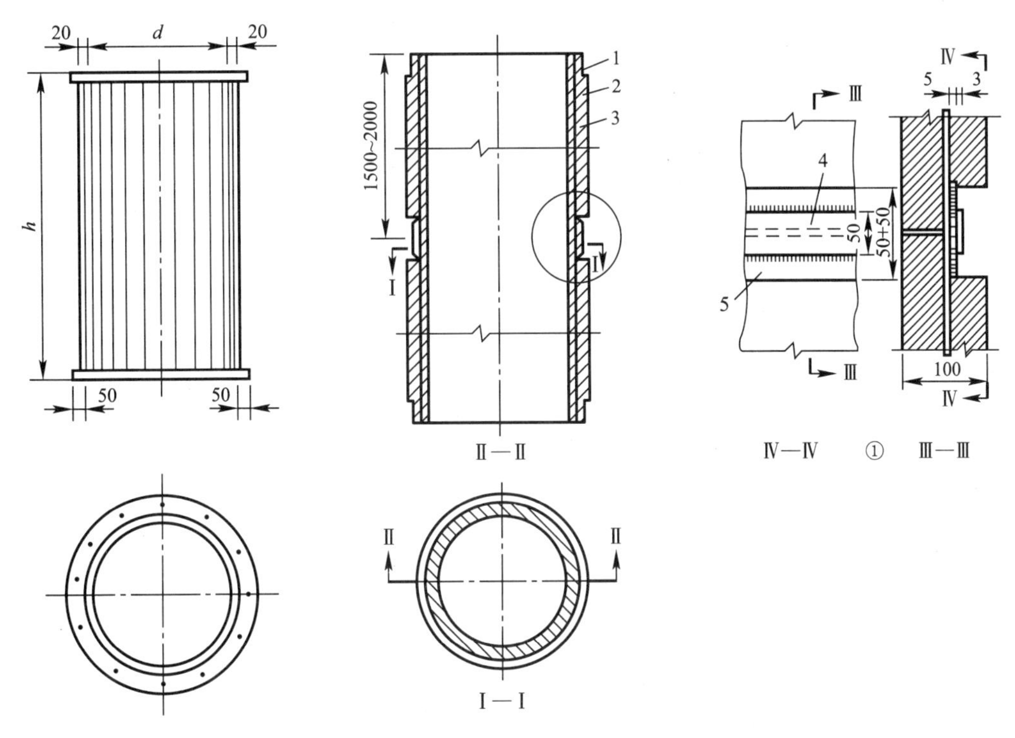


图 2-8 钢护筒

$d$—护筒直径；$h$—护筒高

图 2-9 钢筋混凝土护筒示意图

1—预埋钢板；2—箍筋；3—主筋；4—连接钢板；5—预埋钢板

1）钢护筒坚固耐用，重复使用次数多，用料较省，在无水河床、岸滩和深水中都可使用。

2）钢筋混凝土护筒

在深水中多采用钢筋混凝土护筒，它有较好的防水性能，可靠自重沉入或打（振）入土中；钻孔灌注混凝土后，护筒一般可作为桩的一部分不拔出。

钢筋混凝土护筒壁厚一般为 80～100mm，长度按需要而定，每节不宜过长，以 2m 左右为宜。护筒需接长时，可在接头处将用扁钢作成的钢圈焊于两端的主筋上，在扁钢外面加焊一块钢板把两段护筒连接起来，焊缝应严密。钢筋混凝土护筒的混凝土要密实，护筒管壁厚度应均匀，外壁光滑，两端面平整，扁钢圈要圆顺平整。

（3）护筒的埋设

护筒埋设工作是钻孔灌注桩施工的开始，护筒平面位置与竖直度准确与否，护筒周围和护筒底脚是否紧密、不透水等，对成孔和成桩的质量都有重大影响。埋设时，护筒中心轴线应对正测量标定的桩位中心，其偏差不得大于 50mm，并应严格保持护筒的竖直位置（见图 2-10）。

1）在旱地或岸滩埋设护筒

当地下水位在地面以下超过 1m 时，可采用挖埋法。

在砂类土（粉砂、细砂、中砂）、砂砾等河床埋护筒时，先在桩位处挖出比护筒外径大 800～1000mm 的圆坑。然后在坑底填筑 500mm 左右厚的黏土，分层夯实，以备安设护筒。

在黏性土中挖埋时，坑的直径与上述相同，坑底应整平；然后通过定位的控制桩放样，把钻孔的中心位置标于坑底；再把护筒吊放进坑内，找出护筒的圆心位置，用十字线定在护筒顶部或底部，然后移动护筒，使护筒中心与钻孔中心位置重合。同时用水平尺或垂球检查，使护筒竖直。此后即在护筒周围对称并均匀地回填最佳含水量的黏土，分层夯实，夯填时要防止护筒偏斜（见图 2-11）。

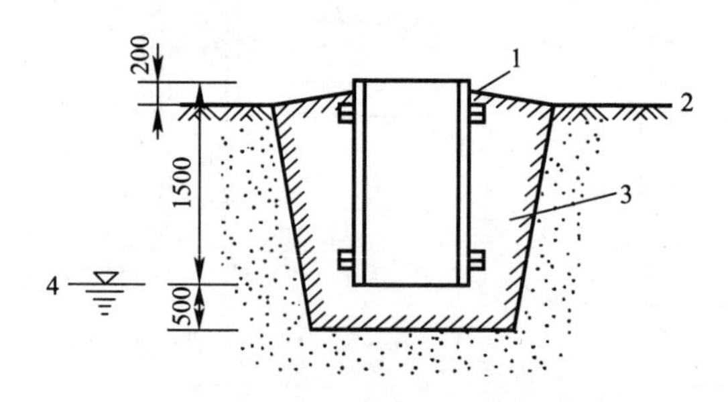

图 2-10　护筒埋设示意图

1—护筒；2—地面；3—夯填黏土；4—施工水位

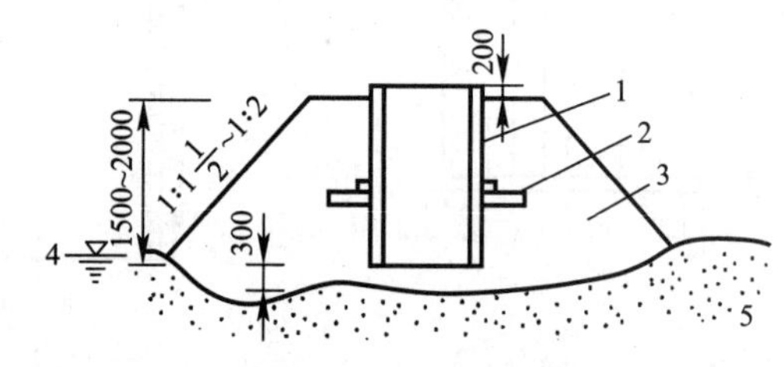

图 2-11　填筑式护筒

1—护筒；2—井框；3—土岛；4—地下水位；5—砂

2）在水深小于 3m 的浅水处埋设护筒

在水深小于 3m 处埋设护筒时，一般须围堰筑岛，岛面应当高出施工水位 1.5～2.0m。亦可适当提高护筒顶面标高，以减少筑岛填土体积，然后按前述在旱地埋设护筒的方法施工。若岛底河床为淤泥或软土，应先挖除或用吸泥机具排除，以免筑岛围堰和护筒沉陷，影响护筒内水头。但若需排除的淤泥和软土的数量太大，则采用围堰筑岛埋设护筒的施工方法就不经济了。此时，宜采用长护筒，用加压、锤击或振动方法，将护筒沉入河底土层中。护筒刃脚应尽量插入土层中。刃脚插入土层深度：在黏土中不小于 2.0m（不计淤泥和软土厚度），在砂类土（粉土质砂、细砂、中砂、粗砂）中不小于 3.0m。同时刃脚应在基桩施工期护筒局部冲刷线以下至少 0.5～1.0m，以防止底部穿孔向外漏水（泥浆），或由护筒外向井孔内翻砂而导致护筒底部悬空坍孔，并防止在灌注水下混凝土时由护筒底脚向外漏失混凝土。在深水时埋设的护筒更应注意满足护筒刃脚插入土层的深度规定。

钻架布置和钻孔施工操作，须在另外搭设的工作平台上进行。

3）在水深 3m 以上的深水河床沉入护筒在深水中沉入护筒，其主要工序为搭设工作平台（有搭设支架、浮船、钢板桩围堰、浮运薄壳沉井、木排、筑岛等方法）、下沉护筒定位的导向架和下沉护筒等。

**4. 泥浆制备**

钻孔中，采用泥浆护壁是由于泥浆比重大于水的比重，护筒内同样高的水头，泥浆的静水压力比水大，泥浆可作用在井孔壁形成一层泥浆膜，阻隔孔外渗流，保护孔壁免于坍塌。泥浆还起悬浮钻渣的作用，使钻进正常进行。在冲击和正循环回转钻进中，悬浮钻渣的作用更为重要。反循环回转、冲抓钻进中，泥浆主要起护壁作用；泥浆的主要三大性能指标为：比重、黏度、含砂率。

**5. 钻孔施工**

(1) 钻机就位前，应对钻孔各项准备工作进行检查。

(2) 钻孔时，应按设计资料绘制的地质剖面图，选用适当的钻机和泥浆。

(3) 钻机安装后的底座和顶端应平稳，在钻进过程中不应产生位移或沉陷，否则应及时处理。

(4) 钻孔时，孔内水位宜高出护筒底脚 0.5m 以上或地下水位以上 1.5～2m。

(5) 钻孔时，起落钻头速度应均匀，不得过猛或骤然变速。孔内出土，不得堆积在钻孔周围。

(6) 钻孔应一次成孔，不得中途停顿。钻进过程中应填写钻孔施工记录，交接班时应交代钻进情况及下一班应注意事项。应经常对钻孔泥浆性能指标进行检测和试验，不合要求时，应随时改正。应经常注意地层变化，在地层变化处均应捞取渣样，判明后计入记录表中并与并与地质剖面图核对。钻孔达到设计深度后，应对孔位、孔径、孔深和孔形等进行检查。

(7) 钻孔中出现异常情况，应进行处理，并应符合下列要求：

1) 坍孔不严重时，可加大泥浆相对密度继续钻进，严重时必须回填重钻；

2) 出现流沙现象时，应增大泥浆相对密度，提高孔内压力或抛泥块、石子等；

3) 钻孔偏斜、弯曲不严重时，可重新调整钻机在原位反复扫孔，钻孔正直后继续钻进。发生严重偏斜、弯曲、梅花钻、探头石时，应回填重钻；

4) 出现缩孔时，可提高孔内泥浆量或加大泥浆相对密度采用上下反复扫孔的方法，恢复孔径；

5) 冲击钻孔发生卡钻时，不宜强提。应采取措施，使钻头松动后再提起。

**6. 清孔**

(1) 钻孔至设计标高后，应对孔径、孔深进行检查，确认合格后即进行清孔；

(2) 清孔时，必须保持孔内水头，防止坍孔；

(3) 清孔后应对泥浆试样进行性能指标试验；

(4) 清孔后的沉渣厚度应符合设计要求。设计未规定时，摩擦桩的沉渣厚度不应大于 300mm；端承桩的沉渣厚度不应大于 100mm。

**7. 吊放装钢筋笼**

(1) 钢筋笼宜整体吊装入孔。需分段入孔时，上下两段应保持顺直。接头应符合规范有关规定；

(2) 应在骨架外侧设置控制保护层厚度的垫块，其间距竖向宜为 2m，径向圆周不得少于 4 处。钢筋笼入孔后，应牢固定位；

(3) 骨架上应设置吊环。为防止骨架起吊变形，可采取临时加固措施，入孔时拆除；

(4) 钢筋笼吊放入孔应对中、慢放，防止碰撞孔壁。下放时应随时观察孔内水位变化，发现异常应立即停放，检查原因。

**8. 灌注水下混凝土**

（1）灌注水下混凝土之前，应再次检查孔内泥浆性能指标和孔底沉渣厚度，如超过规定，应进行二次清孔，符合要求后方可灌注水下混凝土。

（2）水下混凝土的原材料及配合比应符合下列规定：

1）水泥的初凝时间，不宜小于 2.5h；

2）粗骨料优先选用卵石，如采用碎石宜增加混凝土配合比的含砂率。粗骨料的最大粒径不得大于导管内径的 1/6～1/8 和钢筋最小净距的 1/4，同时不得大于 40mm；

3）细骨料宜采用中砂；

4）混凝土配合比的含砂率宜采用 0.4～0.5，水灰比宜采用 0.5～0.6。经试验，可掺入部分粉煤灰（水泥与掺合料总量不宜小于 350kg/m$^3$，水泥用量不得小于 300kg/m$^3$）；

5）水下混凝土拌合物应具有足够的流动性和良好的和易性；

6）灌注时坍落度宜为 180～220mm；

7）混凝土的配制强度应比设计强度提高 10%～20%。

（3）灌注水下混凝土的导管应符合下列规定：

1）导管内壁应光滑圆顺，直径宜为 20～30cm，每节节长宜为 2m；

2）导管不得漏水，使用前应试拼、试压，试压的压力宜为孔底静水压力的 1.5 倍；

3）导管轴线偏差不宜超过孔深的 0.5%，且不宜大于 10cm；

4）导管采用法兰盘接头宜加锥形活套；采用螺旋丝扣型接头时必须有防止松脱装置。

（4）水下混凝土灌注施工应符合下列要求：

1）混凝土应连续灌注，中途停顿时间不宜大于 30min；

2）在灌注过程中，导管的埋置深度宜控制在 2～6m；

3）灌注混凝土时应采取防止钢筋骨架上浮的措施；

4）灌注的桩顶标高应比设计高出 0.5～1m。

（5）灌注桩施工质量检查要求见表 2-2。

**灌注桩施工质量检查要求** **表 2-2**

| 项目 | | 允许偏差（mm） | 检验频率 | | 检验方法 |
|---|---|---|---|---|---|
| | | | 范围 | 点数 | |
| 桩位 | 群桩 | 100 | 每根桩 | 1 | 用全站仪检查 |
| | 排架桩 | 50 | | 1 | |
| 沉渣厚度 | 摩擦桩 | 符合设计要求 | | 1 | 沉淀盒或标准测锤，查灌注前记录 |
| | 支承桩 | 不大于设计要求 | | 1 | |
| 垂直度 | 钻孔桩 | ≤1%桩长，且不大于 500 | | 1 | 用测壁仪或钻杆垂线和钢尺量 |
| | 挖孔桩 | ≤0.5%桩长，且不大于 200 | | 1 | 用垂线和钢尺量 |

## 2.3 钢筋混凝土工程

混凝土结构工程由模板工程、钢筋工程和混凝土工程组成。混凝土工程包括现浇混凝土结构施工与采用装配式预制混凝土构件的工厂化施工两个方面。

### 2.3.1 模板工程

模板是现浇混凝土成型用的模具，要求它能保证结构和构件的形状、尺寸的准确；具有足够的承载能力、刚度和稳定性，能可靠地承受浇筑混凝土的重量、侧压力和施工荷载；装拆方便，能多次周转使用；接缝严密不漏浆。模板系统包括模板、支架和紧固件。

模板及其支架，应根据工程结构形式、荷载大小、地基土类别、施工设备和材料供应等条件进行设计。

**1. 木模板**

虽然目前推广组合钢模板和钢框竹胶板模板，但一些地区还有一定数量的工程使用木模板，要因地制宜、就地取材地选用模板材料。为节约木材，模板和支架宜由加工厂或木工棚加工成基本元件（拼板），然后在现场进行拼装。

拼板由一些板条用拼条钉拼而成（胶合板模板则用整块胶合板），板条厚度一般为25～50mm，板条宽度不宜超过200mm（工具式模板不超过150mm），以保证干缩时缝隙均匀，浇水后易于密封。但梁底板的板条宽度不限制，以免漏浆。拼板的拼条一般平放，但梁侧板的拼条则立放。拼条的间距取决于现浇混凝土的侧压力和板条的厚度，多为400～500mm。

**2. 组合钢模板**

组合钢模板是一种工具式模板，是工程施工用得最多的一种模板。它由具有一定模数的若干类型的板块、角模、支撑和连接件组成，用它可以拼出多种尺寸和几何形状，以适应各种类型建筑物的梁、柱、板、墙、基础和设备基础等施工的需要，也可用它拼成大模板，隧道模和台模等。施工时可以在现场直接组装，亦可以预拼装成大块模板或构件模板用起重机吊运安装。

组合钢模板的板块和配件，轻便灵活、拆装方便，可用人力装拆；由于板块小，重量轻，存放、修理、运输极为方便，如用集装箱运输效率更高。

**3. 大模板**

大模板是一种大尺寸的工具式模板，一般是一块墙面用一块大模板。因为其重量大，装拆皆需起重机械吊装，但可提高机械化程度，减少用工量和缩短工期。采用大模板施工的结构体系有：①内外墙皆用大模板现场浇筑，而隔墙、楼梯等为预制吊装；②横墙、内纵墙用大模板现场浇筑，而外墙板、隔墙板为预制吊装；③横墙、内纵墙用大模板现场浇筑，外墙、隔墙用砖砌筑。

一块大模板由面板、主肋、次肋、支撑桁架、稳定机构及附件组成（见图2-12）。

图2-12 大模板组成
1—面板；2—主肋；3—次肋

面板要求平整、刚度好。平整度按抹灰质量要求确定。可用钢板或胶合板制作。钢面板厚度根据次肋的布置而不同，一般为3～5mm，可重复使用

200次以上。胶合板面板常用七层或九层胶合板，板面用树脂处理，可重复使用50次以上。胶合板面板上易于做出线条或凹凸浮雕图案，使墙面具有线条或图案。面板设计由刚度控制，按照肋布置的方式，分单向板和双向板。单向板面板加工容易，但刚度小，耗钢量大；双向板面板刚度大，结构合理，但加工复杂、焊缝多易变形。单向板面板的大模板，计算面板时，取1m宽的板条为计算单元，次肋视作支承，按连续梁计算，强度和挠度都要满足要求。双向板面板的大模板，计算面板时，取一个区格作为计算单元，其四边支承情况取决于混凝土浇筑情况，在满载情况下，取三边固定、一边简支的不利情况进行计算。

次肋的作用是固定面板，把混凝土侧压力传递给主肋。面板若按单向板设计，则只有水平（或垂直）次肋；面板若按双向板设计，则不分主、次肋。次肋一般用∟65角钢或[65槽钢。间距一般为300～500mm。计算简图为以主肋为支承的连续梁，为降低耗钢量，设计时应考虑使之与面板共同工作，按组合截面计算截面抵抗矩，验算强度和挠度。

主肋是穿墙螺栓的固定支点，承受传来的水平力和垂直力，一般用背靠背的两个65号或80号槽钢，间距约为1～1.2m。其计算简图为以穿墙螺栓为支承的连续梁。

亦可用组合模板拼装成大模板，用后拆卸仍可用于其他构件。

**4. 滑升模板**

滑升模板是一种工具式模板，用于现场浇筑高耸的构筑物和高层建筑物等，如烟囱、筒仓、电视塔、竖井、沉井、双曲线冷却塔和剪力墙体系及筒体体系的高层建筑等。

滑升模板施工的特点，是在构筑物或建筑物底部，沿其墙、柱、梁等构件的周边组装高1.2m左右的滑升模板，随着向模板内不断地分层浇筑混凝土，用液压提升设备使模板不断地沿埋在混凝土中的支承杆向上滑升，直到需要浇筑的高度为止。

滑升模板由模板系统、操作平台系统和液压系统三部分组成。模板系统包括模板、围圈和提升架等。

操作平台系统包括操作平台、内外吊架和外挑架，是施工操作的场所，其承重构件（平台桁架、钢梁、铺板、吊杆等）根据其受力情况按一般的钢木结构进行计算。

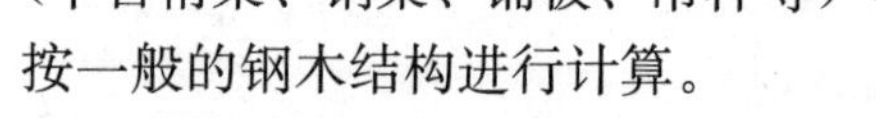

液压系统包括支承杆（爬杆）、液压千斤顶和操纵装置等，是使滑升模板向上滑升的动力装置。支承杆既是液压千斤顶向上爬升的轨道，又是滑升模板的承重支柱，它承受施工过程中的全部荷载。

**5. 爬升模板**

爬升模板简称爬模，国外亦称跳模（见图2-13），是施工剪力墙体系和筒体体系的钢筋混凝土结构高层建筑的一种有效的模板体系，我国已推广应用。由于模板能自爬，不需起重运输机械吊运，减少了高层建筑施工中起重运输机械的吊运工作量，能避免大模板受大风影响而停止工作。由于自爬的模板上悬挂有脚手架所以还省去了结构施工阶段的外脚手架，因为能减少起重机械的数量、加快施工速度

图2-13　爬升模板

而经济效益较好。

爬模分有爬架爬模和无爬架爬模两类。有爬架爬模由爬升模板、爬架和爬升设备三部分组成。无爬架爬模取消了爬架，模板由甲、乙两类模板组成，爬升时两类模板互为依托，用提升设备使两类相邻模板交替爬升。

**6. 模板拆除**

现浇结构的模板及其支架拆除时的混凝土强度，应符合设计要求；当设计无具体要求时，侧模可在混凝土强度能保证其表面及棱角不因拆除模板而受损坏后拆除；底模拆除时所需的混凝土强度如下表所示。

**现浇结构拆模时所需混凝土强度** **表 2-3**

| 结构类型 | 构件跨度（m） | 达到设计要求混凝土立方体抗压强度标准值的百分率（%） |
|---|---|---|
| 板 | ≤2 | ≥50 |
| | >2，≤8 | ≥75 |
| | >8 | ≥100 |
| 梁、拱、壳 | ≤8 | ≥75 |
| | >8 | ≥100 |
| 悬臂构件 | — | ≥100 |

后浇带模板的拆除和支顶，应按制订的施工技术方案执行。

对后张法预应力混凝土结构构件，其侧模宜在预应力张拉前拆除；底模支架的拆除应按施工技术方案执行，当无具体要求时，不应在结构构件建立预应力前拆除。

模板侧模拆除时，混凝土强度应能保证其表面及棱角不受损伤。

## 2.3.2 钢筋工程

混凝土结构和预应力混凝土结构应用的钢筋有普通钢筋、预应力钢绞线、钢丝和热处理钢筋。后三种用作预应力钢筋。

普通钢筋都是热轧钢筋，分为 HPB300（Q300），$d$=6～20mm；HRB335（20MnSi），$d$=6～50mm；HRB400（20MnSiV，20MnSiNb，20MnTi），$d$=6～50mm 和 RRB400（K20Mnsi），$d$=8～40mm 四种。使用时宜首先选用 HRB400 级和 HRB335 级钢筋。HPB300 为光圆钢筋，其他为带肋钢筋。

钢筋出厂应有出厂质量证明书或试验报告单。钢筋进场时，应按现行国家标准《钢筋混凝土用钢　第二部分热轧带肋钢筋》（GB 1499.2—2007）等的规定抽取试件作力学性能检验，其质量必须符合有关标准的规定。使用中发现钢筋脆断、焊接性能不良或力学性能显著不正常等现象时，应对该批钢筋进行化学成分检验或其他专项检验。

钢筋加工过程取决于成品种类，一般的加工过程有调直、切断、弯曲、连接等。

钢筋调直宜用机械方法，也可用冷拉调直。

钢筋的弯折和弯钩用钢筋弯曲机。各级钢筋弯钩和弯折的角度、弯弧内直径和弯后平直部分长度、箍筋末端弯钩的角度、弯弧内直径和弯后平直部分长度需按规定执行。

钢筋的连接方法有绑扎搭接连接、焊接连接和机械连接。在普通混凝土中，轴心受拉及小偏心受拉杆件（如桁架和拱的拉杆）的纵向受力钢筋不得采用绑扎搭接连接；当受拉钢筋的直径 d>28mm 及受压钢筋的直径 d>32mm 时，亦不宜采用绑扎搭接连接。

钢筋连接的接头宜设置在受力较小处。同一纵向受力钢筋在同一根杆件里不宜设置两个或两个以上接头，钢筋接头末端至钢筋弯起点的距离不应小于钢筋直径的 10 倍。

**1. 钢筋绑扎连接**

钢筋绑扎搭接连接即将相互搭接的钢筋用细铁丝绑扎在一起。纵向受拉钢筋和受压钢筋绑扎搭接接头的最小搭接长度应符合相关的规定。

在同一构件中，相邻纵向受力钢筋的绑扎搭接接头宜相互错开，钢筋绑扎搭接接头连接区段的长度为 1.3 倍的搭接长度，凡搭接接头中点位于该连接区段长度内的搭接接头均属于同一连接区段。同一连接区段内，纵向受拉钢筋搭接接头面积百分率（为该区段内有搭接接头的纵向受力钢筋截面面积与全部纵向受力钢筋截面面积的比值）应符合设计要求；当设计无具体要求时，应符合下列规定：对梁类、板类及墙类构件不宜大于 25%；对柱类构件不宜大于 50%；当工程中确有必要增大接头面积百分率时，对梁类构件不应大于 50%；对其他构件可根据具体情况放宽。

**2. 钢筋焊接连接**

钢筋焊接分为压焊和熔焊两种形式。压焊包括闪光对焊、电阻点焊和气压焊；熔焊包括电弧焊和电渣压力焊。此外，钢筋与预埋件 T 形接头的焊接应采用埋弧压力焊，也可用电弧焊或穿孔塞焊，但焊接电流不宜大，以防烧伤钢筋。

受力钢筋采用焊接接头或机械连接接头，设置在同一构件内的接头宜相互错开。

纵向受力钢筋焊接接头及机械连接接头连接区段的长度为 35 倍 d（d 为纵向受力钢筋的较大直径）且不小于 500mm，凡接头中点位于该连接区段长度内的接头均属于同一连接区段。同一连接区段内纵向受力钢筋的接头面积百分率应符合设计要求；当设计无具体要求时，应符合下述规定：①在受拉区不宜大于 50%；②接头不宜设置在有抗震设防要求的框架梁端、柱端的箍筋加密区；当无法避开时，对等强度高质量的机械连接接头，不应大于 50%；③直接承受动力荷载的结构构件中，不宜采用焊接接头；当采用机械连接接头时，不应大于 50%。

（1）闪光对焊

钢筋闪光对焊的原理是利用对焊机使两段钢筋接触，通过低电压的强电流，待钢筋被加热到一定温度变软后，进行轴向加压顶锻，形成对焊接头。

钢筋闪光对焊后，除对接头进行外观检查（无裂纹和烧伤、接头弯折不大于 4 度、接头轴线偏移不大于 0.1d（d 为钢筋直径），也不大于 2mm）外，还应按规定进行抗拉试验和冷弯试验。

（2）电弧焊

电弧焊是利用弧焊机使焊条与焊件之间产生高温电弧，使焊条和电弧燃烧范围内的焊件熔化，待其凝固便形成焊缝或接头，电弧焊广泛用于钢筋接头、钢筋骨架焊接、装配式结构接头的焊接、钢筋与钢板的焊接及各种钢结构焊接。

钢筋电弧焊的接头形式有：搭接焊接头（单面焊缝或双面焊缝）、帮条焊接头（单面焊缝或双面焊缝）、剖口焊接头（平焊或立焊）、熔槽帮条焊接头（用于安装焊接 d≥25mm 的钢筋）和窄间隙焊接头（置于 U 形铜模内）。

弧焊机有直流与交流之分，常用的为交流弧焊机。

焊接电流和焊条直径根据钢筋级别、直径、接头形式和焊接位置进行选择。

搭接接头的长度、帮条的长度、焊缝的长度和高度等应符合规定要求。搭接焊、帮条焊和坡口焊的焊接接头，除外观质量检查外，亦需抽样作拉伸试验，如对焊接质量有怀疑或发现异常情况，还可进行非破损检验（X射线、γ射线、超声波探伤等）。

（3）电渣压力焊

电渣压力焊在建筑施工中多用于现浇钢筋混凝土结构构件内竖向或斜向（倾斜度在4∶1的范围内）钢筋的焊接接长。有自动与手工电渣压力焊。与电弧焊比较，它工效高、成本低、可进行竖向连接，在工程中应用较普遍。

进行电渣压力焊宜选用合适的变压器。夹具需灵巧、上下钳口同心，保证上下钢筋的轴线应尽量一致，其最大偏移不得超过0.1d，同时也不得大于2mm。

电渣压力焊的工艺参数为焊接电流、渣池电压和通电时间，根据钢筋直径选择，钢筋直径不同时，根据较小直径的钢筋选择参数。电渣压力焊的接头，亦应按规程规定的方法检查外观质量和进行试件拉伸试验。

（4）电阻点焊

电阻点焊主要用于小直径钢筋的交叉连接，如用来焊接钢筋网片、钢筋骨架等。

常用的点焊机有单点点焊机、多头点焊机（一次可焊数点，用于焊接宽大的钢筋网）、悬挂式点焊机（可焊钢筋骨架或钢筋网）、手提式点焊机（用于施工现场）。

电阻点焊的主要工艺参数为：变压器级数、通电时间和电极压力。在焊接过程中应保持一定的预压和锻压时间。

焊点应有一定的压入深度。点焊热轧钢筋时，压入深度为较小钢筋直径的30%～45%；点焊冷拔低碳钢丝时，压入深度为较小钢丝直径的30%～35%。

电阻点焊不同直径钢筋时，如较小钢筋的直径小于10mm，大小钢筋直径之比不宜大于3；如较小钢筋的直径为12mm或14mm时，大小钢筋直径之比则不宜大于2。应根据较小直径的钢筋选择焊接工艺参数。

焊点应进行外观检查和强度试验。热轧钢筋的焊点应进行抗剪试验。

（5）气压焊

钢筋气压焊接属于热压焊。在焊接加热过程中，加热温度只为钢材熔点的0.8～0.9，钢材未呈熔化液态，且加热时间较短，钢筋的热输入量较少，所以不会出现钢筋材质劣化倾向。另外，它设备轻巧、使用灵活、效率高、节省电能、焊接成本低，可进行全方位（竖向、水平和斜向）焊接。

**3. 钢筋机械连接**

钢筋机械连接包括套筒挤压连接和螺纹套管连接。是近年来大直径钢筋现场连接的主要方法，它不受钢筋化学成分、可焊性及气候等影响，质量稳定、操作简便、施工速度快、无明火。

（1）钢筋套筒挤压连接

钢筋套筒挤压连接是将需连接的变形钢筋插入特制钢套筒内，利用液压驱动的挤压机进行径向或轴向挤压，使钢套筒产生塑性变形，使套筒内壁紧紧咬住变形钢筋实现连接。它适用于竖向、横向及其他方向的较大直径变形钢筋的连接。

钢筋挤压连接的工艺参数，主要是压接顺序、压接力和压接道数。压接顺序应从中间逐道向两端压接。压接力要能保证套筒与钢筋紧密咬合，压接力和压接道数取决于钢筋直径、套筒型号和挤压机型号。

钢筋套筒挤压连接接头，按验收批进行外观质量和单向拉伸试验检验。

(2) 钢筋螺纹套筒连接

钢筋螺纹套筒连接分为锥螺纹套筒连接和直螺纹套筒连接两种。

用于这种连接的钢套管内壁，用专用机床加工有锥螺纹，钢筋的对接端头亦在套丝机上加工有与套管匹配的锥螺纹。连接时，经对螺纹检查无油污和损伤后，先用手旋入钢筋，然后用扭矩扳手紧固至规定的扭矩即完成连接。它施工速度快、不受气候影响、质量稳定、对中性好。

为确保达到与母材等强度，可先把钢筋端部镦粗，然后切削直螺纹，用套筒连接就形成直螺纹套筒连接，或者用冷轧方法在钢筋端部轧制出螺纹。

钢筋在现场安装时，宜特别关注受力钢筋，受力钢筋的品种、级别、规格和数量都必须符合设计和规范要求。

### 2.3.3 混凝土工程

混凝土工程包括混凝土制备、运输、浇筑振捣和养护等施工过程。

**1. 混凝土的制备**

混凝土由水泥、粗骨料、细骨料和水组成，有时掺加外加剂、矿物掺合料。保证原材料的质量是保证混凝土质量的前提。尤其对于水泥，当水泥进场时应对其品种、级别、包装或散装仓号、出厂日期等进行检查，并对其强度、安定性及其他必要的性能指标进行复验，其质量必须符合现行国家标准。

混凝土制备是指将各种组成材料拌制成质地均匀、颜色一致、具备一定流动性的混凝土拌合物。混凝土制备的方法，除工程量很小且分散用人工拌制外，皆应采用机械搅拌。混凝土搅拌机按其搅拌原理分为自落式和强制式两类。选择搅拌机时，要根据工程量大小、混凝土的坍落度、骨料尺寸等而定。

**2. 混凝土的运输**

对混凝土拌合物运输的基本要求是：不产生离析现象、保证浇筑时规定的坍落度和在混凝土初凝之前能有充分时间进行浇筑和捣实。

运输过程中如已产生离析，在浇筑前要进行二次搅拌。

混凝土从搅拌机中卸出后到浇筑完毕的延续时间不宜超过表 2-4 的规定。如需进行长距离运输可选用混凝土搅拌运输车。

**混凝土从搅拌机中卸出到浇筑完毕的延续时间**（min） **表 2-4**

| 混凝土强度等级 | 气温（℃） | |
|---|---|---|
| | ≤25 | >25 |
| ≤C30 | 120 | 90 |
| >C30 | 90 | 60 |

泵送混凝土工艺对混凝土的配合比提出了要求：碎石最大粒径与输送管内径之比宜为 1∶3，卵石可为 1∶2.5，泵送高度在 50～100m 时宜为 1∶3～1∶4，泵送高度在 100m 以

上时宜为1∶4～1∶5，以免堵塞，如用轻骨料则以吸水率小者为宜，并宜用水预湿，以免在压力作用下强烈吸水，使坍落度降低而在管道中形成阻塞。砂宜用中砂，通过0.315mm筛孔的砂应不少于15%。砂率宜控制在38%～45%，如粗骨料为轻骨料还可适当提高。水泥用量不宜过少，否则泵送阻力增大，最小水泥用量为300kg/m$^3$。水灰比宜为0.4～0.6。不同的泵送高度对泵送混凝土的坍落度有不同要求，入泵时混凝土的坍落度可参考表2-5选用。如泵送高强混凝土，其混凝土配合比宜适当调整。

**不同泵送高度入泵时混凝土坍落度选用值** **表2-5**

| 泵送高度（m） | 30以下 | 30～60 | 60～100 | 100以上 |
|---|---|---|---|---|
| 坍落度（mm） | 100～140 | 140～160 | 160～180 | 180～200 |

混凝土泵宜与混凝土搅拌运输车配套使用，且应使混凝土搅拌站的供应能力和混凝土搅拌运输车的运输能力大于混凝土泵的泵送能力，以保证混凝土泵能连续工作，保证不堵塞。进行输送管线布置时，应尽可能直，转弯要缓，管段接头要严，少用锥形管，以减少压力损失。如输送管向下倾斜，要防止因自重流动使管内混凝土中断、混入空气而引起混凝土离析，产生阻塞。为减小泵送阻力，用前先泵送适量的水泥浆或水泥砂浆以润滑输送管内壁，然后进行正常的泵送。在泵送过程中，泵的受料斗内应充满混凝土，防止吸入空气形成阻塞。混凝土泵排量大，在进行浇筑大面积建筑物时，最好用布料机进行布料。

泵送结束要及时清洗泵体和管道，用水清洗时将管道与“Y”形管拆开，放入海绵球及清洗活塞，再通过法兰，使高压水软管与管道连接，高压水推动活塞和海绵球，将残存的混凝土压出并清洗管道。用混凝土泵浇筑的结构物，要加强养护，防止因水泥用量较大而引起龟裂。如混凝土浇筑速度快，对模板的侧压力大，模板和支撑应保证稳定和有足够的强度。

**3. 混凝土的浇筑和振捣**

混凝土浇筑要保证混凝土的均匀性和密实性，要保证结构的整体性、尺寸准确和钢筋、预埋件的位置正确，拆模后混凝土表面要平整、光洁。

浇筑前应检查模板、支架、钢筋和预埋件的正确性，并进行验收。由于钢筋工程属于隐蔽工程，在浇筑混凝土前须按规定对钢筋进行验收，对混凝土量大的工程、重要工程或重点部位的浇筑，以及其他施工中的重大问题，均应随时填写施工记录。

（1）混凝土浇筑应注意的问题

1）防止离析

浇筑混凝土时，混凝土拌合物由料斗、漏斗、混凝土输送管、运输车内卸出时，如自由倾落高度过大，容易造成混凝土离析。为此，混凝土自高处倾落的自由高度不应超过2m，在竖向结构中限制自由倾落高度不宜超过3m，否则应沿串筒、斜槽、溜管或振动溜管等下料。

2）正确留置施工缝

混凝土结构多要求整体浇筑，如因技术或组织上的原因不能连续浇筑时，且停顿时间有可能超过混凝土的初凝时间，则应事先确定在适当位置留置施工缝。由于施工缝处混凝土的不连续性，是结构中的薄弱环节，因而施工缝应留在结构剪力较小的部位同时兼顾施工方便。如柱子宜留在基础顶面，梁或吊车梁应设在牛腿的下面、吊车梁的上面，无梁楼盖设在柱帽的下面；又如和板连成整体的大断面梁应留在板底面以下 20～30mm 处；当板下有梁托时，留置在梁托下部；单向板应留在平行于板短边的任何位置；有主次梁的楼盖宜顺着次梁方向浇筑，应留在次梁跨度的中间 1/3 跨度范围内；楼梯应留在楼梯长度中间 1/3 长度范围内；墙可留在门洞口过梁跨中 1/3 范围内，也可留在纵横墙的交接处；双向受力的楼板、大体积混凝土结构、拱、薄壳、多层框架等及其他结构复杂的结构，应按设计要求留置施工缝。

在施工缝处继续浇筑混凝土时，应除掉水泥薄膜和松动石子，加以湿润并冲洗干净，先铺抹水泥浆或与混凝土砂浆成分相同的砂浆一层，待已浇筑的混凝土的强度不低于 1.2MPa 时才允许继续浇筑。

（2）混凝土浇筑方法

首先划分施工层和施工段，施工层一般按结构层划分，而每一施工层如何划分施工段，则要考虑工序数量、技术要求、结构特点等。

施工层与施工段确定后，就可求出每班（或每小时）应完成的工程量，据此选择施工机具和设备并计算其数量。

混凝土浇筑前应做好必要的准备工作，如模板、钢筋和预埋管线的检查和清理以及隐蔽工程的验收，浇筑用脚手架、走道的搭设和安全检查，根据试验室下达的混凝土配合比通知单准备和检查材料，施工用具的准备等。

浇筑柱子时，一施工段内的每排柱子应由外向内对称地顺序浇筑。断面在 400mm×400mm 以内，或有交叉箍筋的柱子，应在柱子模板侧面开孔以斜溜槽分段浇筑，每段高度不超过 2m，断面在 400mm×400mm 以上、无交叉箍筋的柱子，如柱高不超过 4.0m，可从柱顶浇筑；如用轻骨料混凝土也从柱顶浇筑，则柱高不得超过 3.5m。开始浇筑柱子时，底部应先浇筑一层厚 50～100mm 与所浇筑混凝土内砂浆成分相同的水泥砂浆或水泥浆。浇筑完毕，如柱顶处有较大厚度的砂浆层，则应加以处理。柱子浇筑后，应间隔 1～1.5h，待混凝土拌合物初步沉实，再浇筑上面的梁板结构。

梁和板一般同时浇筑，从一端开始向前推进。只有当梁高大于 1m 时才允许将梁单独浇筑，此时的施工缝留在楼板板面下 20～30mm 处。梁底与梁侧面注意振实，振动器不要直接触及钢筋和预埋件。

**混凝土浇筑层的厚度** **表 2-6**

| 项　次 | 捣实混凝土的方法 | | 浇筑层厚度（mm） |
|---|---|---|---|
| 1 | 插入式振动 | | 振动器作用部分长度的 1.25 倍 |
| 2 | 表面振动 | | 200 |
| 3 | 人工捣固 | 在基础或无筋混凝土和配筋稀疏的结构中<br>在梁、墙板、柱结构中<br>在配筋密集的结构中 | 250<br>200<br>150 |
| 4 | 轻骨料混凝土 | 插入式振动表面振动（振动时需加荷） | 300<br>200 |

为保证捣实质量，混凝土应分层浇筑，每层厚度如表 2-6 所示。浇筑叠合式受弯构件时，应按设计要求确定是否设置支撑，且叠合面应有不小于 6mm 的凸凹差。

(3) 大体积混凝土结构施工

大体积混凝土是指结构中最小厚度大于 1.0m 以上的混凝土结构。如桥墩桥台的承台及立柱、梁等结构。这类大体积混凝土结构施工中，由于水泥水化过程中释放的水化热而导致的温度应力和收缩应力大于混凝土的早期抗拉强度，从而产生裂缝。此外，结构的平面尺寸过大，基础约束作用强，产生的温度应力也愈大。

1) 混凝土裂缝

混凝土是由多种材料组成的非匀质材料，它具有较高的抗压强度、良好的耐久性，但抗拉强度低、抗变形能力差、易开裂。

混凝土裂缝产生的主要原因是不均匀沉降、温度变化、受力变形。而早期裂缝主要是温度和收缩应力所致。

大体积混凝土由于截面大，水泥用最大，水泥水化释放的水化热会产生较大的温度变化，由此形成的温度应力是导致产生裂缝的主要原因。这种裂缝分为两种：①混凝土浇筑初期，水泥水化产生大量水化热，使混凝土的温度很快上升；②混凝土浇筑后数日，水泥水化热基本上已释放，混凝土从最高温逐渐降温，降温的结果引起混凝土收缩，再加上由于混凝土中多余水分蒸发、碳化等引起的体积收缩变形，受到地基和结构边界条件的约束(外约束)，不能自由变形，导致产生温度应力。

大体积混凝土内出现的裂缝，按其深度一般可分为表面裂缝、深层裂缝和贯穿裂缝三种。贯穿性裂缝切断了结构断面，破坏结构整体性、稳定性和耐久性等，危害严重。

大体积混凝土施工阶段产生的温度裂缝产生的主要原因为：

① 水泥水化热

水泥在水化过程中要产生一定的热量，但由于截面厚度大，水化热聚集引起急骤升温。随着混凝土龄期的增长，弹性模量和强度相应提高，对混凝土降温收缩变形的约束愈来愈强，即产生很大的温度应力，当混凝土的抗拉强度不足以抵抗该温度应力时，便开始产生温度裂缝。

② 约束条件

结构变形变化时，会受到一定抑制而阻碍其自由变形，该抑制即称“约束”。约束分为外约束与内约束。大体积混凝土由于温度变化产生变形，这种变形受到约束才产生应力。

③ 外界气温变化

大体积混凝土结构施工期间，外界气温的变化对大体积混凝土开裂有重大影响。混凝土的内部温度是浇筑温度、水化热的绝热温升和结构散热降温等各种温度的叠加之和。外界气温愈高，混凝土的浇筑温度也愈高；如外界温度下降，则混凝土的降温幅度也增大，这对大体积混凝土极为不利。

④ 混凝土的收缩变形

混凝土的拌合水中，只有约 20%的水分是水泥水化所必须的，其余 80%的水分都要被蒸发。水分蒸发引起混凝土体积收缩。当干燥收缩变形受到约束条，即产生收缩应力。

2) 防止混凝土温度裂缝的技术措施

① 控制混凝土温升

为控制大体积混凝土结构因水泥水化热而产生的温升，可以选用中低水化热的水泥品种、利用混凝土的后期强度、掺加减水剂、掺加粉煤灰、合理选择粗细骨料、控制混凝土的出机温度和浇筑温度等。

② 减少混凝土收缩、提高混凝土的极限拉伸值

通过改善混凝土的配合比和施工工艺，可以在一定程度上减少混凝土的收缩和提高其极限拉伸值，这对防止产生温度裂缝亦起一定的作用。

对浇筑后的混凝土进行二次振捣，能排除混凝土因泌水在粗骨料、水平钢筋下部生成的水分和空隙，提高混凝土与钢筋的握裹力，防止因混凝土沉落而出现的裂缝，减小内部微裂，增加混凝土密实度，使混凝土的抗压强度提高 10%～20%，从而提高抗裂性。

③ 改善边界约束和构造设计

a. 设置滑动层

在与外约束的接触面上全部设滑动层，则可大大减弱外约束。约束小则产生的应力就小。为此，遇有约束强的岩石类地基、较厚的混凝土垫层等时，可在接触面上设滑动层，对减小温度应力将起显著作用。

滑动层的做法有：涂刷两道热沥青加铺油毡一层；铺设 10～20mm 厚沥青砂；铺设 50mm 厚砂或石屑层等。

b. 避免应力集中

在孔洞周围、变断面转角部位、转角处等由于温度变化和混凝土收缩，会产生应力集中而产生裂缝。为此，可在孔洞四周增配斜向钢筋、钢筋网片；在需变断面处设置倒角、增配抗裂钢筋，这对防止裂缝产生是有益的。

c. 设置缓冲层

在高、低底板交接处、底板地梁处等，用 30～50mm 厚聚苯乙烯泡沫塑料作垂直隔离，以缓冲基础收缩时的侧向压力。

d. 合理配筋

在设计构造方面还应重视合理配筋对混凝土结构抗裂的有益作用。

当混凝土的底板或墙板的厚度为 200～600mm 时，可采取增配构造钢筋，使构造筋起到温度筋的作用，能有效地提高混凝土抗裂性能。

配筋应尽可能采用小直径、小间距。例如直径为 ϕ8～14 的钢筋，间距 150mm，按全截面对称配置比较合理，可提高抵抗贯穿性开裂的能力。

e. 设应力缓和沟

在结构的表面，每隔一定距离（约为结构厚度的 1/5）设应力缓和沟，可将结构表面的拉应力减少 20%～50%，能有效地防止表面裂缝。

f. 合理的分段施工

当大体积混凝土结构的尺寸过大时，则可采用“后浇带”来分段进行浇筑。“后浇带”的宽度应考虑方便施工，避免应力集中，使“后浇带”在混凝土填筑后承受第二部分温差及收缩作用下的内应力（即约束应力）分布得较均匀，故其宽度可取 70～1000mm。当地上、地下都为现浇钢筋混凝土结构时，在设计中应标出“后浇带”的位置，并应贯通地下和地上整个结构，但该部分钢筋应连续不断。

“后浇带”的保留时间视其作用而定一般不宜少于 40d，在此期间早期温差及 30%以上的收缩已完成。有的要到结构封顶再浇筑。

后浇带处的混凝土，宜用微膨胀混凝土，混凝土强度等级宜比原结构的混凝土提高5～10MPa，并保持不少于15d的潮湿养护。

**4. 混凝土养护**

混凝土养护包括人工养护和自然养护，现场施工多为自然养护。所谓混凝土的自然养护，即在平均气温高于5℃的条件下于一定时间内使混凝土保持湿润状态，从而保证水泥的水化反应充分。

混凝土浇筑完毕12h就应开始养护，这时混凝土已终凝，并有一定强度；干硬性混凝土应于浇筑完毕后立即进行养护。

自然养护分洒水养护和喷涂薄膜养生液养护两种。

洒水养护即用草帘等将混凝土覆盖，经常洒水使其保持湿润。养护时间长短取决于水泥品种，普通硅酸盐水泥和矿渣硅酸盐水泥拌制的混凝土，不少于7d；掺有缓凝型外加剂或有抗渗要求的混凝土不少于14d。洒水次数以能保证湿润状态为宜。

喷涂薄膜养生液养护适用于不易洒水养护的高耸构筑物和大面积混凝土结构。它是将过氯乙烯树脂塑料溶液用喷枪喷涂在混凝土表面上，溶液挥发后在混凝土表面形成一层塑料薄膜，将混凝土与空气隔绝，阻止其中水分的蒸发以保证水化作用的正常进行。有的薄膜在养护完成后能自行老化脱落，否则，不宜于喷洒在以后要做粉刷的混凝土表面上。在夏季，薄膜成型后要防晒，否则易产生裂纹。

地下建筑或基础，可在其表面涂刷沥青乳液以防止混凝土内水分蒸发。

混凝土必须养护至其强度达到1.2MPa以上，才能上人或安装模板和支架。

拆模后如发现有缺陷，应及时修补，对数量不多的小蜂窝或露石的结构，可先用钢丝刷或压力水清洗，然后用1∶2～1∶2.5的水泥砂浆抹平。对蜂窝和露筋，应凿去全部深度内的薄弱混凝土层和个别突出的骨料，用钢丝刷和压力水清洗后，用比原强度等级高一级的细骨料混凝土填塞，并仔细捣实。对影响结构承重性能的缺陷，要会同设计、监理单位研究后慎重处理。

**5. 混凝土质量的检查**

混凝土质量检查包括拌制和浇筑过程中的质量检查和养护后的质量检查。在拌制和浇筑过程中，对组成材料的质量检查每一工作班至少两次；拌制和浇筑地点坍落度的检查每一工作班至少两次；在每一工作班内，如混凝土配合比由于外界影响而有变动时，应及时检查；对于预拌混凝土，应及时进行坍落度检查，混凝土的坍落度与规定的坍落度之间的允许偏差应符合规定。

混凝土养护后的质量检查，主要指抗压强度检查，如设计上有特殊要求时，还需对其抗冻性、抗渗性等进行检查，混凝土的抗压强度是根据150mm边长的标准立方体试块在标准条件下（20±2℃的温度和相对湿度95%以上）养护28d的抗压强度来确定。评定强度的试块，应在浇筑处或制备处随机抽样制成。目前确定试件组数的方法如下：

① 每拌制100盘且不超过100$m^3$的相同配合比的混凝土，取样不得少于一次；

② 每工作班拌制的相同配合比的混凝土不足100盘时，取样不得少于一次；

③ 当一次连续浇筑超过1000$m^3$时，同一配合比的混凝土每200$m^3$取样不得少于一次；

④ 每一楼层、同一配合比的混凝土，取样不得少于一次；

⑤ 每次取样至少留置一组标准养护试件，同条件养护试件的留置组数应根据实际需要确定。

对有抗渗要求的混凝土结构，其试件应在浇筑地点随机取样。同一工程、同一配合比的混凝土，取样不应少于1次，留置组数根据需要确定。

若有其他需要，如为了检查结构或构件的拆模、出池、出厂、吊装、张拉、放张及施工期间临时负荷的需要等，尚应留置与结构或构件同条件养护的试件，试件组数按实际需要确定。每组三个试件应在同盘混凝土中取样制作。其强度代表值取值方法如下：①当三个试件的强度实测值中最大值不超过中间值的115%，且最小强度值不低于中间值的85%时，取三个试件试验结果的平均值作为该组试件强度代表值；②当三个试件中的最大或最小的强度值与中间值的差仅有一个超过中间值的15%时，取中间值作为代表该组的混凝土试件的强度代表值；③当三个试件中的最大和最小的强度值与中间强度值的差均超过中间值15%时，则其试验结果不应作为评定的依据。

混凝土强度应分批验收。同一验收批的混凝土应由强度等级相同、龄期相同以及生产工艺和配合比基本相同的混凝土组成。按单位工程的验收项目划分验收批，每个验收项目应按规定确定。同一验收批的混凝土强度，应以同批内全部标准试件的强度代表值评定。

**6. 混凝土冬期施工**

(1) 混凝土冬期施工原理

混凝土能凝结、硬化并获得强度，是由于水泥和水进行水化作用的结果。水化作用的速度在一定湿度条件下主要取决于温度，温度愈高，强度增长也愈快，反之则慢。当温度降至0℃以下时，水化作用基本停止，温度再继续降至－2～－4℃时，混凝土内的水开始结冰，水结冰后体积增大8～9%，在混凝土内部产生冰晶应力，使强度很低的水泥石结构内部产生微裂纹，同时减弱了水泥与砂石和钢筋之间的粘结力，从而使混凝土强度降低。

受冻的混凝土在解冻后，其强度虽能继续增长，但已达不到原设计的强度等级。混凝土遭受冻结带来的危害，与遭冻的时间早晚、水灰比等有关，遭冻时间愈早，水灰比愈大，则强度损失愈多。

经过试验得知，混凝土经过预先养护达到一定强度后再遭冻融，其后期抗压强度和重量就会减少。一般把遭冻融后其抗压强度损失在25%、重量损失在5%以内的数值定为“混凝土受冻临界值”。

混凝土冬期施工除上述早期冻害之外，还需注意拆模不当带来的冻害。混凝土构件拆模后表面急剧降温，由于内外温差较大会产生较大的温度应力，亦会使表面产生裂纹，在冬期施工中亦应力求避免这种冻害。

凡根据当地多年气温资料室外平均气温连续5d稳定低于5℃时，就应采取冬期施工的技术措施。

(2) 混凝土冬期施工方法的选择

混凝土冬期施工方法分为三类：混凝土养护期间不加热的方法、混凝土养护期间加热的方法和综合方法。混凝土养护期间不加热的方法包括蓄热法、掺化学外加剂法；混凝土养护期间加热的方法包括电极加热法、电器加热法、感应加热法、蒸汽加热法和暖棚法；综合方法即把上述两类方法综合应用，如目前最常用的综合蓄热法，即在蓄热法基础上掺加外加剂（早强剂或防冻剂）或进行短时加热等综合措施。

## 2.4 钢结构工程

钢结构中采用的钢材主要有普通碳素钢和普通低合金钢，如Q235钢、16锰钢（16Mn）、15锰钒钢（15MnV）、16锰桥钢（16Mnq）、15锰钒桥钢（15MnVq）等。

### 2.4.1 钢结构构件的制作

**1. 钢材的储存**

（1）钢材储存的场地条件

钢材的储存可露天堆放，也可堆放在有顶棚的仓库里。露天堆放时，场地要平整，并应高于周围地面，四周留有排水沟；堆放时应使钢材截面的背面向上或向外，以免积雪、积水，两端应有高差，以利排水。

（2）钢材堆放要求

钢材堆放时每隔5～6层放置楞木，其间距以不引起钢材明显的弯曲变形为宜，楞木要上下对齐，在同一垂直面内；考虑材料堆放之间留有一定宽度的通道以便运输。

（3）钢材的标识

钢材端部应设立标牌，标牌要标明钢材的规格、钢号、数量和材质验收证编号。

（4）钢材的检验

钢材进场应进行抽检，经检验合格后方可办理入库手续。钢材检验的主要内容有钢材数量、品种与订货合同相符；质量保证书与钢材上的记号一致；核对钢材的规格、尺寸；钢材表面质量检验。

**2. 钢结构加工制作**

（1）开工前的准备工作

1）详图设计和审查图纸

一般设计院提供的结构设计图，不能直接用来加工制作钢结构，而要考虑公差配合、加工余量、焊接等加工工艺影响后，在原设计图的基础上绘制加工制作图（又称施工详图）。详图设计一般由加工单位负责设计。加工制作图是最后沟通设计人员及施工人员意图的详图，是实际尺寸、划线、剪切、坡口加工、制孔、弯制、拼装、焊接、涂装、产品检查、堆放、发送等各项作业的指示书。

2）备料和核对

根据图纸材料表计算出各种材质、规格、材料净用量，再加10%的损耗作为备料计划。如进行材料代用，必须经过设计部门同意，并进行相应修改。

3）编制工艺流程

工艺流程的编制原则是以最快的速度、最少的劳动量和最低的费用，可靠地加工出符合图纸设计要求的产品。内容包括：①成品技术要求；②具体措施：关键零件的加工方法、精度要求、检查方法和检查工具；主要构件的工艺流程、工序质量标准、工艺措施（如组装次序、焊接方法等）；采用的加工设备和工艺设备。

4）组织技术交底

上岗操作人员应进行培训和考核，特种工应进行持证上岗。应充分做好各道工序的技术交底工作。技术交底按工程的实施阶段可分为两个层次。

第一个层次是开工前的技术交底会，参加的人员主要有：工程图纸的设计单位、工程建设单位、工程监理单位及制作单位的有关部门和有关人员。技术交底主要内容有：①工程概况；②工程结构构件的类型和数量；③图纸中关键部位的说明和要求；④设计图纸的节点情况介绍；⑤对钢材、辅料的要求和原材料对接的质量要求；⑥工程验收的技术标准说明；⑦交货期限、交货方式的说明；⑧构件包装和运输要求；⑨涂层质量要求；⑩其他需要说明的技术要求。

第二个层次是在投料加工前进行的本工厂施工人员交底会，参加的人员主要有：制作单位的技术、质量负责人，技术部门和质检部门的技术人员、质检人员，生产部门的负责人、施工员及相关工序的代表人员等。此类技术交底主要内容还应增加工艺方案、工艺规程、施工要点、主要工序的控制方法、检查方法等与实际施工相关的内容。

（2）钢结构加工制作的工艺流程

1）样杆、样板的制作

样板可采用厚度 0.50～0.75mm 的薄钢板或塑料板制作。样杆一般用薄钢板或扁钢制作。样杆、样板应注明工号、图号、零件号、数量及加工边、坡口部位、弯折线和弯折方向、孔径和滚圆半径等。样杆、样板应妥善保存直至工程结束后方可销毁。

2）号料

核对钢材规格、材质、批号，并应清除钢板表面油污、泥土及脏物。号料方法有集中号料法、套料法、统计计算法、余料统一号料法四种。

3）画线

利用加工制作图、样杆、样板及钢卷尺进行画线。画线的要领有两条：

① 画线作业场地要在不直接受日光及外界气温影响的室内，最好是开阔明亮的场所。

② 用画针画线。画线有三种办法：先画线、后画线、一般先画线及他端后画线。当进行下料部分画线时要考虑剪切余量、切削余量。

采用气割机切割余量视气割机的火口大小而异，当板厚小于 50mm，取 2mm 左右为宜。带锯及砂轮切割机的余量为锯刃及砂轮片的厚度。金属之间接触部分的切割余量一般为 3mm 左右。

4）切割

钢材的切割包括气割、等离子切割类高温热源的方法，也有使用剪切、切削等机械力的方法。要考虑切割能力、切割精度、切剖面的质量及经济性。

5）边缘加工和端部加工

方法主要有：铲边、刨边、铣边、碳弧气刨、气割和坡口机加工等。

铲边：有手工铲边和机械铲边两种。铲边后的棱角垂直误差不得超过弦长的 1/3000，且不得大于 2mm。

刨边：使用的设备是刨边机。刨边加工有刨直边和刨斜边两种。一般的刨边加工余量 2～4mm。

铣边：使用的设备是铣边机，工效高，能耗少。

碳弧气刨：使用的设备是气刨枪。效率高，无噪声，灵活方便。

坡口机加工：一般可用气体加工和机械加工，在特殊的情况下采用手动气体切割的方法，但必须进行事后处理，如打磨等。

6）制孔

① 在焊接结构中，不可避免地将会产生焊接收缩和变形，因此在制作过程中，把握好什么时候开孔将在很大程度上影响产品精度。因此把握好开孔的时间是十分重要的，一般有四种情况：

第一种：在构件加工时预先画上孔位，待拼装、焊接及变形矫正完成后，再画线确认进行打孔加工。

第二种：在构件一端先进行打孔加工，待拼装、焊接及变形矫正完成后，再对另一端进行打孔加工。

第三种：待构件焊接及变形矫正后，对端面进行精加工，然后以精加工面为基准，画线、打孔。

第四种：在画线时，考虑了焊接收缩量、变形的余量、允许公差等，直接进行打孔。

② 钻模和板叠套钻制孔。这是目前国内尚未流行的一种制孔方法，应用夹具固定，钻套应采用碳素钢或合金钢。如 T8、GCr13、GCr15 等制作，热处理后钻套硬度应高于钻头硬度 HRC2—HRC3。

钻模板上下两平面应平行，其偏差不得大于 0.2mm，钻孔套中心与钻模板平面应保持垂直，其偏差不得大于 0.15mm，整体钻模制作允许偏差符合有关规定。

③ 数控钻孔：近年来数控钻孔的发展更新了传统的钻孔方法，无需在工件上画线，打样冲眼，整个加工过程自动进行，高速数控定位，钻头行程数字控制，钻孔效率高，精度高。

④ 孔超过偏差的解决办法。螺栓孔的偏差超过规定的允许值时，允许采用与母材材质相匹配的焊条补焊后重新制孔，严禁采用钢块填塞。

⑤ 制孔后应用磨光机清除孔边毛刺，并不得损伤母材。

7）组装

① 钢结构组装的方法包括地样法、仿形复制装配法、立装法、卧装法、胎模装配法。

② 拼装必须按工艺要求的次序进行。当有隐蔽焊缝时，必须先予施焊，经检验合格方可覆盖。为减少变形，尽量采用小件组焊，经矫正后再大件组装。

③ 组装的零件、部件应经检查合格，零件、部件连接接触面和沿焊缝边缘约 30～50mm 范围内的铁锈、毛刺、污垢、冰雪、油迹等应清除干净。

④ 板材、型材的拼接应在组装前进行；构件的组装应在部件组装、焊接、矫正暗边后进行，以减少构件的残余应力，保证产品的制作质量。构件的隐蔽部位应提前进行涂装。

矫正的分类：按加工工序分为原材料矫正、成型矫正、焊后矫正；按矫正时外因分为机械矫正、火焰矫正、高频热点矫正、手工矫正、热矫正；按矫正时温度分为冷矫正、热矫正。

8）摩擦面的处理

高强度螺栓摩擦面处理后的抗滑移系数值应符合设计的要求（一般为 0.45～0.55）。摩擦面的处理可采用喷砂、喷丸、酸洗、砂轮打磨等方法施工。采用砂轮打磨处理摩擦面时，打磨范围不应小于螺栓孔径的 4 倍，打磨方向宜与构件受力方向垂直。高强度螺栓的摩擦连接面不得涂装，高强度螺栓安装完后，应将连接板周围封闭，再进行涂装。

9）涂装、编号

涂装环境温度应符合涂料产品说明书的规定，无规定时，环境温度应在5～38℃之间，相对湿度不应大于85%，构件表面没有结露和油污等，涂装后4h内应保护免受淋雨。

施工图中注明不涂装的部位和安装焊缝处的30～50mm宽范围内以及高强度螺栓摩擦连接面不得涂装。

涂料、涂装遍数、涂层厚度均应符合设计和规范的要求。

（3）钢结构构件的验收、运输、堆放

1）钢结构构件的验收

钢构件加工制作完成后，应按照施工图和国家标准《钢结构工程施工质量验收规范》（GB 50205—2001）进行验收，有的还分工厂验收、工地验收，因工地验收还增加了运输的因素，钢构件出厂时，应提供下列资料：

① 产品合格证及技术文件；

② 施工图和设计变更文件；

③ 制作中技术问题处理的协议文件：

④ 钢材、连接材料、涂装材料的质量证明或试验报告；

⑤ 焊接工艺评定报告；

⑥ 高强度螺栓摩擦面抗滑移系数试验报告，焊缝无损检验报告及涂层检测资料；

⑦ 主要构件检验记录；

⑧ 预拼装记录；

⑨ 构件发运和包装清单。

2）构件的运输

① 发运的构件，单件超过3t的，宜在易见部位用油漆标上重量及重心位置的标志，以免在装、卸车和起吊过程中损坏构件；节点板、高强度螺栓连接面等重要部分要有适当的保护措施，零星的部件等都要按同一类别用螺栓和钢丝紧固成束或包装发运。

② 大型或重型构件的运输应根据行车路线、运输车辆的性能、码头状况、运输船只来编制运输方案。要着重考虑吊装工程的堆放条件、工期要求来编制构件的运输顺序。

③ 运输构件时，应根据构件的长度、重量、断面形状选用车辆；构件在运输车辆上的支点、两端伸出的长度及绑扎方法均应保证构件不产生永久变形、不损伤涂层。

④ 公路运输装运的高度极限4.5m，如需通过隧道时，则高度极限4m，构件伸出车身不得超过2m。

3）构件的堆放

① 构件一般要堆放在工厂的堆放场和现场的堆放场。构件堆放场地应平整坚实，有较好的排水设施，同时有车辆进出的回路。

② 构件应按种类、型号、安装顺序划分区域，插竖标志牌。构件底层垫块要有足够的支承面，不允许垫块有大的沉降。钢结构产品不得直接置于地上，要垫高200mm。

③ 在堆放中，发现有变形不合格的构件，则严格检查，进行矫正，然后再堆放。不得把不合格的变形构件堆放在合格的构件中，否则会大大地影响安装进度。

④ 对于已堆放好的构件，要派专人汇总资料，建立完善的进出厂的动态管理，严禁

乱翻、乱移。同时对已堆放好的构件进行适当保护，避免风吹雨打、日晒夜露。

⑤ 不同类型的钢构件一般不堆放在一起。同一工程的钢构件应分类堆放在同一地区，便于装车发运。

### 2.4.2 钢结构的连接

**1. 焊接连接**

（1）结构构件常用的焊接方法

焊接是借助于能源，使两个分离的物体产生原子（分子）间结合而连接成整体的过程。用焊接方法不仅可以连接金属材料，还能连接非金属，甚至还可以解决金属和非金属之间的连接，把上述连接统称为工程焊接。用焊接方法制造成的结构称为焊接结构，又称工程焊接结构。钢结构材料是钢材常用的钢号有 Q235、16Mn、16Mnq、15MnV、15MnVq 等，主要的焊接方法有手工电弧焊、气体保护焊、自保护电弧焊、埋弧焊、电渣焊、等离子焊、激光焊、电子束焊、栓焊等。

在钢结构制作和安装中，广泛使用的是电弧焊。在电弧焊中又以药皮焊条手工电弧焊、自动埋弧焊、半自动与自动 $CO_2$ 气体保护焊和自保护电弧焊为主。

（2）焊接的质量检验

焊接质量检验包括焊前检验、焊接生产中检验和成品检验。

1）焊前检验

检验技术文件是否齐备。焊接材料和钢材原材料的质量检验，构件装配和焊接件边缘质量检验、焊接设备（焊机和专用胎、模具等）是否完善。焊工应经过考试取得合格证，停焊时间达 6 个月及以上，必须重新考核方可上岗操作。

2）焊接生产中的检验

主要是对焊接设备运行情况、焊接规范和焊接工艺的执行情况，以及多层焊接过程中夹渣、焊透等缺陷的自检等，防止焊接过程中缺陷的形成，及时发现缺陷，采取整改措施。

根据焊接工艺评定编制工艺指导书，焊接过程中应严格执行。

对接接头、T 形接头、角接接头、十字接头等对接焊缝及组合焊缝应在焊缝的两端设置引弧和引出板；其材料和坡口形式应与焊件相同。角焊缝转角处宜连续绕角施焊，起落弧点距焊缝端部宜大于 10mm；角焊缝端部不设引弧和引出板的连续焊缝，起落弧点距焊缝端部宜大于 10mm，弧坑应填满。

下雪或下雨时不得露天施焊，构件焊区表面潮湿或冰雪没有清除前不得施焊，风速超过或等于 8m/s（$CO_2$ 保护焊风速 2m/s），应采取挡风措施，定位焊工应有焊工合格证。

焊接前预热及层间温度控制，宜采用测温器具测量（点温计、热电偶温度计等）。预热区在焊道两侧，其宽度应各为焊件厚度的 2 倍以上，且不少于 100mm，环境温度低于 0℃时，预（后）热温度应通过工艺试验确定。

焊接 H 型钢，其翼缘板和腹板应采用半自动或自动气割机进行切割，翼缘板只允许在长度方向拼接；腹板在长度和宽度方向均可拼接，拼接缝可为“十”字形或“T”形，翼缘板的拼接缝与腹板的拼接缝应错开 200mm 以上，拼接焊接应在 H 型钢组装前进行。

对需要进行后热处理的焊缝，应在焊接后钢材没有完全冷却时立即进行，后热温度为

200～300℃，保温时间可按板厚每 30mm/h 计，但不得少于 2h。

3）焊接检验

全部焊接工作结束，焊缝清理干净后进行成品检验。检验的方法有很多种，通常可分为无损检验和破坏性检验两大类。

无损检验可分为外观检查、致密性检验、无损探伤。

a. 外观检查：焊缝的外观检查用肉眼或低倍放大镜进行，检查焊缝表面气孔、夹渣、裂纹、弧坑、焊瘤等，并用测量工具检查焊缝尺寸是否符合要求。

根据结构件承受荷载的特点，产生脆断倾向的大小及危害性，将对接焊缝分为三级，一级要求最高。

一级焊缝：重级工作制和起重量＞50t 的中级工作制的吊车梁，其腹板、翼缘板、吊车桁架的上下弦杆的拼接焊缝。

母材板厚 Q235 钢＞30mm，16Mn 钢＞30mm，16Mnq、15Mnq 钢＞25mm，且要求熔熬金属在－20℃的冲击功 $\alpha_{kv}\geqslant 27J$，承受动载或静载结构的全焊透对接焊缝。

二级焊缝：除上述之外的其他全焊透对接焊缝及吊车梁腹板和翼缘板间组合焊缝为二级焊缝。

三级焊缝：非承载的不要求焊透或部分焊透的对接焊缝、组合焊缝以及角焊缝为三级焊缝。

b. 致密性检验，主要用水（气）压试验、煤油渗漏、渗氨试验、真空试验、氦气探漏等方法，这些方法对于管道工程、压力容器等是很重要的方法。

c. 无损探伤：主要有磁粉探伤、涡流探伤、渗透探伤、射线探伤、超声波探伤等。

磁粉探伤（MT）：是利用焊件在磁化后，在缺陷的上部会产生不规则的磁力线这一现象来判断焊缝中缺陷位置。可分为干粉法、湿粉法、荧光法等几种。

涡流探伤（ET）：将焊件处于交流磁场的作用下，由于电磁感应的结果会在焊件中产生涡流。涡流产生的磁场将削弱主磁场，形成叠加磁场。焊件中的缺陷会使涡流发生变化，也会使叠加磁场发生变化，探伤仪将通过测量线圈发现缺陷。

渗透探伤（PT）：是依靠液体的渗透性能来检查和发现焊件表面的开口缺陷，一般有着色法和荧光法。

射线探伤（RT）：是检验焊缝内部缺陷准确而可靠的方法。当射线透过焊件时，焊缝内的缺陷对射线的衰减和吸收能力与密实材料不同，在胶片上曝光不同，影像深浅不一，根据胶片上的斑点可以判断出内部缺陷。

超声波探伤（UT）：是利用频率超过 20kHz 的超声波在渗入金属材料内部遇到异质界面时，会产生反射的原理来发现缺陷。

**2. 螺栓连接**

螺栓作为钢结构主要连接紧固件，通常用于钢结构中构件间的连接、固定、定位等，钢结构中使用的连接螺栓一般分为普通螺栓和高强度螺栓两种。

（1）普通螺栓连接

钢结构普通螺栓连接即将螺栓、螺母、垫圈机械地和连接件连接在一起形成的一种连接方式。一般受力较大的结构或承受动荷载的结构，当采用普通螺栓连接时，螺栓应采用精制螺栓以减小接头的变形量。精制螺栓连接是一种紧配合连接，即螺栓孔径和螺栓直径差一般在 0.2～0.5mm，有的要求螺栓孔径和螺栓直径相等，施工时需要强行打入。

1）普通螺栓种类

① 普通螺栓的材性

螺栓按照性能等级分 3.6、4.6、4.8、5.6、5.8、6.8、8.8、9.8、10.9、12.9 十个等级，其中 8.8 级以上螺栓材质为低碳合金钢或中碳钢并经过热处理（淬火、回火），通称为高强度螺栓，8.8 级以下（不含 8.8 级）通称为普通螺栓。

② 普通螺栓的规格

普通螺栓按照形式可分为六角头螺栓、双头螺栓、沉头螺栓等；按制作精度可分为 A、B、C 级三个等级，A、B 级为精制螺栓，C 级为粗制螺栓，钢结构用连接螺栓，除特殊说明外，一般即为普通粗制 C 级螺栓。

③ 螺母

钢结构常用的螺母，其公称高度 h 大于或等于 0.8D（D 为与其相匹配的螺栓直径）。螺母性能等级分 4、5、6、8、9、10、12 等，其中 8 级（含 8 级）以上螺母与高强度螺栓匹配，8 级以下螺母与普通螺栓匹配。

螺母的螺纹应和螺栓相一致，一般应为粗牙螺纹，螺母的机械性能主要是螺母的保证应力和强度，其值应符合规范的规定。

④ 垫圈

常用钢结构连接的垫圈，按形状及其使用功能可以分成以下几类：

圆平垫圈——一般放置于紧固螺栓头及螺母的支承面下面，用以增加螺栓头及螺母的支承面，同时防止被连接件表面损伤；

方型垫圈——一般置于地脚螺栓头及螺母的支承面下，用以增加支承面及遮盖较大螺栓孔眼；

斜垫圈——主要用于工字钢、槽钢翼缘倾斜面的垫平，使螺母支承面垂直于螺杆，避免紧固时造成螺母支承面和被连接的倾斜面局部接触；

弹簧垫圈——防止螺栓拧紧后在动载作用下的振动和松动，依靠垫圈的弹性功能及斜口摩擦面防止螺栓的松动，一般用于有动荷载（振动）或经常拆卸的结构连接处。

2）普通螺栓的施工

① 一般要求

普通螺栓作为永久性连接螺栓时，应符合下列要求：

a. 对一般的螺栓连接，螺栓头和螺母下面应放置平垫圈，以增大承压面积。

b. 螺栓头下面放置的垫圈一般不应多于 2 个，螺母头下的垫圈一般应多于 1 个。

c. 对于设计有要求放松的螺栓、锚固螺栓应采用有放松装置的螺母或弹簧垫圈，或用人工方法采取放松措施。

d. 对于承受动荷载或重要部位的螺栓连接，应按设计要求放置弹簧垫圈，弹簧垫圈必须设置在螺母一侧。

e. 对于工字钢、槽钢类型钢应尽量使用斜垫圈，使螺母和螺栓头部的支承面垂直于螺杆。

② 螺栓直径及长度的选择

螺栓直径：原则上按等强原则通过计算确定。

螺栓长度通常是指螺栓螺头内侧面到螺杆端头的长度，一般都是以 5mm 进制；影响螺栓长度的因素有被连接件的厚度、螺母高度、垫圈的数量及厚度等，可按下式计算：

$$L = \delta + H + nh + C$$

式中 $\delta$——被连接件总厚度（mm）；

$H$——螺母高度（mm），一般为 0.8D（D 为与其相匹配的螺栓直径）；

$n$——垫圈个数；

$h$——垫圈的厚度（mm）；

$C$——螺纹外露部分长度（mm）（2～3 扣为宜，一般为 5mm）。

3）螺栓的布置

螺栓的连接接头中螺栓的排列布置主要有并列和交错排列两种形式，螺栓间的间距确定既要考虑连接效果（连接强度和变形），同时又要考虑螺栓的施工要求。

4）螺栓孔

对于精制螺栓（A、B 级螺栓），螺栓孔必须是 I 类孔，应具有 H12 的精度，孔壁表面粗糙度 Ra 不应大于 12.5$\mu$m，为保证上述精度要求必须钻孔成型。

对于粗制螺栓（C 级螺栓），螺栓孔为Ⅱ类孔，孔壁表面粗糙度 Ra 不应大于 25$\mu$m，其允许偏差为：直径 0～＋1.0mm；圆度－2.0mm；垂直度－0.03$t$ 且不大于 2.0mm（$t$ 为连接板的厚度）。

5）螺栓的紧固及其检验

普通螺栓连接对螺栓紧固力以保证被连接接触面能密贴为宜。螺栓的紧固次序应从中间开始，对称向两边进行。

普通螺栓连接螺栓紧固检验比较简单，即用 3kg 小锤，一手扶螺栓（或螺母）头，另一手用锤敲，要求螺栓头（或螺母）不偏移、不颤动、不松动，锤声比较干脆。

（2）高强度螺栓连接

高强度螺栓连接具有受力性能好、耐疲劳、抗震性能好、连接刚度高，施工简便等优点。高强度螺栓连接可分为摩擦型连接、摩擦-承压型连接、承压型连接和张拉型连接等几种类型，其中摩擦型连接是目前广泛采用的基本连接形式。

1）高强度螺栓种类

高强度螺栓从外形上可分为大六角头和扭剪型两种；按性能等级可分为 8.8 级、10.9 级、12.9 级等，目前我国使用的大六角头高强度螺栓有 8.8 级和 10.9 级两种，扭剪型高强度螺栓只有 10.9 级一种。

大六角头高强度螺栓连接副：含一个螺栓、一个螺母、两个垫圈（螺头和螺母两侧各一个垫圈）。螺栓、螺母、垫圈在组成一个连接副时，其性能等级要匹配。

扭剪型高强度螺栓连接副：含一个螺栓、一个螺母、一个垫圈。螺栓、螺母、垫圈在组成一个连接副时，其性能等级要匹配。

高强度螺栓连接副实物的机械性能主要包括螺栓的抗拉荷载、螺母的保证荷载及实物硬度等。对于高强度螺栓连接副，不论是 10.9 级和 8.8 级螺栓，所采用的垫圈是一致的，其硬度要求都是 HRC35～HRC45。

2）高强度螺栓施工

① 一般规定

（a）高强度螺栓连接在施工前应对连接副实物和摩擦面进行检验和复验，合格后才能进入安装施工。

（b）对每一个连接接头，应先用临时螺栓或冲钉定位，为防止损伤螺纹。对一个接头来说，临时螺栓和冲钉的数量原则上应根据该接头可能承担的荷载计算确定，并应符合下列规定：

a）不得少于安装螺栓总数的 1/3；

b）不得少于两个临时螺栓；

c）冲钉穿入数量不宜多于临时螺栓的 30%。

（c）高强度螺栓的穿入，应在结构中心位置调整后进行，其穿入方向应以施工方便为准，力求一致；安装时要注意垫圈的正反面，即螺母带圆台面的一侧应朝向垫圈有倒角的一侧；对于大六角头高强度螺栓连接副靠近螺头一侧的垫圈，其有倒角的一侧朝向螺栓头。

（d）高强度螺栓的安装应能自由穿入孔，严禁强行穿入，如不能自由穿入时，该孔应用铰刀进行修整，修整后孔的最大直径应小于 1.2 倍螺栓直径。修孔时，为了防止铁屑落入板迭缝中，铰孔前应将四周螺栓全部拧紧，使板迭密贴后再进行，严禁气割扩孔。

（e）高强度螺栓连接中连接钢板的孔径略大于螺栓直径，并必须采取钻孔成型方法，钻孔后的钢板表面应平整、孔边无飞边和毛刺，连接板表面应无焊接飞溅物、油污等，螺栓孔径及允许偏差应符合规范规定。

（f）高强度螺栓连接板螺栓孔的孔距及边距除应符合规范要求外，还应考虑专用施工机具的可操作空间。

（g）高强度螺栓在终拧以后，螺栓丝扣外露应为 2～3 扣，其中允许有 10%的螺栓丝扣外露 1 扣或 4 扣。

② 大六角头高强度螺栓连接施工

（a）扭矩法：对大六角头高强度螺栓连接副来说，当扭矩系数确定之后，由于螺栓的轴力（预拉力）$P$ 是由设计规定的，则螺栓应施加的扭矩值 $M$ 就可以根据公式很容易地计算确定，根据计算确定的施工扭矩值，使用扭矩扳手（手支、电动、风动）按施工扭矩值进行终拧，这就是扭矩法施工的原理。

扭矩值 $M$ 与轴力（预拉力）$P$ 之间对应关系：

$$M = K \cdot D \cdot P$$

式中 $D$——螺栓公称直径（mm）；

$P$——螺栓轴力（kN）；

$M$——施加于螺母上扭矩值（kN·m）；

$K$——扭矩系数。

在确定螺栓的轴力 $P$ 时应根据设计预拉力值，一般考虑螺栓的施工预拉力损失 10%，即螺栓施工预拉力（轴力）$P$ 按 1.1 倍的设计预拉力取值。

螺栓在储存和使用过程中扭矩系数易发生变化，所以在工地安装前一般都要进行扭矩系数复检，复检合格后根据复验结果确定施工扭矩，并以此安排施工。

扭矩系数试验用螺栓、螺母、垫圈试样，应从同批螺栓副中随机抽取，按批量大小一般取5～10套，试验状态应与螺栓使用状态相同，试样不允许重复使用。扭矩系数复验应在国家认可的有资质的检测单位进行，试验所用的轴力计和扭矩扳手应经计量认证。

在采用扭矩法终拧前，应首先进行初拧，对螺栓多的大接头，还需进行复拧。初拧的目的就是使连接接触面密贴，螺栓“吃上劲”，一般常用规格螺栓（M20、M22、M24）的初拧的扭矩在200～300N·m，螺栓轴力达到10～50kN即可，在实际操作中，可以让一个操作工使用普通扳手用自己的手力拧紧即可。

初拧、复拧及终拧时，一般从中间向两边或四周对称施拧，初拧和终拧的螺栓都应做不同的标记，避免漏拧、超拧等安全隐患，同时也便于检查人员检查紧固质量。

（b）转角法：即利用螺母旋转角度以控制螺杆弹性伸长量来控制螺栓轴向力的方法。

高强度螺栓转角法施工分初拧和终拧两步进行（必要时需增加复拧），初拧的要求比扭矩法施工要严，由于起初连接板间隙的影响，螺母的转角大都消耗于板缝，转角与螺栓轴力关系极不稳定，初拧的目的是为消除板缝影响，给终拧创造一个大体一致的基础。终拧是在初拧的基础上，再将螺母拧转一定的角度，使螺栓轴向力达到施工预拉力。

转角法施工次序如下：

初拧：采用定扭扳手，从栓群中心顺序向外拧紧螺栓。

初拧检查：一般采用敲击法，即用小锤逐个检查，目的是防止螺栓漏拧。

划线：初拧后对螺栓逐个进行划线。

终拧：用专用扳手使螺母再旋转一下额定角度，螺栓群紧固的顺序同初拧。

终拧检查：对终拧后的螺栓逐个检查螺母旋转角度是否符合要求，可用量角器检查螺栓与螺母上划线的相对转角。

作标记：对终拧完的螺栓用不同颜色笔作出明显的标记，以防漏拧和重拧，并供质检人员检查。

3）高强度螺栓连接摩擦面

① 影响摩擦面抗滑移系数的因素

（a）摩擦面处理方法及生锈时间；

（b）摩擦面状态；

（c）连接母材钢种；

（d）连接板厚度；

（e）环境温度；

（f）摩擦面重复使用。

② 摩擦面的处理方法

（a）喷砂（丸）法

利用压缩空气为动力，将砂（丸）直接喷射到钢材表面，使钢材表面达到一定的粗糙度，铁锈除掉，经喷砂（丸）后的钢材表面呈铁灰色。

（b）化学处理—酸洗法

一般将加工完的构件浸入酸洗槽中，停留一段时间，然后放入石灰槽中，中和及清水清洗，酸洗后钢板表面应无轧制薄钢板，呈银灰色。

(c) 砂轮打磨法

对于小型工程或已有建筑物加固改造工程，常常采用手工方法进行摩擦面处理，砂轮打磨是最直接，最简便的方法。

(d) 钢丝刷人工除锈

用钢丝刷将摩擦面处的铁磷、浮锈、尘埃、油污等污物刷掉，使钢材表面露出金属光泽，保留原轧制表面。

### 2.4.3 钢结构构件的防腐与涂饰

钢结构工程所处的工作环境不同，自然界中酸雨介质或温度、湿度的作用可能使钢结构产生不同的物理和化学作用而受到腐蚀破坏，严重的将影响其强度、安全性和使用年限，为了减轻并防止钢结构的腐蚀，目前国内外主要采用涂装方法进行防腐。

**1. 涂料的质量标准及性能指标**

钢结构构件防腐涂料的种类、性能指标应符合设计要求和现行国家技术标准的规定。各类涂料及其配用的防腐涂料、罩面涂料的主要质量指标有：涂膜颜色和外观、黏度、细度、干燥时间、附着力、耐水性、耐磨性、耐汽油性。

涂料是一种含油或不含油的胶体溶液，将它涂敷在钢结构构件的表面，可结成涂膜以防钢结构构件被锈蚀。涂料一般分为底涂料和饰面涂料两种。

(1) 底涂料。含粉料多，基料少，成膜粗糙，与钢材表面粘结力强，并与饰面涂料结合性好。

(2) 饰面涂料。含粉料少，基料多，成膜后有光泽。主要功能是保护下层的防腐涂料。

**2. 钢结构构件除锈的工艺、操作方法及质量控制**

从钢结构的零部件到结构整体的防腐和涂膜的质量，主要决定于基层的除锈质量。钢结构的防腐与除锈采用的工艺、技术要求及质量控制均应符合以下要求。

(1) 钢结构的除锈是构件在施涂之前的一道关键工序，除锈干净可提高底防锈涂料的附着力，确保构件的防腐质量。

1) 除锈及施涂工序要协调一致。金属表面经除锈处理后应及时施涂防锈涂料，一般应在 6h 以内施涂完毕。如金属表面经磷化处理，需经确认钢材表面生成稳定的磷化膜后，方可施涂防腐涂料。

2) 施工现场拼装的零部件，在下料、切割及矫正之后，均可进行除锈；并应严格控制施涂防锈涂料的涂层。

对于拼装的组合（包括拼合和箱合空间构件）零件，在组装前应对其内面进行除锈并施涂防腐涂料。

3) 拼装后的钢结构构件，经质量检查合格后，除安装连接部位不准涂刷涂料外，其余部位均可进行除锈和施涂。

(2) 除锈的工艺和技术要求

1) 酸洗除锈。将构件放入酸洗槽内除去构件上的油污和铁锈，并应将酸洗液清洗干净。酸洗后应进行磷化处理，使其金属表面产生一层具有不溶性的磷酸铁和磷酸锰保护膜，增加涂膜的附着力。

2）喷射或抛射除锈。用喷砂机将砂（石英砂、铁砂或铁丸）喷击在金属表面除去铁锈并将表面清除干净；喷砂过程中的机械粉尘应有自动处理的装置，防止粉末飞扬，确保环境卫生。

（3）钢结构防腐的除锈等级应符合设计和规范要求（表 2-7）。

**各种底漆或除锈漆要求最低的除锈等级** **表 2-7**

| 涂料品种 | 除锈等级 |
|---|---|
| 油性酚醛、醇酸等底漆或防锈漆 | St2 |
| 高氯化聚乙烯、氯化橡胶、氯磺化聚乙烯环氧树脂、聚氨酯等底漆、防锈漆 | Sa2 |
| 无机富锌、有机硅、过氯乙烯等底漆 | Sa2.5 |

**3. 施涂的工艺、操作方法及质量控制要点**

（1）施涂方法及顺序

1）施涂方法：一般采用刷涂法和喷涂法。刷涂法适用于油性基料的涂料。喷涂法适用于快干性和挥发性强的涂料。

2）施涂顺序一般是先上后下、先难后易、先左后右、先内后外，涂料的厚度均匀一致，不漏涂、不流坠。

（2）施涂的环境要求

1）施涂作业宜在晴天和通风良好的环境下进行，环境温度规定宜为 15～30℃，还应按涂料的产品说明书的规定执行；

2）涂料施工环境的湿度一般宜在相对湿度小于 80%的条件下进行；

3）钢材表面的温度必须高于空气露点温度 3℃以上，方能进行施工；

4）在有雨、雾、雪和较大灰尘的环境下，涂层可能受到油污、腐蚀介质、盐分等污染，在没有安全措施和防火、防爆工具条件下均需有可靠的防护措施。

（3）涂膜的遍数及厚度、验收要求

涂料、涂装遍数、涂层厚度均应符合设计要求。当设计对涂层厚度无要求时，涂层干漆膜总厚度，室外应为 150μm，室内应为 125μm；其允许偏差为－25μm。每遍涂层干漆膜厚度的允许偏差为－5μm。抽查数量按构件数抽查 10%。且同类构件不应少于 3 件。

构件表面不应误涂、漏涂，涂层不应脱皮和返锈等。涂层应均匀、无明显皱皮、流坠、针眼和气泡等。

（4）钢结构防火涂料涂装要求

1）防火涂料涂装前钢材表面除锈及防锈底漆涂装应符合设计要求和国家现行有关标准的规定；

2）钢结构防火涂料的粘结强度、抗压强度应符合国家现行标准《钢结构防火涂料应用技术规程》的规定；

3）薄涂型防火涂料的涂层厚度应符合有关耐火极限的设计要求。厚涂型防火涂料涂层的厚度，80%及以上面积应符合有关耐火极限的设计要求，且最薄处厚度不应低于设计要求的 85%；

4）涂料涂装基层不应有油污、灰尘和泥砂等污垢；防火涂料不应有误涂、漏涂，涂层应闭合无脱层、空鼓、明显凹陷、粉化松散和浮浆等外观缺陷，乳突已剔除。

### 2.4.4 钢结构构件的安装

**1. 钢结构构件安装前的准备工作**

（1）钢结构安装前，应按构件明细表核对进场的构件，核查质量证明书，设计变更文件、加工制作图、设计文件、构件交工时所提交的技术资料。

（2）进一步深化和落实施工组织设计。对起吊设备、安装工艺作出明确规定；对稳定性较差的物件进行稳定性验算，必要时应进行临时加固；对大型或特殊的构件吊装前应进行试吊，确认无误后方可正式起吊。

（3）确定现场焊接的保护措施。

（4）应掌握安装前后外界环境，如风力、温度、风雪、日照等资料，做到胸中有数。

（5）钢结构安装前，应对下列图纸进行自审和会审：

1）钢结构设计图；

2）钢结构加工制作图；

3）基础图；

4）钢结构施工详图；

5）其他必要的图纸和技术文件。

（6）基础验收

1）基础混凝土强度达到设计强度的75%以上。

2）基础周围回填完毕，同时有较好的密实性，吊车行走不会塌陷。

3）基础的轴线、标高、编号等都要根据设计图标注在基础面上。

4）基础顶面平整，地脚螺栓应完好，二次浇筑处的基础表面应凿毛。基础顶面标高应低于柱底面安装标高40～60mm。

5）支承面、地脚螺栓（锚栓）预留孔的允许偏差应符合规范要求。

（7）垫板的设置原则

1）垫板要进行加工，有一定的精度。

2）垫板应设置在靠近地脚螺栓（锚栓）的柱脚底板加劲板或柱肢下，每根地脚螺栓（锚栓）侧应设1～2组垫板。

3）垫板与基础面接触应平整、紧密。二次浇筑混凝土前垫板组间应点焊固定。

4）每组垫板板叠不宜超过5块，同时宜外露出柱底板10～30mm。

5）垫板与基础面应紧贴、平稳，其面积大小应根据基础抗压强度和柱脚底板二次浇筑前，柱底承受的荷载及地脚螺栓（锚栓）的紧固手拉力计算确定。

6）每块垫板间应贴合紧密，每组垫板都应承受压力，使用成对斜垫板时，两块垫板斜度应相同，且重合长度不应少于垫板长度的2/3。

7）采用座浆垫板时。其允许偏差应符合如下要求：

顶面标高0.0～－3.0mm；水平度1/1000mm；位置20.0mm。灌注的砂浆应采用无收缩的微膨胀砂浆，一定要作砂浆试块，强度应高于基础混凝土强度一个等级。

8）采用杯口基础时，杯口尺寸的允许偏差应符合如下规定：

底面标高0.0～－5.0mm；杯口深度H±5.0mm；杯口垂直度H/100，且不应大于10.0mm。

**2. 钢柱子安装**

（1）柱子安装前应设置标高观测点和中心线标志，并且与土建工程相一致。

（2）中心线标志的设置应符合下列规定：

1）在柱底板的上表面各方向设中心标志。

2）在柱身表面的各方向设一个中心线，每条中心线在柱底部、中部（牛腿或肩梁部）和顶部各设一处中心标志。

3）双牛腿（肩梁）柱在行线方向两个柱身表面分别设中心标志。

（3）多节柱安装时，宜将柱组装后再整体吊装。

（4）钢柱安装就位后需要调整，校正应符合下列规定：

1）应排除阳光侧面照射所引起的偏差。

2）应根据气温（季节）控制柱垂直度偏差：气温接近当地年平均气温时（春、秋季），柱垂直偏差应控制在“0”附近。气温高于或低于当地平均气温时，应以每个伸缩段（两伸缩缝间）设柱间支撑的柱子为基准。

**3. 平台、梯子及栏杆的安装**

（1）钢平台、梯子、栏杆的安装应符合相关标准规范的规定。

（2）平台钢板应铺设平整，与支承梁密贴，表面有防滑措施，栏杆安装牢固可靠，扶手转角应光滑。安装允许偏差应符合《钢结构工程施工质量验收规范》(GB 50205—2001)的有关规定。

**4. 螺栓连接**

（1）安装使用的临时螺栓和冲钉，在每个节点上穿入的数量，应根据安装过程所承受的荷载计算确定，并应符合下列规定：不应少于安装孔总数的1/3；临时螺栓不应少于2个；冲钉不宜多于临时螺栓的30%；扩钻后的A、B级螺栓孔不得使用冲钉。

（2）永久性的普通螺栓连接应符合下列规定：每个螺栓一端不得垫2个及以上的垫圈，并不得采用大螺母代替垫圈。螺栓拧紧后，外露螺纹不应少于2个螺距。螺栓孔不得采用气割扩孔。

**5. 高强度螺栓的连接**

高强度螺栓连接副简称高强度螺栓。规格及技术条件应符合设计要求和现行国家标准的规定，生产厂应出具质量证明书。螺栓存放应防潮、防雨、防粉尘，并按类型和规格分类存放。使用时应轻拿轻放、防止撞击，不得损伤螺纹。螺栓应在使用时方可打开包装箱，并按当天使用的数量领取，剩余的应当天回收，螺栓的发放和回收应做记录。

## 2.5 支　　架

城市桥梁工程的模板、支架主要用于现浇结构和临时结构的支护，如现浇钢筋混凝土盖梁、现浇钢筋混凝土板梁、现浇钢筋混凝土箱梁的模板、支架，钢筋混凝土组合梁的临时支撑等。模板、支架应根据工程结构形式、设计跨径、荷载、地基类别、施工方法、施工设备和材料供应等条件及有关标准进行设计，其结构形式应简单，制造与装拆应方便，具有足够的承载力、刚度和稳定性。模板、支架施工前应编制施工组织设计或专项施工方案，支架搭设及拆除应由具有相应资质的单位进行，搭设人员应持证上岗，在搭设、拆除过程中应按施工组织设计或专项施工方案进行，并做好安全管理工作。

支架按其构造分为立柱式（钢管扣件式脚手架、碗扣式脚手架）、梁式和梁-柱式支架。本节重点介绍碗扣式脚手架施工。

### 2.5.1 主要构、配件

（1）碗扣节点构成：由上碗扣、下碗扣、立杆、横杆接头和上碗扣限位销组成（见图 2-14）。

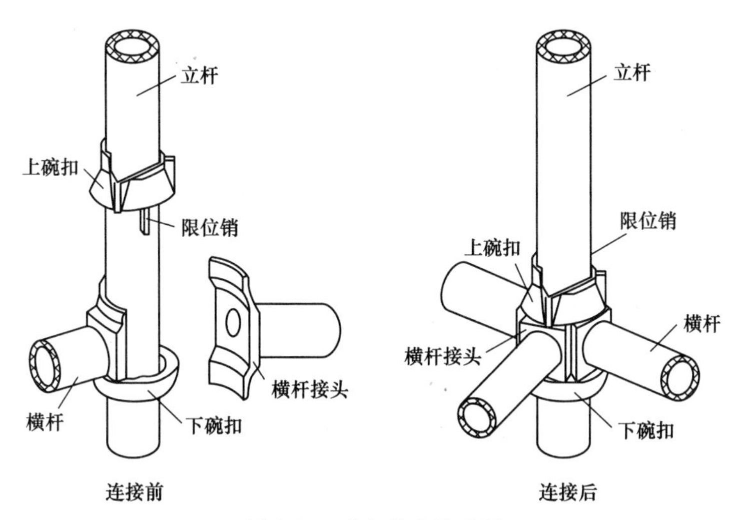


图 2-14 碗扣节点构成图

（2）脚手架立杆碗扣节点应按 0.6m 模数设置。

（3）立杆上应设有接长用套管及连接销孔。

（4）构、配件种类、规格及用途见表 2-8。

**碗扣式脚手架主要构、配件种类、规格及用途　　表 2-8**

| 名　称 | 型　号 | 规格（mm） | 市场重量（kg） | 设计重量（kg） |
|---|---|---|---|---|
| 立杆 | LG-120 | ϕ48×3.5×1200 | 7.41 | 7.05 |
| | LG-180 | ϕ48×3.5×1800 | 10.67 | 10.19 |
| | LG-240 | ϕ48×3.5×2400 | 14.02 | 13.34 |
| | LG-300 | ϕ48×3.5×3000 | 17.31 | 16.48 |
| 横杆 | HG-30 | ϕ48×3.5×300 | 1.67 | 1.32 |
| | HG-60 | ϕ48×3.5×600 | 2.82 | 2.47 |
| | HG-90 | ϕ48×3.5×900 | 3.97 | 3.63 |
| | HG-120 | ϕ48×3.5×1200 | 5.12 | 4.78 |
| | HG-150 | ϕ48×3.5×1500 | 6.28 | 5.93 |
| | HG-180 | ϕ48×3.5×1800 | 7.43 | 7.08 |
| 中间横杆 | JHG-90 | ϕ48×3.5×900 | 5.28 | 4.37 |
| | JHG-120 | ϕ48×3.5×1200 | 6.43 | 5.52 |
| | JHG-120+30 | ϕ48×3.5×(1200+300) | 7.74 | 6.85 |
| | JHG-120+60 | ϕ48×3.5×(1200+600) | 9.69 | 8.16 |

续表

| 名 称 | 型 号 | 规格（mm） | 市场重量（kg） | 设计重量（kg） |
|---|---|---|---|---|
| 专用斜杆 | XG-0912 | ϕ48×3.5×150 | 7.11 | 6.33 |
| | XG-1212 | ϕ48×3.5×170 | 7.87 | 7.03 |
| | XG-1218 | ϕ48×3.5×2160 | 9.66 | 8.66 |
| | XG-1518 | ϕ48×3.5×2340 | 10.34 | 9.30 |
| | XG-1818 | ϕ48×3.5×2550 | 11.13 | 10.04 |
| 专用斜杆 | ZXG-0912 | ϕ48×3.5×1270 | | 5.89 |
| | ZXG-1212 | ϕ48×3.5×1500 | | 6.76 |
| | ZXG-1218 | ϕ48×3.5×1920 | | 8.73 |
| 十字撑 | XZC-0912 | ϕ30×2.5×1390 | | 4.72 |
| | XZC-1212 | ϕ30×2.5×1560 | | 5.31 |
| | XZC-1218 | ϕ30×2.5×2060 | | 7 |
| | TL-30 | 宽度 300 | 1.68 | 1.53 |
| | TL-60 | 宽度 600 | 9.30 | 8.60 |
| | LLX | ϕ12 | | 0.18 |
| | KTZ-45 | 可调范围≤300 | | 5.82 |
| | KTZ-60 | 可调范围≤450 | | 7.12 |
| | KTZ-75 | 可调范围≤600 | | 8.5 |
| | KTC-45 | 可调范围≤300 | | 7.01 |
| | KTC-60 | 可调范围≤450 | | 8.31 |
| | KTC-75 | 可调范围≤600 | | 9.69 |
| | JB-120 | 1200×270 | | 12.8 |
| | JB-150 | 1500×270 | | 15 |
| | JB-180 | 1800×270 | | 17.9 |
| | JT-255 | 2546×530 | | 34.7 |

## 2.5.2 构、配件材料、制作要求

（1）碗扣式脚手架用钢管应采用符合现行国家标准《直缝电焊钢管》（GB/T 13793）或《低压流体输送用焊接钢管》（GB/T 3092）中的 Q235A 级普通钢管，其材质性能应符合现行国家标准《碳素结构钢》（GB/T 700）的规定。

（2）碗扣架用钢管规格为 ϕ48×3.5mm，钢管壁厚不得小于 3.5mm，允许偏差为 −0.025mm。

（3）上碗扣、可调底座及可调托撑螺母应采用可锻铸铁或铸钢制造，其材料机械性能应符合 GB 9440 中 KTH330-08 及 GB 11352 中 ZG270-500 的规定。

（4）下碗扣、横杆接头、斜杆接头应采用碳素铸钢制造，其材料机械性能应符合 GB 11352 中 ZG230-450 的规定。

（5）采用钢板热冲压整体成形的下碗扣，钢板应符合 GB 700 标准中 Q235A 级钢的要求，板材厚度不得小于 6mm。严禁利用废旧锈蚀钢板改制。

（6）立杆连接外套管壁厚不得小于 3.5mm，允许偏差 −0.025mm，内径不大于 50mm，外套管长度不得小于 160mm，外伸长度不小于 110mm。

(7) 杆件的焊接应在专用工作台上进行，各焊接部位应牢固可靠，焊缝高度不小于3.5mm，其组焊的形位公差应符合表2-9要求。

**杆件组焊形位公差要求** **表2-9**

| 序　号 | 项　目 | 允许偏差（mm） |
| --- | --- | --- |
| 1 | 杆件管口平面与钢管轴线垂直度 | 0.5 |
| 2 | 立杆下碗扣间距 | ±1 |
| 3 | 下碗扣碗口平面与钢管轴线垂直度 | ≤1 |
| 4 | 接头的接触弧面与横杆轴心垂直度 | ≤1 |
| 5 | 横杆两接头接触弧面的轴心线平行度 | ≤1 |

(8) 立杆上的上碗扣应能上下串动和灵活转动，不得有卡滞现象；杆件最上端应有防止上碗扣脱落的措施。

(9) 立杆与立杆连接的连接孔处应能插入$\phi$12mm连接销。

(10) 在碗扣节点上同时安装1～4个横杆，上碗扣均应能锁紧。

(11) 构配件外观质量要求：

1) 钢管应无裂纹、凹陷、锈蚀，不得采用接长钢管。

2) 铸造件表面应光整，不得有砂眼、缩孔、裂纹、浇冒口残余等缺陷，表面粘砂应清除干净。

3) 冲压件不得有毛刺、裂纹、氧化皮等缺陷。

4) 各焊缝应饱满，焊药清除干净，不得有未焊透、夹砂、咬肉、裂纹等缺陷。

5) 构配件防锈漆涂层均匀、牢固。

6) 主要构、配件上的生产厂标识应清晰。

可调底座及可调托撑丝杆与螺母啮合长度不得少于4～5扣，插入立杆内的长度不得小于150mm。

### 2.5.3 支架搭设

(1) 施工准备

1) 根据《危险性较大的分部分项工程安全管理办法》（建质[2009]87号）规定，脚手架施工前必须制定脚手架专项施工方案，超过一定规模的危险性较大脚手架工程（如搭设高度50m及以上落地式钢管脚手架工程；架体高度20m及以上悬挑式脚手架工程；搭设高度8m及以上的混凝土模板支撑工程；搭设跨度18m及以上、施工总荷载15kN/m$^2$及以上的、集中线荷载20kN/m$^2$及以上混凝土模板支撑工程；承重支撑体系：用于钢结构安装等满堂支撑体系，承受单点集中荷载700kg以上）等应由承包单位组织召开专家论证会，并报监理审核，经审查批准后方可实施。

2) 脚手架搭设前工程技术负责人应按脚手架专项施工方案的要求对搭设和使用人员进行技术交底。

3) 对进入现场的脚手架构配件，使用前应对其质量进行复检。

4) 构配件应按品种、规格分类放置在堆料区内或放置在专用架上。脚手架堆放场地排水应畅通，不得有积水。

5) 脚手架搭设场地必须平整、坚实、排水措施得当。

(2) 地基与基础处理

1) 脚手架地基与基础的施工，必须根据脚手架搭设高度、搭设场地土质情况与现行国家标准《建筑地基基础工程施工质量验收规范》(GB 50202—2002) 的有关规定进行。

2) 地基高低差较大时，可利用立杆 0.6m 节点位差调节。

3) 土壤地基上的立杆必须采用可调底座。

4) 脚手架基础经验收合格后，应按施工组织设计或专项方案的要求放线定位。

(3) 脚手架搭设

1) 底座和垫板应准确地放置在定位线上；垫板宜采用长度不少于 2 跨，厚度不小于 50mm 的木垫板；底座的轴心线应与地面垂直。

2) 脚手架全高的垂直度应小于高度的 1/500；最大允许偏差应小于 100mm。

3) 脚手架横杆上，严禁堆放物料。

4) 脚手架搭设完成后，应组织技术、安全、施工人员对整个架体结构进行全面的检查和验收，及时解决存在的结构缺陷，经验收合格后，方可使用。

(4) 脚手架拆除

1) 应全面检查脚手架的连接、支撑体系等是否符合构造要求，经按技术管理程序批准后方可实施拆除作业。

2) 脚手架拆除前现场工程技术人员应对在岗操作工人进行有针对性的安全技术交底。

3) 脚手架拆除时必须划出安全区，设置警戒标志，派专人看管。

4) 拆除前应清理脚手架上的器具及多余的材料和杂物。

5) 拆除作业应从顶层开始，逐层向下进行，严禁上下层同时拆除。

6) 拆除的构配件应成捆用起重设备吊运或人工传递到地面，严禁抛掷。

7) 脚手架采取分段拆除时，必须事先确定分界处的技术处理方案。

8) 拆除的构配件应分类堆放，以便于运输、维护和保管。

## 2.6 墩台施工

桥梁墩台按其施工方法分为整体式墩台和装配式墩台两大类，相应的施工方法也分为两大类：一类是整体式墩台的现场浇筑与砌筑；一类是装配式墩台的预制拼装施工。本节重点介绍整体式墩台施工方法。

### 2.6.1 石砌墩台施工

石砌墩台是采用石料和砂浆砌筑而成的墩台。它具有施工简便、经久耐用、外表美观等优点。在石料丰富的地区，可优先考虑石砌墩台。

**1. 材料**

石砌墩台的材料有石料和砂浆两部分。

石材是墩台的受力骨架，要求其标准尺寸饱水抗压强度不小于 25MPa。根据其外形和加工程度分为片石、块石和粗料石三种。片石是指由爆破或楔劈法开采的厚度不小于 15cm 的石块。块石形状大致方正，上下面大致平整，厚度为 20～30cm，宽度约为厚度的 1.0～1.5 倍，长度约为厚度的 1.5～3.0 倍。粗料石是由岩层或大块石劈开，并经粗凿而成。外形方正，成六面体，厚度 20～30cm，宽为厚的 1.0～1.5 倍，长为厚的 2.5～4 倍，表面凹陷深度不大于 2cm。

砂浆作为墩台砌筑时的粘结料，其强度等级可分为 M20、M15、M10、M7.5、M5。此外，砂浆还可用于砌体嵌缝。石材和砂浆两种材料组合形成浆砌片石、浆砌块石、浆砌粗料石三种砌体。

**2. 石砌墩台的施工**

（1）施工放样

石砌墩台在砌筑前，应按设计放出实样、挂线砌筑。当墩台身有斜度时，以垂线和样板校验；如为垂直墩台身，则放线距离外移 1～2cm，按垂线向后缩进 1 或 2cm 为准。

此外，砌筑前还可先树立墩台身样架。根据设计横截面尺寸，用竹、木扎成样架，作砌筑时的尺寸依据。样架可在墩台横桥向设置 2～3 道，之间可拉线控制校验。墩台砌筑前应先做出配料设计图，根据砌体高度、尺寸、错缝等，先行放样，配好材料（图 2-15）。

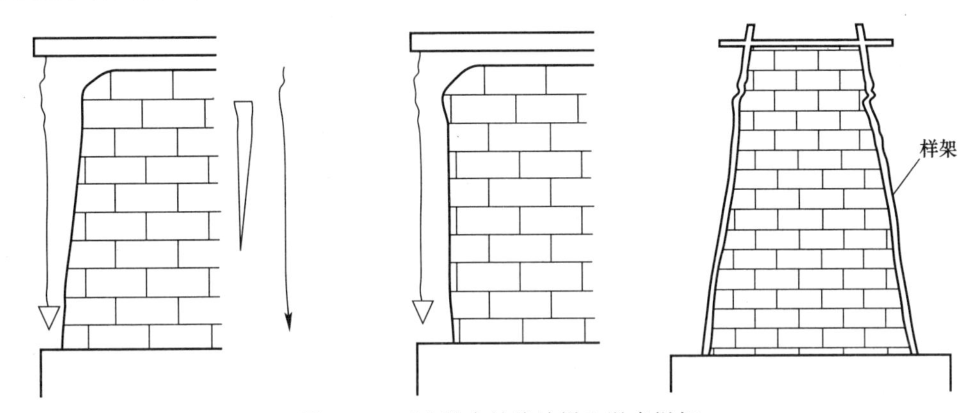


图 2-15　石砌墩台挂线放样和墩身样架

（2）砌筑

1）石块或其他砌块在砌筑前，必须浇水湿润。表面如有泥土、杂物等，应冲洗干净。

2）砌筑墩台基础的第一层砌块时，如基底为土质，不需坐浆，只在砌石块侧面抹砂浆；如基底为基岩，应将其表面清洗、润湿后坐浆砌筑。

3）墩台应分段砌筑，两相邻工作段的砌筑高度差不宜超过 1.2m，分段位置尽量设置在沉降缝或伸缩缝处。

4）每层砌体按水平砌筑，丁顺相间，上下层错缝。砌筑时，宜将较大的石块用于下层，用大面为底铺砌。对形状规则的块石，应层次分明；对片石宜每砌 2～3 层进行找平。

5）砌石的顺序是：先角石，再镶面，后填腹。填腹石同样应分层错缝砌筑，与面层连成一体，分层高度与镶面石相同。桥台应先砌角石，再砌镶面石；桥墩砌石一般先从桥墩的上下游圆头石或分水尖开始，然后砌镶面石。

6）各层砌体间应做到砂浆饱满、均匀，不得直接贴靠或脱空。砌筑方法应采用铺浆法，不宜采用灌浆法。竖缝中砂浆若有不满，应补填，并插捣密实。

7）浆砌片石砌缝宽度不应大于 4cm，浆砌块石砌缝宽度不应大于 3cm，浆砌粗料石砌缝宽度应在 1.5cm～2cm 范围内。

8）砌筑上层砌块时，应避免振动下层砌体。砌筑工作中断后恢复砌筑时，已砌筑的砌层表面应加以清扫和湿润。

9）为了满足美观和防水的要求，墩台外露砌缝应另行勾缝，隐蔽处只需将砂浆刮平即可。

10）桥墩破冰体镶面的砌筑（见图 2-16）：

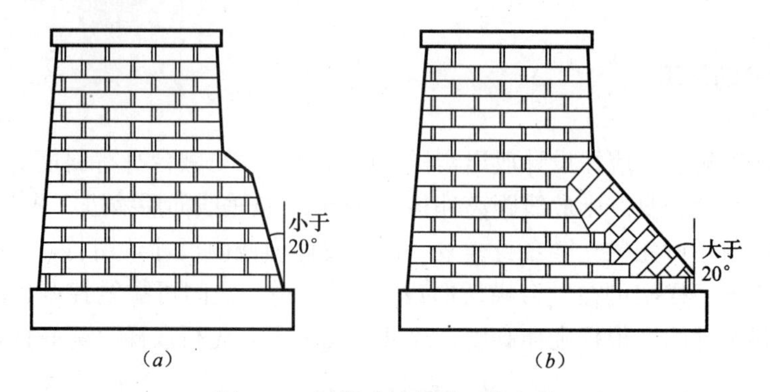


图 2-16　桥墩破冰体镶面的砌筑

(a) 破冰棱与垂线的夹角小于 20°；(b) 破冰棱与垂线的夹角大于 20°

① 破冰棱与垂线的夹角＜20°，破冰体的镶面可采用水平分层，并与墩身层次一致。

② 当夹角＞20°，破冰体的镶面分层应垂直于破冰棱，并与墩身层次一致。

③ 为抵抗流冰、流水的冲击，砌缝宽度为 1～1.2cm。

④ 破冰棱中线上及破冰棱与墩身的相交线上，不得设置竖向砌缝。

（3）砌筑实例

圆端桥墩的圆端顶点不应有垂直灰缝，砌石应从顶端开始，然后依丁顺相间排列。圆端底层顺石宜稍长，以利于逐层收坡，使丁石保持不变。

尖端桥墩同样在尖端及转角不得有垂直灰缝，砌石应从尖端石①开始，再砌转角石②，然后丁顺相间排列，接砌四周镶面石（见图 2-17）。

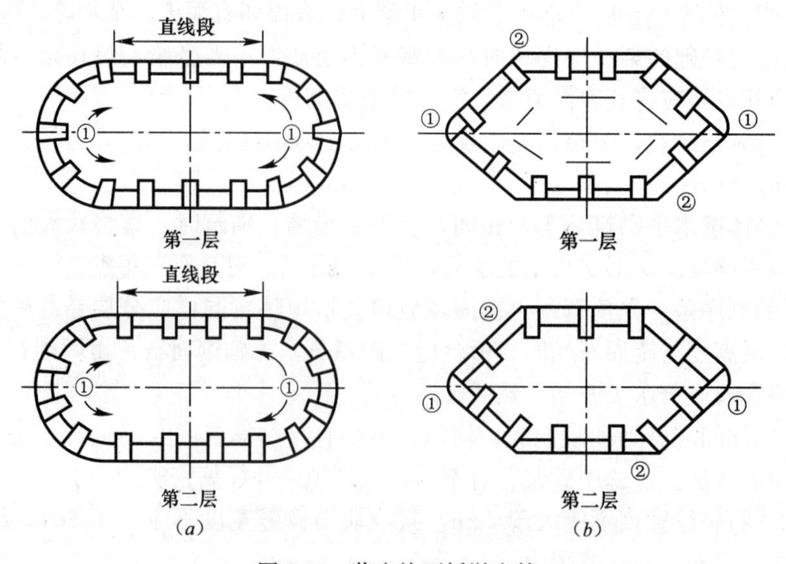


图 2-17　浆砌块石桥墩砌筑

(a) 圆端形桥墩；(b) 尖端形桥墩

石砌墩台施工质量检验要求见表 2-10。

**石砌墩台施工质量检验要求** **表 2-10**

| 项目 | | 允许偏差（mm） | | 检验频率 | | 检查方法 |
|---|---|---|---|---|---|---|
| | | 浆砌块石 | 浆砌料石、砌块 | 范围 | 点数 | |
| 墩台尺寸 | 长 | +20 −10 | +10 0 | 每个墩台身 | 3 | 用钢尺量 3 个断面 |
| | 厚 | ±10 | +10 0 | | 3 | 用钢尺量 3 个断面 |
| 顶面高程 | | ±15 | ±10 | | 4 | 用水准仪测量 |
| 轴线偏位 | | 15 | 10 | | 4 | 用经纬仪测量，纵、横各 2 点 |
| 墙面垂直度 | | ≤0.5%$H$，且不大于 20 | ≤0.3%$H$，且不大于 15 | | 4 | 用经纬仪测量或垂线和钢尺量 |
| 墙面平整度 | | 30 | 10 | | 4 | 用 2m 直尺，塞尺量 |
| 水平缝平直 | | — | 10 | | 4 | 用 10m 小线，钢尺量 |
| 墙面坡度 | | 符合设计要求 | 符合设计要求 | | 4 | 用坡度板量 |

注：$H$ 为墩台高度（mm）。

## 2.6.2 现浇钢筋混凝土墩台施工

1. 钢筋混凝土墩台的施工与混凝土构件施工方法相似，它对模板的要求也与其他钢筋混凝土构件模板要求相同。根据施工经验，当墩台高度小于 30m 时采用固定模板施工；当高度大于或等于 30m 时常用滑动模板施工。墩台混凝土施工时应符合下列规定：

（1）墩台混凝土浇筑前应对基础混凝土顶面做凿毛处理，清除锚筋污锈。

（2）墩台混凝土宜水平分层浇筑，每次浇筑高度宜为 1.5～2.0m。

（3）墩台混凝土分块浇筑时，接缝应与墩台截面较小的一边平行，相邻层分块接缝应错开，接缝宜做成企口形。分块数量：墩台水平截面积在 200m$^2$ 内不得超过 2 块；在 300m$^2$ 以内不得超过 3 块。每块面积不得小于 50m$^2$。

2. 现浇钢筋混凝土墩台施工质量要求见表 2-11。

**现浇钢筋混凝土墩台施工质量要求** **表 2-11**

| 项 目 | | 允许偏差（mm） | 检验频率 | | 检验方法 |
|---|---|---|---|---|---|
| | | | 范围 | 点数 | |
| 墩台身尺寸 | 长 | +15 0 | 每个墩台或每个节段 | 2 | 用钢尺量 |
| | 厚 | +10 −8 | | 4 | 用钢尺量，每侧上、下各 1 点 |
| 顶面高程 | | ±10 | | 4 | 用水准仪测量 |
| 轴线偏位 | | 10 | | 4 | 用经纬仪测量，纵、横各 2 点 |
| 墙面垂直度 | | ≤0.25%$H$，且不大于 25 | | 2 | 用经纬仪测量或垂线和钢尺量 |
| 墙面平整度 | | 8 | | 4 | 用 2m 直尺、塞尺量 |
| 节段间错台 | | 5 | | 4 | 用钢尺和塞尺量 |
| 预埋件位置 | | 5 | 每件 | 4 | 经纬仪放线，用钢尺量 |

注：$H$ 为墩台高度（mm）

### 2.6.3 盖梁施工

盖梁是指桩、柱墩墩帽，除装配式以外，需现场立模浇筑。现浇混凝土盖梁施工应控制好模板设计、支架搭设、拆除、预应力张拉四个环节。

现浇混凝土盖梁施工质量要求见表 2-12。

**现浇混凝土盖梁施工质量要求** **表 2-12**

| 项目 | | 允许偏差（mm） | 检验频率 | | 检验方法 |
|---|---|---|---|---|---|
| | | | 范围 | 点数 | |
| 盖梁尺寸 | 长 | +20，−10 | 每个盖梁 | 2 | 用钢尺量，两侧各 1 点 |
| | 宽 | +10，0 | | 3 | 用钢尺量，两端及中间各 1 点 |
| | 高 | ±5 | | 3 | |
| 盖梁轴线偏位 | | 8 | | 4 | 用经纬仪量，纵横各 2 点 |
| 盖梁顶面高程 | | 0，−5 | | 3 | 用水准仪量，两端及中间各 1 点 |
| 平整度 | | 5 | | 2 | 用 2m 直尺、塞尺量 |
| 支座垫石预埋位置 | | 10 | 每个 | 4 | 用钢尺量，纵横各 2 点 |
| 预埋件位置 | 高程 | ±2 | 每件 | 1 | 用水准仪测量 |
| | 轴线 | 5 | | 1 | 经纬仪放线，用钢尺量 |

## 2.7 支座安设

桥梁支座是桥跨结构的支承部分，它将桥跨结构的支承反力传递给墩台，并保证桥跨结构在荷载作用下满足变形要求。目前常用的支座有板式橡胶支座和盆式橡胶支座。

### 2.7.1 板式橡胶支座的构造与施工

板式橡胶支座由多层橡胶与薄钢板经加压、硫化而成（见图 2-18），能提供足够的竖向刚度和剪切变形。板式橡胶支座在外形上有矩形和圆形，它具有构造简单、安装方便、价格低廉、易于更换等优点，广泛应用于中小跨径桥梁。

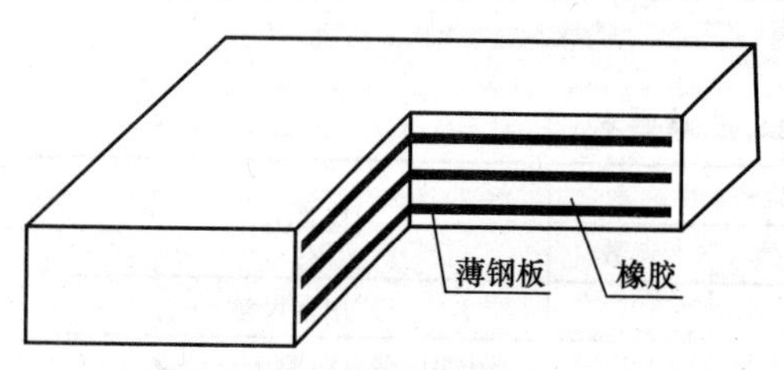


图 2-18 板式橡胶支座示意图

支座安装前应将垫石顶面清理干净，墩台支座垫石顶面应使用水平尺检验，不平处用 1∶3 干硬水泥砂浆找平。垫石顶面高程应符合设计要求，允许误差在±5mm 以内。

支承面施工应平整；设有支承钢板时，钢板位置应准确、平整，相对水平误差不大于 3mm。

先在支座垫石上按设计要求标出支座位置中心线，同时在橡胶支座上也标上中心线。注意矩形支座短边平行顺桥向，圆形支座无须考虑方向性。将支座安放在垫石上，使两中心线重合。

梁板安放时应位置准确，且与支座密贴。如就位不准或与支座不密贴时，必须重新起吊，采取垫钢板等措施，并应使支座位置控制在允许偏差内。不得用撬棍移动梁、板。

当梁体纵向坡度 $i \leqslant 1\%$时，纵坡由垫石顶面调整，支座斜置；当 $1\% < i \leqslant 3\%$时，在梁底用钢制或混凝土制楔形垫块调整，支座平置，或采用坡角板式橡胶支座；当 $i > 3\%$时，可采用球冠板式橡胶支座（一种顶面呈球形的板式橡胶支座）。

### 2.7.2 盆式橡胶支座的构造与施工

盆式橡胶支座是由橡胶块与钢构件组合而成的桥梁支座（见图 2-19）。其结构原理是：安置于密封钢盆中的橡胶块，在三向受力的情况下产生反力，其承载力大于板式橡胶支座；同时，利用橡胶的弹性，满足梁端的转动；通过焊接在顶板上的不锈钢板与聚四氟乙烯板的自由滑动，完成桥梁上部结构的水平位移。它具有承载力大、水平位移量大、移动灵活等特点，适宜于支座承载力为1000kN 以上的大跨径桥梁。

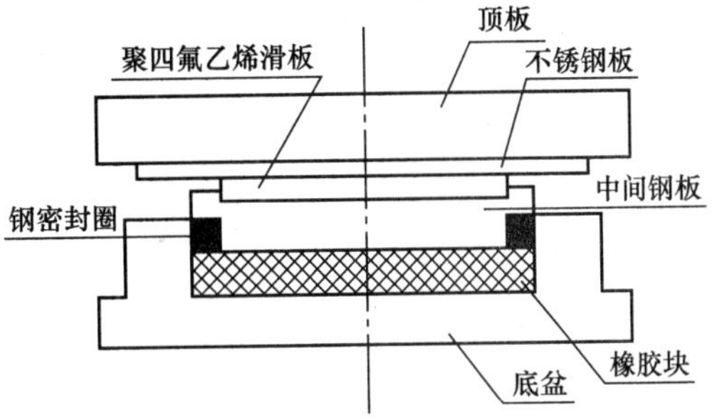

图 2-19 盆式橡胶支座示意图

国产盆式橡胶支座常用系列有 GPZ、TPZ-2、RPZ、SY-1 等。现行城市桥梁上用得较多的是 GPZ 系列盆式橡胶支座。其又分固定支座（GD），单向活动支座（DX），双向活动支座（SX）三种。如 GPZ1000-SX 表示承载力为 1000kN 的双向活动盆式橡胶支座。

当支座上、下座扳与梁底和墩台顶采用螺栓连接时，螺栓预留孔尺寸应符合设计要求，安装前应清理干净，采用环氧砂浆灌注；当采用电焊连接时，预埋钢垫板应锚固可靠、位置准确。墩顶预埋钢板下的混凝土宜分 2 次浇筑，且一端灌入，另一端排气，预埋钢板不得出现空鼓。焊接时应采取防止烧坏混凝土的措施。

现浇梁底部预埋钢板或滑板应根据浇筑时气温、预应力筋张拉、混凝土收缩和徐变对梁长的影响设置相对于设计支承中心的预偏值。

活动支座安装前应先解体并采用丙酮或酒精清洗其相对滑移面，擦净后在聚四氯乙烯板顶面满注硅脂，重新组装时应保持精度。

支座安装后，支座与墩台顶钢垫板间应密贴。临时固定措施应及时解除。

### 2.7.3 支座安装施工质量检查要求（表 2-13）

支座安装施工质量检查要求　　表 2-13

| 项　目 | 允许偏差（mm） | 检验频率 | | 检验方法 |
|---|---|---|---|---|
| | | 范围 | 点数 | |
| 支座高程 | ±5 | 每个支座 | 1 | 用水准仪测量 |
| 支座偏位 | 3 | | 2 | 用经纬仪、钢尺量 |

## 2.8 预应力混凝土简支梁施工

简支梁桥按照构造形式可以分为板式和肋式桥；按结构材料分为钢筋混凝土和预应力

混凝土桥；按施工方法分为整体式和装配式桥；按结构受力分为简支梁、悬臂梁和连续梁桥。简支梁桥是梁式桥中应用最早、使用最广泛的一种桥型，其构造简单、施工方便。本章将着重介绍预应力混凝土梁（预制）的施工工艺及桥梁构件的起吊、运输和安装方法。

### 2.8.1 预应力混凝土工程

**1. 预应力混凝土的定义及分类**

（1）预应力混凝土的定义

一个概括性比较强、广义的定义是："预应力混凝土是根据需要，人为地引入某一数值与分布的内应力，用以部分或全部抵消外荷载应力的一种加筋混凝土"。从荷载的概念出发，预应力混凝土可以定义为："预应力混凝土是根据需要，人为地引入某一数值的反向荷载，用以部分或全部抵消使用荷载的一种加筋混凝土。"

（2）预应力混凝土的分类

预应力混凝土的分类根据结构物对预应力值要求大小程度的不同，预应力混凝土可分为下列三类：

1）"全"预应力混凝土结构在施加预应力或全部荷载作用条件下，都不容许混凝土出现拉应力。

2）"限值"预应力混凝土结构在施加预应力或全部使用荷载作用条件下，容许混凝土承受某一规定拉应力值，如混凝土弯拉强度的80%。在长期荷载（恒载加一部分活载）作用下，混凝土不得受拉。

3）"部分"预应力混凝土结构则根据结构种类和暴露环境条件，在全部使用荷载下容许出现不超过0.1mm或0.2mm宽度的裂缝。

**2. 预应力混凝土工艺**

（1）预应力混凝土的主要生产方法

用预应力钢材对混凝土施加预压应力的常规方法，归纳起来可以分为先张法、后张法两种。

先张法是指先张拉预应力筋、后浇筑混凝土的一种预应力混凝土生产工艺。它需要用于临时固定预应力筋的专用台座，预应力筋与混凝土之间通过握裹力通过一定的传递长度进行锚固，又称为自锚，它不需要专用锚具。预应力筋仅能设置成直线束，不管结构需要与否，预应力筋必须通长设置，有时造成浪费，所以先张法适用于中小跨径桥梁。

后张法是指先浇筑混凝土、后张拉预应力筋的一种预应力混凝土生产工艺。常规做法是先在构件中预留预应力筋孔道，再浇筑混凝土，待其达到要求强度后，再穿入预应力筋、安装锚具、张拉预应力筋并进行锚固，最后进行灌浆并对端部锚具进行封闭保护。后张法既适用于预制构件，也适用于现浇结构，既适用于整体结构，又可用于节段拼装结构；预应力筋可以用有粘结（通过灌浆以恢复预应力筋与周围混凝土的粘结力）预应力混凝土结构，也可以用无粘结预应力混凝土结构；既可是体内束，也可以设置成体外束；预应力筋的线形既可是直线束，又可做成折线或抛物线形，可适应结构的承载需要，因而应用广泛。

（2）预应力混凝土生产工艺的控制要点

在预应力混凝土构件生产中要严格遵守有关操作规定，并特别注意以下几个问题：

1）操作安全

在高应力状态下操作的预应力筋是带有危险性的，在张拉过程中钢材拉断或锚具松脱失效而使预应力筋或锚具向后飞出的可能性是存在的。即使是张拉锚固完毕，在灌浆硬化之前，仍有延滞断裂和锚具滑脱的可能性。西欧在预应力推广应用初期就曾经发生过多次人员伤亡事故。因此，操作人员一定要经过培训，严格制定操作规程与安全制度，人员应在被张拉钢筋两侧操作，构件两端设置沙袋或木档板等措施，以策安全。

2）先张法放张

先张法预应力筋的放张最好采用整体放张，即用千斤顶或用砂箱放张，以保证构件受力的均匀性。若采用逐根切割预应力筋放张，势必由于逐根放张产生的冲击力而加长应力传递长度，降低结构质量，甚至影响强度。

3）确保预应力后张曲线筋线形的准确性

预应力筋对构件截面引起的应力分布与数值，亦即对构件产生的反向等效荷载，与线形位置的正确性有密切关系，厚度越小，尺寸误差影响越大。因此，施工中必须用定位支架、混凝土垫块等措施严格控制预应力筋的线形与位置符合设计要求。

4）无粘结筋的防护

为保证结构的安全耐久，对防止无粘结筋及其锚具遭受锈蚀至之为重要。为防止腐蚀，必须严格防止水、潮气和可能引起腐蚀的化学物质接触锚具和预应力钢材，确保无粘结筋及其锚具装置的全封闭防水。除因遵守有关操作规程外，应注意以下事项：

① 密封防水。无粘结筋塑料护套的局部破损部位，必须用水密性胶带缠扰修补完好；无粘结筋通过连接套管进入锚块孔内，连接套管与无粘结筋护套、锚块的接头处都要用水密性胶带缠绕密封，防止水进入护套内。

② 无粘结筋与定位架立筋或支撑钢筋的绑扎宜采用柔性的塑料绳带，宜防止预应力筋张拉时因外包塑料护套管移动而被绑扎材料（铅丝）刮破而进水。

③ 在浇捣混凝土时，应防止震动棒碰撞塑料护套管，如无粘结筋套管遭受破损或裂口，势必形成水、潮气进入管内的通道。

④ 对锚环，夹片和外露应力筋的保护应采用内注油脂的塑料帽外罩，然后再浇筑封闭锚穴的膨胀混凝土和环氧砂浆，锚穴内壁应涂环氧树脂或其他粘结剂。

⑤ 由于单根无粘结筋体系采用的张拉端锚头数量庞大，每 10000m$^2$ 无粘结平板结构就有大约 3000 至 4000 个锚头需要作防腐处理和混凝土封堵，而且一经封堵很难检查内部质量。因此必须制定严格的操作规程与管理制度，并对操作人员进行专业培训，理解每一工序的作用、重要性及具体操作方法。

### 2.8.2 夹具和锚具

#### 1. 夹具

夹具用于先张法预应力混凝土施工中。根据用途不同，夹具可分为张拉夹具和锚固夹具。张拉夹具是指张拉时，用于把预应力筋夹住并与测力器相连的工具；锚固夹具是指张拉完毕后，用于将预应力筋临时锚固于台座横梁上的工具。夹具是一种工具，可以重复使用。

夹具应具有良好的自锚性能、松锚性能和重复使用性能。需敲击才能松开的夹具，必须保证其对预应力筋的锚固没有影响，且对操作人员的安全不造成危险。

常用的夹具一般都是根据楔形原理制成的。在预应力筋张拉完毕后，将锚塞（或楔块）击入锚圈（或锚板）中，预应力筋与锚塞（或楔块）共同滑移一段位移后，锚塞（或楔块）与锚圈（或锚板）互相挤紧，借助摩擦力将预应力筋锚固。如圆锥形夹具、穿心式夹具等（见图 2-20，图 2-21）。

(1) 钢丝用的锥形夹具

它由锚环和销子两部分组成。销子上刻有细齿，可固定三根或三根以下直径 3～5mm 的碳素钢丝或冷拉钢丝，锚环和销子均用 45 号钢制造。张拉完毕后，将销子击入锚环内，借锥体挤压所产生的摩阻力锚固钢丝。销子的型式有齿板式和槽式两种（见图 2-20）。

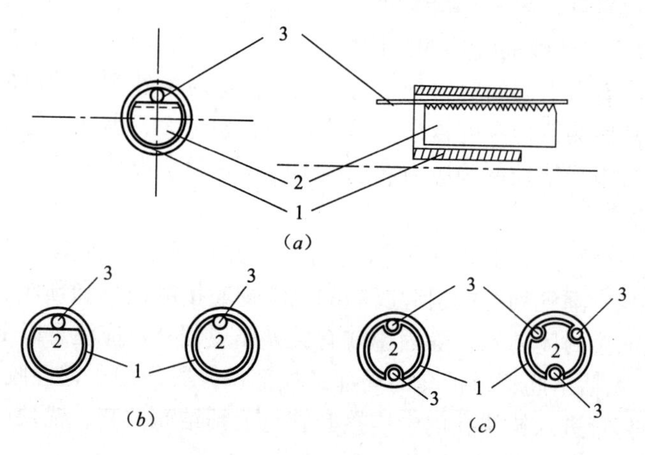


图 2-20 圆锥形夹具与型式

(a)、(b) 齿板式；(c) 槽式

1—锚环；2—锥形销子；3—钢丝

(2) 钢筋（钢绞线）用穿心式夹具

它由锚环和夹片两部分组成。锚环内壁呈圆锥形，与夹片锥度相吻合。夹片有 3 片式（互成 120°）和 2 片式（两个半圆），圆片的圆心部分开成凹槽，并刻有细齿。锚环和夹片采用 45 号钢制造并经过热处理。可锚固直径为 12～16mm 的冷拉钢筋和一股 7 支直径为 4mm 的钢绞线（见图 2-21）。

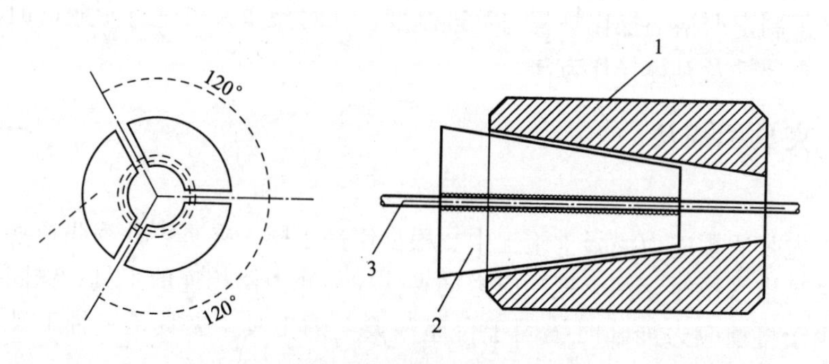


图 2-21 穿心式夹具

1—锚环；2—夹片；3—钢筋（钢绞线）

(3) 墩头

它由墩头和衬板组成。为节省钢材，简化锚固方法，可将预应力筋一端墩粗，加上开孔的垫板作为临时锚固的工具（见图 2-22）。

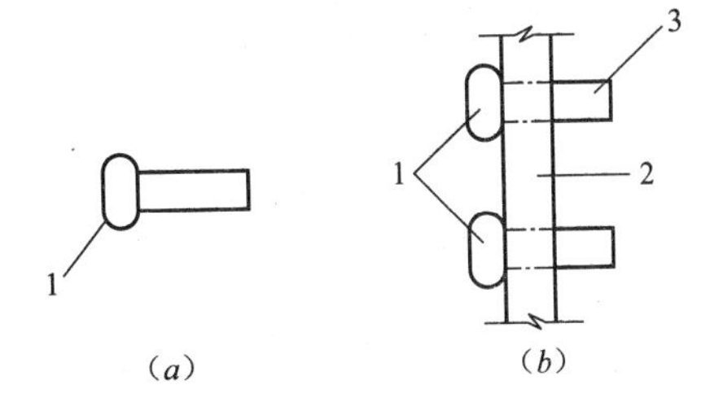


图 2-22 镦粗与垫板示意图

(a) 镦粗；(b) 垫板；
1—镦粗；2—垫板；3—预应力筋

**2. 锚具**

锚具用于后张法预应力混凝土施工中，当预应力筋张拉后，通过一定的措施将预应力筋锚固在构件的两端，以维持对混凝土结构的预压应力，这种用来锚固预应力筋的器具称为锚具。锚具与先张法中的夹具不同，将永远留在构件中不再取出，一般称为工作锚。

预应力筋锚具应满足分级张拉、补张拉以及放松预应力的要求。用于后张结构时，锚具或其附件上宜设置压浆孔或排气孔，压浆孔应具有足够的截面积，以保证浆液的畅通。

锚具按工作原理主要分为机械锚固和摩擦锚固两大类。机械锚固是指在预应力筋端部焊上螺丝端杆、帮条或将钢筋端头墩粗制成的锚具，如螺丝端杆锚具、帮条锚具和墩头锚具等；摩擦锚固是指利用楔形原理制成的锚具，如锥形锚具，JM12 锚和星形锚具等。

(1) 螺丝端杆锚具

它是由螺丝端杆和螺帽组成（见图 2-23）。使用时，将螺丝端杆焊接在要张拉的预应力筋的两端（两端同时张拉）或一端（一端张拉），然后将预应力筋穿入孔道并张拉，当张拉到设计要求的应力值后，将螺帽拧紧固定，然后放松千斤顶。

(2) 帮条锚具

它是由帮条（三根短的粗钢筋）和衬板组成。使用时，将帮条焊接于预应力钢筋的一端，由另一端穿过开孔的衬板后穿入预应力孔道，由帮条和衬板间的作用力锚固预应筋。帮条采用与预应力钢筋同级的钢筋。它适用于锚固直径 12～40mm 的冷拉 HRB335、HRB400（Ⅱ、Ⅲ级）钢筋，但帮条锚具只能用于预应力筋一端的锚固（见图 2-24）。

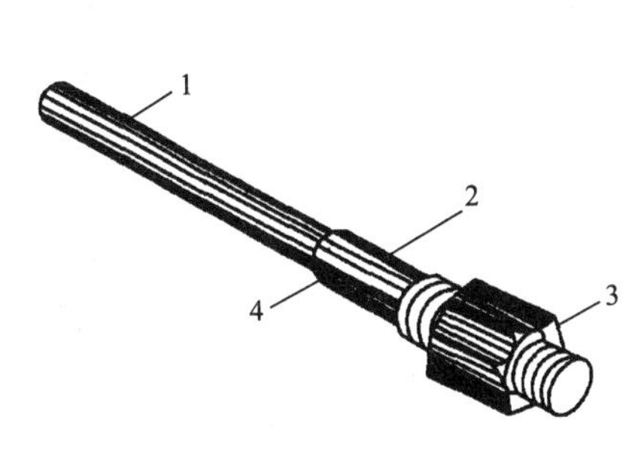


图 2-23 螺丝杆锚具

1—钢筋；2—螺丝端杆；3—螺帽；4—焊接接头

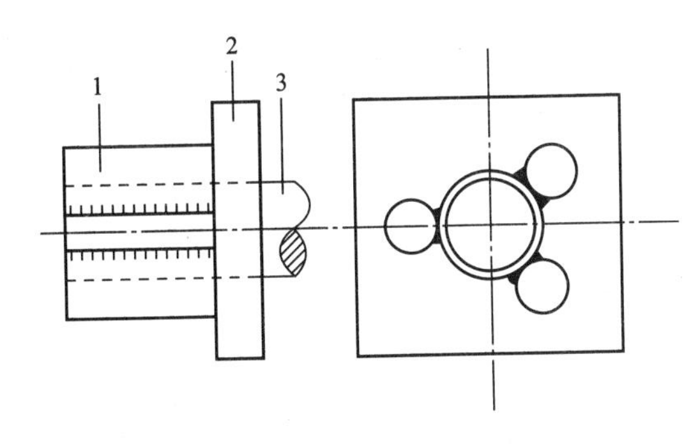


图 2-24 帮条锚具

1—帮条；2—衬板；3—钢筋

(3) 锥形锚具

它由锚环和锚塞组成（见图 2-25）。锚环与锚塞具有相同的锥度，且锚塞上刻有细齿。当预应力钢筋张拉结束后，利用千斤顶顶锚塞，将预应力钢筋锚固，故张拉时须采用双作用或三作用千斤顶。锥形锚具适用于锚固 12～24 根直径为 5mm 的碳素钢丝束。

(4) JM12 锚具

它由锚环和夹片组成（见图 2-26)。锚环和夹片具有相同的锥度，夹片截面呈扇形，侧面刻有梯形的齿痕，相邻夹片之间呈一个圆孔，用其两侧面夹住预应力钢筋。JM12 锚具采用 45 号钢制作，它适用于锚固 6 根直径为 12mm 的冷拉Ⅳ钢筋组成的钢筋束，或锚固 5 根钢绞线束。

(5) 星形锚具

它由星形锚圈和锚塞组成（见图 2-27)。锚圈中间呈星形，且呈圆锥形，星内壁有嵌线槽，锚圈由 45 号钢精密铸造，锚塞用 45 号钢车制。星形锚具适用于锚固每束 5 根（7 支 4mm）所组成的钢绞线束。

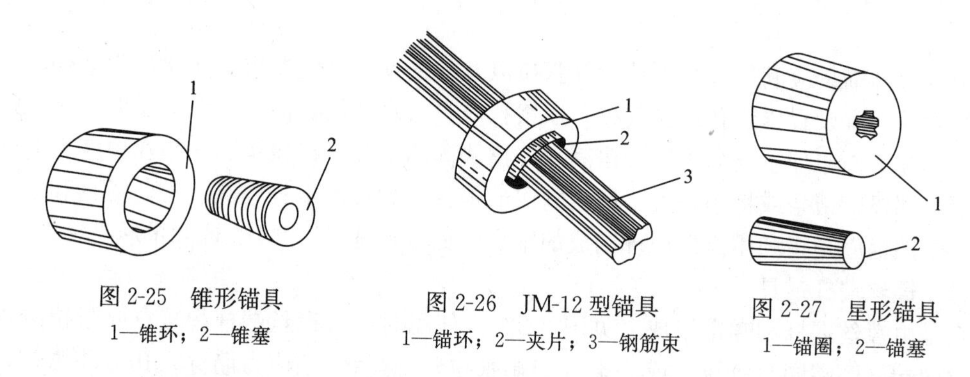


图 2-25 锥形锚具
1—锥环；2—锥塞

图 2-26 JM-12 型锚具
1—锚环；2—夹片；3—钢筋束

图 2-27 星形锚具
1—锚圈；2—锚塞

### 2.8.3 先张法施工工艺

采用先张法制作预应力混凝土构件，一般是在预制场内进行。先张法施工是在混凝土浇筑前，将预应力筋摆放于台座上，根据设计要求的控制应力对预应力筋进行张拉，并用夹具临时固定在台座上，然后浇筑混凝土，待混凝土达到一定强度后，放松预应力筋。由于预应力筋的弹性回缩，借助预应力筋与混凝土之间的粘接力，使混凝土获得预压应力。

先张法的优点：张拉预应力筋时，只需夹具（可重复使用），预应力筋借助预应力筋与混凝土间的粘接力，自锚于混凝土中。

先张法的缺点：需要专门的张拉台座，基建投资大；构件中预应力筋一般只能采用直线配置，施加的张拉力小，故只适用于长度 20m 以内的预制构件。

**1. 张拉台座**

张拉台座是先张法生产预应力构件的主要设备之一，由它承受预应力筋张拉时的全部张拉力，所以张拉台座应具备足够的承载力、刚度和稳定性，其抗倾覆安全系数应不小于 1.5，抗滑移系数应不小于 1.3。按其构造可分为墩式台座和槽式台座两类。

(1) 墩式台座

墩式台座主要由固定在地面的两个传力墩台面、横梁等部分组成（见图 2-28)。

1) 传力墩

一般传力墩用钢筋混凝土浇筑而成，常用的传力墩大多是重力式的，故墩式台座又称重力式台座，其主要依靠自身的重量来平衡预应力筋的张拉力，保持其自身的稳定。

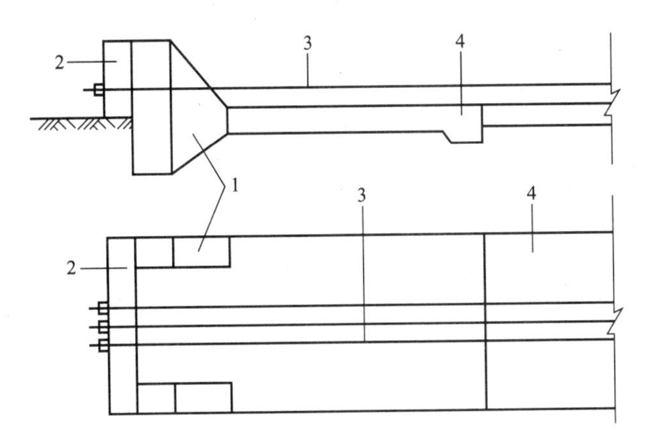


图 2-28 墩式台座构造示意图

1—传力墩；2—横梁；3—预应力筋；4—台面

2）台面

台面可采用整体式混凝土台面或装配式台面。台面略高于周围地面，台面是制作构件的底模，要求平整、光滑，台面施工时应据当地气温情况，按规定设缝。台面两端 3m 范围内应逐渐加厚，使台面与传力墩共同承担张拉力。

3）横梁

横梁主要作用是支承锚固板，固定预应力筋的位置，并将张拉力传递给台座。横梁多采用型钢或钢板焊接而成。预应力筋定位板是依附在横梁上的，要有足够的刚度，受力后挠度应不大于 2mm。其上孔径大小和数量、孔的间距应根据设计预应力筋的情况而定，孔径一般比预应力筋直径大 1～2mm。

（2）槽式台座

槽式台座主要由传力柱、传力架、台面组成（见图 2-29）。

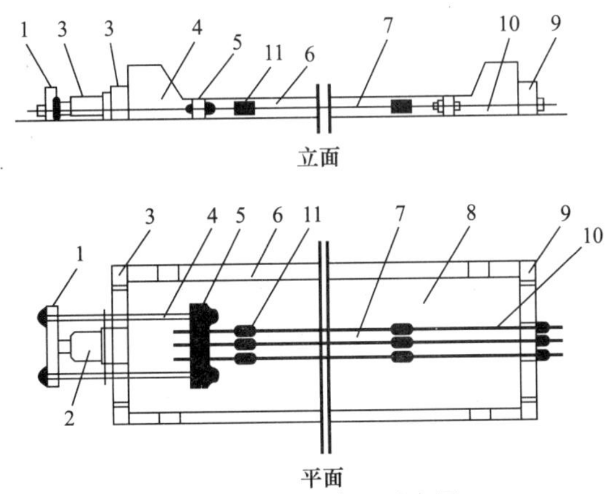


图 2-29 槽式台座示意图

1—活动前横梁；2—千斤顶；3—固定前横梁；4—大螺丝杆；5—活动后横梁；6—传力柱；7—预应力筋；8—台面；9—固定后横梁；10—工具式螺丝杆；11—夹具

1）传力柱

传力柱和传力墩的作用一样，主要用于承受预应力筋的张拉力，一般由钢筋混凝土浇筑或采用型钢焊接。

2）传力架

传力架主要由活动前横梁、固定前横梁、大螺丝杆、活动后横梁、固定后横梁组成。该传力架可以同时张拉多根预应力筋。张拉时，千斤顶顶着前横梁向前移动，同时通过固定前横梁，将反力传递给台座，活动前横梁通过大螺丝杆带动活动后横梁向前移动，使预应力筋得到张拉。张拉后，拧紧大螺丝杆上的螺帽，使预应力筋锚固。

3）台面

槽式台座台面基本上与墩式台座台面一致，但需注意槽内排水。

**2. 预应力筋的制作**

先张法施工中，热处理钢筋及冷拉Ⅳ级钢筋、高强钢筋及钢绞线都可作为预应力筋。本节仅介绍预应力钢筋的制作。

（1）下料

预应力钢筋的下料长度，应通过计算确定。计算时应考虑台座长度、夹具长度、千斤顶长度、焊接接头或墩头预留量、冷拉伸长值、弹性回缩值、张拉伸长值和外露长度等因素（见图 2-30）。

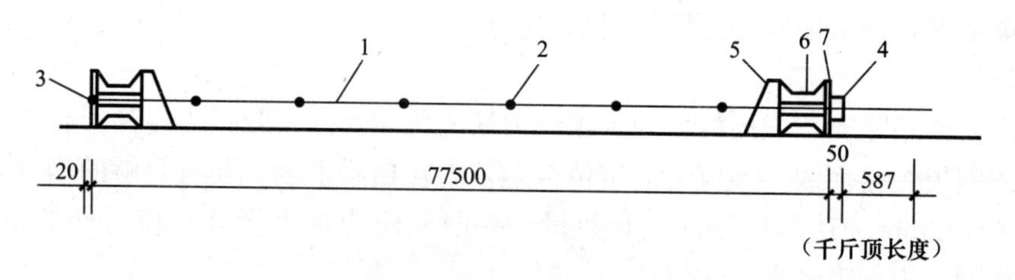


图 2-30　长线台座预应力钢筋下料长度示意图

1—预应力钢筋；2—对接焊头；3—墩粗；4—圆锥形夹具；5—台座承力支架；6—横梁；7—定位板

其计算公式（按一端张拉）为：

$$L=\frac{L_0}{1+\delta_1+\delta_2}+n_1\cdot l_1+l_2$$

式中　$L$——下料长度；

$\delta_1$——钢筋冷拉时的冷拉率（对 $L$ 而言），$\delta_1=3\%$；

$\delta_2$——钢筋弹性回缩率（对 $L$ 而言），$\delta_2=0.3\%$；

$l_1$——每个焊接接头的预留量；

$l_2$——墩头的预留量；

$n_1$——对焊接头的数量

$L_0$——钢筋的要求长度；$L_0=l+l_3+l_4$；

$l$——长线台座的长度（包括横梁、定位板在内）；

$l_3$——夹具长度；

$l_4$——张拉机具所需的长度（按具体情况决定）。

（2）对焊

预应力钢筋的接头必须在冷拉前用闪光对焊进行焊接。闪光对焊工艺可采用闪光—预热—闪光，或闪光—预热—闪光加通电热处理等方法。

(3) 镦粗

在施工中，可将预应力钢筋一端镦粗临时锚固，替代夹具。

(4) 冷拉

钢筋的冷拉就是对钢筋施加一个大于屈服极限而小于抗拉强度的拉力，使钢筋屈服，产生塑性变形，从而提高钢材的屈服强度。钢筋冷拉后，屈服强度得到提高，但塑性降低，由于钢筋本身质量的不均匀性，每根钢筋的屈服点和冷拉率不很一致，因此在冷拉时最好对钢筋的冷拉应力和冷拉率进行控制称为双控，并以应力控制为主，冷拉率控制为辅。在没有测力设备的情况下，只能对钢筋冷拉率进行控制称为单控。冷拉Ⅳ级钢筋的控制应力和冷拉率可参照表 2-14 取用。

**冷拉控制应力及最大冷拉率表** **表 2-14**

| 钢筋级别 | 钢筋直径（mm） | 冷拉控制应力（MPa） | 最大冷拉率（%） |
|---|---|---|---|
| Ⅳ级 | 10～28 | 700 | 4.0 |

**3. 预应力筋的张拉**

预应力筋的张拉工作，必须严格按照设计要求和张拉操作规程进行。

预应力筋的张拉一般采用各类液压拉伸机，它由千斤顶，油泵和连接油管组成。张拉时，可单根张拉，也可多根成批张拉。

(1) 张拉前的准备工作

张拉前应先在端横梁上安装预应力筋定位板，同时检查其孔位和孔径是否符合设计要求。安装定位板时，要保证最下层和最外侧预应力筋的混凝土保护层满足设计要求。

定位板安装后，将预应力筋穿过端横梁和定位钢板后，将预应力筋临时固定于横梁上，穿筋时应保证预应力筋不被台面上的脱模剂污染。

当台座同时生产几片梁时，梁与梁之间的预应力筋应用连接器临时串联。

预应力筋的控制张拉力是张拉前需要确定的一个重要数据。它由预应力筋的张拉控制应力（由设计确定）与截面的面积的乘积来确定。钢丝、钢绞线的最大控制应力不应超过 $0.75R_y^b$；对冷拉钢筋不应超过 $0.9R_y^b$。$R_y^b$ 为强度标准值。

$$\text{对钢丝、钢绞线}\quad N_{con} \leqslant 0.75R_y^b \cdot Ag$$

$$\text{对冷拉钢筋}\quad N_{con} \leqslant 0.9R_y^b \cdot Ag$$

由式中可以计算出预应力筋的控制张拉力，但还要将其换算成液压拉伸机上的油压表读数，才能在张拉时对操作进行控制。油压表的读数表示千斤顶油缸内单位面积的油压。在理论上，将油压表读数 $C$ 乘以千斤顶油缸活塞的面积 $A$，就得到张拉力的大小（$N=CA$），但由于油缸与活塞之间存在摩阻力，实际的张拉力要小于理论计算值。另外，油压表本身也有误差。因此应事先用标准压力计和标准油压表按 50kN 一级来测定所用的千斤顶的校正系数 $K_1$，和油压表的校正系数 $K_2$ 当油表读数 $C$ 时，实际张拉力值为：

$$N = \frac{CA}{K_1 K_2}$$

当需要达到张拉力值 $N$ 时，实际油压表读数字为：$C=K_1K_2N/A$

式中：$K_1$ 一般介于 1.02～1.05 之间，$K_2$ 一般介于 1.002～1.005 之间。

张拉设备的各个部件在张拉前应仔细检查，只有在一切无误的情况下才能开始张拉。

（2）张拉

同时张拉多根预应力筋时，应预先调整其初始预应力，使相互之间的应力一致。张拉过程中，应使活动横梁与固定横梁始终保持平行，并检查力筋的预应力值，其偏差的绝对值不得超过按一个构件全部力筋预应力总值的5%。

预应力筋张拉完毕后，与设计位置的偏差不得大于5mm，同时不得大于构件最短边长的4%。

为减少预应力损失，通常采用超张拉的方法，初张拉应力宜为控制应力$\sigma_{con}$的10%～15%。张拉程序应符合设计要求，设计未规定时，其张拉程序应符合表2-15的规定。

**先张法预应力筋张拉流程** **表2-15**

| 预应力筋种类 | 张拉程序 |
| --- | --- |
| 钢筋 | 0→初应力→1.05$\sigma_{con}$（持荷2min）→0.9$\sigma_{con}$→$\sigma_{con}$（锚固） |
| 钢丝、钢绞线 | 0→初应力→1.05$\sigma_{con}$（持荷2min）→0→$\sigma_{con}$（锚固） |
| | 对于夹片式等具有自锚性能的锚具；<br>普通松弛力筋 0→初应力→1.03$\sigma_{con}$（锚固）<br>低松弛力筋 0→初应力→$\sigma_{con}$（持荷2min锚固） |

注：1. 表中$\sigma_{con}$为张拉时的控制应力值，包括预应力损失值；
2. 张拉钢筋时，为保证施工安全，应在超张拉放张至0.9$\sigma_{con}$时安装模板、普通钢筋及预埋件等。

为避免台座承受过大的偏心力，单根张拉时应先拉台座截面重心附近的，且对称向两边进行张拉。

**4. 浇筑混凝土**

预应力混凝土的浇筑，其基本操作与钢筋混凝土的施工相仿，台座内每条生产线上的构件，其混凝土应一次浇筑完毕，振捣时，应避免碰击预应力筋。

**5. 预应力筋放张**

预应力筋放张时，混凝土的强度应满足设计规定的强度，设计无规定时，一般不得低于混凝土设计强度等级的75%。放张后，对预应力钢筋禁止采用热切割的（包括电焊割、氧气割等），只能采用冷切割；对钢丝可采用切割、锯断或剪断的方法切断；对钢绞线可采用砂轮锯切断。

预应力筋的放张应对称、相互交错地进行，放张速度不宜过快。当采用单根放张时，可采用拧松螺帽的方法，宜先两侧后中间，并不得一次将一根预应力筋放松完。多根成批预应力筋放张，可采用千斤顶法或砂箱法。放张前，应将限制位移的模板拆除。

（1）千斤顶放张

在台座固定端的承力支架和横梁之间，张拉前预先安放千斤顶，待混凝土强度达到放张强度后，两个千斤顶同时回油，使预应力筋徐徐回缩，即完成放张。（见图2-31）

（2）砂箱放张

以砂箱代替千斤顶放张法中的千斤顶，使用时将活塞拔出1/3的长度，从进砂口将烘干的砂灌入砂箱中，将其灌满，即可进行张拉，待混凝土强度达到放张强度后，打开出砂口，砂慢慢流出，活塞与横梁一起慢慢移动，使预应力筋徐徐回缩，即完成放张（见图2-32）。

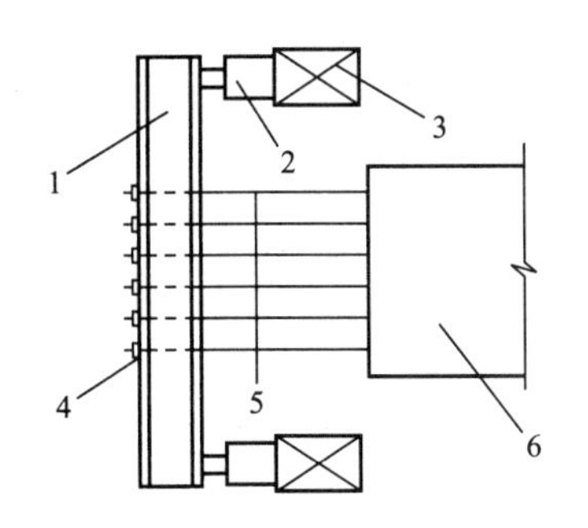


图 2-31 千斤顶放松张拉力的布置

1—横梁；2—千斤顶；3—承力支架；4—夹具；5—钢筋；6—构件

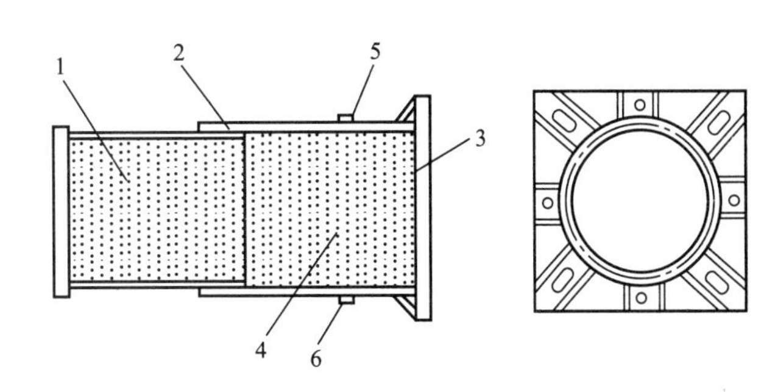


图 2-32 砂箱

1—活塞；2—套箱；3—套箱底板；4—砂子；5—进砂口；6—出砂口

**6. 先张法制作预应力混凝土构件的基本工艺流程图**（见图 2-33）

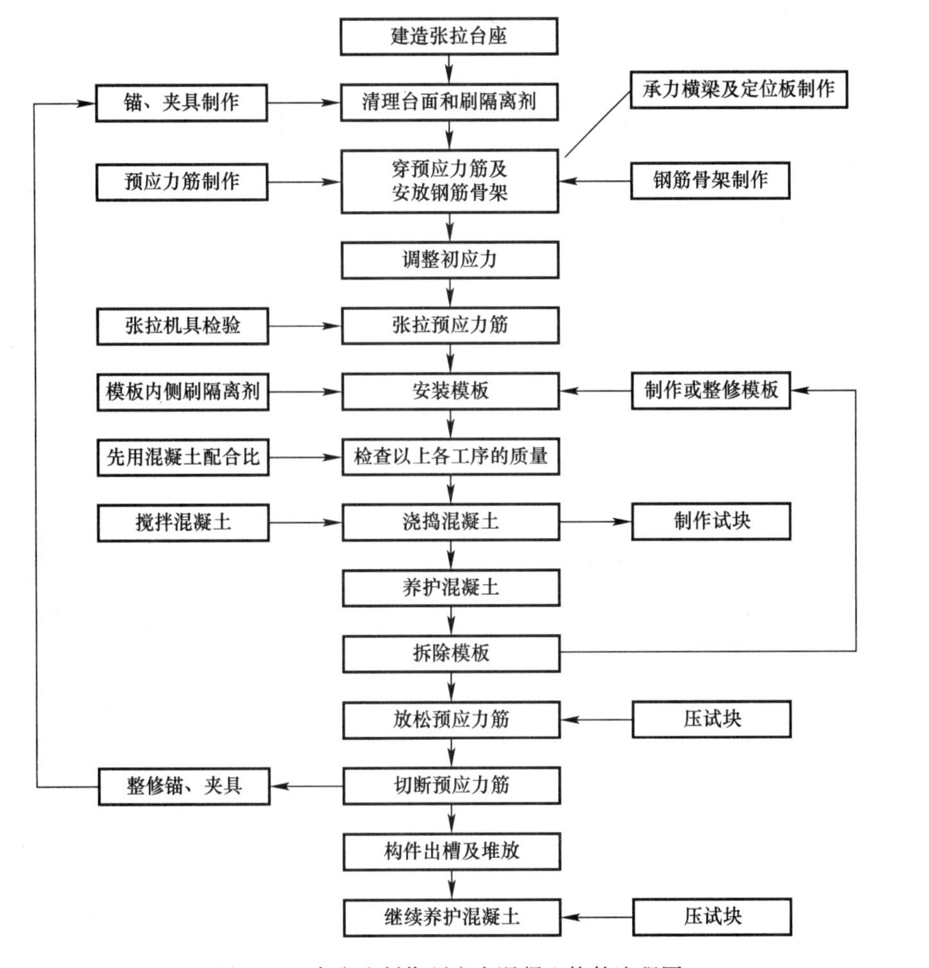


图 2-33 先张法制作预应力混凝土构件流程图

## 2.8.4 后张法施工工艺

后张法制作预应力混凝土构件，一般在施工现场进行。后张法是先制作钢筋混凝土构件，在浇筑混凝土之前，按预应力筋的设计位置预留孔道（直线形或曲线形），待混凝土达到设计强度后，将预应力筋穿入孔道，并利用构件本身张拉预应力筋，张拉后用锚具牢固地将预应力筋锚于构件上，然后进行孔道压浆，使混凝土得到预加应力。

后张法的优点：预应力筋可直接在构件上张拉，不需专门的台座；预应力筋可按设计要求配合弯矩和剪力变化布置；施加的张拉力较大，适合于制作大型构件。

后张法的缺点：预应力筋（束）的两端需要利用锚具锚固预应力筋（束），施工中需预留孔道、穿筋、压浆和封锚等工序，施工工艺复杂。

**1. 预留孔道**

（1）制孔器种类

为在梁体混凝土内形成预应力筋（束）的孔道，在浇筑混凝土前应预先安放制孔器。制孔器按制孔方式不同可分为预埋式制孔器和抽拔式制孔器两类。

预埋式制孔器（如波纹管），一般采用薄钢板卷制而成，径向接头采用咬口，轴向接头则采用点焊。在浇筑混凝土前，将其固定于钢筋骨架上。

抽拔式制孔器常用的有橡胶管制孔器、金属伸缩管制孔器和钢管制孔器。橡胶管制孔器是采用橡胶夹两层钢丝编织而成。

（2）制孔器的安装

制孔器的安装应采用定位钢筋固定安装，并使其牢固地置于构件内的设计位置，并在浇筑期间不产生位移。定位钢筋可采用“井”字钢筋，其间距对于波纹管不宜大于 0.8m；对钢管不宜大于 1m；对于橡胶管不宜大于 0.5m；对曲线管道宜适当加密。

金属制孔器的接头外的连接管宜采用大一个直径级别的同类管，其长度宜为被连接管道内径的 5～7 倍。

所有的管道均应设压浆孔，还应在最高处设排气孔及需要时在最低处设排水孔。

（3）制孔器的抽拔

抽拔制孔器一般应以混凝土抗压强度达到 0.4～0.8MPa 时抽拔为宜。

抽拔制孔器的顺序为先抽芯棒，后拔胶管（金属伸缩管），先拔下层，后拔上层；先拔早浇筑的半根芯管，再拔晚浇筑的半根芯管。

**2. 预应力钢丝的制作**

用于先张法施工中的预应力钢筋制作方法一般亦适用于后张法施工。

钢丝下料时，应根据锚具类型，张拉设备等条件确定其下料长度，其计算公式为：

$$L = L_0 + n(L_1 + 0.15)m$$

式中 $L$——下料长度；

$L_0$——梁的管道长度加下两端锚具长度；

$L_1$——千斤顶支承端到夹具外缘距离（包括缺口垫圈厚 0.053m）；

$n$——张拉端数目（1 或 2 个）。

单根的预应力筋可直接穿入孔道，对成束预应力筋，为使其在穿筋和张拉时不致紊乱，可将钢丝对齐后穿入特制的梳丝板（见图 2-34），然后一边梳理钢丝，一边每隔 1～1.5m 衬以弹簧垫圈，并在垫圈处用 22 号钢丝缠绕 20～30 道。

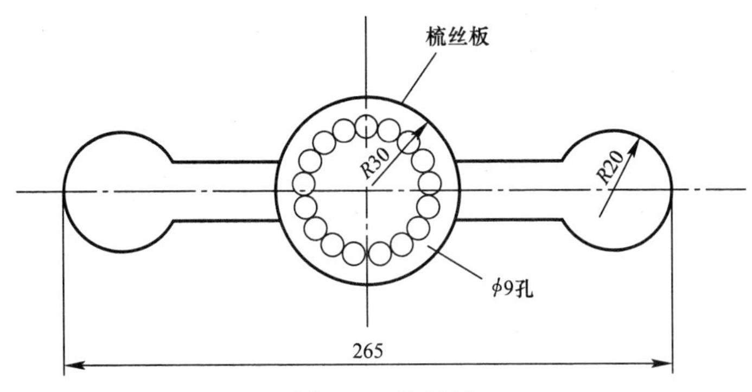

图 2-34　梳丝板

**3. 预应力筋的张拉**

预应力筋张拉时，混凝土强度必须符合设计规定；设计无规定时，不得低于设计强度的 75%，且应将限制位移的模板拆除后，方可张拉。张拉顺序应符合设计规定，当设计未规定时，可采取分批、分阶段对称张拉。宜先中间，后上、下或两侧。

（1）张拉端的确定

预应力筋张拉端的设置应符合设计要求，若设计无具体要求，应符合以下规定：

1）对曲线预应力筋或长度大于等于 25m 的直线预应力筋宜采用两端张拉；长度小于 25m 直线预应力筋，可在一端张拉。

2）曲线配筋的精轧螺纹钢筋应在两端张拉，直线配筋的可在一端张拉。

3）当同一截面中有多束一端张拉的预应力筋时，张拉端宜均匀交错地设置在结构的两端。预应力筋采用两端张拉时锚固后，再在另一端补足预应力值后进行锚固。

4）张拉前应根据设计要求对孔道的摩阻损失进行实测，以便确定张拉控制力，并确定预应力筋的理论伸长值。

（2）张拉程序

预应力筋可按表 2-16 的程序进行张拉。

**后张法预应力筋张拉程序　　表 2-16**

| 预应力筋种类 | | 张拉程序 |
|---|---|---|
| 钢筋、钢筋束 | | 0→初应力→1.05$\sigma_{con}$（持荷 2min）→$\sigma_{con}$（锚固） |
| 钢绞线束 | 对于夹片式等具有自锚性能的锚具 | 普通松弛力筋 0→初应力→1.03$\sigma_{con}$（锚固）<br>低松弛力筋 0→初应力→$\sigma_{con}$（持荷 2min 锚固） |
| | 其他锚具 | 0→初应力→1.05$\sigma_{con}$（持荷 2min）→$\sigma_{con}$（锚固） |
| 钢丝束 | 对于夹片式等具有自锚性能的锚具 | 普通松弛力筋 0→初应力→1.03$\sigma_{con}$（锚固）<br>低松弛力筋 0→初应力→$\sigma_{con}$（持荷 2min 锚固） |
| | 其他锚具 | 0→初应力→1.05$\sigma_{con}$（持荷 2min）→0→$\sigma_{con}$（锚固） |
| 精轧螺纹钢筋 | 直线配筋时 | 0→初应力→$\sigma_{con}$（持荷 2min 锚固） |
| | 曲线配筋时 | 0→$\sigma_{con}$（持荷 2min）→0（以上程序可反复几次）→初应力→$\sigma_{con}$（持荷 2min 锚固） |

注：1. 表中 $\sigma_{con}$ 为张拉时的控制应力值，包括预应力损失值；
2. 两端同时张拉时，两端千斤顶升降压、画线、测伸长、插垫等工作应基本一致；
3. 梁的竖向预应力筋可一次张拉到控制应力，然后于持荷 5min 后测伸长和锚固。

张拉时张拉力的大小可通过油压表控制，同时应测量千斤顶活塞伸长量，从而确定张拉伸长值是否满足设计要求。对一次不能张拉完的预应力筋，可进行二次张拉。二次张拉的伸长量应符合设计要求。

预应力筋应在控制应力达到稳定后方可锚固，锚固后经检验合格后即可切断多余的预应力筋，严禁用电弧焊切割，可采用砂轮机切割。

（3）操作方法

预应力筋的张拉操作方法与采用的锚具及千斤顶类型有关。一般情况下，张拉钢丝束可采用锥形锚具、锥锚式千斤顶；张拉粗钢筋可采用螺丝端杆锚具、拉杆式千斤顶张拉钢筋束或钢绞线可采用JM12锚具、穿心式千斤顶；张拉钢绞线还可采用星形锚具、穿心式千斤顶。现以穿心式千斤顶为例（见图2-35），介绍它的工作原理。

图2-35　穿心式千斤顶张拉施工

YC-60型千斤顶是穿心式千斤顶的代表，它既可张拉，又可顶锚，是双作用千斤顶，其主要由油缸、活塞、弹簧、油嘴等部分组成，可用于张拉采用夹片式锚具或夹具的钢筋、钢丝和钢绞线。工作原理为：将已安装的预应力筋，穿过千斤顶中心孔道，在张拉油缸端面用工作锚固定，打开前油嘴，从后油嘴让高压油进入顶压油缸，张拉油缸向后退，张拉活塞顶住锚圈，千斤顶尾部的工具锚将预应力筋张拉到控制应力，关闭后油嘴的油阀，从前油嘴进油至顶压油室，使顶压活塞向前推进顶压住锚塞。

**4. 孔道压浆**

孔道压浆是为了保护预应力筋不致锈蚀，并使预应力筋与构件粘结成一个整体，从而既能减轻锚具的局部受压，又能提高构件的承载力、抗裂性和耐久性。孔道压浆前应对管道进行润湿，清污处理。压浆时应力求密实、饱满，并应在张拉完毕后尽早完成。

压浆所用的水泥宜采用硅酸盐水泥或普通水泥，水泥的强度等级不宜低于42.5。水泥浆的强度不宜低于30MPa，水灰比宜为0.4～0.45，掺入适量减水剂可减小到0.35。水泥浆的泌水率最大不得超过3%，拌和后3h泌水率宜控制在2%，泌水应在24h内重新全部被浆吸回。通过试验后，水泥浆中可参入适量膨胀剂，但其自由膨胀率应小于10%。水泥浆的稠度应控制在14-18s之间。水泥浆自调制至压入孔道的延续时间，一般不宜超过30～45min，水泥浆在使用前和压注过程中应连续搅拌。

压浆时，对曲线孔道和竖向孔道应从最低点的压浆孔压入，由最高点的排气孔排气和泌水。压浆应缓慢均匀地进行，不得中断。压浆应采用活塞式压浆泵，不得使用压缩空气。压浆的最大压力宜为0.5～0.7MPa；当孔道较长或采用一次压浆时，最大压力宜为1.0MPa。梁体竖向预应力筋孔道的压浆最大压力可控制在0.3～0.4MPa。压浆应达到孔道另一端饱满和出浆，并应达到排气孔排出与规定稠度相同的水泥浆为止。为保证管道中充满灰浆，关闭出浆口后，应保持不小于0.5MPa的一个稳压期，该稳压期不宜少于2min。压浆顺序宜先压注下层孔道，再压注上层孔道，较集中和邻近的孔道，尽量连续压浆完成。

压浆过程中及压浆后48h内，结构混凝土的温度不得低于5℃，否则应采取保温措施。当天气温高于35℃时，压浆宜在夜间进行。

压浆后应从检查孔抽查压浆的密实情况，如有不实，应及时处理和纠正。压浆时，每一工作班应留取不少于3组的70.7mm×70.7mm×70.7mm立方体试件，标准养护28d，检查其抗压强度，作为评定水泥浆质量的依据。

对后张法预制构件，在管道压浆前不得安装就位，在压浆强度达到设计要求后，方可移运和吊装。

孔道压浆应填写施工记录。

**5. 封锚**

孔道压浆后应将锚具周围的水泥浆冲洗干净，并对梁端混凝土凿毛，然后设置钢筋网浇筑封锚混凝土。封锚混凝土的强度应符合设计规定，一般不宜低于构件混凝土强度等级值的80%，且不得低于30MPa。封锚后，必须严格控制梁体长度。长期外露的锚具应采取防锈措施。

**6. 后张法制作预应力混凝土构件基本工艺流程图**（见图2-36）

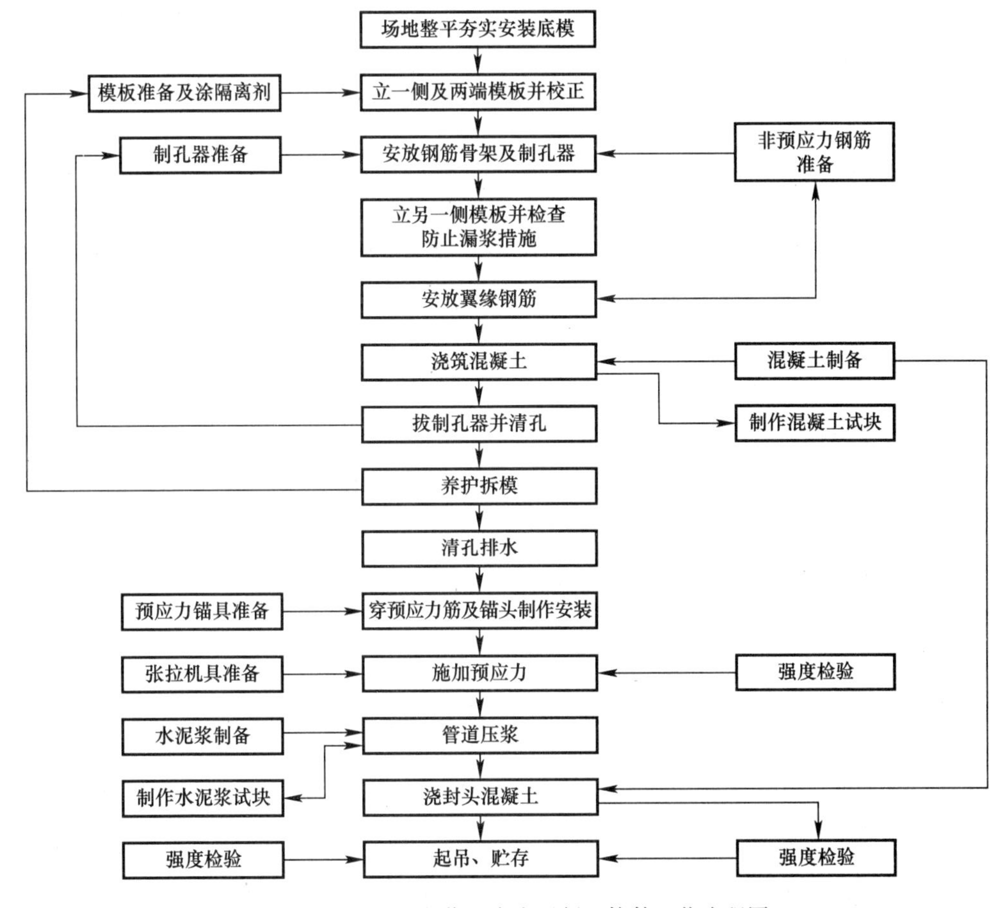


图2-36 后张法制作预应力混凝土构件工艺流程图

**7. 预应力构件制作的检查要求**

（1）预应力筋张拉时，断丝、滑丝、断筋限制

1）先张法预应力筋断丝、断筋限制见表 2-17。

**先张法预应力筋断丝、断筋限制　　表 2-17**

| 类　别 | 检查项目 | 控制数 |
|---|---|---|
| 钢丝、钢绞线 | 每一构件内断丝数不得超过钢筋总数的 | 1% |
| 钢筋 | 断筋 | 不容许 |

2）后张法预应力筋断丝、滑丝、断筋限制见表 2-18。

**后张法预应力筋断丝、滑丝、断筋限制　　表 2-18**

| 类别 | 检查项目 | 控制数 |
|---|---|---|
| 钢丝束和钢绞经束 | 每束钢丝断丝或滑线 | 1 根 |
| | 每束钢绞束断丝或滑线 | 1 丝 |
| | 每个断面断丝之和不超过该断面钢丝总数的 | 1% |
| 单根钢筋 | 断筋或滑移 | 不容许 |

注：1. 钢绞线断丝系指单根钢绞线内钢丝的断丝；

2. 超过表列控制数时，原则上应更换，当不更换时，在许可的条件下，可采取补数措施，如提高其他束的预应力值，但须满足设计上各阶段极限状态的要求。

（2）预应力筋制作安装施工质量检查要求见表 2-19～表 2-21。

**钢丝、钢绞线先张法施工质量检查要求　　表 2-19**

| 项　目 | | 允许偏差（mm） | 检验频率 | 检验方法 |
|---|---|---|---|---|
| 镦头钢丝同束长度相对差 | 束长＞20m | L/5000，且不大于 5 | 每批抽查 2 束 | 用钢尺量 |
| | 束长 6～20m | L/3000，且不大于 4 | | |
| | 束长＜6m | 2 | | |
| 张拉应力值 | | 符合设计要求 | 全数 | 查张拉记录 |
| 张拉伸长率 | | ±6% | | |
| 断丝数 | | 不超过总数的 1% | | |

**钢筋先张法施工质量检查要求　　表 2-20**

| 项　目 | 允许偏差（mm） | 检验频率 | 检验方法 |
|---|---|---|---|
| 接头在同一平面内的轴线偏位 | 2，且不大于 1/10 直径 | 抽查 30% | 用钢尺量 |
| 中心偏位 | 4%短边，且不大于 5 | | |
| 张拉应力值 | 符合设计要求 | 全数 | 查张拉记录 |
| 张拉伸长率 | ±6% | | |

**钢筋、钢绞线后张法施工质量检查要求** **表 2-21**

<table>
<tr><th colspan="2">项　目</th><th>允许偏差（mm）</th><th>检验频率</th><th>检验方法</th></tr>
<tr><td rowspan="2">管道坐标</td><td>梁长方向</td><td>30</td><td rowspan="2">抽查 30%，<br>每根查 10 个点</td><td rowspan="2">用钢尺量</td></tr>
<tr><td>梁高方向</td><td>10</td></tr>
<tr><td rowspan="2">管道间距</td><td>同排</td><td>10</td><td rowspan="2">抽查 30%，<br>每根查 5 个点</td><td rowspan="2">用钢尺量</td></tr>
<tr><td>上下排</td><td>10</td></tr>
<tr><td colspan="2">张拉应力值</td><td>符合设计要求</td><td rowspan="4">全数</td><td rowspan="4">查张拉记录</td></tr>
<tr><td colspan="2">张拉伸长率</td><td>±6%</td></tr>
<tr><td rowspan="2">断丝滑丝数</td><td>钢束</td><td>每束一丝，且每断面不超过钢丝总数的 1%</td></tr>
<tr><td>钢筋</td><td>不允许</td></tr>
</table>

## 2.8.5 构件的起吊、运输与安装

**1. 构件的起吊**

构件的起吊是指把构件从预制的底座上移出来。当混凝土强度达到设计强度 75%以上时，即可进行起吊。

（1）吊点位置的确定

钢筋混凝土预制构件，一般都会在设计图纸上标明吊点位置，预留吊孔或预埋吊环。当设计无规定时，应根据构件配筋情况、外形特征慎重确定。

1）细长构件

细长构件中所放置的钢筋，往往是按照受力情况配置的，吊点的位置是以使构件产生的正弯矩和负弯矩相等为原则确定。吊点位置选择不当会使构件产生裂缝，甚至破坏。根据构件长度的不同，可按如下取用（$L$ 为构件长度）。

① 构件长度在 10m 以下时用单吊点。

② 构件长度在 11～16m 时用单吊点或双吊点。

③ 构件长度在 17m 以上时用双吊点、三吊点或四吊点。

2）一般构件

一般构件配筋上下多为非对称，常以下部受拉为主，则吊点应设置在支点附近，以减少构件起吊时吊点外的负弯矩。

3）厚大构件

为防止厚大构件起吊过程中发生翻转，一般采用四个吊点。

（2）构件的绑扎

为节省钢材及起吊方便，吊点有时可用预留吊孔代替吊环。构件起吊时，须用钢丝绳来绑扎，此时应注意：

1）绑扎方式应符合迅速、安全、脱钩方便的要求；

2）绑扎处必须位于构件重心上，防止头重脚轻；

3）钢丝绳与构件棱角处，须用橡胶、麻袋或木块隔开，以防止构件棱角损坏，同时减少对千斤绳的磨损；

4）起吊用的钢丝绳与水平线夹角小于 30°时，应设置吊梁（铁扁担），使各吊点垂直

受力。

**2. 起吊方法**

(1) 三角拔杆起吊法

将三角拔杆立于构件的吊点处，移动三角拔杆，使固定于三角拔杆顶部的手拉葫芦与地面倾斜，拉动手拉葫芦，偏吊一次，移一次三角拔杆，将构件逐渐移出，置于滚移设备上，运至安装处（见图 2-37）。

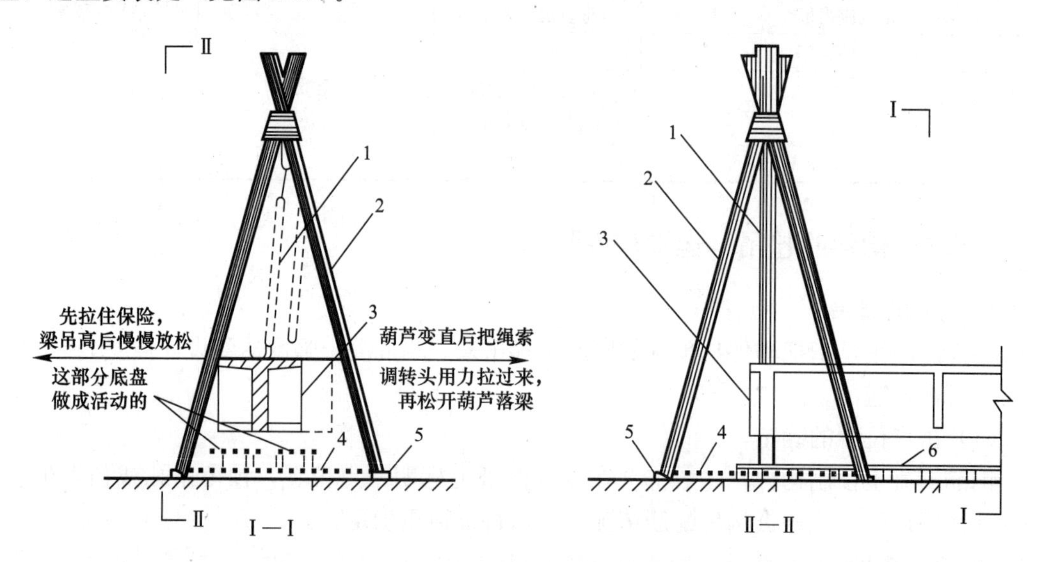


图 2-37　三角拔杆偏吊示意图

1—手拉葫芦；2—三脚拔杆；3—预制梁；4—绊脚绳；5—木模；6—底座

(2) 千斤顶起吊法

取一只长短脚马凳，将吊点置于马凳中间，在短脚凳腿下放置千斤顶，利用千斤顶将马凳顶起，从而使构件离开地面（见图 2-38）。

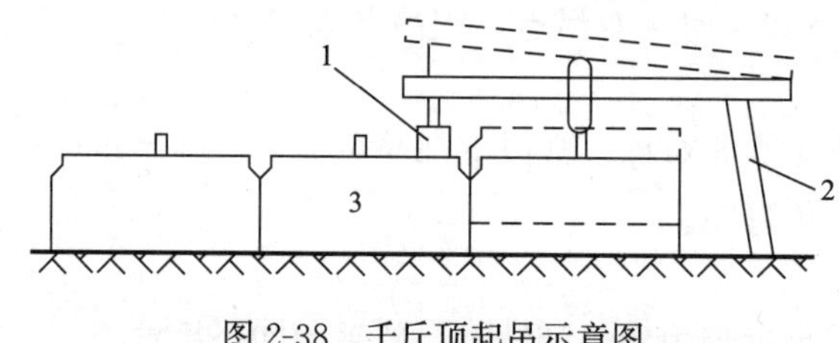


图 2-38　千斤顶起吊示意图

1—千斤顶；2—长短脚马凳；3—预制板

当梁底有空隙时，可采用特制的凹形托架配合千斤顶将构件从底座上顶起（见图 2-39、图 2-40）。

(3) 横向滚移法

把构件抬高后，在构件底部两端置横向滚移设备，用手拉葫芦或绞车将构件移出底座，如图 2-41 所示。

滚移设备包括走板、滚筒和滚道三部分（见图 2-42）。走板托在构件底面与构件一起行走，滚筒放在走板与滚道之间，由于它的滚动而使构件行走。滚筒用硬木或无缝钢管制

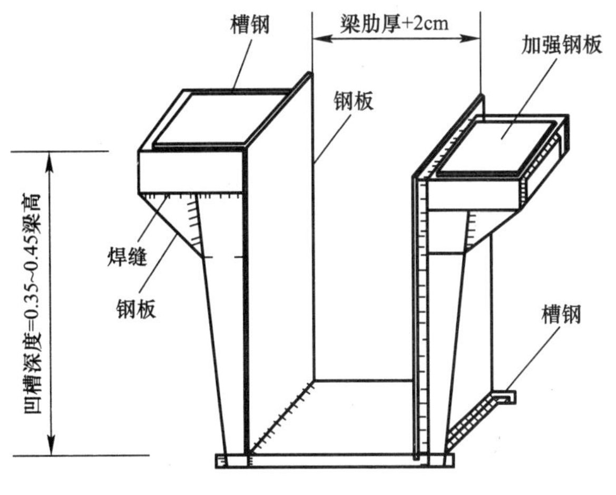


图 2-39　凹形托架示意图

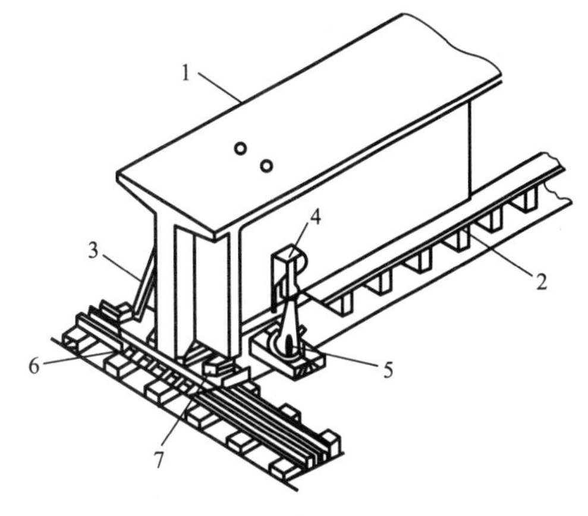


图 2-40　千斤顶顶梁示意图

1—梁；2—梁的底座；3—斜支撑；4—凹形脱；5—千斤顶；6—滚移设备；7—端横格梁下面用木锲塞紧

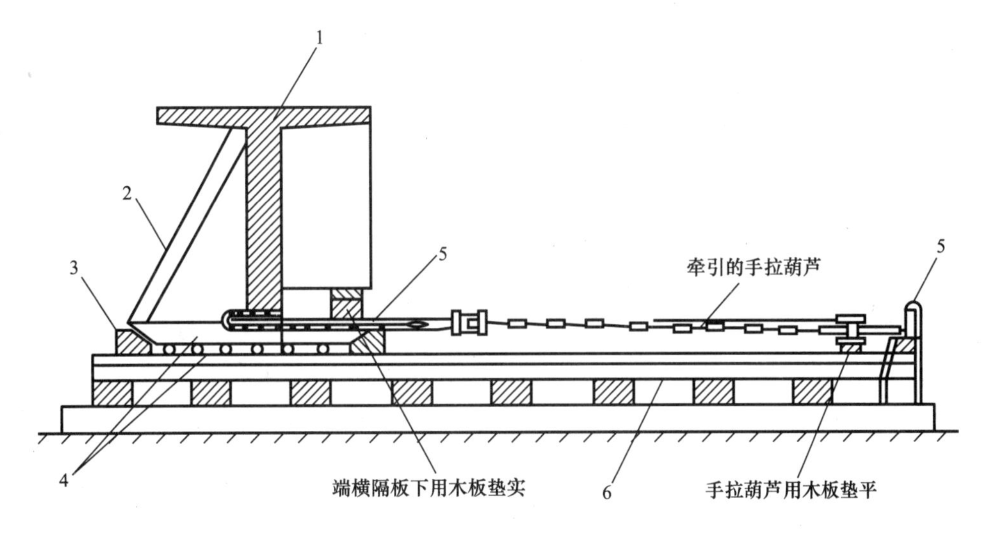


图 2-41　横向滚移法示意图

1—梁；2—临时支撑；3—保险三角木；4—走板及滚筒；5—千斤索；6—滚道

成，其长度比走板宽度每边长出 15～20cm，以便操作。滚道是滚筒的走道，通常有木滚道和钢铁轨滚道两种。

（4）龙门吊机法

龙门吊机法即采用龙门吊将构件从底座上吊起，横移至运输轨道，安放在运构件的平车上。龙门吊机可以实现三个方向的运动：荷重上下升降、行车的横向运动和机架的纵向运动（见图 2-43）。

**3. 构件的运输**

构件的运输应根据施工现场情况，结合运距长短、构件自重、道路情况综合选定。可用以下方法：

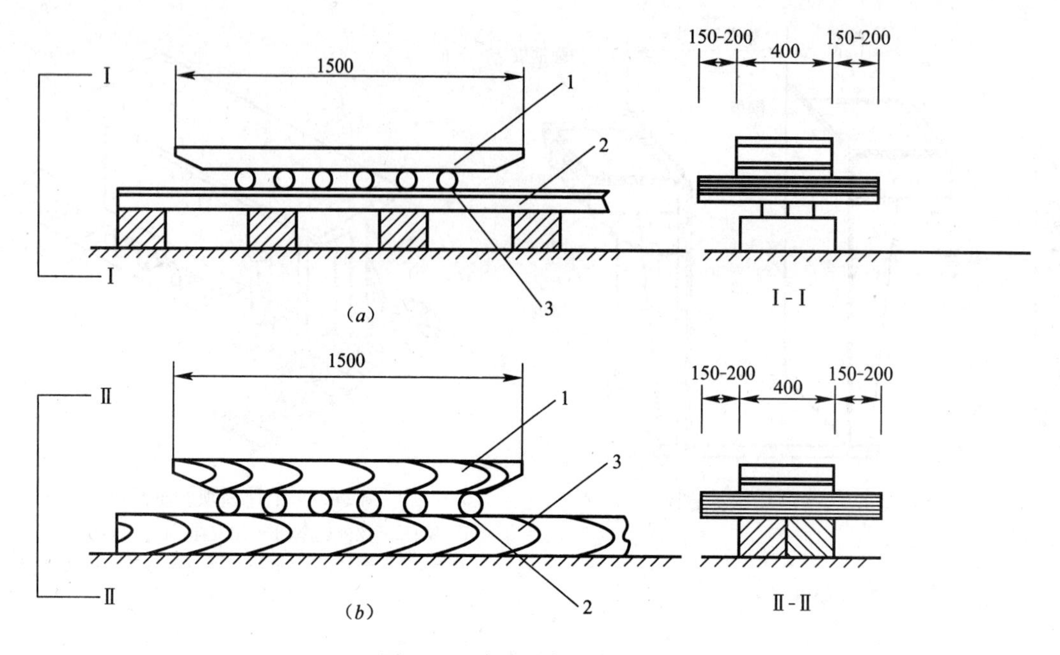


图 2-42　滚移设备组合示意图

(a) 钢轨滚道组合；(b) 木滚道组合

1—走板；2—滚道；3—滚筒

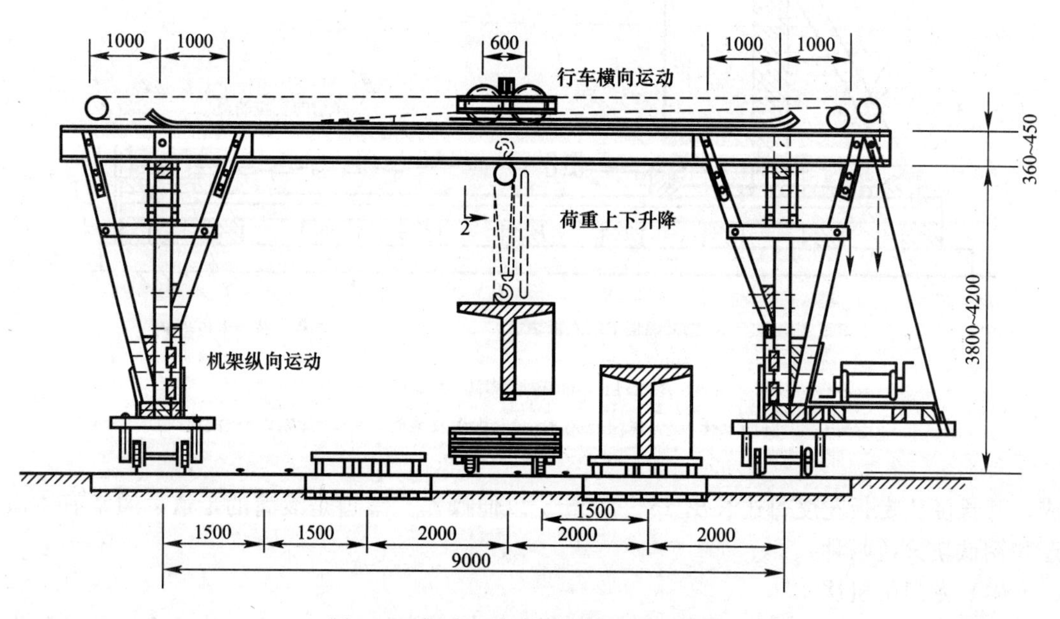


图 2-43　钢木组合龙门吊机起吊示意图

(1) 纵向滚移法

采用滚移设备，以电动绞车（卷扬机）为牵引，把构件从预制场地运往桥位，其运梁滚移情况见图 2-44 所示。若将走板换成平车，将方木滚道换成轨道，可将梁置于平车上，沿轨道运至桥位。

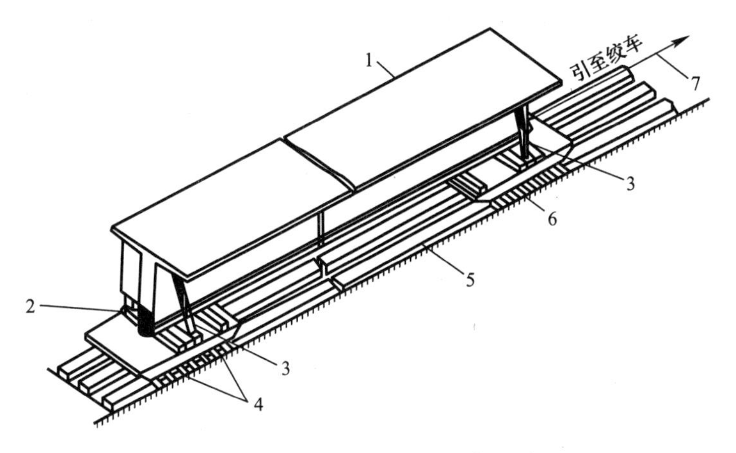


图 2-44　纵向滚移法运梁布置图

1—预制梁；2—保护混凝土的垫木；3—临时支撑；4—后走板及滚筒；5—方木滚道；6—前走板及滚筒；7—牵引钢丝绳

(2) 汽车运输

若构件预制场离桥位较远，可采用汽车运输（见图 2-45）。将构件吊装在拖车或平台拖车上，由汽车牵引至桥位。拖车一般仅能运 10m 以下的预制梁；平台拖车可运 20m 的 T 形梁。

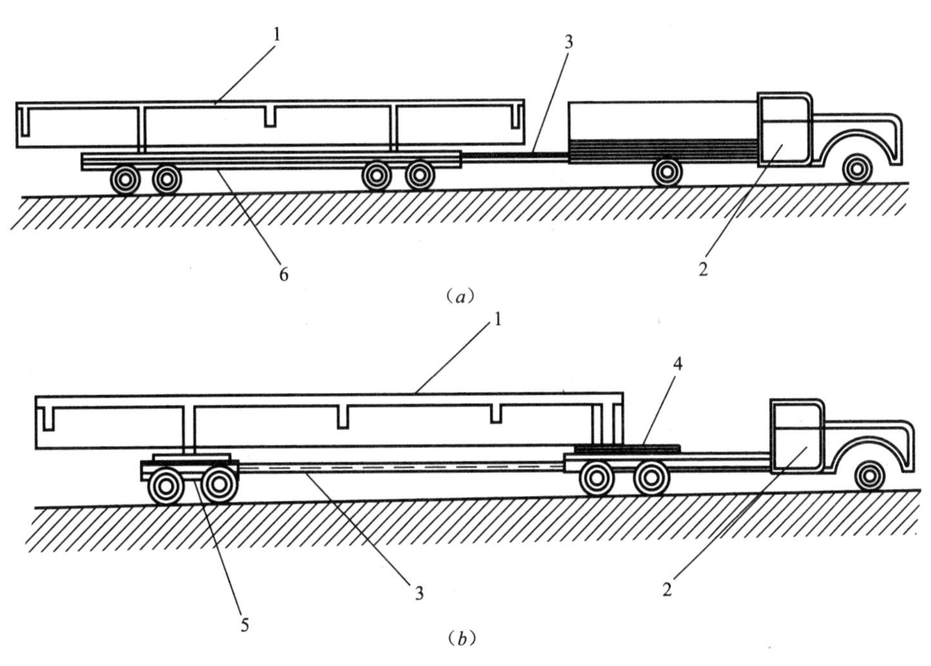


图 2-45　汽车运梁示意图

(a) 拖车；(b) 平台拖车

1—预制梁；2—主车；3—连接杆；4—转盘装置；5—拖车

当车短而构件长时，外悬部分可能超过允许的外悬长度，应在预制前计算其负弯矩值，必要时采用钢筋加强，以防运输时构件顶面开裂。当运输预制 T 梁时，还应设置整体式斜撑，并用绳索将梁、斜撑和车架三者捆牢，使梁具有足够的稳定性（见图 2-46）。

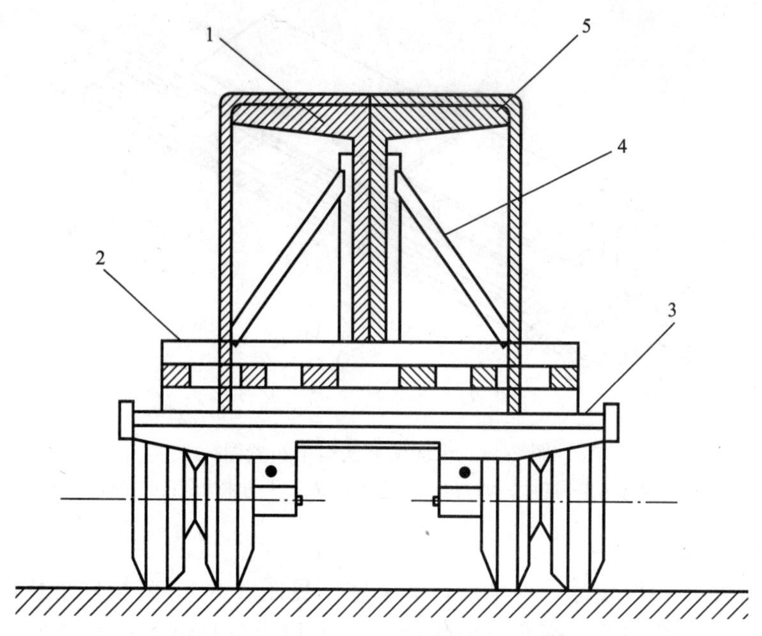


图 2-46　T 形梁在汽车的稳定措施示意图

1—T 形梁；2—支点木垛；3—平板车；4—木支架；5—捆绑绳索

**4. 构件的安装**

桥梁预制构件的安装是一项复杂的工作，同一预制构件，可以有多种方法进行安装。在施工时，应根据构件的种类、重量、长度、桥址处的水流及承包单位的设备等情况综合决定。

板、梁在安装前，应用仪器校核支承结构（墩台、盖梁）和预埋件的平面位置，划好安装轴线、边线、支座位置，以便构件就位。

（1）旱地架梁

1）自行式吊车架梁临岸或陆上桥墩的简支梁，场内又可设置行车通道的情况下，用自行式吊车（汽车吊车或履带吊车）架设十分方便（见图 2-47*a*）。此法视吊装重量不同，可采用一台吊车“单吊”（起吊能力为荷载重的 2～3 倍）或两台吊车“双吊”（每台吊车的起吊能力为荷载重的 0.85～1.5 倍），其特点是机动性好、架梁速度快。一般吊装能力为 50～3500kN。

2）门式吊车架梁在水深不超过 5m，水流平稳，不通航的中小河流上，也可以搭设便桥用门式吊车架梁（见图 2-47*b*）。

3）摆动排架架梁

用木排架或钢排架作为承力的摆动支点，由牵引绞车和制动绞车控制摆动速度。当预制梁就位后，再用千斤顶落梁就位。此法适用于小跨径桥梁（见图 2-47*c*）。

4）移动支架架梁

对于高度不大的中小跨径桥梁，当桥下地基良好能设置简易轨道时，可采用木制或钢制的移动支架来架梁（见图 2-47*d*）。

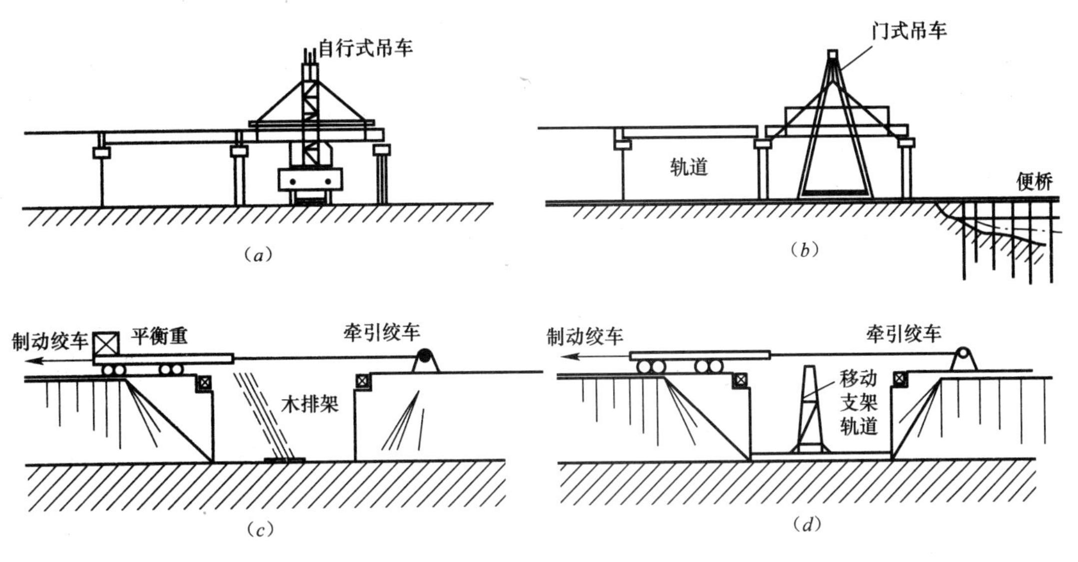


图 2-47　旱地架梁法示意图

(2) 水中架梁

由于水流较急、河流较深或通航等原因不能采用上述方法时，还可采用下述一些方法架梁：

1) 拔杆导梁法

拔杆导梁是以拔杆、导梁为主体，配合运梁平车和横移设备使预制梁从导梁上通过桥孔，由拔杆起吊就位。起重量一般为 50～150kN（见图 2-48)。

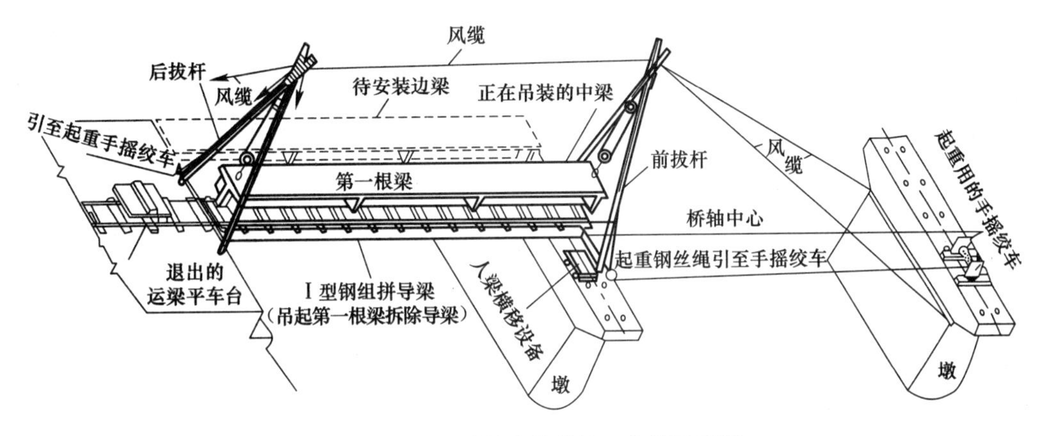


图 2-48　拔杆导梁安装的施工布置示意图

① 准备工作

(a) 在安装孔的桥墩或台上竖一副人字拔杆；

(b) 把组拼好的导梁架设于安装孔上；

(c) 在安装孔的后方桥墩或桥台上竖一副人字拔杆；

(d) 在导梁上铺设运输轨道及人行便道。

其中所用的导梁，其组拼材料及构件形式应根据跨径大小而定。跨径在 10～20m 内的导梁，可采用 2 根 0.4m×0.4m 截面的方木、I10～I20 的工字钢；跨径大于 20m 的导梁，则应采用钢桁架或贝雷架组拼。

② 落梁就位

用运梁设备把预制梁从人字拔杆中间穿过，在导梁上运过桥孔，落梁就位。

2）穿式导梁悬吊安装

穿式导梁悬吊安装，就是在左右两组导梁上安置起重行车，用卷扬机将梁悬吊穿过桥孔，进行落梁、横移、就位，见图 2-49。起重量一般为 600kN 左右。

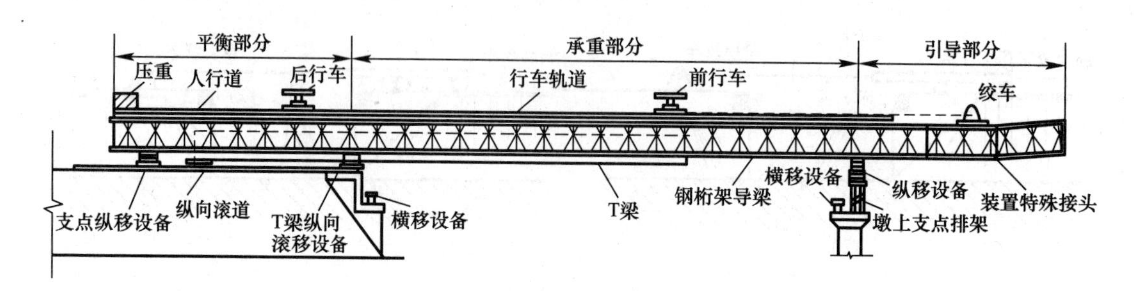


图 2-49 穿式导梁的构造及施工布置

① 准备工作

(a) 架设导梁穿式导梁悬吊安装中所用的导梁，一般采用钢桁架组拼，横向用框架连接。导梁架设采用在陆上拼装后拖过桥孔，组拼长度约为安装孔梁长的 2.5 倍，在平衡部分的尾部适当加压，则组拼长度稍可缩减。

(b) 导梁的承重部分铺设轨道，在其平衡、引导两部分铺设人行便道。

(c) 起重行车安装在导梁上，它在绞车牵引下，沿轨道纵向行驶。

② 安装工作

(a) 用纵向滚移法把预制梁运来穿过导梁的平衡部分，使梁前端进入前行车的吊点下；

(b) 用前行车上的卷扬机把梁的前端吊浮；

(c) 由绞车牵引前行车前进至梁的后端进入后行车的吊点下，再用后行车上的卷扬机把梁后端吊离滚移设备，继续牵引梁前进；

(d) 梁前进至规定位置后即开动前、后行车起吊卷扬机，将梁落在横向滚移设备上。

③ 落梁就位

将梁横移至设计位置，可用千斤顶、马凳或拔杆将梁安放就位。

穿式导梁悬吊安装，不受河水影响，操作也较方便，一孔架设完毕后，可将穿式导梁拖至下一桥孔架梁。但需大量钢桁架，只宜在有条件的大桥工程中采用。

3）跨墩龙门吊机法

跨墩龙门吊机配合轻便铁轨及运梁平车安装桥跨结构是常用的方法，适用于多跨桥梁的上部结构的安装，其特点是龙门吊机的柱脚跨越桥面，见图 2-50。

① 准备工作

a. 在顺桥方向的墩台两侧修筑便道；当有浅水时，应修栈桥，并在其上铺设轨道；

b. 拼装前、后两副龙门架并就位。

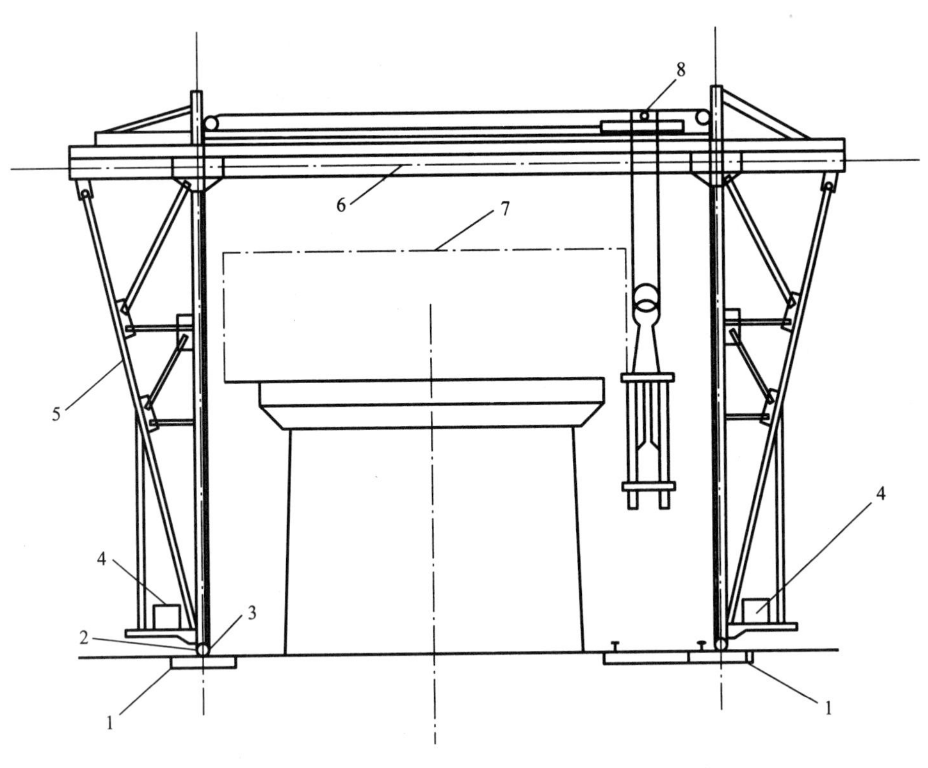


图 2-50　用龙门吊机安装示意图

1—枕木；2—钢轨；3—跑轮；4—卷扬机；5—立柱；6—横梁；7—结构轮廓；8—起重吊车

② 安装工作

构件用轻轨运至龙门架下、桥孔的侧面，即可进行起吊、横移、落梁就位。

跨墩龙门吊机安装，具有安全、方便、生产效率高等优点。但由于龙门架的支承点要求高，还受通航影响。因此其应用受到季节的限制。

**5. 梁、板安装施工质量检查要求**（表 2-22）

**梁、板安装施工质量检查要求**　　**表 2-22**

<table>
<tr><th colspan="2" rowspan="2">项　目</th><th rowspan="2">允许偏差（mm）</th><th colspan="2">检验频率</th><th rowspan="2">检验方法</th></tr>
<tr><th>范围</th><th>点数</th></tr>
<tr><td rowspan="2">平面位置</td><td>顺桥纵轴线方向</td><td>10</td><td rowspan="2">每个构件</td><td>1</td><td rowspan="2">用经纬仪测量</td></tr>
<tr><td>垂直桥纵轴线方向</td><td>5</td><td>1</td></tr>
<tr><td colspan="2">焊接横隔梁相对位置</td><td>10</td><td rowspan="2">每处</td><td>1</td><td rowspan="3">用钢尺量</td></tr>
<tr><td colspan="2">湿接横隔梁相对位置</td><td>20</td><td>1</td></tr>
<tr><td colspan="2">伸缩缝宽度</td><td>−5，10</td><td rowspan="2">每个构件</td><td>1</td></tr>
<tr><td rowspan="2">支座板</td><td>每块位置</td><td>5</td><td>2</td><td>用钢尺量，纵、横各一点</td></tr>
<tr><td>每块边缘高差</td><td>1</td><td></td><td>2</td><td>用钢尺量，纵、横各一点</td></tr>
<tr><td colspan="2">焊缝长度</td><td>小于设计要求</td><td>每处</td><td>1</td><td>抽查焊缝的 10%</td></tr>
<tr><td colspan="2">相邻两构件支点处顶面高差</td><td>10</td><td rowspan="2">每个构件</td><td>2</td><td rowspan="2">用钢尺量</td></tr>
<tr><td colspan="2">块体拼装立缝宽度</td><td>−5，10</td><td>1</td></tr>
<tr><td colspan="2">垂直度</td><td>1.2%</td><td>每孔 2 片</td><td>2</td><td>用垂线和钢尺量</td></tr>
</table>

# 2.9 桥面系及附属工程施工

桥面系是桥梁桥跨体系上部许多附属设施的统称，主要包括：桥面铺装，防水及排水，人行道，栏杆或护栏和伸缩装置等设施。

## 2.9.1 桥面铺装、防水及排水设施

桥面的常用构造层次有：铺装层、防水层、桥面排水设施等（见图 2-51）。

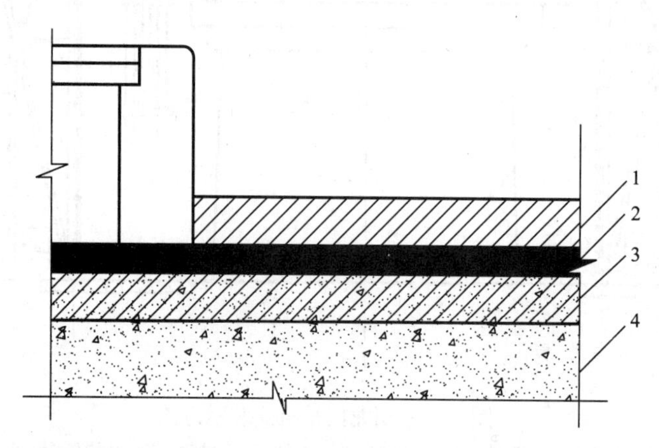


图 2-51 桥面铺装构造图

1—铺装层；2—防水层；3—钢筋混凝土桥面板；4—主梁

**1. 防水层**

防水层设置在铺装层下，它可以防止雨水渗入主梁中引起钢筋的锈蚀。

常用的防水层有：卷材防水层和涂料防水层。

桥面防水层应在现浇桥面结构混凝土或垫层混凝土达到设计要求强度，经验收合格后方可施工。桥面防水层应直接铺设在混凝土表面上，不得在二者之间加铺砂浆找平层。防水层施工前应保持桥面板平整、干燥、清洁。在桥面板上预先撒布粘层沥青或涂刷冷底子油，使其与防水层紧密相连。

铺贴沥青卷材时，除预制梁拼缝两侧 5～10cm 范围内不粘贴外，均应用胶粘剂或防水涂料将卷材与基面密贴，并用滚筒碾平压实。沥青卷材防水层应顺桥方向铺设，应自边缘最低处开始，沿水流方向搭接，长边搭接宽度宜为 70～80mm，短边搭接宽度宜为 100mm，上下层的搭接缝应错开距离不应小于 300mm。

涂料防水层是以涂刷各种高分子聚合物防水涂料以形成防水层。防水涂料的配合比应按照设计规定或涂料说明书执行，配制时应搅拌均匀。防水涂料可用手工涂刷或喷涂，要求厚度应均匀一致。第一层涂料涂刷完毕，必须干燥结膜后方可涂刷下一层，一般涂刷 2～3层。如涂料防水层中夹有各类纤维布时，应在涂刷一遍涂料后，逐条紧贴纤维布。要求使涂料吃透布料，不得起鼓、翘边、皱折。

为防止损伤防水层，宜在防水层上铺设沥青砂或单层沥青表面处治作为保护层。

## 2. 桥面铺装

常用的桥面铺装有水泥混凝土和沥青混凝土两类。水泥混凝土铺装的耐久性好，但养护期长，维修较困难；沥青混凝土铺装施工速度快，维修养护方便，但易老化、变形，在引桥纵坡较大处易出现推移、鼓包等常见弊病。

（1）水泥混凝土桥面铺装

水泥混凝土铺装施工工序分为混凝土制备与运输、安装模板、铺设钢筋、浇筑、接缝施工、养护等；施工中应振捣密实，接缝平整，养护及时。

混凝土运至施工场地后，应均匀浇筑。振捣时，先用插入式振捣器沿模板边角均匀插捣；然后用平板振捣器对中间部分混凝土振捣，直至混凝土不再下沉；最后用振动梁进行粗平、提浆。

接缝施工是水泥混凝土面层施工的关键，其施工质量极大影响整个铺装层的使用和耐久性。接缝中最多的是缩缝。

混凝土浇筑完后应及时养护。常用养护方法有覆盖草麻袋、草帘，薄膜覆盖，洒水等。

水泥混凝土桥面铺装施工质量检查见表2-23。

**水泥混凝土桥面铺装施工质量检查要求　　表2-23**

| 项　目 | 允许偏差 | 检验频率 | | 检验方法 |
|---|---|---|---|---|
| | | 范围 | 点数 | |
| 厚度 | ±5mm | 每20延米 | 3 | 用水准仪对比浇筑前后标高 |
| 横坡 | ±0.15% | | 1 | 用水准仪测量1个断面 |
| 平整度 | 符合道路面层标准 | 按城市道路工程检测规定执行 | | |
| 抗滑构造深度 | 符合设计要求 | 每200m | 3 | 铺砂法 |

注：跨度小于20m时，检验频率按20m计算。

（2）沥青混凝土桥面铺装

沥青混凝土桥面铺装施工包括混合料的制备、运输、摊铺、碾压和养护等步骤。施工中必须注意控制好混合料各阶段的温度、碾压遍数、压实度、面层的平整度和抗滑性、厚度等技术指标。

沥青铺装层宜采用高温稳定性好的中粒式热拌热铺沥青混凝土铺筑。沥青混凝土摊铺时应控制环境温度在10℃以上。摊铺后要及时碾压。碾压不得采用大型振动压路机，以免破坏桥梁结构。压路机行驶速度要缓慢、均匀，在纵坡较大的地方不允许急转和刹车。

碾压成形后，必须待沥青温度自然降至50℃以下，方可开放交通。

沥青混凝土桥面铺装施工质量检查要求见表2-24。

**沥青混凝土桥面铺装施工质量检查要求　　表2-24**

| 项　目 | 允许偏差 | 检验频率 | | 检验方法 |
|---|---|---|---|---|
| | | 范围 | 点数 | |
| 厚度 | ±5mm | 每20延米 | 3 | 用水准仪对比浇筑前后标高 |
| 横坡 | ±0.3% | | 1 | 用水准仪测量1个断面 |
| 平整度 | 符合道路面层标准 | 按城市道路工程检测规定执行 | | |
| 抗滑构造深度 | 符合设计要求 | 每200m | 3 | 铺砂法 |

注：跨度小于20m时，检验频率按20m计算。

**3. 桥面排水设施**

桥面雨水通过横坡排入泄水管，然后由泄水管把水排出桥面。常用的泄水管有金属（如铸铁）泄水管（见图 2-52）和钢筋混凝土泄水管（见图 2-53）等。

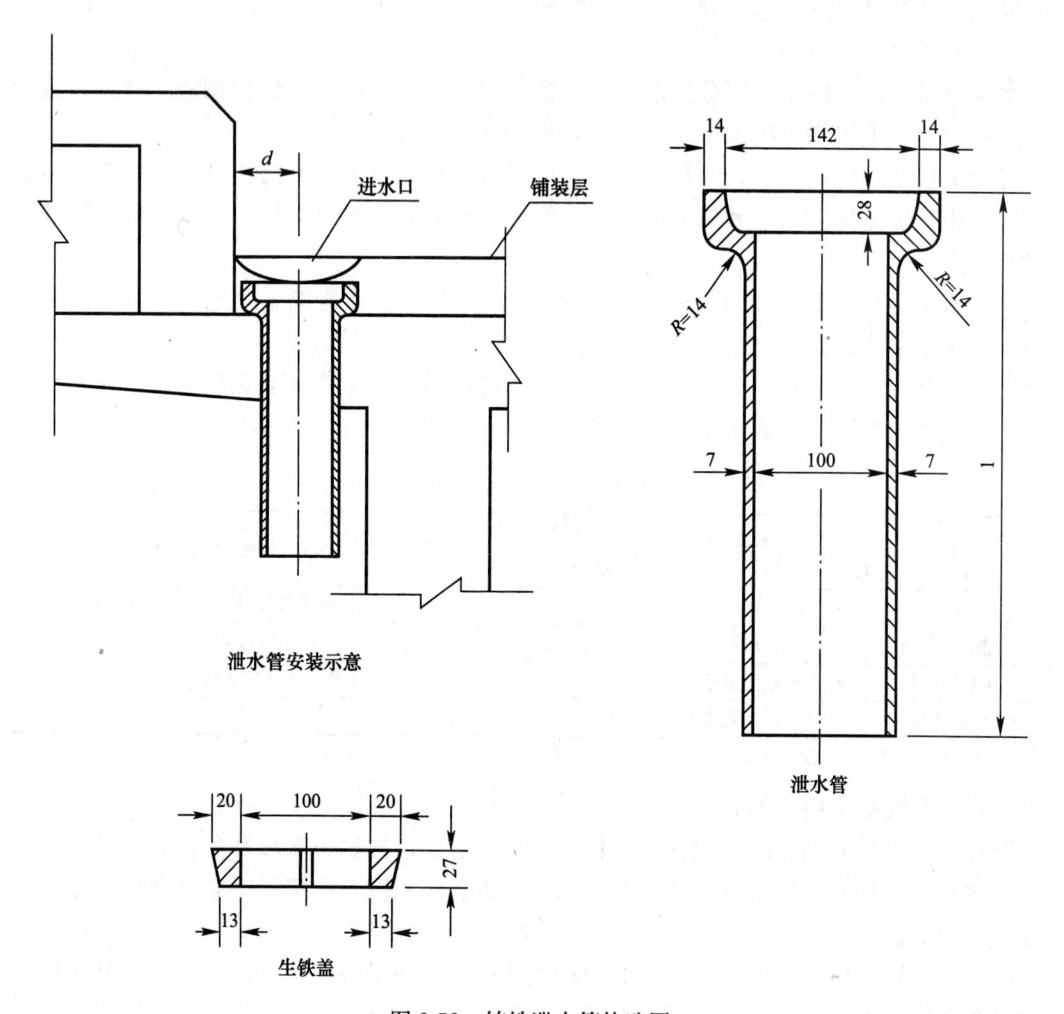


图 2-52 铸铁泄水管构造图

泄水管的安装，宜在浇筑主梁时预留孔洞，在桥面铺装施工时一起埋入。施工时注意进水口四周和铺装层要密实，泄水管壁和防水层衔接处要做好防水，防止雨水渗入结构层。

城市桥梁宜设置封闭式排水系统，通过管道排入雨水管道。

对于一些跨径不大的桥梁，或主梁上不宜留孔的桥梁，可以直接在行车道两侧的安全带或缘石上预留横向排水孔，用铁管将水排出桥面。桥面泄水口应低于桥面铺装层 10～15mm，管口伸出 100～150mm，以便排水。

桥面泄水口位置施工质量检查要求见表 2-25。

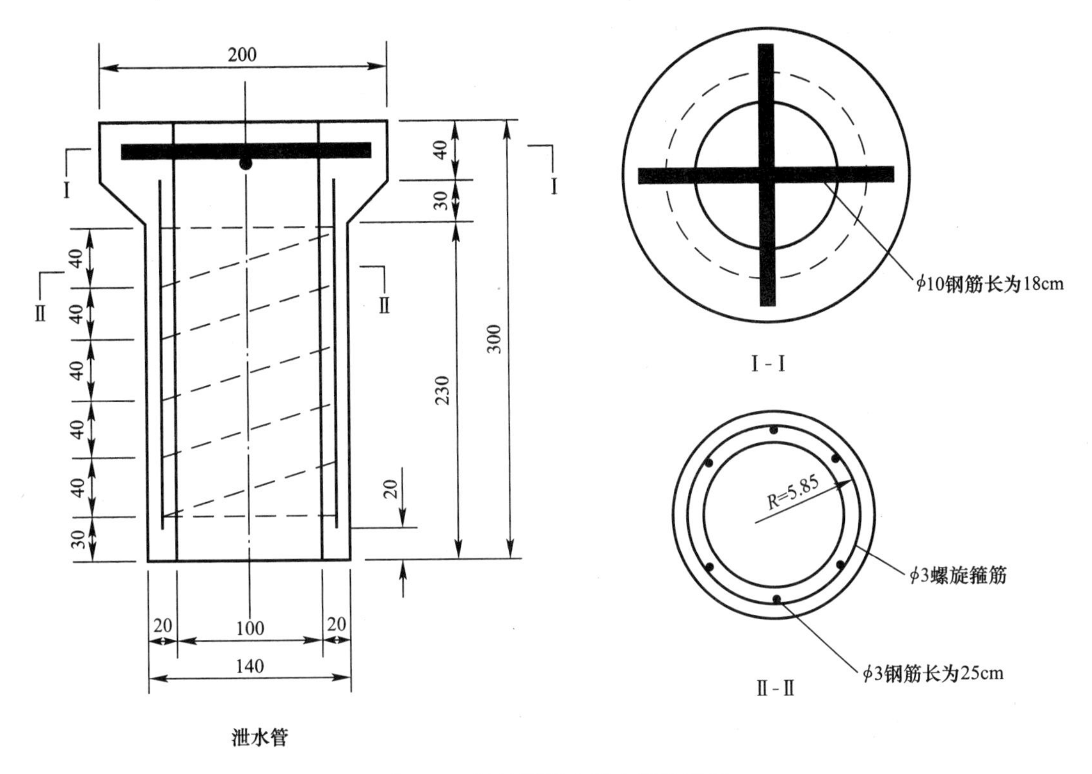


图 2-53　钢筋混凝土泄水管构造图

桥面泄水口位置施工质量检查要求　　表 2-25

| 项目 | 允许偏差（mm） | 检验频率 | | 检验方法 |
|---|---|---|---|---|
| | | 范围 | 点数 | |
| 高程 | −10，0 | 每孔 | 1 | 用水准仪测量 |
| 间距 | ±100 | | 1 | 用钢尺量 |

## 2.9.2　人行道、栏杆及护栏施工

### 1. 人行道施工

桥面人行道是用路缘石或护栏及其他类似设施加以分隔，供人行走的部分。在实际使用中，桥面人行道的构造多种多样。

人行道按施工方法的不同，分为就地浇筑式、预制装配式、装配现浇混合式。

就地浇筑式的人行道用于跨径较小的桥梁中，常把人行道与行车道板及梁整体连接在一起，做在梁体的悬挑部分。这种做法现在已经较少采用。

预制装配式人行道是将人行道做成预制块件，然后进行安装。按预制块件的形式分为整体式和分块式两种。预制装配式人行道具有构件标准化、拼装简单化等优点而被广泛采用。

装配现浇混合式人行道是指部分构件预制，部分构件现浇，施工灵活方便，使用也较多。

下面以预制装配式人行道为主，介绍人行道的构造和施工方法。其他人行道施工方法类似，可作参考。

分块预制安装的人行道是将人行道横梁置于行车道的主梁上，一端悬出，另一端通过预埋的钢板与主梁预留的锚固钢筋焊接。

支撑梁用以固定人行道梁的位置。人行道横梁及支撑梁安装完毕后，就地浇筑混凝土缘石，最后安装人行道板。人行道板铺装在人行道梁上，见图 2-54。

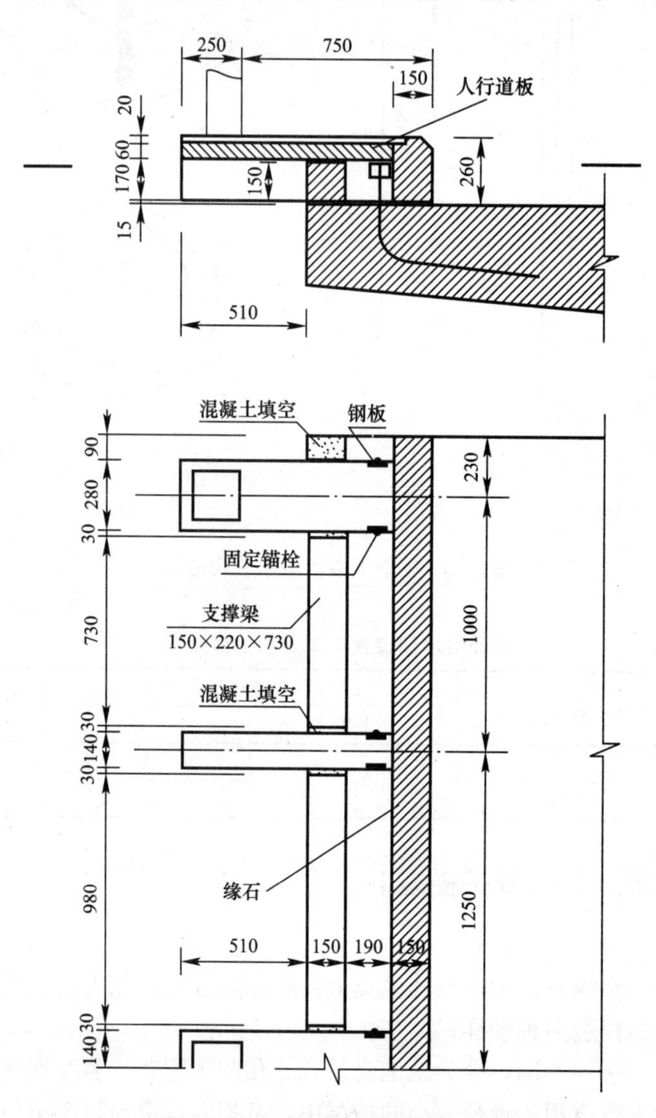


图 2-54　现场浇筑式人行道示意图

整体预制人行道在顺桥向分块预制，见图 2-55。人行道横梁必须坐浆安装，砂浆采用 M20 稠水泥砂浆，并用此形成人行道顶面的排水横坡。对于悬臂挑出距离较大，安装时人行道块件不能自稳，坐浆后必须在起吊状态下焊接预埋钢板和锚固钢筋，此后才能松脱吊点。实际施工中，可以设个别块段作为现浇段，以便调整安装时的误差。

人行道板常采用预制拼装，也可现浇。在预制或现浇人行道板时，要注意预留出安装栏杆和灯柱的位置，埋设好预埋件。

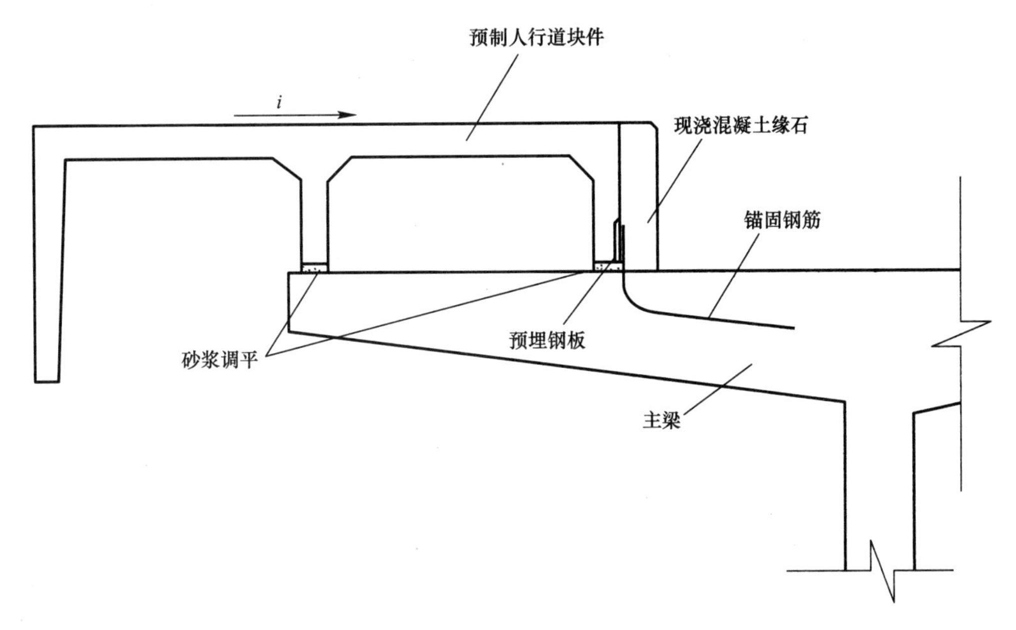


图 2-55　整体预制人行道示意图

人行道应在桥面断缝处设置伸缩装置。

人行道铺装施工质量检查要求见表 2-26。

人行道铺装施工质量检查要求　　表 2-26

| 项目 | 允许偏差（mm） | 检验频率 | | 检验方法 |
|---|---|---|---|---|
| | | 范围 | 点数 | |
| 人行道边缘平面位置 | 5 | 每 20m 一个断面 | 2 | 用 20m 线和钢尺量 |
| 纵向高程 | 0，+10 | | 2 | 用水准仪测量 |
| 接缝两侧高差 | 2 | | 2 | |
| 横坡 | ±0.3% | | 3 | |
| 平整度 | 5 | | 3 | 用 3m 直尺、塞尺量 |

**2. 栏杆与护栏施工**

栏杆和护栏是设置于桥梁两边或中央分隔带的结构物，但两者在功能上有所区别。栏杆既防止行人和非机动车辆掉入桥下，又兼具装饰性，通常不具有防止失控车辆越出桥外的功能；护栏主要在于防止车辆突破、冲出桥梁。

（1）栏杆构造与施工

栏杆常用混凝土、钢筋混凝土、花岗岩、金属或金属与混凝土制作。由立柱、扶手、栏杆板（柱）等组成。

栏杆预制或现浇时应严格控制混凝土质量，表面应光洁、平整，不允许出现影响美观的蜂窝、麻面现象。

栏杆在人行道板铺设完毕后方可安装。安装立柱时必须全桥对直、校平（弯桥、坡桥要求平顺），竖直后，用水泥砂浆填缝固定。

采用钢管作为栏杆或扶手时，钢管应在工厂内进行除锈处理。拼装焊接后应补涂防锈底漆，再统一涂刷面漆。

（2）护栏构造与施工

桥梁护栏常用的是波形梁护栏、钢筋混凝土墙式护栏、组合式护栏等，见图 2-56。

1）波形梁护栏

波形梁护栏由波形横梁、立柱、防阻块组成，见图 2-56（*a*）。波形梁由钢板或带钢经冷弯加工成型。立柱常用形式为薄壁管状断面和薄壁开口槽型断面，皆为型钢制造。防阻块是波形梁与立柱间的承力部件，可以减少立柱对车轮的拌阻，吸收车辆冲击能量。按防撞等级波形梁护栏分为 A 级和 S 级，A 级适用于高速公路和一级公路，S 级适用于特别危险、需要加强保护的路段。护栏立柱的中心距 A 级为 4m，S 级为 2m。

波形梁护栏可采用预留孔插入或地脚螺栓和桥面板连接。采用预留孔插入，立柱埋在混凝土中不小于 40cm。为了适应养护、更换，在条件允许的情况下，宜采用抽换式护栏立柱。波形梁通过拼接螺栓相互拼接，并由连接螺栓固定于立柱或防阻块上。拼接时应先利用长圆螺栓孔把线形调整平顺后，再拧紧螺栓。

2）钢筋混凝土墙式护栏

钢筋混凝土墙式护栏截面构造如图 2-56（*b*）所示，分基本型（NJ 型）和改进型（F 型）两种。使用中，护栏正面的截面形状不得随意改变，背面可根据情况采用合适形状。

钢筋混凝土墙式护栏施工可现场现浇，也可采用预制件。实际使用中采用现浇方式为多，把钢筋伸入现浇桥面板和桥面板连成整体。钢筋混凝土护栏每节长度在浇筑、吊装条件允许的情况下，应尽可能采用较长的尺寸。对于预制件一般为 2～6m，对于现浇护栏，纵向长度应按横向缩缝确定，采用 4～5m。

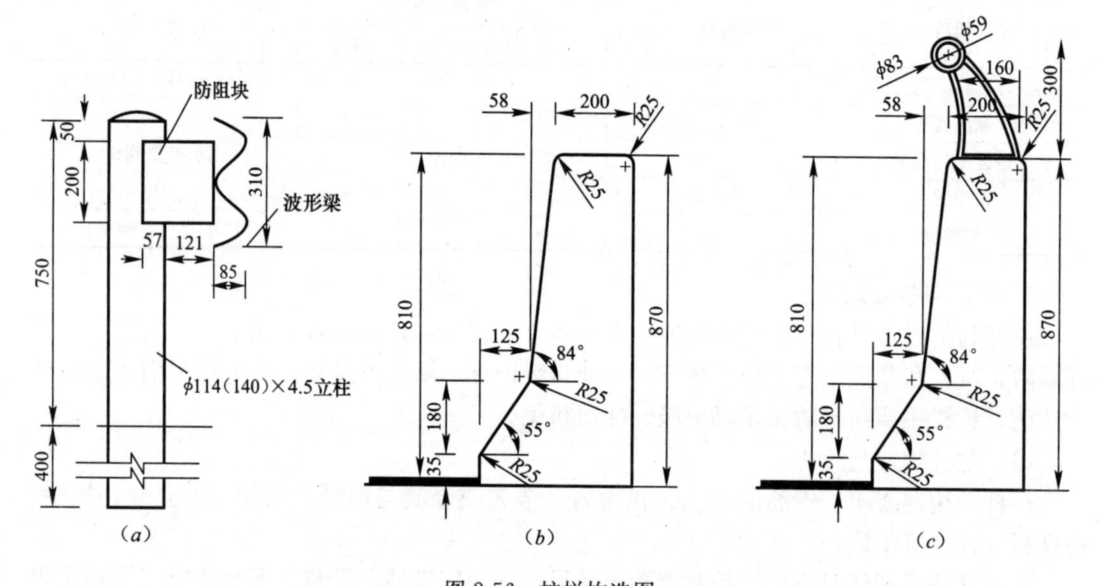


图 2-56　护栏构造图

（*a*）波形梁护栏；（*b*）钢筋混凝土护栏；（*c*）组合式护栏

现浇护栏要保证模板位置准确和足够的刚度；混凝土浇筑要连续，每节护栏一次浇完，不得间断；混凝土振捣、养护要充分；护栏和桥面板的联结要牢固；预埋件位置要准确。

预制护栏构件安装前，应先精确放样定位，在桥面板上预留传力钢筋。安装过程中应使每块护栏构件的中线与桥梁中线相一致。吊装时不得损坏构件的边角。就位的同时，应坐浆平稳、高程一致，和传力钢筋准确连接。

3）组合式护栏

组合式护栏是钢筋混凝土墙式护栏和金属梁柱式护栏的组合形式。它兼具墙式护栏坚固和梁柱式护栏美观的优点。

组合式桥梁护栏的构造如图 2-56（c）所示。钢筋混凝土护栏顶部预埋钢板和螺栓，用以连接混凝土护栏上的铸钢支承架，支承架按一定间距布置，中间穿有拉管。

组合式护栏的施工和钢筋混凝土墙式护栏相似。浇筑混凝土时在护栏顶部预埋钢板和螺栓的位置必须准确。钢管扶手在护栏伸缩缝处必须断开。钢构件须经防腐处理后方可涂装面漆。

**3. 质量检查要求**

（1）栏杆安装施工质量检查要求见表 2-27。

**栏杆安装施工质量检查要求** 表 2-27

| 项目 | | 允许偏差（mm） | 检验频率 | | 检验方法 |
|---|---|---|---|---|---|
| | | | 范围 | 点数 | |
| 直顺度 | 扶手 | 4 | 每跨侧 | 1 | 用 10m 线和钢尺量 |
| 垂直度 | 栏杆柱 | 3 | 每柱（抽查 10%） | 2 | 用垂线和钢尺量，顺、横桥轴线方向各 1 点 |
| 栏杆间距 | | ±3 | 每柱（抽查 10%） | 1 | 用钢尺量 |
| 相邻栏杆扶手高差 | 有柱 | 4 | 每处（抽查 10%） | 1 | |
| | 无柱 | 2 | | | |
| 栏杆平面偏位 | | 4 | 每 30m | 1 | 用经纬仪和钢尺量 |

（2）钢筋混凝土墙式护栏施工质量检查要求见表 2-28。

**钢筋混凝土墙式护栏施工质量检查要求** 表 2-28

| 项　目 | 允许偏差（mm） | 检验频率 | | 检验方法 |
|---|---|---|---|---|
| | | 范围 | 点数 | |
| 直顺度 | 5 | 每 20m | 1 | 用 20m 线和钢尺量 |
| 平面位置 | 4 | 每 20m | 1 | 经纬仪放线，用钢尺量 |
| 预埋件位置 | 5 | 每件 | 2 | 经纬仪放线，用钢尺量 |
| 断面尺寸 | ±5 | 每 20m | 1 | 用钢尺量 |
| 相邻高差 | 3 | 抽查 20% | 1 | 用钢板尺和钢尺量 |
| 顶面高程 | ±10 | 每 20m | 1 | 用水准仪测量 |

## 2.9.3 伸缩装置施工

伸缩装置的主要用途是满足桥梁上部结构的变形；此外，还必须具备良好的平整度，足够的承载力，防水、防尘，经久耐用，便于更换等特点。桥梁伸缩装置是桥梁结构中的一个薄弱环节。其在车辆荷载和其他外界因素作用下，极易出现过早破坏。

常用的伸缩装置有钢板伸缩装置、梳形钢板伸缩装置和模数式伸缩装置。

**1. 钢板伸缩装置**

钢板伸缩装置是一种中、小伸缩量的伸缩装置。它在伸缩缝间的加劲角钢上加设一块钢板，一端与角钢焊接，另一端自由滑动。钢板伸缩装置具有构造简单的优点，但使用中易出现钢板变形、焊缝破坏等弊病。其构造如图 2-57 所示。

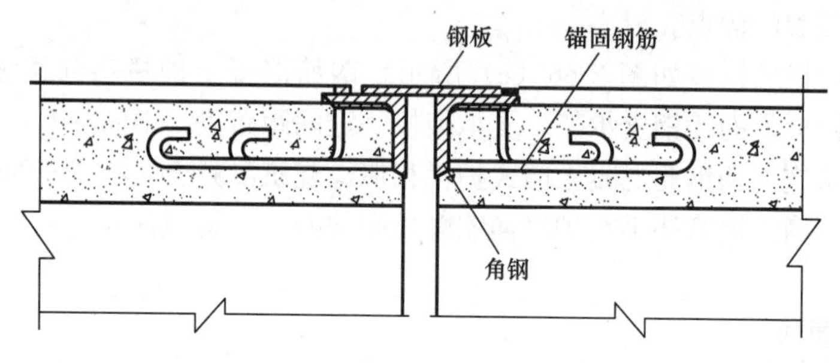


图 2-57　钢板伸缩装置示意图

钢板伸缩装置的安装程序为：在桥面铺装上预留槽口或切缝→槽缝表面清理→将伸缩装置放于槽口内，用定位角钢固定构件位置→焊接锚固钢筋→浇筑高强度混凝土→拆除定位构件→混凝土养护。

施工中必须注意在浇筑混凝土前，用发泡塑料板嵌入梁端，以防杂物掉进梁端缝隙；焊接钢板构件时，注意缝隙边缘角钢的平直，滑板与角钢密贴，焊缝光滑、牢固。

**2. 梳形钢板伸缩装置**

梳形钢板伸缩装置由两块梳形钢板啮合在一起形成，适用于大位移桥梁。该伸缩装置耐久性好，但造价高。

梳形钢板伸缩装置主要由梳形板、下加橡胶止水带，成为防水型接缝，见图 2-58。

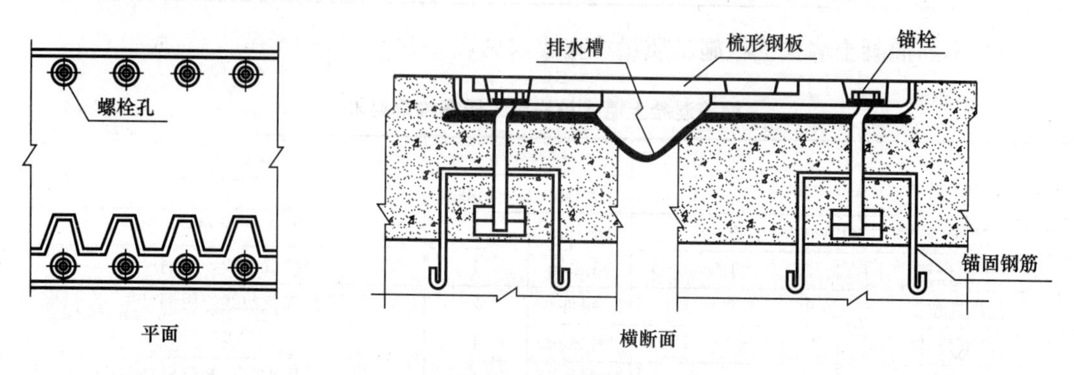


图 2-58　梳形钢板伸缩装置构造示意图

锚栓、排水槽等组成。有时在梳形板下加橡胶止水带，成为防水型接缝。

梳形钢板伸缩装置的安装程序为：桥面整体铺装→切缝→槽缝表面清理→将构件放入槽内→用定位角钢固定构件位置及高程→布设、焊接锚固钢筋→浇筑混凝土→拆除定位角钢→混凝土养护。

**3. 模数式伸缩装置**

随着桥梁跨径的增大，伸缩量也随之增大，由此出现了一种由异型钢梁和橡胶条组合而成的模数式组合伸缩装置，见图 2-59。模数式组合伸缩装置中的钢梁承担车辆荷载，橡胶条提供伸缩量。该伸缩装置具有防水性好，平整度高，伸缩量大，耐久性好等优点。

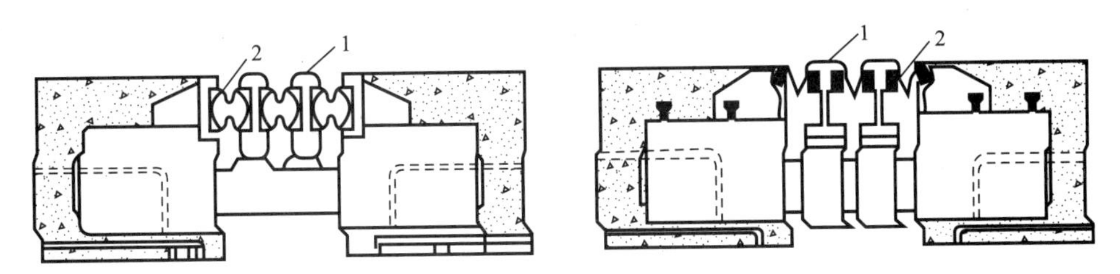


图 2-59　模数式伸缩装置示意图

1—钢梁；2—橡胶伸缩条

(1) 施工步骤

1) 在桥面铺装上预留槽口，并在伸缩装置施工前作好清理工作。

2) 吊装伸缩装置进融入槽口。

3) 将伸缩装置和预埋钢筋焊接定位。

4) 立模，浇筑混凝土并养护。

(2) 施工要求

1) 预埋钢筋深度不小于 50cm，与桥台、梁体的结构钢筋连接成一体。安装时预埋钢筋和伸缩装置锚固件焊接牢固，再横穿 $\phi12$ 以上水平钢筋，焊实后构成整体。

2) 伸缩装置吊装入槽口后，使伸缩装置的中线与桥中心线一致，顶面与桥面高程一致，同时注意纵横坡度符合设计要求。

3) 根据安装时的环境温度调节伸缩装置的定位尺寸“J”值（安装宽度）。

4) 浇筑混凝土前必须在梁端缝隙内嵌入发泡塑料板，用胶粘带或木板封闭伸缩装置顶面缝口，防止杂物掉入缝隙。

5) 钢梁间的橡胶条可以和伸缩装置一起吊装，也可以在混凝土养护完成后安装，但要注意防止杂物进入伸缩装置。

**4. 伸缩缝装置施工质量检查要求**（表 2-29）

**伸缩缝装置安装施工质量检查要求**　　**表 2-29**

| 项　目 | 允许偏差（mm） | 检验频率 | | 检验方法 |
|---|---|---|---|---|
| | | 范围 | 点数 | |
| 顺桥平整度 | 符合道路标准 | 每条缝 | 每车道1点 | 按道路检验标准检测 |
| 相邻板差 | 2 | | | 用钢板尺和塞尺 |
| 缝宽 | 符合设计要求 | | | 用钢尺量，任意选点 |
| 与桥面高差 | 2 | | | 用钢板尺和塞尺量 |
| 长度 | 符合设计要求 | | 2 | 用钢尺量 |

## 2.9.4　锥坡

桥梁附属结构包括隔声和防眩装置、楼梯、照明、锥坡和桥头搭板等，本节重点介绍锥坡和桥头搭板施工。

桥台锥坡是连接桥台和路堤的构筑物，其作用是稳固桥头填土边坡，防止水流冲刷路堤，保护桥台。

锥坡的平面通常采用 1/4 椭圆形，立面呈锥形，见图 2-60；长轴横桥向，短轴顺桥向。锥坡由填土、锥坡基础、坡面铺砌、砂砾垫层组成，见图 2-61。

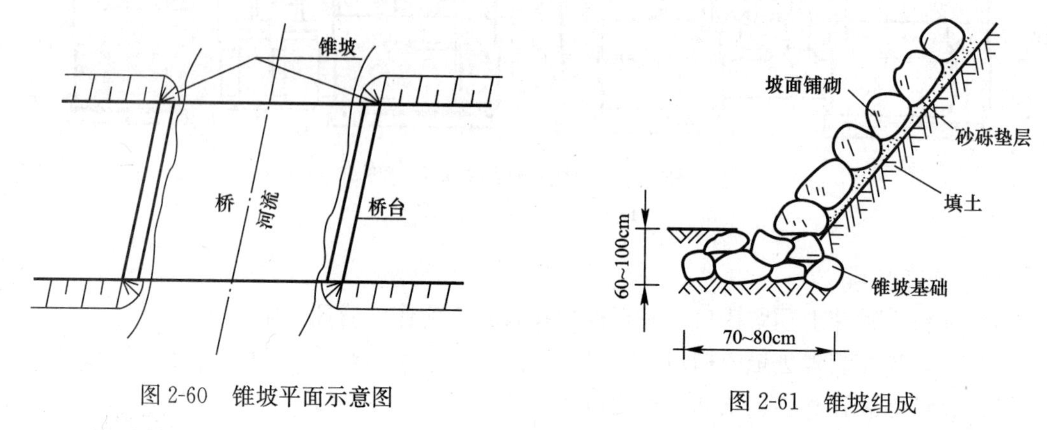


图 2-60　锥坡平面示意图　　　　图 2-61　锥坡组成

**1. 锥坡放样**

锥坡施工前必须先把坡脚椭圆形轨迹线放样到地面上，然后在坡顶的交点处钉一根木桩，系上一根长铁丝或可伸缩的长木条，使其与椭圆曲线上的各点相连，定出坡面，以便施工中随时检查坡面。按规定当路堤高度小于 6m 时设一个坡度，大于 6m 时设两个坡度。

（1）支距法

支距法适用于锥坡不高、干地、底角地势平坦的情况。坡脚曲线放样如图 2-62 所示。锥坡放样支距见表 2-30。

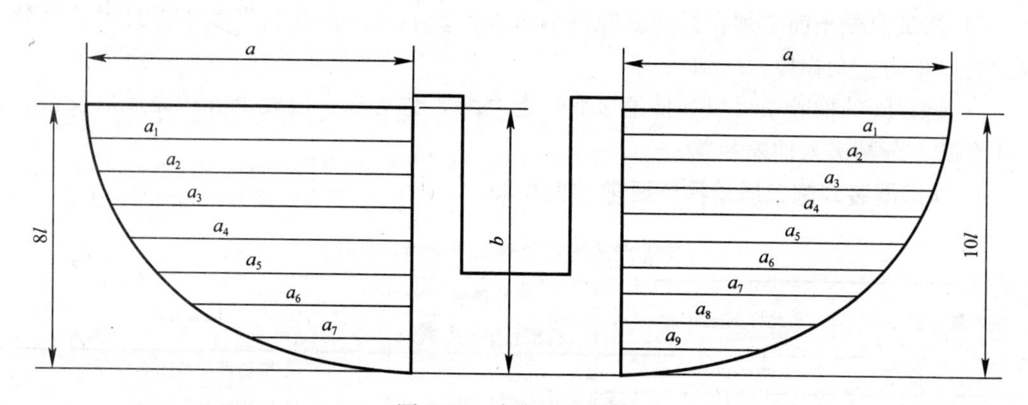


图 2-62　支距法示意图

**锥坡放样支距**　　　　**表 2-30**

| 锥坡高度 / 支距（m） | H≤6m | | H＞6m | |
|---|---|---|---|---|
| | 十点法 | 八点法 | 十点法 | 八点法 |
| $a$ | $1.5H$ | $1.5H$ | $1.75H-1.5$ | $1.75H-1.5$ |
| $a_1$ | $1.49H$ | $1.49H$ | $1.74H-1.5$ | $1.70H-1.5$ |
| $a_2$ | $1.47H$ | $1.45H$ | $1.72H-1.5$ | $1.69H-1.45$ |

续表

| 支距（m） \ 锥坡高度 | H≤6m | | H>6m | |
|---|---|---|---|---|
| | 十点法 | 八点法 | 十点法 | 八点法 |
| $a_3$ | 1.43$H$ | 1.39$H$ | 1.67$H$−1.4 | 1.62$H$−1.4 |
| $a_4$ | 1.37$H$ | 1.30$H$ | 1.60$H$−1.4 | 1.52$H$−1.3 |
| $a_5$ | 1.30$H$ | 1.17$H$ | 1.52$H$−1.3 | 1.37$H$−1.2 |
| $a_6$ | 1.20$H$ | 0.99$H$ | 1.40$H$−1.2 | 1.16$H$−1.0 |
| $a_7$ | 1.07$H$ | 0.73$H$ | 1.25$H$−1.1 | 0.85$H$−0.73 |
| $a_8$ | 0.90$H$ | — | 1.05$H$−0.9 | — |
| $a_9$ | 0.65$H$ | — | 0.75$H$−0.65 | — |

（2）内侧量距法

在锥坡不高、干地、底角地势平坦的情况下还可以采用内侧量距法进行坡脚曲线的放样。内侧量距法是根据锥坡高度 $H$ 和坡率 $m$ 和 $n$ 计算出坡脚椭圆曲线的长轴 $a=mH$，短轴 $b=nH$，然后按图 2-63 所示，把长轴 $a$ 十等分，分别计算出内侧距，放样到实地。

（3）外侧量距法

当坡脚处由于施工有土堆弃，曲线内侧难以测距，可改由曲线外侧量距放样，定出椭圆曲线上各点。坡脚曲线放样方法同内侧量距法。外侧量距法坡脚放样如图 2-64 所示。

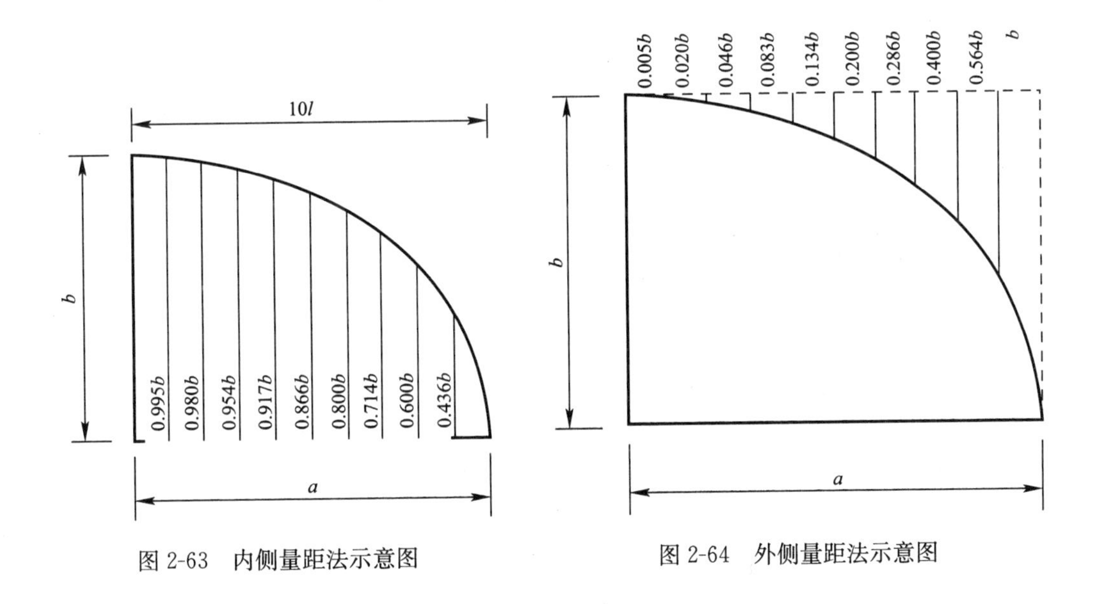


图 2-63　内侧量距法示意图

图 2-64　外侧量距法示意图

（4）斜桥锥坡放样

以上各种方法都主要直接应用于正交桥的锥坡放样。其实斜桥锥坡放样也可用以上方法。只是必须考虑斜度系数 $C$。

斜度系数 $C=\cos\alpha$。图中的 $ED$ 边长度为 ac（或 $a\cos\alpha$）。

放样时只需把 $ED$ 十等分，然后在 $EO$ 方向（$y$ 轴方向）按外侧量距法量出距离，即可得出坡脚曲线，见图 2-65。斜桥椭圆曲线外距见表 2-31。

斜桥椭圆曲线外距　　　　表 2-31

| 等分点 | 1/10 | 2/10 | 3/10 | 4/10 | 5/10 | 6/10 | 7/10 | 8/10 | 9/10 | 10/10 |
|---|---|---|---|---|---|---|---|---|---|---|
| 距 $E$ 点长度 $x$ | 0.1$ac$ | 0.2$ac$ | 0.3$ac$ | 0.4$ac$ | 0.5$ac$ | 0.6$ac$ | 0.7$ac$ | 0.8$ac$ | 0.9$ac$ | $ac$ |
| 外距 $y$ 值 | 0.005$b$ | 0.020$b$ | 0.046$b$ | 0.083$b$ | 0.134$b$ | 0.200$b$ | 0.286$b$ | 0.400$b$ | 0.564$b$ | $b$ |

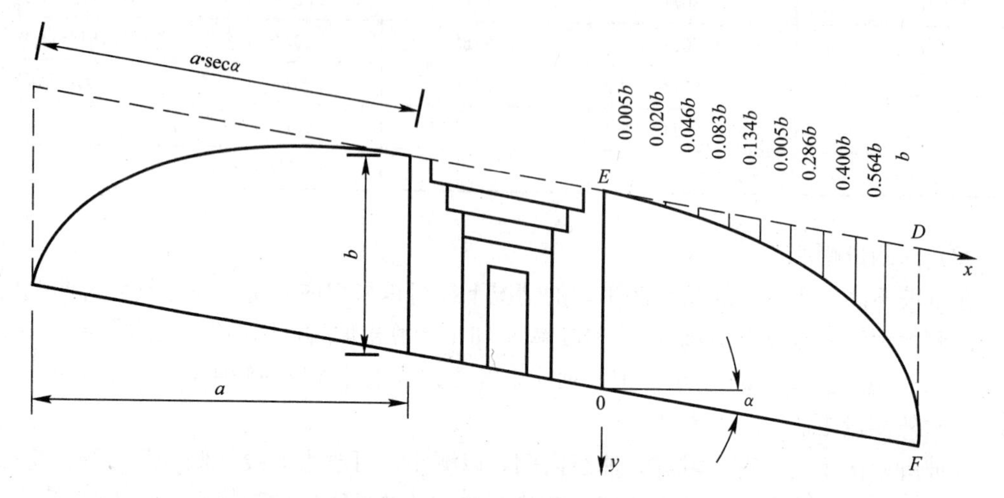


图 2-65　斜桥锥坡放样示意图

**2. 锥坡施工**

锥坡施工主要包括填土、基础的砌筑和坡面砌筑三部分。

（1）填土

锥坡填土宜采用透水性较好的粗砂或砂性土，不得采用耕植土或重黏土。填土应在接近最佳含水量的情况下分层填筑、分层夯实，每层厚度不超过 20cm，压实度应符合国家现行标准《城镇道路工程施工与质量验收规范》（CJJ 1—2008）的有关规定或设计要求。锥坡填土应与台背填土同时进行，一次填足，并考虑坡面铺砌层厚度。

（2）基础砌筑

锥坡基础是否坚固，对锥坡的稳定性有很大关系，特别是易遭冲刷的桥梁锥坡。

锥坡基础采用浆砌块石砌筑，断面形状为长方形，厚度一般为 60～100cm，宽度为 70～80cm，随坡面砌筑厚度不同而有所增减。在某些情况下，锥坡基础还可采用矮挡墙。

（3）坡面砌筑

常用的坡面砌筑方法是干砌或浆砌片石。锥坡在不受水流冲刷影响的地方可考虑采用覆盖草皮或浆砌片石网格中满铺草皮。另外还可采用土工材料如：土工格栅等作为铺砌。

砌筑时，石块相互挤紧，砌筑稳固，随时校核坡面的平整度和坡度；砌缝砂浆饱满，砌完后用砂浆进行勾缝；根据设计要求，在坡面设置泄水孔。

垫层位于石料坡面之下，常采用碎石或砾石。坡面施工时，垫层可与石料坡面配合铺筑，随铺随砌，但要注意垫层的密实，防止垫层出现虚脚或空隙。

锥坡砌筑施工质量检查要求见表 2-32。

锥坡砌筑施工质量检查要求 表 2-32

| 项目 | | 允许值（mm） | 检验频率 | | 检验方法 |
|---|---|---|---|---|---|
| | | | 范围 | 点数 | |
| 表面砌缝宽度 | 浆砌片石 | ≤40 | 每个构筑物、每个砌筑面或两条伸缩缝之间为一检验批 | 10 | 用钢尺量 |
| | 浆砌块石 | ≤30 | | | |
| | 浆砌料石 | 15～20 | | | |
| 三块石料相接处的空隙 | | ≤70 | | | |
| 两层间竖向错缝 | | ≥80 | | | |

## 2.9.5 桥头搭板

桥头搭板是为了防止台后填土沉降影响行车舒适性而设的结构。其施工中应符合下列规定：

1. 现浇和预制桥头搭板应保证桥梁伸缩缝贯通、不堵塞，且与地梁、桥台锚固牢固；
2. 现浇桥头搭板基底应平整、密实，砂土上浇筑应铺 30～50mm 厚水泥砂浆垫层；
3. 混凝土桥头搭板（预制或现浇）施工质量检查要求见表 2-33。

混凝土桥头搭板（预制或现浇）施工质量检查要求 表 2-33

| 项目 | 允许偏差（mm） | 检验频率 | | 检验方法 |
|---|---|---|---|---|
| | | 范围 | 点数 | |
| 宽度 | ±10 | 每块 | 2 | 用钢尺量 |
| 厚度 | ±5 | | 2 | |
| 长度 | ±10 | | 2 | |
| 顶面高程 | ±2 | | 3 | 用水准仪测量，每端 3 点 |
| 轴线偏位 | 10 | | 2 | 用经纬仪测量 |
| 板顶纵坡 | ±0.3% | | 3 | 用水准仪测量，每端 3 点 |

# 第3章 城市轨道交通与隧道工程施工

隧道——地下人工建筑，是人类社会发展的产物，人类智慧的结晶。古代，人类利用洞穴栖息。最早的人工坑道，可追溯到古代战争时期，作为转移通道、地下庇护物等。此外，古代人还利用坑道作为引水设施。近代，坑道及隧道被广泛用于探矿、交通以及军事设施中。随着现代交通的不断发展，隧道在交通运输中的地位及重要性不断提高。用于交通运输的隧道几乎遍及世界上各大城市，青函海底隧道及英法海峡海底隧道的修建，更是人类隧道建造史上的伟大创举。随着城市的发展和扩大，地铁及轨道交通将成为城市交通的主干线，而地铁工程施工方法也越来越成熟。常用施工方法如图3-1所示。

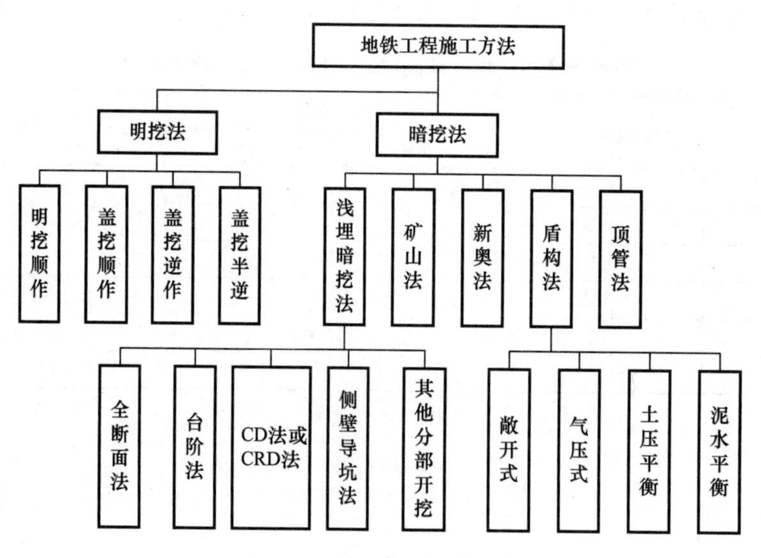


图3-1 地铁隧道常用施工方法

城市轨道交通及隧道工程施工中，常涉及深基坑施工。本章重点介绍有关深基坑施工中的支护与降排水施工技术、隧道的明挖施工、暗挖施工技术以及盾构施工技术等。

## 3.1 深基坑施工

近些年来，由于我国经济的高速发展，地下空间开发利用也得到长足发展，如城市轨道交通及隧道工程项目不断上马。这些项目普遍都涉及深基坑施工。由于基础埋深加大，给施工带来很多困难，尤其是在城市建筑物密集地区，施工场地邻近已有建筑物、道路和地下管线纵横交错，基坑边坡的支护和地下水的排除成了深基坑施工的难点问题。

### 3.1.1 深基坑支护

支护结构虽然为施工期间的临时支挡结构，但其选型、计算和施工是否正确，对施工的安全、工期和经济效益有巨大影响。支护结构设计与施工，影响因素众多，土层分布及其物理力学性能、周围的环境、地下水情况、施工条件和施工方法、气候等因素都对支护结构产生影响；再加上荷载取值和计算理论等方面的问题，如施工过程中稍有疏忽或未严格按设计规定的工况进行施工，都易引起恶性事故，造成巨大的经济损失和工期拖延，在这方面已有不少教训。为此，对待支护结构的设计和施工都要采取极为慎重的态度，在保证施工安全的前提下，尽力做到经济合理和方便施工。

支护结构一般包括挡墙和支撑（或拉锚）两部分，其中任何一部分的选型不当或产生破坏（包括变形过大)，都会导致整个支护结构的失败。为此，都应给予高度的重视。

**1. 挡墙的选型**

支护结构中常用的挡墙结构有：

（1）钢板桩

1）槽钢钢板桩

这是一种简易的钢板桩支护挡墙，由槽钢并排或正反扣搭接组成。槽钢长 6～8m，型号由计算确定。由于其抗弯能力较弱，多用于深度不超过 4m 的基坑，顶部设一道支撑或拉锚。

2）热轧锁口钢板桩

其形式有 U 形、Z 形、一字形、H 形和组合形，见图 3-2。常用者为前两种，基坑深度很大时才用组合型。U 形钢板桩可用于开挖深度 5～10m 的基坑，在软土地基地区钢板桩打设方便，有一定挡水能力，施工迅速，且打设后可立即开挖，当基坑深度不太大且周围环境要求不太严格时往往是考虑的方案之一。

图 3-2　锁扣钢板桩应用

但是，钢板桩柔性较大，基坑较深时支撑（或拉锚）工程量较大，对坑内施工带来一定困难，而且用后拔除时由于带土，如处理不当会引起土层移动，严重时会给施工的结构或周围的设施带来危害，应予以充分注意，采取有效技术措施减少带土。

（2）钻孔灌注桩

常用 $\phi$600～1000mm，计算确定，做成排桩挡墙，顶部浇筑钢筋混凝土圈梁，是支护结构中应用较多的一种。灌注桩挡墙的刚度较大，抗弯能力强，变形相对较小，已有7～8m悬臂者，在土质较好的地区，10m以内亦可作成悬臂桩；在软土地区坑深不超过14m皆可用之。但其永久保留在地基土中，可能为日后的地下工程施工造成障碍。为防止相互干扰，桩间留有100～150mm的间隙，挡水效果差，有时将它与深层搅拌水泥土桩组合应用，前者抗弯，后者做成止水帷幕起挡水作用。

（3）H型钢支柱（或钢筋混凝土桩支柱）

这种支护结构适用于土质较好、地下水位较低的地区，国外应用较多，国内亦有应用，如北京京城大厦深23.5m的深基坑即用这种支护结构，它将长27m的488mm×300mm的H型钢按1.1m间距打入土中，用3层土锚拉固。

支柱按一定间距打入，支柱间设木挡板或其他挡土设施，用后可拔出重复使用，较为经济，但一次性投资较大。

（4）地下连续墙

图3-3　地下连续墙应用实例

地下连续墙已成为深基坑的主要支护结构之一，常用厚度为600～1000mm，尤其是地下水位高的软土地基地区，当基坑深度大且邻近的建（构）筑物、道路和地下管线相距甚近时，往往是首先考虑的支护方案。上海地铁的各个车站施工中都采用地下连续墙支护，图3-3为润扬大桥锚锭基坑采用地连墙方案。当地下连续墙与“逆筑法”结合应用，可省去挖土后地下连续墙的内部支撑，能减少用作支护结构的地下连续墙的深度，还能使上部结构及早投入施工或使道路等及早恢复使用，对深度大、地下结构层数多的深基础的施工十分有利。

（5）深层搅拌水泥土桩

深层搅拌水泥土桩挡墙是用特制的进入土的深层搅拌机将喷出的水泥浆固化剂与地基土进行原位强制拌合制成水泥土桩，相互搭接，硬化后即形成具有一定强度的壁状挡墙（有各种型式，计算确定），既可挡土又可形成隔水帷幕，对于平面呈任何形状、开挖深度不深的基坑，皆可用作支护结构，也比较经济。水泥土的物理力学性质，取决于水泥掺入比，多用13～20%。深层搅拌水泥土桩挡墙，按重力式挡土墙设计，要验算其抗滑动稳定性、抗倾覆稳定性和墙身应力等。

（6）SMW工法桩

利用深层搅拌水泥土桩挡墙既可挡土又可形成隔水帷幕的特点，在水泥土桩未凝结硬化前插入H型钢，凝结后水泥土桩和H型钢形成复合型桩称为SMW工法桩，见图3-4。由此形成的支护桩挡土墙，承载力得到大大地提高。

支护结束后，H型钢可以拔出回收利用，从而大大降低其支护成本，因而得到广泛采用。一般适用于深度12m以内的支护结构。

（7）旋喷桩帷幕墙

它是钻孔后将钻杆从地基土深处逐渐上提，同时利用插入钻杆端部的旋转喷嘴，将水泥浆固化剂喷入地基土中形成水泥土桩，桩体相连形成帷幕墙，可用作支护结构挡墙。在

(a)

(b)

(c)

图 3-4　SMW 工法桩应用

(a) 三轴深搅桩施工；(b) 插入 H 型钢；(c) SMW 桩成型

较狭窄地区亦可施工。它与深层搅拌水泥土桩一样，亦按重力式挡土墙设计，只是形成水泥土桩的工艺不同而已。施工旋喷桩要控制好上提速度、喷射压力和喷射量。

除上述方法外，还有用人工挖孔桩、预制打入钢筋混凝土桩等作为支护结构挡墙的。

**2. 支撑（拉锚）的选型**

当基坑深度较大，悬臂的挡墙在强度和变形方面不能满足要求时，即需增设支撑系统。支撑系统分两类：基坑内支撑和基坑外拉锚。基坑外拉锚又分为顶部拉锚与土锚杆拉锚，前者用于不太深的基坑，多为钢板桩，在基坑顶部将钢板桩挡墙用钢筋或钢丝绳等拉结锚固在一定距离之外的锚桩上。

目前支护结构的内支撑通常采用钢结构和钢筋混凝土结构两类。钢结构支撑多用钢管和大规格的型钢。为减少挡墙的变形，用钢结构支撑时可用液压千斤顶施加预应力。

(1) 钢结构支撑

钢结构支撑的优点是拼装和拆除方便、迅速，为工具式支撑，可多次重复使用，成本低，且可根据控制变形的需要施加预应力。与钢筋混凝土结构支撑相比，变形相对较大，支撑水平的间距不能过大，因而机械挖土受影响。

1) 钢管支撑

钢管支撑一般用不同壁厚的钢管来适应不同的荷载，常用的壁厚有 12mm、14mm，有时也用 16mm 厚的钢管。除了 $\phi$609mm 钢管外，亦有用较小直径钢管者，如 $\phi$580mm、$\phi$406mm 钢管等。钢管的刚度较大，当单根钢管不满足承载能力要求时可两根钢管并用。

用钢管支撑时，挡墙的围檩可为钢筋混凝土围檩，亦可为型钢围檩。前者刚度大，承载能力高，可增大支撑的间距。

2) 型钢支撑

型钢支撑主要采用 H 型钢，用螺栓连接，为工具式钢支撑，现场组装方便，构件标准化，对不同的基坑能按照设计要求进行组合和连接，可重复使用。

(2) 钢筋混凝土支撑

钢筋混凝土支撑是近年来深基坑施工中发展起来的一种支撑形式，它多用土模或模板随着挖土逐层现浇，截面尺寸和配筋根据支撑布置和杆件内力大小而定，它刚度大，变形小，能有效地控制挡墙变形和周围地面的变形，宜用于较深基坑和周围环境要求较高的地区。但在施工中要尽快形成支撑，减少土壤蠕变。

图 3-5 为南京模范马路隧道施工支撑应用情况。顶撑为钢筋混凝土结构，现场浇筑，因而其形式可随基坑形状而变化，有多种型式，如对撑、角撑、桁架式支撑；圆形、拱形、椭圆形等支撑。对平面尺寸较大的基坑，应在水平支撑适当位置设立柱。立柱可为四个角钢组成的格构式柱、圆钢管或型钢。立柱的下端宜插入工程桩内，插入深度不宜小于 2m。格构式柱的平面尺寸要与灌注桩的直径匹配。

(*a*)

(*b*)

(*c*)

图 3-5 支撑形式

(*a*) 钢管钢筋混凝土对撑；(*b*) 钢管角撑；(*c*) 给钢管对撑施加预应力

### 3.1.2 深基坑降水

在地下水位较高地区开挖深基坑时，土的含水层被切断，地下水会不断地渗流入基坑内。为了保证施工的正常进行，防止出现流砂、边坡失稳和地基承载力下降，须做好基坑的降水工作。对于深基坑即使已施工了支护结构，且做了止水帷幕，支护结构外面的地下水不能流入开挖的基坑内，施工时为了疏干基坑内土壤所含的地下水，便于机械施工和提高被动土压力，提高支护结构的安全度，在软土地区多数仍需要降低地下水。降水方法常用有集水井降水和井点降水两类。

**1. 集水井降水**

集水井降水属重力降水，是在开挖基坑时沿坑底周围开挖排水沟（最小纵向坡度为 0.2%～0.5%），每隔一定距离（最大 30～40m）设集水井，使基坑内挖土时渗出的水经排水沟流向集水井，然后用水泵排出基坑。排水沟和集水井的截面尺寸取决于基坑的涌水量。但是，当基坑开挖深度较大，地下水的动水压力和土的组成有可能引起流砂、管涌、坑底隆起和边坡失稳时，则宜采用井点降水方法。

**2. 井点降水**

井点降水是高地下水位地区基础工程施工的重要措施之一。它能克服流砂现象，稳定基坑边坡，降低承压水位，防止坑底隆起和加速土的固结，使位于天然地下水位以下的基础工程能在无积水的环境中进行施工。

人工降低地下水位常采用井点降水法，即在基坑周围或一侧埋入深于基底的井点滤水管或管井，以总管连接抽水泵，使地下水位低于基坑底，以便在干燥状态下挖土，这样不但可防止流砂现象和增加边坡稳定，而且便于施工。

（1）常用井点降水方法

主要有轻型井点、喷射井点和电渗井点。此外还有管井法和深井泵法。降水方法和设备的选择，取决于降水深度、土的渗透系数、工程特点和技术经济指标。

1）轻型井点

轻型井点降低地下水位，是沿基坑周围以一定的间距埋入井点管（下端接滤管），在地面上用水平铺设的集水管将各井点管连接起来，再于一定位置设置真空泵和离心泵，开动真空泵和离心泵后，地下水在真空吸力作用下，经滤管进入井点管，然后经集水总管排出，这样就降低了地下水位。

2）喷射井点

当降水深度超过 6m 时，一层轻型井点即不能收到预期效果，就需要采用多级轻型井点。这样会增大基坑挖土量，增加设备用量和延长工期。为此，可考虑采用喷射井点。

喷射井点有喷水井点和喷气井点之分，其工作原理相同，只是工作流体不同而已。前者以压力水作为工作流体，后者以压缩空气作为工作流体。喷射井点用作深层降水，其一层井点可把地下水位降低 8～20m。

3）电渗井点

电渗井点是在降水井点管的内侧打入金属棒（钢筋、钢骨等），连以导线。以井点管为阴极，金属棒为阳极，通入直流电后，土颗料自阴极向阳极移动，称电泳现象，使土体固结；地下水自阳极向阴极移动，称电渗现象，使软土地基易于排水。它用于渗透系数小于 0.1m/d 的土层。

4）管井法

管井法是围绕开挖的基坑每隔一定距离（20～50m）设置一个管井，每个管井单独用一台水泵（离心泵、潜水泵）进行抽水，以降低地下水位，适用于土渗透系数较大（$K=20\sim200$m/d）、地下水量大的土层中。

5）深井泵法

当降水深度更大，在管井内用一般的水泵降水不能满足要求时，可改用特制的深井泵，即为深井泵法。近年来在软土地区深基坑工程中，采用了带真空设备的深井泵，在渗透系数较小的淤泥质黏土中亦能应用，能进行深层降水，取得较好效果。

（2）轻型井点

在排水管道工程施工中最常用的是轻型井点。轻型井点系统适用于在粗砂、中砂、细砂、粉砂等土层中降低地下水位。

1）轻型井点系统的组成

轻型井点系统由滤管、井点管、弯联管、集水总管和抽水设备等组成，如图 3-6 所示。

① 滤管与井点管

滤管是进水设备，构造是否合理对抽水效果影响很大。滤管用直径 38～55mm 钢管制成，长度一般为 0.9～1.7m。管壁上有直径为 12～18mm，呈梅花形布置的孔，外包粗、细两层滤网。为避免滤孔淤塞，在管壁与滤网间用塑料管或铁丝绕成螺旋状隔开，滤网外面再围一层粗铁丝保护层。滤管下端配有堵头，上端同井点管相连。

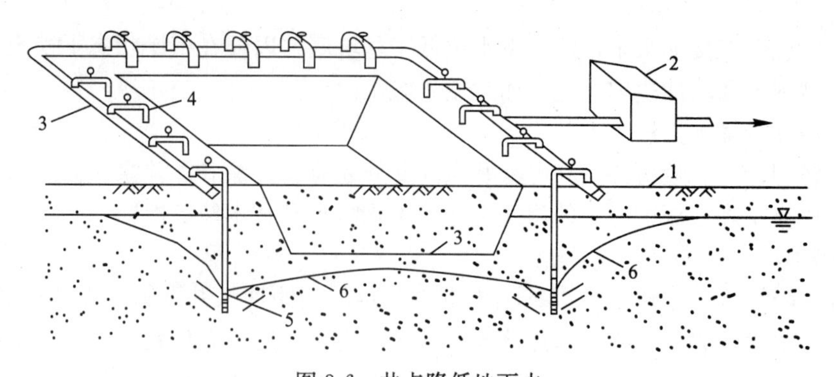


图 3-6　井点降低地下水

1—地面；2—抽水泵；3—集水总管；4—弯联管；5—井点滤管；6—降水漏斗

井点管直径同滤管，长度 6～9m；可整根或分节组成。井点管上端用弯联管和集水总管相连。

② 弯联管与集水总管

弯联管用塑料管、橡胶管或钢管制成，并且宜装设阀门，以便检修井点。

集水总管一般用直径 75～150mm 的钢管分节连接，每节长 4～6m，上面装有与弯联管连接的短接头（三通口），间距 0.8～1.6m。总管要设置一定的坡度坡向泵房。

③ 抽水设备

轻型井点的抽水设备有干式真空泵、射流泵、隔膜泵等。干式真空泵井点，可根据含水层的渗透系数选用相应型号的真空泵及卧式水泵，在粉砂、粉质黏土等渗透系数较小的土层中可采用射流泵和隔膜泵（见图 3-7）。

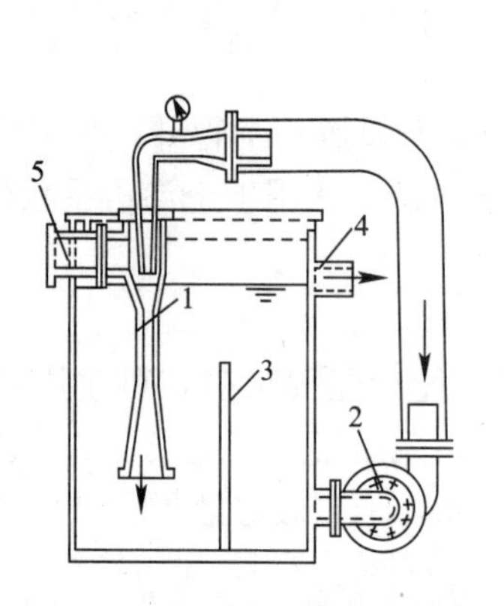


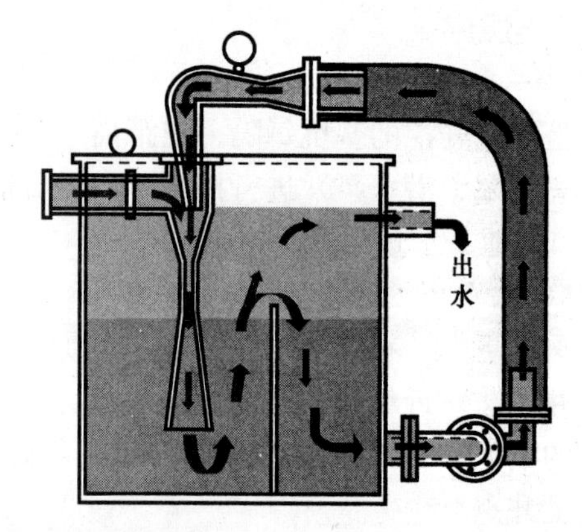


图 3-7　射流式抽水设备

1—射流器；2—水泵；3—隔板；4—排水口；5—吸入管

2）轻型井点系统的工作原理

为了减少抽水设备，提高抽水工作的可靠度，减少泵组的水头损失，便于设备的保养和维修，可采用射流泵抽水。其工作过程如图 3-7 所示。离心泵从水箱内抽水，泵压高压水在喷射器的喷口出流，形成射流，产生真空度，使地下水经由井点管、总管而至射流器，压到水箱内。

3）轻型井点施工要求

① 设计降水深度在基坑（槽）范围内不应小于基坑（槽）底面以下 0.5m。

② 平面布置

根据基坑平面形状与大小、土质和地下水的流向，降低地下水的深度等要求而定。当基坑宽度小于 6m，降水深度不超过 5m 时，可采用单排线状井点，布置在地下水流的上游一侧；当基坑或沟槽宽度大于 6m，或土质不良、渗透系数较大时，可采用双排线状井点，见图 3-8。

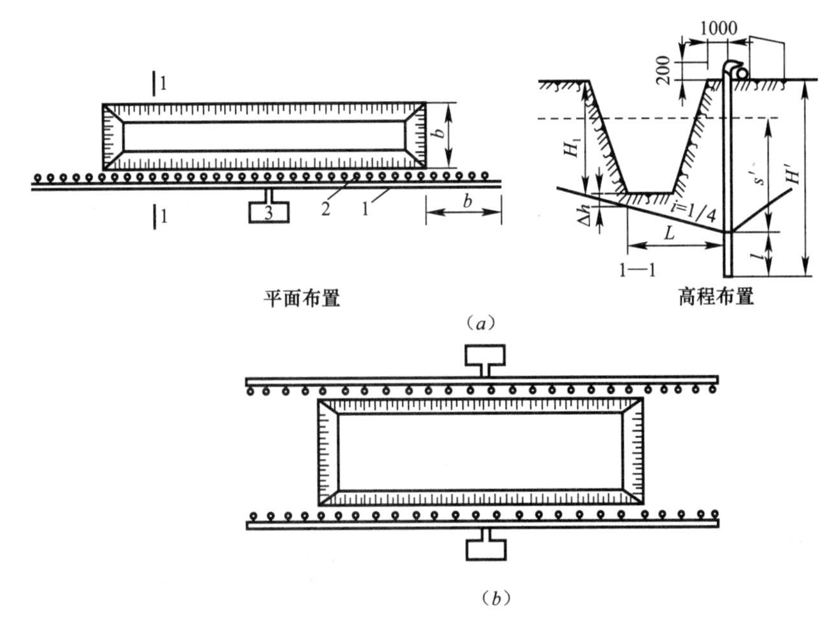


图 3-8　井点布置简图

(a) 单排布置；(b) 双排布置

1—总管；2—井点管；3—抽水设备

在沟槽端部，降水井外延长度应为沟槽宽度的 1～2 倍。

井点管距离基坑或沟槽上口边约 1.0m，以防局部漏气，一般取 1.0～1.5m。

为了观察水位降落情况，应在降水范围内设置若干个观测井，观测井的位置和数量视观测井的位置和数量视需要而定。一般在基础中心、总管末端、局部挖深处，均应设置观测井。观测井由井点管做成，只是不与总管相连。

③ 确定抽水设备

常用抽水设备有真空泵（干式、湿式）、离心泵等，一般按涌水量、渗透系数、井点数量与间距来确定。

# 3.2　隧道工程概述

## 3.2.1　隧道的定义与构造

### 1. 隧道的定义

地下人工建筑的结构形式，根据其不同用途有多种多样。当地下结构为空间封闭结构形式，宽度在10m内时，通常称为“洞室”；宽度在10～35m之间时，称为“地下厅”；大于35m时，称为“地下广场”。当地下结构垂直地层表面时（$\alpha=90°$），称为“竖井”；当倾斜角$\alpha>45°$时称为“井道”。

当人工建筑处于地表下，结构沿长度方向的尺寸大于宽度和高度并具有联通A、B两点的功能时，可称为“地道”；当地道的横截面积较小时，通常认为截面积在$30m^2$以内时，称为“坑道”；当截面积较大时，称之为“隧道”。

隧道的主体建筑物由洞身衬砌和洞门建筑两部分所组成，在洞门容易坍塌地段，应接长洞身（即早进洞或晚出洞），或加筑明洞洞口。

隧道的附属建筑物包括：人行道（或避车洞）和防、排水设施；长、特长隧道还有通风道、通风机房、供电、照明、信号、消防、通信、救援及其他量测、监控等附属设施。

**2. 隧道的构造**

隧道的构造形式（如图3-9）可用结构物在“纵断面”及“横截面”上的形状来反映。

图3-9　隧道构造图

从隧道的纵断面看到以下部分：

（1）隧道的进口外称为“洞门”；

（2）洞门上被挖掉的原覆盖物体的部分称为“仰坡”；

（3）仰坡面延长线与隧道底线的交点称为“开挖点”；

（4）隧道顶部至地表面的距离称为“覆盖层厚”；

（5）已建承重结构的部分，称为“安全部分”；

（6）兴建临时支撑结构的部分，称为“临时安全部分”；

（7）未建支撑结构的开挖工作面，称为“不安全部分”；

（8）从未支撑处正向前开挖的部分，称为“开挖工作面”。

按隧道横截面的构成，可分为未开挖和开挖后两种形式。

（1）未开挖的截面称为“开挖孔洞”；

（2）开挖孔洞约上部1/3的部分，称为“拱部”；约中部1/3的部分，称为“洞身”；

约下部 1/3 的部分，称为“洞底”；

（3）洞身及洞底的对称中心部分，称为“核心土”；

（4）开挖后对应于拱都上边缘人工结构的弧线部分，称为“拱圈”；

（5）洞身对应的人工结构弧线边缘部分，称为“侧墙”或侧拱；

（6）洞底对应的下边缘人工结构的弧线部分，称为“仰拱”。

隧道横截面在开挖后所建的人工结构包括支护结构及承重结构。支护及承重结构的结构形式可分为传统隧道结构和现代隧道结构两种形式。

传统隧道结构的构造形式，其支护结构为临时性的木支架或钢支架，在承重的砖石结构砌筑后被拆除。承重结构则主要由回填层、砖石拱圈、侧边墙及支承基座构成。

现代隧道结构的构造形式为包括钢锚杆在内的永久性的支撑结构——初次支护及二次衬砌的复合式结构。

### 3.2.2 隧道的分类

隧道是铁路、道路、水渠、各类管道等遇到岩、土、水体障碍时开凿的穿过山体或水底的内部通道，是“生命线”工程。铁路隧道、公路隧道和地铁隧道属交通隧道，是主要的隧道类型。以交通为目的的隧道，可根据其用途、所处地理位置及隧道的横截面的形状等进行分类。

**1. 按隧道用途分类**

按隧道的用途可分为交通隧道、水工隧道、市政隧道、矿山隧道等。

① 交通隧道：交通隧道是隧道中数量最多的一种。它的作用是提供交通运输和人行的通道，以满足交通线路畅通的要求，一般包括铁路隧道、公路隧道、水底隧道、地下铁道、航运隧道和人行隧道。人行隧道常被称为“人行通道”。

② 水工隧道：水工隧道是水利工程和水力发电枢纽的一个重要组成部分。水工隧道包括引水隧道、排水隧道、导流隧道或泄洪隧道、排砂隧道。

③ 市政隧道：城市中，为安置各种不同市政设施的地下孔道。市政隧道有给水隧道、污水隧道、管路隧道、线路隧道、人防隧道等。

④ 矿山隧道：在矿山开采中，常设一些为采矿服务的隧道，从山体以外通向矿床，并将开采到的矿石运输出来。矿山隧道有运输巷道、给水隧道、通风隧道等。

**2. 按隧道周围介质分类**

按隧道周围介质的不同可分为岩石隧道和土层隧道。岩石隧道通常修建在山体中间，因而也将其称作为山岭隧道；而土层隧道常常修筑在距地面较浅的软土层中，如城市中的交通隧道和穿越河流或库区的水底隧道。

**3. 按截面形状分类**

按隧道截面形状可分为圆形截面隧道、椭圆形截面隧道、马蹄形截面隧道、矩形截面隧道、双孔隧道、孪生隧道、双层隧道等。

**4. 按隧道长度分类**

按隧道的长度可分为特长隧道、长隧道、中隧道和短隧道四类。隧道长度是指进出口洞门端墙墙面之间的距离，即两端洞门墙面与路面的交线同路线中线交点的距离。

## 3.3 隧道开挖施工技术

隧道施工是指修建隧道及地下洞室的施工方法、施工技术和施工管理的总称。隧道施工方法的选择主要依据工程地质条件、水文地质条件、埋深大小、隧道断面形状及尺寸。长度、衬砌类型、隧道的使用功能、施工技术条件和施工技术水平及工期要求等因素综合考虑确定。

隧道施工方法从总体上将分为暗挖法和明挖法两大类。

### 3.3.1 暗挖法

暗挖法分矿山法、新奥法、浅层暗挖法、盾构法和顶管施工法。后两种在专门章节介绍。

**1. 矿山法**

传统的矿山法是人们在长期的施工实践中发展起来的，它是以木或钢构件作为临时支撑，待隧道开挖成形后，逐步将临时支撑撤换下来，而代之以整体式衬砌作为永久性支护的施工方法。传统矿山法施工能适应山岭隧道的大多数地质条件，尤其在不便采用锚喷支护的地质条件时，用于处理坍方也很有效。

木构件支撑由于其耐久性差和对坑道形状的适应性差、支撑撤换工作既麻烦又不安全且对围岩有所扰动等缺点，因此目前较少采用。

钢构件支撑由于具有较好的耐久性和对坑道形状的适应性等优点，施工中可以撤换，也更为安全。日本隧道界将以钢构件作为临时支撑的矿山法称为“背板法”。

钢木构件支撑类似于地上的“荷载—结构”力学体系，它作为一种维持坑道的稳定措施，是很直观和奏效的，也容易被施工人员理解和掌握，因此这种方法常常用于不便采用锚喷支护的隧道中或处理坍方的情况等。

（1）矿山法施工的基本原则

传统矿山法施工的基本原则是少扰动、早支撑、慎撤换、快衬砌，即“十二字原则”。

1）少扰动

是指在进行隧道开挖时，要尽量减少对围岩的扰动次数、强度、范围和持续时间。采用钢支撑，可增大一次开挖断面的跨度，减少分部开挖次数，从而减少对围岩的扰动次数。

2）早支撑

是指开挖坑道后应及时施作临时支撑，使围岩不致因变形松弛过度而产生坍塌失稳，并能承受围岩松弛变形产生的压力——早期松弛荷载。进行定期检查支撑的工作情况十分必要，可发现变形严重或出现损坏征兆，应及时增设支撑予以加固和加强。

3）慎撤换

是指当拆除临时支撑而代之以永久性模筑混凝土衬砌时应慎重，即要防止在撤换过程中围岩坍塌失稳。每次撤换的范围、顺序和时间要视围岩的稳定性及支撑的受力状况而定。使用钢支撑作为临时支撑，一般可以避免拆除支撑的麻烦和不安全。

4）快衬砌

指拆除临时支撑时要及时修筑永久性混凝土衬砌，并使其能尽早参与承载工作。若采用的是不必拆除的钢支撑，或无临时支撑时，亦应尽早施作永久性混凝土衬砌，防止坑道壁裸露时间过长导致围岩被风化侵蚀、强度降低、产生过大变形等情况的发生。

(2) 矿山法施工顺序

传统矿山法的施工顺序，可按衬砌的施作顺序分为先墙后拱法和先拱后墙法两种。

1) 先墙后拱法

又称为顺作法，它通常是在隧道开挖成形后，再由下至上施作模筑混凝土衬砌。先墙后拱法施工速度较快，施工各工序及各工作面之间相互干扰较小，衬砌结构的整体性较好，受力状态也较好。

2) 先拱后墙法

又称为逆作法，它是先将隧道上部开挖成形并施作拱部衬砌后，在拱圈的掩护下面再开挖下部并施作边墙衬砌。先拱后墙法施工速度较慢，上部施工较困难。但是当上部拱圈完成之后，下部施工就较安全和快速了。先拱后墙法施工衬砌结构的整体性较差，受力状态不好。并且拱部衬砌结构的沉降量较大，要求的预拱度较大，增加了开挖工作量。

(3) 矿山法施工基本要求

1) 传统的矿山法施工，其各工序相互联系较密切，互相干扰较大，因此，应注意统一组织和协调，重点处理好开挖与支撑、支撑与衬砌、开挖与衬砌之间的相互关系。若围岩较稳定或支撑条件较好，则应尽量将各工序沿隧道纵向展开，以减少相互干扰，并保证施工安全、施工质量和施工进度等。

2) 临时支撑容易受爆破的影响，因此在采用爆破法掘进时，除应注意严格控制爆破对围岩的扰动外，还应尽量减少爆破对支撑的冲击破坏。若采用臂式自由断面挖掘机进行掘进，应注意不得影响临时支撑的稳定，以免危及施工安全。

3) 考虑到隧道开挖后，围岩的松弛变形、衬砌的承载变形、立模时放线和就位误差的存在，为了保证衬砌厚度及其净空不侵入建筑限界，在隧道开挖及衬砌立模时均须预留沉落量。衬砌立模预留的沉落量应根据围岩类别、衬砌施作顺序及施工技术水平来确定。

4) 采用先拱后墙法施工时，边墙马口（即指先拱后墙法施工时的边墙部位）开挖时左右边墙马口应交错开挖，不得对开。同一侧的马口宜跳段开挖，不宜顺开。先开马口，应开在边墙围岩较破碎的区段，且长度不能太长，一般不超过 2～4m，并且及时施作边墙衬砌。后开的马口应待相邻边墙刹肩（即墙顶与拱脚封口）混凝土达到一定强度后方可开挖。马口开挖顺序还应与拱部衬砌施工缝、衬砌变形缝、辅助洞室位置统一考虑合理确定。

5) 矿山法隧道施工必须注意安全。在保证工程质量的前提下提高经济效益。除保证围岩的完整和稳定之外，施工时还必须配合开挖及时支护，确保施工安全。明洞和洞口工程土石开挖不得采用大爆破；石质陡坡应先加固再进洞，尽量保持原有仰坡稳定；松软缓坡开挖边坡时，应事先放出开挖线，由上而下进行随挖随支护。

6) 矿山法施工中，开挖应采用对围岩扰动小的开挖方法。钻爆开挖时，应采用光面爆或预裂爆破技术。在软弱、含水围岩或浅埋等不易自稳的地段施工时，应有辅助施工措施，或进行预加固处理。此外，隧道施工防排水应与永久性防排水设施相结合。

7) 隧道开挖断面不宜欠挖。当石质坚硬完整时，允许拱部的个别凸出处（每平方米不大于 0.1$m^2$）凸出衬砌不大于 5.0cm。拱脚和墙脚以上 1m 内严禁欠挖。

**2. 新奥法**

新奥法即新奥地利隧道施工方法的简称，它是奥地利学者拉布希维兹（L. V. Rabcewicz）教授等在长期从事隧道施工实践中提出的一种施工方法。1954～1955年首次应用于奥地利的普鲁茨——伊姆斯特电站的压力输水洞中。

新奥法以既有隧道工程经验和岩体力学的理论为基础，以维护和利用围岩自稳能力为基点，将锚杆和喷射混凝土组合在一起作为主要支护手段，及时进行支护，以便控制围岩的变形与松弛，使围岩成为支护体系的一部分，形成了锚杆、喷射混凝土和隧道围岩组成的三位一体的承载结构，共同支承岩体压力。新奥法通过对围岩和支护结构的现场量测，及时反馈围岩—支护复合体系的力学动态及其变化状况，为二次支护提供合理的架设时机，通过监控量测及时反馈的信息来指导隧道的设计和施工。

新奥法的适用范围很广，它几乎成为在软弱的破碎围岩地段修建隧道的一种基本方法，技术经济效益显著。

（1）新奥法施工程序

采用新奥法施工隧道，应重视其规模、地质条件以及安全要求、施工方法，并充分利用现场监控、量测的信息指导施工，严格控制施工程序，不得有任何省略。新奥法的特征之一是采用现场监控、量测的信息指导施工，即通过对隧道施工中量测数据和对开挖面的地质观察等进行预测、预报和反馈，并以已建立的量测数据为基准，对隧道施工方法（包括特殊的、辅助的施工方法）、断面开挖步骤及顺序、初期支护的参数等进行合理调整，以保证施工安全、坑道围岩稳定、工程质量和支护结构的经济性等。

（2）新奥法施工的基本原则

新奥法施工的基本原则可以归纳为“少扰动、早喷锚、勤量测、紧封闭”的十二字诀。

1）少扰动

是指在进行隧道开挖时，要尽量减少对围岩的振动次数、振动程度、振动范围和振动持续时间。因此要求能用机械开挖的就不用钻爆法开挖；采用钻爆法开挖时，要采用控制爆破；尽量采用大断面开挖；根据围岩类别、开挖方法、支护条件选择合理的循环掘进进尺；自稳性差的围岩，循环进尺应短一些；支护要尽量紧跟开挖面，缩短围岩应力松弛时间。

2）早喷锚

是指开挖后及时施作初期锚喷支护，使围岩的变形进入受控制状态。一方面是为了使围岩不致因变形过度而产生坍塌失稳；另一方面是使围岩变形适度发展，以充分发挥围岩的自承能力，必要时可采取超前支护措施。

3）勤量测

是指以直观、可靠的量测方法和量测数据来准确评价围岩（或围岩加支护）的稳定状态，或判断其动态发展趋势，以便及时调整支护形式和开挖方法，从而确保施工安全和顺利进行。量测是现代隧道及地下工程理论的重要标志之一，也是掌握围岩动态变化过程的手段和进行工程设计、施工的依据。

4）紧封闭

一方面是指采取喷射混凝土等防护措施，避免因围岩长时间暴露而致强度和稳定性衰减的情况发生，尤其针对易风化的软弱围岩；另一方面是指要适时对围岩施作封闭形支护，及时阻止围岩变形，使支护和围岩能进入良好的共同工作状态。

（3）新奥法施工特点

新奥法施工隧道的主要特点是：通过多种量测手段，对开挖后的隧道围岩进行动态监测，并以此指导隧道支护结构的设计与施工。其理论是建立在岩体力学特性和变形特性以及莫尔学说的基础上，并考虑隧道掘进的时间效应和空间效应对围岩应力和变形的影响。它的精髓集中体现在支护结构种类、支护结构的构筑时机、岩体压力、围岩变形四者的关系上，贯穿在不断变更的设计与施工过程中。新奥法提出了与传统施工方法完全不同的概念和观点，指导着喷锚支护的设计和施工，指导着构筑隧道的全过程。

新奥法的基本要点可归纳如下：

1）开挖作业多采用光面爆破和预裂爆破，并尽量采用大断面或较大断面开挖，以减少对围岩的扰动；

2）隧道开挖后，尽量利用围岩的自承能力，充分发挥围岩自身的支护作用；

3）根据围岩的特征，采用不同的支护类型和参数，适时施作密贴于围岩的柔性喷射混凝土和锚杆初期支护，以控制围岩的变形和松弛；

4）在软弱破碎围岩地段，使断面及早闭合，以有效地发挥支护体系的作用，保证隧道的稳定；

5）二次衬砌是在围岩与初期支护变形基本稳定的条件下修筑的，围岩与支护结构形成一个整体，因而提高了支护体系的安全度；

6）尽量使隧道断面周边轮廓圆顺，避免棱角突变处应力集中；

7）通过施工中对围岩和支护结构的动态观察、量测，合理安排施工程序，进行隧道工程的信息化设计、施工与管理。

**3. 浅层暗挖法**

（1）全断面开挖法

对地质条件好的地区，根据隧道断面形状一次开挖成型。

（2）台阶开挖法

台阶开挖法可以说是全断面开挖法的变化方案，是将设计断面分上半部断面和下半部断面两次开挖成型；或采用上弧形导坑超前开挖和中核开挖及下部开挖（即台阶分部开挖法）。台阶法开挖便于使用轻型凿岩机打眼，而不必使用大型凿岩台车。在装渣运输、衬砌修筑等方面，则与全断面法基本相同。

台阶开挖法有以下特点：

1）有利于开挖面的稳定，尤其是上部开挖支护后，下部断面作业就较为安全；

2）具有较大的工作空间和较快的施工速度，但上下部作业有相互干扰影响；

3）台阶开挖法宜采用轻型凿岩机钻孔，而不宜采用大型凿岩台车设备；

4）台阶开挖增加了对围岩的扰动次数，下部作业对上部稳定性会产生不良的影响。

根据台阶长度不同，台阶法又划分为长台阶法、短台阶法和微台阶法。施工中采用哪一种台阶法，要根据两个条件来确定，一是对初期支护形成闭合断面的时间要求，围岩越差，要求闭合时间越短；二是对上部断面施工所采用的开挖、支护、出渣等机械设备需要施工场地大小的要求。对软弱围岩，主要考虑前者，以确保施工；对较好围岩，主要考虑如何更好地发挥机械设备的效率，保证施工中的经济效益，因此只考虑后一条件。

1）长台阶法

长台阶法开挖断面小，有利于维持开挖面的稳定，适用范围较全断面法广，一般适用于地质条件较差的Ⅲ、Ⅳ、Ⅴ级围岩。在上、下两个台阶上，分别进行开挖、支护、运输、通风、排水等作业，因此台阶长度适当长一些，一般不小于50m。但若台阶过长，如大于100m，则增加轨道的铺设长度，同时其通风、排烟、排水难度也增大，降低施工的综合效率，因此台阶长度一般以50～80m为宜。长台阶法施工干扰较小，可进行单工序作业。

2）短台阶法

短台阶法适用于地质条件差的Ⅳ、Ⅴ级围岩。台阶长度一般为10～15m，即1～2倍开挖宽度，考虑工作面的空间，减少相互干扰，台阶长度不宜过短，上台阶一般用少量药量进行松动爆破，出渣采用人工或小型机械转运至下台阶，因此台阶长度又不宜过长，如果超过15m，则出渣所需时间过长。

短台阶法可缩短支护闭合时间，改善初期支护的受力条件，有利于控制围岩变形。但上部出渣对下部断面施工干扰较大，不能全部平行作业。

3）微台阶法

微台阶法，也称超短台阶法，是全断面开挖的一种变异形式，适用于Ⅱ、Ⅲ级围岩，台阶长度一般为3～5m。因为台阶长小于3m时，无法正常进行钻眼和拱部的喷锚支护作业，台阶长度大于5m时，利用爆破将石渣翻至下台阶有较大的难度，必须采用人工翻渣。微台阶法上下断面相距较近，机械集中，作业相互干扰大，生产效率低，施工速度慢。

微台阶法多用于机械化程度不高的施工地段，当遇到软弱围岩时需慎重考虑，必要时应采取辅助施工措施稳定开挖工作面，以保证施工安全。

4）采用台阶法开挖隧道时应注意以下事项：

① 采用台阶法开挖关键问题是台阶的划分形式，台阶划分要做到爆破后扒渣量较少，钻眼作业与出渣运输干扰少。因此，台阶数不宜过多，一般分成1～2个台阶进行开挖。

② 台阶长度要适当，并以一个台阶垂直开挖到底，保持平台长度2.5～3m为宜，易于掌握炮眼深度和减少翻渣工作量，装渣机应紧跟开挖面，减少扒渣距离以提高装渣运输效益。

③ 注意上、下半部断面作业的相互干扰的问题，即应进行周密的施工组织安排，劳动力的合理组合等。对于短隧道，可将上半部断面先贯通，再进行下半部断面的开挖。

④ 上部开挖，因临空面较大，易使爆破面石碴块过大，不利于装渣，应适当密布中小炮眼。采用先拱后墙法施工时，对于下部开挖法，必须控制开挖厚度，合理地利用药量，并采取防护措施，避免损伤拱圈及确保施工安全

⑤ 个别破碎地段可配合挂网喷锚支护施工。如遇到局部地段石质变坏，围岩稳定性较差时，应及时架设临时支护或考虑变换施工方法，留好拱脚平台，采用先拱后墙法施工，以防止落石和崩塌。

⑥ 采用钻爆法开挖，应采用光面爆破或预裂爆破技术，尽量减少对围岩的扰动。

（3）分部开挖法

在松软地层修建隧道时，应采用台阶分部开挖法，适用于Ⅳ～Ⅴ类围岩或一般土质围

岩地段。一次开挖的范围宜小，而且要及时支撑与衬砌，以保持围岩的稳定。在松软地层开挖隧道，一般宜采用先拱后墙法。显然，分部开挖法是将隧道断面分部开挖逐步成型，且一般将某一部分超前开挖，故称为导坑超前开挖法。

常用的有环形开挖预留核心土法、上下导坑法、侧壁导坑法、中洞法、中隔壁法等。

分部开挖法的优点是：1）分部开挖减小了每个坑道的跨度，有利于增强坑道围岩的相对稳定性，易于进行局部支护。因此，它主要适用于软弱破碎围岩或设计断面较大的隧道施工；2）采用导坑超前开挖，有利于提前探明地质情况，便于及时处理或变更施工手段等。

分部开挖法的缺点是分部开挖法作业面较多，各工序相互干扰较大，增大施工组织和管理难度。分部钻爆掘进，增加了对围岩的扰动次数，不利于围岩的稳定。若采用的导坑断面过小，则会使施工速度减慢而影响总工期等。

采用分部开挖法应注意的事项：

1）因工作面较多，相互干扰大，应注意组织协调，实行统一指挥。

2）因多次开挖对围岩的扰动较大，不利于围岩的稳定，故应特别注意加强对爆破开挖的设计与控制，尽量避免对围岩的扰动从而影响其稳定性。

3）应尽量减少分部次数，尽可能争取大断面开挖，创造较良好的地下施工条件。

4）凡下部开挖，均应注意上部支护或衬砌结构的稳定性，减少对上部围岩和支护、衬砌结构的扰动和破坏。

5）加固拱脚（如扩大拱脚，设置拱脚锚杆、加强纵向连接等）使上部初期支护与围岩形成完整体系；尽量单侧落底或双侧交错落底，落底长度视围岩状况而定，一般采用1～3m，但不得大于6m。

6）量测工作必须及时，以观察拱顶、拱脚和边墙中部的位移值，当发现速率值增大时，应立即进行仰拱封闭。

### 3.3.2 明挖法

明挖法施工按封闭程度分为明挖顺作法、盖挖法等。

**1. 明挖顺作法**

明挖顺作法是浅埋隧道一种常用施工方法，它先将隧道设计截面处土方及覆盖层挖去，形成一个露天基坑，然后在基坑中修筑隧道衬砌结构，敷设外贴式防水层，在隧道结构达到一定强度后回填基坑。明洞以及隧道洞口段不能用暗挖法施工时均用明挖法施工。

明挖方式开挖的基坑，根据不同的地质条件及开挖面的大小，可设计成矩形、四边形或梯形等。整个开挖面的大小，等于隧道截面的宽度与高度加上作业的距离。在设计明挖方式的开挖面时，主要需考虑开挖基坑在建造作业过程中的稳定性以及基坑的排水问题。

根据不同的地质条件及外部条件，在选择开挖方式时，可采用先开挖基坑，然后在开挖面上建造围护结构的顺序；也可采用先建造基坑围护结构的边墙，再开挖土方的顺序。当隧道处于地下水位以下，并有可能出现大量涌水时，则需先人工降低地下水位，也可利用“支撑墙的明挖方式”。

明挖法施工方法简单，技术成熟，工程进度快，根据需要可以分段同时作业，工程造价和运营费用均较低，且能耗较少。

但明挖法也存在一些不足之处：外界气象条件对施工影响较大；施工对城市地面交通和居民地正常生活有较大影响，且易造成噪声、粉尘及废弃泥浆等的污染；需要拆除工程影响范围内的建筑物和地下管线；在饱和的软土地层中，深基坑开挖引起的地面沉降较难控制，且坑内土坡的纵向稳定常常会成为危及工程安全的重大问题。

明挖法又可分为敞口明挖和有围护结构的明挖。敞口明挖也称为无支护结构基坑明挖，适用于地面开阔，周围建筑物稀少，地质条件好，土质稳定且在基坑周围无较大荷载，对基坑周围的位移和沉降无严格要求的情况，一般采用大型土方机械施工和深井泵及轻型井点降水。有围护结构的明挖适用于施工场地狭窄，土质自立性较差，地层松软，地下水丰富，建筑物密集的地区，采用该方法施工时可以较好地控制基坑周围的变形和位移，同时可以满足基坑开挖深度大的要求。

**2. 盖挖法**

“盖挖法”，或称“盖板法”，最早在20世纪60年代用于西班牙马德里城市隧道。它可避免明挖法施工对城市交通及居民生活的影响，且可控制基坑开挖引起的地面沉降。

盖挖法较为常见的建造方法为“板墙盖板法”。盖板法的开挖面支撑结构，可采用喷射混凝土加钢锚杆来实现，这种建造方法，可称为“锚杆盖板法”。“锚杆盖板法”和“板墙盖板法”的不同之处，主要在围护结构形式上。在盖板建好后，即可采用新奥法暗挖方式。

盖挖法施工，只在短时间内封闭地面的交通，盖板建好后，后继的开挖作业，不受地面条件的限制；其缺点是盖板上不允许留下过多的竖井，故后继开挖下的土方，需要采用水平运输。

盖挖法适用于松散的地质条件下及隧道处于地下水位线以上时。当隧道处于地下水位线以下时，需附加施工排水设施。

盖挖法施工按其施工流程可分为顺作法、逆作法、半逆作法等工法。

（1）顺作法

在路面交通不能长期中断的道路下修建地下铁道车站或区间隧道时，可采用盖挖顺作法。该方法是在现有道路上，按所需要的宽度，由地面完成挡土结构后，以定型的预制标准覆盖结构（包括纵、横梁和路面板）置于挡土结构上维持交通，往下反复进行开挖和架设横撑，直至设计标高。然后依序由下而上建造主体结构和防水，回填和恢复管、线、路。

（2）逆作法

盖挖逆作法即先施作围护结构及中间桩柱支撑，开挖表层后施作结构顶板，依次逐层向下开挖和修筑边墙及楼板，直至底层底板和边墙。

（3）半逆作法

该方法类似逆作法，其区别仅在于顶板完成及恢复路面后，向下挖土至设计标高后先建筑底板，再依次序向上逐层建筑侧墙、楼板。

### 3.3.3 隧道施工辅助方法

由于初期喷锚支护强度的增长不能满足洞体稳定的要求，可能导致洞体失稳，或由于大面积淋水、涌水，难以保证洞体稳定时，可采用辅助施工措施对地层进行预加固、超前支护或止水。随着开挖技术、锚喷支护技术、地层改良技术的研究应用和发展，隧道工作者研究出了许多辅助稳定措施，从而使得现代隧道工程施工的开挖和支护变得更简捷、及时、有效、彻底，也更具有可预防性和安全性。

辅助稳定性措施也必须坚持“先支护（或强支护）、后开挖、短进度、弱爆破、快封闭、勤测量”的施工原则，并做好详细的施工记录。隧道施工中常用的辅助稳定措施有：

**1. 超前锚杆**

（1）构造组成

超前锚杆是沿开挖轮廓线，以稍大的外插角，向开挖面前方安装锚杆，形成对前方围岩的预锚固，在提前形成的围岩锚固圈的保护下进行开挖等作业。

（2）性能特点及适用条件

超前锚杆支护的柔性较大，整体刚度较小。虽然可以与系统锚杆焊接以增强其整体性，但对于围岩应力较大时，其后期支护刚度就有些不足。此类超前支护主要适用于地应力不大，地下水较少的软弱围岩的隧道工程中，如土砂质地层、弱膨胀性地层、流变性较小的地层、裂隙发育的岩体及断层破碎带等，浅埋无显著偏压的隧道，也适宜于采用中小型机械施工。

（3）设计、施工要点

1）超前锚杆的参数主要包括超前量、环向间距、外插角等。参数选择应视围岩地质条件、施工断面大小、开挖循环进尺和施工条件而定。一般超前长度为循环进尺的3～5倍，长3～5m，环向间距0.3～1.0m；外插角宜用10°～30°；搭接长度宜为超前长度的40%～60%左右，即大致形成双层或双排锚杆。

2）超前锚杆宜用砂浆全粘结式锚杆，锚杆材料可用不小于Φ22的螺纹钢筋。

3）超前锚杆的安装误差，一般要求孔位偏差不超过10cm，外插角不超过1°～2°，锚入长度不小于设计长度的96%。

4）开挖时应注意保留前方有一定长度的锚固区，以使超前锚杆的前端有一个稳定的支点。其尾端应尽可能多地与系统锚杆及钢筋网焊连。若掌子面出现滑塌现象，则应及时喷射混凝土封闭开挖面，并尽快打入下一排超前锚杆，然后才能继续开挖。

5）开挖后及时进行喷射混凝土施工，并尽快封闭形成环形初期支护。

6）开挖过程中应密切注意观察锚杆变形及喷射混凝土层的开裂、起鼓等情况，以掌握围岩动态，及时调整开挖及支护参数，如遇地下水时，则可钻孔引排。

**2. 管棚加强支护**

（1）构造组成

管棚支护是利用钢拱架沿开挖轮廓线以较小的外插角，向开挖面前方打入钢管或钢插板构成的棚架来形成对开挖面前方围岩的预支护的一种支护方式。

采用长度小于10m的钢管称为短管棚；采用长度为10～45m且较粗的钢管称为长管棚；采用钢插板（长度小于10m）的称为板棚。

（2）性能特点及适用条件

管棚因采用钢管或钢插板作纵向预支撑，又采用钢拱架作环向支撑，其整体刚度较大，对围岩变形的限制能力较强，且能提前承受早期围岩压力。因此管棚法特别适用于围岩压力来得快来得大、对围岩变形及地表下沉有较严格要求的软弱破碎围岩隧道工程中。

短管棚一次超前量少，基本上与开挖作业交替进行，占用循环时间较多，但钻孔安装或顶入安装较容易。

长管棚一次超前量大，虽然增加了单次钻孔或打人长钢管的作业时间，但减少了安装钢管的次数，减少了与开挖作业之间的干扰。在长钢管的有效超前区段内，基本上可以进行连续开挖，也更适用于采用大中型机械进行大断面开挖。

（3）设计、施工要点

1）管棚的各项技术参数要视围岩地质条件和施工条件而定。长管棚长度不宜小于10m，一般为10～45m；管径70～180mm，孔径比管径大20～30mm，环向间距0.2～0.8m；外插角1°～2°；两组管棚间的纵向搭接长度不小于1.5cm，钢拱架常采用工字钢拱架或格栅钢架。

2）钢拱架应安装稳固，其垂直度允许误差为±2°，中线及高程允许误差为±5cm；钢管应从工字钢腹板圆孔穿过，或穿过钢拱架；钻孔方向应用测斜仪监测控制，钢管不得侵入开挖轮廓线。钻孔平面误差不大于15cm，角度误差不小于0.5°。

3）第一节钢管前端要加工成尖锥状，以利导向插入。施工时边打眼，边装管，自上而下顺序进行。

4）长钢管应用4～6m的管节逐段接长，打一节，接一节，连接头应采用厚壁管箍，上满丝扣，丝扣长度不应小于15cm；为保证受力的均匀性，钢管接头应纵向错开，一般按编号，偶数第一节用4m，奇数第一节用6m，以后各节均采用6m。

5）当需增加管棚刚度时，可在安装好的钢管内注入水泥砂浆，一般在第一节管的前段管壁交错钻若干个φ10～15mm孔，以利排气和出浆，或在管内安装出气导管，浆液注满后方可停止压注。

6）水泥砂浆强度等级可用M20～M30，并适当加大灰砂比。

7）钻孔时如出现卡钻或坍孔，应注浆后再钻，有些土质地层则可直接将钢管顶入。

**3. 超前小导管注浆**

（1）构造组成

超前小导管注浆是在开挖前，先用喷射混凝土将开挖面和5m范围内的坑道封闭，然后沿坑道周边向前方围岩内打入带孔小导管，并通过小导管向围岩压注起胶结作用的浆液，待浆液硬化后，坑道周围岩体就形成了有一定厚度的加固圈。在此加固圈的保护下即可安全地进行开挖作业。若小导管前端焊一个简易钻头，则可钻孔、插管一次完成，称为自进式注浆锚杆。

（2）性能特点及适用条件

浆液被压注到岩体裂隙中并硬化后，不仅将岩块或颗粒胶结为整体起到了加固作用，而且填塞了裂隙，阻隔了地下水向坑道渗流的通道，起到了堵水作用。因此，超前小导管注浆不仅适用于一般软弱破碎围岩，也适用于地下水丰富的软弱破碎围岩。

（3）小导管布置和安装

1）小导管钻孔安装前，对开挖面及5m范围内的坑道喷射5～10cm厚混凝土封闭。

2）小导管一般采用32mm的焊接管或40mm的无缝钢管制作，长度宜为3～6m，前端做成尖锥形，前段管壁上每隔10～20cm交错钻眼，眼孔直径宜为6～8mm。

3）钻孔直径应较管径大20mm以上，环向间距应按地层条件而定，渗透系数大的，间距亦应加大，一般采用 20～50cm；外插角应控制在 10°～30°，一般采用 15°。

4）Ⅴ级围岩劈裂、压密注浆时采用单排管；Ⅵ级围岩或坍方时可采用双排管；地下水丰富的松软层，可采用双排以上的多排管；渗入性注浆宜采用单排管；大断面或注浆效果差时，可采用双排管。

5）小导管插入后应外露一定长度，以便连接注浆管，并用塑胶泥（40Be 水玻璃拌 42.5 级水泥）将导管周围孔隙封堵密实。

（4）注浆施工要点

1）小导管注浆的孔口最高压力应严格控制在允许范围内，以防压裂开挖面，注浆压力一般为 0.5～1.0MPa，止浆塞应能经受注浆压力。注浆压力与地层条件及注浆范围要求有关，一般要求单管注浆能扩散到管周 0.5～1.0m 的半径范围内。

2）要控制注浆量，即每根导管内已达到规定注入量时，就可结束；如孔口压力已达到规定压力值，但注入量仍不足，亦应停止注浆。

3）注浆结束后，应做一定数量的钻孔检查或用声波探测仪检查注浆效果，如未达到要求，应进行补注浆。

4）注浆后应视浆液种类，等待 4（水泥-水玻璃浆）～8h（水泥浆）方可开挖，开挖长度应按设计循环进尺的规定，以保留一定长度的止浆墙（即超前注浆的最短超前量）。

5）自进式注浆锚杆，它是将超前锚杆与超前小导管注浆相结合的一种先进的超前支护措施。其一是它在小导管的前端焊接了一个简易的一次性钻头或尖端，从而将钻孔和定管同时完成，缩短了导管安装时间；尤其适用于钻孔易坍塌的地层；其二是对于可以采用水泥浆的地层，它改用水泥砂浆压注，可进一步降低造价；其三是它的管体采用波纹或变径外形，以增加粘结力和锚固力，增强了加固效果。

**4. 超前深孔帷幕注浆**

（1）超前注浆

超前小导管注浆对围岩加固的范围和加固处理的程度是有限的，作为软弱破碎围岩隧道施工的一项主要辅助措施，它占用时间和循环次数较多。因此，在不便采取其他施工方法（如盾构法）时，深孔预注浆加固围岩就较好地解决了这些问题。注浆后即可形成较大范围的筒状封闭加固区，称为帷幕注浆。

深孔预注浆一般可超前开挖面 30～50m，可以形成有相当厚度和较长区段的筒状加固区，从而使得堵水的效果更好，也使得注浆作业的次数减少，它更适用于有压地下水及地下水丰富的地层中，可采用大中型机械化施工。

如果隧道埋深较浅，则注浆作业可在地面进行；对于深埋较大的隧道可利用辅助平行导坑对正洞进行预注浆，这样都可以避免与正洞施工的干扰，缩短施工工期。

（2）注浆范围

围岩注浆加固范围即形成筒状加固区。要确定加固区的大小，即确定围岩塑性破坏区的大小，可以按岩体力学和弹塑性理论计算出开挖坑道后围岩的压力重分布结果，并确定其塑性破坏区的大小，也就是应加固区的大小。

（3）注浆数量及注浆材料选择

注浆数量应根据加固区需充填的地层孔隙数量来确定。工程中常用充填率来估算和控制注浆总量。

为了做好注浆工作，必须事先对被加固围岩进行试验，查清围岩的透水系数、土颗粒组成、孔隙率、饱和度、密度、pH 值、剪切和抗压强度等。必要时还要做现场注浆和抽水试验。注浆材料的选择参见小导管注浆部分。

(4) 施工要点

1) 注浆管

注浆管一般采用带孔眼的焊接钢管或无缝钢管。注浆管壁上有眼部分的长度应根据注浆孔的位置和注浆区域来确定，其余部分不钻眼，并用止浆塞将其隔开，使浆液只注入到有效区域。止浆塞常用的有两种，一种是橡胶式，一种是套管式。安装时，将止浆塞固定在注浆管上的设计位置，一起放入钻孔，然后用压缩空气或注浆压力使其膨胀而堵塞注浆管与钻孔之间的间隙，此法主要用于深孔注浆。

另外，若采用全孔注浆，则可以用铅丝、麻刀或木楔等材料在注浆孔口间将间隙堵塞。但全孔注浆因浆液流速慢，易造成“死管”的问题，尤其是深孔注浆时。

2) 钻孔

钻孔可用冲击式钻机或旋转式钻机，应根据地层条件及成孔效果选择。钻孔位置应满足设计要求，孔口位置偏差不超过 5cm，孔底位置偏差不超过孔深的 1%，钻孔应清洗干净，并做好钻孔记录。

3) 注浆顺序

按先上方后下方，或先内圈后外圈，先无水孔后有水孔，先上游（地下水）后下游的顺序进行。利用止浆阀保持孔内压力直至浆液完全凝固。

4) 结束条件

注浆结束条件应根据注浆压力和单孔注浆量两个指标来判断确定。单孔结束条件为：注浆压力达到设计终压；浆液注入量达到计算值的 80%以上。全部结束条件为：所有注浆孔均已符合单孔结束条件，无漏注。注浆结束后必须对注浆效果进行检查，如未达到设计要求，应进行补孔注浆。

5) 注浆检查

除在注浆前进行钻孔质量和材料质量检查、注浆后对注浆效果检查外，注浆过程中应密切注意注浆压力的变化。采用双液注浆时，应经常测试混合浆液的胶凝时间，发现问题应立即处理。

6) 开挖时间

注浆后应视浆液种类，等待 4（水泥-水玻璃浆）～8h（水泥浆）方可开挖，但应注意保留止浆墙，并进行下一循环的注浆。

## 3.4 盾构施工技术

### 3.4.1 盾构施工的一般知识

在市政管道的不开槽施工中，顶管施工一般用于单根管道的敷设。而当管线过多且集中布置时，一般需要修建地下管廊，此时宜采用盾构施工法。盾构法广泛应用于铁路隧道、地下铁道、地下隧道、水下隧道、水工隧洞、城市地下管廊、地下给排水管沟的修建工程。安装不同的掘进机构，盾构可在岩层、砂卵石层、密实砂层、黏土层、流砂层和淤泥层中掘进。在施工过程中应根据掘进地段的土质、施工段长度、地面情况、隧道形状、隧道用途、工期等因素确定盾构的形式。

**1. 盾构施工的意义**

盾构是不开槽施工时用于地下掘进和拼装衬砌的施工设备。使用盾构开挖隧道的方法就是盾构法。

盾构法施工的优点有：

(1) 因施工中顶进的是盾构本身，故在同一土层中所需的顶力为一常数；

(2) 盾构断面可以为任意形状，可成直线或曲线走向；

(3) 在盾构设备的掩护下，进行土层开挖和衬砌，使施工操作安全；

(4) 施工噪声小，不影响城市地面交通；

(5) 盾构法进行水底施工时，不影响航道通航；

(6) 施工中如严格控制正面超挖，加强衬砌背面空隙的填充，可有效地控制地表沉降。

因此，盾构法广泛用于城市建筑密集、交通繁忙、地下管线集中地段的地下管廊的施工。

**2. 盾构法的施工原理**

盾构法施工时，先在需施工地段的两端，各修建一个工作坑（又称竖井），然后将盾构从地面下放到起点工作坑中，首先借助外部千斤顶将盾构顶入土中，然后再借助盾构壳体内设置的千斤顶的推力，在地层中使盾构沿着管道的设计中心线，向管道另一端的接收坑中推进，如图 3-10 所示。同时，将盾构切下的土方外运，边出土边将砌块运进盾构内，当盾构每向前推进 1～2 环砌块的距离后，就可在盾尾衬砌环的掩护下将砌块拼成管道。在千斤顶的推进过程中，其后座力传至盾构尾部已拼装好的砌块上，继而再传至起点井的后背上。当管廊拼砌一定长度后就可作为千斤顶的后背，如此反复循环操作，即可修建任意长度的管廊（或管道）。在拼装衬砌过程中，应随即在砌块外围与土层之间形成的空隙中压注足够的浆液，以防地面下沉。

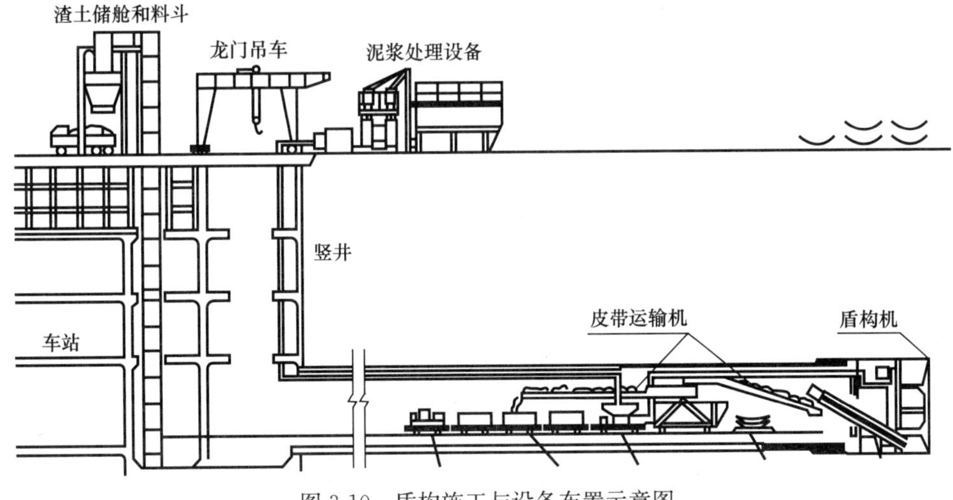


图 3-10　盾构施工与设备布置示意图

图 3-11 盾构机

**3. 盾构的组成**

盾构一般由掘进系统、推进系统、拼装衬砌系统三部分组成。

盾构的分类方法很多，按挖掘方式可分为：手工挖掘式、半机械式、机械式三大类；按工作面挡土方式可分为：敞开式、部分敞开式、密闭式；按气压和泥水加压方式可分为：气压式、泥水加压式、土压平衡式、加水式、高浓度泥水加压式、加泥式等，见图 3-11。

推进系统主要靠千斤顶顶托管片使机头向前进尺。

拼装衬砌系统：通过运输系统把来自于管片预制厂生产的管片运进隧洞内，然后通过拼装机械组拼管节。管片间通过周向和纵向螺栓连接。

### 3.4.2 盾构施工工艺

**1. 盾构施工的准备工作**

为了安全、迅速、经济地进行盾构施工，在施工前应根据图纸和有关资料进行详细的勘察工作。勘察的内容主要有：用地条件的勘察、障碍物勘察、地形及地质勘察。

用地条件的勘察主要是了解施工地区的情况；工作坑、仓库、料场的占地可能性；道路条件和运输情况；水、电供应条件等。

障碍物勘察包括地上和地下障碍物的调查。

地形及地质勘察包括地形、地层柱状图、土质、地下水等。

根据勘察结果，编制盾构施工方案。

盾构施工准备工作主要有盾构工作坑的修建、盾构的拼装检查、附属设施的准备等。

**2. 施工工艺要点**

盾构法施工工艺主要包括盾构的始顶；盾构掘进的挖土、出土及顶进；衬砌和灌浆。

（1）盾构的始顶

盾构在起点井导轨上至盾构完全进入土中的这一段距离，要借助工作坑内千斤顶顶进，通常称为始顶，方法与顶管施工相同。当盾构入土后，在起点井后背与盾构衬砌环内，各设置一个大小与衬砌环相等的木环，两木环之间用圆木支撑，以作为始顶段盾构千斤顶的临时支撑结构。一般情况下，当衬砌长度达 30～50m 以后，才能起后背作用，此时方可拆除工作坑内的临时圆木支撑。

（2）盾构掘进的挖土、出土与顶进

完成始顶后，即可启用盾构本身千斤顶，将切削环的刃口切入土中，在切削环掩护下进行挖土。

盾构掘进的挖土方法取决于土的性质和地下水情况。手工挖掘盾构适用于比较密实的土层，工人在切削环保护罩内挖土，工作面挖成锅底状，一次挖深一般等于砌块的宽度。为了保证坑道形状正确，减少与砌块间的空隙，贴进盾壳的土应由切翻环切下，厚度 10～15cm。在工作面不能直立的松散土层中掘进时，将盾构刃口先切入工作面，然后工人在切削环保护罩内挖土。根据土质条件，进行局部挖土时的工作面应加设支撑。

黏性土的工作面虽然能够直立，但工作面停放时间过长，土面会向外胀鼓，造成塌方，导致地基下沉。因此，在黏性土层掘进时，也应加设支撑。

在砂土与黏土交错层、土层与岩石交错层等复杂地层中顶进，注意选定适宜的挖掘方法和支撑方法。

盾构顶进应在砌块衬砌后立即进行。盾构顶进时，应保证工作面稳定不被破坏。顶进速度常为 50mm/min。顶进过程中一般应对工作面支撑、挤紧。

在出土的同时，将衬砌块运入盾构内，待千斤顶回镐后，其空隙部分即可进行砌块拼砌。当砌块的拼砌长度能起到后背作用时，再以衬砌环为后背，启动千斤顶，重复上述操作，盾构便被不断向前推进。

（3）衬砌

1）一次衬砌

盾构顶进后应及时进行衬砌工作，按照设计要求，确定砌块形状和尺寸及接口方式。通常采用钢筋混凝土或预应力钢筋混凝土砌块（管片）。矩形砌块形状简单，容易砌筑，产生误差时容易纠正，但整体性差。梯形砌块的整体性较矩形砌块为好。中缺形砌块的整体性最好，但安装技术水平要求高，而且产生误差后不易调整。砌块的连接有平口、企口和螺栓连接三种方式，企口接缝防水性好，但拼装复杂；螺栓连接整体性好，刚度大。

砌块砌筑和缝隙灌浆合称为盾构的一次衬砌（见图 3-12）。在一次衬砌质量完全合格后，按照功能要求可进行二次衬砌。

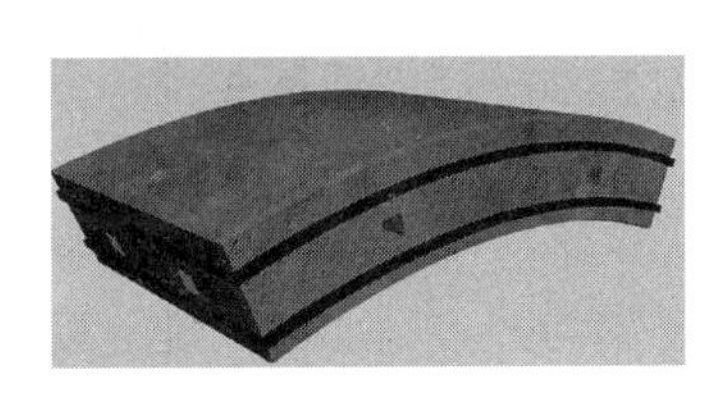

图 3-12　衬砌预制及拼装系统

2）二次衬砌

完成一次衬砌后，需进行洞体的二次衬砌。二次衬砌采用现浇钢筋混凝土结构。混凝土强度应大于 C20，坍落度为 18～20cm。采用墙体和拱顶分步浇筑方案，即先浇侧墙，后浇拱顶。拱顶部分采用压力式浇筑混凝土。

3）单双层衬砌的选用

近年来，由于防水材料质量的不断提高和新型防水材料的不断研制，可省略二次衬砌，采用单层的一次衬砌，做到既承重又防水。

**3. 盾构施工注意事项**

盾构施工技术随着盾构机性能的改进有了很大发展，但施工引起的地层位移，仍不可避免，地层位移包括地表沉降和隆起。在市区地下施工时，为了防止危及地表建筑物和各类地下管线等设施，应严格控制地表沉降量。从某种意义上讲，能否有效控制地层位移是盾构法施工成败的关键之一。减少地层位移的有效措施是控制好施工的各个环节，一般应考虑以下环节：

（1）合理确定盾构千斤顶的总顶力

盾构向前推进主要依靠千斤顶的顶力作用。在盾构前进过程中要克服正面土体的阻力和盾壳与土体之间的摩擦力，盾构千斤顶的总顶力要大于正面推力和壳体四周的摩擦力之和，但顶力不宜过大，否则会使土体因挤压而前移和隆起，而顶力太小又影响盾构前进的速度。

（2）控制盾构前进速度

盾构前进时应该控制好推进速度，并防止盾构后退。推进速度由千斤顶的推力和出土量决定，推进速度过快或过慢都不利于盾构的姿态控制，速度过快易使盾构上抛，速度过慢易使盾构下沉。因拼砌管片时，需缩回千斤顶，这就易使盾构后退引起土体损失，造成切口上方土体沉降。

（3）合理确定土舱内压

在土压平衡盾构机施工中，要对土舱内压力进行设定，密封土舱的土压力要求与开挖面的土压力大致相平衡，这是维持开挖面稳定、防止地表沉降的关键。

（4）控制盾构姿态和偏差量

盾构姿态包括推进坡度、平面方向和自身转角三个参数。影响盾构姿态的因素有出土量的多少、覆土厚度的大小、推进时盾壳周围的注浆情况、开挖面土层的分布情况等。比如盾构在砂性土层或覆土厚度较小的土层中顶进就容易上抛，解决办法主要依靠调整千斤顶的合力位置。

盾构前进的轨迹为蛇形，要保证盾构按设计轨迹掘进，就必须在推进过程中及时通过测量了解盾构姿态，并进行纠偏，控制好偏差量，过大的偏差量会造成过多的超挖，影响周围土体的稳定，造成地表沉降。

（5）控制土方的挖掘和运输

在网格式盾构施工过程中，挖土量的多少与开口面积和推进速度有关，理想的进土状况是进土量刚好等于盾构机推进距离的土方量，而实际上由于许多网格被封，使进土面积减小，造成推进时土体被挤压，引起地表隆起。因而要对进土量进行测定，控制进土量。

在土压平衡式盾构施工过程中，挖土量的多少是由切削刀盘的转速、切削扭矩以及千斤顶的推力决定的；排土量的多少则是通过螺旋输送机的转速调节的。因为土压平衡式盾构是借助土舱内压力来平衡开挖面的水、土压力，为了使土舱内压力波动较小，必须使挖土量和排土量保持平衡。排土量小会使土舱内压力大于地层压力，从而引起地表隆起，反之会引起地表沉降。

（6）控制管片拼砌的环面平整度

管片拼砌工作的关键是保证环面的平整度，往往由于环面不平整造成管片破裂，甚至影响隧道曲线。同时，要保证管片与管片间以及管片与盾尾间的密封性，防止隧道涌水。

（7）控制注浆压力和压浆量

盾构外径大于衬砌外径，衬砌管片脱离盾尾后在衬砌外围就形成一圈间隙，因此要及时注浆，否则容易造成地表沉降。注浆时要做到及时、足量，浆液体积收缩小，才能达到预期的效果。一般压浆量为理论压浆量（等于施工间隙）的140％～180％。

注浆入口的压力要大于该点的静水压力与土压力之和，尽量使其足量填充而不劈裂。但注浆压力不宜过大，否则管片外的土层被浆液扰动易造成较大的后期沉降，并容易跑浆。注浆压力过小，浆液填充速度过慢，填充不足，也会使地层变形增大。

综合以上这些施工环节，可以设定施工的控制参数。通过这些参数的优化和匹配使盾构达到最佳推进状态，即对周围地层扰动小、地层位移小、超空隙水压力小，以控制地面的沉降和隆起，保证盾构推进速度快，隧道管片拼砌质量好。

# 第 4 章　城市管道工程及构筑物施工

## 4.1　沟槽、基坑开挖与回填

土石方工程是城市管道工程及构筑物施工中沟槽、基坑开挖与回填的主要项目之一，完成此项工作所需要的劳动量和机械台班量很大，不仅影响到工程施工进度、成本，还影响到工程的质量和安全，实践表明，土石方工程须引起高度重视，并精心组织施工，否则，将产生不良后果。

### 4.1.1　沟槽断面选择及土方量计算

#### 1. 沟槽断面形式

在施工中常采用的沟槽断面形式有直槽、梯形槽、混合槽等。当有两条或多条管道共同埋设时，还需采用联合槽（见图 4-1）。

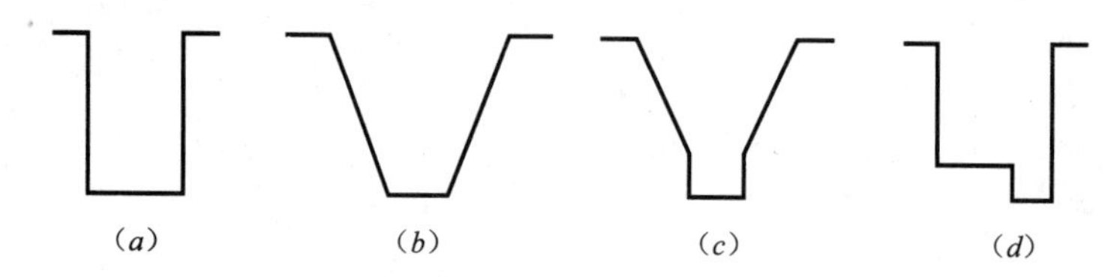


图 4-1　沟槽断面形式

(a) 直槽；(b) 梯形槽；(c) 混合槽；(d) 联合槽

选择沟槽断面通常要根据：土的种类、地下水情况、现场条件、晾槽时间及施工方法，并按照设计规定的基础、管道的断面尺寸、长度和埋置深度等确定。沟槽断面的选择与确定应符合下列规定：

(1) 槽底宽、槽深、分层开挖高度、各层边坡及层间留台宽度等，应方便管道结构施工，确保施工质量和安全，并尽可能减少挖方和占地；

(2) 做好土（石）方平衡调配，尽可能避免重复挖运；大断面深沟槽开挖时，应编制专项施工方案；

(3) 沟槽开挖应设置截水沟及排水沟，必要时采用人工降低地下水位，防止沟槽被水浸泡。

正确选定沟槽的开挖断面，一方面可以合理降低成本，减少开挖土方量；另一方面可以为后续施工过程创造良好的条件，从而保证工程质量和施工安全。现以管道工程开挖为例加以说明。

沟槽底部的开挖宽度，应满足施工要求。首先应符合设计要求；当设计无要求时，可按式（4-1）计算确定：

$$B = D_0 + 2(b_1 + b_2 + b_3) \quad 式(4-1)$$

式中 $B$——管道沟槽底部的开挖宽度（mm）；

$D_0$——管外径（mm）；

$b_1$——管道一侧的工作面宽度（mm），可按表 4-1 选取；

$b_2$——有支撑要求时，管道一侧的支撑厚度，可取 150～200mm；

$b_3$——现场浇筑混凝土或钢筋混凝土管渠一侧模板厚度（mm）。

工作面宽度根据管径大小确定，一般不大于 0.8m。

**管道一侧的工作面宽度** **表 4-1**

| 管道结构的外缘宽度 $D_0$（mm） | 管道一侧的工作面宽度 $b_1$（mm） | | |
|---|---|---|---|
| | 混凝土类管道 | | 金属类管道、化学管管道 |
| $D_0 \leqslant 500$ | 刚性接口 | 400 | 300 |
| | 柔性接口 | 300 | |
| $500 < D_0 \leqslant 1000$ | 刚性接口 | 500 | 400 |
| | 柔性接口 | 400 | |
| $1000 < D_0 \leqslant 1500$ | 刚性接口 | 600 | 500 |
| | 柔性接口 | 500 | |
| $1500 < D_0 \leqslant 3000$ | 刚性接口 | 800～1000 | 600 |
| | 柔性接口 | 600 | |

注：1. 槽底需设排水沟时，$b_1$ 应适当增加；
2. 管道有现场施工的外防水层时，$b_1$ 宜取 800mm；
3. 采用机械回填管道侧面时，$b_1$ 需满足机械作业的宽度要求。

沟槽开挖深度按管道设计纵断面图确定（见图 4-2）。

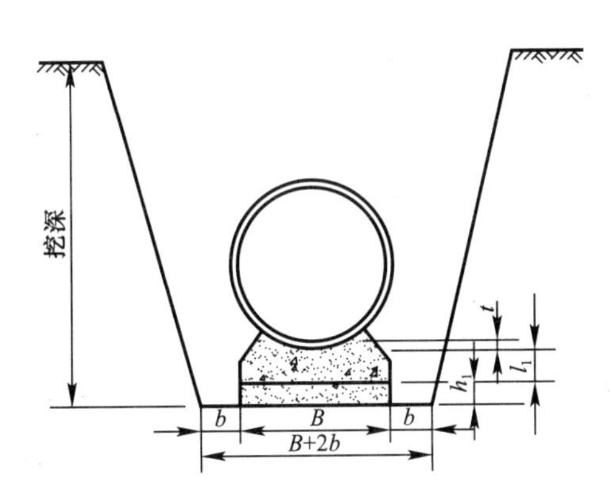


图 4-2 管沟底宽和挖深

$B$—管基础宽度；$b$—槽底工作宽度；$t$—管壁；$l_1$—管座厚度；$h_1$—基

当采用梯形槽时，其边坡的选定，在地质条件良好、土质均匀、地下水位低于沟槽底面高程，且开挖深度在 5m 以内、沟槽不设支撑时，沟槽边坡最陡坡度应符合表 4-2 的规定。

深度在 5m 以内的沟槽边坡的最陡坡度　　表 4-2

| 土的类别 | 边坡坡度（高：宽） | | |
| --- | --- | --- | --- |
| | 坡顶无荷载 | 坡顶有静载 | 坡顶有动载 |
| 中密的砂土 | 1：1.00 | 1：1.25 | 1：1.50 |
| 中密的碎石类土（充填物为砂土） | 1：0.75 | 1：1.00 | 1：1.25 |
| 硬塑的粉质黏土 | 1：0.67 | 1：0.75 | 1：1.00 |
| 中密的碎石类土（充填物为黏性土） | 1：0.50 | 1：0.67 | 1：0.75 |
| 硬塑的黏质粉土、黏土 | 1：0.33 | 1：0.50 | 1：0.67 |
| 老黄土 | 1：0.10 | 1：0.25 | 1：0.33 |
| 软土（经井点降水后） | 1：1.25 | — | — |

沟槽每侧临时堆土或施加其他荷载时，应符合下列规定：

（1）不得影响建（构）筑物、各种管线和其他设施的安全；

（2）不得掩埋消火栓、管道闸阀、雨水口、测量标志以及各种地下管道的井盖，且不得妨碍其正常使用；

（3）堆土距沟槽边缘不小于 0.8m，且高度不应超过 1.5m；沟槽边堆置土方不得超过设计堆置高度。

沟槽挖深较大时，应确定分层开挖的深度，并符合下列规定：

（1）人工开挖沟槽的槽深超过 3m 时应分层开挖，每层的深度不超过 2m；

（2）人工开挖多层沟槽的层间留台宽度：放坡开槽时不应小于 0.8m，直槽时不应小于 0.5m，安装井点设备时不应小于 1.5m；

（3）采用机械挖槽时，沟槽分层的深度按机械性能确定。

采用坡度板控制槽底高程和坡度时，应符合下列规定：

（1）坡度板选用有一定刚度且不易变形的材料制作，其设置应牢固；

（2）对平面上呈直线的管道，坡度板设置的间距不宜大于 15m；对于曲线管道，坡度板间距应加密；井室位置、折点和变坡点处，应增设坡度板；

（3）坡度板距槽底的高度不宜大于 3m。

沟槽的开挖应符合下列规定：

（1）沟槽的开挖断面应符合施工组织设计（方案）的要求。槽底原状地基土不得扰动，机械开挖时槽底预留 200～300mm 土层由人工开挖至设计高程，整平；

（2）槽底不得受水浸泡或受冻，槽底局部扰动或受水浸泡时，宜采用天然级配砂砾石或石灰土回填；槽底扰动土层为湿陷性黄土时，应按设计要求进行地基处理；

（3）槽底土层为杂填土、腐蚀性土时，应全部挖除并按设计要求进行地基处理；

（4）槽壁平顺，边坡坡度符合施工方案的规定；

（5）在沟槽边坡稳固后设置供施工人员上下沟槽的安全梯。

**2. 土方量计算**

根据选定的断面及两相邻断面间距离，按其几何体积计算出区段间沟槽土方量，将各区段计算结果汇总，求得沟槽开挖的总土方量。选择两相邻断面的间距，对于排水管道通常以两相邻检查井所处沟槽断面为计算长度。

基坑土方量同样可按其几何体积计算，计算时其断面底宽，每侧工作宽度为 1～2m。

**3. 土方开挖的机械化施工**

沟槽、基坑土方的开挖，除工程量不大而又分散时可采用人工或小型机械施工外，应争取机械化施工，以减轻繁重的体力劳动并加快施工速度。

沟槽与基坑机械开挖，应依施工具体条件，选择单斗挖掘机或多斗挖掘机。

单斗挖掘机是给排水工程中常用的一种机械，根据其工作装置不同，可分为正铲、反铲、拉铲和抓铲等。

下面对正铲和反铲挖掘机在沟槽施工中的特点作简要介绍。

(1) 正铲挖掘机

正铲挖掘机的工作特点是，开挖停机面以上的土壤，其挖掘力大，生产率高。适用于无地下水，开挖高度在2m以上，一至四类土的基坑，但需设置下坡道。

正铲挖掘机有液压传动和机械传动两种。机身可回转360°，动臂可升降，斗柄能伸缩，铲斗可以转动，当更换工作装置后还可进行其他施工作业。图4-3为正铲挖掘机的简图及其主要工作状态。

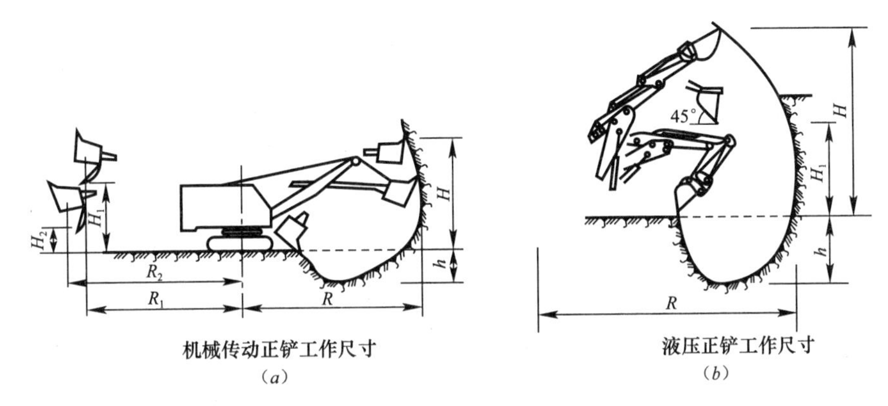


图4-3 正铲工作尺寸

(a) 机械传动正铲工作尺寸；(b) 液压工作尺寸正铲

正向铲的挖土和卸土方式，根据挖掘机的开挖路线与运输工具的相对位置不同，可分为正向挖土、侧向卸土和正向挖土、后方卸土两种。

正铲挖掘机的开行通道：根据挖掘机的工作面大小与基坑的横断面尺寸，划分挖掘机的开行通道。当开挖基坑较深时，可分层划分开行通道，逐层下挖。

(2) 反铲挖掘机

反铲挖掘机是沟槽开挖最常用的挖掘机械，不需设置进出口通道，适用于开挖管沟和基槽，也可开挖基坑，尤其适用于开挖地下水位较高或泥泞的土壤。

反铲挖掘机的开挖方式有沟端开挖和沟侧开挖，见图4-4。

沟端开挖：挖掘机停在沟槽一端，向后倒退挖土，汽车可在两旁装土，此法采用较广。其工作面宽度较大，单面装土时为$1.3R$，双面装土时为$1.7R$，深度可达最大挖土深度$H$。

沟侧开挖：挖掘机沿沟槽一侧直线移动挖土。此法能将土弃于距沟边较远处，可供回填使用。由于挖掘机移动方向与挖土方向相垂直所以稳定性较差，而且开挖深度和宽度（一般为$0.8R$）也较小，不能很好控制边坡。

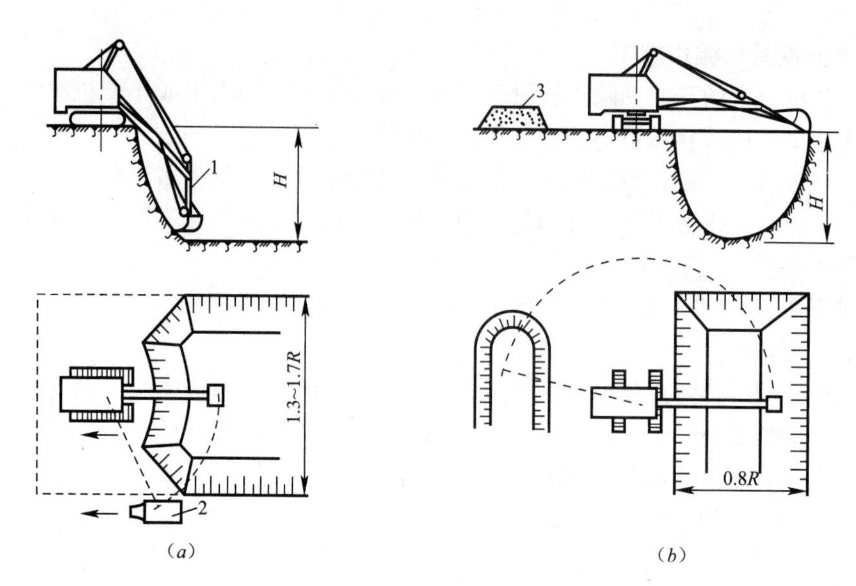


图 4-4　反铲挖掘机开挖方式

(a) 沟端开挖；(b) 沟侧开挖

1—反铲挖掘机；2—自卸汽车；3—弃土堆

$R$—挖掘机最大挖掘半径；$H$—挖掘机最大挖掘深度

**4. 土方开挖的施工质量检查要求**

(1) 原状地基土不得扰动、受水浸泡或受冻；

(2) 地基承载力应满足设计要求；

(3) 沟槽开挖允许偏差应符合表 4-3 的规定。

**沟槽开挖允许偏差**　　**表 4-3**

| 序号 | 检查项目 | 允许偏差 (mm) | | 检查数量 | | 检查方法 |
|---|---|---|---|---|---|---|
| | | | | 范围 | 点数 | |
| 1 | 槽底高程 | 土方 | ±20 | 两井之间 | 3 | 用水准仪测量 |
| | | 石方 | +20、−200 | | | |
| 2 | 槽底中线每侧宽度 | 不小于规定 | | 两井之间 | 6 | 挂中线用钢尺量测，每侧计 3 点 |
| 3 | 沟槽边坡 | 不陡于规定 | | 两井之间 | 6 | 用坡度尺量测，每侧计 3 点 |

## 4.1.2　土方施工发生塌方与流砂的处理

在沟槽开挖施工中，常会发生边坡塌方和产生流砂现象。应提前采取措施加以预防。

**1. 边坡塌方**

发生边坡塌方的原因主要有以下几点：

(1) 基坑、沟槽边坡放坡不足，边坡过陡；

(2) 降雨、地下水或施工用水渗入边坡，使土体抗剪能力降低，这是一个主要原因；

(3) 基坑、沟槽上边缘附近大量堆土或停放机具；或因不合理的开挖坡脚及受地表水、地下水冲蚀等，增加了土体负担，降低了土体的抗剪强度而引起滑坡和塌方等。

针对上述情况，为防治滑坡和塌方，应采取如下措施：

(1) 注意排除地表水、地下水；

(2) 严格按不同土质放坡开挖的坡率规定，放足边坡；

(3) 机具或材料、堆土等应与沟槽保持一定的安全距离；

(4) 当因受场地限制或沟槽深度较大，或因放坡增加土方量过大，则应采用设置支撑的施工方法。

**2. 流砂的防治**

沟槽、基坑开挖常低于地下水位，在坑槽内抽水时，有时会使坑槽底或侧壁的砂土产生流动状态，并随地下水涌入坑槽而形成流砂。流砂会引起沟槽和基坑边坡塌方、滑坡，如果附近有建筑物或道路，还会因地基被掏空而出现地陷、建筑物下沉、倾斜，甚至倒塌。

流砂防治的措施有多种，如水下挖土法（用于沉井不排水挖土下沉施工）；打钢板桩法；地下连续墙法（工艺复杂，成本高）等；采用最广且可靠的方法是人工降低地下水位法。具体降水方法详见第四章有关内容。

### 4.1.3 沟槽支撑

开挖沟槽较深时，常采用支撑方法。支撑的目的就是防止侧壁坍塌，为沟槽创造安全的施工条件。支撑是一种临时性挡土结构，通常由木材或钢材做成，用后回收。

**1. 对支撑的要求**

(1) 牢固可靠；

(2) 在保证安全的前提下，尽可能节约用料；

(3) 便于支设、拆除，不影响后续工序的操作。

此外沟槽支撑使用应符合以下规定：

(1) 支撑应经常检查，发现支撑构件有弯曲、松动、移位或劈裂等迹象时，应及时处理；雨期及春季解冻时期应加强检查；

(2) 拆除支撑前，应对沟槽两侧的建筑物、构筑物和槽壁进行安全检查，并应制定拆除支撑的作业要求和安全措施；

(3) 施工人员应由安全梯上下沟槽，不得攀登支撑。

**2. 支撑种类及适用条件**

在施工中应根据土质、地下水情况、沟槽深度、开挖方法、地面荷载等因素确定支撑的方法。沟槽开挖常用的支撑形式有水平支撑、垂直支撑和板桩支撑，见图 4-5。

水平支撑和垂直支撑由撑板、横梁或纵梁、横撑组成。

板桩支撑分为钢板桩、木板桩和钢筋混凝土桩等，在沟槽开挖前就将板桩打入槽底一定深度。

(1) 水平支撑适用于土质较好、地下水含量小的黏性土且开挖深度小于 3m 的沟槽；

(2) 垂直支撑适用于土质较差、有地下水并且挖土深度较大的沟槽；

(3) 板桩撑适用于开挖深度较大、地下水丰富、有流砂现象的沟槽，见图 4-6。

**3. 支撑的施工要点**

(1) 支撑方式、支撑材料符合设计要求；

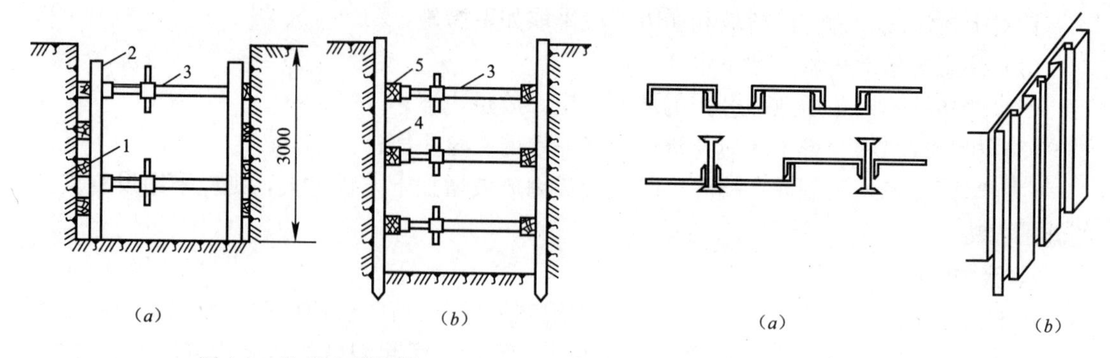


图 4-5　沟槽支撑简图

(a) 水平支撑；(b) 垂直支撑

1—撑板；2—纵梁；3—工具式撑杠；4—撑板；5—横梁

图 4-6　钢板桩支撑简图

(a) 平面；(b) 立面

(2) 支护结构强度、刚度、稳定性符合设计和规范要求；

(3) 横撑不得妨碍下管和稳管；

(4) 支撑构件安装应牢固、安全可靠，位置正确；

(5) 支撑后，沟槽中心线每侧的净宽不应小于施工方案设计要求；

(6) 钢板桩的轴线位移不得大于 50mm；垂直度不得大于 1.5%。

### 4.1.4　土方回填

沟槽回填应在管道验收合格后进行，基坑要在构筑物达到规定强度再进行回填土方。原则上讲，回填施工也应及早进行，可避免槽（坑）壁坍塌、保护已建管道的正常位置、尽早平整地面。

回填的施工过程包括还土、摊平、夯实、检查等工序。其中夯实是关键工序，应符合设计所规定的密实度（回填土的压实度要求和质量指标通常以压实度表示）要求。

埋设在沟槽内的管道，承受管道上方及两侧土压和地面上的静荷载或动荷载。如果提高管道两侧（胸腔）和管顶的回填土密实度，可以减少管顶垂直土压力。沟槽各部位的回填土密实度（轻型击实试验法）、胸腔、管顶及管顶以上 50cm 范围内填土的密实度不小于 95%。

基坑回填的密实度要求应由设计根据工程结构性质，使用要求以及土的性质确定。一般压实度大于或等于 90%。

**1. 回填土方的压实方法**

沟槽和基坑回填压实有夯实和振动两种方法。

振动法是将重锤放在土层表面或内部，借助振动设备使重锤振动，土壤颗粒即发生相对位移达到紧密状态。此法用于振实非黏性土壤。

夯实法是利用夯锤自由下落的冲力来夯实土壤，是沟槽、基坑回填常用的方法。夯实法使用的机具类型较多，常采用的机具有：蛙式打夯机、内燃打夯机、履带式打夯机以及压路机等。

(1) 蛙式夯

由夯头架、拖盘、电动机和传动减速机构组成。蛙式夯构造简单、轻便，在施工中广泛使用。夯土时，电动机经皮带轮二级减速，使偏心块转动，摇杆绕拖盘上的连接铰转动，使拖盘上下起落。夯头架也产生惯性力，使夯板作上下运动，夯实土方。同时蛙式夯利用惯性作用自动向前移动。

(2) 内燃打夯机

又称“火力夯”，由燃料供给系统、点火系统、配气机构、夯身夯足、操纵机构等部分组成。

打夯机启动时，需将机身抬起，使缸内吸入空气，雾化的燃油和空气在缸内混合，然后关闭气阀，靠夯身下落将混合气压缩，并经磁电机打火将其点燃。混合气在缸内燃烧所产生的能量推动活塞，使夯轴和夯足作用于地面。在冲击地面后，夯足跳起，整个打夯机也离开地面，夯足的上升动能消尽后，又以自由落体下降，夯击地面。

火力夯可用以夯实沟槽、基坑、墙边墙角还土等较为方便。

(3) 履带式打夯机

履带式打夯机，可利用挖掘机或履带式起重机改装重锤后而成。

打夯机的锤形有梨形、方型，锤重 1～4t，夯击土层厚度可达 1～1.5m。适用于沟槽上部夯实或大面积回填土方夯实。

**2. 土方回填的施工要点**

沟槽回填时，管道应符合以下规定：

(1) 压力管道水压试验前，除接口外，管道两侧及管顶以上回填高度不应小于 0.5m；水压试验合格后，应及时回填沟槽的其余部分；

(2) 无压管道在闭水或闭气试验合格后应及时回填。

管道沟槽回填应符合下列规定：

(1) 沟槽内砖、石、木块等杂物清除干净；

(2) 沟槽内不得有积水；

(3) 保持降排水系统正常运行，不得带水回填。

井室、雨水口及其他附属构筑物周围回填应符合下列规定：

(1) 井室周围的回填，应与管道沟槽回填同时进行；不便同时进行时，应留台阶形接茬；

(2) 井室周围回填压实时应沿井室中心对称进行，且不得漏夯；

(3) 回填材料压实后应与井壁紧贴；

(4) 路面范围内的井室周围，应采用石灰土、砂、砂砾等材料回填，其回填宽度不宜小于 400mm；

(5) 严禁在槽壁取土回填。

除设计有要求外，回填材料应符合相关规定。

(1) 采用土回填时，应符合下列规定：

1) 槽底至管顶以上 500mm 范围内，土中不得含有机物、冻土以及大于 50mm 的砖、石等硬块；在抹带接口处、防腐绝缘层或电缆周围，应采用细粒土回填；

2) 冬期回填时管顶以上 500mm 范围以外可均匀掺入冻土，其数量不得超过填土总体积的 15%，且冻块尺寸不得超过 100mm；

3) 回填土的含水量，宜按土类和采用的压实工具控制在最佳含水率±2%范围内；

(2) 采用石灰土、砂、砂砾等材料回填时，其质量应符合设计要求或有关标准规定每层回填土的虚铺厚度，应根据所采用的压实机具按表4-4的规定选取。

**每层回填的虚铺厚度** **表4-4**

| 压实机具 | 虚铺厚度（mm） |
| --- | --- |
| 木夯、铁夯 | ≤200 |
| 轻型压实设备 | 200～250 |
| 压路机 | 200～300 |
| 振动压路机 | ≤400 |

回填土或其他回填材料运入槽内时不得损伤管道及其接口，并应符合下列规定：

1）根据每层虚铺厚度的用量将回填材料运至槽内，且不得在影响压实的范围内堆料；

2）管道两侧和管顶以上500mm范围内的回填材料，应由沟槽两侧对称运入槽内，不得直接回填在管道上；回填其他部位时，应均匀运入槽内，不得集中推入；

3）需要拌合的回填材料，应在运入槽内前拌合均匀，不得在槽内拌合。

每层回填土的厚度和压实遍数，按压实度要求、压实工具、虚铺厚度和含水量，应经现场试验确定。

采用重型压实机械压实或较重车辆在回填土上行驶时，管道顶部以上应有一定厚度的压实回填土，其最小厚度应按压实机械的规格和管道的设计承载力，通过计算确定。

软土、湿陷性黄土、膨胀土、冻土等地区的沟槽回填，应符合设计要求和当地工程标准规定。

刚性管道沟槽回填的压实作业应符合下列规定：

1）回填压实应逐层进行，且不得损伤管道；

2）管道两侧和管顶以上500mm范围内胸腔夯实，应采用轻型压实机具，管道两侧压实面的高差不应超过300mm；

3）管道基础为土弧基础时，应填实管道支撑角范围内腋角部位，压实时，管道两侧应对称进行，且不得使管道位移或损伤；

4）同一沟槽中有双排或多排管道的基础底面位于同一高程时，管道之间的回填压实应与管道与槽壁之间的回填压实对称进行；

5）同一沟槽中有双排或多排管道但基础底面的高程不同时，应先回填基础较低的沟槽；回填至较高基础底面高程后，再按上一款规定回填；

6）管槽分段回填压实时，相邻段的接茬应呈台阶形，且不得漏夯；

7）采用轻型压实设备时，应夯夯相连；采用压路机时，碾压的重叠宽度不得小于200mm；

8）采用压路机、振动压路机等压实机械压实时，其行驶速度不得超过2km/h；

9）接口工作坑回填时底部凹坑应先回填压实到管底，然后与沟槽同步回填。

柔性管道的沟槽回填作业应符合下列规定：

1）回填前，检查管道有无损伤或变形，有损伤的管道应修复或更换；

2）管内径大于800mm的柔性管道，回填施工中应在管内设有竖向支撑；

3）管基有效支承角范围宜用中粗砂填充密实，与管壁紧密接触，不得用土或其他材料填充；

4）管道半径以下回填时应采取防止管道上浮、位移的措施；

5）管道回填时间宜在一昼夜中气温最低时段，从管道两侧同时回填，同时夯实；

6）沟槽回填从管底基础部位开始到管顶以上500mm范围内，必须采用人工回填；管顶500mm以上部位，可用机械从管道轴线两侧同时夯实；每层回填高度应不大于200mm；

7）管道位于车行道下，铺设后即修筑路面或管道位于软土地层以及低洼、沼泽、地下水位高地段时，沟槽回填宜先用中、粗砂将管底腋角部位填充密实后，再用中、粗砂分层回填到管顶以上500mm；

8）回填作业的现场试验段长度应为一个井段或不少于50m，因工程因素变化改变回填方式时，应重新进行现场试验。

柔性管道回填至设计高程时，应在12～24h内测量并记录管道变形率，变形率应符合设计要求；设计无要求时，钢管或球墨铸铁管道变形率应不超过2%，化学建材管道变形率应不超过3%；当超过此值时，应采取下列处理措施：

(1) 钢管或球墨铸铁管道变形率超过2%，但不超过3%时：化学建材管道变形率超过3%，但不超过5%时：

1）挖出回填材料至露出管径85%处，管道周围内应人工挖掘以避免损伤管壁；

2）挖出管节局部有损伤时，应进行修复或更换；

3）重新夯实管道底部的回填材料；

4）选用适合回填材料按规范要求重新回填施工，直至设计高程；

5）按本条规定重新检测管道的变形率。

(2) 钢管或球墨铸铁管道的变形率超过3%时，化学建材管道变形率超过5%时，应挖出管道，并会同设计单位研究处理。

管道埋设的最小管顶覆土厚度应符合设计要求，且满足当地冻土层厚度要求；管顶覆土回填压实度达不到设计要求时应与设计协商进行处理。

回填应使槽上土面略呈拱形，以免日久因土沉陷而造成地面下凹。拱高，亦称余填高，一般为槽宽的1/20，常取15cm。

## 4.2 排水管道开槽施工

排水管道施工包括下管、排管、稳管、接口、质量检查与验收等工作。

管道敷设前，应检查沟槽开挖、管道基础是否符合要求；检查堆土位置、施工排水措施、沟槽放坡、沟槽支撑是否符安全可靠；检查管材、配件是否符合设计及规范等。

### 4.2.1 下管与排管

**1. 下管**

下管有机械下管和人工下管两种方法。

在混凝土基础上下管时，混凝土强度应不低于1.2MPa。

下管前应对管材进行检查与修补，之后在槽上排列成行，经核对管节、管件无误后方可下管。

重力流管道一般从最下游开始逆水方向铺设，排管时应将承口排向施工前进的方向。

（1）机械下管

采用机械下管时，先踏勘现场，根据沟深、土质等定出吊车距沟边的距离（一般距沟边至少有 1m 的间隔，以免坍塌）、管材堆放位置等。吊车往返线路应事先予以平整、清除障碍。

一般情况下多采用汽车吊或挖掘机下管；土质松软地段宜采用履带吊车下管。

机械下管应有专人指挥，指挥人员应熟悉机械吊装安全操作规程与指挥信号。

吊车不能在架空输电线路下作业，于架空线一侧作业时，起重臂、钢绳和管子与线路的垂直及水平安全距离应符合要求。

（2）人工下管

常采用压绳下管法。

此法适用于管径 $d \leqslant 800$mm 的管道。下管时，可在管子两端各套一根大绳，把管子下面的半段绳用脚踩住，上半段用手拉住，两组大绳用力一致，将管子徐徐下入沟槽内。

**2. 排管**

对承插接口的管道，一般情况下宜使承口迎着水流方向排列，这样可以减小水流对接口填料的冲刷，避免接口漏水。

### 4.2.2 稳管

稳管是排水管道施工中的重要工序，其目的是确保施工中管道稳定在设计规定的空间位置上。通常采用对中与对高作业。

**1. 对中作业**

对中即是使管道中心线与沟槽中心线在同一垂直平面内。对中的质量在排水管道中要求在±5mm 范围内，如果中心线偏离较大，则应调整管子，直至符合要求为止。通常，对中可按以下两种方法进行。

（1）中心线法

该法是借助坡度板进行对中作业。在沟槽挖到一定深度之后，应沿着挖好的沟槽每隔 20m 左右设置一块坡度板，然后根据开挖沟槽前测定管道设计中心线时所预留的隐蔽桩（通常设置在沟岸边的树下或电杆下不易被破坏的桩子）定出沟槽中心线，在每块坡度板上钉上中心钉；使各中心钉连线与沟槽中心线在同一垂直平面上，各个中心钉上沿高度（通过水准仪观测定出）连线的坡度与管道设计坡度一致。对中时，在下到沟槽内的管中用有二等分刻度的水平尺置于管口内，使水平尺的水泡居中，此时，如果由中心钉连线上所拴一条附有垂球的挂线上的垂球通过水平尺的二等分点，表明管子中心线与沟槽中心线在同一个垂直平面内，对中结束，见图 4-7。

（2）边线法

边线法进行对中作业是将坡度板上的钉子钉在管皮相切的垂直面上。操作时，只要向左或向右移动管子，使管外皮恰好碰到两个钉子之间垂线成的连线。边线法对中速度快，操作方便。但要求各管节的壁厚度与规格均应一致，见图 4-8。

**2. 对高作业**

用对高作业控制管道高程，是在坡度板上标出高程钉，相邻两块坡度板的高程钉分别

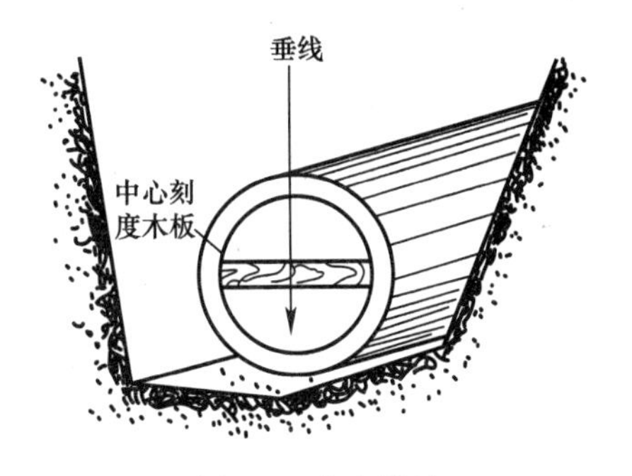


图 4-7　中心线法

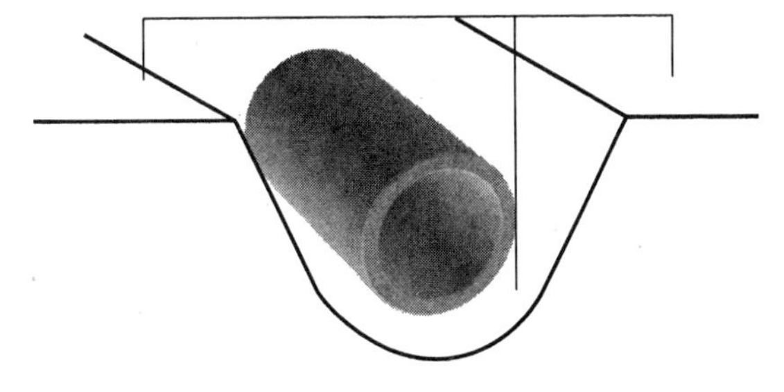

图 4-8　边线法

到管底标高的垂直距离相等，则两高程钉之间连线的坡度就等于管底坡度。该连线称作坡度线。坡度线上任意一点到管底的垂直距离为一个常数，称作对高数。进行对高作业时，使用丁字形对高尺，尺上刻有坡度线与管底之间距离的标记，即为对高读数。将对高尺垂直置于管端内底，当尺上标记线与坡度线重合时，对高满足要求，否则须采取垫高或降低基础的方法予以调正。

管道安装时，应将管节的中心及高程逐节调整到位，并对安装后的管节应进行复测，合格后方可进行下一道工序的施工。

**3. 稳管施工要求**

(1) 稳管高程应以管内底标高为准，调整管子高程时，所垫石块、土层均应稳固可靠。

(2) 为便于勾缝，当管径 $DN>700$mm 时，采用的对口间隙为 10mm；$DN<600$mm，可不留间隙；$DN>800$mm，须进入管内检查对口，以免出现错口。

(3) 采用混凝土管座时，应先安装混凝土垫块。稳管时，垫块须设置平稳，高程满足设计要求，在管子两侧应立保险杠，以防管子由垫块上掉下伤人。稳管后应及时浇筑混凝土。

(4) 稳管作业应达到平、直、实的要求。其质量标准是，管内底高程要求偏差为±10mm，管中心线允许偏差为 10mm。

### 4.2.3 常用管材与接口

**1. 钢筋混凝土管与接口**

钢筋混凝土管的管口形状有平口、企口、承插口等，其长度在 1～3m 之间，广泛用于排水管道系统，亦可用作泵站的压力管及倒虹管。管材的主要缺点是抗酸、碱侵蚀及抗渗性能较差、管节较短、接头多。在地震强度大于 8 度地区及饱和松砂、淤泥、冲填土、杂填土地区不宜采用。

钢筋混凝土管的接口分刚性与柔性接口两种。为了减少对地基的压力及对管子的反力，管道应设置基础和管座，管座包角一般有 90°、135°、180°三种，应视管道覆土深度及地基土的性质选用。

(1) 柔性接口

柔性接口形式应符合设计要求，橡胶圈应符合下列规定：

1) 材质应符合相关规范的规定；

2) 应由管材厂配套供应；

3）外观应光滑平整，不得有裂缝、破损、气孔、重皮等缺陷。

柔性接口的钢筋混凝土管、预（自）应力混凝土管安装前，承口内工作面、插口外工作面应清洗干净；套在插口上的橡胶圈应平直、无扭曲，应正确就位；橡胶圈表面和承口工作面应涂刷无腐蚀性的润滑剂；安装后放松外力，管节回弹不得大于 10mm，且橡胶圈应在承、插口工作面上。

（2）刚性接口

钢筋混凝土管道的刚性接口采用钢丝网水泥砂浆抹带（见图 4-9），其接口材料应符合下列规定：

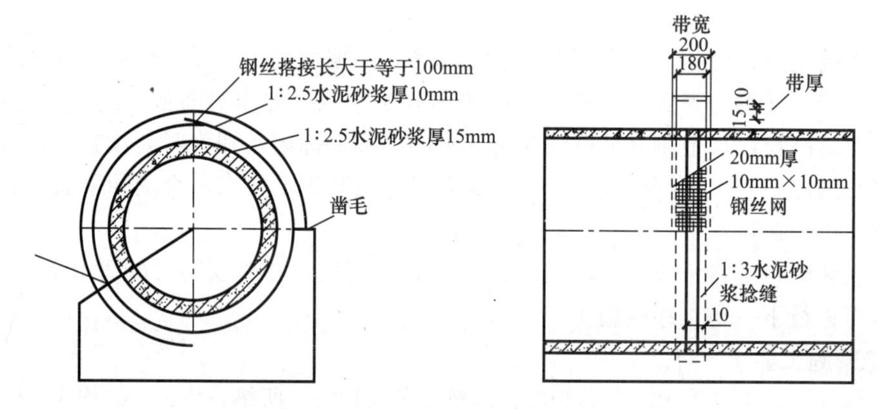


图 4-9　钢丝网水泥砂浆抹带接口

1）选用粒径 0.5～1.5mm，含泥量不大于 3%的洁净砂；

2）选用网格 10mm×10mm、丝径为 20 号的钢丝网；

3）水泥砂浆配比满足设计要求。

刚性接口的钢筋混凝土管道施工应符合下列规定：

1）抹带前应将管口的外壁凿毛、洗净；

2）钢丝网端头应在浇筑混凝土管座时插入混凝土内，在混凝土初凝前，分层抹压钢丝网水泥砂浆抹带；

3）抹带完成后应立即用吸水性强的材料覆盖，3～4h 后洒水养护；

4）水泥砂浆填缝及抹带接口作业时落入管道内的接口材料应清除；管径大于或等于 700mm 时，应采用水泥砂浆将管道内接口部位抹平、压光；管径小于 700mm 时，填缝后应立即拖平。

钢筋混凝土管沿直线安装时，管口间的纵向间隙应符合设计及产品标准要求，无明确要求时应符合下表的规定；预（自）应力钢筋混凝土管沿曲线安装时，管口间的纵向间隙及接口转角应符合表 4-5 和表 4-6 的规定。

**钢筋混凝土管管口间的纵向间隙　　表 4-5**

| 管材种类 | 接口类型 | 管径 $Di$（mm） | 纵向间隙（mm） |
|---|---|---|---|
| 钢筋混凝土管 | 平口、企口 | 500～600 | 1.0～5.0 |
| | | ≥700 | 7.0～15 |
| | 承插式乙型口 | 600～3000 | 5.0～1.5 |

预（自）应力混凝土管沿曲线安装接口允许转角　　表 4-6

| 管材种类 | 管径 *Di*（mm） | 允许转角（°） |
| --- | --- | --- |
| 预应力混凝土管 | 500～700 | 1.5 |
| | 800～1400 | 1.0 |
| | 1600～3000 | 0.5 |
| 自应力混凝土管 | 500～800 | 1.5 |

预（自）应力混凝土管不得截断使用。井室内暂时不接支线的预留管（孔）应封堵。预（自）应力混凝土管道采用金属管件连接时，管件应进行防腐处理。

钢丝网在管座施工时预埋在管座内。水泥砂浆分两层抹压，第一层抹完后，将管座内侧的钢丝网兜起，紧贴平放砂浆带内；再抹第二层，将钢丝网盖住。钢丝网水泥砂浆抹带接口的闭水性较好，管座包角采用 135°或 180°。

（3）钢筋混凝土管安装的施工要点

钢筋混凝土管、预（自）应力混凝土管、预应力钢筒混凝土管接口连接应符合下列规定：

1）管及管件、橡胶圈的产品质量应符合规定；

检查方法：检查产品质量保证资料；检查成品管进场验收记录。

2）柔性接口的橡胶圈位置正确，无扭曲、外露现象；承口、插口无破损、开裂；双道橡胶圈的单口水压试验合格；

检查方法：观察，用探尺检查；检查单口水压试验记录。

3）刚性接口的强度符合设计要求，不得有开裂、空鼓、脱落现象；

检查方法：观察；检查水泥砂浆、混凝土试块的抗压强度试验报告。

4）柔性接口的安装位置正确，其纵向间隙符合相关规定；

检查方法：逐个检查，用钢尺量测；检查施工记录。

5）刚性接口的宽度、厚度符合设计要求；其相邻管接口错口允许偏差：

*Di* 小于 700mm 时，应在施工中自检；

*Di* 大于 700mm，小于或等于 1000mm 时，应不大于 3mm；

*Di* 大于 1000mm 时，应不大于 5mm；

检查方法：两井之间取 3 点，用钢尺、塞尺测量；检查施工记录。

6）管道沿曲线安装时，接口转角应符合相关规定；

检查方法：用直尺测量曲线段接口。

7）管道接口的填缝应符合设计要求，密实、光洁、平整。

检查方法：观察，检查填缝材料质量保证资料、配合比记录。

**2. 塑料类排水管与接口**

塑料类排水管材主要有 PVC 双壁波纹管、HDPE 双壁波纹管、HDPE 中空壁缠绕管、金属内增强聚乙烯螺旋波纹管等。塑料管具有良好的耐腐蚀性和一定的机械强度，加工安装方便，输水力强、材质轻、价格便宜、不锈蚀等优点，目前广泛应用于市政排水工程。与钢筋混凝土管相比，主要有刚性差、热涨系数大等缺点。

（1）PVC 和 HDPE 双壁波纹管

双壁波纹管是由 PVC 或 HDPE 同时挤出的波纹外壁和一层光滑内壁一次熔结挤压成

型，管壁截面为双层结构，其内壁光滑平整，外壁为波纹状的具有中空结构的管材。此类管具有优异的环刚度和良好的强度与韧性，重量轻、耐冲击性强、不易破损等特点，运输安装方便。管道主要采用橡胶圈承插连接。由于双壁波纹管特殊的波纹管壁结构设计，使得该管在同样直径和达到同样环刚度的条件下，用料最省。

（2）HDPE中空壁缠绕管

它是一种以HDPE为原料生产矩形管坯，经缠绕焊接成型的一种管材。由于其独特的成型工艺，可生产口径达3000mm的大口径管材，这是其他生产工艺难以完成甚至于无法实现的。此种管材与双壁波纹管在性能上基本一致，管道连接主要采用热熔带连接方式；该管的主要缺点是在同样直径和达到同样环刚度下，一般要比直接挤出的双壁波纹管耗费更多的原材料，因此，其生产成本相对较高。

（3）HDPE螺旋波纹管

它是以聚乙烯为主要原料，经过特殊的挤出缠绕成型工艺加工而成的结构壁管，产品由内层为PE层、中间层为经涂塑处理的金属钢带层、外层为PE层的三层特殊结构构成。经涂塑处理的钢带与内、外聚乙烯层在熔融状态下复合，使其有机的融为一体，即提高了管材的强度，又解决了钢带外露易腐蚀的问题。管径从$DN700$～$DN200$mm。主要采用橡胶圈承插连接。该管的最大优势在于可以达到其他塑料管材不能达到的环刚度（可达$16kN/m^2$），同时造价相对低廉。

直径800mm以上的塑料埋地排水管宜使用环刚度较高（环刚度$8kN/m^2$以上）的金属增强聚乙烯（HDPE）螺旋波纹管。

（4）塑料类排水管安装的施工要点

管节及管件的规格、性能应符合国家相关标准规定和设计要求，进入施工现场时其外观质量应符合下列规定：

1）不得有影响结构安全、使用功能及接口连接的质量缺陷；

2）内、外壁光滑、平整、无气泡、无裂纹、无脱皮和严重的冷斑及明显的痕纹、凹陷；

3）管节不得有异向弯曲，端口应平整；

4）橡胶圈应符合规范要求。

管道铺设应符合下列规定：

1）采用承插式（或套筒式）接口时，宜人工布管且在沟槽内连接；槽深大于3m或管外径大于400mm的管道，宜用非金属绳索兜住管节下管；严禁将管节翻滚抛入槽中；

2）采用电熔、热熔接口时，宜在沟槽边上将管道分段连接后以弹性铺管法移入沟槽；移入沟槽时，管道表面不得有明显的划痕。

管道连接应符合下列规定：

1）承插式柔性连接、套筒（带或套）连接、法兰连接、卡箍连接等方法采用的密封件、套筒件、法兰、紧固件等配套管件，必须由管节生产厂家配套供应；电熔连接、热熔连接应采用专用电器设备、挤出焊接设备和工具进行施工；

2）管道连接时必须对连接部位、密封件、套筒等配件清理干净，套筒（带或套）连接、法兰连接、卡箍连接用的钢制套筒、法兰、卡箍、螺栓等金属制品应根据现场土质并参照相关标准采取防腐措施；

3）承插式柔性接口连接宜在当日温度较高时进行，插口端不宜插到承口底部，应留出不小于 10mm 的伸缩空隙，插入前应在插口端外壁做出插入深度标记；插入完毕后，承插口周围空隙均匀，连接的管道平直；

4）电熔连接、热熔连接、套筒（带或套）连接、法兰连接、卡箍连接应在当日温度较低或接近最低时进行；电熔连接、热熔连接时电热设备的温度控制、时间控制，挤出焊接时对焊接设备的操作等，必须严格按接头的技术指标和设备的操作程序进行；接头处应有沿管节圆周平滑对称的外翻边，内翻边铲平；

5）管道与井室宜采用柔性连接，连接方式符合设计要求。

（5）塑料类排水管安装的质量检查要求

管道基础应符合下列规定：

1）原状地基的承载力符合设计要求；

2）混凝土基础的强度符合设计要求；

3）砂石基础的压实度符合设计要求或规范规定；

4）原状地基、砂石基础与管道外壁间接触均匀，无空隙；

5）混凝土基础外光内实，无严重缺陷；混凝土基础的钢筋数量、位置正确；

6）管道基础的允许偏差应符合表 4-7 的规定。

**管道基础的质量检查要求** **表 4-7**

| 序号 | 检查项目 | | | 允许偏差（mm） | 检查数量 | | 检查方法 |
|---|---|---|---|---|---|---|---|
| | | | | | 范围 | 点数 | |
| 1 | 垫层 | 中线每侧宽度 | | 不小于设计要求 | 每个验收批 | 每 10m 测 1 点，且不少于 3 点 | 挂中心线钢尺检查，每侧一点 |
| | | 高程 | 压力管道 | ±30 | | | 水准仪测量 |
| | | | 无压管道 | 0，−15 | | | |
| | | 厚度 | | 不小于设计要求 | | | 钢尺量测 |
| 2 | 混凝土基础、管座 | 平基 | 中线每侧宽度 | +10，0 | | | 挂中心线钢尺量测每侧一点 |
| | | | 高程 | 0，−15 | | | 水准仪测量 |
| | | | 厚度 | 不小于设计要求 | | | 钢尺量测 |
| | | 管座 | 肩宽 | +10，−5 | | | 钢尺量测，挂高程线钢尺量测，每侧一点 |
| | | | 肩高 | ±20 | | | |
| 3 | 土（砂及砂砾）基础 | 高程 | 压力管道 | ±30 | | | 水准仪测量 |
| | | | 无压管道 | 0，−15 | | | |
| | | 平基厚度 | | 不小于设计要求 | | | 钢尺量测 |
| | | 土弧基础腋角高度 | | 不小于设计要求 | | | 钢尺量测 |

**3. 钢管与接口**

（1）管道安装应符合现行国家标准《工业金属管道工程施工质量验收规范》（GB 50184—2011）、《现场设备、工业管道焊接工程施工规范》（GB 50236—2011）等规范的规定，并应符合下列规定：

① 对首次采用的钢材、焊接材料、焊接方法或焊接工艺，承包单位必须在施焊前按设计要求和有关规定进行焊接试验，并应根据试验结果编制焊接工艺指导书；

② 焊工必须按规定经相关部门考试合格后持证上岗，并应根据经过评定的焊接工艺

指导书进行施焊；

③ 沟槽内焊接时，应采取有效技术措施保证管道底部的焊缝质量。

（2）管节的材料、规格、压力等级等应符合设计要求，管节宜工厂预制、现场加工应符合下列规定：

① 管节表面应无斑疤、裂纹、严重锈蚀等缺陷；

② 焊缝外观质量应符合规定，焊缝无损检验合格；

③ 直焊缝卷管管节几何尺寸允许偏差应符合相关规定；

④ 同一管节允许有两条纵缝，管径大于或等于600mm时，纵向焊缝的间距应大于300mm；管径小于600mm时，其间距应大于100mm。

（3）管道安装前，管节应逐根测量、编号，宜选用管径相差最小的管节组对对接。

（4）下管前应先检查管节的内外防腐层，合格后方可下管。

（5）管节组成管段下管时，管段的长度、吊距应根据管径、壁厚、外防腐层材料的种类及下管方法确定。

（6）弯管起弯点至接口的距离不得小于管径，且不得小于100mm。

（7）管节组对焊接时应先修口、清根，管段端面的坡口角度、钝边、间隙，应符合设计要求；不得在对口间隙夹焊帮条或用加热法缩小间隙施焊。

（8）对口时应使内壁齐平，错口的允许偏差应为壁厚的20%，且不得大于2mm。

（9）对口时纵、环向焊缝的位置应符合下列规定：

① 纵向焊缝应放在管道中心垂线上半圆的45°左右处；

② 纵向焊缝应错开，管径小于600mm时，错开的间距不得小于100mm；管径大于或等于600mm时，错开的间距不得小于300mm；

③ 有加固环的钢管，加固环的对焊焊缝应与管节纵向焊缝错开，其间距不应小于100mm；加固环距管节的环向焊缝不应小于50mm；

④ 环向焊缝距支架净距离不应小于100mm；

⑤ 直管管段两相邻环向焊缝的间距不应小于200mm，并不应小于管节的外径；

⑥ 管道任何位置不得有十字形焊缝。

（10）不同壁厚的管节对口时，管壁厚度相差不宜大于3mm。不同管径的管节相连时，两管径相差大于小管管径的15%时，可用渐缩管连接。渐缩管的长度不应小于两管径差值的2倍，且不应小于200mm。

（11）管道上开孔应符合下列规定：

① 不得在干管的纵向、环向焊缝处开孔；

② 管道上任何位置不得开方孔；

③ 不得在短节上或管件上开孔；

④ 开孔处的加固补强应符合设计要求。

（12）直线管段不宜采用长度小于800mm的短节拼接。

（13）组合钢管固定口焊接及两管段间的闭合焊接，应在无阳光直照和气温较低时施焊；采用柔性接口代替闭合焊接时，应与设计协商确定。

（14）在寒冷或恶劣环境下焊接应符合下列规定：

① 清除管道上的冰、雪、霜等；

② 工作环境的风力大于5级、雪天或相对湿度大于90%时，应采取保护措施；

③ 焊接时，应使焊缝可自由伸缩，并应使焊口缓慢降温；

④ 冬期焊接时，应根据环境温度进行预热处理，并应符合相关的规定。

(15) 钢管对口检查合格后，方可进行接口定位焊接。定位焊接采用点焊时、应符合下列规定：

① 点焊焊条应采用与接口焊接相同的焊条；

② 点焊时，应对称施焊，其焊缝厚度应与第一层焊接厚度一致；

③ 钢管的纵向焊缝及螺旋焊缝处不得点焊。

(16) 焊接方式应符合设计和焊接工艺评定的要求，管径大于800mm时，应采用双面焊。

(17) 管道对接时，环向焊缝的检验应符合下列规定：

① 检查前应清除焊缝的渣皮、飞溅物；

② 应在无损检测前进行外观质量检查，并应符合规范的规定；

③ 无损探伤检测方法应按设计要求选用；

④ 无损检测取样数量与质量要求应按设计要求执行；设计无要求时，压力管道的取样数量应不小于焊缝量的10%；

⑤ 不合格的焊缝应返修，返修次数不得超过3次。

(18) 钢管采用螺纹连接时，管节的切口断面应平整，偏差不得超过一扣；丝扣应光洁，不得有毛刺、乱扣、断扣，缺扣总长不得超过丝扣全长的10%；接口紧固后宜露出2～3扣螺纹。

(19) 管道采用法兰连接时，应符合下列规定：

① 法兰应与管道保持同心，两法兰间应平行；

② 螺栓应使用相同规格，且安装方向应一致；螺栓应对称紧固，紧固好的螺栓应露出螺母之外；

③ 与法兰接口两侧相邻的第一至第二个刚性接口或焊接接口，待法兰螺栓紧固后方可施工；

④ 法兰接口埋入土中时，应采取防腐措施。

### 4.2.4 排水检查井

为了保证室排水管道的正常运行及转向，往往需设置检查井。检查井可采用砖、石等砌体砌筑结构建造，部分采用混凝土或钢筋混凝土结构建造；推广采用模块式检查井。当采用砖、石砌筑结构时，所用普通黏土砖强度等级不应低于MU7.5；石材应采用质地坚实、无风化和裂纹的料石或块石，其强度等级不应低于MU20；其他砌块材料应符合设计要求；所用水泥砂浆强度等级不低于M7.5。当采用混凝土或钢筋混凝土结构时，混凝土强度等级及钢筋的配置应符合设计规定，混凝土强度一般不宜低于C20。

**1. 一般要求**

各类井室的井底基础应与管道基础同时浇筑。

砌筑井室时，用水冲净、湿润基础后，方可铺浆砌筑；砌块砌筑必须做到满铺满挤、上下搭砌，砌块间灰缝保持10mm；对于曲线井室的竖向灰缝，其内侧灰缝不应小于5mm，外侧灰缝不应大于13mm；砌筑时不得有竖向通缝，且转角接槎可靠、平整，阴阳角清晰。

井内踏步应随砌随安，位置准确。踏步安装后，当砌筑砂浆或混凝土未达到规定抗压强度前不得踩踏。

井室内壁应用原浆勾缝，有抹面要求时，内壁抹面应分层压实，外壁用砂浆搓缝并应挤压密实。

井室砌筑或安装至规定高程后，应及时砌筑或安装井圈。当井盖的井座及井圈采用预制构件时，座浆应饱满；采用钢筋混凝土现浇制作时，应加强养护，并不得受损。最后盖好井盖。

冬季施工时，应采取防寒措施；雨季施工时，应防止漂管。

井盖选用的型号、材质应符合设计要求，设计未要求时，宜采用复合材料井盖，标志须明显；道路上的井室必须使用重型井盖，装配稳固。

**2. 排水检查井施工**

排水检查井内的流槽，宜与井壁同时进行砌筑。当采用砌筑时，表面应采用砂浆分层压实抹光，流槽应与上下游底部接顺。

排水检查井的预留支管应随砌随安，预留管的直径、方向以及标高应符合设计要求，管与井壁衔接处应严密不得漏水，预留支管管口宜用低强度等级砂浆砌筑封口抹平。

排水检查井接入圆管的管口应与井内壁平齐，当接入管的管径大于 300mm 时，应砌砖圈加固。

**3. 模块式排水检查井**

模块式排水检查井是近年来推广使用的新材料和新工艺，所砌筑的检查井更加符合 GB 50268—08 规范的要求，可根据需要砌成圆形井、矩形井、椭圆形井和三角形井等多种形式。主要优点有：

1）适应性强，能满足各种形式要求；

2）强度高，不易损坏；

3）砌筑速度快，预制模块尺寸统一、规范，成井质量好；

4）水力条件好，成本与普通砖砌检查井相当。

### 4.2.5 无压管道的闭水试验

无压管道应进行管道的严密性试验，严密性试验分为闭水试验和闭气试验，按设计要求确定；设计无要求时，应根据实际情况选择闭水试验或闭气试验进行管道功能性试验。

**1. 试验准备**

闭水试验前，应做好水源引接、排水的疏导等方案。

向管道内注水应从下游缓慢注入，注入时在试验管段的上游的管顶及管段中的高点应设置排气阀，将管道内的气体排除。

冬期进行压力管道水压及闭水试验时，应采取防冻措施。

全断面整体现浇的钢筋混凝土无压管渠处于地下水位以下时，除设计有要求外，当管渠的混凝土强度等级、抗渗性能检验合格，可不必进行闭水试验。

当管道采用两种（或两种以上）管材时，宜按不同管材分别进行试验；当不具备分别试验的条件时必须进行组合试验。当设计无具体要求时，应采用不同管材管段中的试验标准最高的标准进行试验。

管道的试验长度除按规范规定和设计另有要求外，无压力管道的闭水试验，若条件允许可一次试验不超过5个连续井段；对于无法分段试验的管道，应根据工程具体情况确定。

污水、雨污水合流管道及湿陷土、膨胀土、流砂地区的雨水管道，回填土前必须经严密性试验合格后方可投入运行。

**2. 试验**

闭水试验法应按设计要求和试验方案进行。

试验管段应按井距分隔，抽样选取，带井试验。

无压管道闭水试验时，试验管段应符合下列规定：

1）管道及检查井外观质量已验收合格；

2）管道未回填土且沟槽内无积水；

3）全部预留孔应封堵，不得渗水；

4）管道两端堵板承载力经核算应大于水压力的合力；除预留进出水管外，应封堵坚固，不得渗水；

5）顶管施工，其注浆孔封堵且管口按设计要求处理完毕，地下水位于管底以下。

管道闭水试验应符合下列规定：

1）试验段上游设计水头不超过管顶内壁时，试验水头应以试验段上游管顶内壁加2m计；

2）试验段上游设计水头超过管顶内壁时，试验水头应以试验段上游设计水头加2m计；

3）计算出的试验水头小于10m，但已超过上游检查井井口时，应以上游检查井井口高度为准。

**3. 结果判定**

管道闭水试验时，应进行外观检查，不得有漏水现象，且符合下列规定时，管道闭水试验合格：

1）实测渗水量小于或等于表4-8规定的允许渗水量；

**无压力管道闭水试验允许渗水量** **表4-8**

| 管　材 | 管径 $Di$（mm） | 允许渗水量 [$m^3$/(24h·km)] | 管径 $Di$（mm） | 允许渗水量 [$m^3$/(24h·km)] | 管径 $Di$（mm） | 允许渗水量 [$m^3$/(24h·km)] |
|---|---|---|---|---|---|---|
| 钢筋混凝土管 | 200 | 17.60 | 900 | 37.50 | 1600 | 50.00 |
| | 300 | 21.62 | 1000 | 39.52 | 1700 | 51.50 |
| | 400 | 25.00 | 1100 | 41.45 | 1800 | 53.00 |
| | 500 | 27.95 | 1200 | 43.30 | 1900 | 54.48 |
| | 600 | 30.60 | 1300 | 45.00 | 2000 | 55.90 |
| | 700 | 33.00 | 1400 | 46.70 | | |
| | 800 | 35.35 | 1500 | 48.40 | | |

2）管道内径大于表4-8规定的管径时，实测渗水量应小于或等于按式（4-2）计算的允许渗水量；

$$q = 1.25\sqrt{Di} \qquad 式(4\text{-}2)$$

3）异形截面管道的允许渗水量可按周长折算为圆形管道计；

4）化学建材管道的实测渗水量应小于或等于按式（4-3）计算的允许渗水量：

$$q \leqslant 0.0046Di \qquad \text{式(4-3)}$$

式中：$q$——允许渗水量（$m^3/24h \cdot km$）；

$Di$——管道内径（mm）。

当管道内径大于 700mm 时，可按管道井段数量抽样选取 1/3 进行试验；试验不合格时，抽样井段数量应在原抽样基础上加倍进行试验。

不开槽施工的内径大于或等于 1500mm 钢筋混凝土结构管道，设计无要求且地下水位高于管道顶部时，可采用内渗法测渗水量；符合规定的，不必再进行闭水试验。

闭水法试验应按下列程序进行：

1）试验管段灌满水后浸泡时间不应少于 24h；

2）试验水头应按规范的相关规定确定；

3）管段内补水，保持试验水头恒定。渗水量的观测时间不得小于 30min；

4）实测渗水量应按式（4-4）计算：

$$q = \frac{W}{T \cdot L} \qquad \text{式(4-4)}$$

式中　$q$——实测渗水量（$L/(min \cdot m)$）；

$W$——补水量（L）；

$T$——实测渗水观测时间（min）；

$L$——试验管段的长度（m）。

闭水试验应作记录，记录表格应符合表 4-9 的规定。

**管道闭水试验记录表**　　**表 4-9**

<table>
<tr><td colspan="2">工程名称</td><td></td><td colspan="2">试验日期</td><td colspan="2">年　月　日</td></tr>
<tr><td colspan="2">桩号及地段</td><td colspan="5"></td></tr>
<tr><td colspan="2">管道内径<br>(mm)</td><td>管材种类</td><td colspan="2">接口种类</td><td colspan="2">试验段长度（m）</td></tr>
<tr><td colspan="2"></td><td></td><td colspan="2"></td><td colspan="2"></td></tr>
<tr><td colspan="2">试验段上游<br>设计水头（m）</td><td>试验水头（m）</td><td colspan="4">允许渗水量（$m^3/(24h \cdot km)$）</td></tr>
<tr><td rowspan="5">渗水量测定记录</td><td>次数</td><td>观测起始时间<br>$T_1$</td><td>观测结束时间<br>$T_2$</td><td>恒压时间<br>$T$（min）</td><td>恒压时间内补入的水量 $W$（L）</td><td>实测渗水量<br>$q$（$L/(min \cdot m)$）</td></tr>
<tr><td>1</td><td></td><td></td><td></td><td></td><td></td></tr>
<tr><td>2</td><td></td><td></td><td></td><td></td><td></td></tr>
<tr><td>3</td><td></td><td></td><td></td><td></td><td></td></tr>
<tr><td colspan="6">折合平均实测渗水量（$m^3/(24h \cdot km)$）</td></tr>
<tr><td>外观记录</td><td colspan="6"></td></tr>
<tr><td>评语</td><td colspan="6"></td></tr>
</table>

承包单位：　　　　　　　　　　试验负责人：

监理单位：　　　　　　　　　　设计单位：

使用单位：　　　　　　　　　　记录员：

## 4.3 燃气管道施工

### 4.3.1 燃气管道的分类与主要附件

**1. 燃气管道的分类**

（1）燃气分类

燃气是以可燃气体为主要组分的混合气体燃料。城镇燃气是指符合国家规范要求的、供给居民生活、公共建筑和工业企业生产作燃料用的公用性质的燃气。主要有人工煤气（简称煤气）、天然气和液化石油气。

（2）燃气管道分类

1）根据用途分为长距离输气管道、城市燃气管道和工业企业燃气管道。

① 长距离输气管道的干管及支管的末端连接城市或大型工业企业，作为供应区的气源点。

② 城市燃气管道又可进一步分为分配管道、用户引入管、室内燃气管道。

分配管道：在供气地区将燃气分配给工业企业用户、公共建筑用户和居民用户。分配管道包括街区和庭院的分配管道。

用户引入管：将燃气从分配管道引到用户室内管道引入口处的总阀门。

室内燃气管道：通过用户管道引入口的总阀门将燃气引向室内，并分配到每个燃气用具。

2）工业企业燃气管道

① 工厂引入管和厂区燃气管道：将燃气从城市燃气管道引入工厂，分送到各用气车间。

② 车间燃气管道：从车间的管道引入口将燃气送到车间内各个用气设备（如窑炉）。车间燃气管道包括干管和支管。

③ 炉前燃气管道：从支管将燃气分送给炉上各个燃烧设备。

（3）根据敷设方式分为地下和架空燃气管道。

1）地下燃气管道：城市中一般常采用地下敷设。但需维修时成本高些。

2）架空燃气管道：在管道通过障碍时架空敷设，方便管理维修，但影响美观。

（4）根据输气压力分类

燃气管道的严密性要求高，漏气可能导致火灾、爆炸、中毒或其他事故，不同压力对管道材质、安装质量、检验标准和运行管理的要求也不同。因此，根据输气压力大小，我国城市燃气管道一般分为四级 7 档：

1）低压燃气管道：$P<0.01$MPa；

2）中压 B 燃气管道：$0.01\text{MPa}\leqslant P\leqslant 0.2$MPa；

3）中压 A 燃气管道：$0.2\text{MPa}<P\leqslant 0.4$MPa；

4）次高压 B 燃气管道：$0.4\text{MPa}<P\leqslant 0.8$MPa；

5）次高压 A 燃气管道：$0.8\text{MPa}<P\leqslant 1.6$MPa；

6）高压 B 燃气管道：$1.6\text{MPa}<P\leqslant 2.5$MPa；

7）高压A燃气管道：2.5MPa$<P\leqslant$4.0MPa。

高压A输气管通常是贯穿省、地区或连接城市的长输管线，它有时构成了大型城市输配管网系统的外环网。

高压B燃气管道也是给大城市供气的主动脉。高压燃气必须通过调压站才能送入中压管道、高压储气罐以及工艺需要高压燃气的大型工厂企业。

中压B和中压A管道必须通过区域调压站、用户专用调压站才能给城市输配管网中的低压和中压管道供气，或给工厂企业、大型公共建筑用户以及锅炉房供气。

城市燃气管网系统中各级压力的干管，特别是中压以上压力较高的管道，应连成环网，初建时也可以是半环形或枝状管道，但应逐步构成环网。

**2. 燃气管道主要附件**

为了保证管网的安全运行，并考虑到检修、接线的需要，在管道的适当地点设置必要的附属设备。这些设备包括阀门、补偿器、排水器、放散管等。

（1）阀门

阀门是用于启闭管道通路或调节管道介质流量的设备。因此要求阀体的机械强度高，转动部件灵活，密封部件严密耐用，对输送介质的抗腐性强，同时零部件的通用性好，安装前应做严密性试验，不渗漏为合格，不合格者不得安装。

安装阀门应注意介质流向的方向性、安装位置的操作维修方便性等。

（2）补偿器

补偿器主要用于消除管段胀缩应力，常用于架空管道和需要进行蒸汽吹扫的管道上。

补偿器常安装在阀门的下侧（按气流方向），利用其伸缩性能，方便阀门的拆卸和检修。在埋地燃气管道上，多用钢制波形补偿器，其补偿量约10mm左右。为防止其中存水锈蚀，由套管的注入孔灌入石油沥青，安装时注入孔应在下方。

波形补偿器安装时，应按设计规定的补偿量进行预拉伸（压缩）。波形补偿器内套有焊缝的一端，应安装在燃气流入端，并应采取防止波形补偿器内积水的措施。

（3）排水器

为排除燃气管道中的冷凝水和石油伴生气管道中的轻质油，管道敷设时应有一定坡度，以便在低处设排水器，将汇集的水或油排出。

（4）放散管

放散管是专门用来排放管道内部的空气或燃气的一种装置。在管道投入运行时，利用放散管排出管内的空气；在管道或设备检修时，可利用放散管排放管内的燃气，防止在管道内形成爆炸性的混合气体。

（5）阀门井

为保证管网的安全与操作方便，地下燃气管道上的阀门一般都设置在阀门井口。阀门井应坚固耐久，有良好的防水性能，并保证检修时有必要的空间。考虑到人员的安全，井筒不宜过深。

### 4.3.2 城市燃气管道安装要求

**1. 燃气管道材料选用**

高压和中压A燃气管道，应采用钢管；中压B和低压燃气管道，宜采用钢管或机械接口铸铁管。中、低压地下燃气管道采用聚乙烯管材时，应符合有关标准的规定。

**2. 室内燃气管道安装**

（1）管道安装要求

1）燃气管道采用螺纹连接时，煤气管可选用厚白漆或聚四氟乙烯薄膜为填料；天然气或液化石油气管选用石油密封脂或聚四氟乙烯薄膜为填料。

2）燃气管道敷设高度（从地面到管道底部或管道保温层部）应符合下列要求：

① 在有人行走的地方，敷设高度不应小于2.2m；

② 在有车通行的地方，敷设高度不应小于4.5m。

（2）燃气设备的安装要求

燃具与燃气管道宜采用硬管连接，镀锌活接头内用密封圈加工业脂密封。采用软管连接时，家用燃气灶和实验室用的燃烧器，其连接软管长度不应超过2m，并不应有接口；工业生产用的需移动的燃气燃烧设备，其连接软管的长度不应超过30m，接口不应超过2个；燃气用软管应采用耐油橡胶管，两端加装轧头及专用接头，软管不得穿墙、窗和门。燃气管道应涂以黄色的防腐识别漆。

**3. 室外燃气管道安装**

（1）管道安装基本要求

1）地下燃气管道不得从建筑物和大型构筑物的下面穿越。

地下燃气管道与建筑物，构筑物基础或相邻管道之间的水平和垂直净距应符合相关规定。

2）地下燃气管道埋设的最小覆土厚度（路面至管顶）应符合下列要求：

埋设在车行道下时，不得小于0.9m；埋设在非车行道下时，不得小于0.6m；埋设在庭院时，不得小于0.3m；埋设在水田下时，不得小于0.8m（当采取行之有效的防护措施后，上述规定均可适当降低）。

3）地下燃气管道不得在堆积易燃、易爆材料和具有腐蚀性液体的场地下面穿越，并不宜与其他管道或电缆同沟敷设。当需要同沟敷设时，必须采取防护措施。

4）地下燃气管道穿过排水管、热力管沟、联合地沟、隧道及其他各种用途沟槽时，应将燃气管道敷设于套管内。套管伸出构筑物外壁不应小于燃气管道与该构筑物的水平距离。套管两端的密封材料应采用柔性的防腐、防水材料密封。

5）燃气管道穿越铁路、高速公路、电车轨道和城镇主要于道时应符合下列要求：

① 穿越铁路和高速公路的燃气管道，其外应加套管，并提高绝缘防腐等级。

② 穿越铁路的燃气管道的套管，应符合下列要求：

a. 套管埋设的深度：铁路轨道至套管顶不应小于1.20m，并应符合铁路管理部门的要求；

b. 套管宜采用钢管或钢筋混凝土管；

c. 套管内径应比燃气管道外径大100mm以上；

d. 套管两端与燃气管的间隙应采用柔性的防腐、防水材料密封，其一端应装设检漏管；

e. 套管端部距路堤坡脚外距离不应小于2.0m。

③ 燃气管道穿越电车轨道和城镇主要干道时宜敷设在套管或地沟内；穿越高速公路

的燃气管道的套管、穿越电车和城镇主要干道的燃气管道的套管或地沟，应符合下列要求：

a. 套管内径应比燃气管道外径大 100mm 以上，套管或地沟两端应密封，在重要地段套管或地沟端部宜安装检漏管；

b. 套管端部距电车道边轨不应小于 2.0m；距道路边缘不应小于 1.0m；

c. 燃气管道宜垂直穿越铁路、高速公路、电车轨道和城镇主要干道。

6）燃气管道通过河流时，可采用穿越河底或采用管桥跨越的形式。当条件许可时也可利用道路桥梁跨越河流，并应符合下列要求：

① 利用道路桥梁跨越河流的燃气管道，其管道的输送压力不应大于 0.4MPa；

② 当燃气管道随桥梁敷设或采用管桥跨越河流时，必须采取安全防护措施；

7）燃气管道随桥梁敷设，宜采取如下安全防护措施：

① 敷设于桥梁上的燃气管道应采用加厚的无缝钢管或焊接钢管，尽量减少焊缝，对焊缝进行 100%无损探伤；

② 跨越通航河流的燃气管道管底标高，应符合通航净空的要求，管架外侧应设置护桩；

③ 在确定管道位置时，应与随桥敷设的其他可燃的管道保持一定间距；

④ 管道应设置必要的补偿和减震措施；

⑤ 过河架空的燃气管道向下弯曲时，向下弯曲部分与水平管夹角宜采用 45°形式；

⑥ 对管道应做较高等级的防腐保护。

对于采用阴极保护的埋地钢管与随桥管道之间应设置绝缘装置。

8）燃气管道穿越河底时，应符合下列要求：

① 燃气管道宜采用钢管；

② 燃气管道至规划河底的覆土厚度，应根据水流冲刷条件确定，对不通航河流不应小于 0.5m；对通航的河流不应小于 1.0m，还应考虑疏浚和投锚深度；

③ 稳管措施应根据计算确定；

④ 在埋设燃气管道位置的河流两岸上、下游应设立标志；

⑤ 燃气管道对接安装引起的误差不得大于 3°，否则应设置弯管，次高压燃气管道的弯管应考虑盲板力。

（2）管道埋设的基本要求

1）沟槽开挖

① 混凝土路面和沥青路面的开挖应使用切割机切割。

② 管道沟槽应按设计规定的平面位置和标高开挖。当采用人工开挖且无地下水时，槽底预留值宜为 0.05～0.10m；当采用机械开挖且有地下水时，槽底预留值不小于 0.15m；管道安装前应人工清底至设计标高。

③ 管沟沟底宽度和工作坑尺寸，应根据现场实际情况和管道敷设方法确定。

④ 局部超挖部分应回填压实。当沟底无地下水时，超挖在 0.15m 以内，可采用原土回填；超挖在 0.15m 及以上时，可采用石灰土处理。当沟底有地下水或水量较大时，应采用级配砂石或天然砂回填至标高。超挖部分回填后应压实，其密实度应接近原地基天然土的密实度。

⑤ 在湿陷性黄土地区，不宜在雨期施工，或在施工时及时排除沟内积水，开挖时应在槽底预留值 0.03～0.06m 厚的土层进行压实处理。

⑥ 沟底遇有废弃构筑物、硬石、木头、垃圾等杂物时必须清除，并应铺一层厚度不小于 0.15m 的砂土或素土，整平压实至设计标高。

⑦ 对软土地基及特殊腐蚀土壤，应按设计要求处理。

2）回填土

① 不得采用冻土、垃圾、木材及软性物质回填。管道两侧及管顶以上 0.5m 内的回填土，不得含有碎石、砖块等杂物，且不得采用灰土回填。距管顶 0.5m 以上的回填土中的石块不得多于 10%、直径不得大于 0.1m，且均匀分布。

② 沟槽的支撑应在管道两侧及管顶以上 0.5m 回填完毕并压实后，在保证安全的情况下进行拆除，并应采用细砂填实缝隙。

③ 沟槽回填时，应先回填管底局部悬空部位，再回填管道两侧。

④ 回填土应分层压实，每层虚铺厚度宜为 0.2～0.3m，管道两侧及管顶以上 0.5m 内的回填土必须采用人工压实，管顶 0.5m 以上的回填土可采用小型机械压实，每层虚铺厚度宜为 0.25～0.4m。

⑤ 回填土压实后，应分层检查密实度，并做好回填记录。

3）警示带敷设

① 埋设燃气管道的沿线应连续敷设警示带。警示带敷设前应将敷设面压实，并平整地敷设在管道的正上方，距管顶的距离宜为 0.3～0.5m，但不得敷设于路基和路面里。

② 警示带宜采用黄色聚乙烯等不易分解的材料，并印有明显、牢固的警示语，字体不应小于 100mm×100mm。

**4. 燃气管道的试验方法**

管道安装完毕后应依次进行管道吹扫、强度试验和严密性试验。

（1）管道吹扫

1）管道吹扫应按下列要求选择气体吹扫或清管球清扫：

① 球墨铸铁管道、聚乙烯管道、钢骨架聚乙烯复合管道和公称直径小于 100mm 或长度小于 100m 的钢质管道，可采用气体吹扫；

② 公称直径大于或等于 100mm 的钢质管道，宜采用清管球进行清扫。

2）管道吹扫应符合下列要求：

① 吹扫范围内的管道安装工程除补口、涂漆外，已按设计图纸全部完成；

② 管道安装检验合格后，应由承包单位负责组织吹扫工作，并在吹扫前编制吹扫方案；

③ 按主管、支管、庭院管的顺序进行吹扫，吹扫出的脏物不得进入已合格的管道；

④ 吹扫管段内的调压器、阀门、孔板、过滤网、燃气表等设备不得参与吹扫，待吹扫合格后再安装复位；

⑤ 吹扫口应设在开阔地段并加固，吹扫时应设安全区域，吹扫出口前严禁站人；

⑥ 吹扫压力不得大于管道的设计压力，且应不大于 0.3MPa；

⑦ 吹扫介质宜采用压缩空气，严禁采用氧气和可燃性气体；

⑧ 吹扫合格设备复位后，不得再进行影响管内清洁的其他作业。

3）气体吹扫应符合下列要求：

① 吹扫气体流速不宜小于 20m/s；

② 吹扫口与地面的夹角应在 30°～45°之间，吹扫口管段与被吹扫管段必须采取平缓过渡对焊。当 DN＜150mm，吹扫口直径同管道直径；当 150mm＜DN≤300mm 时，取 150mm；当 DN≥350mm 时，取 250mm；

③ 每次吹扫管道的长度不宜超过 500m；当管道长度超过 500m 时，宜分段吹扫；

④ 当管道长度在 200m 以上，且无其他管段或储气容器可利用时，应在适当部位安装吹扫阀，采取分段储气，轮换吹扫；当管道长度不足 200m，可采用管道自身储气放散的方式吹扫，打压点与放散点应分别设在管道的两端；

⑤ 当目测排气无烟尘时，应在排气口设置白布或涂白漆木靶板检验，5min 内靶上无铁锈、尘土等其他杂物为合格。

4）清管球清扫应符合下列要求：

① 管道直径必须是同一规格，不同管径的管道应断开分别进行清扫；

② 对影响清管球通过的管件、设施，在清管前应采取必要措施；

③ 清管球清扫完成后，应按上述 3 中（5）进行检验，如不合格可采用气体再清扫至合格。

（2）强度试验

一般情况下试验压力为设计输气压力的 1.5 倍，但钢管不得低于 0.4MPa，聚乙烯管（SDR11）不得低于 0.4MPa，聚乙烯管（SDR17.6）不得低于 0.2MPa。当压力达到规定后，应稳压 1h，然后用肥皂水对管道接口进行检查，全部接口均无漏气现象认为合格。

若有漏气处，可放气后进行修理，修理后再次试验，直至合格。

（3）严密性试验

严密性试验应在强度试验合格、管线全线回填后进行。严密性试验压力根据管道设计输气压力而定。当设计输气压力 $P$＜5kPa 时，试验压力为 20kPa；当 $P$≥5kPa 时，试验压力应为设计压力的 1.15 倍，但不得低于 0.1MPa。严密性试验前应向管道内充气至试验压力，燃气管道的严密性试验持续时间一般不少于 24h，实际压力降不超过允许值为合格。

## 4.4 热力管道施工

### 4.4.1 城市热力管网的分类和主要附件

**1. 热力管网的分类**

（1）按热媒种类分为蒸汽热网（高压、中压、低压蒸汽热网）和热水热网（温度 t≥100℃为高温热水热网、t≤95℃为低温热水热网）。

（2）按所处地位分为一级管网（从热源至热力站的供回水管网）和二级管网（从热力站到用户的供回水管网）。

（3）按敷设方式分为直埋敷设、地沟敷设（通行地沟、半通行地沟、不通行地沟）和架空敷设（高支架、中支架、低支架）三种。

（4）按系统形式分为闭式系统和开式系统

1）闭式系统：一次热网与二次热网采用换热器连接，一次热网热媒损失很小，但中间设备多，实际使用较广泛。

2）开式系统：直接消耗一次热媒，中间设备极少，但一次热媒补充量大。

（5）按供回分为供水管（汽网时：供汽管）和回水管（汽网时：凝水管）。

**2. 热力管网的主要附件**

热力管网的主要附件有：补偿器、支吊架、阀门等。

（1）补偿器

热力管道内的介质温度较高，热力网本身长度又较长，故热网产生的温度变形量就大，其热膨胀约束的应力也会很大。为了释放温度变形，消除温度应力，以确保管网运行安全，各种适应管道温度变形的补偿器也就应运而生。其中包括自然补偿、波纹管补偿器、球形补偿器、套筒补偿器和方形补偿器。

（2）支吊架

支吊架承受巨大的推力或管道的荷载。按固定方式不同支架分为固定支架、滑动支架、导向支架和弹性支架；按刚度大小吊架分为刚性吊架和弹性吊架。

（3）阀门

阀门在热力管网中起到开启、关闭、调节、安全、疏水等重要作用。安置阀门应满足下列要求：

1）热力网管道的干线、支干线、支线的起点应安装关断阀门；

2）当供热系统采用质调节时，宜在供水或回水总管上装设自动流量调节阀。当供热系统采用变流量调节时，宜装设自力式差压调节阀；

3）当热水供应系统换热器热水出口上装有阀门时，应在每台换热器上设安全阀；当每台换热器出口管不设阀门时，应在生活热水总管阀门前设安全阀；

4）工作压力大于或等于1.6MPa，且公称直径大于或等于500mm的管道上的闸阀应安装旁通阀；

5）公称直径大于或等于500mm的阀门，宜采用电驱动装置；

6）蒸汽管道的低点和垂直升高的管段前应设启动疏水和经常性疏水装置；

7）热水和凝结水管道的高点应安装放气装置；热水和凝结水管道的低点应安装放水装置；

8）温度对阀门等管件材质的要求见表4-10。

**环境温度对阀门附件的材质的要求（按室外采暖计算温度t计）　　表4-10**

| t（℃） | 管道的阀门及附件的工作条件 | 要求材料 |
|---|---|---|
| <−5 | 露天敷设的不连续运行的凝结水管道放阀 | 不得用灰铸铁制品 |
| <−10 | 露天敷设热水管道设备附件 | 不得用灰铸铁制品 |
| <−30 | 露天敷设热水管道上的阀门、附件 | 应采用钢制阀门及附件 |
| — | 城市热力网蒸汽管道，在任何条件下 | 应采用钢制阀门及附件 |

### 4.4.2　城市热力管道施工要求

**1. 工程测量**

（1）承包单位应根据建设单位或设计单位提供的城市平面控制网点和城市水准网点位

置、编号、精度等级及其坐标和高程资料，确定管网设计线位和高程。

(2) 管线工程施工定线测量应符合下列规定：

1) 应按主干线、支干线、支线的次序进行；

2) 主干线起点、终点，中间各转角点及其他特征点应在地面上定位；

3) 支干线、支线，可按主干线的方法定位；

4) 管线中的固定支架、地上建筑、检查室、补偿器、阀门可在管线定位后，用钢尺丈量方法定位。

(3) 供热管线工程竣工后，应全部进行平面位置和高程测量，并应符合当地有关部门的规定。

**2. 土建工程及地下穿越工程**

(1) 土方施工中，对开槽范围内各种障碍物的保护措施应符合下列规定：

1) 应取得所属单位的同意和配合；

2) 给水、排水、燃气、电缆等地下管线及构筑物必须能正常使用；

3) 加固后的线杆、树木等必须稳固；

4) 各相邻建筑物和地上设施在施工中和施工后，不得发生沉降、倾斜、塌陷。

(2) 土方开挖时，必须按有关规定设置沟槽边护栏、夜间照明灯及指示红灯等设施，并按需要设置临时道路或桥梁。

(3) 回填时应确保构筑物的安全，并应检查墙体结构强度、外墙防水抹面层强度、盖板或其他构件安装强度。当能承受施工操作动荷载时，方可进行回填。

(4) 穿越工程必须保证四周地下管线和构筑物的正常使用。在穿越施工中和掘进施工后，穿越结构上方土层、各相邻建筑物和地上设施不得发生沉降、倾斜、塌陷。

**3. 焊接**

(1) 在实施焊接前，应根据焊接工艺试验结果编写焊接工艺方案，包括以下主要内容：

1) 母材性能和焊接材料；

2) 焊接方法；

3) 坡口形式及制作方法；

4) 焊接结构形式及外形尺寸；

5) 焊接接头的组对要求及允许偏差；

6) 焊接电流的选择；

7) 检验方法及合格标准。

(2) 壁厚不等的管口对接，应符合下列规定：

1) 外径相等或内径相等，薄件厚度小于或等于 4mm 且厚度差大于 3mm，以及薄件厚度大于 4mm，且厚度差大于薄件厚度的 30%或超过 5mm 时，应将厚件削薄。

2) 内径外径均不等，单侧厚度差超过本条 1) 款所列数值时，应将管壁厚度大的一端削薄，削薄后的接口处厚度应均匀。

(3) 焊件组对时的定位焊应符合的规定：

1) 焊接定位焊缝时，应采用与根部焊道相同的焊接材料和焊接工艺；

2) 在焊接前，应对定位焊缝进行检查，当发现缺陷时应处理后方可焊接；

3) 在焊接纵向焊缝的端部（包括螺旋管焊缝）时不得进行定位焊；

4）焊缝长度及点数按规定进行。

（4）在零度以下的气温中焊接，应符合下列规定：

1）清除管道上的冰、霜、雪；

2）在工作场地做好防风、防雪措施；

3）预热温度可根据焊接工艺制定；焊接时，应保证焊缝自由收缩和防止焊口的加速冷却；

4）应在焊口两侧 50mm 范围内对焊件进行预热；

5）在焊缝未完全冷却之前，不得在焊缝部位进行敲打。

（5）在焊缝附近明显处，应有焊工钢印代号标志。

（6）不合格的焊接部位，应采取措施进行返修，同一部位焊缝的返修次数不得超过 2 次。

**4. 管道安装及检验**

（1）管道安装前，准备工作应符合的规定：

1）根据设计要求的管径、壁厚和材质，应进行钢管的预先选择和检验，矫正管材的平直度，整修管口及加工焊接用的坡口；

2）清理管内外表面、除锈和除污；

3）根据运输和吊装设备情况及工艺条件，可将钢管及管件焊接成预制管组；

4）钢管应使用专用吊具进行吊装，在吊装过程中不得损坏钢管。

（2）管道安装应符合下列规定：

1）在管道中心线和支架高程测量复核无误后，方可进行管道安装；

2）安装过程中不得碰撞沟壁、沟底、支架等；

3）吊、放在架空支架上的钢管应采取必要的固定措施；

4）地上敷设管道的管组长度应按空中就位和焊接的需要来确定，宜等于或大于 2 倍支架间距；

5）每个管组或每根钢管安装时都应按管道的中心线和管道坡度对接管口。

（3）管口对接应符合下列规定：

1）对接管口时，应检查管道平直度，在距接口中心 200mm 处测量，允许偏差为 1mm，在所对接钢管的全长范围内，最大偏差值不应超过 10mm；

2）钢管对口处应垫置牢固，不得在焊接过程中产生错位和变形；

3）管道焊口距支架的距离应保证焊接操作的需要；

4）焊口不得置于建筑物、构筑物等的墙壁中。

（4）法兰连接应符合下列规定：

1）安装前应对法兰密封面及密封垫片进行外观检查，法兰密封面应表面光洁，法兰螺纹完整、无损伤；

2）法兰端面应保持平行，偏差不大于法兰外径的 1.5‰，且不得大于 2mn。；不得采用加偏垫、多层垫或加强力拧紧法兰一侧螺栓的方法，消除法兰接口端面的缝隙；

3）法兰与法兰、法兰与管道应保持同轴，螺栓孔中心偏差不得超过孔径的 5%；

4）垫片的材质和涂料应符合设计要求；当大口径垫片需要拼接时，应采用斜口拼接或迷宫形式的对接，不得直缝对接。垫片尺寸应与法兰密封面相等；

5）严禁采用先加垫片并拧紧法兰螺栓，再焊接法兰焊口的方法进行法兰焊接；

6）螺栓应涂防锈油脂保护；

7）法兰连接应使用同一规格的螺栓，安装方向应一致，紧固螺栓时应对称、均匀地进行，松紧适度；紧固后丝扣外露长度应为2～3倍螺距，需要用垫圈调整时，每个螺栓应采用一个垫圈；

8）法兰内侧应进行封底焊；

9）法兰与附件组装时，垂直度允许偏差为2～3mm。

**5. 阀门安装应符合下列规定**

（1）按设计要求校对型号，外观检查应无缺陷、开闭灵活；

（2）清除阀口的封闭物及其他杂物；

（3）阀门的开关手轮应放在便于操作的位置；水平安装的闸阀、截止阀的阀杆应处于上半周范围内；

（4）当阀门与管道以法兰或螺纹方式连接时，阀门应在关闭状态下安装；当阀门与管道以焊接方式连接时，阀门不得关闭；

（5）有安装方向的阀门应按要求进行安装，有开关程度指示标志的应准确；

（6）并排安装的阀门应整齐、美观、便于操作；

（7）阀门运输吊装时，应平稳起吊和安放，不得用阀门手轮作为吊装的承重点，不得损坏阀门，已安装就位的阀门应防止重物撞击；

（8）水平管道上的阀门，其阀杆及传动装置应按设计规定安装，动作应灵活；

（9）焊接蝶阀应符合下列要求：

1）阀板的轴应安装在水平方向上，轴与水平面的最大夹角不应大于60°，严禁垂直安装；

2）焊接安装时，焊机地线应搭在同侧焊口的钢管上；

3）安装在立管上时，焊接前应向已关闭的阀板上方注入深100mm以上的水；

4）焊接完成后，进行2次或3次完全的开启以证明阀门是否能正常工作。

（10）焊接球阀应符合下列要求：

1）球阀焊接过程中要进行冷却；

2）球阀安装焊接时球阀应打开；

3）阀门在焊接完成后应降温后才能投入使用。

**6. 热力站、中继泵站及通用组装件安装**

设备安装前，应按设计要求核验规格、型号和质量，设备应有说明书和产品合格证。

对设备开箱应按下列项目进行检查，并应做出记录：

（1）箱号和箱数以及包装情况；

（2）设备名称、型号和规格；

（3）装箱清单、设备的技术文件、资料和专用工具；

（4）设备有无缺损件，表面有无损坏和锈蚀等；

（5）其他需要记录的情况。

**7. 保温工程**

保温层施工应符合下列规定：

（1）当保温层厚度超过100mm时，应分为两层或多层逐层施工。

（2）保温棉毡、垫的保温厚度和密度应均匀，外形应规整，密度应符合设计要求。

（3）瓦块式保温制品的拼缝宽度不得大于 5mm。缝隙用石棉灰胶泥填满，并砌严密，瓦块内应抹 3～5mm 厚的石棉灰胶泥层，且施工时应错缝。当使用 2 层以上的保温制品时同层应错缝，里外层应压缝，其搭接长度不应小于 50mm。每块瓦应有 2 道镀锌钢丝或箍带扎紧，不得采用螺旋形捆扎方法。

（4）各种支架及管道设备等部位，在保温时应预留出一定间隙，保温结构不得妨碍支架的滑动和设备的正常运行。

（5）管道端部或有盲板的部位应敷设保温层。

**8. 试压、清洗、试运行**

（1）一级管网及二级管网应进行强度试验验和严密性试验。强度试验压力应为 1.5 倍的设计压力，严密性试验压力应为 1.25 倍设计压力，且不得低于 0.6MPa。

（2）热力站、中继泵站内的管道和设备的试验应符合下列规定：

1）站内所有系统均应进行严密性试验，试验压力应为 1.25 倍设计压力，且不得低 0.6MPa；

2）热力站内设备应按设计要求进行试验。当设备有特殊要求时，试验压力应按产品说明书或根据设备性质确定；

3）开式设备只做满水试验，以无渗漏为合格。

（3）供热管网的清洗应在试运行前进行。

（4）清洗方法应根据供热管道的运行要求、介质类别而定。可分为人工清洗、水力冲洗和气体吹洗。

（5）清洗前，应编制清洗方案。方案中应包括清洗方法、技术要求、操作及安全措施等内容。

（6）试运行应在单位工程竣工验收合格，热源已具备供热条件后进行。

（7）试运行前，应编制试运行方案。在环境温度低于 5℃进行试运行时，应制定可靠的防冻措施。试运行方案应由建设单位、设计单位进行审查同意，并应进行技术交底。

（8）试运行应符合下列要求：

1）供热管线工程宜与热力站工程联合进行试运行；

2）供热管线的试运行应有完善、灵敏、可靠的通信系统及其他安全保障措施；

3）在试运行期间，管道法兰、阀门、补偿器及仪表等处的螺栓应进行热拧紧。热拧紧时的运行压力应为 0.3MPa 以下，温度宜达到设计温度，螺栓应对称、均匀适度紧固。在热拧紧部位应采取保护操作人员安全的可靠措施；

4）试运行期间发现的问题，属于不影响试运行安全的，可待试运行结束后处理；若影响试运行安全，必须当即停止试运行，进行处理。试运行的时间，应从正常试运行状的时间开始运行 72h；

5）供热工程应在建设单位、设计单位认可的参数下试运行，试运行的时间应为连续运行 72h。试运行应缓慢地升温，升温速度不应大于 10℃/h。在低温试运行期间，应对管道、设备进行全面检查，支架的工作状况应做重点检查。在低温试运行正常以后，可再缓慢升温到试运行参数下运行；

6）试运行期间，管道、设备的工作状态应正常，并应做好检验和考核的各项工作及试运行资料等记录。

**9. 竣工验收**

(1) 工程质量验收分为“合格”和“不合格”。不合格的不予验收，直到返修、返工合格为止。

(2) 工程质量验收按分项、分部、单位工程划分。

1) 分项工程包括下列内容：

① 沟槽、模板、钢筋、混凝土（垫层、基础、构筑物）、砌体结构、防水、止水带、预制构件安装、回填土等土建分项工程；

② 管道安装、支架安装、设备及管路安装、焊接、管道防腐及保温等热机分项工程；

③ 热力站、中继泵站的建筑和结构部分等按现行国家有关标准执行。

2) 分部工程宜按长度、专业或部位划分为若干个分部工程。如工程规模小，可不划分部工程。

3) 单位工程宜为一个合同项目。

(3) 验收评定应符合下列要求：

1) 分项工程符合下列两项要求者，为“合格”：

① 主控项目（在项目栏列有△者）的合格率应达到100%。

② 一般项目的合格率不应低于80%，且不符合规范要求的点，其最大偏差应在允许偏差的1.5倍之内。

凡达不到合格标准的分项工程，必须返修或返工，直到合格。

2) 分部工程的所有分项工程均为合格，则该分部工程为合格。

3) 单位工程的所有分项工程均为合格，则该单位工程为合格。

## 4.5 管道非开挖施工技术

管道非开挖施工的方法很多，最常用的是顶管法，此外还有牵引管法、盾构法、气动矛铺管法和夯管锤铺管法等，本节重点介绍顶管和牵引管法施工技术。

### 4.5.1 顶管法施工技术

顶管施工不用开挖沟槽就能完成铺管，具有不影响交通、土方开挖量小等优点，而且受冬季、雨季的影响。在繁华市区或管线埋设较深时往往是唯一经济可行的方法。

顶管施工的操作过程如图4-10所示。在敷设管道前，管线的一端或两端先建造一个工作坑（竖井），在坑内安装后背墙、千斤顶和导轨等设施，将管道放在千斤顶前面的导轨上，管道的首节是工具管，千斤顶顶进时，把管道压入土中，进入工具管的泥土被不断挖掘运出管外。当千斤顶达到最大行程后缩回，放入顶铁，断续顶进，管道不断向土中延伸。当坑内导轨上的管道几乎全部顶入后，缩回千斤顶，吊去顶铁，将下一节管段吊下，安装在已顶入管段的后面继续顶进，如此循环施工，直至顶完全程。

顶管多为直线顶进，近年来也在进行曲线顶进的探索和尝试。目前，在顶管施工中最为流行的有三种平衡理论：气压平衡、泥水平衡和土压平衡理论。

顶管施工流程：工作坑设置→设备安装→顶进→测量与纠偏→出洞。

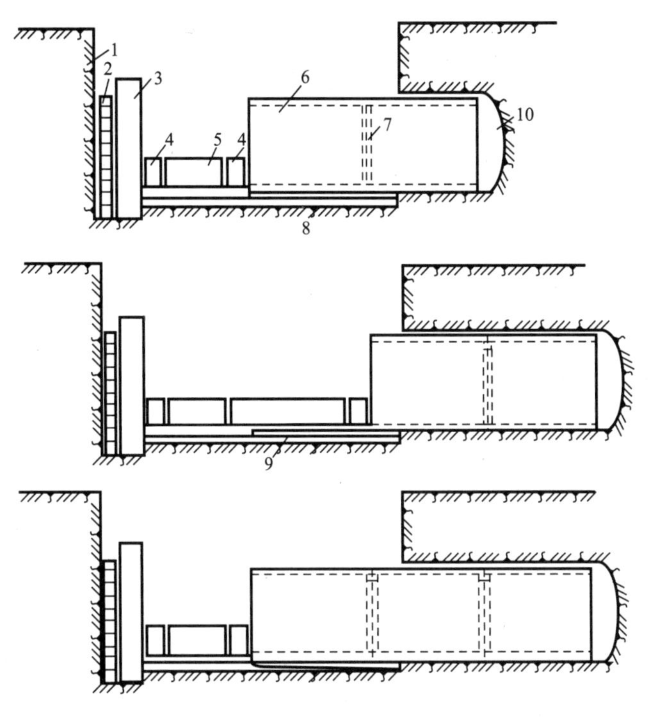


图 4-10　掘进顶管过程示意图

1—后座墙；2—后背；3—立铁；4—横铁；5—千斤顶；6—管子；
7—内涨圈；8—基础；9—导轨；10—掘进工作面

**1. 工作坑**

工作坑也称为竖井，是顶管施工起始点、终结点、转向点的临时设施。工作坑中除安装有顶进系统外，还设有导轨、后背及后座墙、密封门、排水坑等设备。

(1) 位置的选择

工作坑位置应根据地形、管线设计、地面障碍物情况等因素确定。一般按下列条件进行选择：

1) 管道井室的位置；

2) 可利用坑壁土体作后背支承；

3) 便于排水、出土和运输；

4) 对地上与地下建筑物、构筑物易于采取保护和安全措施；

5) 距电源和水源较近、交通方便；

6) 单向顶进时宜设在下游一侧。

(2) 工作坑的种类与尺寸

由于工作坑的作用不同，其称谓也有所不同，如管道只向一个方向顶进的工作坑称单向坑。向一个方向顶进而又不会因顶力增大而导致管端压裂或后背墙或后座墙破坏所能达到的最大长度，称为一次顶进长度。一次顶进长度因管材、顶进土质、后背和后座墙种类及其强度，顶进技术、管子埋设深度不同而异。为了增加从一个工作坑顶进的管道有效长度，可以采用双向坑。根据不同功能，其他工作坑还有转向坑、多向坑、交汇坑、接收坑等。工作坑一般为单管顶进。有时，两条或三条管道在同一工作坑内也可同时或先后顶进。

工作坑的尺寸要考虑管道下放、各种设备进出、人员上下、坑内操作等必要空间以及排弃土的位置等。其平面形状一般采用矩形。

矩形工作坑的底部宜符合下列公式要求：

$$B = D_1 + S \quad \text{式(4-5)}$$

$$L = L_1 + L_2 + L_3 + L_4 + L_5 \quad \text{式(4-6)}$$

式中 $B$——矩形工作坑的底部宽度（m）；

$D_1$——管道外径（m）；

$S$——操作宽度，可取 2.4～3.2（m）；

$L$——矩形工作坑的底部长度（m）；

$L_1$——工具管长度（m）。当采用管道第一节管作为工具管时，钢筋混凝土管不宜小于 0.3m；钢管不宜小于 0.6m；

$L_2$——管节长度（m）；

$L_3$——运土工作间长度（m）；

$L_4$——千斤顶长度（m）；

$L_5$——后背墙的厚度（m）。

工作坑深度应符合下列公式要求：

$$H_1 = h_1 + h_2 + h_3 \quad \text{式(4-7)}$$

$$H_2 = h_1 + h_3 \quad \text{式(4-8)}$$

式中 $H_1$——顶进坑地面至坑底的深度（m）；

$H_2$——接受坑地面至坑底的深度（m）；

$h_1$——地面至管道底部外缘的深度（m）；

$h_2$——管道外缘底部至导轨底面的高度（m）；

$h_3$——基础及其垫层的厚度。但不应小于该处井室的基础及垫层厚度（m）。

（3）结构形式

工作坑的结构应具备足够的安全度。一般可采用木桩、钢板桩、沉井或地下连续壁支撑形成封闭式框架。当采用永久性构筑物作工作坑时，亦可采用钢筋混凝土结构等。其结构应坚固、牢靠，能全方向地抵抗土压力、地下水压力及顶进时的顶力。矩形工作坑的四角应加斜撑。

（4）后背墙与后背土体

后背墙是将顶管的顶力传递至后背土体的墙体结构。当后背土体土质较好时，后背墙可以依靠原土加排方木修建。根据施工经验，当顶力小于 4000kN 时，后座墙后的原土厚度不小于 7.0m 就不致发生明显位移现象。

采用装配式后背墙时应符合下列规定：

① 装配式后背墙宜采用方木、型钢或钢板等组装。组装后的后背墙应有足够的强度和刚度；

② 后背墙壁面应平整，并与管道顶进方向垂直；

③ 装配式后背墙的底端宜在工作坑底以下，不宜小于 50cm；

④ 后背墙壁面应与后背贴紧，有孔隙时应采用砂石料填塞密实；

⑤ 组装后背墙的构件在同层内的规格应一致。各层之间的接触应紧贴，并层层固定。

当无原土作后背墙支撑时，应设计结构简单、稳定可靠、就地取材、拆除方便的人工后背墙。也可利用已顶进完毕的管道作后背。此时应使待顶管道的顶力应小于已顶管道的顶力，同时在后背钢板与管口之间衬垫缓冲材料，保护已顶入管道的接口不受损伤。

当土质条件差、顶距长、管径大时，可采用地下连续墙式后背墙、沉井式后背墙和钢板桩式后背墙。

后背墙的强度和刚度应满足传递最大顶力的需要。其宽度、高度、厚度应根据顶力的大小、合力中心的位置、坑外被动土压力的大小等来计算确定。

**2. 设备安装**

（1）导轨

导轨不仅使管节在未顶进以前起稳定位置的作用，更重要的是它能导引管节沿着要求的中心线和坡度向土中推进。因此，导轨的安装是保证顶管工程质量的关键一环。导轨应选用钢质材料制作，两导轨应顺直、平行、等高，其纵坡应与管道设计坡度一致；导轨安装的允许偏差为：轴线位置：3mm；顶面高程：0～＋3mm；两轨内距：±2mm。安装后的导轨应牢固，不得在使用中产生位移，并应经常检查校核。

（2）千斤顶与油泵

千斤顶宜固定在支架上，并与管道中心的垂线对称，其合力的作用点应在管道中心的垂直线上；千斤顶合力作用点除与管道中心的垂线对称外，其高提的位置，一般位于管子总高 1/4～1/5 处。若高提值过大则促使管节愈顶愈低。当千斤顶多于一台时，宜取偶数，且其规格宜相同；当规格不同时，其行程应同步，并应将同规格的千斤顶对称布置；千斤顶的油路应并联，每台千斤顶应有进油、退油的控制系统。

油泵宜设置在千斤顶附近，油管应顺直、转角少；油泵应与千斤顶相匹配，并应有备用油泵。油泵安装完毕，应进行试运转；顶进开始时，应缓慢进行，待各接触部位密合后，再按正常顶进速度顶进；顶进中若发现油压突然增高，应立即停止顶进，检查原因并经处理后方可继续顶进；千斤顶活塞退回时，油压不得过大，速度不得过快。

（3）顶铁

顶铁是顶进管道时，千斤顶与管道端部之间临时设置的传力构件。其作用一是将千斤顶的合力通过顶铁比较均匀地分布在管端；二是调节千斤顶与管端之间的距离，起到伸长千斤顶活塞的作用。因此，顶铁应有足够的强度和刚度，精度必须符合设计要求。

顶铁分为：

① 横铁：此种顶铁使用时与顶力方向垂直，起梁的作用，一般长度为 1.2m，1.5m，1.8m，2.0m 等几种规格。

② 顺铁：此种顶铁使用时与顶力方向一致，起柱的作用。

③ 弧形或环形顶铁：此种顶铁用于管端接口部位，以避免接口损伤。

顶铁是用工字钢或槽钢拼焊而成。

（4）起重设备

起重设备主要作用是下管、提升坑内堆积的挖掘出土到地面。设备的选用应根据最大提升重量考虑。使用时应注意安全，严禁超负荷运行。

**3. 顶进**

管道顶进的过程包括挖土、顶进、运土、测量、纠偏等工序。从管节位于导轨上开始顶进起至完成这一顶管段止，始终控制这些工序，就可保证管道的轴线和高程的施工质量。

（1）顶进应具备的条件

顶进前应检查准备工作，确认条件具备时方可顶进。检查内容主要包括：全部设备经过检查并试运转；工具管在导轨上的中心线、坡度和高程应符合要求；防止流动性土或地下水由洞口进入工作坑的措施；开启封门的措施。

在软土层中顶进混凝土管时，为防止管节飘移，可将前3～5节管与工具管连成一体。

（2）顶进与开挖

手工掘进顶管法是顶管施工中最简单而广泛采用的一种方法。下面仅介绍采用手工掘进顶管发的操作要点。

① 挖土顺序：工具管接触或切入土层后，应自上而下分层开挖；

② 前方超挖量：工具管迎面的超挖量应根据土质条件确定，并制定安全保护措施，一般为30～60cm，土质好时可达1m左右。地面有振动荷载时，要严格限制每次开挖纵深；

③ 管侧及管顶超挖量：采用手工挖土时允许超挖，可减小顶力。为了纠偏，也常需要超挖。但管侧及管顶超挖过多则可能引起土体坍塌，增大地面沉降及增大顶力。因此，顶管过程中必须保证开挖断面形状的正确。在允许超挖的稳定土层中正常顶进时，管下部135°范围内不得超挖；

④ 顶进应连续作业。管道顶进过程中出现以下情况：工具管前方遇到障碍；后背墙变形严重；顶铁发生扭曲现象；管位偏差过大且校正无效；顶力超过管端的允许顶力；油泵、油路发生异常现象；接缝中漏泥浆等情况时，应停止顶进，并及时处理；

当管道停止顶进时，应采取防止管前坍方的措施；

⑤前方挖出的土，应及时运出管外，避免管端因堆土过多而下沉。可用卷扬机牵引或电动、内燃的运土小车在管内进行有轨或无轨运土，也可用皮带运输机运土。土运到工作坑后，由起重设备吊运到工作坑外。

**4. 测量与纠偏**

（1）测量

顶管施工中的测量，应建立地面与地下测量控制系统，控制点应设在不易扰动、视线清楚、方便校核、利于保护处。在管道顶进的全部过程中应控制工具管前进的方向，并应根据测量结果分析偏差产生的原因和发展趋势，确定纠偏的措施。测量工作应及时、准确，保证管节位置正确。测量工作应按要求进行，以便及时发现管道的偏移。当第一节管就位于导轨上以后即进行校测，符合要求后开始顶进。在工具管刚进入土层时，每顶进30cm，测量不小于1次，进入正常顶进作业后，每顶进100cm测量不少于1次，每次测量都以测量管子的前端位置为准。纠偏时应增加测量次数；全段顶完后，应在每个管节接口处测量其轴线位置和高程；有错口时，应测出相对高差。测量记录应完整、清晰。

① 高程测量：可用水准仪测量。

② 轴线测量：可用经纬仪监测。

③ 转动测量：用垂球测量。

采用激光经纬仪或全站仪测量。测量时，在工作坑内安装激光发射器，按照管线设计的坡度和方向将发射器调整好。同时管内装上接受靶，靶上刻有尺度线，当管道与设计位置一致时，激光点直射靶心，说明顶进质量良好，没有偏差，见图 4-11。

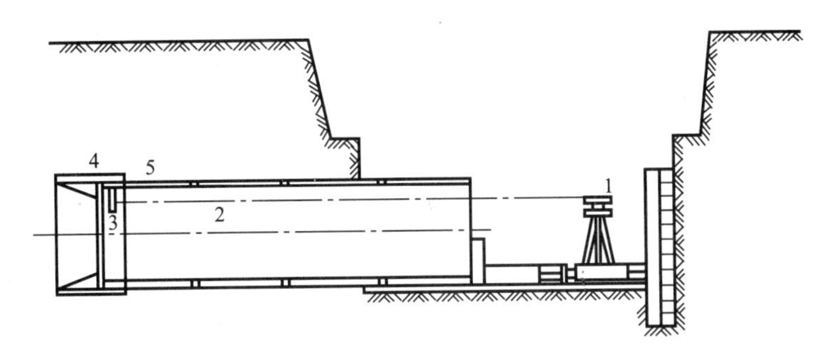


图 4-11　掘进顶管过程示意图

1—激光经纬仪；2—激光束；3—激光接收靶；4—刃脚；5—管节

（2）纠偏

为保证管道施工质量，必须及时纠偏，做到“勤测、勤纠”。尤其是在开始顶进阶段，应及时纠偏。纠偏时应先分析产生偏差的原因，再采取相应的纠正措施。

① 挖土校正法

这是采用在不同部位增减挖土量的办法，以达到校正的目的。校正误差范围一般不大于 10～20mm。该法多用于黏土或地下水位以上的砂土中。具体纠偏方法如下：

管内挖土纠偏：开挖面的一侧保留土体，另一侧被开挖，顶进时土体的正面阻力移向保留土体的一侧。管道向该侧纠偏。

管外挖土纠偏：管内的土被挖净，并挖出刃口，管外形成洞穴。洞穴的边缘，一边在刃口内侧，一边在刃口外侧，顶进时管道顺着洞穴方向移动。

② 工具管纠偏

有纠偏装置的工具管，可以依靠纠偏千斤顶改变刃口的方向，实现纠偏。

③ 强制纠偏法

当偏差大于 20mm 时，用挖土法不易校正，可用圆木或方木顶在管子偏离中心的一侧管壁上，另一端装在垫有钢板或木板的管前土壤上，支架稳固后，利用千斤顶给管子顶力，使管子得到校正，如图 4-12 所示。图 4-13 和图 4-14 分别给出了下陷和错口的强制校正法示意图。

图 4-12　强制纠偏

(a) 支托法；(b) 斜撑法

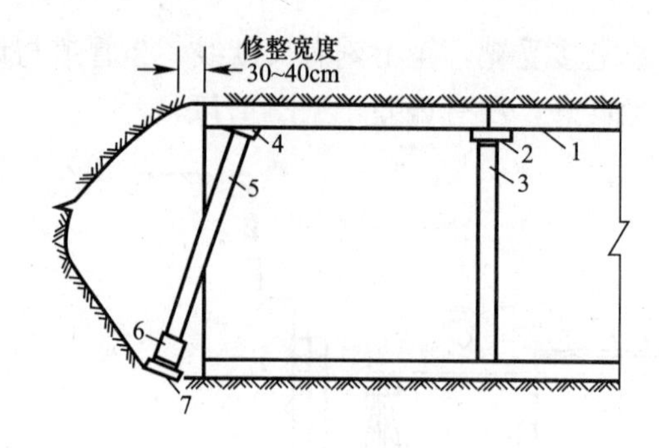


图 4-13 下陷校正

1—管子；2—木楔；3—内涨圈；4—楔子

5—支柱；6—校正千斤顶；7—垫板

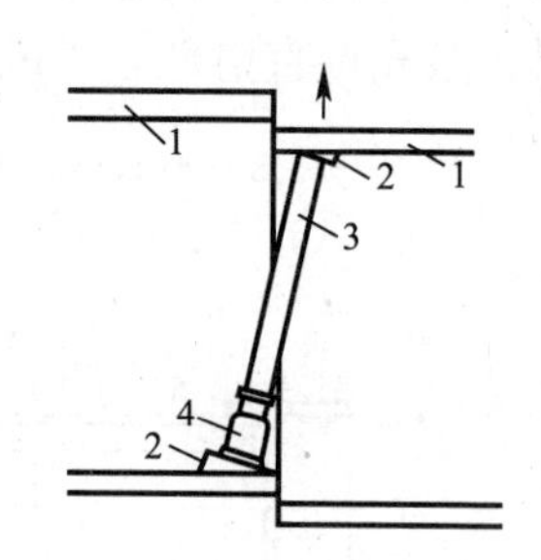


图 4-14 错口校正

1—管子；2—楔子；

3—立柱；4—楔子

**5. 顶管施工的质量检查要求**

（1）工作井结构的强度、刚度和尺寸应满足设计要求，地下水无滴漏和线流现象；

（2）混凝土结构的抗压强度等级、抗渗等级符合设计要求；

（3）结构无明显渗水和水珠现象；

（4）工作井的后背墙应坚实、平整；

（5）两导轨应顺直、平行、等高；导轨与基座连接牢固可靠，在使用中不得产生位移；

（6）允许偏差应符合表 4-11 的规定。

**工作井施工允许偏差** **表 4-11**

| 检查项目 | | | | 允许偏差（mm） | 检查数量 | | 检查方法 |
|---|---|---|---|---|---|---|---|
| | | | | | 范围 | 点数 | |
| 1 | 井内导轨安装 | 顶面高程 | 顶管、夯管 | +3，0 | 每座 | 每根导轨 2 点 | 用水准仪测量水平尺量测 |
| | | | 盾构 | +5，0 | | | |
| | | 中心水平位置 | 顶管、夯管 | 3 | | 每根导轨 2 点 | 用经纬仪测量 |
| | | | 盾构 | 5 | | | |
| | | 两轨间距 | 顶管、夯管 | ±2 | | 2 个断面 | 用钢尺量测 |
| | | | 盾构 | ±5 | | | |
| 2 | 盾构后座管片 | 高程 | | ±10 | 每环底部 | 1 点 | 用水准仪测量 |
| | | 水平轴线 | | ±10 | | 1 点 | |
| 3 | 井尺寸 | 矩形 | 每侧长、宽 | 不小于设计要求 | 每座 | 2 点 | 挂中线用尺量测 |
| | | 圆形 | 半径 | | | | |
| 4 | 进、出井预留洞口 | | 中心位置 | 20 | 每个 | 竖、水平各 1 点 | 用经纬仪测量 |
| | | | 内径尺寸 | ±20 | | 垂直向各 1 点 | 用钢尺量测 |
| 5 | 井底板高程 | | | ±30 | 每座 | 4 点 | 用水准仪测量 |
| 6 | 顶管、盾构工作井后背墙 | | 垂直度 | 0.1%$H$ | 每座 | 1 点 | 用垂线、角尺量测 |
| | | | 水平扭转度 | 0.1%$L$ | | | |

注：$H$ 为后背墙的高度（mm）；$L$ 为后背墙的长度（mm）。

顶管施工应符合下列规定：

（1）管节及附件等工程材料的产品质量应符合国家有关标准规定和设计要求；

（2）接口橡胶圈安装位置正确，无位移、脱落现象；钢管的接口焊接质量应符合规范的相关规定，焊缝无损探伤检验符合设计要求；

（3）无压管道的坡度无明显倒坡现象；曲线顶管的实际曲率半径符合设计要求；

（4）管道接口端部应无破损、顶裂现象，接口处无滴漏；

（5）管道内应线形平顺、无突变、变形现象；一般缺陷部位，应修补密实、表面光洁；管道无明显渗水和水珠现象。

（6）管道与工作井出、进洞口的间隙连接牢固，洞口无渗漏水；

（7）钢管防腐层及焊缝处的防腐质量验收合格；

（8）有内防腐层的钢筋混凝土管道，防腐层应完整、附着紧密；

（9）管道内应清洁，无杂物、油污；

（10）贯通后管道的允许偏差应符合表 4-12 的规定。

**顶管施工贯通后管道的允许偏差** **表 4-12**

<table>
<tr><th colspan="4" rowspan="2">检查项目</th><th rowspan="2">允许偏差（mm）</th><th colspan="2">检查数量</th><th rowspan="2">检查方法</th></tr>
<tr><th>范围</th><th>点数</th></tr>
<tr><td rowspan="3">1</td><td rowspan="3">直线顶管水平轴线</td><td colspan="2">顶进长度<300m</td><td>50</td><td rowspan="24">每管节</td><td rowspan="24">1点</td><td rowspan="3">用经纬仪测量或挂中线用尺量测</td></tr>
<tr><td colspan="2">300m≤顶进长度<1000m</td><td>100</td></tr>
<tr><td colspan="2">顶进长度≥1000m</td><td>L/10</td></tr>
<tr><td rowspan="4">2</td><td rowspan="4">直线顶管内底高程</td><td rowspan="2">顶进长度<300m</td><td>$Di$<1500</td><td>+30，−40</td><td rowspan="2">用水准仪或水平仪测量</td></tr>
<tr><td>$Di$≥1500</td><td>+40，−50</td></tr>
<tr><td colspan="2">300m≤顶进长度<1000m</td><td>+60，−80</td><td rowspan="2">用水准仪测量</td></tr>
<tr><td colspan="2">顶进长度≥1000m</td><td>+80，-100</td></tr>
<tr><td rowspan="6">3</td><td rowspan="6">曲线顶管水平轴线</td><td rowspan="3">$R$≤150$Di$</td><td>水平曲线</td><td>150</td><td rowspan="6">用经纬仪测量</td></tr>
<tr><td>竖曲线</td><td>150</td></tr>
<tr><td>复合曲线</td><td>200</td></tr>
<tr><td rowspan="3">$R$>150$Di$</td><td>水平曲线</td><td>150</td></tr>
<tr><td>竖曲线</td><td>150</td></tr>
<tr><td>复合曲线</td><td>150</td></tr>
<tr><td rowspan="6">4</td><td rowspan="6">曲线顶管内底高程</td><td rowspan="3">$R$≤150$Di$</td><td>水平曲线</td><td>+100，−150</td><td rowspan="6">用水准仪测量</td></tr>
<tr><td>竖曲线</td><td>+150，−200</td></tr>
<tr><td>复合曲线</td><td>±200</td></tr>
<tr><td rowspan="3">$R$>150$Di$</td><td>水平曲线</td><td>+100，−150</td></tr>
<tr><td>竖曲线</td><td>+100，−150</td></tr>
<tr><td>复合曲线</td><td>±200</td></tr>
<tr><td rowspan="2">5</td><td colspan="2" rowspan="2">相邻管间错口</td><td>钢管、玻璃钢管</td><td>≤2</td><td rowspan="5">用钢尺量测，见规范有关规定</td></tr>
<tr><td>钢筋混凝土管</td><td>15%壁厚，且≤20</td></tr>
<tr><td>6</td><td colspan="3">钢筋混凝土管曲线顶管相邻管间接口的最大间隙与最小间隙之差</td><td>≤$\Delta S$</td></tr>
<tr><td>7</td><td colspan="3">钢管、玻璃钢管道竖向变形</td><td>≤0.03$Di$</td></tr>
<tr><td>8</td><td colspan="3">对顶时两端错口</td><td>50</td></tr>
</table>

注：$Di$ 为管道内径（mm）；$L$ 为顶进长度（m）；$\Delta S$ 为曲线顶管相邻管节接口允许的最大间隙与最小间隙之差（mm）；$R$ 为曲线顶管的设计曲率半径（mm）。

**6. 顶管施工专项方案**

洪武北路与中山东路污水节点工程顶管施工专项施工方案主要内容包括以下方面（具体内容略）：

（一）编制依据

（二）编制原则

（三）工程概况

（四）工程地质资料

（五）施工筹划

（六）施工组织保证措施

（七）顶管机具主要构成及性能

（八）D1500 顶管施工方案

（九）D1500 顶管施工技术控制措施

（十）针对本工程顶管施工技术措施

（十一）顶管工程施工监测

（十二）关于已建地铁 2 号线区间隧道的监护

（十三）质量保证措施

（十四）安全保证措施

（十五）应急预案

### 4.5.2 牵引管施工技术

**1. 普通牵引法**

铺设管线地段的两端开挖工作坑，在两工作坑间用水平钻机钻成通孔，孔径略大于穿过的钢丝绳直径，在孔内安放钢丝绳。在后方工作坑内进行安管、挖土、出土、运土等工作，操作与顶管法相同，但不需要设置后背设施。在前方工作坑内安装张拉千斤顶，用千斤顶牵引钢丝绳把管道拉向前方，不断地下管、锚固、牵引，直到将全部管道牵引入土为止。

普通牵引法适用于直径大于 800mm 的钢筋混凝土管、短距离穿越障碍物的钢管的敷设。在地下水位以上的黏性土、粉土、砂土中均可采用，施工误差小、质量高，是其他顶进方法所难以比拟的。

施工时于斤顶的牵引力很大，必须将钢丝绳的两端锚固后才能牵引。锚具可根据牵引力大小选用。固定锚具用于后方工作坑，固定牵引钢丝绳的后端；张拉锚具用于前方工作坑的张拉千斤顶上，用以固定钢丝绳的牵引端。

该法把后方顶进管道改为前方牵引管道，因此不需要设置后背和顶进设备，施工简便，可增加一次顶进长度，施工偏差小；但钻孔精度要求严格，钢丝绳强度及锚具质量要求高，以免发生安全和质量事故。

**2. 牵引挤压法**

该方法同普通牵引法一样，先在两工作坑间用水平钻机钻成通孔，孔径略大于穿过的钢丝绳直径，在孔内安放钢丝绳。在后方工作坑内安装锥形刃脚，刃脚的直径与被牵引管道的管径相同，安装在管节前端。刃脚通过钢丝绳的牵引先挤入土内，将管前土沿锥形面挤到管壁周围，形成与被牵引管道管径相同的土洞，带动后面的管节沿着土洞前进。

牵引挤压法适用于在天然含水量的黏性土、粉土和砂土中，敷设管径不超过 400mm 的焊接接口钢管，管顶覆土厚度一般不小于管径的 5 倍，以免地面隆起，牵引距离一般不超过 40m。

牵引挤压法的工效高、误差小、设备简单、操作简易、劳动强度低，不需要挖土、运土，用工较少。但只能牵引小口径的钢管，使用受到了一定程度的限制。

**3. 牵引顶进法**

牵引顶进法是在前方工作坑内牵引导向的盾头，而在后方工作坑内顶入管道的施工方法。在施工过程中，由盾头承担顶进过程中的迎面阻力，而顶进千斤顶只承担由土压及管重产生的摩擦阻力，从而减轻了顶进千斤顶的负担，在同样条件下，可比管道牵引及顶管法的顶进距离大。牵引顶进用的盾头，一般由刃脚、工具管、防护板及环梁组成。

牵引顶进法吸取了牵引和顶进技术的优点，适用于在黏土、砂土，尤其是较硬的土质中，进行钢筋混凝土排水管道的敷设，管径一般不小于 800mm。由于千斤顶负担的减轻，与普通牵引法和普通顶管法相比，在同样条件下可延长顶进距离。

**4. 牵引贯入法**

该方法同普通牵引法一样，先在两工作坑间用水平钻机钻成通孔，孔径略大于穿过的钢丝绳直径，在孔内安放钢丝绳。在后方工作坑内安装盾头式工具管，在工具管后面不断焊接薄壁钢管，钢丝绳牵引工具管前行，后面的钢管也随之前行。在钢管前进的过程中，土被切入管内，待钢管全部牵引完毕后，再挖去管内的土。

牵引贯入法适用于在淤泥、饱和粉质黏土、粉土类软土中，敷设钢管。管径不小于 800mm，以便进入管内挖土。牵引距离一般为 40～50m，最大不超过 60m。由于牵引过程中管内不出土，导致牵引力增大，所需张拉千斤顶的数量多，增加了移动机具的时间，使牵引贯入法的施工速度较慢。

### 4.5.3 气动矛法简介

气动矛法是利用气动冲击矛（靠压缩空气驱动的冲击矛）进行管道的非开挖铺设方法。施工时先在欲铺设管线地段的两端开挖发射工作坑和目标工作坑，其大小根据矛体的尺寸、管道铺设的深度、管道类型等确定。在发射工作坑中放入气动冲击矛，并置于发射架上，用瞄准仪调整好矛体的方向和深度。在压缩空气的作用下启动冲击矛内的活塞做往复运动，不断冲击矛头，矛头挤压周围的土层形成钻孔，并带动矛体沿着预定的方向进入土层。当矛体的 1/2 进入土层后，再用瞄准仪。

## 4.6 构筑物施工技术

给排水等工程构筑物包括各类水池、沉井、地下地表取水构筑物等工程。考虑到这类构筑物本身的多样性、地区性施工条件的差异，因而施工工艺和方法也是多种多样的。本节主要介绍具有代表性的现浇钢筋混凝土水池和沉井的施工技术要点。

### 4.6.1 现浇钢筋混凝土水池施工

在施工实践中，常采用现浇钢筋混凝土建造各类水池等构筑物以满足生产工艺、结构类型和构造的不同要求。现浇混凝土构筑物除了具有常规钢筋混凝土工程的施工工艺和施工方法外，还有其特殊性，本节介绍现浇混凝土水池的施工技术。

**1. 提高水池混凝土防水性能的措施**

水构筑物经常贮存水体埋于地下或半地下，一般承受较大水压和土压力。因此，除须满足结构强度外，还应保证它具有足够的防水性能以及在长期正常使用条件下具良好的水密性、耐蚀性、抗冻性等耐久性能。

浇筑水池等水构筑物结构的混凝土通常采用外加剂防水混凝土和普通防水混凝土，以提高防水性能。

（1）外加剂防水混凝土

外加剂防水混凝土是指用掺入适量外加剂方法，改善混凝土内部组织结构，增加密实度来提高抗渗性的混凝土。

（2）普通防水混凝土

普通防水混凝土就是在普通混凝土骨料级配的基础上，通过调整和控制配合比方法，来提高自身密实度和抗渗性的一种混凝土。

由于普通混凝土是非匀质性材料，内部分布有许多大小不等以及彼此连通的孔隙。孔隙和裂缝是造成渗漏的主要因素，提高混凝土的抗渗性就要提高其密实，控制孔隙，减少裂缝。

普通防水混凝土是一种富砂浆混凝土，确保水泥砂浆的密实性，使具有一定量和质量的砂浆能在粗骨料周围形成一定浓度的良好的砂浆包裹层，将粗骨料分隔开，混凝土硬化后，密实度高的水泥砂浆不仅起着填充和粘结粗骨料的作用，并切断混凝土内部沿石子表面形成的连通毛细渗水通道，使混凝土具有较好的抗渗性和耐久性。可见，普通防水混凝土具有实用、经济、施工简便的优点。

研究和实践表明，采用普通防水混凝土，为了提高混凝土的抗渗性，在施工中应注意如下问题：

1）选择合适的配合比。应合理选择调整混凝土配合比的各项技术参数，并须通过试配求得符合设计要求的防水混凝土最佳配合比。

① 水灰比。水灰比值的选择，应以保证混凝土的抗渗性和与之相适应的和易性，便于施工操作为原则，水灰比过大或过小，均不利于防水混凝土的抗渗性。实践表明，当水灰比大于0.6时，抗渗和抗冻性将明显下降。一般以0.5～0.6较为适宜。

② 水泥用量。水灰比选定后，水泥用量是直接影响混凝土中水泥砂浆数量和质量的关键。在砂率已定条件下，如水泥用量过小，不仅使混凝土拌合物和易性差，而且会使混凝土内部产生孔隙，从而降低密实度。一般防水混凝土水泥用量以不小于320kg/m$^3$为宜，水泥强度等级也不宜低于42.5级。

③ 砂率。防水混凝土的砂率以35%～40%为宜。

④ 灰砂比。对于富砂浆的普通防水混凝土，灰砂比表示水泥砂浆的浓度，水泥包裹砂粒的情况，是衡量填充石子空隙的水泥砂浆质量的指标。灰砂比大小与抗渗性直接有关，根据以往实践经验，灰砂比应控制在1：2～1：2.5的范围为宜。

⑤ 坍落度。在选定水灰比和砂率后，应控制坍落度。一般防水混凝土的坍落度以3～5cm为宜。泵送混凝土施工时坍落度为8～18cm。坍落度过大，易使混凝土拌合物产生泌

水现象，泌水通道在混凝土内部形成毛细孔道，使抗渗性下降。为了改善混凝土拌合物的施工和易性，可掺入适量外加剂。

2）改善施工条件，精心组织施工

普通防水混凝土水池结构的优劣，还与施工质量密切相关。因此，对施工中的各主要工序，如混凝土搅拌、运输、浇筑、振捣、养护等，都应严格遵守施工及验收规范和操作规程的规定组织实施。

① 混凝土搅拌：防水混凝土应采用机械搅拌，搅拌时间比普通混凝土略长，一般不应少于 120s，以保证混凝土拌合物充分均匀。

② 混凝土运输：在运输过程中要防止漏浆和产生离析现象，常温下应在半小时内运至浇筑地点，并及时进行浇灌。在运距远或气温较高时，可掺入适量缓凝剂。

③ 混凝土浇筑和振捣：浇筑前，检查模板是否严密并用水湿润。如混凝土拌合物发生显著泌水、离析现象，应加入适量的原水灰比的水泥浆复拌均匀，方可浇灌。浇筑高度大于 2m 时应采用串筒、溜槽，以防发生混凝土拌合物中粗骨料堆积现象。混凝土应分层浇筑，每层厚度不宜超过 30～40cm，相邻两层浇筑时间间隔不应超过 2h，夏季可适当缩短。

防水混凝土应尽量采用连续浇筑方式，对于因结构复杂、工艺构造要求或体积庞大受施工条件限制的池类结构，而须间歇浇筑作业时，应选择合理部位设置施工缝。

混凝土的振捣应采用机械振捣，不应采用人工振捣。机械振捣能产生振幅不大，频率较高的振动，使骨料间摩擦力降低，增加水泥砂浆的流动性，骨料能更充分被砂浆所包裹，同时挤出混凝土拌合物中的气泡，以利增强密实度。

④ 混凝土的养护：混凝土浇筑达到终凝（一般为 4～6h）即应覆盖，浇水湿润养护不应少于 14d。防水混凝土的养护对其抗渗性能影响极大。在湿润条件下，混凝土内部水分蒸发缓慢，可使水泥充分水化，其生成物将毛细孔堵塞，使水泥石结晶致密，特别是养护的前 14d，水泥硬化快，强度增长几乎可达 28d 标准强度的 80%。由于对防水混凝土的养护要求较严，故不宜过早拆除模板。拆模时应使混凝土表面温度与环境温度之差不超过 15℃，以防产生裂缝。

此外，为了确保水池的防水性能良好，可在结构表面喷涂防护层或按重量比为 1∶2 的水泥砂浆（掺适量防水粉）抹面。为防止地下水渗透，亦可在外表面增涂沥青防水层等。

3）做好施工排水工作

在有地下水地区修建水池结构工程，必须作好排水工作，以保证地基土不被扰动，使水池不因地基沉陷而发生裂缝。施工排水须在整个施工期间不间断进行，防止因地下水上升而发生水池底板裂缝。

**2. 钢筋混凝土构筑物的整体浇筑**

贮水、水处理和泵房等地下或半地下钢筋混凝土构筑物是给水排水工程中常见的结构，特点是构件断面较薄，有的面积较大且有一定深度，钢筋一般较密。要求其具有高抗渗性和良好的整体性，因此需要连续浇筑。对这类结构的施工，须针对它的特点，着重解决好分层分段流水施工和选择合理的振捣作业。对于面积较小、深度较浅的构筑物，可将池底和池壁一次浇筑完毕。面积较大而又深的水池和泵房地坑，应将底板和池壁分开浇筑。

1）混凝土底板的浇筑

地下或半地下构筑物底板浇筑时，混凝土拌合物的垂直和水平运输可以采用多种方案。如布料杆混凝土泵车可以直接进行浇灌；塔式起重机、桅杆起重机等可以把拌合物料斗吊运到底板浇筑处。也可以搭设卸料台，用串桶、溜槽下料。

池底分平底和锥底两种。锥形底板从中央均匀向四周浇筑。浇筑时，混凝土不应下坠。因此，应根据底板水平倾角大小，设计混凝土的坍落度。

为了控制水池底板、管道基础等浇筑厚度，应设置高程标志桩，混凝土表面与标志桩顶取平；或设置高程线控制。

混凝土拌合物在硬化过程中会发生干缩。如果混凝土四周有约束，就会对混凝土产生拉应力。当新浇混凝土拌合物的强度还不足以承受拉应力时，就会产生收缩裂缝。钢筋能抵抗这种收缩，因此，素混凝土收缩量较钢筋混凝土收缩量大。同时浇捣的混凝土面积愈大，收缩裂缝愈可能产生。因此，要限制同时浇筑的面积，而且各块面积要间隔浇筑。

分块浇筑的底板，在块与块之间设伸缩缝，宽约 1.5～2cm，用木板预留。在混凝土收缩基本完成后，伸缩缝内填入膨胀水泥或沥青玛碲脂。这种施工方法的困难在于预留木板很难取出。为了避免剔取预留木板，可以放置止水带。

混凝土板用平板式或插入式振动器捣固。平板式振动器的有效振动深度一般为 20cm 两次振动点之间应有 3～5cm 搭接。混凝土墙或厚度大于平板武振动器有效捣固深度的板，采用插入式振动器，以振动器插点为中心的受振范围用振动器作用半径来表示。相邻插点应使受振范围有一定重叠。

振动时间与混凝土稠度有关。停振标准一般以混凝土拌合物内气泡不再上升、骨料不再显著下沉、表面已泛光即出现一层均匀水泥砂浆来控制。

底板混凝土振动后，用拍杠或抹子将表面压实找平。水池顶板的钢筋混凝土浇筑作法与底板基本相同。

2）混凝土池壁的浇筑

为了避免施工缝，混凝土池壁一般都采用连续浇筑。连续浇筑时，在池壁的垂直方向分层浇筑。每个分层称为施工层。相邻两施工层浇筑的时间间隔不应超过混凝土拌合物的初凝期。

一般情况下，池壁模板是先支设一侧，另一侧模板随着混凝土浇高而向上支设。先支起里模还是外模，要根据现场情况而定。同时，钢筋的绑扎、脚手架的搭设也随着浇筑而向上进行。施工层的高度根据混凝土的搅拌、运输、振动的能力确定。

施工时，在同一施工层或相邻施工层，进行钢筋绑扎、模板支设、脚手架支架、混凝土拌合物浇筑的平行流水作业。当预埋件和预留孔洞很多时，还应有检查预埋件的时间。

为了使各工序进行平行作业，应将池壁分成若干施工段。每个施工段的长度，应保证各项工序都有足够的工作前线。

如当浇筑工作量较大时，这样划分施工段不易保证两层混凝土浇筑的时间间隔小于混凝土初凝期。因此，当池壁长度很大时，可以划分若干区域，在每个区域实行平行流水作业。

混凝土拌合物每次浇筑厚度为 20～40cm。使用插入式振动器时，一般应垂直插入到下层尚未初凝的拌合物中 5～10cm，以促使上下层相互结合。振动时，要“快插慢拔”。快插，是防止只将表面的拌合物振实，与下面的混凝土拌合物发生分层、离析现象。慢拔，是使混凝土拌合物能填满振动棒抽出时形成的空洞。

**3. 构筑物严密性试验**

根据《给水排水构筑物工程施工及验收规范》（GB 50141—2008）要求，对给排水贮水或水处理构筑物，除检查强度和外观外，还应通过满水试验检验其严密性，以满足其功能要求。对消化池还应进行闭气试验。

（1）满水试验

满水试验是按构筑物工作状态进行的检查构筑物的渗漏量和表面渗漏是否满足要求的功能性检验。满水试验不应在雨天进行。

1）试验条件及工作准备

水池满水试验应满足下列条件：

① 池体的混凝土或砖石砌体的砂浆已达到设计强度；

② 现浇钢筋混凝土水池的防水层、防腐层施工以前以及回填土以前；装配式预应力混凝土水池在施加预应力以后，保护层喷涂以前；

③ 砖砌水池在防水层施工以后，石砌水池在勾缝以后；一般在基坑回填以前，若砖、石水池按有填土条件设计时，应在填土后达到设计规定以后。

试验前的准备工作：将池内清理干净，修补池内外的缺陷，临时封堵预留孔洞、预埋管口及进、出水孔等，并检查进水及排水阀门，不得渗漏；设置水位观测标尺，标定水位测计；准备现场测定蒸发量的设备；注水的水源应采用清水且做好注水和放水系统设施的准备工作。

2）注水

根据验收规范要求，向水池内注水宜分三次进行。第一次注水为设计水深的 1/3；第二次注水为设计水深的 2/3；第三次注水至设计水深。

对于大、中型水池，可先注水至池壁底部的施工缝以上，检查底板和施工缝处的抗渗质量，当无明显渗漏时，再继续注水至第一次注水深度。

注水时的水位上升速度不宜超过 2m/d。相邻两次注水的间隔时间，不应小于 24h。

每次注水宜测读 24h 的水位下降值，计算渗水量，在注水过程中和注水以后，应对水池作外观检查。当发现渗水量过大时，应停止注水。待作出处理后方可继续注水。

当设计单位有特殊要求时，应按设计要求执行。

3）水位观测

注水时的水位可用水位标尺测定。注水至设计水深进行渗水量测定时，应采用水位测针测定水位。水位测针的读数精度应达 1/10mm，注水至设计水深后至开始进行渗水量测定的间隔时间，应不少于 24h。测读水位的初读数与末读数之间的间隔时间，应为 24h。连续测定的时间可依实际情况而定，如第一天测定的渗水量符合标准，应再测定一天；如第一天测定的渗水量超过允许标准，而以后的渗水量逐渐减少，可继续延长观测。

4）蒸发量测定

现场测定蒸发量的设备，可采用直径约为 50cm，高约 30cm 的敞口钢板水箱，并设有水位测针。水箱应检验，不得渗漏。水箱应固定在水池中，水箱中注水深度可在 20cm 左右。测定水池中水位的同时，测定水箱中的水位。

5）水池的渗水量按下式计算：

$$q=\frac{A_1}{A_2}[(E_1-E_2)-(e_1-e_2)] \quad 式(4\text{-}9)$$

式中 $q$——渗水量（$L/m^2 \cdot d$）；

$A_1$——水池的水面面积（$m^2$）；

$A_2$——水池的浸湿总面积（$m^2$）；

$E_1$——水池中水位测针的初读数，即初读数（mm）；

$E_2$——测读 $E_1$ 后 24h 水池中水位测针末的读数，即末读数（mm）；

$e_1$——测读 $E_1$ 时水箱中水位测针的读数（mm）；

$e_2$——测读 $E_2$ 时水箱中水位测针的读数（mm）。

按上式计算结果，渗水量如超过规定标准，应经检查，处理后重新进行测定。按规范规定对混凝土构筑物，合格条件渗水量不超过 $2L/m^2 \cdot d$。

（2）气密性试验

污水处理厂的消化池，除在泥区进行满水试验外，在沼气区尚应进行气密性试验。

气密性试验应在满水试验合格后所需设备准备就绪进行。主要工作就是要观察 24h 前后的池内压力降是否超标。

1）主要试验设备

① 压力计：可采用 U 形管水压计或其他类型的压力计，刻度精确至毫米水柱，用于测量消化池内的气压；

② 温度计：用以测量消化池内的气温，刻度精确至 1℃；

③ 大气压力计：用以测量大气压力，刻度精确至 10Pa；

④ 空气压缩机一台。

2）测读气压

池内充气至试验压力并稳定后，测读池内气压值，即初读数，间隔 24h，测读末读数。在测读池内气压的同时，测读池内气温和大气压力，并将大气压力换算为与池内气压相同的单位。

3）池内气压降可按下式计算：

$$P=(P_{d1}+P_{a1})-(P_{d2}+P_{a2})\times\frac{273+t_1}{273+t_2} \quad 式(4\text{-}10)$$

式中 $P$——池内气压降（Pa）；

$P_{d1}$——池内气压初读数（Pa）；

$P_{d2}$——池内气压末读数（Pa）；

$P_{a1}$——测量 $P_{a1}$ 时的相应大气压力（Pa）；

$P_{a2}$——测量 $P_{d2}$ 时的相应大气压力（Pa）；

$t_1$——测量 $P_{a1}$ 时的相应池内气温（℃）；

$t_2$——测量 $P_{d2}$ 时的相应池内气温（℃）。

4）判定标准

按规范规定，气密性试验达到下列要求，应判为合格：

① 试验压力宜为工作压力的 1.5 倍；

② 24h 压力降不得大于 0.2 倍试验压力。

### 4.6.2 沉井施工

在给排水等工程中，常需修建埋深较大、横断面尺寸相对不大的构筑物，如地下水源井、地下泵房等。当这类构筑物处于高地下水位、流砂、软土等地基上以及施工现场窄小地段，若采用大开挖方法建造，施工技术方面会遇到很多困难，且综合成本较高。为此，常采用一种叫“沉井法”的施工方法。

沉井法施工就是先就地在地面上预制井筒，然后在井筒内不断挖土，利用井筒的自身重量或附加荷载克服井壁与土层之间摩擦阻力及刃脚下土体的反力而不断下沉直至达到设计标高为止，然后进行封底并完成井筒内的工程。

沉井平面形状有圆形、矩形等，根据需要，可以做成单室，也可以加隔墙做成多室。井筒沿高度可以是等厚度，也可根据受力要求做成阶梯状不等厚度，见图 4-15。

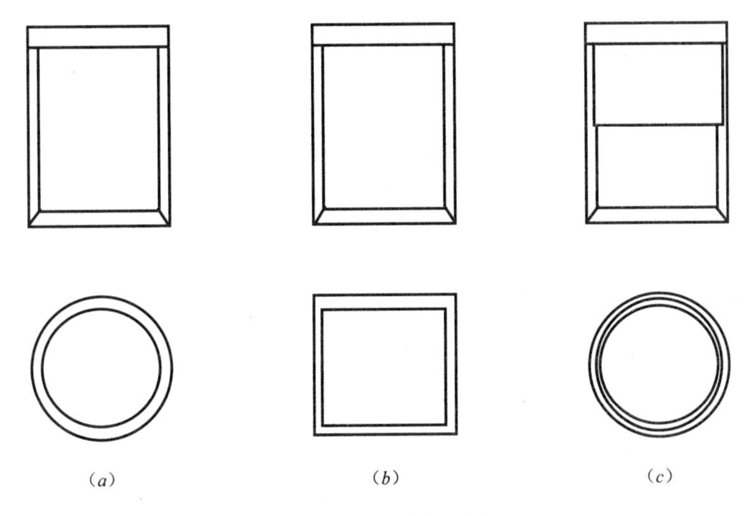


图 4-15 沉井布置图

(a) 等截面圆；(b) 等截面矩；(c) 变截面圆

其施工程序有场地平整→基坑开挖→井筒制作→井筒下沉→封底→质量验收。

**1. 井筒制作**

井筒制作一般分一次制作和分段制作。

一次制作是指按设计要求一次制作完成整个井筒高度。此法适用于井筒高度不大的构筑物，一次下沉工艺。

分段制作是将设计要求的井筒进行分段多次现浇或预制，再分段下沉或一次下沉。此法适用于井筒高度大的构筑物。

天然地面制作下沉一般适用于无地下水或地下水位较低时，为了减少井筒制备时的浇筑高度，减少下沉时井内挖方量，清除表土层中的障碍物等，可采用基坑内制备井筒下沉，其坑底最少应高出地下水位 0.5m。

水上构筑物采用沉井法施工时，通常采取水面筑岛制作下沉，或在预制场预制井筒，再通过浮运运抵现场，然后接高下沉。

水面筑岛制作下沉适用于在地下水位高或在岸滩、浅水中制作沉井，先修筑土岛，井筒在岛上制作，然后下沉。对于水中井筒下沉时，还可在陆地上制备井筒，浮运到下沉地点下沉。

（1）基坑及坑底处理

井筒制备时，其重量借刃脚底面传递至地基。为了防止在井筒制备过程中产生地基沉降，应进行地基处理或增加传力面积。

当原地基承载力较大，可进行浅基处理，即在与刃脚底面接触的地基范围内，进行原土夯实，垫砂层、砂石垫层、灰土垫层等处理，垫层厚度一般为30～50cm。然后在垫层上浇筑混凝土井筒。这种方法称无垫木法。

当坑底承载力较弱时，应在人工垫层上设置垫木，以增大受压面积。垫木设置应对称、等距铺设，垫木面必须严格找平，垫木之间用垫层材料找平。沉井下沉前，垫木拆除应对称进行，拆除处用垫层材料填平，以防造成沉井偏斜。

为了避免采用垫木，可采用无垫木刃脚斜土模的方法。井筒重量由刃脚底面和刃脚斜面传递给土台，增大承压面积。土台用开挖或填筑而成，与刃脚接触的坑底和土台处，抹2cm厚的1∶3水泥砂浆，其承压强度可达0.15～0.2MPa，以保证刃脚制作的质量。

筑岛施工材料一般采用透水性好、易于压实的砂或其他材料，不得采用黏性土和含有大块石料的土。岛的面积应满足施工需要，一般井筒外边与岛岸间的最小距离不应小于5～6m。岛面高程应高于施工期间最高水位0.75～1.0m，并考虑风浪高度。水深在1.5m、流速在0.5m/s以内时，筑岛可直接抛土而不需围堰。当水深和流速较大时，需将岛筑于板桩围堰内。

（2）井筒混凝土浇筑

井筒混凝土的浇筑一般采用分段浇筑、分段下沉、不断接高的方法。即浇一节井筒，井筒混凝土达到一定强度后，挖土下沉一节，待井筒顶面露出地面尚有0.8～2m左右时，停止下沉，再浇制井筒、下沉，轮流进行直到达到设计标高为止。该方法由于井筒分节高度小，对地基承载力要求不高，施工操作方便。缺点是工序多、工期长，在下沉过程中浇制和接高井筒，会使井筒因沉降不均而易倾斜。

井筒混凝土的浇筑还可采用分段接高，一次下沉。即分段浇制井筒，待井筒全高浇筑完毕并达到所要求的强度后，连续不断地挖土下沉，直到达到设计标高。第一节井筒达到设计强度后抽除垫木，经沉降测量和水平调整后，再浇筑第二节井筒。该方法可消除工种交叉作业和施工现场拥挤混乱现象，浇筑沉井混凝土的脚手架、模板不必每节拆除。可连续接高到井筒全高，可以缩短工期。缺点是沉井地面以上的重量大，对地基承载力要求较高，接高时易产生倾斜，而且高空作业多，应注意高空安全。

除以上外还有一次浇制井筒，一次下沉方案以及预制钢筋混凝土壁板装配井筒，一次下沉方案等。

**2. 井筒下沉**

井筒在下沉过程中，井壁成为施工期间的围护结构，在终沉封底后，又成为地下构筑物的组成部分。为了保证沉井结构的强度、刚度和稳定性要求，沉井的井筒大多数为钢筋混凝土结构。常用横断面为圆形或矩形。纵断面形状大多为阶梯形，如图4-16所示。井筒内壁与底板相接处有环形凹口，下部为刃脚。刃脚应采用型钢加固。

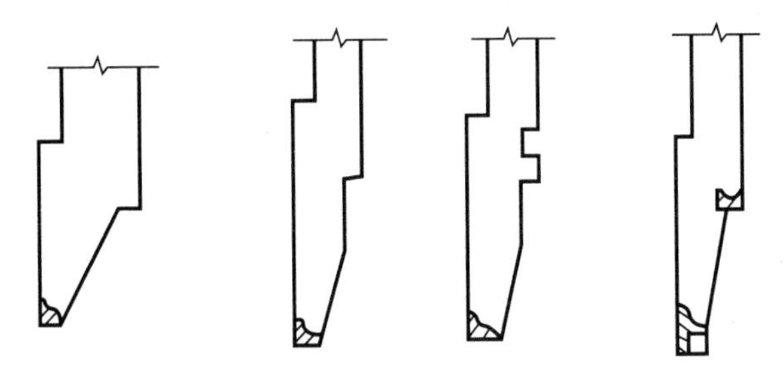

图 4-16　沉井刃脚加固

沉井下沉方法分为排水下沉和不排水下沉。

排水下沉适用于水位不深、不透水地质、水量较小时。挖土采用人工或机械方法。

不排水下沉适用于地下水位高、无法排水的地质情况。采用高压水枪、抓斗挖土下沉。

（1）排水下沉

排水下沉是在井筒下沉和封底过程中，采用井内开设排水明沟，用水泵将地下水排除或采用人工降低地下水位方法排出地下水。它适用于井筒所穿过的土层透水性较差，涌水量不大，排水不致产生流砂现象而且现场有排水出路的地方。

井筒内挖土根据井筒直径大小及沉井埋设深度来确定施工方法。一般分为机械挖土和人工挖土两类。机械挖土一般仅开挖井中部的土，四周的土由人工开挖。常用的开挖机械有合瓣式挖掘机、台令拔杆抓斗挖土等，垂直运土工具有少先式起重机、台令拔杆、卷扬机、桅杆起重杆等。卸土地点应距井壁一般不小于 20m，以免因堆土过近使井壁土方坍塌，导致下沉摩擦力增大。当土质为砂土或砂性黏土时，可用高压水枪先将井内泥土冲松稀释成泥浆，然后用水力吸泥机将泥浆吸出排到井外。

人工挖土应沿刃脚四周均匀而对称进行，以保持井筒均匀下沉。它适用于小型沉井，下沉深度较小、机械设备不足的地方。人工开挖应防止流砂现象发生。

（2）不排水下沉

不排水下沉是在水中挖土。当排水有困难或在地下水位较高的粉质砂土等土层，有产生流砂现象地区的沉井下沉或必须防止沉井周围地面和建筑物沉陷时，应采用不排水下沉的施工方法。下沉中要使井内水位比井外地下水位高 1～2m，以防流砂。

不排水下沉时，土方也由合瓣式抓铲挖出，当铲斗将井的中央部分挖成锅底形状时，井壁四周的土涌向中心，井筒就会下沉。如井壁四周的土不易下滑时，可用高压水枪进行冲射，然后用水力吸泥机将泥浆吸出排到井外。

为了使井筒下沉均匀，最好设置几个水枪，水枪的压力根据土质而定。每个水枪均设置阀门，以便沉井下沉不均匀时，进行调整。

加速沉井下沉的措施有在井壁外加泥浆套或空气幕来减小摩阻力，也可在顶部加载下压等。

**3. 沉井封底**

一般地，采用沉井方法施工的构筑物，必须做好封底，保证不渗漏。

井筒下沉至设计标高后，应进行沉降观测。当 8h 下沉量不大于 10mm 时，方可封底。

排水下沉的井筒封底，必须排除井内积水。超挖部分可填石块，然后在其上做混凝土垫层。浇筑混凝土前应清洗刃脚，并先沿刃脚填充一周混凝土，防止沉井不均匀下沉。垫层上做防水层、绑扎钢筋和浇捣钢筋混凝土底板。封底混凝土由刃脚向井筒中心部位分层浇筑，每层约 50cm。

为避免地下渗水冲蚀新浇筑的混凝土，可在封底前在井筒中部设集水井，用水泵排水。排水应持续到集水井四周的垫层混凝土达到规定强度后，用盖堵封等方法封掉集水井，然后铺油毡防水层，再浇筑混凝土底板。

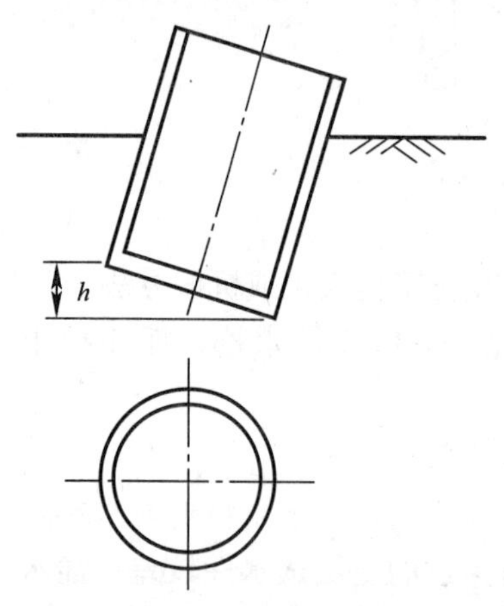

图 4-17　沉井倾斜示意图

不排水下沉的井筒，需进行水下混凝土的封底。井内水位应与原地下水位相等，然后铺垫砾石垫层和进行垫层的水下混凝土浇筑，待混凝土达到应有强度后将水抽出，再做钢筋混凝土底板。

**4. 质量检查与控制**

井筒在下沉过程中，由于水文地质资料掌握不全，下沉控制不严，以及其他各种原因，可能发生土体破坏、井筒倾斜、筒壁裂缝、下沉过快或不继续下沉等事故，应及时采取措施加以校正（见图 4-17）。

沉井下沉的质量验收控制标准见表 4-13。

**沉井下沉允许偏差**　　**表 4-13**

| 项　目 | | 允许偏差（mm） |
|---|---|---|
| 沉井刃脚平均标高与设计标高差 | | ≤100 |
| 沉井水平偏差 | 下沉总深度为 $H$ | ≤1%$H$ |
| | 下沉总深度<10m | ≤100 |
| 沉井四周任何两对称点处的刃脚底面标高差 $h$ | 二对称点间水平距离为 $L$ | ≤1%$L$ 且≤300 |
| | 二对称点间水平距离<10m | ≤100 |

# 第 5 章　施工组织设计

## 5.1　施工组织设计概述

施工组织设计分为施工组织总设计与单位工程施工组织设计。按阶段可分为标前施工组织设计和实施性施工组织设计。前者用于投标，而后者强调可操作性。

### 5.1.1　施工组织总设计

施工组织总设计是以一个建设项目或建筑群为对象编制的，是建设项目或建筑群施工的全局性战略部署，是施工企业规划和部署整个施工活动的技术经济文件。

**1. 施工组织总设计的作用**

施工组织总设计的作用如下：

（1）确定设计方案的施工可能性和经济合理性，对建设项目或建设群施工作出全局性战略部署；

（2）保证及时地进行施工准备工作；

（3）解决建设施工中生产和生活基地的组织或发展问题；

（4）为建设单位编制施工计划提供依据；

（5）为施工企业编制施工计划和单位组织计划提供依据；

（6）为有关部门组织物资供应和技术力量提供依据。

**2. 施工组织总设计的编制依据**

为了充分发挥施工组织总设计的作用，在编制施工组织总设计时，应根据下列各项内容编制。

（1）计划及合同文件

包括国家批准的基本建设计划文件（如设计任务书、工程项目一览表、分批施工的项目及期限要求）；概算指标和投资指标；工程所需材料和设备的订货指标，引进材料和设备的供应日期；施工要求及合同规定；建设地区上级主管部门的有关文件；施工承包企业和上级主管部门下达的施工任务计划等。

（2）设计文件

包括已批准的初步设计或扩大初步设计文件，如设计说明书，总平面图，平剖面示意图，建筑物竖向设计和总概算或修正总概算等。

（3）调查资料

包括建筑地区的技术经济调查资料（如能源、交通、材料、半成品及成品货源及价格等），场地勘察资料（如气象、地形、地貌、地质、水文资料等）与社会调查资料（如政治、经济、文化、宗教、科技资料等）。

(4) 技术标准

包括现行的设计规范、施工规范、操作规程、技术标准和经济指标等。

(5) 参考资料

包括类似建筑项目的施工经验，工期定额及有关参考数据和施工组织设实例等。

(6) 其他

包括上级领导的有关指示和文件、建筑法规等。

**3. 施工组织总设计的内容和编制程序**

施工组织总设计的内容，根据工程性质和规模、结构的特点、施工的复杂程度及施工条件的不同而有所不同。但一般应包括：工程概况、施工部署与施工方案、施工总进度计划、施工准备工作计划及各项资源需用量计划、施工总平面图、主要技术组织措施及主要技术经济指标等部分。

### 5.1.2 单位工程施工组织设计

单位工程施工组织设计是以单位工程为对象，具体指导其施工全过程各项活动的技术、经济文件，是承包单位编制季度、月度施工作业计划、分部分项工程施工方案及劳动力、材料、构件、机具等供应计划的主要依据。

**1. 编制依据**

(1) 有关部门的批示文件和要求

如上级机关对工程的指示，建设单位对施工的要求，招标文件、施工合同中的有关规定等。

(2) 经过会审的施工图

包括单位工程的全部施工图纸、会审记录及有关标准图，及有关设计交底文件。

(3) 施工企业年度施工计划

如本工程竣工日期的规定，以及其他项目穿插施工的要求等。

(4) 施工组织总设计

如果本单位工程是整个建设项目中的一个项目，应把施工组织总设计的总体施工部署，以及对本工程施工的有关规定和要求，作为编制依据。

(5) 工程预算文件及有关定额

应有详细的分部、分项工程量，必要时应有分段或分部的工程量，使用的预算定额和施工定额。

(6) 建设单位对工程施工可能提供的条件

如供水、供电的情况以及可借用作为临时办公、仓库的施工用房等。

(7) 本工程的施工条件

包括配备的劳动力情况，材料、预制构件来源及其供应情况，施工机具配备及其生产能力等。

(8) 施工现场的勘察资料

如高程、地形、地质、水文、气象、交通运输、现场障碍物等情况以及工程地质勘察报告、地形图、测量控制网。

(9) 国家有关规定和标准

如施工验收规范、质量标准及相关行业规定、操作规程等。

(10) 有关的参考资料及施工组织设计实例

**2. 单位工程施工组织设计的内容**

根据工程的性质、规模、结构特点、技术复杂程度和施工条件，单位工程施工组织设计的内容和深度可以有所不同，一般应包括以下内容：

(1) 工程概况

单位工程施工组织设计中的工程概况，是对拟建工程的工程特点、地点特征和施工条件等所作的一个简要的、突出重点的文字介绍。

(2) 工程目标

主要包括工期目标、质量目标、安全文明创建目标、技术创新目标等。

(3) 施工组织及准备

主要包括：施工段落划分、施工准备工作计划、工程项目组织机构及劳动力、施工机具、主要材料、预制构件等投入计划。

(4) 现场交通组织方案

施工现场交通现状或航道状况及施工过程中的交通和通航状况分析，阶段性施工的交通组织方法及交通管理保障措施。

(5) 施工方案

主要包括施工方案确定、施工方法的选择和施工机具确定、相关技术措施制定等内容。

(6) 施工进度计划

主要包括各施工项目的工程量、劳动量或机械台班量、工作延续时间、施工班组人数及施工进度等内容。

(7) 施工平面图

主要包括起重运输机械位置安排，加工棚、仓库及材料堆场布置，运输道路布置，临时设施及供水、供电管线的布置等内容。

(8) 主要技术组织措施

主要包括各项技术措施、质量措施、安全措施、降低成本措施和现场文明安全施工措施等内容。

**3. 单位工程施工组织设计的地位**

单位工程施工组织设计是在总体施工组织设计的控制下，针对某一单位工程为具体对象而编制，用以指导单位工程施工全过程施工活动的技术、经济文件。

单位工程施工组织设计一般由承包单位的技术负责人组织人员编制。

## 5.2 单位工程施工组织设计编制注意事项

单位工程施工组织设计是在总体施工组织设计的控制下，针对某一单位工程为具体对象而编制，用以指导单位工程施工全过程活动的技术、经济文件。施工方案和施工组织是关键。施工方案要有针对性、可操作性。施工进度计划应满足合同工期要求。

### 5.2.1 施工组织

单位工程施工组织主要包括：施工段落划分和施工顺序的确定、施工机具选择等方面的内容。

**1. 施工段落划分和施工顺序确定**

（1）施工段落划分

划分施工段的目的是为了适应流水施工的需要。但在单位工程上划分施工段时，还应注意以下事项：

1）要有利于结构的整体性，一个单位工程可依据伸缩缝的位置划分施工段落；或依据桥梁不同结构类型划分，如预应力混凝土梁、钢箱梁等。

2）使各段工程量大致相等，以便于组织等节拍流水施工，使劳动组织相对稳定，各班组能连续均衡施工，减少停歇和窝工。

3）分段的大小应与劳动组织（或机械设备）及其生产能力相适应，保证足够的工作面，以便于操作，发挥生产效率。

（2）施工顺序确定

工程施工顺序应在满足工程的质量、安全和工期条件下，组织分期分批施工，使组织施工在全局上科学合理，连续均衡。同时必须注意遵循：先地下、后地上；先主体、后附属；先深后浅；先干线后支线的原则进行安排。按结构的主要组成部分一般划分为下部结构、上部结构、附属设施。

**2. 施工机械选择**

施工机械的选择一般来说是以满足施工方法的需要为基本依据。但在现代化施工的条件下，施工方法的确定往往取决于施工机械，特别在一些关键的工程部位更是如此，即施工机械的选择有时将成为主要问题。因此，应将施工机械的选择与施工方法的确定进行综合考虑。

选择施工机械时应注意以下事项：

1）应根据工程特点来选择适宜的主导工程的施工机械。

2）所选择的机械必须满足施工的需要，但要避免大机小用。

3）选择辅助机械时，要考虑其与主导机械的合理组合，互相配套，充分发挥主导机械的效率。

### 5.2.2 施工方案

施工方案是单位工程组织设计的核心部分。选择什么样的施工方案是决定工程全局成败的关键，它的合理与否将直接影响工程的施工效率、质量、工期和技术经济效果。同时，施工组织还是单位工程施工组织设计中编制其他主要项目施工组织设计的重要依据。施工方案一经确定，则工程的进度安排、工料机需要量、工程质量控制、施工安全措施、工程成本控制和现场规划布置等都将随之而定。因此对于如何正确选择施工方案必须引起足够重视。

选择和制订施工方案的基本要求为：符合现场实际情况，切实可行；技术先进、能确保工程质量和施工安全；工期能满足合同要求；经济合理，施工费用和工料消耗低。

在单位工程施工组织设计中，主要项目施工方法是根据工程特点在具体施工条件下拟定的。其内容要求简明扼要。在拟定施工方法时应突出重点。凡新技术、新工艺和对本工程质量起关键作用的项目，以及工人在操作上还不够熟练的项目，应详细而具体，有时甚至必须单独编制专项施工方案。凡按常规做法和工人熟练的项目，不必详细拟订。只要提出这些项目在本工程上一些特殊的要求就行了。

例如：

1. 桩基工程

成孔前的准备工作，包括（1）承台施工前进行钻孔桩位置、标高等的复测。（2）复核基坑中心线、方向、高程，按地质水文资料结合现场情况，决定开挖坡度和支挡方案。（3）确定成孔工艺，根据地质情况合理选择桩基成孔设备类型；拟定灌注桩泥浆性能指标及制作；成孔检查、清孔方法；吊放钢筋笼、导管安装、水下混凝土的灌注；灌注桩施工过程中如坍孔、钻孔偏斜、掉钻、扩孔及缩孔故障的处理措施等。

2. 承台工程

承台施工程序：基坑开挖⟶凿除桩头⟶打混凝土垫层⟶绑扎钢筋⟶支立模板⟶浇筑混凝土⟶养生⟶坑基回填。

基坑开挖：开挖机械的选择；选择合适的基坑排降水方式；凿桩头并调直桩身顶部钢筋、基坑底部的处理及测量放线；

承台模板、钢筋、混凝土的施工应符合施工规范要求，保证轴线准确性，平面尺寸及顶面高程符合设计要求。

拆模养生：抹平定浆后，再一次收浆压光（墩柱处应拉毛），表面用草袋覆盖，洒水养生，当混凝土达到一定强度后拆模，对拉筋头进行防腐处理，经监理进行隐蔽工程检查后，承台四周分层回填夯实。

3. 墩柱工程

施工程序为：清基⟶测量放线⟶凿毛⟶立脚手架⟶绑扎钢筋⟶支立模板⟶浇筑混凝土⟶养生。

4. 现浇箱梁支架地基处理

陆上桥梁的现浇箱梁一般搭设满堂支架，则需勘察现场地质情况，必要时要做承载力检测。若不能满足承载力要求时，需根据实际情况对地基进行加固处理，常用的处理方法有换填法、混凝土硬化等。

水上桥梁的支架基础一般选择在水中打设临时钢管桩，按设计支架的纵横向间距布设贝雷梁，再搭设支架。

5. 现浇箱梁施工

施工程序分为支架搭设⟶堆载预压⟶测量放线⟶外模制作⟶底板及腹板钢筋绑扎⟶底板、腹板预应力波纹管安装（穿钢绞线）⟶内芯模制作⟶顶板钢筋绑扎⟶顶板预应力波纹管安装（穿钢绞线）⟶箱梁混凝土浇筑⟶预应力张拉⟶压浆⟶封锚⟶支架拆除。

（1）梁体混凝土施工

混凝土浇筑顺序为：对称分层浇捣，每次均应从正弯矩区向负弯矩区、从跨中向支点、从悬臂向根部、混凝土沿箱梁纵向从低处往高处进行。并按先底板后腹板再顶板、翼板的顺序依次进行混凝土浇筑。

（2）预应力筋张拉

待箱梁混凝土强度达到设计强度的85%，且弹性模量达到80%以上，方可按设计顺序张拉预应力筋。

张拉原则为：先横向、后纵向、先长束后短束。预应力束具体张拉顺序严格按照设计规定。

（3）压浆、封锚：

在完成预应力束张拉后应尽早进行预应力孔道压浆，控制压浆作业在完成预应力束张拉后24小时内进行。

压浆作业完成后，裸露锚头需封锚，封锚混凝土采用C50收缩补偿混凝土，满足规范要求。

6. 钢桥结构吊装工程：钢桥在厂内分段制造，到现场拼焊为一整体

（1）厂内制作：分为钢板预压处理、涂车间底漆、零件制造、组装、焊接、焊接检验、矫正、表面清理和涂装等工序。经大件运输至现场进行吊装。

（2）现场吊装拼焊：由于构件吊装受到道路交通限制，施工场地有限，且有既有构筑物的影响。吊装过程中各体系需经验算满足强度、变形要求。吊装拼焊方法应明确包括：吊车选择；吊点位置选择；吊绳受力及吊点连接强度的验算；吊绳的强度验算；临时支架及其基础强度与稳定性验算；就位后的线型控制；现场拼装焊接及落架。

7. 桥面附属：桥面铺装层、伸缩缝、预埋件等

（1）桥面铺装层：施工时应放样准确，厚度及泄水坡度应满足设计要求，桥面混凝土铺筑时在梁板顶设混凝土饼，混凝土饼间距在2.0m左右形成高程控制网，并计算出每处混凝土饼顶面高程，该点即为混凝土铺设后的高程。

混凝土铺筑时平整控制用10cm×15cm长方木制成找平拍浆条，顺标高控制点进行拍浆找平后，由抹光机压实抹光。浇筑混凝土时以滚筒在铺装层上来回滚动，滚筒等于桥面净宽。

（2）伸缩缝安装施工

1）做好施工前准备工作，包括熟悉图纸、安装操作规程，并进行施工操作规程培训；对伸缩缝的位置编号进行检查，对伸缩缝进行顺直度、平整度扭向及间距进行检查验收工作。

2）型钢安装。安装以前检验槽内杂物是否清理干净，特别是桥梁支座间的杂物必须用高压水枪冲洗干净；在型钢定位之前对型钢进行平直度的检查，虽然产品在出厂前已进行过平直度的校正检查，但是不排除运输途中或装卸对产品的平直度的影响；型钢定位后采用分段点焊加固的方法，以免型钢过热产生变形，焊接采用高质量的焊条，逐条焊接，先焊接顶面，再焊接侧面，最后焊接底面，确保焊接质量；

3）安装橡胶条。经过养生、混凝土达到设计强度的50%以后，方可安装橡胶条。

（3）预留件施工

施工前认真阅读图纸，准确定位预埋及预留件位置，并加固牢固，施工过程中随时观测，防止移位。

### 5.2.3 交通疏解方案

市政工程施工地点人流车流密集、施工地点有明显的交通高峰时段。合理缜密的交通

组织方案是保证上述工程顺利进行的必备条件。

市政工程对交通的影响主要集中在道路施工区域，为占用现有道路部分车道和对现有居民及单位的出行影响。为了不影响道路的通行，贯彻时间连续、均衡协调、有节奏施工的原则，保证工程按照总控计划完成，减少对现场交通的影响将根据施工段落划分施工过程，把创造工作面放在首要地位，对于居民的出行做好线路安排，并做好警示和疏导标志。

交通组织方案是施工中必不可少的一项重要工作，在工程施工期间应遵循："服从指挥、合理安排、科学疏导、适当分流、专人负责、确保畅通"的原则，切实做好交通组织工作，保证施工期间的交通通畅。

### 5.2.4 施工进度计划编制

单位工程施工进度计划是在既定施工方案的基础上，根据规定工期和各种资源供应条件，按照施工过程的合理施工顺序及施工组织的原则，用横道图或网络图。对一个工程从开始施工到工程全部竣工，确定其全部施工过程在时间上和空间上的安排和相互间配合关系的计划。

**1. 施工进度计划的作用**

单位工程施工进度计划的作用是：

（1）控制单位工程的施工进度，保证在规定工期内完成质量要求的工程任务；

（2）确定单位工程的各个施工过程的施工顺序，施工持续时间及相互衔接和合理配合关系；

（3）为编制季度、月度生产作业计划提供依据；

（4）是确定劳动力和各种资源需要量计划和编制施工准备工作计划的依据。

**2. 编制依据**

编制依据单位工程施工进度计划，主要依据下列资料：

（1）经过审批的建筑总平面图、单位工程全套施工图、地质地形图、工艺设计图、设备及其基础图以及各种采用的标准图等图纸及技术资料；

（2）施工承包合同。施工承包合同中有关工期要求及开、竣工日期等是确定施工进度计划的基本依据；

（3）施工组织总设计对本单位工程的有关规定；

（4）施工方案。施工方案设计与施工进度计划编制是互为影响的，施工方案设计应考虑到施工进度的要求；而编制施工进度计划又应考虑到主要分部分项工程的施工方案，包括施工顺序，施工起点流向，施工方法，质量及安全措施等。

（5）承包人的管理水平和设备状况。包括承包人及分包商的项目管理水平、人员素质与技术水平、施工机械的配套与管理等资料以及分包单位情况等。

（6）有关施工条件。主要包括：①劳动力，材料，构件及机械供应条件施工现场的气象、水文、地质情况；②建设地区建筑材料、劳动力供应情况；③供水、电的方式及能力等状况；④工地场内外交通状况；⑤征地、拆迁及移民安置情况；⑥业主、监理工程师和设计单位管理项目的方法和措施。

（7）有关法规、技术规范或标准。例如施工技术规范、施工定额等。

（8）施工企业的生产经营计划。一般施工进度计划应服从施工企业经营方针的指导，满足生产经营计划的要求。

**3. 施工进度计划的表示方法**

施工进度计划一般有图表表示，通常有横道图和网络图两种。不同类型的工程进度计划，采用的编制方法也有所不同。对工作项数较少的进度计划，常用横道图法编制。如控制性总进度计划、实施性分部或分项工程的进度计划，因它们的工作均较少，因此常用横道图法编制。用横道图法编制的进度计划具有工作的开始和结束时间明确、直观等特点。但当工作项数较多时，横道图对工作间的逻辑关系不能清楚表达，进度的调整比较麻烦，进度计划的重点也难以确定。

与此相反，网络图法可以弥补上述不足。因此，当工作项数较多时，目前用得较普遍的是网络图法。

**4. 编制程序和内容**

单位工程施工进度计划的编制程序如图 5-1 所示。

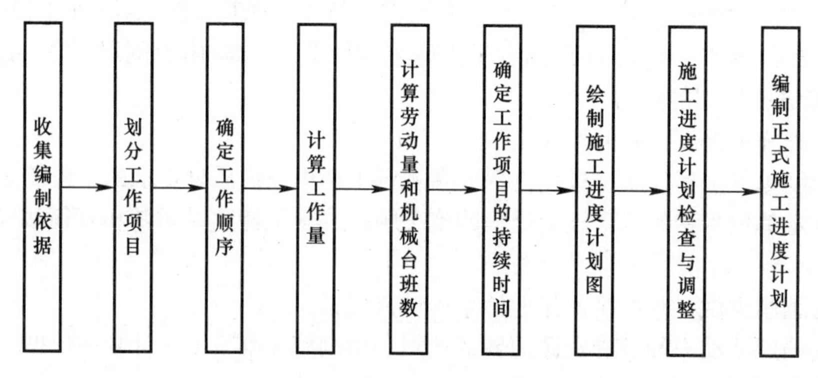


图 5-1　单位工程施工进度计划编制程序

（1）划分施工过程

施工过程是施工进度计划的基本组成单元。施工过程内容的多少，划分的粗细程度，应该根据计划的需要来决定。对于大型工程项目，经常需要编制控制性施工进度计划，此时工作项目可划分的粗一些，一般只明确到分部工程。例如在桥梁控制性施工进度计划中只列出桩基工程、承台工程、墩柱工程、箱梁工程、桥面铺装及附属等各分部工程项目。如果编制实施性施工进度计划，工作项目就应划分得细一些。在一般情况下，单位工程施工进度计划中的工作项目应明确到分项工程或更具体，以满足指导施工作业、控制施工进度的要求。例如在桥梁实施性施工进度计划中，应将承台工程进一步划分为挖基坑、做垫层、绑扎钢筋、立模、混凝土浇筑、拆模、回填土等分项工程。

编制进度计划时，首先应按照图纸和施工顺序将拟建单位工程的各个过程列出，并结合施工方法，施工条件，劳动组织等因素，加以适当的调整，使其成为编制施工进度计划所需的施工过程。

在确定施工过程时，应注意以下几个问题：

1）施工过程划分的粗细程度，主要根据单位工程施工进度计划的客观作用。对控制性施工进度计划，项目划分得粗一些，通常只列出部分工程名称。

2）施工过程的划分要结合所选择施工方案。如结构项目安装工程，若采用分件吊装法，则施工过程的名称，数量和内容及安装顺序应按构件来确定，若采用综合吊装法，则施工过程应按施工单元（节段）来确定。

3）注意适当简化施工进度计划内容，避免工程项目过细，重点不突出。

4）所有施工过程应大致按施工顺序先后排列，所采用的施工项目名称可参考现行定额手册上的项目名称。

（2）确定施工顺序

一般说来，施工顺序受施工工艺和施工组织两方面的制约。当施工方案确定之后，工作项目之间的工艺关系也就随之确定。如果违背这种关系，将不可能施工，或者导致工程质量事故和安全事故的出现，或者造成返工浪费。

工作项目之间的组织关系是由于劳动力、施工机械、材料和构配件等资源的组织和安排需要而形成的。它不是由工程本身决定的，而是一种人为的关系。组织方式不同，组织关系也就不同。不同的组织关系会产生不同的经济效果。应通过调整组织关系，并将工艺关系和组织关系有机地结合起来，形成工作项目之间的合理顺序关系。

（3）计算工程量

工程量的计算应根据施工图和工程量的计算规则，针对所划分的每一个工作项目进行。当编制施工进度计划时已有预算文件，且工作项目的划分与施工进度计划一致时，可以直接套用施工预算的工程量，不必重新计划。若某些项目有出入，但出入不大时，应结合工程的实际情况进行某些必要调整。如计算柱基土方工程量时，应根据土壤的级别和采用的施工方法等实际情况进行计算。

工程量计算时应注意以下几个问题：

1）各分部分项工程的工程量计算单位应与现行定额手册中所规定的单位相一致，以避免计算劳动力、材料和机械数量时进行换算，产生错误；

2）结合选定的施工方法和安全技术要求计算工程量；

3）结合施工组织要求，按分区，分项，分段，分层计算工程量；

4）直接采用预算文件中的工程量时，应按施工过程的划分情况将预算文件中有关的项目的工程量汇总。

（4）确定劳动量和机械班数量

劳动量和机械班数量应当根据各个部分分项工程的工程量、施工方法和现行的施工定额，并结合当时当地的具体情况加以确定。

计算劳动量和机械台班数时，应首先确定所采用的定额。定额有时间定额和产量定额两种，可以任选其一。其值可以直接由现行施工定额手册中查出，亦可考虑施工承包单位的实际生产水平对其进行必要的调整，以使单位工程施工进度计划更切合实际。对有些新技术和特殊的施工方法，定额手册中尚未列出的，可参考类似工程项目的定额或通过实测确定。

对于有些采用新技术或特殊的施工方法的定额，在定额手册中列入的定额可参考类似项目或实测确定。

对于“其他工程”项目所需劳动量，可根据其内容和数量，并结合工地具体情况，以占总劳动量的百分比（一般10%～20%）计算。

（5）确定各施工过程的施工天数

各个施工过程的施工天数（持续时间）一般是根据已知工程量和可投入的资源来估

计的。

1）施工过程的施工天数估计的依据

施工天数估计的依据一般包括：

① 施工过程的工程量清单。

② 资源配置。资源包括人力、材料、施工机械和资金等，大多数情况下，工作持续时间受到资源分配的影响。

③ 资源效率。大多数工作持续时间受到所配置的资源的效率的影响。如熟练工完成某项工作的时间一般要比普通工少。

2）施工天数时间估计的途径和方法

项目工作持续时间估计的途径可采用下列3条，或者是他们的综合。

① 利用历史数据。历史数据包括：工程定额、项目档案、规程规范，以及企业所积累的一些数据。

该方法是根据施工定额、预算定额、施工方法、投入的劳动力、施工机具设备和其他资源，估计出一个可能的持续时间的一种方法。其计算公式如下：

$$t_{i,j}=\frac{Q}{S\cdot R\cdot n} \quad \text{式(5-1)}$$

式中 $t_{i,j}$——完成工作（$i$，$j$）的持续时间；

$Q_j$——工作的工作量；

$S_j$——产量定额；

$R_j$——投入工作（$i$，$j$）的人数或施工机械台班；

$n_j$——工作的班次。

该方法一般适用于影响工作的因素少、影响程度比较确定，并且具有相当的历史资料的情况。

② 根据工期要求倒排进度。首先根据规定总工期和施工经验，确定各分部分项工程的施工时间，然后再按各分项工程需要的劳动量或机械台班数量，确定每一分部分项工程每个工作班所需要的工人数或机械台数。

③ 专家判断估计。当影响工作持续时间的因素很多，对其的估计也有一定的难度时，可请专家提供帮助，由他们根据历史资料和积累的经验进行估计。

④ 类比估计。类似的工作常会有类似的持续时间，因此，可利用类比法进行估计。

通常计算时均先按一班制考虑，如果每天所需机械台数或工人人数，已超过承包单位现有人力，物力或工作面限制时，则应根据具体情况和条件从技术和施工组织上采取积极的措施，如增加工作班次，最大限度地组织立体交叉平行流水施工，加早强剂提高混凝土早期强度等。

（6）编制施工进度计划的初始方案

编制施工进度计划时，必须考虑各分部分项工程的合理施工顺序，尽可能组织流水施工，力求主要工种的工作队连续施工。方法是：

1）划分主要施工阶段（分部分项），组织流水施工。首先安排其中主导施工过程的施工进度，使其尽可能连续施工，其他穿插施工过程尽可能与它配合，穿插，搭接或平行作业。如砖混结构房屋中的主体结构工程，其主导工过程为砌筑和楼板安装。

2）配合主要施工阶段，安排其他施工阶段（分部工程）的施工进度。

3）按照工艺的合理性和工序间尽量穿插，搭接和平行作业方法，将各施工阶段（分部工程）的流水作业图表最大限度地搭接起来，即得单位工程施工进度计划的初始方案。

（7）施工进度计划的检查与调查

为了使初始方案满足规定的目标，一般进行如下检查与调查：

1）各施工过程顺利，平行搭接和技术间歇是否合理。

2）工期方面：初始方案的总工期是否满足均衡施工。

3）劳动力方面：主要工种工厂是否满足继续，均衡施工。

4）物资方面：主要机械，设备，材料等的利用是否均衡，施工机械是否充分利用。

在上述四个方面中，首要的是前两个方面的检查，如果不满足要求，必须进行调整。只有在前两个方面均达到要求的前提下，才能进行后两个方面的检查与调整。前者是解决可行与否的问题，而后者则是优化的问题。

经过检查，对不符合要求的部分，可采用增加或缩短某些分项工程的施工时间；在施工顺序允许的情况下，将某些分项工程施工时间向前或向后移动；必要时，改变施工方法或施工组织等方法进行调整。

应当指出，上述编制施工进度计划的步骤不是孤立的，而是互相依赖、互相联系的，有的可以同时进行。由于建筑施工是一个复杂的生产过程，受到周围客观条件影响的因素很多，在施工过程中，由于劳动力和机械，材料等物资的供应及自然条件等因素的影响而经常不符合原计划的要求，因而在工程进展中，应随时掌握施工动态，经常检查，不断调整计划。

### 5.2.5 各项资源需要量计划的编制

各项资源需要量计划可用来确定建筑工地的临时设备，并按计划供应材料，调配劳动力，以保证施工按计划顺利进行。在单位工程施工进度计划正式编制完成后，就可以编制各项资源需要量计划。

**1. 劳动力需要计划**

劳动力需要计划，主要是作为安排劳动力的平衡，调配和衡量劳动力耗用指标，安排生活福利设施的依据，其编制方法是将施工进度计划表内所列各施工过程每天（或旬，月）所需工人人数按工种汇总而得。

**2. 主要材料需要计划**

主要材料需要计划，是备料，供料和确定仓库，堆场面积及组织运输的依据，其编制方法是将施工计划表中各施工过程的工程量，按材料，规格，数量，使用时间计算汇总而得。

对于某些部分分项工程是有多种材料组成时，应按各种材料分类计算，如混凝土工程应换算成水泥，砂，石，外加剂和水的数量列入表格。

**3. 构件和半成品需要量计划**

建筑结构构件、配件和其他加工半成品的需要量计划主要用于落实加工订货单位，并按照所需规格、数量、时间，组织加工、运输和确定仓库和堆场。构件和半成品需要量计划可以根据施工图和施工进度计划编制。

**4. 施工机械需要量计划**

施工机械需要量计划主要用于确定施工机具类型、数量、进场时间，可据此落实施工机具来源，组织进场。将每一个施工过程每天所需的机械类型、数量和施工日期进行汇总，即得施工机械需要量计划。

### 5.2.6 施工平面布置图

施工平面图是单位工程施工组织设计的主要组成部分，是进行施工现场布置的依据，也是施工准备工作的一项重要内容。施工现场的平面布置直接影响到能否按组织计划进行文明施工，所以，施工平面图的合理绘制有重要的意义。其绘制比例一般为1∶200～1∶500。

**1. 设计依据**

（1）总平面图。在设计施工平面布置图前，应对施工现场的情况作深入细致的调查研究，掌握一切拟建桥梁和地下管线等障碍物的位置。如果对施工有影响，则需考虑提前拆除或迁移。

（2）单位工程施工图。掌握结构类型和特点、工程的平面线型、位置和材料做法等。

（3）已拟订好的施工方法和施工进度计划，了解单位工程施工的进度及主要施工方法，以便于布置阶段的施工现场。

（4）施工现场的现有条件。掌握施工现场的水源，电源，排水管沟，弃土地点及现场四周可利用的空地。

**2. 设计内容**

（1）建筑总平面图上已建及拟建的永久性房屋，构件物及地下管道；

（2）起重运输机械的位置；

（3）搅拌站，仓库，材料和构件堆场，加工厂（间）的位置；

（4）暂设工程的布置；

（5）水电管网的布置；

（6）临时道路的布置。

**3. 设计原则**

（1）在满足施工条件下，尽可能地减少施工用地。特别应注意不占或少占农田。

（2）最大限度地减少场内材料运输，特别是减少场内二次搬运。各种材料尽可能按计划分期分批进场，充分利用场地。各种材料堆放的位置，根据使用时间的要求，尽量靠近使用地点。

（3）力争减少临时设施的工程量，降低临时设施费用。措施有：减少施工用地，可以使现场布置紧凑，便于管理，并减少施工用的管线；临时道路尽可能沿自然标高修筑以减少土方量，并根据运输量采用不同标准的路面构造；尽可能利用施工现场附近的原有建筑作为施工临时设施；加工厂的位置可选择在开拓费用最少之处等。

（4）便利于工人生产和生活。合理布置行政管理和文化生活福利用房的相对位置，使工人因往返而损失的时间最少。

（5）要符合安全，消防，环境保护和劳动保护的要求。根据上述基本原则并结合施工现场的具体情况，施工平面图的布置可以有几种不同的方案，须进行方案比较，从中选出最经济，最安全，最合理的方案。可以从以下几方面进行比较：施工用地面积；场内材料搬运量；临时管线，道路的长度；临时用房面积；安全，消防和环保措施等。

以上是单位工程施工平面图设计的主要内容及要求。设计时，还应参考国家及各地区有关安全消防等方面的规定，如各类建筑物，材料堆放的安全防火间距等。此外，对较复杂的单位工程，应按不同的施工阶段分别设计施工平面图布置图。

## 5.3 专项施工方案编制

为防止出现建筑工程在施工过程中存在的可能导致作业人员群死群伤或造成重大不良社会影响的发生，中华人民共和国住房和城乡建设部于二〇〇九年五月十三日颁布了《危险性较大的分部分项工程安全管理办法》（建质字 2009 [87 号]），随后又制定了《建设工程高大模板支撑系统施工安全监督管理导则》（建质 2009 [254 号]），进一步规范施工行为，确保建设工程施工安全。

### 5.3.1 危险性较大的分部分项工程范围

（1）基坑支护、降水工程；

（2）土方开挖工程；

（3）模板工程及支撑体系；

（4）起重吊装及安装拆卸工程；

（5）脚手架工程；

（6）拆除、爆破工程；

（7）其他。

### 5.3.2 超过一定规模的危险性较大的分部分项工程

“超过一定规模的危险性较大的分部分项工程”，通常简称“重大专项”。建筑工程在施工过程中存在的、可能导致作业人员群死群伤或造成重大不良社会影响的分部分项工程，明确施工单位组织召开专家论证会，对重大专项施工方案进行专家论证和审查。其范围包括：

（1）深基坑工程

① 开挖深度超过 5m（含 5m）的基坑（槽）的土方开挖、支护、降水工程。

② 开挖深度虽未超过 5m，但地质条件、周围环境和地下管线复杂，或影响毗邻建筑（构筑）物安全的基坑（槽）的土方开挖、支护、降水工程。

（2）模板工程及支撑体系

① 工具式模板工程：包括滑模、爬模和飞模工程。

② 混凝土模板支撑工程：搭设高度 8m 及以上；搭设跨度 18m 及以上，施工总面荷载 $15kN/m^2$ 及以上；集中线荷载 20kN/m 及以上。

③ 承重支撑体系：用于钢结构安装等满堂支撑体系，承受单点集中荷载 700kg 以上。

（3）起重吊装及安装拆卸工程

① 采用非常规起重设备、方法，且单件起吊重量在 100kN 及以上的起重吊装工程。

② 起重量 300kN 及以上的起重设备安装工程；高度 200m 及以上内爬起重设备的拆

除工程。

(4) 脚手架工程

① 搭设高度50m及以上落地式钢管脚手架工程。

② 提升高度150m及以上附着式整体和分片提升脚手架工程。

③ 架体高度20m及以上悬挑式脚手架工程。

(5) 拆除、爆破工程

① 采用爆破拆除的工程。

② 码头、桥梁、高架、烟囱、水塔或拆除中容易引起有毒有害气(液)体或粉尘扩散、易燃易爆事故发生的特殊建、构筑物的拆除工程。

③ 可能影响行人、交通、电力设施、通信设施或其他建、构筑物安全的拆除工程。

④ 文物保护建筑、优秀历史建筑或历史文化风貌区控制范围的拆除工程。

(6) 其他

① 施工高度50m及以上的建筑幕墙安装工程。

② 跨度大于36m及以上的钢结构安装工程；跨度大于60m及以上的网架和索膜结构安装工程。

③ 开挖深度超过16m的人工挖孔桩工程。

④ 地下暗挖工程、顶管工程、水下作业工程。

⑤ 采用新技术、新工艺、新材料、新设备及尚无相关技术标准的危险性较大的分部分项工程。

### 5.3.3 专项施工方案编制与审批程序

专项施工方案一般由该单位工程的技术负责人组织本单位施工技术、安全、质量等部门的专业技术进行人员审核。经审核合格的，由施工单位技术负责人签字。实行施工总承包的，专项方案应当由总承包单位技术负责人及相关专业承包单位技术负责人签字。

不需专家论证的专项方案，经施工单位审核合格后报监理单位，由项目总监理工程师签字。

超过一定规模的危险性较大分部分项工程专项方案应当由施工单位组织召开专家论证会。实行施工总承包的，由施工总承包单位组织召开专家论证会。

施工单位应严格按照专项方案组织施工，不得擅自修改、调整专项方案。如因设计、结构、外部环境等因素发生变化确需修改的，修改后的专项方案应当按相关文件规定重新审核。对于超过一定规模的危险性较大工程的专项方案，施工单位应当重新组织专家进行论证。

### 5.3.4 专项施工方案编制内容

专项施工方案编制的主要内容有：

**1. 编制说明及依据**

简述安全专项施工方案编制所依据的相关法律、法规、规范性文件、标准、规范及图纸(国标图集)、施工组织设计等。

**2. 工程概况**

专项工程概况、施工平面布置、施工要求和技术保证条件。

**3. 施工计划**

包括施工进度计划、材料与设备计划。

**4. 施工方案**

技术参数、工艺流程、施工方法、检查验收标准与方法等；

如支架模板的施工方案中：应阐述模板支撑体系的主要搭设方法及检查验收，需仔细描述模板支撑体系选用的形式、主要搭设方法、工艺要求、各种材料的力学性能指标以及构造设置要求。明确立杆纵横方向间距、横杆步距、顶托外露高度，剪刀撑的位置和数量，以及如何提高架体整体稳定性的措施。

详细描述模板支撑体系的验收要求。

**5. 计算书及相关图纸**

如支架模板的施工方案中应包括下列内容：

(1) 列表描述需要论证的箱梁的部位、结构尺寸、跨度；

(2) 列表描述箱梁支撑布置情况及支撑布置简图；

(3) 梁下模板及支撑体系设计验算。

根据支撑系统设置情况，分别选择不同支撑布置形式截面最大的箱梁进行验算。验算要求如下：

1) 画出需验算类型的支撑节点详图，简述该种类型的布置情况和安装做法，以及所需各种材料的规格；

2) 梁底模板验算：

a. 荷载计算：包括箱梁模板自重、混凝土自重、钢筋重量、施工荷载；

b. 画出计算简图；

c. 进行模板的抗弯强度、抗剪强度、挠度的计算；

3) 箱底次楞验算：荷载计算中增加次楞自重，其他荷载由上部传递，验算步骤同梁底模板；

4) 梁底主楞验算：荷载计算中增加主楞自重，其他荷载由上部传递，验算步骤同梁底模板；

5) 支架立杆稳定性验算：荷载计算中增加钢管、扣件自重，其他荷载由上部传递。进行支撑立杆的强度验算、稳定性验算；

6) 支承地基的承载力验算；

7) 其他必要的计算。

**6. 施工安全保证措施**

组织保障、技术措施、质量、安全保证措施、应急预案、监测监控等；

如支架模板的施工方案中，应描述组织保障机构、保证施工质量的技术措施、模板安装和拆除的安全技术措施、施工应急救援预案、模板支撑体系在搭设、钢筋安装，混凝土浇捣过程中及混凝土终凝前后的模板支撑体系位移的监测措施等。

**7. 文明安全施工措施**

描述现场安全文明施工、环境保护措施。

**8. 劳动力计划**

描述施工作业人员、专职安全生产管理人员等。

# 5.4 单位工程施工组织设计编制案例

## 5.4.1 工程概况

**1. 工程简述**

工程名称：　××××××××××

建设地点：　××××××××××

建设单位：　××××××××××

设计单位：　××××××××××

节点工期：总工期××日历天，具体开工日期以甲方书面开工令为准。

节点工期要求：××年××月××日桥梁完成

**2. 工程概况**

××××××××××（道路与桥梁）起点为×××××××××，设计终点××××××××××地点。全长约1028m。

其中桥梁工程全长约336m，其中桥梁长278m，桥宽为28m，河西桥头道路长58m。主桥为三跨预应力混凝土连续梁，跨径127.541m，宽8m，西引桥为五跨预应力混凝土连续梁，跨径150.292m，桥宽20～28m。主桥及引桥的箱梁施工方法为满堂支架分段浇筑施工。

**3. 现场情况**

根据现场踏勘情况，本工程现场多为正在拆迁和尚未拆迁的房屋及道路，所以本工程的交通组织要求较高，另对于桥梁施工跨越现有道路需搭设临时门洞，难度较大。施工穿越现有多条道路，可能造成现有道路的临时中断，需要妥善处理现有居民的出行。

**4. 重点、难点分析**

(1) 本工程为现有道路的快速化改造，施工时对原有道路的交通有很大影响，因此需要合理的交通组织。同时和地下通道的施工存在交叉施工较多，需要合理组织施工顺序。

(2) 本工程场地大，而且涉及水中作业，因此测量工作是本工程的难点。针对这一难点我公司为本工程特别设置了测量组，本组织设计将提出具体的技术措施。使用组织措施、技术措施和经济措施保证工程的顺利进行。详见设计测量章节的阐述。

(3) 桥梁工程施工水上支架的搭设为本工程的重点难点；混凝土对模板工程和混凝土工程质量要求高，将其作为本工程的重点考虑。

(4) 周边涉及道路、市政管线较多，保护要求高。施工时和有关主管单位的沟通和协调是本工程的重点。

(5) 施工场地位于××市城区，安全文明施工要求较高。

(6) 本工程施工现场范围大。工期含雨、冬、暑季。需要合理的施工组织。

## 5.4.2 工程目标

**1. 进度目标**

根据招标文件的要求，暂定于×××年××月××日开工。我方将在345天内且保证各关键工期节点的前提下建成并交付整个工程。我方已充分考虑了有可能出现的各种影响因素，具体详见施工进度计划表（后附）。

**2. 质量标准及质量目标**

本工程质量标准为：符合国家验收标准。

质量目标为：省优。

**3. 安全目标**

贯彻“安全第一，预防为主，综合治理”的原则，认真执行国家、地方有关安全规定、安全操作规程。安全目标为：确保无重大伤亡事故。

**4. 标化管理目标**

做好现场文明施工标化管理，确保达到“省级文明工地”标化管理现场。

### 5.4.3 施工组织与施工准备

**1. 施工流程**

（1）总流程：

本工程按照划分的施工段同时开展施工，在各施工段中，以桥梁和道路施工为施工总工期的关键控制线路。

（2）桥梁施工流程：钻孔灌注桩→承台→墩、台身→场地硬化处理→支架搭设→铺设底模→支架堆载预压→箱梁底板、腹板钢筋（波纹管、钢绞线）→内芯模安装→箱梁顶板钢筋→箱梁混凝土浇筑及张拉压浆→桥面系道路结构层→附属结构。

**2. 施工段划分**

本工程分为桥梁和道路两个施工段，平行施工，分别由两个施工队承担（见表5-1）。桥梁施工组配置完整的木工、钢筋工、瓦工、杂工班组。水电安装工、机修工、电工、电焊工，在全标段内动态调配使用。项目部管理人员也进行相应的分工，测量组独立工作负责整个标段的测量工作。尤其要保证各施工段连接处和相邻标段对接处的测量精度。

**施工段落分段表** **表5-1**

| 施工段 | 施工范围 | 主要结构 | 作业班组 | 说明 |
|---|---|---|---|---|
| 第1施工段 | 主桥及引桥 | 现浇箱梁 | 第1组 | 主桥施工 |
| 第2施工段 | 地面道路 | 地面道路 | 第2组 | 西引桥施工 |

**3. 施工准备**

针对本工程的施工区域划分，在本工程的各项资源投入有以下准备：

1）项目组织机构

本项目经理部将配备一套完整的项目管理组织所需全部人员。公司主要对口部门及公司副总裁直接对本项目实施垂直管理。同时参加本项目的工程技术管理人员素质要求必须满足：素质高，并具有国家重点工程施工经验，有团队协作精神，年富力强，善打硬仗。

2）作业队伍投入

各施工队再按照施工段分解工作任务。采用动态人员调整，可集中优秀班组打突击。

保证农忙、节假日劳动力充足。为应对进度滞后和劳动力短缺的情况，进场时将在全公司范围内另行准备“突击队”。

3）主要的施工周材、施工机械设备、施工场地安排均按满足三支完整班组所需条件进行配置。

4）在组织项目施工中在保证安全和质量的前提下确保进度全面满足建设单位要求。因此在本工程施工过程中，建立强有力的安全文明施工管理组织、质量管理组织、环境管理组织、计划管理组织。以进度为纽带，以质量和安全为核心，确保每道工序受控。

5）实施项目法施工。针对本工程工期紧、质量要求高、施工体量较大、综合协调要求高，精心组织、科学管理，优质高效地完成本工程的总目标。

① 机械设备的投入（详见机械进场计划表）

② 劳动力安排

根据本工程的特点，设置施工生产调度 2 名，每个作业段各设 1 名，主管下设班队施工中的质量、安全、进度及每道工序的衔接。桥梁作业段设桩基队长 1 名，负责桩基成孔及混凝土的灌注；混凝土队长一名负责混凝土的浇筑；木工队长 1 名负责模板支设与支架的搭设；钢筋队长 1 名负责钢筋的加工安装；电工、机械工、张拉组均由施工生产总调度负责分工。具体劳动力组织及任务划分见表 5-2。

**劳动力组织及任务划分表** **表 5-2**

| 段　别 | 总人数 | 任务划分 | 备　注 |
|---|---|---|---|
| 桩基作业队 | 36 | 负责的全桥 1 桩基施工 | 队长 1 名，技术员 2 名 |
| 桥梁作业队 | 220 | 负责主桥和引桥钢筋、模板的施工 | 队长 1 名，技术员 2 名 |

我公司将确定作业队，同时组织有关技术、管理、班组骨干人员进行集中强化培训，熟悉现场和图纸。并对班组进行交底。对于节假日、农忙、突发事件我公司将在集团内部统一调配人员保证工期不受影响。

③ 项目组织措施

作业面和工种穿插多。需要缜密地组织结构形式和严格的职能分工，并采用动态管理模式严格的检查、落实。同时协调各个工作面、各分部分项工程。以科学、严谨、合理的工作精神来确保建设目标的圆满实现。

④ 组织机构

我公司采用矩阵组织结构形式，在技术、资金、人员、材料、机械设备等方面在总公司范围内统一进行调配，以保证施工的正常进行。项目部成员在总公司和项目部双重领导下开展工作，并接受建设单位、设计院、质监站、监理等单位专家的指导。做到生产资料与施工进度、质量有机配合，项目部将凭借总公司的整体团队优势，有目的、有组织、有步骤、有计划地带领各个部门，按照相关规定、计划、方案的要求进行项目管理。

⑤ 项目组织结构

本公司为达到预定目标，挑选具有很强组织协调能力和丰富施工经验的项目经理担任本工程的项目经理，配备 1 名项目副经理。在项目上还设置集团总指挥部、现场总工办，并且设立项目党支部。项目部下设工程组完成现场工作，项目部成员骨干均为具有多年施工经验，有独立工作能力的中青年技术力量。

⑥ 建立安全文明标化生产管理小组

设置项目安全文明标化生产管理小组

项目经理为小组组长：×××

副组长：项目副经理：×××；项目工程师：×××

成员：施工员：×××；××；×××；安全员：××；×××；测量员：××

质量员：×××；资料员：×××；×××；试验员：×××；办公室：××

(1) 按照国家、行业、地方对安全生产的有关规定和本公司的规章制度。

(2) 按照江苏省省级文明工地的标准布置和管理现场。

**4. 项目管理措施**

服从省各级政府、行政主管部门的领导，在建设单位、质监站、设计院、监理单位的指导下开展工作。严格执行国家、地方现行规范和强制性条文，严格按照设计施工图进行施工。实行项目经理负责制的项目管理：全面质量管理、全过程质量管理、全员质量管理。推动“QC”小组活动的开展。

(1) 安全管理

贯彻“安全第一，预防为主，综合治理”的原则，确保工程无重大安全事故。

(2) 质量管理

贯彻“百年大计，质量第一”的思想。制定科学、可行的质量保证措施。采用动态的计划→实施→检查→处置（PDCA）管理循环。提高整体管理水平。

**5. 现场准备**

施工现场必须置挂六牌一图，即工程概况牌、安全纪律牌、安全标语牌、安全记录牌、消防保卫、文明施工制度牌和施工平面图。六牌一图必须齐全，而且美观整齐。

根据本工程现场条件特点，拟将项目临时办公地点设在规划红线内的临时用地空地上，结构形式为白色彩钢板房，搭设面积不小于 $1200m^2$，并进行场内硬化和绿化，办公、生活设施配备齐全。并为建设单位和监理提供办公和生活用房。

场内布置小型搅拌场、小型钢筋绑加工地，如场地限制钢筋的成型将主要依靠厂外加工。场内具体位置详见平面布置图。

场内不堆放大量材料，将根据材料使用计划提前 24 小时进场。

我方将根据现场情况自行安装线路、设备，线路及设备必须符合供电部门及《现场施工临时用电规范》要求，进场后编制现场临时用电方案，经公司、监理、建设单位审核合格后进行现场施工。

进场后编制现场临时用水方案，符合政府有关用水规定，确保满足施工用水要求。

**6. 技术准备**

组织有关人员熟悉图纸，认真进行图纸会审，对工程的重要部位组织编制分项工程施工方案和工艺卡，做好充分的技术准备工作。

**7. 资金准备**

为保证本工程的施工资金，为本工程设置专用账户。动态调动公司的流动资金优先本工程使用，确保工程顺利进行。

### 5.4.4 交通疏解方案

**1. 交通组织的特点**

本工程于跨越现有多条道路，在各个路口围挡时要充分考虑附近居民的出行要求，在搭设支架时要提前做好交通疏解。

本工程施工作业面和施工临时设置需要占用一定的区域。因此针对本工程的特点现制定交通组织方案如下（进场后我方将针对现场变化和突发事件对方案随时调整，以满足工程和周边交通的需要）。

**2. 交通组织办法**

先落实道路通行条件，再进行围挡施工。

为了避免路口交通量大量积压，主要路口应拓宽渠化，尽量满足转向交通需求。

为了保证非机动车和行人正常通行，施工期间设置的机动车和行人混行通道宽度应保证在 3.5m 以上。为了保证沿线单位车辆的基本进出，对于主要单位的出入口附近应预留通道，车辆右进右出。

为了保证沿线行人、非机动车的正常过街需求，建议在交叉口、主要单位、公交站点附近设置行人过街通道，并设置障碍，禁止机动车辆穿行。

对于在施工影响范围内的公交站点，建议依据实际施工围挡范围，根据不同的施工进度，公交站点调整至围挡较为宽裕的位置，方便乘客上下客，减轻公交车辆停靠对道路交通的影响。

**3. 交通管理保障措施**

(1) 项目经理部成立专门的交通协调部，选派有城市施工经验的工程师组成，专门负责施工期间的交通疏解工作。

(2) 积极与当地交通管理部门取得联系，配合建设单位制定交通疏解方案，并在施工过程中，严格服从建设单位的统一指挥，积极配合建设单位的全盘考虑，确保畅通。

(3) 加强与周边单位的交流与协作，共同维护施工期间的交通秩序，保证施工期间立交范围的交通通畅。

(4) 对施工生产活动进行科学、合理的组织，使施工车辆的出行避开交通高峰期，尽量利用交通流量小的时段来进行材料、设备等物料运输，以减少交通高峰期的车流。晚 22：00之后组织主要材料进场。

(5) 必要时联系交管、公交，调整公交线路和重新设置公交站点。

### 5.4.5 桥梁施工方法

桥梁施工流程：钻孔灌注桩→承台→墩、台身→场地硬化处理→支架搭→铺设底模→支架堆载预压→箱梁底板、腹板钢筋（波纹管、钢绞线）→内芯模安装→箱梁顶板钢筋→箱梁混凝土浇筑及张拉压浆→桥面系道路结构层→附属结构。

以下按主要施工顺序将桥梁施工工艺分述如下：

**1. 钻孔灌注桩施工**

(1) 施工工艺流程

根据施工现场环境和地层地质状况，本工程钻孔灌注桩施工选用正反循环回旋钻机施工。根据工期要求，决定调用不少于 6 台钻机，投入桩基工程施工。钢护筒采用 12mm 厚的钢板卷制而成、每节长度不小于 2m，泥浆用优质黏土拌制而成。人工绑扎钢筋笼，汽车吊吊放就位，采用预拌混凝土泵送，直升导管法灌注水下混凝土。钻孔桩施工以台为单位安排施工，尽快为墩柱及上部结构施工创造条件。

钻孔灌注桩施工工艺流程见图 5-2。

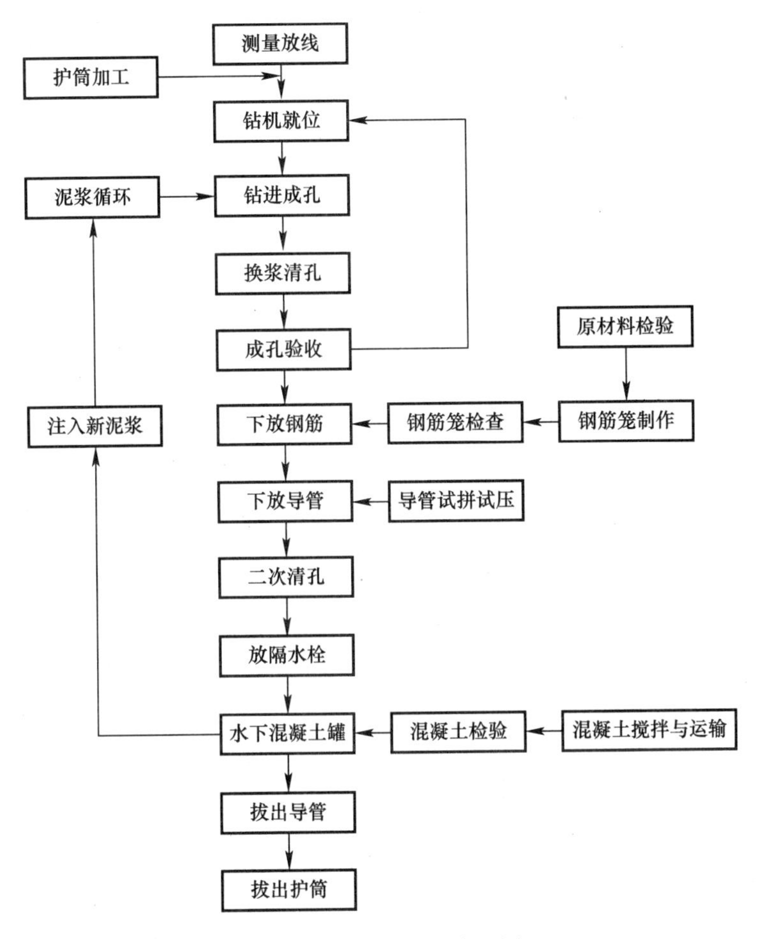


图 5-2　钻孔桩工艺流程图

(2) 施工方法及要点

施工方法及施工要点如下：

1) 场地准备

在桩基施工前，将钻机移动范围内的地平面整平，清除杂物，换出软土，夯打密实。

2) 测量放样

采用全站仪测定桩基础中心坐标位置，采用“十”字挂线定位，并在孔位周围埋设护桩，随时校核桩位坐标。

3) 护筒的制作与埋设

护筒采用 12mm 厚钢板制作，节长不小于 2m，内径比设计桩径大 20～30cm。埋设方法选用挖埋式，护筒顶高出地面30cm，护筒外面与原土间用黏土填满、夯实，严防地表水从该处渗入。埋设时，要求准确竖直，护筒顶部中心偏差不得大于5cm，倾斜度不得大于1％。钻进过程中要经常检查护筒是否发生偏移和下沉，并要及时处理。

4）泥浆制备

① 钻孔采用泥浆护壁，护壁泥浆选用优质黏土造浆，泥浆密度控制在1.06～1.3范围（特殊情况除外）。钻进过程中随时检验泥浆密度、黏稠度、含砂率、胶体率等，并填写泥浆试验记录表。钻孔钻进时，通过采用加膨润土等方法来加大泥浆稠度进行固孔护壁及浮渣。为节约泥浆，钻孔中的泥浆经沉淀后循环使用，废弃泥浆沉淀后妥善处理。泥浆池在承台两侧开挖，泥浆循环时以导流槽引入泥浆池内。

②为了防止坍孔，泥浆应有一定的粘度，按照不同的土质，粘度指标见表5-3。

**泥浆技术指标表** **表5-3**

| 序　号 | 项　目 | 技术指标 |
|---|---|---|
| 1 | 比重 | 1.06～1.3 |
| 2 | 黏度 | 一般地层：16～22s；松散易坍地层：19～28s |
| 3 | 含砂率 | 新制泥浆不大于4％ |
| 4 | 胶体率 | 不小于95％ |
| 5 | pH值 | 8～10 |

③ 各机长认真执行钻探操作规程，根据地层情况及时调整泥浆性能，保证成孔速度和质量，施工中随着孔深的增加向孔内及时、连续地补充泥浆，维持护筒内应有的水头，防止孔壁坍塌。灌注过程中，开挖泥浆沟，使孔内泥浆返回泥浆池，防止泥浆外溢。

④ 将废泥浆由泥浆运输车运输至环境保护部门指定的地点排放。

5）钻机就位

钻机就位前进行设备检修和试运转。根据地层情况决定泥浆指标，确定排渣方向，修筑泥浆池、沉淀池。准备好各种记录表格。钻机就位时用方木垫平，将钻头中心线对准桩孔中心，误差控制在2cm以内。

6）钻孔

开孔时，先要慢速轻钻。钻孔过程中，孔内要保证泥浆稠度适当、水位稳定，有损耗、漏失，立即补充。并对钻渣做取样分析，核对地质资料，根据地层变化情况，采取相应的钻进方式和泥浆稠度。

7）成孔检查

① 孔径、孔形检测：孔径采用自制笼式井径检查器检查；孔形检查一般在工程试桩结束后，开挖直接观测检查桩身形状在土层中的变化。

② 孔深、孔底沉渣检测：采用标准测锤检测。

③ 桩孔竖直度检测：采用钻杆测斜法检测。

8）清孔

在终孔经检查后，进行第一次清孔，清孔方式视选用的钻机类型不同相应选用。一般采用注浆清孔，既在终孔后停止进尺，利用正循环系统的泥浆泵从钻机钻杆孔持续注入新鲜泥浆至孔底，使孔底钻渣彻底清除干净；安放钢筋笼及导管后，在灌注水下混凝土前，辅以高压喷射风和喷射水进行第二次清孔，使沉淀物漂浮，立即进行灌注。

9）吊放钢筋笼

钢筋笼采用卡板或支架成型法分段制作，主筋采用双面焊，主筋与螺旋筋全部焊接，其制作应符合有关规范要求。保护层厚度的控制采用定位钢筋，每 2m 一道，每道 4 个，均匀布置。钢筋笼分段用汽车吊吊入桩孔，吊具采用扁担梁、保证钢筋笼在吊放过程中不变形。入孔后、牢固定位，以免在灌注过程中发生浮笼或掉笼现象。

10）导管安装

导管采用 $\phi$300 快速接头导管，导管在使用前和使用一个阶段后，除应对质量、拼接构造认真检查外、需做拼接、过球和水密、承压、抗拉实验，以保证不漏水，过球畅通。导管在钻孔旁预先分段拼装，采用钻机机架或吊车吊放入孔。

11）灌注水下混凝土

混凝土应满足如下要求：混凝土强度等级满足设计要求，粗骨料使用碎石或卵石，粒径 1～4cm，砂用级配良好的中砂。混凝土水灰比＜0.6，水泥用量不小于 370kg/m$^3$ 含砂率为 40 %～50 %，坍落度 18～22cm，扩散度为 34～38cm，混凝土初凝时间为 3～4h。先灌入首批混凝土。首批混凝土的数量要经过计算，使其具有一定的冲击能量、并能把导管下口埋入混凝土不小于 1m 深。开导管用球胆和盖板，球胆预先抛入导管中，漏斗下口放置系有钢丝绳的铁盖板，当混凝土装满后，吊出钢盖板，混凝土即下沉至孔底，排开泥浆，埋住导管下口。

首批混凝土灌入孔底后，立即测探孔内混凝土面高度，计算出管内埋置深度，如符合要求，即可正常灌注。灌注要紧凑、连续进行，严禁中途停工，中途停歇时间不得超过 30min，并防止混凝土拌和物从漏斗顶溢出或从漏斗外掉入孔底，使泥浆内含有水泥而变稠凝结，致使测探不准确。

导管在混凝土中埋深以 1.5～2.0m 为宜，既不能小于 1m 也不能大于 6m。灌注过程中，设专人密切注意观察管内混凝土下降和孔内水位升降情况，及时测量孔内混凝土面高度及管内外混凝土面的高度差，正确指挥导管的提升和拆除，填写水下混凝土灌注记录。拆除导管动作要快，时间一般不超过 15min，要防止工具等掉入孔内，已拆管节立即清洗干净，堆放整齐。

利用导管内的混凝土超压力使混凝土的灌注面逐渐上升，上升速度不低于 2m/h，直至高于设计标高 0.5～1.0m，以便凿除浮浆，确保混凝土质量。在混凝土灌注过程中，当导管内混凝土含有空气时，后续混凝土宜通过溜槽慢慢地注入漏斗和导管，不得将混凝土整斗倾入导管内，以免导管内形成高压气囊，挤出管节间的橡胶垫而使导管漏水；同时，对灌注过程中的一切故障均记录备案。灌注将近结束时，在孔内加水稀释泥浆，并掏出部分沉淀土，使灌注工作顺利进行。在拔出最后一节长导管时，速度要慢，防止桩顶泥浆挤入导管下形成泥心。

12）桩基检测

基坑开挖后，将桩头部位多余混凝土凿除，以便进行桩基检测。根据设计要求，请专业检测机构，对所有桩基进行 100％无损检测。

无损检测采用声测法进行检测。

声测法施工要点如下：

① 声测管在混凝土灌注前提前预埋。桩径小于 1.0m 时应埋设双管；桩径在 1.0～1.8m 时应埋设三根管。桩径 1.8m（包括 1.8）以上应埋设四根管。对称布设。

② 声测管宜采用钢管，其内径不小于40mm。钢管宜用螺纹连接，管的上端应封闭，上端加盖。检测管可焊接或绑扎在钢筋笼的内侧，确保牢固、顺直。检测管之间应相互平行。管口应高出桩顶100mm以上，且各声测管管口高度一致。

③ 声测管应埋至桩底，并保证密封不漏浆，如指定的桩基漏埋声测或声测管变形、堵塞，导致不能进行超声波检测的，改为钻芯取样检查，并利用钻芯孔进行声测。

④ 每根桩有三根检测管，应将每2条检测管编为一组，逐组进行测试。每组检测管测试完成后，测试点应随机重复抽检10%～20%，其声时相对标准差不应大于5%，波幅相对标准差不应大于10%，并对声时及波幅异常的部位应重复抽检。

⑤ 桩基混凝土龄期在7天以后才进行检测。检测前应将桩头凿至设计标高，并用测绳拴一根$\phi$32mm长约20cm的钢筋，做成吊锤对检测管进行试探是否畅顺，并向管中注满清水。

桩身质量符合设计要求后，才能进行下一道工序。

**2. 承台施工方案**

（1）施工工艺流程

承台施工根据桩基础的施工顺序安排施工，并按上部结构以一联为单位，以保证与上部结构施工的有效衔接。

承台基坑采用反铲挖掘机开挖，地下水位较高、流砂情况严重时采用轻型井点降水方案，管桩或土袋支护，机械开挖时，基坑底部留出30cm厚采用人工清底，以防下部土层受到扰动。

采用定型钢模板和预拌混凝土，混凝土输送泵车浇筑，每个承台一次连续浇注成型。

承台施工程序：基坑开挖⟶凿除桩头⟶打混凝土垫层⟶绑扎钢筋⟶支立模板⟶浇筑混凝土⟶养生⟶坑基回填。

施工工艺流程图见图5-3。

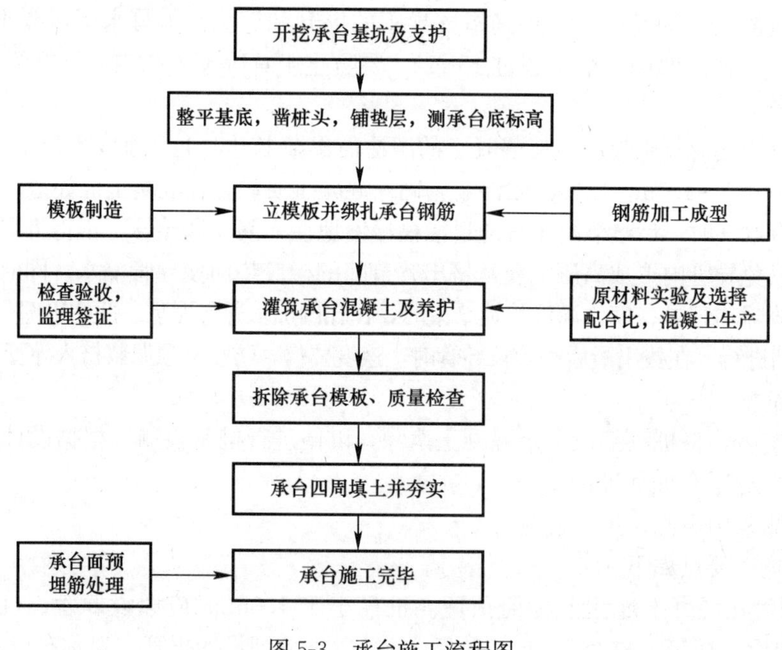


图5-3 承台施工流程图

(2) 施工方法及要点

第一步：施工准备

1）承台施工前进行钻孔桩位置、标高等的复测，由监理工程师签认后，方可进行承台的施工。

2）复核基坑中心线、方向、高程，按地质水文资料结合现场情况，决定开挖坡度和支挡方案。基坑底面尺寸为长 $a+2\times40$cm，宽 $b+2\times40$cm，$a$ 为承台长，$b$ 为承台宽，开挖坡度采用 1∶1，则地面开挖尺寸长为 $(a+2\times40)+2\times h$，宽为 $(b+2\times40)+2\times h$，$h$ 为承台埋深，如承台埋深较大，可根据实际情况提高坡度，并制定支挡措施，做好地面防排水工作。

3）备齐所需机具、材料，安排施工人员，确定各班组任务。

第二步：基坑开挖

1）承台基坑采用放坡开挖：用反铲挖掘机开挖，人工配合，并加强坑内的排水。根据施工前拟定的坡度采用反铲挖掘机开挖，挖掘时注意抽水和不要碰到支挡结构，挖至距承台底设计标高约 30cm 厚的最后一层土时，采用人工挖除修整，以保证土结构不受破坏。如施工时发现基坑在地下水面以下时，可用木板桩支撑，边开挖，边设撑。对需要设挡板支撑的基坑，根据施工现场条件，在基坑四周每 30cm 打一根木桩（或钢管），在木桩（钢管）后设 2～4mm 厚的木板（或钢板），防止边坡坍塌。基坑开挖及防护见图 5-4。

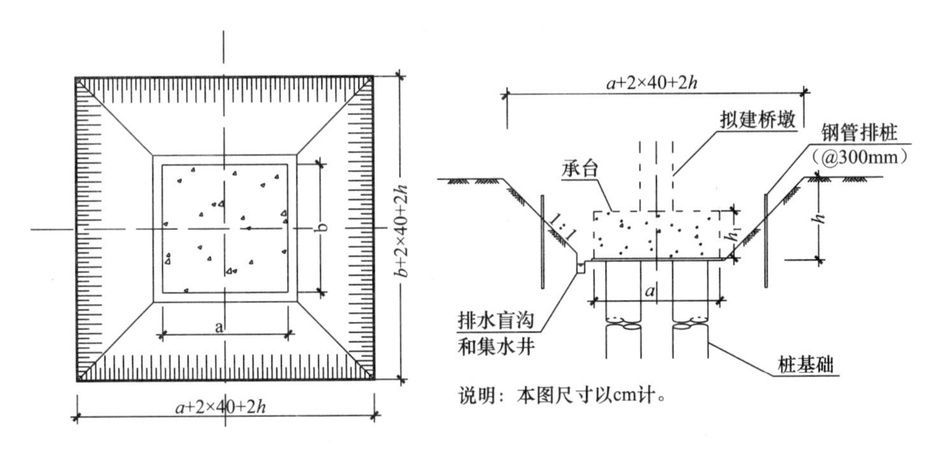


图 5-4　基坑开挖示意图

2）基坑排水：一般采用汇水井排水，在基坑内承台范围外低处挖汇水井，并在周围挖边沟，使其低于基坑底面 30～40cm。汇水井井壁要加以支护，井底铺一层碎石。抽水时需有专人负责汇水井的清理工作。

3）凿桩头：确定承台底标高，按设计图纸将桩顶混凝土凿至顶面高出承台底设计标高的 10cm 处，将主筋调直，按设计要求绑成喇叭口，并向外设置直钩。

凿桩头完成后，即进行桩基检测。合格后方可进行下道工序施工，若不合格，应立即处理。

4）基底处理及测量定位：人工清理整平基底、基坑底标高低于承台底设计标高 10cm，测量人员测放出垫层的边线和顶面标高，边线大于承台边线 10cm，顶面标高即承台底标高，沿边线支设垫层模板，浇筑混凝土，顶面抹平，覆盖浇水养护。待垫层达到设计强度后，马上组织测量人员在垫层顶面进行放样，放出承台底面 4 个边角点及承台长、宽中心线，及其交点（中心点）的位置，用仪器检查各点位置是否正确，然后用钢尺复测，确认无误后，挂线连出承台边缘位置。

第三步：绑扎钢筋、立模板

1）绑扎钢筋

钢筋在钢筋棚加工，严格按照施工规范、图纸现场绑扎，严禁漏绑。特别注意预埋钢筋的位置及加固，防止浇筑混凝土时跑位。底部设置的钢筋网，在越过桩顶处不得截断。在钢筋与模板之间设置混凝土垫块，垫块与钢筋扎紧，并相互错开。并根据图纸绑扎预埋墩柱钢筋。

2）立模板

模板采用大块组合钢模板，在安装前要除锈、刷油，检查模板有无变形。做好后，用吊车吊装，人工配合立模，模板内侧采用钢筋箍棒支撑，钢筋棒另一端与承台钢筋骨架焊接，在模板外侧用钢管与方木打两排斜撑加固，以防止浇筑混凝土时跑模和模板倾斜，然后在模板上标记承台顶面标高。

第四步：混凝土浇筑

混凝土采用输送车运送到现场，用滑槽送至浇筑部位，混凝土自由下落高度不得超过 2m。为确保施工质量，采用斜向水平推进法施工。上层与下层浇筑水平距离保持 2m 左右，且从底处开始逐层扩展升高，保持水平分层，且分层厚度不超过 30cm。采用插入式振捣器振捣密实，振捣时振捣器插入下层混凝土 5～10cm，插入间隔小于其 1.5 倍作用半径，振捣时不得漏捣和重捣。振捣时观察混凝土不再下沉，表面泛浆，水平有光泽即可缓慢抽出振捣器，防止因过振混凝土内产生空洞。每一层边振动边逐渐提高振捣器，避免碰撞模板。

第五步：拆模养生

混凝土浇筑完成后，对承台顶面进行修整。抹平定浆后，再一次收浆压光（墩柱处应拉毛），表面用草袋覆盖，洒水养生，当混凝土达到一定强度后拆模，对拉筋头进行防腐处理，经监理进行隐蔽工程检查后，承台四周分层回填夯实。

**3. 墩柱施工方案**

（1）施工工艺流程

施工程序为：清基⟶测量放线⟶凿毛⟶立脚手架⟶绑扎钢筋⟶支立模板⟶浇筑混凝土⟶拆模养护。施工工艺流程图见图 5-5。

（2）施工方法及要点

1）清基

墩柱施工前，凿除基础顶面浮浆、泥土并冲洗干净，整修连接钢筋。

2）测量放线

用全站仪精确测定出其墩柱中心，然后在基础顶面放出墩（台）柱纵横中心线（十字线）和模板外轮廓线的准确位置，桥墩中心线在桥轴线方向上的位置中误差不应大于＋15mm，并同时定出墩柱模板位置的控制点。

3）模板工程

① 模板设计：根据本工程墩柱的结构形式，采用定型加工的钢模板。在制作模板时必须严格按设计和钢结构加工验收规范进行；

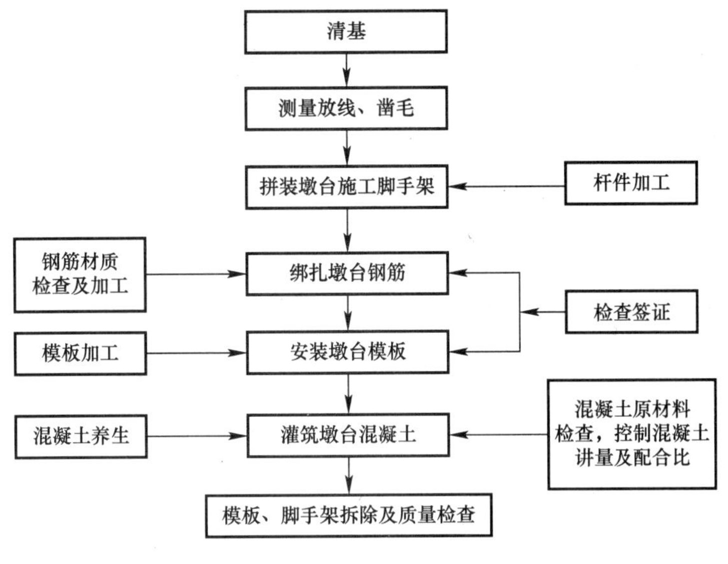


图 5-5　墩台施工流程图

② 模板安装：在承台顶面放出墩台中线及墩台实样。模板安装好后对轴线、高程进行检查，符合规范和设计要求后进行加固。模板内部涂刷脱模剂。

当混凝土的强度达到一定要求时，进行拆模，拆模板时不使用撬棍等工具，避免损坏混凝土的表面及棱角。

4）钢筋工程

钢筋在进场前按规范要求进行抽检，杜绝不合格品进场。进场的钢筋全部堆放在钢筋棚内，在钢筋加工厂内加工。

钢筋在加工时应符合设计要求和相关施工规范规定。

5）混凝土工程

① 桥墩一次浇筑成型，混凝土泵车泵送入模。浇筑前，先凿除施工接缝面上的水泥砂浆薄膜和表面上松动的石子或松弱混凝土层，并以压力水冲洗干净，使之充分湿润，不积水。对支架、模板、钢筋和预埋件进行检查，尺寸不符合规范要求的及时进行调整，确保尺寸准确。

② 浇筑时，先在基面上铺一层厚约 15mm 并与混凝土灰砂比相同而水灰比略小的水泥砂浆，或铺一层厚约 200mm 的减石或细石混凝土（其配合比减少 10%粗骨料）后，再灌注混凝土。

③ 墩柱混凝土入模采用泵车软管直接到浇筑部位。混凝土采用分层浇筑，每层厚度不超过 30cm，且在下层混凝土初凝前浇筑完上层混凝土。

④ 控制钢筋保护层的垫块，采用混凝土预制垫块，随浇筑混凝土随时拆除，避免墩台身混凝土表面出现垫块的痕迹，影响混凝土的外观质量。

⑤ 振捣

浇筑混凝土时，采用插入式振捣棒振捣密实。插入式振捣棒移动间距不超过振动器作用半径的 1.5 倍，与侧模保持 5～10cm 的距离，且插入下层混凝土 5～10cm，每一处振动完毕后边振动边徐徐提出振动棒，避免振动棒碰撞模板、钢筋及其他预埋件。振捣顺序、先中央后外围，必要时进行复振。

⑥ 养护

混凝土浇筑完 2～3h 后覆盖塑料薄膜浇水养护，养护时间不少于 14d。

**4. 预应力现浇箱梁施工**

本工程预应力箱梁采用满堂支架法分段现场浇筑施工。

（1）搭设支架

现浇箱梁底模支架为满堂支架，由 $\phi$48mm 碗扣式脚手架搭设。箱梁施工是高空作业，需做好安全防护网，支架严格设计和检测，保证有足够的强度和刚度，防止出现下挠。

根据现场实际情况，当施工占道影响交通安全时，为保证交通畅通，施工时需采用碗扣式脚手架和贝雷梁相结合的方法在道路位置留出行车通道，在梁上再设置碗扣式脚手架，在梁下部及两侧立柱上挂防护网，确保无任何物品掉下落在行车道上。

（2）支架预压试验

根据现场实际情况，经设计、监理同意后，选择一联具有代表性的高架桥做支架预压试验。计算出弹性和非弹性变形量，以便调整支架，正确指导施工。

（3）盆式橡胶支座的安装

盆式支座采用地脚螺栓连接法，按支座位置在支承垫板上准确预留地脚螺栓孔，孔径≥3 倍地脚螺栓直径、深度稍长地脚螺栓。安装过程如下：

1）放样：在墩顶上按设计图纸标出支座位置的十字线，并测出高程。

2）支座安装前，清理垫石顶面，清凿并刷洗干净预留孔。

3）用丙酮或酒精清洗支座各相对滑移面，擦洗干净支座其他部件。

4）支座安装上、下各部件纵横向精确对中。当安装温度与设计温度不同时，活动支座上下各部件错开的距离根据计算确定。

5）锚固砂浆采用与垫石等强度的环氧树脂砂浆，配方由实验确定。砂浆初凝前，插进地脚螺栓并带好螺母，待砂浆完全凝固后再拧紧螺母。

6）支座安装除满足标高要求外，两个方向的四角高差不得大于 2mm。

7）支座上座板与梁体一同浇筑，通过螺栓固定。

（4）模板加工及安装

模板的好坏是现浇箱梁质量好坏的关键，模板必须有足够的强度和刚度。模板安装顺序为先铺设底模，侧模，待底板与腹板钢筋绑扎好后再安装内模。

（5）钢筋加工及安装

钢筋及钢绞线加工时抓住四个环节：一是钢筋与钢绞线的试验（物理试验与化学试验）；二是钢筋和钢绞线严格下料尺寸；三是钢筋焊接严把质量关；四是钢筋按设计图绑扎成立体骨架。

预应力钢筋混凝土箱梁中普通钢筋既有受力筋又有架立钢筋，形状复杂，数量多。所有钢筋均统一在加工场下料、弯制、加工，现场绑扎焊接成型，组合成立体骨架。主筋骨架之间、骨架与斜筋之间采用双面焊，焊缝长度不小于设计要求的钢筋直径的 5 倍。

绑焊箱梁顶板钢筋时应注意以下问题：预先确定箱梁顶板钢筋，设置进入孔的位置和数量及加固的方法。伸缩缝、护栏、泄水管等设施的预埋件准确、无遗漏。

（6）预应力管道安装

1）波纹管安装

普通钢筋绑扎成骨架后，根据各预应力钢束的坐标和曲线要素，首先在骨架的箍筋上测量划线，并点焊定位筋，然后在定位筋上绑扎钢束孔道的导向筋。

预应力钢束孔道采用金属镀锌波纹管成孔，波纹管的长度尽量为整体一根，减少接头；但由于整联施工，有些波纹管较长，需接长，接长时，用比通长波纹管直径大5mm的波纹管将该接头套紧，并用胶带纸包裹，以防漏浆。接头波纹管将各段波纹管联接起来，然后自下而上将波纹管分层、分号绑扎在定位筋的导向筋上，波纹管绑扎、定位时注意以下几个问题：

在绑扎前检验波纹管，保证其质量合格；波纹管的接头处两端用胶布缠紧接缝。

由于预应力钢束孔道采用镀锌波纹管，容易被电焊火花烧伤，从而导致浇筑混凝土时砂浆浸入孔道形成堵塞。影响预应力钢束的正常张拉。因此，在设有波纹管之处进行电焊，都必须用石棉予以妥善保护，避免烧伤波纹管。

当预应力钢筋完全定位后，即可在波纹管两端安设灌浆孔，安装钢束锚垫板。

2）灌浆孔、排气孔、锚垫板安设

当预应力钢束就位后，在每一钢束的两端安设灌浆孔，排气孔按照设计要求安设。

锚垫板安放时保持板面与孔道垂直，波纹管穿入锚垫板内部，且从锚垫板口部以海绵封堵孔道端口，外包裹胶带，避免漏浆堵孔。为保证锚垫板定位准确，在施工到齿板处时，换用改装后的内模，精确定位，将齿板与梁体一同浇筑。螺旋筋与钢筋网严格按设计安装。除以上措施外，在纵向预应力孔道内，于灌注混凝土前，穿入较孔道孔径小10mm的硬塑料管，在混凝土初凝前抽动，终凝后抽出，以防措施不到漏浆堵孔，此塑料管可多次倒用。

（7）混凝土的浇筑与养护

箱梁混凝土浇筑采用罐车运输，汽车泵泵送入模，梁体一次浇筑成型。

混凝土浇筑的顺序：每孔纵向从低处向高处连续快速浇筑，采用斜面分段，水平分层方法连续浇筑；横向先底板后腹板和顶板的顺序浇筑混凝土。

混凝土振捣：混凝土的振捣用平板振捣器和插入式振捣棒配合使用，振捣时间要适当掌握不要漏振也不要过振。在混凝土浇筑过程中，应避免振捣棒击穿波纹管造成孔道阻塞，各种预埋件保持位置正确。

须注意预埋承轨台、栏板柱预埋钢筋，以及接触网柱预埋件、锚环预埋件的预埋工作。

在混凝土浇筑完4～5h初凝后尽快覆盖和洒水保湿养护。养护期不少于7d。

（8）内模、侧模拆除

拆侧模：箱梁腹板混凝土强度达到设计强度的60％可拆除侧模。

拆内模：顶板混凝土强度达到设计的70％后，由人孔进入拆除支撑及内模，再由人孔运出。

（9）预应力钢筋穿束和张拉

箱梁张拉采用后张法，钢束的张拉是预应力混凝土工程的关键工序，直接影响到工程的质量，必须严格按照施工操作规程进行。成立专业的张拉组，指定专人负责，在张拉作业之前对张拉千斤顶、油压表及油泵由专业检测部门进行标定，并绘制标定曲线，张拉时按标定曲线配套使用。并检查锚具及预应力钢束安装是否正确。

**5. 施工孔道压浆施工**

压浆前水泥浆的配制应严格按照配合比进行，外加剂的用量必须准确，水泥浆稠度需控制在16～18s之间。

压浆前应进行封锚和孔道清洗。封锚用水泥砂浆填塞。

水泥浆自拌制至压入孔道的延续时间，视气温情况而定一般在30～45min范围内。水泥浆在使用前和压注过程中应连续搅拌，对于因延迟使用所致的流动度降低的水泥浆，不得通过加水来增加其流动度。

压浆应缓慢、均匀进行，不得中断，压浆的最大压力宜为0.5～0.7MPa，压浆应达到孔道饱满和另一端出浆，并应达到排气孔排出与规定稠度相同的水泥浆为止。为保证管道中充满灰浆，关闭出浆口后，应保持不小于0.5MPa的一个稳压期，稳压期不小于2min。

压浆后应检查压浆的密实情况，如有不实，应及时处理和纠正。

**6. 封锚施工**

钢束张拉压浆结束后，混凝土面凿毛并扎好封锚钢筋网，再安装定型封头钢模浇筑封头混凝土。

**7. 底模板与支架拆除**

底模和支架待梁端张拉封端后拆除，拆除的顺序：先拆除每跨中间部分，然后由中间向两边（支座处）对称拆除，使箱梁逐渐受力，防止因突然受力引起裂纹等。拆除碗扣式支架时，按上述顺序先去掉楔型木，然后松动顶部系杆，取下楔木、模板，再拆除支架。

**8. 桥面铺装施工**

桥面铺装层施工时应放样准确，厚度及泄水坡度应满足设计要求，桥面混凝土铺筑时在梁板顶设混凝土饼，混凝土饼间距在2.0m左右形成高程控制网，并计算出每处混凝土饼顶面高程，该点即为混凝土铺设后的高程。

混凝土铺筑时平整控制用10×15cm长方木制成找平拍浆条，顺标高控制点进行拍浆找平后，由抹光机压实抹光。

**9. 伸缩缝安装施工**

在伸缩缝施工前，上报详细的施工组织设计方案，要求精心组织、统筹安排，严格按照施工规范进行控制。

成立专业施工操作组，包括切缝组、开槽组、安装组、混凝土浇筑组，明确任务，做到职责分明。

项目部对切缝、开槽、型钢安装、浇筑混凝土各道工序施工均应进行认真检查，验收合格后方可进入下一道工序，同时对型钢安装、浇筑混凝土等重要工序均要全过程旁站。

### 5.4.6 重点难点处理措施

**1. 工程特点**

(1) 本工程施工综合要求较高。本工程体量较大，施工技术复杂。建设单位对本工程的建设质量目标寄予了很高的期望，文明施工要求也高。本工程施工场地狭小。同时施工中将有大量专业承包商进场展开相关施工，在整个工程建设过程中对施工组织管理和协调都提出了较高的要求。现场需重点控制工程质量、施工进度、安全文明施工和环境保护。须选派经验丰富、综合素质高的工程管理人员参与建设，加强组织管理，建立完备的管理体系并有强有力的管理措施保证执行，确保本工程总目标的实现。

（2）场地较大，总平面布置、控制难度都较大。需对现场平面布置进行精心策划、精心布置，并进行严格管理，使有限的场地发挥到最大的用处。

（3）安全文明施工要求高，周边居民区较近，因此施工噪音控制、扰民控制的要求很高。由于本工程与周边科研场所、住宅、工商企业距离较近，为保证各场所保持正常的秩序，需采取切实的措施降低施工噪音对工程周边环境的影响，并极力减少对周边居民生活区、旅游景区、科研区的干扰和影响。

（4）交叉作业多。本工程涉及多工种作业，施工过程中交叉无可避免，施工过程协作配合难度很大。

（5）施工季节性明显。从××年5月展开施工，施工时间主要集中××年夏、秋、冬季，施工季节性明显。必须抓住有利气候条件，合理安排施工计划，落实季节性施工措施，保证工程施工质量、安全的前提下确保进度。

**2. 轴线和标高控制**

本工程占地面积较广，涉及多种专业及工程做法。为了保证主体平面位置和立面标高的精确性，必须对标高和轴线实施严格控制。

必须根据设计资料和建设单位移交的控制点和定位轴线进行同精度复核。发现问题及时会同各方处理。

必须确保土方施工期间的对支护的影响，项目部要派人负责跟踪和控制。

必须加强对基准定位点的保护，必要时以同精度另外测设新点，以做备用。

高程测量：高程引测基准必须以统一的基准点向工作面引测。在本工程中每个施工段将统一以唯一的基准测量点，各施工段的基准测量点每周进行检测。使用水准仪往返测量与基准点校核，误差要控制在规范范围内，确保精度要求。

**3. 质量通病预防措施**

项目部将严格按照有关防治质量通病的规范标准的要求，控制本工程的质量通病。根据我市主管部门要求编写《工程质量通病防治方案和施工措施》，经监理单位审查、建设单位批准后实施。

### 5.4.7 质量保证措施

**1. 质量保证体系基本要求**

（1）质量对策

① 以人的工作质量确保工程质量。

② 严格控制投入品的质量。

③ 全面控制施工过程，重点控制工序质量。

④ 严把分项工程质量检验评定关。

⑤ 贯彻“预防为主”的方针。

⑥ 严防系统性的质量变异。

（2）施工过程质量控制

1）自检和监控

本工程分部分项工程的报验建立在自检合格的基础上。

2）施工工序质量控制内容

① 严格遵守工艺规程。

② 主动控制工序活动条件质量。

③ 及时检查工序活动效果质量。

④ 设置质量控制点。

（3）施工过程质量控制的基本程序

① 作业交底。

② 检查施工工序、程序的合理性、科学性、防止工序流程错误导致工序质量失控。

③ 检查工序施工条件。

④ 检查人员操作程序、操作质量是否符合质量规程的要求。

⑤ 检查中间产品质量。

⑥ 对符合要求的工序验收合格后可以进入下一道工序。未经验收合格不得进入下一道工序的施工。

（4）现场质量检查方法

现场质量检查方法分为：目测、实测、试验三种。①目测：看、摸、敲、照；②实测：靠、吊、量、套。

（5）现场检查内容

现场检查内容包括：①开工前检查；②隐蔽工程检查；③停工后复工前检查；④工序交接检查；⑤分部分项工程完工后，应检查认可，签署验收文件记录后，才允许进入下一道工程项目施工；⑥成品保护检查。

（6）质量控制点进行质量控制的步骤

① 对施工的工程对象进行全面分析、比较明确质量控制点。

② 进一步分析所设置的控制点在施工过程中可能出现的问题，或造成的质量隐患的原因。相应的提出对策措施用以预防。

（7）材料质量控制

材料质量控制基本方法：对材料严格检查验收；正确合理使用；建立管理台账；进行收、发、储运等环节的技术管理；避免混料和将不合格的原材料使用到工程上。

进场材料控制要点：掌握材料信息，优选供货厂家；合理组织材料供应，确保施工正常进行；合理组织材料使用，减少材料损失；加强材料检查验收，严把质量关；重视材料的使用认证，以防止错用和使用不合格材料。

材料控制内容：材料的质量标准；材料性能；取样方法；试验方法；材料适用范围；材料对施工的要求等。

（8）施工设备的控制

1）开工前，施工员根据施工组织设计的要求，制订出施工设备进场计划，报项目经理批准，由设备管理员组织进场。

2）设备进场后，设备管理员对设备进行检查试用，确保完好再发给班组使用。

3）使用中的设备，由设备使用人负责日常的维护保养。

4）设备管理员每周一次对工地现场的设备巡视，更换不合格的设备。

5）过程检验与试验

① 施工过程检查程序

进行书面施工交底，包括作业技术、质量标准、施工依据、和前后工序的关系等。

检查施工工序、程序的合理性、科学性、防止工序错误，导致供需质量失控。

检查工序施工条件是否合理。

检查工序施工中人员操作程序、操作质量是否符合要求。

检查工序施工中间产品的质量。

对工序质量符合要求的中间产品及时进行工序验收后隐蔽工程验收。

质量合格进入下一道工序，未经验收合格的工序不得进入下一道工序的施工。

② 分部工程验收程序

分部分项施工→自检→交接检→专职检→报验合格→进入下一分部的施工。

③ 过程试验

本工程过程试验包括电气调试、管道及设备的水压试验、接地电阻测试等。

**2. 组织措施**

为争创优良工程而专门设置现场总工办，该部门主控和协调创奖过程中的一切技术和管理活动，由集团总公司总工程师负责。主要成员为总工办及其所管辖的质量技术人员。

**3. 管理措施**

（1）实行全面质量管理

在本工程的施工过程中，项目经理将大力推行及开展全面质量管理活动，以实行全过程、全员、全方位的“三全”管理为基本手段，开展群众性的质量管理活动。

项目施工的五大因素为“人、机、料、法、环”，而人的因素是最重要的，因此，只有对进入施工现场的所有人员均树立起质量管理的观念后，加强质量意识，质量教育，提高施工管理人员及施工操作人员的质量觉悟，自觉地把抓质量作为自身最重要的任务。

（2）明确项目经理部质量管理小组的职责

① 根据项目合同要求，项目特点和集团/公司的质量目标要求，编制项目质量计划，并确保该计划的实施。

② 根据项目实施特点，编制有针对性的施工组织设计。确保施工组织设计的总体要求能转化为具体的技术措施，保证这些措施得到逐级交底及贯彻实施。

③ 控制分包人、供货方的质量行为。项目所有采购、分包合同中必须包括相应的质量要求的条款，对进场的建筑材料、安装设备、半成品、预制构配件、商品混凝土等，按规定进行见证取样。不合格者不得进场使用。

④ 积极开展 QC 小组活动，促使项目质量管理水平持续改进。

⑤ 对项目实施过程中所有计量器具进行控制。

⑥ 按照规定，参加各类分项/分部工程验收和隐蔽工程验收。组织工程竣工验收，并向集团公司提交工程竣工报告。

⑦ 组织各专业工种，按图施工，按规范和各项技术规程施工，杜绝不合格工序的非预期流转，杜绝不合格材料和不合格产品的非预期使用。

⑧ 落实各项专业技术交底。

⑨ 组织每周的质量检查和日常巡视，提出整改要求。

**4. 技术措施**

包括施工准备阶段的质量控制、施工阶段的质量控制、竣工验收阶段的质量控制。

**5. 经济措施**

对于管理人员、施工班组实行奖惩措施。以奖惩措施来激励施工人员工作积极性。

### 5.4.8 安全保障控制措施

安全控制方针："安全第一，预防为主，综合治理"把人身安全放在首位，安全为了生产，必须保证人身安全，充分体现了"以人为本"的理念。

安全控制目标：杜绝重大伤亡事故，杜绝重大交通、机械设备、火灾事故；杜绝高空坠落、高空落物和触电伤害事故。工伤事故发生频率≤1.0‰。

**1. 安全管理组织机构**

根据本工程施工的安全生产原则和安全生产目标，成立项目安全文明施工管理小组，由项目经理负责，并指定专职副经理具体负责日常安全施工。由专职副经理组织学习贯彻执行国家及地方有关安全施工，劳动保护的方针、政策；建立健全安全施工管理制度，检查督促各级、各部门切实执行安全施工责任制；组织全体职工的安全教育工作；定期组织召开安全施工会议，经常巡视施工现场，发现隐患，及时解决。全体施工人员必须遵守安全纪律和操作规程，并有权对不安全的施工安排拒绝施工。

**2. 安全生产责任制**

根据"管生产必须管安全"、"安全生产人人有责"的原则，明确各级领导、各职能部门和各类人员在生产活动中应负的安全职责，增强各级管理人员的安全责任心，真正把安全生产工作落到实处，特制定建工集团安全生产责任制度。

**3. 安全制度层层考核制**

安全生产责任制贯彻"一级抓一级、一级对一级负责"的原则，责任到人，形成安全管理体系网络，安全生产责任制必须以书面形式，经责任人签字确认后予以实施。

**4. 安全施工原则**

本工程所有的施工组织，必须在安全的前提下进行，因此必须遵守；管施工必须管安全的原则；安全第一的原则；预防为主的原则；综合治理的原则；动态控制的原则；全面控制的原则。

**5. 安全保证体系**

（1）建立完善的安全生产网络体系，保证安全工作的层层落实。

（2）开工前做好各级安全交底工作，学习执行安全施工的各项条例，从思想上和行动上切实重视安全，进入现场的每一个人都自觉遵守安全规章制度。树立"安全为了生产，生产必须安全"、"领导重视安全，生产服从于安全，职工关心安全"的良好风气。认真执行"谁主管、谁负责"、"管生产必须管安全"的生产原则。

（3）设立现场安全科，认真负责地把好安全关，做好日常安全检查督促工作，及时发现和清除事故隐患，记好安全日记。将隐患消灭在萌芽之中。

**6. 安全施工制度**

安全科针对本工程施工特点，特制定如下安全制度：安全施工责任制度；安全施工例会制度；安全施工教育制度；安全施工检查制度；安全施工奖罚制度；特殊作业安全管理制度；防火安全管理制度。

**7. 安全教育**

本工程从工程开始进行施工，就要对全体职工进行安全思想、安全知识、安全技术、安全法制和安全纪律的“三级”安全教育。重点对进场工人安全教育，对特殊工种安全教育。所制定的安全制度，全体职工必须认真遵守，严格执行。

**8. 安全检查**

针对本工程特点，安全科制定针对性强、内容细致的检查制度。组织有关人员定期对汽车吊、中小型机具、现场临时用电、现场临边、洞口、防火设施、劳动保护等方面进行检查，发现问题，立即整改。及时制止违章指挥和违章作业，切实保证安全施工。

**9. 安全技术措施**

本工程施工，应认真执行国家及地方有关安全规章制度，还应切实在以下几方面采取措施，贯彻“安全第一、预防为主，综合治理”的方针。

包括：临边、支架作业防护；交叉作业防护；汽车吊安全措施；安全用电措施、使用中小型机械安全措施和现场消防措施等。

### 5.4.9 文明施工现场措施

文明创建目标：创省级标化文明工地。本工程将严格按照江苏省标化、文明工地现场要求组织工程施工，由项目经理负责制定建立现场文明施工管理组织机构网络，并制定奖罚制度，定期进行检查，奖优罚劣。

设置项目安全文明生产管理小组

项目经理×××为小组组长

副组长：项目副经理×××、项目工程师×××

成员：施工员×××、安全员×××、专业工长×××、测量员×××、质量员×××、资料员×××等。

### 5.4.10 减少环境污染和扰民措施

**1. 本工程环境管理特点**

通过现场踏勘，详细了解现场周边情况。在本次施工方案编制时，管理重点放在对周边的重大环境和风险影响因素的管控上，其具体管理措施及方法如表5-4所示：

**管理措施及方法表** **表5-4**

| 序号 | 环境因素 | 环境目标 | 指标 | 措施及方法 |
|---|---|---|---|---|
| 1 | 火灾、爆炸的发生 | 杜绝火灾、爆炸 | 火灾、爆炸发生率为0 | 1. 专人定期检查消防设施并做好记录<br>2. 使用环保灭火器<br>3. 乙炔气瓶装设防止回火装置<br>4. 搭设防晒保护棚，保持安全距离<br>5. 保证仓库通风，防止易燃易爆物挥发<br>6. 定期对员工进行安全防火防爆教育 |

续表

| 序　号 | 环境因素 | 环境目标 | 指标 | 措施及方法 |
|---|---|---|---|---|
| 2 | 粉尘的排放 | 粉尘排放达标 | 场界目测无扬尘 | 1. 地面硬化处理<br>2. 施工现场地面定期洒水<br>3. 水泥外加剂等易散落，易飞扬的材料采用封闭库房贮存，运输途中进行覆盖<br>4. 及时清理建筑垃圾，清理时用料斗装运并洒水湿润，严禁抛散<br>5. 出现四级以上大风时停止清理、挖土等易产生扬尘的活动 |
| 3 | 有毒有害废弃物的排放 | 杜绝污染 | 到年底实现有毒有害物的合理处置 | 1. 以旧换新<br>2. 回收分类<br>3. 寻找合理的处置场所 |
| 4 | 运输的遗洒 | 杜绝运输遗洒 | 无遗洒现象发生 | 1. 垃圾外运时覆盖处理<br>2. 做洗车台，及时冲洗车辆<br>3. 砂石等粉散材料做到不超载，运输时覆盖苫布<br>4. 用密闭性能好的车辆运输石膏等易滴漏物材料 |
| 5 | 噪声的排放 | 噪声排放达标 | 低于××市噪声排放规范标准 | 1. 混凝土的搅拌及振捣等易产生较大噪音的工作选择在白天进行施工<br>2. 对木工棚设置围护结构<br>3. 夜间施工办理环保许可证方可施工<br>4. 机具施工时间原则安排在6：00～22：00 |
| 6 | 非环保材料的使用 | 环保材料使用率100% | 符合国家环保标准 | 1. 选择合格的供方<br>2. 加强检验控制<br>3. 加强室内通风措施 |
| 7 | 固体废弃物的排放 | 杜绝污染 | 工程开工前必须寻找合适处理垃圾的场所 | 1. 材料分类堆放<br>2. 丢弃的垃圾及时清理<br>3. 寻找合适的处理途径 |

**2. 管理目标**

杜绝火灾、爆炸；粉尘排放达标；污水排放达标；杜绝污染；杜绝运输遗洒；降低资源消耗；噪声排放达标。

**3. 组织机构**

设立现场环境保护领导小组。

施工现场各种机械和各种施工材料严格按公司有关环境保护的要求布置。如将噪音大的施工机械放在封闭的房间内，根据附近居民的作息时间调整噪音大的施工作业时间等。

环境保护领导小组定期组织有关人员，严格按《××市工程施工现场管理规定》认真检查落实，及时总结并填写检查记录，限期整改。

现场按有关规定悬挂各种标语、标牌，各种规章制度醒目。

在工地围墙上显著位置张贴安民告示（见表5-5）。

安民告示表内容　　表5-5

| 环境保护领导小组组长 | 项目经理 |
|---|---|
| 环境保护领导小组副组长 | 项目副经理、项目总工程师 |
| 组员 | 专职场容管理人员、安全员、各专业工长、材料员、机械管理员、保安负责人 |
| | 班组兼职人员 |

施工现场的环境保护是文明施工的具体体现，也是施工现场管理达标考评的一项重要指标，必须采取现代化的管理措施做好这项工作。同时为了保护和改善生活环境与生态环境，防止由于建筑施工造成的作业污染和扰民，保障建筑工地附近居民和施工人员的身体健康，促进社会文明的进步，必须做好建筑施工现场的环境保护工作。

### 5.4.11 冬、雨、暑季和农忙期间施工措施

**1. 季节施工特点**

（1）冬季本地区的平均温度将下降至5℃以下，本工程历经冬季施工状态。而且南京地区的冬季最低气温一般为零下10℃，一般出现在每年1、2月份的凌晨，早晚日照时间较短上冻时间较长。

（2）雨季××年5月（本地区冬春初春将会出现降雨过程）和6月底黄梅季节。雨季对工程的影响较大。

（3）××年7月起进入夏季，本工程所处的××地区夏季7、8月份平均气温在32℃左右。高温气候会直接影响到本工程的进度。

**2. 冬季施工措施**

（1）组织有关人员学习冬期施工规范及规程，逐级向下进行交底。

（2）密切注意气象动态，专人与气象部门联系并记录公布，以防寒流突然袭击。

（3）作好物资储备和机械设备的保养及维修工作。

（4）冬季施工准备工作对现场管理人员发放冬季施工手册，对有关人员进行专门培训，成立以现场负责人为主的冬季施工领导小组，现场安排、落实、管理、质量控制及冬季施工检查工作。

（5）混凝土冬季施工措施

安排人员在混凝土搅拌站密切注意混凝土搅拌及运输过程中混凝土的温度，当不满足要求时，及时采取措施。现场施工人员在混凝土浇筑过程中密切观测罐车中混凝土的温度，以保证混凝土的入模温度不低与10℃。现场浇筑混凝土前做好充足的施工准备，采用快铺料快振捣及时覆盖的快速施工方法。浇筑混凝土时应避开最低气温。当气温低于－5℃时，现场负责人检查准备工作，确定无误经批准后方可进行混凝土浇筑。当气温低于－10℃时停止混凝土浇筑施工。

**3. 雨季施工措施**

（1）雨季到来之前，组织电气人员认真检查现场的所有电器设备。露天使用的设备和电闸箱等都要有可靠的防雨防潮措施，保证在潮湿环境条件下可靠工作。要认真检查各种设备的接零或接地保护措施、漏电保护装置、现场内的电线接头处包扎绝缘效果等。

（2）在雨季中，应尽可能避开开挖土方管沟等作业，如果在雨季从事基础或管沟施工时，要在基础和沟边采取挡水措施和排水措施。雨后槽边如有积水，要及时排除，以防积水渗漏，造成坍方。同时，对坑槽要经常检查，如有裂纹或土质松动现象，要立即将坑槽内作业的人员撤到安全位置，不准冒险施工。中到大雨时停止施工。

（3）雨季还要注意存放构件的场地，发现地基下沉、构件模板倾斜时，要及时采取加固措施。雨后，要检查设备的路基处，如发现有下沉现象要及时处理。

（4）机电设备做好接零接地；手持电动工具安装漏电保护装置。

(5) 机电设备必须加防雨罩，以免漏水而损坏设备，闸箱防雨漏电接地保护装置应灵敏有效。雨后对机电设备进行全面检查。

(6) 认真做好雨水的“挡”、“排”工作，塔基及道路两侧挖排水沟，构件堆放场地要夯实，不积水，发现问题及时调整。雨后应对塔基、道路和外架进行检查。

(7) 水泥库房等要做好防风、防雨设施。

(8) 混凝土施工尽量避开雨天。确需施工时，应减少混凝土坍落度，现场操作点要预备雨布，以便下雨时覆盖。暴雨时应停止施工。

**4. 暑季施工措施**

根据历史气象资料，本工程施工将历经×××年夏季，气温一般保持在30℃左右。为便于施工正常进行，保证质量要求，满足安全需要，采取措施如下：

(1) 有专人接收气象预报，高温天气及时公布。

(2) 调整作息时间，利用早晚凉爽时间工作，中午高温时间，尽可能避开。

(3) 防止中暑，加强对施工人员的保护，向职工发放防暑药品，工地上急救箱中配备中暑急救药品，提供足够的凉开水、淡盐水，创造降温防暑条件，杜绝人员中暑。

(4) 注意职工身体情况，安排医护人员在工作中和休息时间，在操作面和宿舍进行巡察，发现职工不适情况立即救治。

**5. 农忙季节施工措施**

为使本工程能够尽快建成发挥效用，针对建筑市场农忙季节工人同志回乡务农的现象，我们在本工程中将采取以下措施来保证在这个特殊季节的施工进度：

(1) 秋收秋种农忙季节，所有施工人员均不得请假回家，提前做好思想工作。

(2) 秋季农忙期间均采取特殊奖励措施。如发补助费，改善后勤管理，春节期间提高职工伙食和补贴标准，调动职工的积极性。同时对违反事先约定者也要给予惩罚。

(3) 在本工程中，我们将对在各阶段准备进入本现场务工的每位同志说明本工程的特点、在农忙季节时的要求、管理制度，并在用工合同予以明确。

# 第 6 章　施工项目管理概论

## 6.1　施工项目管理概念、目标和任务

### 6.1.1　建设工程项目管理概述

**1. 项目**

所谓项目是指作为管理的对象，按时间、造价和质量标准完成的一次性任务。项目的主要特征表现为：(1) 一次性（单件性）；(2) 目标的明确性（成果性和约束性）；(3) 作为管理对象的整体性。

**2. 建设项目**

所谓建设项目是指需要一定量的投资，经过决策和实施（设计、施工）的一系列程序，在一定约束条件下形成以固定资产为明确目标的一次性事业。

**3. 施工项目**

所谓施工项目是指建筑施工企业对一个建筑产品的施工过程及成果，即生产对象。其主要特征如下：

(1) 它是建设项目或其中的单项工程或单位工程的施工任务；

(2) 它作为一个管理整体，以建筑施工企业为管理的主体；

(3) 其任务范围由建设工程施工承包合同界定。

### 6.1.2　施工项目管理概念

所谓施工项目管理是指建筑施工企业运用系统的观点、理论和科学技术，利用本企业的资源对施工项目进行的计划、组织、监督、控制、协调等企业过程管理。必须强调，施工项目管理的主体是以施工项目经理为首的项目经理部，即作业管理层，管理的客体是具体的施工对象、施工活动及相关生产要素。

(1) 项目管理是为使项目达到预期效果所进行的全过程、全方位的规划、组织、控制与协调。项目管理的主要内容包括：成本控制、进度控制、质量控制、职业健康安全与环境管理、合同管理、信息管理、组织协调，即“三控制、三管理、一协调”。

(2) 施工项目管理是由建筑施工企业对施工项目进行的管理。其主要特点如下：

① 施工项目的管理者是建筑施工企业自身；

② 施工项目管理的对象是施工项目，施工项目管理周期也就是施工项目的生命周期，包括工程投标、签订工程项目承包合同、施工准备、施工以及交工验收等；

③ 施工项目管理的内容在管理周期内按不同阶段进行着有序的变化；

④ 施工项目管理要求强化组织协调工作。

由于产品的单件性，对产生的问题难以补救，或者虽可补救但后果严重。由于流动性、流水作业、人员流动、工期长、需要资源多，并且施工活动涉及到复杂的经济、技术、法律、行政和人际关系等，故施工项目管理中协调工作最为艰难、复杂、多变，因此必须强化组织协调才能保证施工顺利进行。

### 6.1.3 施工项目管理的目标

由于承包人是受业主的委托而承担市政工程项目建设任务，因此承包人必须树立为业主提供建设服务、为项目建设服务的观念。另外，承包合同也规定了承包人的权利和义务。因此，承包人作为市政项目建设的一个重要参与单位，其项目管理不仅应服务于承包人本身的利益，更必须服务于项目的整体利益。

**1. 承包人项目管理的目标**

承包人项目管理的目标应符合合同的要求，其主要内容包括：

（1）施工的质量目标；

（2）施工的进度目标；

（3）施工的成本目标。

如果采用工程施工总承包或工程施工总承包管理模式，施工总承包方或施工总承包管理方必须按工程合同规定的工期目标和质量目标完成建设任务。而施工总承包方或施工总承包管理方的成本目标是由承包单位根据其生产和经营的情况自行确定的。分包人则必须按工程分包合同规定的工期目标和质量目标完成建设任务，分包人的成本目标是该分包企业内部自行确定的。

**2. 目标实现的前提**

（1）承包人作为项目建设的一个参与单位，其项目管理主要服务于项目的整体利益和承包人本身的利益。

（2）承包人的项目管理工作主要在施工阶段进行，但它也涉及设计准备阶段、设计阶段、动工前准备阶段和保修期。

（3）施工阶段项目管理的任务，就是通过施工生产要素的优化配置和动态管理，以实现施工项目的质量、成本、工期和安全的管理目标。

### 6.1.4 施工项目管理的任务

**1. 施工项目管理的任务**

（1）施工安全管理；

（2）施工成本控制；

（3）施工进度控制；

（4）施工质量控制；

（5）施工合同管理；

（6）施工信息管理；

（7）与施工有关的组织与协调。

承包人是承担施工任务的单位的总称谓，它可能是施工总承包方、施工总承包管理方、分包承包人、建设项目总承包的施工任务执行方或仅仅提供施工劳务的参与单位。承包人担任的角色不同，其项目管理的任务和工作重点也会有所差异。

**2. 施工总承包方的管理任务**

施工总承包方对所承包的建设工程承担施工任务的执行和组织的总责任，其主要管理任务如下：

（1）负责整个工程的施工安全、施工总进度控制、施工质量控制和施工的组织等；

（2）控制施工的成本（施工总承包方内部的管理任务）；

（3）施工总承包方是工程施工的总执行者和总组织者，它除了完成自己承担的施工任务以外，还负责组织和指挥其自行分包的分包承包单位和业主指定的分包承包单位的施工，并为分包承包单位提供和创造必要的施工条件；

（4）负责施工资源的供应组织；

（5）代表承包人与业主方、设计方、工程监理方等外部单位进行必要的联系和协调等。

**3. 分包人的管理任务**

分包人承担分包合同所规定的施工任务以及相应的项目管理任务。若采用施工总承包或施工总承包管理模式，分包人（包括一般的分包人和由业主指定的分包人）必须接受施工总承包方或施工总承包管理方的工作指令，服从项目管理的总体目标。

## 6.2 施工项目组织

### 6.2.1 组织和组织论

**1. 组织的概念**

"组织"一般有两种含义。第一种是指组织机构。组织机构是按一定领导体制、部门设置、层次划分、职责分工、规章制度和信息系统等构成的有机整体，是社会人的结合形式，可以完成一定的任务，并为此而处理人和人、人和事、人和物的关系。组织的第二种含义是指组织行为（活动），即通过一定的权力和影响力，为达到一定目标对所需资源进行合理配置，处理人和人、人和事、人和物关系的行为（活动）。

**2. 组织的职能**

项目管理的组织职能包括五个方面：

（1）组织设计。包括选定一个合理的组织系统，划分各部门的权限和职责，确立各种基本的规章制度。

（2）组织联系。就是规定组织机构中各部门的相互关系，明确信息流通和信息反馈的渠道以及它们之间的协调原则和方法。

（3）组织运行。就是按分担的责任完成各自的工作，规定各组织体的工作顺序和业务管理活动的运行过程。组织运行要抓好三个关键性问题：一是人员配置；二是业务交圈；三是信息反馈。

（4）组织行为。指应用行为科学、社会学及社会心理学原理来研究、理解和影响组织中人们的行为、言语、组织过程、管理风格以及组织变更等。

（5）组织调整。指根据工作的需要，环境的变化，分析原有的项目组织系统的缺陷、适应性和效率性，对原组织系统进行调整和重新组合，包括组织形式的变化、人员的变动、规章制度的修订或废止、责任系统的调整以及信息流通系统的调整等。

**3. 组织论的基本内容**

（1）组织论是一门学科，它主要研究系统的组织结构模式、组织分工，以及工作流程组织，它是与项目管理学相关的一门非常重要的基础理论学科。组织论的三个重要的组织工具——项目结构图、组织结构图和合同结构图如图 6-1～图 6-5 所示。

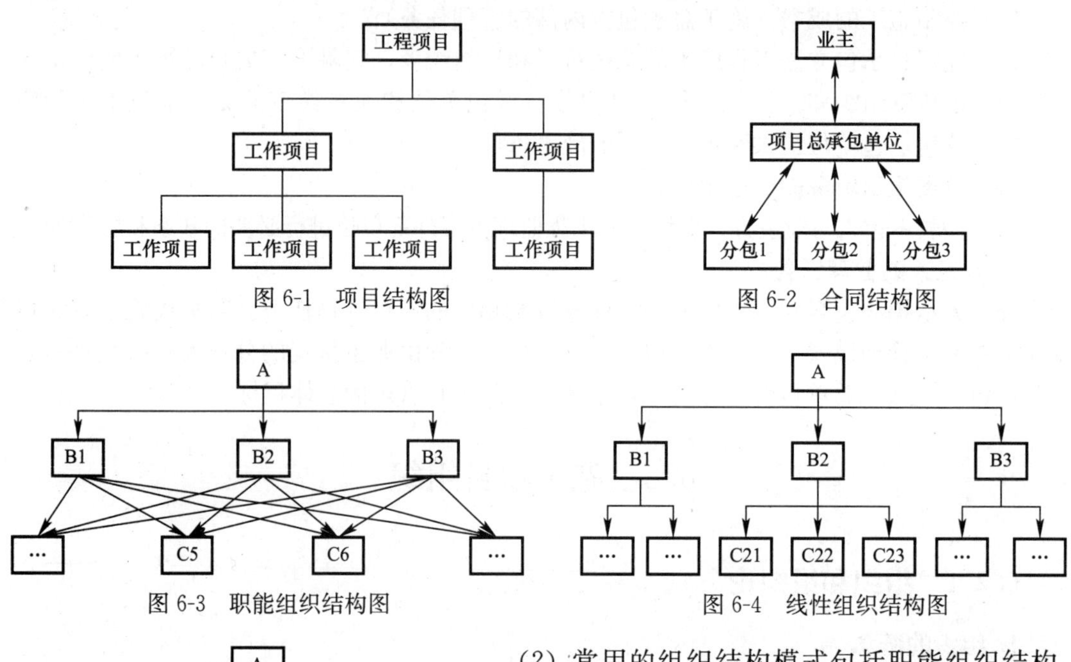


图 6-1　项目结构图

图 6-2　合同结构图

图 6-3　职能组织结构图

图 6-4　线性组织结构图

图 6-5　矩阵组织结构

（2）常用的组织结构模式包括职能组织结构、线性组织结构和矩阵组织结构等。

职能组织结构是一种传统的组织结构模式。在职能组织结构中，每一个工作部门可能有多个矛盾的指令源。

线性组织结构来自于军事组织系统。在线性组织结构中，每一个工作部门只有一个指令源，避免了由于矛盾的指令而影响组织系统的运行。在一个大的组织系统中，由于线性组织系统的指令路径过长，会造成组织系统运行的困难。矩阵组织结构是一种较新型的组织结构模式。

矩阵组织结构设纵向和横向两种不同类型的工作部门。在矩阵组织结构中，指令来自于纵向和横向工作部门，因此其指令源有两个。矩阵组织结构适宜用于大的组织系统。

这几种常用的组织结构模式都可以在企业管理和项目管理中运用，见表 6-1。

**常用组织结构模式的适用范围**　　　　**表 6-1**

| 结构模式 | 特　点 | 适用范围 |
|---|---|---|
| 职能组织结构 | 传统，可能有多个矛盾的指令源 | 小型的组织系统 |
| 线性组织结构 | 来自于军事，只有一个指令源，在大的组织系统中，指令路径有时过长 | 中型的组织系统 |
| 矩阵组织结构 | 较新型，指令源有两个 | 大型的组织系统 |

（3）组织结构模式反映了一个组织系统中各子系统之间或各元素（各工作部门或各管理人员）之间的指令关系。组织分工反映了一个组织系统中各子系统或各元素的工作任务分工和管理职能分工。

（4）组织结构模式和组织分工都是一种相对静态的组织关系。而工作流程组织则可反映一个组织系统中各项工作之间的逻辑关系，是一种动态关系。在一个建设工程项目实施过程中，其管理工作的流程、信息处理的流程以及设计工作、物资采购和施工的流程组织都属于工作流程组织的范畴。

### 6.2.2 项目的结构分析

#### 1. 项目组织结构图

（1）所谓项目组织结构图是指对一个项目的组织结构进行分解，并以图的方式来表示，或称项目管理组织结构图。项目组织结构图反映一个组织系统（如项目管理班子）中各子系统之间和各元素（如各工作部门）之间的组织关系，反映的是各工作单位、各工作部门和各工作人员之间的组织关系，而项目结构图描述的是工作对象之间的关系。对一个稍大一些的项目的组织结构应该进行编码，它不同于项目结构编码，但两者之间也会有一定的联系。

（2）一个建设工程项目的实施除了业主方外，还有许多单位参加，如设计单位、承包单位、供货单位和监理单位以及有关的政府行政管理部门等，项目组织结构图应表达业主方以及项目的参与单位各工作部门之间的组织关系。

（3）业主方、设计方、承包人、供货方和工程管理咨询方的项目管理的组织结构都可用各自的项目组织结构图予以描述。

（4）项目组织结构图应反映项目经理及费用（投资或成本）控制、进度控制、质量控制、合同管理、信息管理和组织与协调等主管工作部门或主管人员之间的组织关系。

一些市政工程开发项目，可根据建设的时间对项目的结构进行逐层分解，如一期工程、二期工程、三期工程等（见图 6-6）。而一些工业建设项目往往按其生产子系统的构成对项目的结构进行逐层分解。

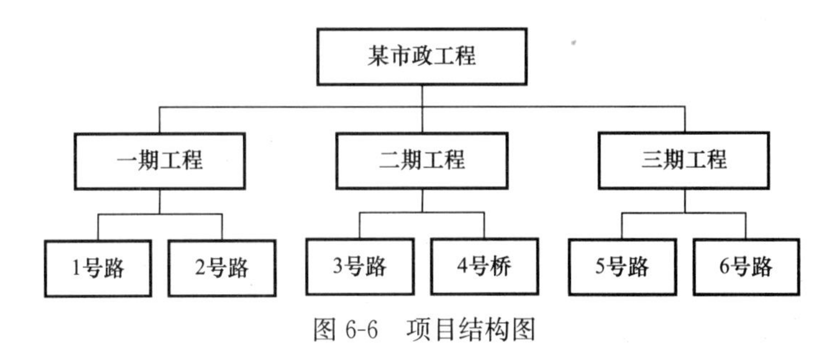


图 6-6　项目结构图

同一个建设工程项目可有不同的项目结构分解方法，项目结构的分解应和整个工程实施的部署相结合，并和将采用的合同结构相结合。

项目组织结构设置原则如下：

（1）考虑项目进展的总体部署；

（2）考虑项目的组成；

(3) 有利于项目实施任务（设计、施工和物资采购）的发包和有利于项目实施任务的进行，并结合合同结构；

(4) 有利于项目目标的控制；

(5) 结合项目管理的组织结构等。

**2. 项目结构的编码**

一个建设工程项目有不同类型和不同用途的信息，为了有组织地存储信息、方便信息的检索和信息的加工整理，必须对项目的信息进行编码。

(1) 项目的结构编码；

(2) 项目管理组织结构编码；

(3) 项目的政府主管部门和各参与单位编码（组织编码）；

(4) 项目实施的工作项编码（项目实施的工作过程的编码）；

(5) 项目的投资项编码（业主方）/成本项编码（承包人）；

(6) 项目的进度项（进度计划的工作项）编码；

(7) 项目进展报告和各类报表编码；

(8) 合同编码；

(9) 函件编码；

(10) 工程档案编码等。

以上这些编码是因不同的用途而编制的，如：项目的投资项编码（业主）/成本项编码（承包人）服务于投资控制工作/成本控制工作；项目的进度项（进度计划的工作项）编码服务于进度控制工作。

项目结构的编码依据项目的结构图，对项目结构的每一层的每一个组成部分进行编码。项目结构的编码和用于投资控制、进度控制、质量控制、合同管理和信息管理等管理工作的编码有紧密的有机联系，但它们之间又有区别。项目结构图和项目结构的编码是编制上述其他编码的基础。

## 6.2.3 施工项目管理组织结构

**1. 施工项目管理组织的概念**

施工项目管理组织，也称为项目经理部，它由项目经理在企业的授权和支持下组建并领导进行项目管理的组织机构；是为进行施工项目管理、实现组织职能而建立，并进行组织系统的设计与建立、组织运行和组织调整等三个方面工作。组织系统的设计与建立，是指经过筹划、设计，建成一个可以完成施工项目管理任务的组织机构，建立必要的规章制度，划分并明确岗位、层次、部门的责任和权力，建立和形成管理信息系统及责任分担系统，并通过一定岗位和部门内人员规范化的活动和信息流通实现组织目标。组织运行是指在组织系统形成后，按照组织要求，由各岗位和部门实施组织行为的过程。组织调整是指在组织运行过程中，对照组织目标，检验组织系统的各个环节，并对不适应组织运行和发展的方面进行改进和完善。

施工项目管理组织机构与企业管理组织机构是局部与整体的关系。组织机构设置的目的是为了进一步充分发挥项目管理功能，提高项目整体管理水平，以达到项目管理的最终目标。因此，企业在推行项目管理中合理设置项目管理组织机构是一个非常重要的问题。

高效率的组织体系和组织机构的建立是施工项目管理成功的组织保证。

**2. 施工项目管理组织主要形式**

组织形式亦称组织结构的类型，是指一个组织以何种结构方式去处理层次、跨度、部门设置和上下级关系。

施工项目组织的形式与企业的组织形式是不可分割的。通常施工项目的组织形式有工作队式、部门控制式、矩阵式和事业部式项目组织。

（1）工作队式项目组织

1）特征

① 按照特邀对象原则，由企业各职能部门抽调人员组成项目管理机构（工作队），由项目经理指挥，独立性大。

② 在工程施工期间，项目管理班子成员与原所在部门断绝领导与被领导关系。原单位负责人负责业务指导及考察，但不能随意干预其工作或调回人员。

③ 项目管理组织与项目施工同寿命。项目结束后机构自动撤销，所有人员仍回原所在部门和岗位。

2）适用范围

① 大型施工项目；②工期要求紧迫的施工项目；③要求多部门密切配合的施工项目。

3）优点

① 项目经理从职能部门抽调或招聘的是一批专家，他们在项目管理中互相配合，协同工作，可以取长补短，有利于培养一专多能的人才并充分发挥其作用；

② 各专业人才集中在现场办公，减少了扯皮和等待时间，工作效率高，解决问题快。

③ 项目经理权力集中，行政干扰少，决策及时，指挥得力；

④ 由于减少了项目与职能部门的结合部，项目与企业的结合部关系简化，故易于协调关系，减少了行政干预，使项目经理的工作易于开展；

⑤ 不打乱企业的原建制，传统的直线职能制组织仍可保留。

4）缺点

① 组建初各类人员来自不同部门，具有不同的专业背景，互相不熟悉，难免配合不力；

② 各类人员在同一时期内所担负的管理工作任务可能有很大差别，因此，很容易产生忙闲不均，可能导致人员浪费。特别是对稀缺专业人才，不能在更大范围内调剂；

③ 职工长期离开原单位，即离开了自己熟悉的环境和工作配合对象，容易影响其积极性的发挥，由于项目的阶段性，容易产生临时观念。

④ 职能部门的优势无法发挥作用。由于同一部门人员分散，交流困难，也难以进行有效的培养、指导，削弱了职能部门的工作。当人才紧缺而同时又有多个项目需要按这一形式组织时，或者对管理效率有很高要求时，不宜采用这种项目组织类型。

（2）部门控制式项目组织

1）特征

这是按职能原则建立的项目组织。不打乱企业现行的建制，即由企业将项目委托给其下属某一专业部门或委托给某一施工队，由被委托的部门（施工队）领导，在本单位选人组合负责实施项目组织，项目终止后恢复原职。

2）适用范围

这种形式的项目组织一般适用于小型的、专业性较强、不涉及众多部门的施工项目。

3）优点

① 能充分发挥人才作用，工作效益高；

② 从接受任务到组织运转启动，时间短；

③ 职责明确，职能专一，关系简单；

④ 项目经理无需专门训练便容易进入状态。

4）缺点

① 不能适应大型项目管理的需要；

② 不利于对计划体系下的组织体制（固定建制）进行调整；

③ 不利于精简机构。

(3) 矩阵式项目组织

1）特征

① 项目组织机构和职能部门的结合部与职能部门数相同。多个项目与职能部门的结合部呈矩阵状；

② 把职能原则和对象原则结合起来，既能发挥职能部门的纵向优势，又能发挥项目组织的横向优势，多个项目组织的横向系统与职能部门的纵向系统形成矩阵结构；

③ 专业职能部门是永久性的，项目组织是临时性的。职能部门负责人对参与项目组织的人员实行组织调配、业务指导和管理考察。项目经理将参与项目组织的职能人员在横向上有效地组织在一起，为实现项目目标协同工作；

④ 矩阵中的每个部门或成员，接受原部门负责人和项目经理的双重领导，但部门的控制力大于项目的控制力。部门负责人有权根据不同项目的需要和忙闲程度，在项目之间调配本部门人员。一个专业人员可能同时为几个项目服务，特殊人才可充分发挥作用，大大提高人才利用率；

⑤ 项目经理对“借”到本项目经理部来的成员，有控制和使用权。当感到人力不足或某些成员不得力时，他可以向职能部门求援或要求调换，或辞退回原部门；

⑥ 项目经理部的工作有多个职能部门支持，项目经理没有人员包袱。但是，要求在水平方向和垂直方向有良好的信息沟通及良好的协调配合，对整个企业组织和项目组织的管理水平和组织渠道畅通提出了较高的要求。

2）适用范围

① 适用于同时承担多个需要进行工程项目管理的企业。在这种情况下，各项目对专业技术人才和管理人员都有需求。采用矩阵制组织可以充分利用有限的人才对多个项目进行管理，特别有利于发挥稀有人才的作用；

② 适用于大型、复杂的施工项目。因大型复杂的施工项目需要多部门、多技术、多工种配合实施，在不同阶段，对不同人员有不同数量和搭配需求。显然，部门控制式机构难以满足这种项目要求；混合工作队式组织又因人员固定而难以调配。人员使用固定化，不能满足多个项目管理的人才需求。

3）优点

① 兼有部门控制式和工作队式两种组织的优点，将职能原则与对象原则融为一体，

而实现企业长期例行性管理和项目一次性管理的一致性；

② 能以尽可能少的人力，实现多个项目管理的高效率。通过职能部门的协调，一些项目上的闲置人才可以及时转移到需要这些人才的项目上去，防止人才短缺，项目组织因此具有弹性和应变能力；

③ 有利于人才的全面培养。可以便于不同知识背景的人在合作中相互取长补短，在实践中拓宽知识面。可以发挥纵向的专业优势，使人才成长有深厚的专业训练基础。

4）缺点

① 由于人员来自职能部门，且仍受职能部门控制，故凝聚在项目上的力量减弱，往往使项目组织的作用发挥受到影响；

② 管理人员如果身兼多职，管理多个项目，便往往难以确定管理项目的优先顺序，有时难免顾此失彼；

③ 项目组织中的成员既要接受项目经理的领导，又要接受企业中原职能部门的领导。在这种情况下，如果领导双方意见和目标不一致乃至有矛盾时，当事人便无所适从；

④ 矩阵制组织对企业管理水平、项目管理水平、领导者的素质、组织机构的办事效率和信息沟通渠道的畅通均有较高要求，因此要精干组织，分层授权，疏通渠道，理顺关系。由于矩阵制组织的复杂性和结合部多，易造成信息沟通量膨胀和沟通渠道复杂化，致使信息梗阻和失真。

（4）事业部式项目组织

1）特征

① 企业下设事业部，事业部对企业来说是职能部门，对企业外来说享有相对独立的经营权，可以是一个独立单位。事业部可以按地区设置，也可以按工程类型或经营内容设置。事业部能较迅速适应环境变化，提高企业的应变能力，调动部门的积极性。当企业向大型化、智能化发展并实行作业层和经营管理层分离时，事业部制是一种很受欢迎的选择，既可以加强经营战略管理，又可以加强项目管理。

② 在事业部（一般为其中的工程部或开发部，对外工程公司设海外部）下设项目经理部。项目经理由事业部选派，一般对事业部负责，经特殊授权时，也可直接对业主负责。

2）适用范围

适用大型经营型企业的工程承包，特别是适用于远离公司本部的施工项目。需要注意的是，一个地区只有一个项目，没有后续工程时，不宜设立地区事业部，也即它适用于在一个地区内有长期市场或一个企业有多种专业化施工力量时采用。在此情况下，事业部与地区市场同寿命。地区没有项目时，该事业部应予以撤销。

3）优点

事业部制项目组织有利于延伸企业的经营职能，扩大企业的经营业务，便于开拓企业的业务领域。同时，还有利于迅速适应环境变化，提高公司的应变能力。既可以加强公司的经营战略管理，又可以加强项目管理。

4）缺点

按事业部制建立项目组织，企业对项目经理部的约束力减弱，协调指导的机会减少，以致会造成企业结构松散。必须加强制度约束和规范化管理，加大企业的综合协调能力。

**3. 施工项目管理组织机构的作用**

(1) 组织机构是施工项目管理的组织保证；

(2) 形成一定的权力系统以便进行集中统一指挥；

(3) 形成责任制和信息沟通体系。

综上所述，可以看出组织机构非常重要，在项目管理中是一个焦点。

### 6.2.4 项目管理任务分工表

业主方和项目各参与方，如设计单位、承包单位、供货单位和工程管理咨询单位等都有各自的项目管理任务，上述各方都应该编制各自的项目管理任务分工表。

为了编制项目管理任务分工表，首先应对项目实施的各阶段的费用（投资或成本）控制、进度控制、质量控制、合同管理、信息管理和组织与协调等管理任务进行详细分解，在项目管理任务分解的基础上，确定项目经理和费用（投资或成本）控制、进度控制、质量控制、合同管理、信息管理和组织与协调等主管工作部门或主管人员的工作任务。

**1. 施工管理的工作任务分工**

(1) 工作任务分工

每一个建设项目都应编制项目管理任务分工表，这是一个项目的组织设计文件的一部分。在编制项目管理任务分工表前，应结合项目的特点，对项目实施各阶段的费用控制、进度控制、质量控制、合同管理、管理和组织与协调等管理任务进行详细分解，见表 6-2。

**工作任务分工表** **表 6-2**

| 工作部门<br>工作任务 | 项目经理部 | 投资控制部 | 进度控制部 | 质量控制部 | 合同控制部 | 信息管理部 |
|---|---|---|---|---|---|---|
| | | | | | | |

(2) 工作任务分工表

在工作任务分工表中，应明确各项工作任务由哪个工作部门（或个人）负责，由哪些工作部门（或个人）配合或参与。无疑，在项目的进展过程中，应视必要性对工作任务分工表进行调整。

**2. 工作流程图**

(1) 工作流程图服务于工作流程组织，它用图的形式反映一个组织系统中各项工作之间的逻辑关系（见图 6-7）。

(2) 在项目管理中，可运用工作流程图来描述各项项目管理工作的流程，如投资控制工作流程图、进度控制工作流程图、质量控制工作流程图、合同管理工作流程图、信息管理工作流程图、设计的工作流程图、施工的工作流程图和物资采购的工作流程图等。

(3) 工作流程图可视需要逐层细化，如初步设计阶段投资控制工作流程图、施工图阶

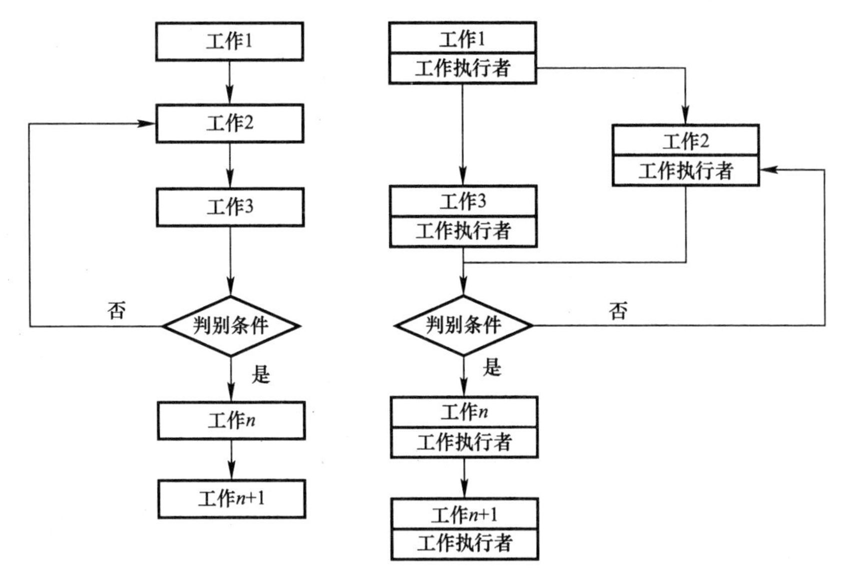

图 6-7　工作流程图

段投资控制工作流程图、施工阶段投资控制工作流程图等。

# 6.3　施工项目目标动态控制

## 6.3.1　施工项目目标动态控制原理

(1) 项目在实施过程中主客观条件在不断发生变化，项目进展过程是一个动态的平衡过程。因此在项目实施过程中，必须随着情况的变化进行项目目标的动态控制。项目目标的动态控制是项目管理最基本的方法论。

(2) 项目目标动态控制的工作程序：

① 项目目标动态控制的准备工作：将项目的目标进行分解，以确定用于目标控制的计划值。

② 在项目实施过程中项目目标的动态控制：收集项目目标的实际值，如实际投资、实际进度等；定期（如每两周或每月）进行项目目标的计划值和实际值的比较；通过项目目标的计划值和实际值的比较，如有偏差，则采取纠偏措施进行纠偏。

③ 如有必要，则进行项目目标的调整，目标调整后再回复到第一步。

(3) 由于在项目目标动态控制时要进行大量数据的处理，当项目的规模比较大时，采用计算机辅助的手段有助于项目目标动态控制的数据处理（见图 6-8）。

## 6.3.2　项目目标动态控制的纠偏措施

项目目标动态控制的纠偏措施主要有组织措施、管理措施、经济措施和技术措施。

**1. 组织措施**

分析由于组织的原因而影响项目目标实现的问题，并采取相应的措施，如调整项目组

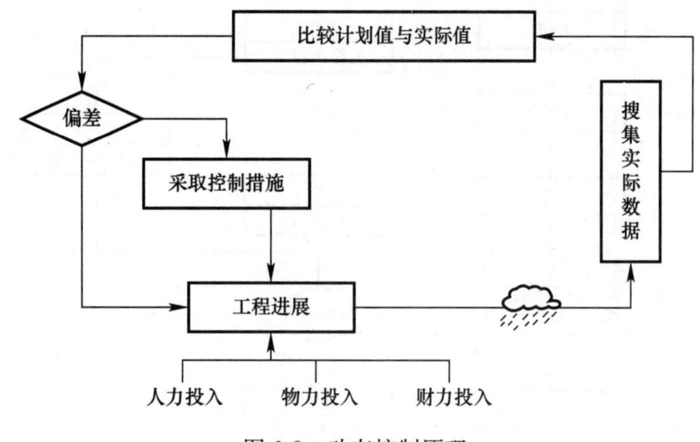


图 6-8　动态控制原理

织结构、任务分工、管理职能分工、工作流程组织和项目管理班子人员等。

**2. 管理措施（包括合同措施）**

分析由于管理的原因而影响项目目标实现的问题，并采取相应的措施，如调整进度管理的方法和手段，改变施工管理和强化合同管理等。

**3. 经济措施**

分析由于经济的原因而影响项目目标实现的问题，并采取相应的措施，如落实加快工程施工进度所需的资金等。

**4. 技术措施**

分析由于技术（包括设计和施工的技术）的原因而影响项目目标实现的问题，并采取相应的措施，如调整设计、改进施工方法和改变施工机具等。

当项目目标失控时，人们往往首先思考的是采取什么技术措施，而忽略可能或应当采取的组织措施和管理措施。组织论的一个重要结论是：组织是目标能否实现的决定性因素。应充分重视组织措施对项目目标控制的作用。

### 6.3.3　项目目标的事前控制

项目目标动态控制的核心是，在项目实施的过程中，要定期地进行项目目标的计划值和实际值的比较，当发现项目目标偏离时应采取纠偏措施。为避免项目目标偏离的发生，还应重视事前的主动控制，即事前分析可能导致项目目标偏离的各种影响因素，并针对这些影响因素采取有效的预防措施（见图 6-9）。

### 6.3.4　动态控制方法在施工管理中的应用

**1. 运用动态控制原理控制施工进度**

运用动态控制原理控制施工进度的步骤如下：

（1）施工进度目标的逐层分解；

（2）在施工过程中，对施工进度目标进行动态跟踪和控制：

① 按照进度控制的要求，收集施工进度实际值。

② 定期对施工进度的计划值和实际值进行比较。

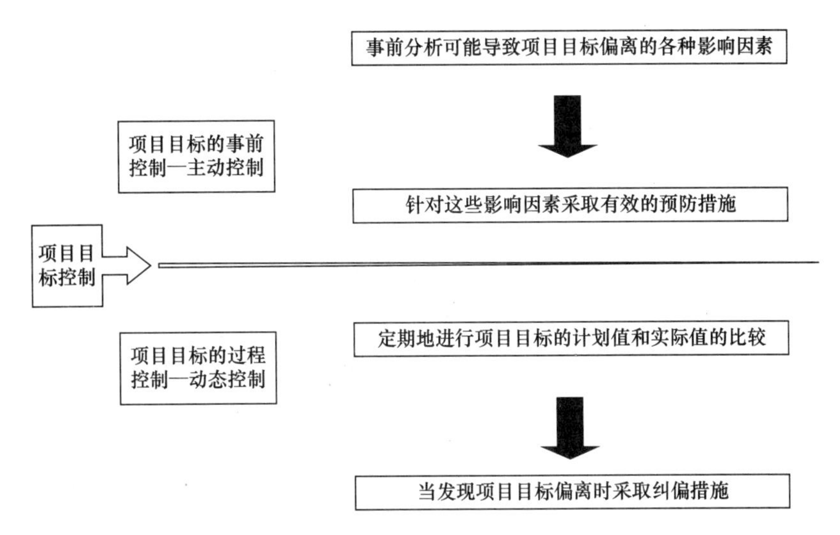


图 6-9　项目的目标控制

③ 通过施工进度计划值和实际值的比较，如发现进度有偏差，则必须采取相应的纠偏措施进行纠偏。

（3）调整施工进度目标

如有必要（即发现原定的施工进度目标不合理，或原定的施工进度目标无法实现等），则应调整施工进度目标。

**2. 运用动态控制原理控制施工成本**

运用动态控制原理控制施工成本的步骤如下：

（1）施工成本目标的逐层分解

（2）在施工过程中，对施工成本目标进行动态跟踪和控制

1）按照成本控制的要求，收集施工成本的实际值；

2）定期对施工成本的计划值和实际值进行比较；

3）通过施工成本计划值和实际值的比较，如发现成本有偏差，则必须采取相应的纠偏措施进行纠偏。

（3）调整施工成本目标

如有必要（即发现原定的施工成本目标不合理，或原定的施工成本目标无法实现等），则应调整施工成本目标。

**3. 运用动态控制原理控制施工质量**

运用动态控制原理控制施工质量的工作步骤与进度控制和成本控制的工作步骤相类似。质量目标不仅是各分部分项工程的施工质量，还包括材料、半成品、成品和有关设备等的质量。在施工活动开展前，首先应对质量目标进行分解，也即对上述组成工程质量的各元素的质量目标作出明确的定义，它就是质量的计划值。在施工进展过程中，则应收集上述组成工程质量的各元素质量的实际值，并定期地对施工质量的计划值和实际值进行跟踪和控制，编制质量控制的月、季、半年和年度报告。通过施工质量计划值和实际值的比较，如发现质量有偏差，则必须采取相应的纠偏措施进行纠偏。

## 6.4 项目施工监理

### 6.4.1 建设工程监理的概念

建设工程监理是指监理单位受项目法人的委托，依据国家批准的工程项目建设文件、有关工程建设的法律、法规和工程建设监理合同及其他工程建设合同，对工程建设实施的监督管理。监理单位与项目法人之间是委托与被委托的合同关系，与被监理单位是监理与被监理关系。从事工程建设监理活动，应当遵循守法、诚信、公正和科学的准则。

住建部规定工程项目管理的范围包括：

① 国家重点建设工程；

② 大、中型公用事业工程；

③ 成片开发建设的住宅小区工程；

④ 利用外国政府或者国际组织贷款、援助资金的工程；

⑤ 国家规定必须实行监理的其他工程。

### 6.4.2 建设工程监理的工作性质

(1) 监理单位是建筑市场的主体之一，建设监理是一种高智能的有偿技术服务，在国际上把这类服务归为工程咨询（工程顾问）服务。

(2) 工程监理单位不按照委托监理合同的约定履行监理义务，对应当监督检查的项目不检查或者不按照规定检查，给建设单位造成损失的，应当承担相应的赔偿责任。工程监理单位与承包单位串通，为承包单位牟取非法利益，给建设单位造成损失的，应当与承包单位承担连带赔偿责任。

### 6.4.3 建设工程监理的工作任务

(1) 工程建设监理的主要内容是控制工程建设的投资、建设工期和工程质量，进行工程建设合同管理，协调有关单位间的工作关系。

(2) 监理单位应当依照法律、行政法规及有关的技术标准、设计文件和建筑工程承包合同，对承包单位在施工质量、建设工期和建设资金使用等方面，代表建设单位实施监督。

### 6.4.4 建设工程监理的工作方法

(1) 实施建筑工程监理前，建设单位应当将委托的工程监理单位、监理的内容及监理权限，书面通知被监理的建筑施工企业。

(2) 工程建设监理一般应按下列程序进行。

① 确定项目总监，成立项目监理机构；

② 编制工程建设监理规划；

③ 按工程建设进度，分专业编制工程建设监理细则；

④ 按照建设监理细则进行建设监理；

⑤ 参与工程竣工预验收，签署建设监理意见；

⑥ 建设监理业务完成后，向项目法人提交工程建设监理档案资料；

⑦ 监理工作总结。

### 6.4.5 旁站监理

旁站监理是指监理人员在市政工程施工阶段监理中，对关键部位、关键工序的施工质量实施全过程现场跟班的监督活动。

旁站监理是监理人员控制工程质量、保证质量目标实现必不可少的重要手段。在施工阶段中，旁站监理对关键部位、关键工序实施全过程质量监督是质量目标实现的基本保证。

**1. 旁站监理工作范围**

旁站监理规定的市政建筑工程的关键部位、关键工序，在基础工程方面包括：土方回填，混凝土灌注桩浇筑，地下连续墙、土钉墙、后浇带及其他结构混凝土、防水混凝土浇筑，钢结构安装。在主体结构工程方面包括：钢筋隐蔽过程，混凝土浇筑、预应力张拉、装配式结构安装、钢结构安装、网架结构安装和索膜安装。

**2. 旁站监理的主要职责**

（1）检查施工企业现场管理人员、质检人员的到岗情况，特殊工种人员应持证上岗，检查施工机械、建筑材料的准备情况。

（2）检查施工方案中关键部位、关键工序的执行情况，有无违反强制性条文规定。

（3）核查进场建筑材料、建筑构配件、商品混凝土质量检验报告等，并在现场监督承包人进行检验或委托具有资格的第三方进行复验。

（4）做好旁站监理记录和监理日记，保存旁站监理原始资料。

**3. 旁站监理的程序**

（1）制定旁站监理方案：监理范围、监理内容、监理程序和监理人员职责；

（2）跟班监督检查现场管理人员、质检人员的到岗，特种工种持证上岗及施工机械、建筑材料的准备情况；

（3）检查承包人对关键部位、关键工序的执行情况，有无违反强制性条文规定；

（4）检查进场建筑材料、构配件、商品混凝土质量检验报告、许可证和复试报告；

（5）做好旁站监理记录和监理日记，保存旁站监理原始记录。

**4. 旁站监理的记录内容**

（1）记录旁站日期、天气情况和气温；

（2）记录旁站起止时间；

（3）记录旁站部位、关键部位和关键工序的施工方法和工艺，检查发现存在的问题、处理意见和复查结果；

（4）原材料、构配件进场规格、数量，生产厂家。

**5. 旁站监理的工作要求**

（1）旁站监理人员应当认真履行职责，对需要实施旁站监理的关键部位、关键工序在施工现场跟班监督，如实准确地做好旁站监理记录，验收合格才能进行下一道工序施工；

（2）旁站监理人员实施旁站监理时，发现施工企业有违反工程建设强制性标准行为的，有权责令其立即整改；

（3）旁站监理记录是监理工程师或者总监理工程师依法行使有关签字的重要依据；

（4）工程竣工验收后，监理单位应当将旁站监理记录存档备查。

# 第7章 施工项目质量管理

## 7.1 施工项目质量管理的概念和原理

### 7.1.1 质量的概念

GB/T 19000—2008标准中，质量的定义是一组固有特性满足要求的程度。质量还包括以下含义：

(1) 质量的主体是产品、体系、项目或过程，质量的客体是顾客和其他相关方；

(2) 质量的关注点是一组固有的特性；

(3) 质量是满足要求的程度；

(4) 质量的动态性；

(5) 质量的相对性。

顾客对产品质量的要求，已经经历了“满足标准规定”，“让顾客满意”，到现在的“超越顾客的期望”的新阶段。

### 7.1.2 质量管理的概念

GB/T 19000—2008标准中，质量管理的定义是在质量方面指挥和控制组织的协调活动。

质量管理的首要任务是确定质量方针、明确质量目标和岗位职责。质量管理的核心是建立有效的质量管理体系，通过质量策划、质量控制、质量保证和质量改进这四项具体活动，确保质量方针、目标的切实实施和具体实现。

质量管理应由参加项目的全体员工参与，并由项目经理部作为项目质量的第一责任人，通过全员共同努力，才能有效地实现预期的方针和目标。

### 7.1.3 施工项目质量的影响因素

全面质量管理要坚持“预防为主、防治结合”的基本思路，将管理重点放在影响工作质量的因素概括为“人、机、料、法、环”五个字。

**1. 人**

“人”是泛指与工程有关的单位、组织及个人，包括建设、勘察设计、施工、监理及咨询服务单位，也包括政府主管及工程质量监督、检测单位，单位组织的施工项目的决策者、管理者和作业者等。

人是质量活动的主体。人的素质，包括人的文化、技术、决策、管理、身体素质及职业道德等，这些都将直接和间接地对质量产生影响，而规划、决策是否正确，设计、施工能否满足质量质量要求，是否符合合同、规范、技术标准的要求等，都将对施工项目质量产生不同程度的影响。所以，人是影响施工项目质量的第一个重要因素。

**2. 机**

“机”是指施工机械设备，它是实现施工机械化的重要物质基础，是现代化施工中必不可少的工具，对施工项目的进度、质量均有直接影响。为此，施工机械设备的选用，除了考虑施工现场的条件、建筑结构类型、机械设备性能等因素外，还应结合施工工艺和方法、施工组织与管理和建筑技术经济等各种影响因素，进行多方案论证比较，力求获得良好的综合经济效益。

机械设备的选用，应着重从机械设备的选型、机械设备的主要性能参数和机械设备的使用操作要求等三方面予以控制。

要健全“人机固定”制度、“操作证”制度、岗位责任制度、交接班制度、“技术保养”制度、“安全使用”制度和机械设备检查制度等，确保机械设备处于最佳使用状态。

另一类设备是生产设备，主要是控制设备的购置、设备的检查验收、设备的安装质量和设备的试车运转。

**3. 料**

“料”是指投入施工用的材料，包括原材料、成品、半成品和构配件等。材料的成本占工程成本很大比例。材料的质量将直接影响工程的质量，应严把材料质量验收关，保证材料正确合理使用，建立管理台账，进行收、发、储、运等各环节的技术管理，避免混料和材料混用。

（1）材料质量控制的要点

材料质量控制的要点包括：

1）及时掌握最新信息，优选供货厂家；

2）合理组织材料供应，确保施工正常进行；

3）加强材料检查验收，严把进场材料质量关；

4）加强进场材料管理，把好保管关；

5）合理地使用材料，最大限度减少材料浪费；

6）把好材料的使用关，以防错用或使用不合格的材料。

（2）材料质量控制的内容

材料质量控制的内容主要包括材料的质量标准、材料性能、材料取样、试验方法、材料的适用范围和施工要求等。

（3）材料的选择和使用要求

材料的选择和使用不当，会严重影响工程质量甚至造成质量事故。为此，必须针对工程特点，根据材料的性能、质量标准、适用范围结合本工程对施工要求等方面进行综合考虑，慎重地选择和使用材料。

**4. 法**

“法”是指施工的工艺方法。施工项目建设期内所采取的技术方案、工艺流程、组织实施、检测手段和施工组织设计等都属于工艺方法的范畴。

对工艺方法的控制，尤其是施工方案的正确合理选择，是直接影响施工项目的进度控制、质量控制和投资控制三大目标能否顺利实现的关键。为此，在制定和审核施工方案时，必须结合工程实际，从技术、组织、经济和安全等方面进行全面分析、综合考虑，力求方案在技术可行、经济合理、工艺先进、措施得力、操作方便的前提下，有利于提高工程质量、加快工期进度、降低实际成本。

**5. 环**

“环”是指施工环境。影响施工项目质量的环境因素较多，有工程技术环境、工程管理环境、劳动环境。环境因素对质量的影响，具有复杂而多变的特点。因此，根据工程特点和具体条件，应对影响质量的环境因素，采取有效的措施严加控制。尤其是施工现场，应建立文明施工和文明生产的环境，保持材料工件堆放有序，道路畅通，工作场所清洁整齐，施工程序井井有条，为确保质量、安全创造良好条件。

### 7.1.4 施工项目质量的特点

由于项目施工涉及学科范围广，学科交叉重叠多，是一个极其复杂的综合过程，项目具有单件性、固定性、一次性的特征，再加上结构类型多，质量要求、施工方法各不相同，体型大、整体性强、建设周期长和受自然条件影响大，因此，施工项目的质量比一般工业产品的质量更难以控制，主要表现如下。

**1. 影响质量的因素多**

设计、材料、机械、地形、地质、水文、气象以及施工工艺、操作方法、技术措施的选择都将对施工项目的质量产生不同程度的影响。

**2. 容易产生质量变异**

项目没有固定的生产流水线，也没有规范化的生产工艺、成套的生产设备和稳定的生产环境；同时，由于影响施工项目质量的偶然因素和系统性因素较多，因此，材料性能微小的差异以及机械设备操作微小的变化和环境微小的波动等，均会引起偶然性因素的质量变异。为此，在施工中要严防出现系统性因素的质量变异，要把质量变异控制在偶然性因素范围内。

**3. 质量隐蔽性**

工序交接多，中间产品多，隐蔽工程多是建议工程项目的主要特点，若不及时检查实体质量，事后再看表面，就容易产生第二判断错误；反之，若检查不认真，测量仪表不准，读数有误，则就会产生第一判断错误；应重视隐蔽工程的质量控制；尽量避免第一及第二判断错误的发生。

**4. 质量检查不能解体、拆卸**

施工项目产品建成后，不可能像某些工业产品那样，再拆卸或解体检查内在的质量，或者重新更换零件；工程项目的一次性也决定了工程项目产品也不可能像工业产品那样实行“包换”或“退款”。

**5. 质量要受投资、进度的制约**

施工项目的质量，受投资、进度的制约较大，因此，项目在施工中，还必须正确处理质量、投资、进度三者之间的关系，使其达到对立的统一。

**6. 评价方法的特殊性**

工程质量的检查评定及验收是按检验批、分项工程、分部工程和单位工程进行的。工程质量是在承包单位按合格质量标准自行检查评定的基础上，由监理工程师（或建设单位项目负责人）组织有关单位、人员进行检验确认验收。这种评价方法体现了“验评分离、强化验收、完善手段、过程控制”的指导思想。

### 7.1.5 施工项目质量管理的基本原理

质量管理和其他各项管理工作一样，要做到有计划、有执行、有检查、有纠偏，可使整个管理工作循序渐进，保证工程质量不断提高。

PDCA循环是人们在管理实践中形成的基本理论方法，这个循环工作原理是美国的戴明发明的，故又称“戴明循环”。

PDCA分为四个阶段：即计划P（Plan）、执行D（Do）、检查C（Check）和处置A（Action）。

（1）计划P

此阶段可理解为质量计划阶段，是明确质量目标并制订实现质量目标的行动方案。具体是确定质量控制的组织制度、工作程序、技术方法、业务流程、资源配置、检验试验要求、管理措施等具体内容和做法。此阶段还包括对其实现预期目标的可行性、有效性、经济合理性进行分析论证。

（2）执行D

此阶段是按照计划要求及制定的质量目标去组织实施。具体包含两个环节：即计划行动方案的交底和工程作业技术活动的开展。计划交底目的在于使具体的作业者和管理者，明确计划的意图和要求，为下一步作业活动的开展奠定基础，步调一致地去实现预期的质量目标。

（3）检查C

检查可分为自检、互检和专检。各类检查都包含两大方面：一是检查是否严格执行了计划行动方案，不执行计划的原因。二是检查计划执行的结果，即产品的质量是否达到标准的要求，并对此进行确认和评价。

（4）处置A

此阶段是总结经验，纠正偏差，并将遗留问题转入下一轮循环。对于遇到的质量问题，应及时分析原因，采取必要的纠偏措施，使质量保持受控状态。纠偏是采取应急措施，以解决当前的质量问题；而本次的质量信息也将反馈给管理部门，为今后类似质量问题的预防提供借鉴。

## 7.2 施工项目质量控制系统的建立和运行

### 7.2.1 质量控制原理

**1. 质量控制的概念**

GB/T 19000—2008标准中，对质量控制的定义，还可以理解为：

（1）质量控制的目标就是确保产品的质量能满足顾客、法律、法规等方面提出的质量要求；

（2）质量控制的范围涉及产品质量形成全过程的各个环节，任何一个环节的失误都会造成产品质量受到损害；

（3）质量控制的工作内容包括专业技术和管理技术两个方面。作业技术是直接产生产品或服务质量的条件，再通过科学的管理，组织和协调作业技术活动，以充分发挥其质量形成能力，实现预期的质量目标；

（4）由于施工项目是根据业主的要求而兴建的，所以，施工项目质量控制（从设计、施工到竣工验收等各个阶段），均应围绕致力于满足业主要求的质量总目标而展开。

**2. 三阶段质量控制**

质量控制按控制的时间分为事前控制、事中控制和事后控制三个过程。

（1）事前控制

事前控制要求项目管理者预先编制周密的质量计划，尤其是施工项目施工阶段，制定质量计划或编制施工组织设计或施工项目实施规划，都必须建立在切实可行、有效实现预期质量目标的基础上。

事前控制强调质量目标的计划预控，按质量计划进行质量活动前的准备工作状态的控制。

（2）事中控制

事中控制首先是对质量活动的行为约束，其次是对质量活动过程和结果的监督控制。事中控制是开展过程质量控制最基本的途径。

事中质量控制的策略：全面控制施工过程，重点控制工序质量。其具体措施是工序交接有检查；质量预控有对策；施工项目有方案；技术措施有交底；图纸会审有记录；配制材料有试验；隐蔽工程有验收；计量器具校正有复核；设计变更有手续；钢筋代换有制度；质量处理有复查；成品保护有措施；行使质控有否决。

（3）事后控制

事后控制主要是进行已完工程施工的成品保护、质量验收和不合格品的处理，保证项目质量实测值与目标值之间的偏差在允许范围内，并分析产生偏差的原因，采取纠偏措施，确保质量处于受控状态。

需要说明的是，以上三个阶段不是孤立和截然分开的，它们之间构成有机的系统过程，其实质就是 PDCA 循环，每循环一次质量均能得到提高，达到质量管理或质量控制的持续改进。

### 7.2.2 施工项目质量控制系统的构成

**1. 施工项目质量控制系统特点（与企业质量管理体系比较）**

（1）对象：是特定的施工项目质量控制，而不是企业的质量管理体系。

（2）目标：是控制施工项目的质量标准，而不是企业的质量管理目标。

（3）时效：随项目生命期的结束而完成，具有一次性。

（4）评价方式：只做自我评价与诊断，没有第三方认证。

**2. 工程质量控制系统之关系**

工程质量控制各系统及子系统之间既有各自的分工、职责，但又是相互关联有机统一的，它们之间有着密切的联系，并且是交互作用的。

### 7.2.3 施工项目质量控制系统的建立

**1. 施工项目质量控制体系建立的原则**

（1）分层次规划原则

施工项目质量控制体系根据项目分解结构可分为两个层次：第一层次是对建设单位和工程总承包企业的质量控制体系进行设计；第二层次是对勘察设计单位、承包单位、监理单位的质量控制体系进行设计。两个层次的质量控制分工不同，责任不同。

（2）总目标分解原则

按照工程项目质量总目标的实现层次自上而下地按横向和纵向分层次展开，横向是各责任主体，纵向是各责任主体向下分解的分目标及子目标。目标展开其分、子目标值累加总和必须大于上级目标值或总目标值。

（3）质量责任制原则

建立质量责任制是把质量管理各方面的具体要求落实到每个责任主体、每个部门、每个工作岗位、每个工作人员，做到质量工作事事有人管、人人有专责、办事有标准、工作有检查和检查有考核。要将质量责任制与奖惩机制相结合，把质量责任作为经济考核的主要内容。

（4）系统有效性原则

要求做到整体系统和局部系统的组织、人员、资源和措施相互协调，保证质量持续改进，以提高各质量的有效性。“有效性”是指做的事正确合理，能达到预期的目标和效果。

**2. 施工项目质量控制系统的建立程序**

（1）确定控制系统各层面组织的工程质量控制负责人及其管理职责，建立明确的项目质量控制责任者的关系网络构架。

（2）确定控制系统组织的领导关系、报告审批及信息流转程序。

（3）制订系统质量控制工作制度，包括质量控制例会制度、协调制度、验收制度、质量责任制度和质量信息管理制度。

（4）分析系统质量控制界面，明确责任划分，部署各质量主体编制相关质量计划，并按规定程序完成质量计划的审批，形成质量控制依据。

（5）研究并确定控制系统内部质量职能交叉衔接的界面划分和管理方式。

### 7.2.4 施工项目质量控制系统的运行

**1. 控制系统运行的动力机制**

人是管理的动力，也是管理的对象。做好质量控制工作的关键是做好人的工作。要调动质量控制主体和各级各类人员的积极性，就要正确地运用动力机制，才能使质量控制持续而有效地向前发展，最终使质量控制主体各方达到多赢的目的。

**2. 控制系统运行的约束机制**

施工项目质量控制系统运行的约束机制来自于两个方面：一方面是质量责任主体和质量活动主体的自我约束能力；另一方面是来自于外部的监控效力。

**3. 控制系统运行的反馈机制**

施工项目处于不断变化的客观环境之中，质量控制是否有效，关键在于是否有及时、灵敏、准确、有力的反馈。没有质量信息的反馈，就无法改进质量，就无法作出正确的决策。

**4. 控制系统运行的方式**

在施工项目实施的各个阶段、不同的范围层面和不同的责任主体间，进行质量控制时应用 PDCA 循环使系统始终处于控制之中。在应用 PDCA 循环的同时，还要抓好质量控制点的设置，加强重点控制和例外控制。

## 7.3 施工项目施工质量控制和验收的方法

### 7.3.1 施工质量控制过程

施工质量控制过程包括施工准备质量控制、施工过程质量控制和施工验收质量控制。

**1. 施工准备阶段的质量控制**

施工准备阶段的质量控制是指项目正式施工活动开始前，对项目施工各项准备工作及影响项目质量的各因素和有关方面进行的质量控制。

施工准备是为保证施工生产正常进行而必须事先做好的工作。其中包括：

(1) 技术资料、文件准备的质量控制

1) 施工项目所在地的自然条件及技术经济条件调查资料

对施工项目所在地的自然条件以及技术经济条件的调查，是为选择施工技术与组织方案收集基础资料，并以此作为施工准备工作的依据。具体收集的资料包括：地形与环境条件、地质条件、地震级别、工程水文地质情况、气象条件以及当地水、电、能源供应条件、交通运输条件和材料供应条件等。

2) 施工组织设计

施工组织设计是指导施工准备和组织施工的全面性技术经济文件。对施工组织设计要进行两方面的控制：一是在选定施工方案后，在制定施工进度时，必须考虑施工顺序、施工流向以及主要是分部分项工程的施工方法、特殊项目的施工方法和技术措施；二是在制定施工方案时，必须进行技术经济比较，使施工项目满足符合性、有效性和可靠性要求，不仅使得施工工期短、成本低，还要达到安全生产、效益提高的经济质量效益。

3) 质量控制的依据

国家及政府有关部门颁布的有关法律、法规性文件及质量验收标准，规定了工程建设参与各方的质量责任和义务，质量管理体系建立的要求、标准，质量问题处理的要求、质量验收标准等，这些是进行质量控制的重要依据。

4) 工程测量控制资料

施工现场的原始基准点、基准线、参考标高及施工控制网等数据资料，是施工之前进行质量控制的基础，这些数据资料是进行工程测量控制的重要内容。

(2) 设计交底和图纸审核的质量控制

设计图纸是进行质量控制的重要依据。为使承包单位熟悉有关的设计图纸，充分了解拟建项目的特点、设计意图和工艺与质量要求，最大程度上减少图纸的差错，并消灭图纸中的质量隐患，必须要做好设计交底和图纸审核工作。

1）设计交底

工程施工前，由设计单位向承包单位有关技术人员进行设计交底，其主要内容包括：

① 地形、地貌、水文气象、工程地质及水文地质等自然条件。

② 施工图设计依据：初步设计文件，规划、环境等要求，设计规范。

③ 设计意图：设计思想、设计方案比较、基础处理方案、结构设计意图、设备安装和调试要求、施工进度安排等。

④施工注意事项：对基础处理的要求，对建筑材料的要求，采用新结构、新工艺的要求，施工组织和技术保证措施等。

交底后，由承包单位提出图纸中的问题和疑点，并结合工程特点提出要解决的技术难题。经双方协商研究，拟定出解决办法。

2）图纸审核

图纸审核是设计单位和承包单位进行质量控制的重要手段，也是使承包单位通过审查熟悉了解设计图纸，明确设计意图和关键部位的工程质量要求，发现和减少设计差错，保证工程质量。图纸审核的主要内容包括：

① 对设计者的资质进行认定；

② 设计是否满足抗震、防火、环境卫生等要求；

③ 图纸与说明是否齐全；

④ 图纸有无遗漏、差错或相互矛盾之处，图纸表示方法是否清楚，是否符合标准要求；

⑤ 地质及水文地质等资料是否充分、可靠；

⑥ 所需材料来源有无保证，能否替代；

⑦ 施工工艺、方法是否合理，是否切合实际，是否便于施工，能否保证质量要求；

⑧ 施工图及说明书中涉及的各种标准、图册、规范和规程等，承包单位是否具备。

（3）采购质量控制

采购质量控制主要包括对采购产品及其供货方的质量控制，不仅要制订采购要求和验证采购产品。对于建设项目中的工程分包，也应符合规定的采购要求。

1）物资采购

2）分包服务

一般通过分包合同，对项目进行动态控制。评价及选择分包人应考虑的原则如下：

① 有合法的资质，外地单位应经本地主管部门核准；

② 与本组织或其他组织合作的业绩、信誉；

③ 分包人质量管理体系对按要求如期提供稳定质量的产品的保证能力；

④ 对采购物资的样品、说明书或检验、试验结果进行评定。

3）采购要求

采购要求是采购产品控制的重要内容。采购要求包括：

① 有关产品的质量要求或外包服务要求；

② 有关产品提供的程序性要求；

③ 对供方人员资格的要求；

④ 对供方质量管理体系的要求。

4）采购产品验证

① 对采购产品的验证有多种方式，如在供方现场检验、进货检验，查验供方提供的合格证据等。

② 当组织或其顾客拟在供方现场实施验证时，组织应在采购要求中事先作出规定。

（4）质量教育与培训

通过教育培训和其他措施提高员工的质量意识和技能，增强顾客意识，使员工满足所从事的质量工作对员工能力的要求。项目领导班子应着重以下几方面的培训。

① 质量意识教育；

② 充分理解和掌握质量方针和目标；

③ 质量管理体系有关方面的内容；

④ 质量保持和持续改进意识。

**2. 施工阶段的质量控制**

（1）技术交底

按照工程重要程度，单位工程开工前，应由企业或项目技术负责人向承担施工的负责人或分包人进行全面技术交底。工程复杂、工期长的工程可分为基础、结构、装修几个阶段分别组织技术交底。各分项工程施工前，应由项目技术负责人向参加该项目施工的所有班组和配合工种进行交底。

技术交底的主要内容包括图纸交底、施工组织设计交底、分项工程技术交底和安全交底等。通过交底明确对轴线、尺寸、标高、预留孔洞、预埋件、材料规格及配合比等要求，安排工序搭接、工种配合、施工方法、进度等施工安排，明确质量、安全、节约措施。交底的形式有书面、口头、会议、挂牌、样板、示范操作等。

（2）测量控制

1）对于有关部门提供的原始基准点、基准线和参考标高等的测量控制点应做好复核工作，经审核批准后，才能进行后续相关工序的施工。

2）施工测量控制网的复测。及时保护好已测定的场地平面控制网和主轴线的桩位，它是待建项目定位的主要依据，是保证整个施工测量精度、保证工程质量及工程项目顺利进行的基础。因此，在复测施工测量控制网时，应抽检建筑方格网、控制高程的水准网点以及标桩埋设位置等。

（3）材料控制

1）对供货方质量保证能力进行评定

对供货方质量保证能力评定原则包括：

① 材料供应的表现状况，如材料质量、交货期等；

② 供货方质量管理体系对于满足如期交货的能力；

③ 供货方的顾客满意程度；

④ 供货方交付材料之后的服务和支持能力；

⑤ 其他因素，如价格、履约能力等方面的条件。

2）建立材料管理制度，减少材料损失、变质

对材料的采购、加工、运输、贮存通过建立管理制度，优化材料的周转，减少不必要的材料损耗，最大限度降低工程成本。

3）对原材料、半成品和构配件进行标识

进入施工现场的原材料、半成品、构配件应按型号、品种分区堆放，予以标识；对有防湿、防潮要求的材料，要有防雨防潮措施，并有标识；对容易损坏的材料、设备，要采取必要的保护措施做好防护；对有保质期的材料，要定期检查，以防过期，并做好标识。

4）加强材料检查验收

对于工程的主要材料，进场时必须备配正确的出厂合格证和材质化验单。凡标志不清或认为质量有问题的材料，要进行重新检验，确保质量。未经检验和检验不合格的原材料、半成品、构配件以及工程设备不能投入使用。

5）发包人提供的原材料、半成品、构配件和设备

发包人所提供的原材料、半成品、构配件和设备用于工程时，项目组织应对其做出专门的标识，接收时进行验证，贮存或使用时给予保护和维护，并得到正确的使用。

6）材料质量抽样和检验方法

材料质量抽样应按规定的部位、数量及采选的操作要求进行。材料质量的检验项目分为一般试验项目和其他试验项目。材料质量检验方法有书面检验、外观检验、理化检验和无损检验等。

（4）机械设备控制

1）机械设备的使用形式

施工项目上所使用的机械设备应根据项目特点和工程需要，按必要性、可能性和经济性的原则合理选择其使用形式。机械设备的使用形式包括自行采购、租赁、承包和调配等。

施工企业究竟采用何种机械使用形式，应通过技术经济分析来确定。

2）机械配套

机械配套有两层含义：其一，是一个工种的全部过程和作业环节的配套；其二，是主导机械与辅助机械在规格、数量和生产能力上的配套。

3）机械设备的合理使用

合理使用机械设备，按照要求正确操作，是保证项目施工质量的重要环节。应贯彻人机固定原则，实行定机、定人、定岗位责任的“三定”制度。

4）机械设备的保养与维修

为了保持机械设备的良好技术状态，确保设备运转的可靠性和安全性，减少零件的磨损，延长使用寿命，提高机械施工的经济效益，应定期做好机械设备的保养。保养分为例行保养和强制保养。例行保养的主要内容：有保持机械的清洁、检查运转情况、防止机械腐蚀和按技术要求润滑等。强制保养是按照一定周期和内容分级进行保养。

（5）环境控制

1）建立环境管理体系，实施环境监控

环境管理体系是整个管理体系的一个组成部分，包括为制定、实施、实现、评审和保持环境方针所需的组织结构、计划活动、职责、惯例、程序、过程和资源。

实施环境监控时，应确定环境因素，并对环境做出评价。

在环境管理体系运行中，应根据项目的环境目标和指标，建立对实际环境表现进行测量和监测的系统，其中包括对遵循环境法律和法规的情况进行评价。还应对测量的结果做

出分析，必要时进行纠正和改进。管理者应确保这些纠正和预防措施的贯彻，并采取系统的后续措施来确保它们的有效性。

2）对影响施工项目质量的环境因素的控制

① 工程技术环境：工程技术环境包括工程地质、水文地质、气象等状况。施工时需要对工程技术环境进行调查研究。工程地质方面要摸清建设地区的钻孔布置图、工程地质剖面图及土壤试验报告；在水文地质方面，则需要掌握建设地区全年不同季节的地下水位变化、流向及水的化学成分，以及附近河流和洪水情况等；对于气象要查询建设地区历年同期的气温、风速、风向、降雨量和雨季月份等相关资料。

② 工程管理环境：工程管理环境包括质量管理体系、环境管理体系、安全管理体系和财务管理体系等。只有各管理体系的及时建立与正常运行，才能确保项目各项活动的正常、有序进行，它是搞好工程质量的必要条件之一。

③ 劳动环境：劳动环境包括劳动组织、劳动工具、劳动保护与安全施工等方面的内容。劳动组织的基础是分工和协作，分工得当既有利于提高工人的熟练程度，也有利于劳动力的组织与运用。协作最基本的问题是配套，即各工种和不同等级工人之间互相匹配，从而避免停工窝工，获得最高的劳动生产率。劳动工具的数量、质量、种类应便于操作、使用，有利于提高劳动生产率。

（6）计量控制

计量控制的主要任务是统一计量单位制度，组织量值传递，保证量值的统一。为做好计量控制工作，应抓好如下工作：

① 建立计量管理部门和配备计量人员；

② 建立健全和完善计量管理的规章制度；

③ 积极开展计量意识教育，完善监督机制；

④ 严格按照有效计算器具使用、保管和检验。

（7）工序控制

工序亦称“作业”。工序是工程项目建设过程基本环节，也是组织生产过程的基本单位。一道工序，是指一个（或一组）工人在一个工作地对一个（或几个）劳动对象（工程、产品、构配件）所完成的一切连续活动的总和。

工序质量是指工序过程的质量。工序质量控制是为把工序质量的波动限制在要求的界限内所进行的质量控制活动。工序质量控制的最终目的是要保证稳定地生产合格产品。

（8）特殊过程控制

特殊过程是指该施工过程或工序施工质量不易或不能通过其后的检验和试验而得到充分的验证，或者万一发生质量事故则难以挽救的施工过程。

特殊过程是施工质量控制的重点，设置质量控制点就是要根据施工项目的特点，抓住影响工序施工质量的主要因素进行强化控制。

1）施工质量控制点的设置种类

① 以质量特性值为对象来设置；

② 以工序为对象来设置；

③ 以设备为对象来设置；

④ 以管理工作为对象来设置。

2）施工质量控制点的设置步骤

在设置质量控制点时，首先应对工程项目施工对象进行全面分析、比较，以明确特殊过程质量控制点，然后进一步分析该控制点在施工中可能出现的质量问题，查明问题原因并相应地提出对策措施予以预防。由此可见，设置质量控制点，是对工程质量进行预控的有力措施。

质量控制点的设置是保证施工过程质量的有力措施，也是进行质量控制的重要手段，其设置示例详见表 7-1。

**质量控制点的设置示例** **表 7-1**

| 分项工程 | 质量控制点 |
|---|---|
| 工程测量定位 | 标准轴线桩、水平桩、龙门板、定位轴线、标高 |
| 地基、基础（含设备基础） | 基坑（槽）尺寸、标高、土质、地基承载力、基础垫层标高，基础位置、尺寸、标高，预留洞孔，预埋件的位置、规格、数量，基础墙皮数杆及标高、标底弹线 |
| 砌体 | 砌体轴线，皮数杆，砂浆配合比，预留洞孔，预埋件位置、数量，砌块排列 |
| 模板 | 位置、尺寸、标高，预埋件位置，预留洞孔尺寸、位置，模板承载力及稳定性，模板内部清理及润湿情况 |
| 钢筋混凝土 | 水泥品种、强度等级，砂石质量，混凝土配合比，外加剂比例，混凝土振捣，钢筋品种、规格、尺寸、搭接长度，钢筋焊接，预留洞、孔及预埋件规格、数量、尺寸、位置，预制构件吊装或出场（脱模）强度，吊装位置、标高、支承长度、焊缝长度 |
| 吊装 | 吊装设备起重能力、吊具、索具、地锚 |
| 钢结构 | 翻样图、放大样 |
| 焊接 | 焊接条件，焊接工艺 |
| 装修 | 视具体情况而定 |

（9）工程变更控制

1）工程变更的含义

对于施工项目任何形式上、质量上、数量上的实质性变动，都称为工程变更，它既包括了工程具体项目的改动，也包括了合同文件内容的某种改动。

2）工程变更的范围

① 设计变更：设计变更的原因主要是投资者对投资规模的改变导致变更，是对已交付的设计图纸提出新的设计要求，需要对原设计进行修改。

② 工程量的变动：工程量清单中数量上的工程在增加或减少。

③ 施工时间的变更：对批准的承包商施工进度计划中安排的施工时间或工期的变动。

④ 施工合同文件变更。

⑤ 施工图的变更。

⑥ 承包方提出修改设计的合理化建议，节约价值而引起的变更分配。

⑦ 由于不可抗力或双方事先未能预料而无法防止的事件发生，允许进行合同变更。

3）工程变更控制

工程变更可能导致项目工期、成本以及质量的改变。对于工程变更必须进行严格的管理和控制。

在工程变更控制中，应考虑的问题如下：

① 注意控制和管理那些能够引起工程变更的因素和条件；

② 分析论证各方面提出的工程变更要求的合理性和可行性；

③ 当工程变更发生时，应对其进行严格的跟踪管理和控制；

④ 分析工程变更而引起的风险并采取必要的防范措施。

（10）成品保护

在施工项目施工中，某些部位已完成，而其他部位还正在施工，在这种情况下，承包单位必须对已完成部位或成品，采取妥善的措施加以保护，防止对已完部分工程造成损伤，影响工程质量；更加防止有些损伤难以恢复原状，而成为永久性的缺陷。

加强成品保护，要从两个方面着手，首先需要加强教育，提高全体员工的成品保护意识。同时要合理安排施工顺序，采取有效的保护措施。

成品保护的措施：①护；②包；③盖；④封。

**3. 竣工验收阶段的质量控制**

根据《施工质量验收统一标准》规定，市政工程施工质量应按要求进行验收。对出现的施工质量缺陷，可采用以下处理方案。

（1）不做处理

某些工程质量缺陷虽不符合规定的要求或标准，但其情况不严重。经过分析、论证和慎重考虑后，可以做出不做处理的决定。具体分为以下几种情况：不影响结构安全和正常使用要求；经过后续工序可以弥补的不严重的质量缺陷；经复核验算，仍能满足设计要求的质量缺陷。

（2）修补处理

当工程的某些部分的质量虽未达到规定的规范、标准或设计要求，存在一定的缺陷，但经过修补后还可达到标准的要求，在不影响使用功能或外观要求的情况下，可以做出进行修补处理的决定。

（3）返工处理

当工程质量未达到规定的标准或要求，有十分严重的质量问题，对结构的使用和安全都将产生重大影响，而又无法通过修补办法给予纠正时，可以做出返工处理的决定。

（4）限制使用

当工程质量缺陷按修补方式处理不能达到规定的使用要求和安全，而又无法返工处理的情况下，不得已时可以做出结构卸荷、减荷以及限制使用的决定。

### 7.3.2 施工项目质量控制的对策

对施工项目而言，质量控制就是按合同、规范所规定的质量标准，所采取的一系列检测、监控的措施、手段和方法。在进行施工项目质量控制过程中，为了确保工程质量，其主要控制措施如下：

1. 以人的工作质量确保工程质量；

2. 严格控制投入品的质量；

3. 全面控制施工过程，重点控制工序质量；

4. 严把分项工程质量检验评定关；

5. 贯彻“以预防为主”的方针；

6. 严防系统性因素的质量变异。

### 7.3.3 施工质量计划编制

（1）GB/T 19000—2008 中关于质量计划的定义：对特定项目、产品、过程或合同，规定由谁及何时应使用哪些程序相关资源的文件。

对上述定义有三点说明。

① 这些程序通常包括所涉及的那些质量管理过程和产品实现过程。

② 通常，质量计划引用质量手册的部分内容或程序文件。

③ 质量计划通常是质量策划的结果之一。

在合同环境下，质量计划是企业向顾客表明自身质量管理的方针、目标，以及为了实现这些目标所采取的方法、手段和措施，体现了企业对产品质量责任的承诺。

在合同环境下，如果顾客明确提出编制质量计划的要求，则企业编制的质量计划需取得顾客的认可。一旦批准生效，企业必须严格按计划实施，顾客将按照质量计划来评定企业是否能履行合同规定的质量要求。

（2）施工质量计划的编制主体是施工承包单位。在总承包的情况下，分包企业的施工质量计划是总承包施工质量计划的组成部分。总承包单位应对分包施工质量计划的编制进行指导和审核，并承担施工质量的连带责任。

（3）项目的质量计划是针对具体项目的具体要求，以及应重点控制的环节所编制的对设计、采购、制造、检验、包装和发运等方面工程质量的控制方案。一般不是单独一个文件，而是由一系列文件所组成。

根据建筑工程施工的特点，目前我国施工项目施工的质量计划通常采用施工组织设计或施工项目管理实施规划的文件形式表现出来。

（4）如果企业已经建立质量管理体系，质量计划的内容必须全面体现和落实企业质量管理体系文件的要求，适当情况下也可以引用质量手册或程序文件中适用的条款。

① 质量计划可以规定的内容：

a. 需要达到的质量目标（例如，特性或规范、可靠性和综合指标等）；

b. 企业实际运作的各过程的步骤（可以用流程图等形式展示过程的各项活动）；

c. 在项目的不同阶段，职责、权限和资源的具体分配；

d. 实施中需采用的具体书面程序和指导书；

e. 有关阶段（如设计、采购、生产和检验等）适用的试验、检查、检验和评审大纲；

f. 达到质量目标的测量方法；

g. 随项目的进展而修改和完善质量计划的程序；

h. 为达到质量目标必须采取的其他措施，如更新检验技术、研究新的工艺方法和设备、用户的监督和验证等。

② 结合施工项目的特点，施工质量计划的内容一般应包括以下几个方面。

a. 工程特点及施工条件分析（合同条件、法规条件和现场条件）；

b. 履行施工合同所必须达到的工程质量总目标及其分解目标；

c. 质量管理组织机构、人员及资源配置计划；

d. 为确保工程质量所采取的施工技术方案、施工程序；

e. 材料设备质量管理及控制措施；

f. 工程测量项目计划及方法等。

(5) 施工质量计划编制完毕，应经企业技术领导审核批准，并按施工承包合同的约定提交工程监理或建设单位批准确认后执行。

### 7.3.4 施工作业过程的质量控制

施工作业过程的质量控制，即是对各道工序的施工质量控制。

**1. 施工工序质量控制的程序**

(1) 作业技术交底：施工方法、作业技术要领、质量要求、验收标准和施工过程中需注意的问题。

(2) 检查施工工序、程序的合理性、科学性：施工总体流程、施工作业的先后顺序，应坚持先准备后施工、先地下后地上、先深后浅、先土建后安装和先验收后交工等。

(3) 检查工序施工条件：水、电动力供应，施工照明，安全防护设备，施工场地空间条件和通道，使用的工具、器具，使用的材料和构配件等。

(4) 检查工序施工中人员操作程序、操作方法和操作质量是否符合质量规程要求。

(5) 对工序和隐蔽工程进行验收。

(6) 经验收合格的工序方可准予进入下一道工序的施工。反之，不得进入下一道工序施工。

**2. 施工工序质量控制的要求**

(1) 坚持预防为主。事先分析并找出影响工序质量的主导因素，提前采取措施加以重点控制，使质量问题消灭在发生之前或萌芽状态。

(2) 进行工序质量检查。利用一定的方法和手段，对工序操作及其完成的可交付成果的质量进行检查、测定，并将实测结果与操作规程、技术标准进行比较，从而掌握施工质量状况。具体的检查方法为工序操作、质量巡查、抽查及重要部位的跟踪检查。

(3) 按目测、实测及抽样试验程序，对工序产品、分项工程作出合格与否的判断。

(4) 对合格工序产品应及时提交监理，经确认合格后予以签认验收。

(5) 完善质量记录资料。质量记录资料主要包括各项检查记录、检测资料及验收资料。质量记录资料应真实、齐全、完整，它既可作为工程质量验收的依据，也可为工程质量分析提供可追溯的依据。

**3. 施工工序质量检验**

(1) 质量检验的内容

① 开工前检查。主要检查工程项目是否具备开工条件，开工后能否连续正常施工，能否保证工程质量。

② 工序交接检查。对于重要的工序或对工程质量有重大影响的工序，在自检、互检的基础上，还要组织专职人员对工序进行交接检查。

③ 隐蔽工程检查。凡是隐蔽工程均应检查认证后方能掩盖。

④ 停工后复工前的检查。因处理工程项目质量问题或由于某种原因停工后需复工时，亦应经检查认可后方能复工。

⑤ 分项、分部工程完工后，需经过检查认可，签署验收记录后，才能进行下一阶段施工项目施工。

⑥ 成品保护检查。检查成品有无保护措施，或保护措施是否可靠。

此外，还应经常深入现场，对施工操作质量进行巡视检查。必要时，还应进行跟班或追踪检查，以确保工序质量满足工程需要。

（2）质量检查的方法

现场进行质量检查的方法主要有三种：即目测法、实测法和试验法。

① 目测法。其手段可归纳为“看、摸、敲、照”四个字。

② 实测法。就是通过实测数据与施工规范及质量标准所规定的允许偏差对照，以此判别工程质量是否合格。实测检查法的手段，可归纳为“靠、吊、量、套”四个字。

③ 试验检查。指必须通过试验手段，才能对质量进行判断的检查方法。

### 7.3.5 市政工程施工质量验收

《建筑工程施工质量验收统一标准》（GB 50300）坚持了“验评分离、强化验收、完善手段、过程控制”的指导思想，将有关建筑工程的施工及验收规范和工程质量检验评定标准合并，组成新的工程质量验收规范体系，形成了统一的建筑工程施工质量验收方法、程序和原则。建筑工程各专业工程施工质量验收规范必须与此标准配合使用，确保工程验收质量。

在施工项目管理过程中，进行施工项目质量的验收，是施工项目质量管理的重要内容。项目经理应根据合同和设计图纸的要求，严格执行国家颁发的有关施工项目质量验收标准，及时地配合监理工程师、质量监督站等有关人员进行质量评定，按照操作规程办理竣工验收交接手续。施工项目质量验收程序是按分项工程、分部工程、单位工程依次进行的，施工项目质量等级只有“合格”，不合格的项目一律不予验收。

**1. 基本规定**

（1）建立质量责任制

承包单位应建立质量责任制，确定施工项目的项目经理、技术负责人和施工管理负责人的岗位职责，将质量责任逐级落实到人，承包单位对所有建设工程的施工质量负责。

施工现场质量管理检查记录应由承包单位填写，然后由总监理工程师（建设单位项目负责人）检查并作出检查结论。

承包单位应具有健全的质量管理体系，其可以将影响质量的技术、管理、组织、人员和资源等因素综合在一起，在质量方针的指引下，为达到质量目标而互相配合。

质量控制涉及工程质量形成全过程的各个环节，任一环节工作的失误，都将会使工程质量受到损害而影响质量目标的完成。为了保证质量责任制的顺利推行，承包单位还应通过内审和管理评审等手段，找出质量管理体系中存在的问题和薄弱环节，及时制订改进措施使质量管理体系不断完善。

（2）施工质量控制的主要方面

① 建筑工程采用的主要材料、半成品、成品、建筑构配件、器具和设备应进行现场验收。凡涉及安全、功能的有关产品，应按各专业工程质量验收规范规定进行复验，并应经监理工程师（建设单位技术负责人）检查认可。

② 各工序应按施工技术标准进行质量控制，每道工序完成后，应进行检查。

③ 相关各专业工种之间，应进行交接检验，并形成记录。未经监理工程师（建设单位技术负责人）检查认可，不得进行下道工序施工。

（3）建筑工程质量验收的基本要求

① 建筑工程施工质量应符合《建筑工程施工质量验收统一标准》和相关专业验收规范的规定。

② 建筑工程施工应符合工程勘察、设计文件的要求。

③ 参加工程施工质量验收的各方人员应具备规定的资格。

④ 工程质量的验收均应在承包单位自行检查评定的基础上进行。

⑤ 隐蔽工程在隐蔽前应由承包单位通知有关单位进行验收，并应形成验收文件。

⑥ 涉及结构安全的试块、试件以及有关材料，应按规定进行见证取样检测。

⑦ 检验批的质量应按主控项目和一般项目验收。

⑧ 对涉及结构安全和使用功能的重要分部工程应进行抽样检测。

⑨ 承担见证取样检测及有关结构安全检测的单位应具有相应资质。

⑩ 工程的观感质量应由验收人员通过现场检查，并应共同确认。

（4）检验批质量检验抽样方案

① 计量、计数或计量—计数等抽样方案。

② 一次、二次或多次抽样方案。

③ 根据生产连续性和生产控制稳定性情况，尚可采用调整型抽样方案。

④ 对重要的检验项目，当可采用简易快速的检验方法时，可选用全数检验方案。

⑤ 经实践检验有效的抽样方案。

（5）对抽样检验风险控制的规定

抽样检验存在这两类风险：合格质量水平的生产方风险 $\alpha$，是指合格批被判为不合格的概率，即合格批被拒收的概率；使用方风险 $\beta$ 为不合格批被判为合格批的概率，即不合格批被误收的概率。在制定检验批的抽样方案时，按如下规定：

① 主控项目：对应于合格质量水平的 $\alpha$ 和 $\beta$ 均不宜超过 5%。

② 一般项目：对应于合格质量水平 $\alpha$ 不宜超过 5%，$\beta$ 不宜超过 10%。

**2. 工程质量验收的划分**

（1）建筑工程质量验收应划分为单位（子单位）工程、分部（子分部）工程、分项工程和检验批。

（2）单位工程的划分应按下列原则确定。

① 具备独立施工条件并能形成独立使用功能的建筑物及构筑物为一个单位工程；

② 建筑规模较大的单位工程，可将其能形成独立使用功能的部分为一个子单位工程。

（3）分部工程的划分应按下列原则确定。

① 分部工程的划分应按专业性质、建筑部位确定。

② 当分部工程较大或较复杂时，可按材料种类、施工特点、施工程序、专业系统及类别等划分为若干子分部工程。

（4）分项工程应按主要工种、材料、施工工艺和设备类别等进行划分。

（5）分项工程可划分成一个或若干检验批进行验收，检验批可根据施工及质量控制和专业验收需要，按楼层、施工段和变形缝等进行划分。

（6）室外工程可根据专业类别和工程规模划分单位（子单位）工程。

**3. 市政工程质量验收**

（1）检验批合格规定

检验批合格质量应符合下列规定。

① 主控项目和一般项目的质量经抽样检验合格；

② 具有完整的施工操作依据和质量检查记录。

检验批是工程验收的最小单位，是分项工程乃至整个建筑工程质量验收的基础。检验批是施工过程中条件相同并具有一定数量的材料、构配件或安装项目，由于其质量基本均匀一致，因此可以作为检验的基础单位，按批验收。

检验批质量合格的条件，包括两个方面：一是资料完整；二是主控项目和一般项目符合检验规定要求。

（2）分项工程合格规定

分项工程质量验收合格应符合下列规定：

① 分项工程所含的检验批均应符合合格质量的规定；

② 分项工程所含的检验批的质量验收记录应完整。

（3）分部工程合格规定

分部（子分部）工程质量验收合格应符合下列规定：

① 分部（子分部）工程所含分项工程的质量均验收合格；

② 质量控制资料完整；

③ 地基与基础、主体结构和设备安装等分部工程有关安全及使用功能的检验和抽样检测结果符合有关规定；

④ 观感质量验收应符合要求。

分部工程的验收在其所含各分项工程验收的基础上进行。

分部工程验收合格的条件：

首先，分部工程的各分项工程必须已验收合格且相应的质量控制资料文件必须完整，这是分部工程验收的基本条件。此外，由于各分项工程的性质不尽相同，因此作为分部工程不能简单地组合而加以验收，尚须增加以下两类检查项目。

其一，要对涉及安全和使用功能的地基基础、主体结构、有关安全及重要使用功能的安装分部工程应进行有关见证取样送样试验或抽样检测。其二，关于观感质量验收，这类检查往往难以定量，只能以观察、触摸或简单量测的方式进行，并由各个人的主观印象判断，检查结果是给出综合质量评价而不是合格与否。对于“差”的检查点应采取返修处理等方式补救措施。

（4）单位工程合格规定

单位（子单位）工程质量验收合格应符合下列规定：

① 单位（子单位）工程所含分部（子分部）工程的质量均应验收合格；

② 质量控制资料应完整；

③ 单位（子单位）工程所含分部工程有关安全和功能的检测资料应完整；

④ 主要功能项目的抽查结果应符合相关专业质量验收规范的规定；

⑤ 观感质量验收应符合要求。

(5) 市政工程质量验收记录

市政工程质量验收记录应按下列规定填写：

① 检验批质量验收记录可按 GB 50300—2013 附录 E 填写，填写时应具有现场验收检查原始记录；

② 分项工程质量验收记录可按 GB 50300—2013 附录 F 填写；

③ 分部工程验收记录可按 GB 50300—2013 附录 G 填写；

④ 单位工程质量竣工验收记录、质量控制核查记录、安全和功能检验资料核查及主要功能抽查记录、观感质量检查记录应可按 GB 50300—2013 附录 H 填写。

检验批的质量验收记录由施工项目专业质量检查员填写，监理工程师（建设单位项目专业技术负责人）组织项目专业质量检查员等进行验收。

分部（子分部）工程质量应由总监理工程师（建设单位项目专业负责人）组织施工项目经理和有关勘察、设计单位项目负责人一起进行验收。

验收记录由承包单位填写，验收结论则由监理（建设）单位填写。综合验收结论由参加验收各方共同商定，由建设单位填写，应对工程质量是否符合设计和规范要求及总体质量水平做出评价。

**4. 市政工程质量验收程序和组织**

(1) 检验批

检验批应由专业监理工程师组织承包单位项目专业质量检查员、专业工长等进行验收。

(2) 分项工程

分项工程质量应由专业监理工程师组织施工单位项目专业技术负责人等进行验收。

(3) 分部工程

分部工程应由总监理工程师组织施工单位项目负责人和项目技术负责人等进行验收。

勘察、设计单位项目负责人和施工单位技术、质量部门负责人应参加地基与基础分部工程的验收。

设计单位项目负责人和施工单位技术、质量部门负责人应参加主体结构、节能分部工程的验收。

(4) 单位工程

① 单位工程完工后，施工单位应自行组织有关人员进行检查评定，并向建设单位提交工程验收报告。

单位工程完成后，施工单位首先要根据质量标准、设计图纸等组织有关人员进行自检，并对检查结果进行评定，符合要求后向建设单位提交工程验收报告和完整的质量资料，向建设单位申请组织验收。

② 建设单位收到工程验收报告后，应由建设单位（项目）负责人组织施工（含分包单位)、设计、监理等单位（项目）负责人共同进行单位（子单位）工程验收。

单位工程质量验收应由建设单位负责人或项目负责人组织，设计、承包单位负责人或项目负责人及承包单位的技术、质量负责人和监理单位的总监理工程师共同参加验收。

对满足生产要求或具备使用条件，承包单位已经预验、监理工程师已初验并通过的子单位工程，建设单位可组织进行验收。由几个承包单位负责施工的单位工程，当其中的承包单位所负责的子单位工程已按设计完成，并经自行检验，也可按照规定的程序组织正式验收，办理交工手续。在整个单位工程进行全部验收时，已验收的子单位工程验收资料应作为单位工程验收的附件一起备案保存。

③ 单位工程有分包单位施工时，分包单位对所承包的施工项目应按标准规定的程序进行检查评定，总包单位应派相关人员参加检查评定。分包工程完成后，应将工程有关资料移交总包单位。

由于《建设工程承包合同》的双方主体是建设单位和总承包单位，总承包单位应按照承包合同的权利义务对建设单位负总责。分包单位对总承包单位负责，亦应对建设单位负责。因此，分包单位对承建的项目进行检验时，总包单位应参加，检验合格后，分包单位应将工程的有关资料移交总包单位，待建设单位组织单位工程质量竣工验收时，分包单位负责人也应参加验收。

④ 当参加验收各方对工程质量验收意见不一致时，可请当地建设行政主管部门或工程质量监督机构协调处理，也可以各方认可的咨询单位进行协调处理。

⑤ 单位工程质量验收合格后，建设单位应在规定时间内将工程竣工验收报告和有关文件，报建设行政管理部门备案。

建设工程竣工验收备案制度是加强政府监督管理、防止不合格工程流向社会的一种重要手段。建设单位应依据《建设工程质量管理条例》和建设部的有关规定，到县级以上人民政府建设行政主管部门或其他有关部门备案。否则，建设工程不允许投入使用。

## 7.4 施工项目质量的政府监督

### 7.4.1 施工项目质量政府监督的职能

为加强对建设工程质量的管理，我国《建筑法》及《建设工程质量管理条例》明确政府行政主管部门设立专门机构对建设工程质量行使监督职能，其目的是保证建设工程质量、保证建设工程的使用安全及环境质量。国务院建设行政主管部门对全国建设工程质量实行统一监督管理，国务院铁路、交通、水利等有关部门按照规定的职责分工，负责对全国有关专业建设工程质量的监督管理。

各级政府质量监督机构对建设工程质量监督的依据是国家、地方和各专业建设管理部门颁发的法律、法规及各类规范和强制性标准。

政府对建设工程质量监督的职能包括两大方面：

一是监督工程建设的各方主体（包括建设单位、承包单位、材料设备供应单位、设计勘察单位和监理单位等）的质量行为是否符合国家法律法规及各项制度的规定；

二是监督检查工程实体的施工质量，尤其是地基基础、土体结构、专业设备安装等涉及结构安全和使用功能的施工质量。

### 7.4.2 建设工程项目质量政府监督的内容

（1）建设工程的质量监督申报工作

在工程开工前，政府质量监督机构在受理建设工程质量监督的申报手续时，对建设单位提供的文件资料进行审查，审查合格后签发有关质量监督文件。

（2）开工前的质量监督

开工前召开项目参与各方参加的首次监督会议，并进行第一次监督检查。

（3）在施工期间的质量监督

在工程施工期间，按照监督方案对施工情况进行不定期的检查。

（4）竣工阶段的质量监督

做好竣工验收前的质量复查；参与竣工验收会议；编制单位工程质量监督报告；建立建设工程质量监督档案。

### 7.4.3 施工项目质量政府监督验收

建设工程质量验收是对已完工的工程实体的外观质量及内在质量按规定程序检查后，确认其是否符合设计及各项验收标准的要求、是否可交付使用的一个重要环节。正确地进行工程项目质量检查评定和验收，是保证工程质量的重要手段。

鉴于建设工程施工规模较大，专业分工较多，技术安全要求高等特点，国家相关行政管理部门对各类工程项目的质量验收标准制订了相应的规范，以保证工程验收的质量，工程验收应严格执行规范的要求和标准。

工程质量验收分为过程验收和竣工验收，其程序及组织包括：

（1）施工过程中，隐蔽工程在隐蔽前通知建设单位（或工程监理）进行验收，并形成验收文件；

（2）分部分项工程完成后，应在承包单位自行验收合格后，通知建设单位（或工程监理）验收，重要的分部分项应请设计单位参加验收；

（3）单位工程完工后，承包单位应自行组织检查、评定，符合验收标准后，向建设单位提交验收申请；

（4）建设单位收到验收申请后，应组织施工、勘察、设计、监理单位等方面人员进行单位工程验收，明确验收结果，并形成验收报告；

（5）按国家现行管理制度，房屋建筑工程及市政基础设施工程验收合格后，尚需在规定时间内，将验收文件报政府管理部门备案。

建设工程施工质量验收应符合下列要求：

（1）工程质量验收均应在承包单位自行检查评定的基础上进行；

（2）参加工程施工质量验收的各方人员，应该具有规定的资格；

（3）建设项目的施工，应符合工程勘察、设计文件的要求；

（4）隐蔽工程应在隐蔽前由承包单位通知有关单位进行验收，并形成验收文件；

（5）单位工程施工质量应该符合相关验收规范的标准；

（6）涉及结构安全的材料及施工内容，应有按照规定对材料及施工内容进行见证取样的检测资料；

（7）对涉及结构安全和使用功能的重要部分工程，专业工程应进行功能性抽样检测；

（8）工程外观质量应由验收人员通过现场检查后共同确认。

建设工程施工质量检查评定验收的基本内容及方法：

（1）分部分项工程内容的抽样检查；

（2）施工质量保证资料的检查，包括施工全过程的技术质量管理资料，其中又以原材料、施工检测、测量复核及功能性试验资料为重点检查内容；

（3）工程外观质量的检查。

工程质量不符合要求时，应按规定进行处理：

（1）经返工或更换设备的工程，应该重新检查验收；

（2）经有资质的检测单位检测鉴定，能达到设计要求的工程，应予以验收；

（3）经返修或加固处理的工程，虽局部尺寸等不符合设计要求，但仍然能满足使用要求，可按技术处理方案和协商文件进行验收；

（4）经返修和加固后仍不能满足使用要求的工程严禁验收。

## 7.5 质量管理体系

### 7.5.1 质量管理的八项原则

GB/T 19000—2008 质量管理体系标准是我国按等同原则、从 2008 版 ISO9000 族国际标准化而成的质量管理体系标准。

八项质量管理原则是 2008 版 ISO9000 族标准的编制基础，是近年来在质量管理理论和实践的基础上提出来的，是做好质量管理工作必须遵循的准则。八项质量管理原则已成为改进组织业绩的框架，可帮助组织达到持续成功。质量管理八项原则的具体内容如下：

**1. 以顾客为关注焦点**

组织依存于其顾客。因此，组织应理解顾客当前和未来的需求，满足顾客的要求并争取超越顾客的期望。

组织贯彻实施以顾客为关注焦点的质量管理原则，有助于掌握市场动向，提高市场占有率，提高企业经营效益。以顾客为中心不仅可以稳定老顾客、吸引新顾客，而且可以招来回头客。

**2. 领导作用**

强调领导作用的原则，是因为质量管理体系是最高管理者推动的，质量方针和目标是领导组织策划的，组织机构和职能分配是领导确定的，资源配置和管理是领导决定安排的，顾客和相关方要求是领导确认的，企业环境和技术进步、质量管理体系改进和提高是领导决策的。所以，领导者应将本组织的宗旨、方向和内部环境统一起来，并创造使员工能够充分参与实现组织目标的环境。

**3. 全员参与**

各级人员是组织之本。只有他们的充分参与，才能使他们的才干为组织带来收益。

质量管理是一个系统工程，关系到过程中的每一个岗位和每一个人。实施全员参与这一质量管理原则，将会调动全体员工的积极性和创造性，努力工作，勇于负责，持续改进，做出贡献，这对提高质量管理体系的有效性和效率，具有极其重要的作用。

**4. 过程方法**

过程方法是将活动和相关的资源作为过程进行管理，可以更高效地得到期望的结果。因为过程概念反映了从输入到输出具有完整的质量概念，过程管理强调活动与资源结合，具有投入产出的概念。过程概念体现了用PDCA循环改进质量活动的思想。过程管理有利于适时进行测量，保证上下工序的质量。通过过程管理可以降低成本、缩短周期，从而可更高效地获得预期效果。

**5. 管理的系统方法**

管理的系统方法是将相互关联的过程作为系统加以识别、理解和管理，有助于组织提高实现目标的有效性和效率。

系统方法包括系统分析、系统工程和系统管理三大环节。系统分析是运用数据、资料或客观事实，确定要达到的优化目标。然后通过系统工程，设计或策划为达到目标而采取的措施和步骤，以及进行资源配置。最后在实施中通过系统管理而取得高效性和高效率。

在质量管理中采用系统方法，就是要把质量管理体系作为一个大系统，对组成质量管理体系的各个过程加以识别、理解和管理，以实现质量方针和质量目标。

**6. 持续改进**

持续改进是组织永恒的追求、永恒的目标、永恒的活动。为了满足顾客和其他相关方对质量更高期望的要求，为了赢得竞争的优势，必须不断地改进和提高产品及服务的质量。

**7. 基于事实的决策方法**

有效决策建立在数据和信息分析的基础上。基于事实的决策方法，首先应明确规定收集信息的种类、渠道和职责，保证资料能够为使用者得到。通过对得到的资料和信息分析，保证其准确、可靠。通过对事实分析、判断，结合过去的经验做出决策并采取行动。

**8. 与供方互利的关系**

供方是产品和服务供应链上的第一环节，供方的过程是质量形成过程的组成部分。供方的质量影响产品和服务的质量，在组织的质量效益中包含有供方的贡献。供方应按组织的要求也建立质量管理体系。通过互利关系，可以增强组织及供方创造价值的能力，也有利于降低成本和优化资源配置，并增强对付风险的能力。

上述八项质量管理原则之间是相互联系和相互影响的。其中，以顾客为关注焦点是主要的，是满足顾客要求的核心。为了以顾客为关注焦点，必须持续改进，才能不断地满足顾客不断提高的要求。而持续改进又是依靠领导作用、全员参与和互利的供方关系来完成的。所采用的方法是过程方法（控制论）、管理的系统方法（系统论）和基于事实的决策方法（信息论）。可见，这八项质量管理原则体现了现代管理理论和实践发展的成果，并被人们普遍接受。

### 7.5.2 质量管理体系文件的构成

**1. 建立质量管理体系文件的价值**

企业是需要建立形成文件的质量管理体系，而不是只建立质量管理体系的文件。建立质量管理体系文件的价值是便于沟通意图、统一行动，有利于质量管理体系的实施、保持和改进。所以，编制质量管理体系文件不是目的，而是手段，是质量管理体系的一种资源。

编制和使用质量管理体系文件是一项具有动态管理要求的活动。因为质量管理体系的建立、健全要从编制完善的体系文件开始，质量管理体系的运行、审核与改进都是依据文件的规定进行，质量管理实施的结果也要形成文件，作为证实产品质量符合规定要求及质量管理体系有效的证据。

**2. 质量管理体系文件的内容**

在GB/T 19000—2008中规定，质量管理体系文件应包括以下内容。

（1）形成文件的质量方针和质量目标；

（2）质量手册；

（3）质量管理标准所要求的各种生产、工作和管理的程序性文件；

（4）为确保其过程的有效策划、运行和控制所需的文件；

（5）质量管理标准所要求的质量记录。

不同组织的质量管理体系文件的多少与详略程度取决于组织的规模和活动的类型；过程及其相互作用的复杂程度；人员的能力。

**3. 质量方针和质量目标**

质量方针是组织的质量宗旨和质量方向，是实施和改进组织质量管理体系的推动力。质量方针提供了质量目标制定和评审的框架，是评价质量管理体系有效性的基础。质量方针一般均以简洁的文字来表述，应反映用户及社会对工程质量的要求及企业对质量水平和服务的承诺。

质量目标是指在质量方面所追求的目的。质量目标在质量方针给定框架内制定并展开，也是组织各职能和层次上所追求并加以实现的主要工作任务。

**4. 质量手册**

（1）质量手册定义

质量手册是质量体系建立和实施中所用主要文件的典型形式。

质量手册是阐明企业的质量政策、质量管理体系和质量实践的文件，它对质量体系作概括的表达，是质量体系文件中的主要文件。它是确定和达到工程产品质量要求所必须的全部职能和活动的管理文件，是企业的质量法规，也是实施和保持质量管理体系过程中应长期遵循的纲领性文件。

（2）质量手册的性质

企业的质量手册应具备以下六个性质：①指令性；②系统性；③协调性；④先进性；⑤可操作性；⑥可检查性。

（3）质量手册的作用

① 质量手册是企业质量工作的指南，使企业的质量工作有明确的方向。

② 质量手册是企业的质量法规，使企业的质量工作能从“人治”走向“法治”。

③ 有了质量手册，企业质量体系审核和评价就有了依据。

④ 有了质量手册，使投资者（需方）在招标和选择承包单位时，对施工企业的质量保证能力、质量控制水平有充分的了解，并提供了见证。

**5. 程序文件**

质量管理体系程序文件是质量手册的支持性文件，是企业各职能部门为落实质量手册要求而规定的细则。

为确保过程的有效运行和控制，在程序文件的指导下，尚可按管理需要编制相关文件，如作业指导书、具体工程的质量计划等。

**6. 质量记录**

质量记录可提供产品、过程和体系符合要求及体系有效运行的证据。组织应制定形成文件的程序，以控制对质量记录的标识（可用颜色、编号等方式）、贮存（如环境要适宜）、保护（包括保管的要求）、检索（包括对编目、归档和查阅的规定）、保存期限（应根据工程特点、法规要求及合同要求等决定保存期）和处置（包括最终如何销毁）。

质量记录应清晰、完整地反映质量活动实施、验证和评审的情况，并记载关键活动的过程参数，具有可追溯性的特点。

### 7.5.3 质量管理体系的建立和运行

**1. 建立质量管理体系的基本工作**

建立质量管理体系的基本工作主要有：确定质量管理体系过程，明确和完善体系结构，质量管理体系要文件化，要定期进行质量管理体系审核与质量管理体系复审。

（1）确定质量管理体系过程

施工企业的产品是施工项目，无论其工程复杂程度、结构形式怎样变化，无论是高楼大厦还是一般建筑物，其建造和使用的过程、环节和程序基本上是一致的。施工项目质量管理体系过程一般可分为以下八个阶段。

① 工程调研和任务承接；

② 施工准备；

③ 材料采购；

④ 施工生产；

⑤ 试验与检验；

⑥ 建筑物功能试验；

⑦ 交工验收；

⑧ 回访与维修。

（2）完善质量管理体系结构，并使之有效运行

企业决策层领导及有关管理人员要负责质量管理体系的建立、完善、实施和保持各项工作的开展，使企业质量管理体系达到预期目标。

质量管理体系的有效运行要依靠相应的组织机构网络。这个机构要严密完整，能充分体现各项质量职能的有效控制。对建筑企业来讲，一般有集团（总公司）、公司、分公司、施工项目经理部等各级管理组织，但由于其管理职责不同，所建质量管理体系的侧重点可能有所不同，但其组织机构应上下贯通，形成一体。特别是直接承担生产与经营任务的实体公司的质量管理体系更要形成覆盖全公司的组织网络，该网络系统要形成一个纵向统一指挥、分级管理，横向分工合作、协调一致、职责分明的统一整体。一般来讲，一个企业只有一个质量管理体系，其下属基层单位的质量管理和质量保证活动以及质量机构和质量职能只是企业质量管理体系的组成部分，是企业质量管理体系在该特定范围的体现。对不同产品对象的基层单位，如混凝土构件厂、实验室、搅拌站等则应根据其生产对象和生产环境特点补充或调整体系要素，使其在该范围更适合产品质量保证的最佳效果。

（3）质量管理体系要文件化

文件是质量管理体系中必需的要素。质量管理文件能够起到沟通意图和统一行动的

作用。

文件化的质量管理体系包括建立和实施两个方面，建立文件化的质量管理体系只是开始，只有通过实施文件化质量管理体系才能变成增值活动。

质量管理体系的文件共有四种。

① 质量手册：规定组织质量管理体系的文件，也是向组织内部和外部提供关于质量管理体系的信息文件。

② 质量计划：规定用于某一具体情况的质量管理体系要素和资源的文件，也是表述质量管理体系用于特定产品、项目或合同的文件。

③ 程序文件：提供如何完成活动的信息文件。

④ 质量记录：对完成的活动或达到的结果提供客观证据的文件。

根据各组织的类型、规模、产品、过程、顾客、法律和法规以及人员素质的不同，质量管理体系文件的数量、详尽程度和媒体种类也会有所不同。

(4) 定期质量审核

质量管理体系能够发挥作用，并不断改进提高工作质量，主要是在建立体系后能坚持质量管理体系的审核和评审活动。

为了查明质量管理体系的实施效果是否达到了规定的目标要求，企业管理者应制订内部审核计划，定期进行质量管理体系审核。

质量管理体系审核由企业胜任的管理人员对体系各项活动进行客观评价，这些人员独立于被审核的部门和活动范围。质量管理体系审核范围如下：①组织机构；②管理与工作程序；③人员、装备和器材；④工作区域、作业和过程；⑤在制品（确定其符合规范和标准的程度）；⑥文件、报告和记录。

质量管理体系审核一般以质量管理体系运行中各项工作文件的实施程度及产品质量水平为主要工作对象，一般为符合性评价。

(5) 质量管理体系评审和评价

质量管理体系的评审和评价，一般称为管理者评审，它是由上层领导亲自组织的，对质量管理体系、质量方针和质量目标等各项工作所开展的适合性评价。就是说，质量管理体系审核时主要精力应放在是否将计划工作落实，效果如何。而质量管理体系评审和评价重点为该体系的计划、结构是否合理有效，尤其是结合市场及社会环境和企业情况进行全面的分析与评价，一旦发现这些方面的不足，就应对其体系结构、质量目标和质量政策提出改进意见，以使企业管理者采取必要的措施。

质量管理体系的评审和评价也包括各项质量管理体系审核范围的工作。

与质量管理体系审核不同的是，质量管理体系评审更侧重于质量管理体系的适合性（质量管理体系审核侧重符合性），而且，一般评审与评价活动要由企业领导直接组织。

**2. 质量管理体系的建立和运行**

(1) 建立和完善质量管理体系的程序

按照国家标准 GB/T 19000—2008 建立一个新的质量管理体系或更新、完善现行的质量管理体系，一般有以下步骤。

① 企业领导决策

企业主要领导要下决心走质量效益型的发展道路，有建立质量管理体系的迫切需要。

建立质量管理体系是涉及企业内部很多部门参加的一项全面性的工作，如果没有企业主要领导亲自领导、亲自实践和统筹安排，是很难搞好这项工作的。因此，领导真心实意地要求建立质量管理体系，是建立、健全质量管理体系的首要条件。

② 编制工作计划

工作计划包括培训教育、体系分析、职能分配、文件编制和配备仪器仪表设备等内容。

③分层次教育培训

组织学习 GB/T 19000—2008 系列标准，结合本企业的特点，了解建立质量管理体系的目的和作用，详细研究与本职工作有直接联系的要素，提出控制要素的办法。

④ 分析企业特点

结合建筑施工企业的特点和具体情况，确定采用哪些要素和采用程度。

质量管理体系中的要素要对控制工程实体质量起主要作用，能保证工程的适用性、符合性。

⑤ 落实各项要素

企业在选好合适质量管理体系要素后，进行二级要素展开，制订实施二级要素所必需的质量活动计划，并把各项质量活动落实到具体部门或个人。

一般来讲，企业在领导的亲自主持下，合理地分配各级要素与活动，使企业各职能部门都明确各自在质量管理体系中应担负的责任、应开展的活动和各项活动的衔接办法。分配各级要素与活动的一个重要原则就是责任部门只能是一个，但允许有若干个配合部门。

在各级要素和活动分配落实后，为了便于实施、检查和考核，还要把工作程序文件化，即把企业的各项管理标准、工作标准、质量责任制、岗位责任制形成与各级要素和活动相对应的有效运行的文件。

⑥ 编制质量管理体系文件

质量管理体系文件按其作用可分为法规性文件和见证性文件两类。质量管理体系法规性文件是用以规定质量管理工作的原则，阐述质量管理体系的构成，明确有关部门和人员的质量职能，规定各项活动的目的要求、内容和程序的文件。在合同环境下，这些文件是供方向需方证实质量管理体系适用性的证据。质量管理体系的见证性文件是用以表明质量管理体系的运行情况和证实其有效性的文件（如质量记录、报告等）。这些文件记载了各质量管理体系要素的实施情况和工程实体质量的状态，是质量管理体系运行的见证。

（2）质量管理体系的运行

保持质量管理体系的正常运行和持续实用有效，是企业质量管理的一项重要任务，是质量管理体系发挥实际效能、实现质量目标的主要阶段。

质量管理体系运行是执行质量体系文件、实现质量目标、保持质量管理体系持续有效和不断优化的过程。

质量管理体系的有效运行是依靠体系的组织机构进行组织协调、实施质量监督、开展信息反馈、进行质量管理体系审核和复审来实现的。

① 组织协调

质量管理体系的运行是借助于质量管理体系组织结构的组织和协调来进行的。组织协调工作是维护质量管理体系运行的动力。质量管理体系的运行涉及企业众多部门的活动。

就建筑业企业而言，计划部门、施工部门、技术部门、试验部门、测量部门和检查部门等都必须在目标、分工、时间和联系方面协调一致，责任范围不能出现空档，应保持体系的有序性。这些都需要通过组织和协调工作来实现。实现这种协调工作的人，应是企业的主要领导，有主要领导主持，质量管理部门负责，通过组织协调才能保持体系正常运行。

② 质量监督

质量管理体系在运行过程中，各项活动及其结果不可避免地会有发生偏离标准的可能。为此，必须实施质量监督。

质量监督有企业内部监督和外部监督两种，需方或第三方对企业进行的监督是外部质量监督。需方的监督权是在合同环境下进行的，就建筑业企业来说，叫作甲方的质量监督，按合同规定，从地基验槽开始，甲方对隐蔽工程进行检查签证。第三方的监督，对单位工程和重要分部工程进行质量等级核定，并在工程开工前检查企业的质量管理体系。在施工过程中，要监督企业质量管理体系的运行是否正常。

质量监督是符合性监督。质量监督的任务是对工程实体进行连续性的监视和验证。发现偏离管理标准和技术标准的情况及时反馈，要求企业采取纠正措施，严重者责令停工整顿。从而促使企业的质量活动和工程实体质量均能符合标准所规定的要求。

实施质量监督是保证质量管理体系正常运行的手段。外部质量监督应与企业本身的质量监督考核工作相结合，杜绝重大质量事故的发生，促进企业各部门认真贯彻各项规定。

③ 质量信息管理

企业的组织机构是企业质量管理体系的骨架，而企业的质量信息系统则是质量管理体系的神经系统，是保证质量管理体系正常运行的重要系统。在质量管理体系的运行中，通过质量信息反馈系统对异常信息的反馈和处理，进行动态控制，从而使各项质量活动和工程实体质量保持受控状态。

质量信息管理和质量监督、组织协调工作是密切联系在一起的。异常信息一般来自质量监督，异常信息的处理要依靠组织协调工作，三者的有机结合，是使质量管理体系有效运行的保证。

④ 质量管理体系审核与评审

企业应该进行定期的质量管理体系审核与评审，一是对体系要素进行审核、评价，确定其有效性；二是对运行中出现的问题采取纠正措施，对体系的运行进行管理，保持体系的有效性；三是评价质量管理体系对环境的适应性，对体系结构中不适用的部分采取改进措施。开展质量管理体系审核和评审是保持质量管理体系持续有效运行的主要手段。

### 7.5.4 质量管理体系认证与监督

由于工程行业产品具有单项性，不能以某个项目作为质量认证的依据。因此，只能对企业的质量管理体系进行认证。

质量管理体系认证是指根据有关的质量保证模式标准，由第三方机构对供方（承包方）的质量管理体系进行评定和注册的活动。这里的第三方机构指的是经国家质量监督检验检疫总局质量管理体系认可委员会认可的质量管理体系认证机构。质量管理体系认证机构是个专职机构，各认证机构具有自己的认证章程、程序、注册证书和认证合格标志。国家质量监督检验检疫总局对质量认证工作实行统一管理。

**1. 质量管理体系认证的特征**

(1) 认证的对象是质量管理体系而不是工程实体；

(2) 认证的依据是质量保证模式标准，而不是工程的质量标准；

(3) 认证的结论不是证明工程实体是否符合有关的技术标准，而是质量管理体系是否符合标准，是否具有按规范要求保证工程质量的能力；

(4) 认证合格标志只能用于宣传，不得用于工程实体；

(5) 认证由第三方进行，与第一方（供方或承包单位）和第二方（需方或业主）既无行政隶属关系，也无经济上的利益关系，以确保认证工作的公正性。

**2. 企业质量管理体系认证的意义**

1992 年，我国按国际准则正式组建了第一个具有法人地位的第三方质量管理体系认证机构，开始了我国质量管理体系的认证工作。我国质量管理体系认证工作起步虽晚，但发展迅速，为了使质量管理尽快与国际接轨，各类企业纷纷“宣贯”标准，争相通过认证。

企业质量管理体系的认证具有以下意义。

(1) 促使企业认真按 GB/T 19000—2008 族标准去建立、健全质量管理体系，提高企业的质量管理水平，保证施工项目质量。由于认证是第三方的权威性的公正机构对质量管理体系的评审，企业达不到认证的基本条件不可能通过认证，这就可以避免形式主义地去“贯标”，或用其他不正当手段获取认证的可能性。

(2) 提高企业的信誉和竞争能力。企业通过了质量管理体系认证机构的认证，就获得了权威性机构的认可，证明其具有保证工程实体的能力。因此，获得认证的企业信誉提高，大大增强了市场竞争能力。

(3) 加快双方的经济技术合作。在工程的招投标中，不同业主对同一个承包单位的质量管理体系的评审中，80%以上的评审内容和质量管理体系要素是重复的。若投标单位的质量管理体系通过了认证，对其评定的工作量就大大减少，省时、省钱，避免了不同业主对同一承包单位进行的重复评定，加快了合作的进展，有利于选择合格的承包方。

(4) 有利于保护业主和承包单位双方的利益。企业通过认证，证明了它具有保证工程实体的能力，保护了业主的利益。同时，一旦发生了质量争议，也是承包单位自我保护的措施。

(5) 有利于国际交往。在国际工程的招投标工作中，要求经过 GB/T 19000—2008 标准认证已是惯用的做法，由此可见，企业只有取得质量管理体系的认证才能打入国际市场。

**3. 质量管理体系的申报及批准程序**

(1) 提出申请

申请认证者按照规定的内容和格式向体系认证机构提出书面申请，并提交质量手册和其他必要的资料。认证机构由申请认证者自己选择。

认证机构在收到认证申请之日起 60 天内作出是否受理申请的决定，并书面通知申请者；如果不受理申请应说明理由。

(2) 体系审核

由体系认证机构指派审核组对申请的质量管理体系进行文件审查和现场审核。文件审查的目的主要是审查申请者提交的质量手册的规定是否满足所申请的质量保证标准的要求；如果不能满足，应进行补充或修改。只有当文件审查通过后方可进行现场审核，现场审核的主要目的是通过收集客观证据检查评定质量管理体系的运行与质量手册的规定是否一致，证实其符合质量保证标准要求的程度，作出审核结论，向体系认证机构提交审核报告。

（3）审批发证

体系认证机构审查审核组提交的审核报告，对符合规定要求的批准认证，向申请者颁发体系认证证书，证书有效期三年。对不符合规定要求的亦应书面通知申请者。体系认证机构应公布证书持有者的注册名录。

（4）监督管理

对获准认证后的监督管理有以下几项规定。

① 标志的使用。体系认证证书的持有者应按体系认证机构的规定使用其专用的标志，不得将标志使用在产品上。

② 通报。证书持有者改变其认证审核质量管理体系，应及时将更改情况报体系认证机构。体系认证机构根据具体情况决定是否需要重新评定。

③ 监督审核。体系认证机构对证书持有者的质量管理体系每年至少进行一次监督审核，以使其质量管理体系继续保持。

④ 监督后的处置。通过对证书持有者的质量管理体系的监督审查，如果符合规定要求，则保持其认证资格；如果不符合要求，则视其不符合的严重程度，由体系认证机构决定暂停使用认证证书和标志，或撤销认证资格，收回其体系认证证书。

⑤ 换发证书。在证书有效期内，如果遇到质量管理体系标准变更，或者体系认证的范围变更，或者证书的持有者变更时，证书持有者可申请换发证书，认证机构决定作必要的补充审核。

⑥ 注销证书。在证书有效期内，由于体系认证规则或体系标准变更或其他原因，证书的持有者不愿保持其认证资格的，体系认证机构应收回认证证书，并注销认证资格。

## 7.6 施工项目质量问题的分析与处理

施工项目的特点是产品固定，生产流动；产品多样，结构类型不一；露天作业多，自然条件（地质、水文、气象、地形等）多变；材料品种规格不同，材性各异；交叉施工，现场配合复杂；工艺要求不同，技术标准不一，对质量影响的因素繁多。施工过程中稍有疏忽，极易引起系统性因素的质量变异，而产生质量问题或严重的工程质量事故。为此，必须采取有效措施，对常见质量问题事先加以预防，对出现的质量事故及时进行分析和处理。

### 7.6.1 工程质量事故的特点

工程质量事故具有复杂性、严重性、可变性和多发性的特点。

**1. 复杂性**

影响工程质量的因素繁多，即使是同一类质量事故，原因也可能截然不同。例如，就钢筋混凝土楼板开裂质量事故而言，其产生的原因就可能是：设计计算有误；结构构造不良；地基不均匀沉陷；温度应力、地震力、膨胀力、冻胀力的作用；施工质量低劣、偷工减料或材质不良等等。所以使得对质量事故进行分析，判断其性质、原因及发展，确定处理方案与措施等都增加了复杂性。

**2. 严重性**

工程项目一旦出现质量事故，其影响较大。例如，1999 年我国重庆市綦江县彩虹大桥突然整体垮塌，造成 40 人死亡，14 人受伤，直接经济损失 631 万元；2007 年 8 月 13 日下午，湖南湘西土家族苗族自治州凤凰县至贵州铜仁大兴机场二级公路的公路桥梁——堤溪段沱江大桥垮塌，共造成 64 人死亡。

**3. 可变性**

许多工程的质量问题出现后，其质量状态并非稳定于发现的初始状态，而是有可能随着时间而不断地发展、变化。例如，桥墩的超量沉降可能随上部荷载的不断增大而继续发展；混凝土结构出现的裂缝可能随环境温度的变化而变化，或随荷载的变化及负担荷载的时间而变化等。

“千里之堤，溃于蚁穴。”所以，在分析、处理工程质量问题时，一定要注意质量问题的可变性，应及时采取可靠的措施，防止其进一步恶化而发生质量事故；或加强观测与试验，取得数据，预测未来发展的趋势（如施工中的基坑围护结构观测、主体施工沉降观测）。

**4. 多发性**

建设工程中的质量事故，往往在一些工程部位中经常发生。例如，悬挑梁板断裂、雨篷坍覆、钢屋架失稳等。因此，总结经验，吸取教训，采取有效预防措施十分必要。

### 7.6.2 工程质量事故的分类

中华人民共和国住房和城乡建设部于 2010 年 7 月 20 日下发的《关于做好房屋建筑和市政基础设施工程质量事故报告和调查处理工作的通知》（建质［2010］111 号）明确指出：

1. 工程质量事故，是指由于建设、勘察、设计、施工、监理等单位违反工程质量有关法律法规和工程建设标准，使工程产生结构安全、重要使用功能等方面的质量缺陷，造成人身伤亡或者重大经济损失的事故。

2. 工程质量事故等级划分

根据工程质量事故造成的人员伤亡或者直接经济损失，工程质量事故分为四个等级：

（1）特别重大事故，是指造成 30 人以上死亡，或者 100 人以上重伤，或者 1 亿元以上直接经济损失的事故；

（2）重大事故，是指造成 10 人以上 30 人以下死亡，或者 50 人以上 100 人以下重伤，或者 5000 万元以上 1 亿元以下直接经济损失的事故；

（3）较大事故，是指造成 3 人以上 10 人以下死亡，或者 10 人以上 50 人以下重伤，或者 1000 万元以上 5000 万元以下直接经济损失的事故；

（4）一般事故，是指造成 3 人以下死亡，或者 10 人以下重伤，或者 100 万元以上 1000 万元以下直接经济损失的事故。

### 7.6.3 施工项目质量问题原因

施工项目质量问题表现的形式多种多样，诸如建筑结构的错位、变形、倾斜、倒塌、破坏、开裂、渗水、漏水、刚度差、强度不足、断面尺寸不准等，究其原因，可归纳如下：

(1) 违背建设程序：如，未搞清地质情况就仓促开工；边设计、边施工；无图施工；不经竣工验收就交付使用等。

(2) 违反法规行为：如，无证设计；无证施工；越级设计；越级施工；工程招、投标中的不公平竞争；超常的低价中标；非法分包；转包、挂靠；擅自修改设计等行为。

(3) 地质勘察失真：未认真进行地质勘察或勘探时钻孔深度、间距、范围不符合规定要求；地质勘察报告不详细、不准确、不能全面反映实际的地基情况等；对基岩起伏、土层分布误判；未查清地下软土层、墓穴、孔洞等。它们均会导致采用不恰当或错误的基础方案，造成地基不均匀沉降、失稳，使上部结构或墙体开裂、破坏，或引发建筑物倾斜、倒塌等质量问题。

(4) 设计差错：如，盲目套用图纸；采用不正确的结构方案；计算简图与实际受力情况不符；荷载取值过小；内力分析有误；沉降缝或变形缝设置不当；悬挑结构未进行抗倾覆验算；计算错误等。

(5) 施工管理不到位：不按图施工或未经设计单位同意擅自修改设计。如，将铰接做成刚接，将简支梁做成连续梁，导致结构破坏；挡土墙不按图设滤水层、排水孔，导致压力增大，墙体破坏或倾覆；不按有关的施工规范和操作规程施工，浇筑混凝土时振捣不良，造成薄弱部位；砖砌体砌筑上下通缝，灰浆不饱满等均能导致砖墙或砖柱破坏；施工组织管理紊乱，不熟悉图纸，盲目施工；施工方案考虑不周，施工顺序颠倒；图纸未经会审，仓促施工；技术交底不清，违章作业：疏于检查、验收等，均可能导致质量问题。

(6) 使用不合格的原材料、制品及设备。

① 建筑材料及制品不合格：如，钢筋物理力学性能不良（脆断）会导致钢筋混凝土结构产生裂缝；骨料中活性氧化硅会导致碱骨料反应（碱集反应）使混凝土产生裂缝；水泥安定性不合格会造成混凝土爆裂；水泥受潮、过期、结块、砂石含泥量及有害物含量超标、外加剂掺量等不符合要求时，会影响混凝土强度、和易性、密实性、抗渗性，从而导致混凝土结构强度不足，裂缝、渗漏等质量问题。此外，预制构件截面尺寸不足，支承锚固长度不足，未可靠地建立预应力值，漏放或少放钢筋，板面开裂等均可能山现断裂、坍塌。

② 建筑设备不合格：如，变配电设备质量缺陷导致自燃或火灾，电梯质量不合格危及人身安全，均可造成工程质量问题。

(7) 自然环境因素：温度、湿度、暴雨、大风、洪水、雷电、日晒和浪潮等均可能成为质量问题的诱因。

(8) 使用不当：对建筑物或设施使用不当也易造成质量问题。如未经校核验算就任意对建筑物加层；任意拆除承重结构部位；任意在结构物上开槽、打洞，削弱承重结构截面等都会引起质量问题。

### 7.6.4 施工项目质量问题调查分析

事故发生后，应及时组织调查处理。调查的主要目的就是要确定事故的范围、性质、影响和原因等，通过调查为事故的分析与处理提供依据，调查一定要力求全面、准确、客观。调查结果，要整理撰写成事故调查报告。

事故原因分析要建立在调查的基础上，事故的处理要建立在原因分析的基础上，对有些事故认识不清时，只要事故不致产生严重的恶化，可以继续观察一段时间，做进一步调查分析，不要急于处理，以免造成同一事故多次处理的不良后果。事故处理的基本要求是：安全可靠，不留隐患，满足建筑功能和使用要求，技术可行，经济合理，施工方便。事故处理中，还必须加强质量检查和验收。对每一个质量事故，无论是否需要处理都要经过分析，作出明确的结论。

### 7.6.5 工程质量问题的处理方式和程序

**1. 处理方式**

在各项工程的施工过程中或完工以后，现场质量管理人员如发现工程项目存在着不合格项或质量问题，应根据其性质和严重程度按如下方式处理：

（1）当施工而引起的质量问题在萌芽状态时，应及时制止，并根据具体情况分别作出要求更换不合格材料、设备或不称职人员，或要求改变不正确的施工方法和操作工艺。

（2）当因施工而引起的质量问题已出现时，应立即向施工队伍（班组）发出《工程质量整改通知》，要求其对质量问题进行补救处理，并采取足以保证施工质量的有效措施，对屡教不改或问题严重者必要时采取经济处罚措施。

（3）当某道工序或分项工程完工以后，出现不合格项，应要求施工队伍及时采取措施予以整改。现场工程师应对其补救方案进行确认，质量员进行跟踪处理过程，对处理结果进行验收，否则不允许进行下一道工序或分项的施工，对拒不改正的有权要求停工整改。

**2. 处理程序**

处理程序可参照工程质量监理程序。

（1）当发生工程质量问题时，质量员首先应判断其严重程度。对可以通过返修或返工弥补的质量问题可签发《质量整改通知书》，责成施工队伍提出处理方案并付诸实施，对处理结果应重新进行验收。

（2）对需要加固补强的质量问题，或质量问题的存在影响下道工序和分项工程的质量时，应签发《工程暂停指令》，指令施工队伍（班组）停止有质量问题部位和与其有关联部位及下道工序的施工。必要时，应要求施工队伍（班组）采取防护措施，协助现场工程师（项目技术负责人）写出质量问题调查报告，提出处理方案，征得监理、建设单位同意，对处理结果应重新进行验收。

质量问题调查的主要目的是明确质量问题的范围、程度、性质、影响和原因，为问题处理提供依据，调查应力求全面、详细、客观准确。

调查报告的主要内容：

① 与质量问题相关的工程情况（工程概况）。

② 质量问题发生的时间、地点、部位、性质、现状及发展变化等详细情况（质量问

题描述）。

③ 调查中的有关数据和资料（搜集质量问题原始资料）。

④ 原因分析与判断（数据资料分析判断）。

⑤ 是否需要采取临时防护措施（视具体情况决定）。

⑥ 质量问题处理补救的建议方案（视具体情况采取有针对性的措施）。

⑦ 涉及的有关人员和责任及预防该质量问题重复出现的措施（相关责任人的处理和下次防范）。

### 7.6.6 工程质量事故处理的依据

工程质量事故处理的依据主要依据有四个方面：

**1. 质量事故的实况资料**

要搞清质量事故的原因和确定处理对策，首要的是要掌握质量事故的实际情况。有关质量事故实况的资料主要来自质量事故调查报告和质量事故处理报告。

质量事故发生后，承包单位有责任就所发生的质量事故进行周密调查，研究掌握情况，并在此基础上写出调查报告，提交监理工程师和业主。在调查报告中首先就与质量事故有关的实际情况做详尽的说明，其内容应包括：

① 事故发生的单位名称、工程（产品）名称、部位、时间、地点。

② 事故概况、质量事故状况的描述。例如，发生的事故类型（如混凝土裂缝、砖砌体裂缝）；发生的部位（如楼层、梁、柱，及其所在的具体位置）；分布状态及范围；严重程度（如裂缝长度、宽度、深度等）；初步估计的直接损失。

③ 质量事故发展变化的情况（其范围是否继续扩大，程度是否已经稳定等）；事故发生原因的初步分析。

④ 事故发生后采取的措施。

⑤ 相关各种资料（有关质量事故的观测记录、事故现场状态的照片或录像）。

工程质量事故处理报告主要内容：

① 工程质量事故情况、调查情况、原因分析。

② 质量事故处理的依据。

③ 质量事故技术处理方案。

④ 实施技术处理施工中有关问题和资料。

⑤ 对处理结果的检查鉴定和验收。

⑥ 质量事故处理结论。

**2. 有关合同及合同文件**

（1）工程承包合同；设计委托合同；设备与器材购销合同；监理合同等。

（2）有关合同和合同文件在处理质量事故中的作用是：确定在施工过程中有关各方是否按照合同有关条款实施其活动，借以探寻产生事故的可能原因。如，承包单位是否在规定时间内通知监理单位进行隐蔽工程验收；监理单位是否按规定时间实施了检查验收；承包单位在材料进场时是否按规定或约定进行了检验。此外，有关合同文件还是界定质量责任的重要依据。

**3. 有关的技术文件和档案**

（1）有关的设计文件

如施工图纸和技术说明等，它是施工的重要依据。在处理质量事故中，其作用一方面是可以对照设计文件，核查施工质量是否完全符合设计的规定和要求；另一方面是可以根据所发生的质量事故情况，核查设计中是否存在问题或缺陷，成为导致质量事故的一方面原因。

（2）与施工有关的技术文件、档案和资料

① 施工组织设计或施工方案、施工计划。

② 施工记录、施工日志等。根据它们可以查对发生质量事故的工程施工时的情况，如：施工时的气温、降雨、风、浪等有关的自然条件；施工人员的情况；施工工艺与操作过程的情况；使用的材料情况；施工场地、工作面、交通等情况；地质及水文地质情况等。借助这些资料可以追溯和探寻事故的可能原因。

③ 有关建筑材料的质量证明资料。例如，材料批次、出厂日期、出厂合格证或检验报告、承包单位抽检或试验报告等。

④ 现场制备材料的质量证明资料。例如，混凝土拌和料的级配、水灰比、坍落度记录；混凝土试块强度试验报告、沥青拌和料配比、出机温度和摊铺温度记录等。

⑤ 质量事故发生后，对事故状况的观测记录、试验记录或试验报告等。如，对地基沉降的观测记录；对建筑物倾斜或变形的观测记录；对地基钻探取样记录与试验报告；对混凝土结构物钻取试样的记录与试验报告等。

⑥ 其他有关资料。

上述各类技术资料对于分析质量事故原因，判断其发展变化趋势，推断事故影响及严重程度，考虑处理措施等都是不可缺少的，起着重要的作用。

**4. 相关的建设法规**

（1）勘察、设计、施工和监理等单位资质管理方面的法规

《中华人民共和国建筑法》、《建设工程勘察设计企业资质管理规定》、《建筑业企业资质管理规定》和《工程监理企业资质管理规定》等。

这类法规主要内容涉及：勘察、设计、施工和监理等单位的等级划分；明确各级企业应具备的条件；确定各级企业所能承担的任务范围（如是否超越资质承包工程）；等级评定的申请、审查、批准、升降管理等方面。

（2）从业者资格管理方面的法规

《中华人民共利国注册建筑师条例》、《注册结构工程师执业资格制度暂行规定》和《监理工程师考试和注册试行办法》等。

这类法规主要涉及：建筑活动的从业者应具有相应的执业资格；注册等级划分；考试和注册办法；执业范围；权利、义务及管理等。

（3）建筑市场方面的法规

《中华人民共和国合同法》、《中华人民共和国招标投标法》、《工程建设项目招标范围和规模标准的规定》、《工程项目自行招标的试行办法》、《建筑工程设计招标投标管理办法》、《评标委员会和评标方法的暂行规定》、《建筑工程发包与承包价格计价管理办法》、《建设工程勘察合同》、《建筑工程设计合同》、《建设工程施工合同》和《建设工程监理合

同》等示范文本。

这类法律、法规主要涉及工程发包、承包活动，以及国家对建筑市场的管理活动。是为了维护建筑市场的正常秩序和良好环境，充分发挥竞争机制，保证工程项目质量，提高建设水平。

（4）建筑施工方面的法规

《建筑工程勘察设计管理条例》、《建设工程质量管理条例》、《工程建设重大事故报告和调查程序的规定》、《建筑安全生产监督管理规定》、《建设工程施工现场管理规定》、《建筑装饰装修管理规定》、《房屋建筑工程质量保修办法》、《关于建设工程质量监督机构深化改革的指导意见》、《建设工程质量监督机构监督工作指南》和《建设工程监理规范》等法规和文件。

这类法律、法规文件特点大多与现场施工有直接关系。如《建设工程监理规范》明确了现场监理工作的内容、深度、范围、程序、行为规范和工作制度；《建设工程施工现场管理规定》则要求有施工技术、安全岗位责任制度、组织措施制度，对施工准备，计划、技术、安全交底，施工组织设计编制，现场总平面布置等均做了明确规定。特别是国务院颁布的《建设工程质量管理条例》，以《建筑法》为基础，全面系统地对与建设工程有关的质量责任和管理问题，做了明确的规定，可操作性强。它不但对建设工程的质量管理具有指导作用，而且是全面保证工程质量和处理工程质量事故的重要依据。

（5）关于标准化管理方面的法规

《工程建设标准强制性条文》和《实施工程建设强制性标准监督规定》。

一切工程建设的勘察、设计、施工、安装、验收都应按现行标准进行，不符合现行强制性标准的勘察报告不得报出，不符合强制性条文规定的设计不得审批，不符合强制性标准的材料、半成品、设备不得进场，不符合强制性标准的工程质量必须处理，否则不得验收及投入使用。

工程质量事故处理的程序：质量员（工程师）应熟悉各级政府建设行政主管部门处理工程质量事故的基本程序，把握在质量事故处理过程中如何履行自己的职责。

工程质量事故发生后，总监理工程师应签发《工程暂停令》，要求停止进行质量缺陷部位和与其有关联部位及下道工序施工，要求承包单位采取必要的措施，防止事故扩大并保护好现场。同时，要求质量事故发生单位迅速按类别和等级向相应的主管部门上报，并于24小时内写出书面报告。事故处理完毕后，总监理工程师签发《工程复工令》，恢复正常施工。

质量事故调查组的职责是：

① 查明事故发生的原因、过程、事故的严重程度和经济损失情况。

② 查明事故的性质、责任单位和主要责任人。

③ 组织技术鉴定。

④ 明确事故主要责任单位和次要责任单位，承担经济损失的划分原则。

⑤ 提出技术处理意见及防止类似事故再次发生应采取的措施。

⑥ 提出对事故责任单位和责任人的处理建议。

⑦ 写出事故调查报告。

### 7.6.7 工程质量事故处理方案的确定及鉴定验收

工程质量事故处理方案是指技术处理方案，其目的是消除质量隐患，以达到建筑物的安全可靠和正常使用各项功能及寿命要求，并保证施工的正常进行。

其一般处理原则是：正确确定事故性质，是表面性还是实质性，是结构性还是一般性，是迫切性还是可缓性；正确确定处理范围，除直接发生部位，还应检查处理事故相邻影响作用范围的部位或构件。

其处理基本要求是：安全可靠，不留隐患；满足建筑物的功能和使用要求；技术上可行，经济合理原则。

**1. 工程质量事故处理方案的类型**

（1）修补处理

通过修补或更换器具、设备后还可达到要求的标准，又不影响使用功能和外观要求，在此情况下，可以进行修补处理。诸如封闭保护、复位纠偏、结构补强、表面处理等。结构混凝土表面裂缝，表面的蜂窝、麻面，经调查分析，可进行剔凿、抹灰等表面处理，一般不会影响其使用。对较严重的质量问题，可能影响结构的安全性和使用功能，必须按一定的技术方案进行加固补强处理等。

（2）返工处理

无法通过修补处理的情况下可要求返工处理。

（3）不做处理

某些工程质量问题显然不符合规定的要求和标准构成质量事故，但视其严重情况，经过分析、论证、法定检测单位鉴定和设计等有关单位认可，对工程或结构使用及安全影响不大，也可不做专门处理。

通常不用专门处理的情况有以下几种：

① 不影响结构安全和正常使用。

例如，有的工业建筑物出现放线定位偏差，且严重超过规范标准规定，若要纠正会造成重大经济损失，若经过分析、论证其偏差不影响生产工艺和正常使用，在外观上也无明显影响，可不做处理。又如，某些隐蔽部位结构混凝土表面裂缝，经检查分析，属于表面养护不够的干缩微裂，不影响使用及外观，也可不做处理。

② 有些质量问题经过后续工序可以弥补。如，混凝土墙表面轻微麻面，可通过后续的抹灰、喷涂或刷白等工序弥补，亦可不做专门处理。

③ 经法定检测单位鉴定合格。如，某检验批混凝土试块强度值不满足规范要求，在法定检测单位，对混凝土实体采用非破损检验（回弹）等方法测定其实际强度已达规范允许和设计要求值时，可不做处理。对经检测未达要求值，但相差不多，经分析论证经再次检测达设计强度，也可不做处理，但应严格控制施工荷载。

④ 出现的质量问题，经检测鉴定达不到设计要求，但经原设计单位核算，仍能满足结构安全和使用功能。例如，某一结构构件截面尺寸不足，或材料强度不足，影响结构承载力，但经按实际检测所得截面尺寸和材料强度复核验算，仍能满足设计的承载力，可不进行专门处理。这是因为一般情况下，规范标准给出了满足安全和功能的最低限度要求，而设计往往在此基础上留有一定余量，这种处理方式实际上是挖掘了设计潜力或降低了设

计的安全系数。

**2. 验收结论**

对所有质量事故无论经过技术处理，通过检查鉴定验收还是不需专门处理的，均应有明确的书面结论。若对后续工程施工有特定要求，或对建筑物使用有一定限制条件，应在结论中提出。验收结论通常有：

① 事故已排除，可以继续施工；

② 隐患已消除，结构安全有保证；

③ 经修补处理后，完全能够满足使用要求；

④ 基本上满足使用要求，但使用时应有附加限制条件，例如限制荷载等；

⑤ 对耐久性的结论；

⑥ 对建筑物外观影响的结论；

⑦ 对短期内难以作出结论的，可提出进一步观测检验意见。

# 第 8 章　施工项目进度管理

## 8.1　概　　述

进度是指某项工作进行的速度，工程进度即为工程进行的速度。工程进度计划是指根据已批准的建设文件或签订的承发包合同，将工程项目的建设进度做出周密的安排。

### 8.1.1　工程进度计划的分类

**1. 根据工程建设的参与单位分类**

参与工程建设的每一个单位均要编制和自己任务相适应的进度计划。根据工程进度管理不同的需要和不同的用途，业主方和其他参与单位可以构建多个不同的工程进度计划系统。由不同项目参与单位的计划构成进度计划系统，如业主方编制的整个工程实施的进度计划、设计进度计划、施工和设备安装进度计划等。

**2. 根据工程项目的实施阶段分类**

根据工程项目的实施阶段，工程项目的进度计划可以分为以下几种。

（1）设计进度计划：即对设计阶段进度安排的计划。

（2）施工进度计划：施工阶段是进度管理的“操作过程”，要严格按计划进度实施，对造成计划偏离的各种干扰因素予以排除，保证进度目标实现。

（3）物资设备供应进度计划。其中，施工进度计划，可按实施阶段分解为年、季、月、旬等不同阶段的进度计划；也可按项目的结构分解为单位（项）工程、分部分项工程的进度计划等，如图 8-1 所示。

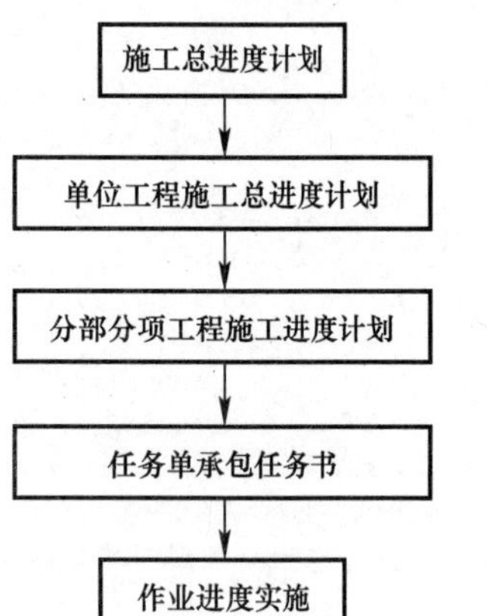


图 8-1　进度计划分解示意

### 8.1.2　工程工期

所谓工程工期是指工程从开工至竣工所经历的时间。工程工期一般按日历月计算，有明确的起止年月。可以分为定额工期、计算工期与合同工期。

**1. 定额工期**

定额工期指在平均建设管理水平、施工工艺和机械装备水平及正常的建设条件（自然的、社会经济的）下，工程从开工到竣工所经历的时间。

**2. 计算工期**

计算工期指根据项目方案具体的工艺、组织和管理等方面情况，排定网络计划后，根据网络计划所计算出的工期。

**3. 合同工期**

合同工期指业主与承包商签定的合同中确定的承包商完成所承包项目的工期，也即业主对项目工期的期望。合同工期的确定可参考定额工期或计划工期，也可根据投产计划来确定。广义的合同工期还应考虑因工程内容或工程量的变化、自然条件不利的变化、业主违约及应由业主承担的风险等，以及不属于承包人责任事件的发生，且经过监理工程师发布变更指令或批准承包人的工期索赔要求而允许延长的天数。

### 8.1.3 影响进度管理的因素

工程进度管理是一个动态过程，影响因素多，风险大，应认真分析和预测，采取合理措施，在动态管理中实现进度目标。影响工程进度管理的因素主要有以下几方面。

(1) 业主。业主提出的建设工期目标的合理性、在资金及材料等方面的供应进度、业主各项准备工作的进度和业主项目管理的有效性等，均影响着建设项目的进度。

(2) 勘察设计单位。勘察设计目标的确定、可投入的力量及其工作效率、各专业设计的配合，以及业主和设计单位的配合等均影响着建设项目进度控制。

(3) 承包人。施工进度目标的确定、施工组织设计编制、投入的人力及施工设备的规模，以及施工管理水平等均影响着建设项目进度控制。

(4) 建设环境。建筑市场状况、国家财政经济形势、建设管理体制和当地施工条件（气象、水文、地形、地质、交通和建筑材料供应）等均影响着建设项目进度控制。

上述多方面的因素是客观存在的，但有许多是人为的，是可以预测和控制的，参与工程建设的各方要加强对各种影响因素的控制，确保进度管理目标的实现。

## 8.2 施工组织与流水施工

在工程项目施工过程中，可以采用以下三种组织方式：依次施工、平行施工与流水施工。

### 8.2.1 依次施工

依次施工是将拟建工程项目的整个建造过程分解成若干个施工过程，然后按照一定的施工顺序，各施工过程或施工段依次开工、依次完成的一种施工组织方式。这种施工方式组织简单，但由于同一工种工人无法连续施工造成窝工，从而使得施工工期较长。

### 8.2.2 平行施工

平行施工是所有施工对象的各施工段同时开工、同时完工的一种施工组织方式。这种施工方式施工速度最快，但由于工作面拥挤，同时投入的人力、物力过多而造成组织困难和资源浪费。

### 8.2.3 流水施工

流水施工是把施工对象划分成若干施工段，每个施工过程的专业队（组）依次连续地在每个施工段上进行作业，当前一个专业队（组）完成一个施工段的作业之后，就为下一个施工过程提供了作业面，不同的施工过程，按照工程对象的施工工艺要求，先后相继投入施工，使各专业队（组）在不同的空间范围内可以互不干扰地同时进行不同的工作。流水施工能够充分、合理地利用工作面争取时间，减少或避免工人停工、窝工。而且，由于其连续性、均衡性好，有利于提高劳动生产率，缩短工期。同时，可以促进施工技术与管理水平的提高。

**1. 流水施工组织及其横道图表示法**

在合理确定流水参数的基础上，流水施工组织可以通过图表的形式表示出来。

（1）流水施工参数及流水组织

流水施工参数是在组织流水施工时，用以表达流水施工在工艺流程、空间布置与时间排列等方面的特征和各种数量关系的参数。流水参数主要包括工艺参数、空间参数与时间参数三大类。

1）工艺参数

流水施工过程中的工艺参数主要指施工过程和流水强度。

施工过程是指在组织流水施工时，根据建造工艺，将施工项目的整个建造过程进行分解后，对其组织流水施工的工艺对象。施工过程的单位可大可小，可以是分项工程，也可以是分部工程，甚至是单位工程。施工过程单位的确定需要考虑组织流水施工的建造对象的大小及流水施工组织的粗细程度。施工过程的数量一般以 $n$ 表示。

2）空间参数

流水施工过程中的空间参数主要包括工作面、施工段与施工层。

① 工作面

某专业工种的工人在从事建筑产品施工生产过程中，所必须具备的活动空间，这个活动空间称为工作面。它的大小是根据相应工种单位时间内的产量定额、工程操作规程和安全规程等的要求确定的。有关工种的工作面见表 8-1。

**主要工种工作面参考数据** **表 8-1**

| 工作项目 | 每个技工的工作面 | 说明 |
|---|---|---|
| 砖基础 | 7.6m/人 | 以 1.5 砖计，2 砖乘以 0.8，3 砖乘以 0.55 |
| 砌砖墙 | 8.5m/人 | 以 1 砖计，1.5 砖乘以 0.7，2 砖乘以 0.57 |
| 毛石墙基 | 3m/人 | 以 60cm 计 |
| 毛石墙 | 8.3m/人 | 以 40cm 计 |
| 混凝土柱、墙基础 | $8m^3$/人 | 机拌、机捣 |
| 混凝土设备基础 | $7m^3$/人 | 机拌、机捣 |
| 现浇混凝土柱 | $7.45m^3$/人 | 机拌、机捣 |
| 现浇混凝土梁 | $8.2m^3$/人 | 机拌、机捣 |
| 现浇混凝土墙 | $5m^3$/人 | 机拌、机捣 |
| 现浇混凝土楼板 | $5.3m^3$/人 | 机拌、机捣 |
| 预制混凝土柱 | $3.6m^3$/人 | 机拌、机捣 |
| 预制混凝土梁 | $8.6m^3$/人 | 机拌、机捣 |
| 预制混凝土屋架 | $7.7m^3$/人 | 机拌、机捣 |
| 预制混凝土平板、空心板 | $1.91m^3$/人 | 机拌、机捣 |

续表

| 工作项目 | 每个技工的工作面 | 说　明 |
|---|---|---|
| 预制混凝土大型屋面板 | 7.62m³/人 | 机拌、机捣 |
| 混凝土地坪及面层 | 40m²/人 | 机拌、机捣 |
| 外墙抹灰 | 16m²/人 | |
| 内墙抹灰 | 18.5m²/人 | |
| 卷材屋面 | 18.5m²/人 | |
| 防水水泥砂浆屋面 | 16m²/人 | |
| 门窗安装 | 11m²/人 | |

② 施工段

划分施工段的目的是使各施工队（组）的劳动力能正常进行流水连续作业，不至于出现停歇现象。合理的流水段划分可以给施工管理带来很大的效益，如节省劳动力，节省工具设备，工序搭接紧凑，可充分利用空间及时间。施工段一般以 m 表示。

划分施工段的原则：

a. 同一施工过程在各流水段上的工作量（工程量）大致相等，其相差幅度不宜超过10%～15%，以保证各施工班组连续、均衡地施工。

b. 为了充分发挥工人、主导机械的效率，每个施工段要有足够的工作面，使其所容纳的劳动力人数或机械台数能满足合理的劳动组织要求。

c. 结合建筑物的外形轮廓、变形缝的位置和单元尺寸划分流水段。

d. 当流水施工有空间关系（分段又分层）时，对同一施工层，应使最少流水段数大于或等于主要施工过程数。

③ 施工层

施工层是指为满足竖向流水施工的需要，在建筑物垂直方向上划分的施工区段，常用 j 表示。施工层的划分，要按施工项目的具体情况，根据建筑物的高度、楼层来确定。

3）时间参数

流水施工过程中的时间参数主要包括流水节拍、流水步距与间歇时间等。

① 流水节拍

流水节拍是指在组织流水施工时，施工过程的工作班组在一个流水段上的作业时间。流水节拍的大小，直接关系到投入劳动力、机械和材料量的多少，决定着施工速度和施工的节奏，因此必须正确、合理地确定各个施工过程的流水节拍。流水节拍一般用符号 t 表示。

流水节拍 $t$ 一般可按以下公式确定：

$$t_i = \frac{P_i}{R_i b} = \frac{Q_i}{S_i R_i b} \qquad 式(8\text{-}1)$$

或

$$t_i = \frac{P_i}{R_i b} = \frac{Q_i H_i}{R_i b} \qquad 式(8\text{-}2)$$

式中　$t_i$——施工过程 $i$ 的流水节拍；

$P_i$——施工过程 $i$ 在一个施工段上所需完成的劳动量（工日数）或机械台班量（台班数）；

$R_i$——施工过程 $i$ 的施工班组人数或机械台数；
$N_i$——每天专业队的工作班数；
$Q_i$——施工过程 $i$ 在某施工段上的工程量；
$S_i$——施工过程 $i$ 的每工日（或每台班）产量定额；
$H_i$——施工过程 $i$ 相应的时间定额。

式（8-1）与式（8-2）是根据现有施工班组人数或机械台数以及能够达到的定额水平来确定流水节拍的。在工期规定的情况下，也可以根据工期要求先确定流水节拍，然后应用上式求出所需的施工班组人数或机械台数。可见，在一个施工段上的工程量不变的情况下，流水节拍越小，所需施工班组人数和机械设备台数就越多。

确定流水节拍时应注意以下问题：

a. 劳动组织应符合实际情况，流水节拍的取值必须考虑专业队（组）组织方面的限制和要求。

b. 要考虑工作面的大小，以保证施工效率和安全。

c. 要考虑机械台班效率或机械台班产量的大小。在流水段确定的条件下，流水节拍愈小，单位时间内机械设备的施工负荷愈大。

d. 施工过程本身在操作上的时间限制及施工技术条件的要求应相符。

e. 要考虑各种材料、构件的施工现场堆放量、供应能力及其他有关条件的制约。

f. 主导施工过程流水节拍应尽可能安排成有节奏（即等节拍）的施工。

② 流水步距

流水步距是指组织流水施工时，前后两个相邻的施工过程（或专业工作队）先后开工的时间间隔。在流水施工段一定的条件下，流水步距越小，即相邻两施工过程平行搭接较多时，则工期短；流水步距越大，即相邻两施工过程平行搭接较少时，则工期长。施工过程 $i$ 与施工过程 $i+1$ 之间的流水步距一般用符号 $K_{i,i+1}$ 表示。

确定流水步距时应注意以下问题：

a. 施工工作面是否允许。

b. 施工顺序的合理性。

c. 技术间歇的合理性。

d. 合同工期的要求。

e. 施工劳动力、机械和材料使用的均衡性。

③ 间歇时间

间歇时间指两个相邻的施工过程之间，由于工艺或组织上的要求而形成的停歇时间，包括技术间歇时间、层间间歇时间和组织间歇时间。间歇时间一般以 Z 表示。

在确定上述主要流水参数的基础上，在组织流水施工时，还需要注意以下方法要点：

a. 划分分部（分项）工程，每个施工过程组织独立的施工班组负责完成其施工任务。

b. 根据施工段的划分原则确定施工段。

c. 每个施工过程的施工班组，按施工工艺的先后顺序要求，配备必要的施工机具，各自依次、连续地以均衡的施工速度从第一个施工段转移到下一个施工段，直到最后一个施工段，在各段上完成本施工过程的相同施工操作。

d. 主导施工过程必须连续、均衡施工，工程量小的、时间短的施工过程可合并，或可间断施工。

表示流水施工的图表主要有两大类：第一类是线条图，第二类是网络图。

(2) 流水施工的横道图表示

工程施工的流水组织可以通过线条图来表示，线条图又分为两种类型：横道图表与垂直图表。其中，横道图表使用最为广泛。

横道图表的示意图如图 8-2 所示。横道图表的水平方向表示工程施工的持续时间，其时间单位可大可小（如季度、月、周或天），需要根据施工工期的长短加以确定；垂直方向表示工程施工的施工过程（专业队名称）。横道图中每一条横道的长度表示流水施工的流水节拍，横道上方的数字为施工段的编号。

流水施工工期计算的一般公式如下：

$$T=\Sigma K_{i,i+1}+mt_n \quad 式(8-3)$$

式中 $T$——流水施工的工期；

$K_{i,i+1}$——施工过程 $i$ 与施工过程 $i+1$ 之间的流水步距；

$m$——施工段；

$t_n$——最后一个施工过程的流水节拍。

流水施工的横道图表示及其工期构成示意图如图 8-2 所示。

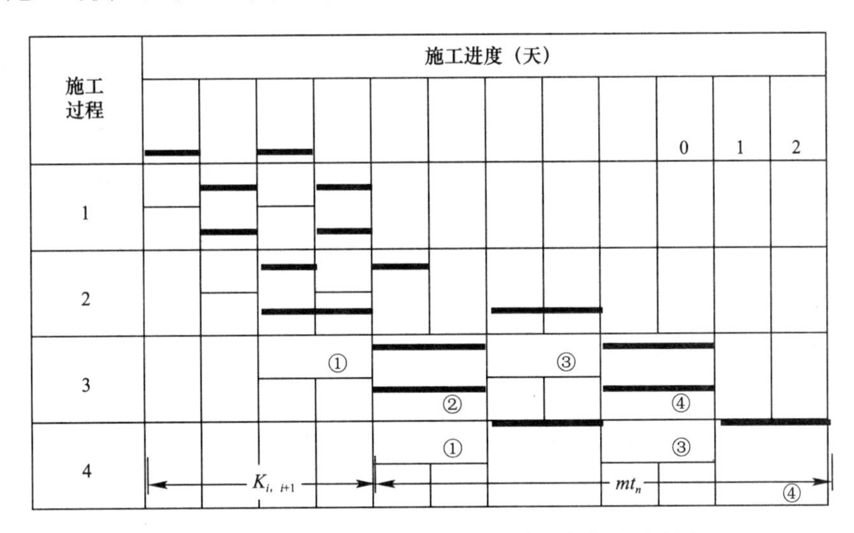


图 8-2 流水施工的横道图表示及其工期构成示意图

**2. 等节拍专业流水施工**

等节拍专业流水施工是指所有的施工过程在各施工段上的流水节拍全部相等，并且等于流水步距的一种流水施工。

等节拍流水一般适用于工程规模较小、建筑结构比较简单和施工过程不多的建筑物。常用于组织一个分部工程的流水施工。等节拍流水施工的组织方法是：首先分理施工过程，确定施工顺序，应将劳动量小的施工过程合并到相邻施工过程中去，以使各流水节拍相等；其次确定主要施工过程的施工班组人数及其组成。

等节拍专业流水又分为无间歇时间的等节拍专业流水与有间歇时间的等节拍专业流水两种。

(1) 无间歇时间的等节拍专业流水

所谓无间歇时间的等节拍专业流水，是指各个施工过程之间没有技术间歇时间或组织间歇时间的等节拍专业流水。

组织无间歇时间的等节拍专业流水时，当流水施工有空间关系（分段又分层）时，最理想的情况是施工段数等于施工过程数，这样既能保证各个施工过程连续作业，同时施工段也没有空闲；当流水施工只分段不分层时，则施工段数与施工过程数之间无此规定。

无间歇时间的等节拍专业流水的施工工期计算公式推导如下：

① 分段不分层时

$$T = \Sigma K_{i,j+1} + mt = (n-1) \cdot K + mt = (n+m-1)K \qquad 式(8\text{-}4)$$

或

$$T = (n+m-1)t \qquad 式(8\text{-}5)$$

式中：$n$——施工过程数；

其余符号含义同式（8-3）。

② 分段又分层时

$$T = \Sigma K_{i,j+1} + m \times j \times t = (n + m \times j - 1)K \qquad 式(8\text{-}6)$$

或

$$T = (n + m \times j - 1)t \qquad 式(8\text{-}7)$$

式中：$j$——施工层数；

其余各符号含义同式（8-3）。

(2) 有间歇时间的等节拍专业流水

所谓有间歇时间的等节拍专业流水，指施工过程之间存在技术间歇时间或组织间歇时间的等节拍专业流水。

组织有间歇时间的等节拍专业流水时，当流水施工有空间关系（分段又分层）时，施工段数应当大于施工过程数，如式（8-8）所示，这样既能保证各个施工过程连续作业，同时施工段有空闲；当流水施工只分段不分层时，则施工段数与施工过程数之间无此规定。

$$m = n + \frac{\Sigma Z_1 + Z_2}{K} \qquad 式(8\text{-}8)$$

式中：$\Sigma Z_1$——一个楼层内的技术间歇时间与组织间歇时间之和；

$Z_2$——楼层间的技术间歇时间与组织间歇时间之和；

其余符号含义同式（8-3）。

有间歇时间的等节拍专业流水的施工工期计算公式推导如下：

① 分段不分层时

$$T = \Sigma K_{i,i+1} + mt + \Sigma Z_{i,i+1} = (n + m \times j - 1)K + mt + \Sigma Z_{i,i+1} \qquad 式(8\text{-}9)$$

或

$$T = (n+m-1)t + \Sigma Z_{i,i+1} \qquad 式(8\text{-}10)$$

式中：$\Sigma Z_{i,i+1}$——两施工过程之间的技术与组织间歇时间之和；

其余符号含义同式（8-3）。

② 分段又分层时

$$T = \Sigma K_{i,i+1} + m \times j \times t + \Sigma Z_1 = (n + m \times j - 1)K + mt + \Sigma Z_1 \qquad 式(8\text{-}11)$$

或

$$T = (n + m \times j - 1)t + \Sigma Z_1 \qquad 式(8\text{-}12)$$

符号含义同式（8-3）。

**3. 成倍节拍流水施工**

成倍节拍流水施工指同一施工过程在各施工段上的流水节拍相等，而不同的施工过程在同一施工段上的流水节拍不全相等，而成倍数关系的施工组织方法。成倍节拍流水施工又分为一般成倍节拍流水施工与加快成倍节拍流水施工两种。以下成倍节拍流水施工的内容暂不考虑层间流水，有层间流水的成倍节拍流水施工原理同等节拍专业流水施工。

（1）一般成倍节拍流水施工

一般成倍节拍流水施工指根据各个施工过程的流水节拍来组织流水施工，而不通过增加班组数来加快流水施工的组织方式。一般成倍节拍流水施工的组织关键是确定流水施工的流水步距。成倍节拍流水施工流水步距的确定方法有多种，本书介绍图上分析法。

为了组织连续的流水施工，图上分析法确定流水步距的原理如下：

① 若某一施工过程的流水节拍小于等于其紧后施工过程的流水节拍，即该施工过程比其紧后的施工过程快，则只需该施工过程在一个施工段完成作业后，其紧后工作便可以投入施工。其公式表示为

$$t_i \leqslant t_{i+1} \text{ 时}, K_{i,i+1} = t_i \qquad \text{式(8-13)}$$

各符号含义同式（8-3）。

② 若某一施工过程的流水节拍大于其紧后施工过程的流水节拍，即该施工过程比其紧后的施工过程慢，为了保证紧后工作的连续施工，需要通过最后一个施工段加以控制，其示意图如图 8-3 所示。

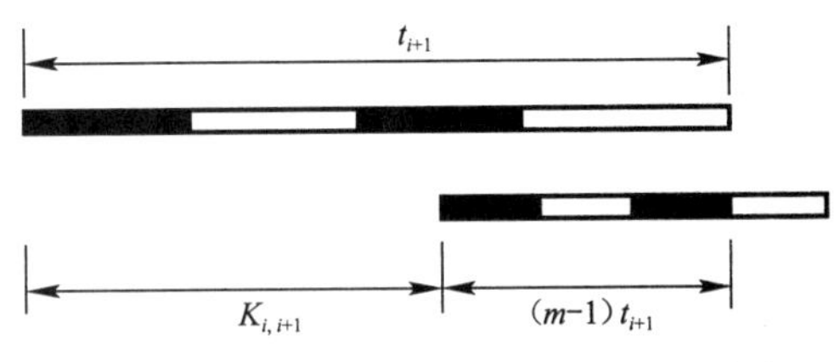

图 8-3　一般成倍节拍专业流水步距的确定

其公式表示为：

当 $t_i > t_{i+1}$ 时，$K_{i,i+1} = mt_i - (m-1)t_{i+1}$　　式（8-14）

各符号含义同式（8-3）。

（2）加快成倍节拍流水施工

加快成倍节拍流水施工指通过增加施工过程班组数的方法来达到缩短工期的目的。具体方法如下：

① 确定加快成倍节拍流水施工的流水节拍。

加快成倍节拍流水施工的流水节拍取各个施工过程流水节拍的最大公约数，一般以 $t_0$ 表示。

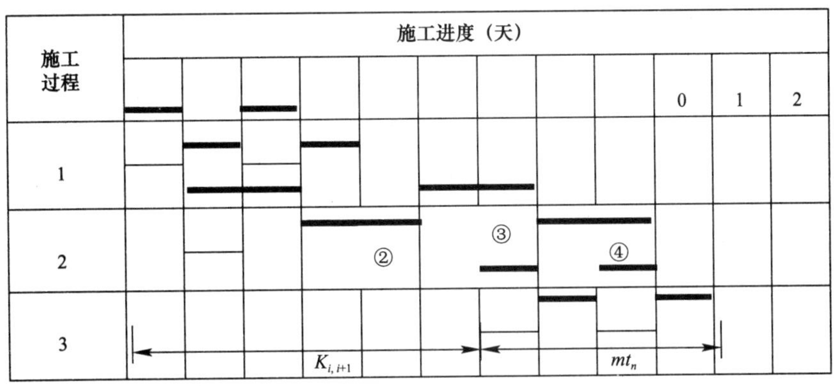

图 8-4　一般成倍节拍专业流水步距确定示意图

② 确定各施工过程工作队的班组数。

各施工过程工作队的班组数（一般以 $n_i$ 表示）通过以下公式确定，即

$$n_i = \frac{t_i}{t_0} \quad \text{式(8-15)}$$

加快成倍节拍流水相当于在施工班组之间组织等步距流水，流水步距（一般以 $K_0$ 表示）等于加快成倍节拍流水施工的流水节拍，即

$$K_0 = t_0 \quad \text{式(8-16)}$$

③ 计算加快成倍节拍流水的工期。

加快成倍节拍专业流水的工期通过以下公式计算，即

$$T = (\Sigma n_i - 1)K_0 + mt_0 = (m + \Sigma n_i - 1)t_0 \quad \text{式(8-17)}$$

④ 绘制横道图。

加快成倍节拍流水施工横道图中增加了工作班组一列，各个班组之间以相同的流水步距进行等步距流水施工。

**4. 无节奏专业流水施工**

在实际工程施工中，有时由于各施工段的工程量不等，各施工班组的施工人数又不同，各专业班组的劳动生产率差异也较大，使同一施工过程在各施工段上或各施工过程在同一施工段上的流水节拍无规律性。这时，若组织全等节拍或成倍节拍专业流水施工均有困难，则只能组织无节奏专业流水施工。

无节奏专业流水施工是指同一施工过程在各施工段上的流水节拍不全相等，各施工过程在同一施工段上的流水节拍也不全相等、也不全成倍数关系的流水施工方式。组织无节奏专业流水施工的基本要求是：各施工班组尽可能依次在施工段上连续施工，允许有些施工段出现空闲，但不允许多个施工班组在同一施工段交叉作业，更不允许发生工艺顺序颠倒现象。

## 8.3 网络计划技术

与传统的横道图计划相比，网络计划的优点主要表现在以下几方面。

(1) 网络计划能够表示施工过程中各个环节之间互相依赖、互相制约的关系。对于工程的组织者和指挥者来说，就能够统筹兼顾，从全局出发，进行科学管理。

(2) 可以分辨出对全局具有决定性影响的工作，以便使在组织实施计划时，能够分清主次，把有限的人力、物力首先用来完成这些关键工作。

(3) 可以从计划总工期的角度来计算各工序的时间参数。对于非关键的工作，可以计算其时差，从而为工期计划的调整优化提供科学的依据。

(4) 能够在工程实施之前进行模拟计算，可以知道其中的任何一道工序在整个工程中的地位以及对整个工程项目和其他工序的影响，从而使组织者心里有数。

(5) 网络计划可以使用计算机进行计算。一个规模庞大的工程，特别是进行计划优化时，必然要进行大量的计算，而这些计算往往是手工计算或使用一般的计算工具难以胜任的。使用网络计划，可以利用电子计算机进行准确快速的计算。

实际上，越是复杂多变的工程，越能体现出网络计划的优越性。这是因为网络计划的

调整十分方便，一旦情况有了变化，通过网络计划的调整与计算，立即就能预计到会产生什么样的影响，从而及早采取措施。一项工程计划，如果能用横道图表达，就能用网络图来表达；并且网络图比横道图有着更广泛的适应性。网络图中的双代号网络、单代号网络与时标网络是进度计划表示过程中使用最多的网络图。

### 8.3.1 双代号网络图

#### 1. 概述

双代号网络图是用一对节点及之间的箭线表示一项工作的网络图。其中的节点（圆圈）表示工作间的连接（工作的开始结束）。双代号网络图中的工作（工序）既可用工作名称表示，也可用箭线前后圆圈中的编号表示。

双代号网络图主要有三个基本要素。

（1）工作，又称工序或作业。在双代号网络图中一项工作用一条箭线和两个圆圈表示，如图 8-5 所示。工作名称写在箭线上面，工作的持续时间写在箭线下面。箭尾表示工作的开始，箭头表示工作的结束。圆圈中的两代码也可用以代表工作的名称。在无时间坐标的网络图中，箭线的长度不代表时间的长短，与完成工作的持续时间无关。箭线一般画成直线，也可画成折线或斜线。

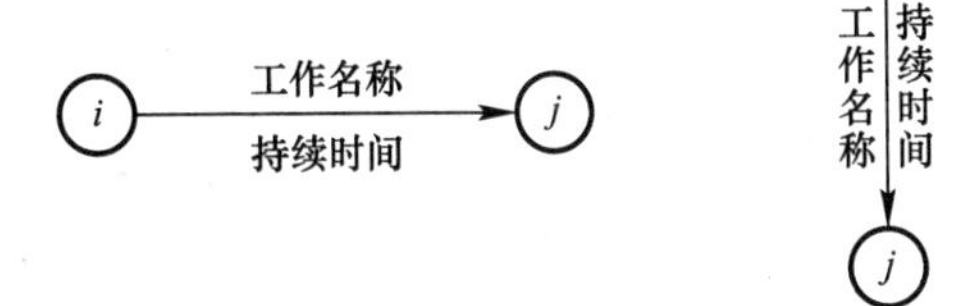


图 8-5　工作表示图

图 8-5 工作表示图双代号网络图中的工作分为三类：第一类工作是既需消耗时间，又需消耗资源的工作，称为一般工作；第二类工作只消耗时间而不消耗资源（如混凝土的养护）；第三类工作，它既不消耗时间，也不需要消耗资源的工作，称为虚工作。虚工作是为了反映各工作间的逻辑关系而引入的，并用虚箭线表示。

（2）工作之间的逻辑关系是指工作之间开始投入或完成的先后关系，工作之间的逻辑关系用紧前关系或紧后关系（一般用紧前关系）来表示。逻辑关系通常由工作的工艺关系和组织关系所决定。

① 工艺关系。指生产工艺上客观存在的先后顺序关系，在图 8-6 中，槽 1→垫 1→基 1→填 1 为工艺关系。

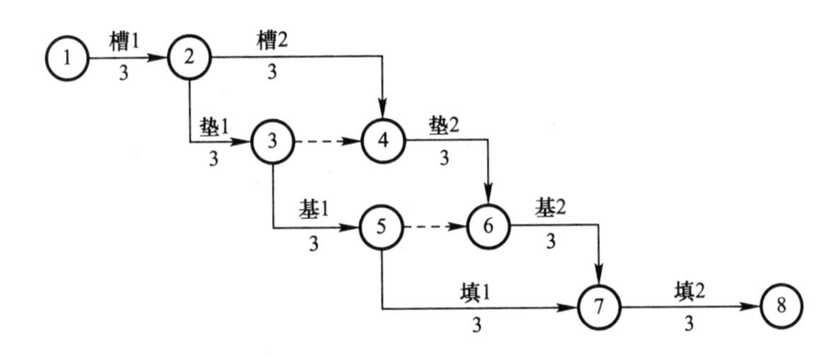


图 8-6　某基础工程施工关系图

② 组织关系。指在不违反工艺关系的前提下，人为安排的工作的先后顺序关系。在图 8-6 中，槽 1→槽 2、垫 1→垫 2 等为组织关系。

图 8-6 某基础工程关系②节点，又称事项或事件。它表示一项工作的开始或结束的瞬间，起承上启下的衔接作用，且不需要消耗时间或资源。节点在网络图中一般用圆圈表示，并赋以编号，如图 8-7 所示。箭线出发的节点称为开始节点，箭线进入的节点称为结束节点。在一个网络图中，除整个网络计划的起始节点和终止节点外，其余任何一个节点均有双重作用：既是前面工作的结束节点，又是后面工作的开始节点。

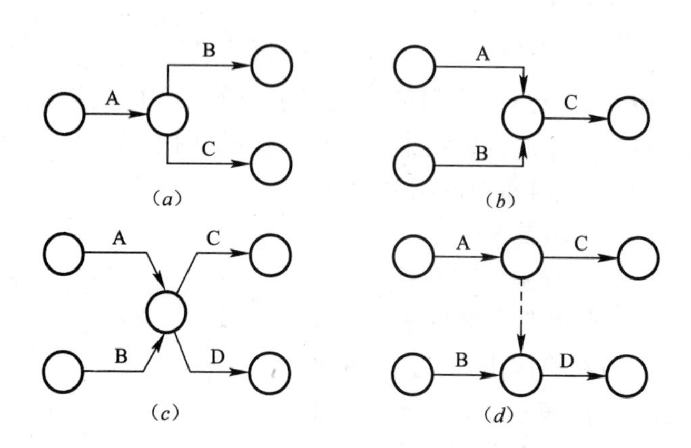


图 8-7　双代号网络图工作逻辑关系图

（3）线路，又称路线。网络图从起点节点开始，沿箭头方向顺序通过一系列箭线与节点，最后达到终点节点的通路称为线路。一个网络图中，从起点节点到终点节点，一般都存在着许多条线路，每条线路上含若干工作。网络图中线路持续时间最长的线路称为关键路线。关键路线的持续时间又称网络计划的计算工期。同时，位于关键线路上的工作称为关键工作。

绘制双代号网络图，对工作的逻辑关系必须正确表达，图 8-7 给出了表达工作逻辑关系的几个例子。图 8-7（*a*）表示工作 A 的紧后工作为 B、C；图 8-7（*b*）表示工作 C 的紧前工作是 A、B；图 8-7（*c*）表示工作 A、B 的紧后工作是 C、D；图 8-7（*d*）表示工作 A 的紧后工作是 C、D，工作 B 的紧后工作是 D。图 8-7（*d*）中，用一虚箭线把工作 A 和工作 D 连了起来，若没有它，工作 A、B、C、D 的这种关系就无法表达了。

**2. 绘制规则**

双代号网络图在绘制过程中，除正确表达逻辑关系外，还必须遵守以下绘图规则：

（1）网络图中严禁出现循环回路。图 8-8（*a*）所示的网络图中，出现了①→②→③→①

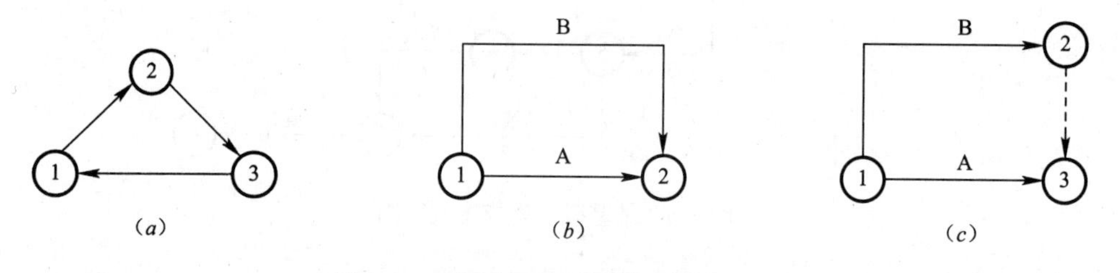


图 8-8　双代号网络图绘图规则图（一）

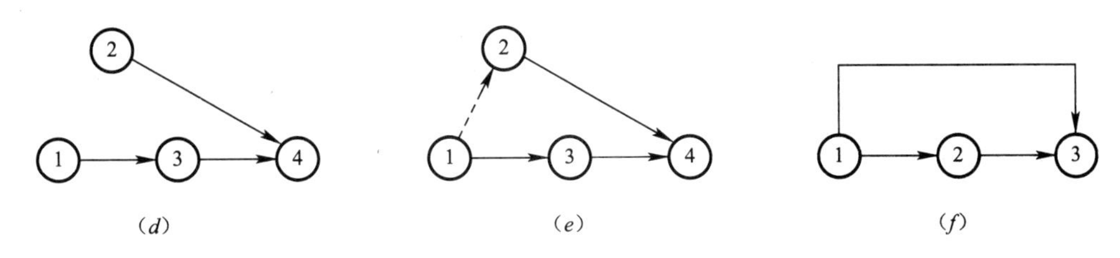


图 8-8 双代号网络图绘图规则图（二）

的循环回路，这是工作逻辑关系的错误表达。

（2）在网络图中，不允许出现代号相同的箭线。图 8-8（*b*）中 A、B 两项工作的节点代号均是①→②，这是错误的，要用虚箭线加以处理，如图 8-8（*c*）所示。

（3）双代号网络图中，只允许有一个起始节点和一个终止节点。图 8-8（*d*）是错误的画法；图 8-8（*e*）是纠正后的正确画法；图 8-8（*f*）是较好的画法。

（4）网络图是有方向的，按习惯从第一个节点开始，宜保持从左向右顺序连接，不宜出现箭线箭头从右方向指向左方向。

（5）网络图中的节点编号不能出现重号，但允许跳跃顺序编号。用计算机计算网络时间参数时，要求一条箭线箭头节点编号应大于箭尾节点编号。

**3. 时间参数的计算**

双代号网络图中各个工作有 6 个时间参数，分别是：

最早开始时间 $ES_{i,j}$——表示工作（$i$，$j$）最早可能开始的时间；

最早结束时间 $EF_{i,j}$——表示工作（$i$，$j$）最早可能结束的时间；

最迟开始时间 $LS_{i,j}$——表示工作（$i$，$j$）最迟必须开始的时间；

最迟结束时间 $LF_{i,j}$——表示工作（$i$，$j$）最迟必须结束的时间；

总时差 $TF_{i,j}$——表示工作（$i$，$j$）在不影响总工期的条件下，可以延误的最长时间；

自由时差 $FF_{i,j}$——表示工作（$i$，$j$）在不影响紧后工作最早开始时间的条件下，允许延误的最长时间。

上述时间参数中的最早开始时间 $ES_{i,j}$、最早结束时间 $EF_{i,j}$、最迟开始时间 $LS_{i,j}$ 及最迟结束时间 $LF_{i,j}$ 应遵循期末法则，即各个参数表示的是相应数字的最后时刻，如 $ES_{i,j}=5$（天），表示工作（$i$，$j$）最早可能开始的时刻是 5 天后。

各个时间参数的计算公式如下：

若整个进度计划的开始时间为第 0 天，且节点编号有以下规律：$h<i<j<k<n$，则有：

（1）工作最早可能开始时间 $ES_{i,j}$ 与最早可能结束时间 $EF_{i,j}$ 开始工作：

$$ES_{i,j}=0; \quad EF_{i,j}=0+d_{i,j} \qquad \text{式(8-18)}$$

其他工作：$ES_{i,j}=\mathrm{Max}\{EF_{h,i}\}$；$EF_{i,j}=ES_{i,j}+d_{i,j}$ 式(8-19)

式中 $EF_{h,i}$——工作（$i$，$j$）紧前工作的最早结束时间；

$d_{i,j}$——工作（$i$，$j$）的持续时间。

（2）计算工期 $Tc$

$$Tc=\mathrm{Max}\{EF_{m,n}\} \qquad \text{式(8-20)}$$

式中　$EF_{m,n}$——网络结束工作的最早完成时间。

(3) 工作最迟必须开始时间 $LS_{i,j}$ 与最迟必须结束时间 $LF_{i,j}$

结束工作：若有规定工期 $Tp$，则

$$LF_{m,n} = Tp \qquad 式(8\text{-}21)$$

若无规定工期，则

$$LF_{m,n} = Tc \qquad 式(8\text{-}22)$$

$$LS_{m,n} = LF_{m,n} - d_{m,n} \qquad 式(8\text{-}23)$$

其他工作：

$$LF_{i,j} = \min\{LS_{j,k}\} \qquad 式(8\text{-}24)$$

$$LS_{i,j} = LF_{i,j} - d_{i,j} \qquad 式(8\text{-}25)$$

式中　$LS_{j,k}$——工作（$i$，$j$）紧后工作的最迟开始时间。

(4) 总时差 $TF_{i,j}$

总时差的计算公式为

$$TF_{i,j} = LS_{i,j} - ES_{i,j} \qquad 式(8\text{-}26)$$

$$= LF_{i,j} - EF_{i,j} \qquad 式(8\text{-}27)$$

(5) 自由时差 $FF_{i,j}$

自由时差的计算公式为

$$FF_{i,j} = \min\{ES_{j,k} - EF_{i,j}\} \qquad 式(8\text{-}28)$$

双代号网络图中各个工作的时间参数的计算，最为便捷的方法是直接在双代号网络图上计算，称为图上作业法。其计算步骤如下：

① 最早时间。工作最早开始时间的计算从网络图的左边向右边逐项进行。先确定第一项工作的最早开始时间为 0，将其与第一项工作的持续时间相加，即为该项工作的最早结束时间。以此，逐项进行计算。当计算到某工作的紧前有两项以上工作时，需要比较他们最早完成时间的大小，取大者为该项工作的最早开始时间。最后一个节点前有多项工作时，取最大的最早完成时间为计算工期。

② 最迟时间。以该节点为完成节点的工作的最迟完成时间。工作最迟完成时间的计算从网络图的右边向左逐项进行。先确定计划工期，若无特殊要求，一般可取计算工期。与最后一个节点相接的工作的最迟完成时间为计划工期时间，将它与其持续时间相减，即为该工作的最迟开始时间。当计算到某工作的紧后有两项以上工作时，需要比较他们最迟开始时间的大小，取小者为该项工作的最迟完成时间。逆箭线方向逐项进行计算，一直算到第一个节点。

③ 总时差。该工作的完成节点的最迟时间减该工作开始节点的最早时间，再减去持续时间，即为该工作的总时差。

④ 自由时差。该工作的完成节点最早时间减该工作开始节点的最早时间，再减去持续时间。

⑤ 关键工作和关键线路。当计划工期和计算工期相等时，总时差为零的工作为关键工作。关键工作依次相连即得关键线路。当计划工期和计算工期之差为同一值时，则总时差为该值的工作为关键工作。

## 8.3.2　单代号网络

**1. 概述**

单代号绘图法用圆圈或方框表示工作，并在圆圈或方框内可以写上工作的编号、名称和持续时间，如图 8-9 所示。工作之间的逻辑关系用箭线表示。单代号绘图法将工作有机地连接，形成一个有方向的图形称为单代号网络图，如图 8-10 所示。

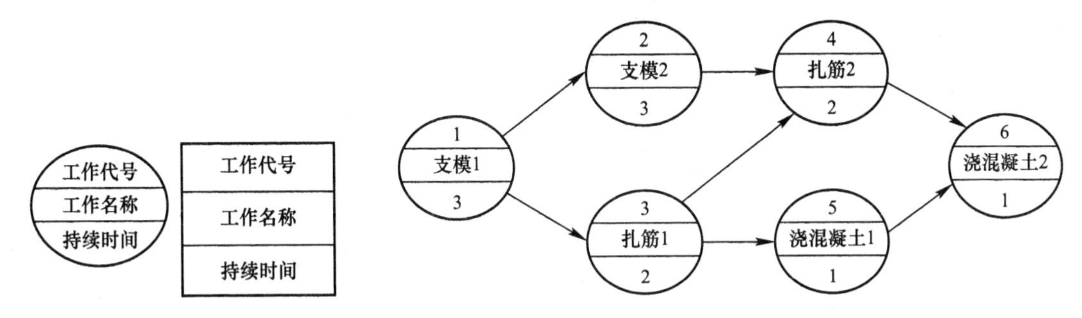


图 8-9　单代号绘图法工作的表示图　　图 8-10　单代号网络图示意图

**2. 绘制规则**

单代号网络的绘制规则基本同双代号网络，但是单代号网络图中无虚工作。若开始或结束工作有多个而缺少必要的逻辑关系时，须在开始与结束处增加虚拟的起点节点与终点节点。

**3. 时间参数计算**

单代号网络图时间参数计算的方法和双代号网络图相同，计算最早时间从第一个节点算到最后一个节点，计算最迟时间从最后一个节点算到第一个节点。计算出最早时间和最迟时间，即可计算时差和分析关键线路。

令整个进度计划的开始时间为第 0 天，且节点编号有以下规律：$h<i<j<k<n$，则时间参数的计算公式如下：

(1) 工作最早开始时间 $ES_i$ 与工作最早结束时间 $EF_i$：

开始工作：　$ES_1=0$；　$EF_1=ES_1+d_1=d_1$　　式（8-29）

其他工作：　$ES_i=\max\{EF_h\}$；　$EF_i=ES_i+d_1$　　式（8-30）

式中　$EF_h$——工作 $i$ 紧前工作的最早结束时间；

$d_i$——工作 $i$ 的持续时间。

(2) 计算工期 $T_c$

$$T_c=\max\{EF_n\}\qquad\text{式(8-31)}$$

式中　$EF_n$——网络结束工作的最早完成时间。

(3) 工作最迟结束时间 $LF_i$ 与工作最迟开始时间 $LS_i$ 结束工作：

若有规定工期 $T_p$，则

$$LF_n=T_p\qquad\text{式(8-32)}$$

若无规定工期，则

$$LF_n=T_c\qquad\text{式(8-33)}$$

$$LS_n=LF_n-d_n\qquad\text{式(8-34)}$$

其他工作：　$LF_i=\min\{LS_j\}$；　$LS_i=LF_i-d_i$　　式(8-35)

式中 $LS_j$——工作 $i$ 紧后工作的最迟开始时间。

（4）工作总时差 $TF_i$

$$TF_i = LS_i - ES_i = LF_i - EF_i \qquad 式(8\text{-}36)$$

（5）工作自由时差 $FF$

$$FF_i = \min\{ES_j - EF_i\} \qquad 式(8\text{-}37)$$

计算单代号网络图中各个工作的时间参数，最便捷的方法是直接在双代号网络图上计算其时间参数，即图上作业法。计算步骤同双代号网络图。

### 8.3.3 时标网络

所谓时标网络，是以时间坐标为尺度表示工作的进度网络，时间单位可大可小，如季度、月、旬、周或天等。双代号时标网络既可以表示工作的逻辑关系，又可以表示工作的持续时间。

**1. 时标网络的表示法**

在时间坐标中，以实线表示工作，波形线表示自由时差，虚箭线表示虚工作。

**2. 时标网络的绘图规则**

绘制时标网络时，应遵循如下规定。

① 时间长度是以所有符号在时标表上的水平位置及其水平投影长度表示的，与其所代表的时间值所对应。

② 节点中心必须对准时标的刻度线。

③ 时标网络宜按最早时间编制。

**3. 时标网络计划编制步骤**

编制时标网络，一般应遵循如下步骤。

① 绘制具有工作时间参数的双代号网络图。

② 按最早开始时间确定每项工作的开始节点位置。

③ 按各工作持续时间长度绘制相应工作的实线部分，使其水平投影长度等于工作持续时间。

④ 用波形线（或者虚线）把实线部分与其紧后工作的开始节点连接起来。

**4. 时标网络计划中关键线路和时间参数分析**

时标网络计划中关键线路和时间参数分析方法如下：

① 关键线路。所谓关键线路是指自终节点到始节点观察，不出现波形线的通路。

② 计算工期。终节点与始节点所在位置的时间差值为计算工期。

③ 工作最早时间。每条箭尾中心所对应的时刻代表最早开始时间。没有自由时差的工作的最早完成时间是其箭头节点中心所对应的时刻。有自由时差的工作的最早完成时间是其箭头实线部分的右端所对应的时刻。

④ 工作自由时差。指其波形线在水平坐标轴上的投影长度。

⑤ 总时差。可从右到左逐个推算，其公式为

$$TF_{i,j} = \min\{TF_{j,k}\} + FF_{i,j} \qquad 式(8\text{-}38)$$

式中 $TF_{j,k}$——工作（$i$，$j$）的紧后工作的总时差；

$FF_{i,j}$——工作（$i$，$j$）的自由时差。

## 8.4 施工项目进度控制

### 8.4.1 概念

施工项目进度控制是指在既定的工期内，编制出最优的施工进度计划，在执行该计划的施工中，经常检查施工实际进度情况，并将其与计划进度相比较。如有偏差，则分析产生偏差的原因，采取补救措施或调整、修改原计划，直至工程竣工。进度控制的最终目的是确保项目施工目标的实现，施工进度控制的总目标是建设工期。

工程施工的进度，受许多因素的影响，需要事先对影响进度的各种因素进行调查分析，预测它们对进度可能产生的影响，编制科学合理的进度计划，指导建设工作按计划进行。然后根据动态控制原理，不断进行检查，将实际情况与计划安排进行对比，找出偏离计划的原因，采取相应的措施，对进度进行调整或修正，再按新的计划实施，这样不断地计划、执行、检查、分析和调整计划的动态循环过程，就是进度控制。进度控制的主要环节包括进度检查、进度分析和进度的调整等。

### 8.4.2 影响施工项目进度的因素

由于施工项目具有规模大、周期长、参与单位多等特点，因而影响进度的因素很多。从产生的根源来看，主要来源于业主及上级机构、设计监理、施工及供货单位、政府、建设部门、有关协作单位和社会等。归纳起来，这些因素包括以下五个方面：

① 人的干扰因素；

② 材料、机具和设备干扰因素；

③ 地基干扰因素；

④ 资金干扰因素；

⑤ 环境干扰因素。

受以上因素影响，工程会产生延期和延误。工程延误是指由于承包商自身的原因造成工期延长，损失由承包商自己承担，同时业主还有权对承包商违约误期罚款。工程延期是指由于承包商以外的原因造成的工期延长，经监理工程师批准的工程延期。所延长的时间属于合同工期的一部分，承包商不仅有权要求延长工期，而且还有向业主提出赔偿的要求。

### 8.4.3 施工项目进度控制的方法和措施

**1. 施工项目进度控制的主要方法**

（1）行政方法

用行政方法控制进度，是指上级单位及上级领导人、本单位领导人，利用其行政地位和权力，发布进度指令，进行指导、协调和考核，利用激励手段（奖、罚、表扬、批评）、监督和督促等方式进行进度控制。

使用行政方法进行进度控制，优点是直接、迅速和有效，但应当注意其科学性，防止武断、主观和片面。

行政方法应结合政府监理开展工作，多一些指导，少一些指令。

行政方法控制进度的重点应是进度控制目标的决策或指导，在实施中应尽量让实施者自行控制，尽量少进行行政干预。

（2）经济方法

所谓进度控制经济方法，是指用经济类的手段对进度控制进行影响和制约。

在承发包合同中，要有有关工期和进度的条款。建设单位可以通过工期提前奖励和延期罚款实施进度控制，也可以通过物资的供应数量和进度实施进行控制。

施工企业内部也可以通过奖励或惩罚经济手段进行施工项目的进度控制。

（3）管理技术方法

进度控制的管理技术方法是指通过各种计划的编制、优化、实施和调整从而实现进度控制的方法，主要包括：流水作业方法、科学排序方法、网络计划方法、滚动计划方法和电子计算机辅助进度管理等。

**2. 施工项目进度控制的措施**

进度控制的措施包括组织措施、技术措施、经济措施和合同措施等。

（1）组织措施

进度控制的组织措施主要包括：

① 建立进度控制小组，将进度控制任务落实到个人。

② 建立进度报告制度和进度信息沟通网络。

③ 建立进度协调会议制度。

④ 建立进度计划审核制度。

⑤ 建立进度控制检查制度和调整制度。

⑥ 建立进度控制分析制度。

⑦ 建立图纸审查、及时办理工程变更和设计变更手续的措施。

（2）技术措施

进度控制的技术措施主要包括：

① 采用多级网络计划技术和其他先进适用的计划技术。

② 组织流水作业，保证作业连续、均衡、有节奏。

③ 缩短作业时间，减少技术间歇。

④ 采用电子计算机控制进度的措施。

⑤ 采用先进高效的技术和设备。

（3）经济措施

进度控制的经济措施主要包括：

① 对工期缩短给予奖励。

② 对应急赶工给予优厚的赶工费。

③ 对拖延工期给予罚款、收赔偿金。

④ 提供资金、设备、材料和加工订货等供应保证措施。

⑤ 及时办理预付款及工程进度款支付手续。

⑥ 加强索赔管理。

（4）合同措施

进度控制的合同措施包括：

① 加强合同管理，加强组织、指挥和协调，以保证合同进度目标的实现。

② 严格控制合同变更，对各方提出的工程变更和设计变更，经监理工程师严格审查后补进合同文件。

③ 加强风险管理，在合同中要充分考虑风险因素及其对进度的影响和处理办法等。

### 8.4.4 施工项目进度控制的内容

施工阶段是工程实体的形成阶段，对施工阶段进度进行控制是整个工程项目建设进度控制的重点。做好施工进度计划与项目建设总进度计划的衔接，跟踪检查施工进度计划的执行情况，在必要时对施工进度计划进行调整，对于控制工程建设进度总目标的实现具有重要的意义。

**1. 施工阶段进度控制目标的确定**

施工项目进度控制系统是一个有机的大系统，从目标上来看，它是由进度控制总目标、分目标和阶段目标组成；从进度控制计划上来看，它由项目总进度控制计划、单位工程进度计划和相应的设计、资源供应、资金供应和投产动用等计划组成。

（1）施工进度控制目标及其分解

保证工程项目按期建成交付是施工阶段进度控制的最终目标。为了有效控制施工进度，完成进度控制总目标，首先要从不同角度对施工进度总目标进行层层分解，形成施工进度控制目标网络体系，并以此作为实施进度控制的依据，展开进度控制计划。

工程建设进度控制目标体系如图 8-11 所示。

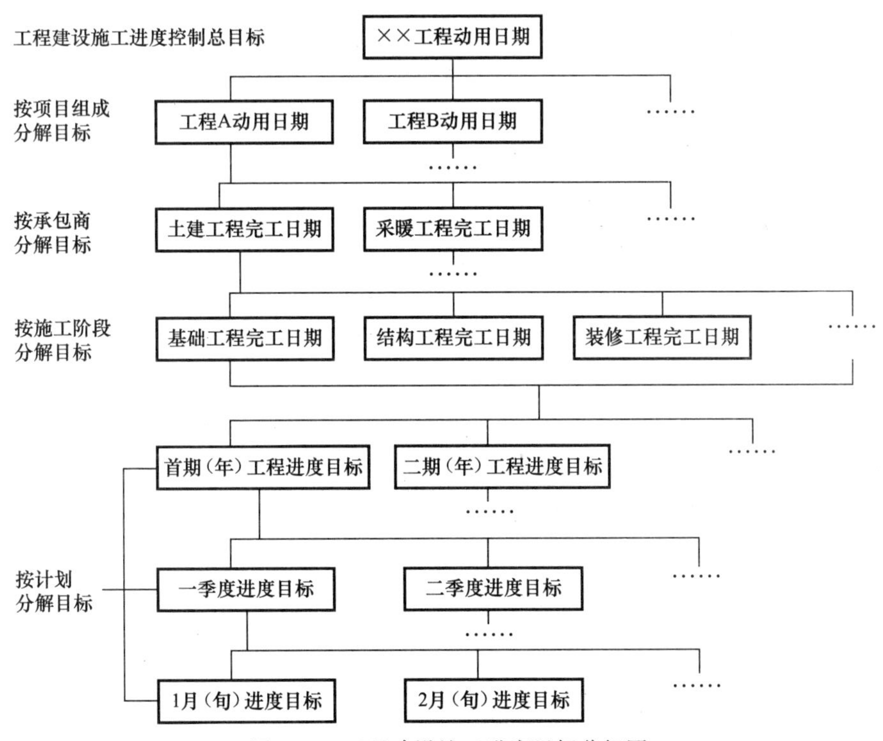


图 8-11 工程建设施工进度目标分解图

从图 8-11 中可以看出，工程建设不但要有项目建成交付使用的总工期目标，还要有各单项工程交工动用的分目标以及按承包商、施工阶段和不同计划期划分的分目标。各目标之间相互联系，共同构成施工阶段进度控制目标体系。其中，下级目标受上级目标的制约，只有下级目标保证上级目标，才能最终保证施工进度总目标的实现。

（2）施工进度控制目标的确定

为了提高进度计划的预见性和增强进度控制的主动性，在确定施工进度控制目标时，必须全面细致地分析与工程项目进度有关的各种有利和不利因素。只有这样，才能制定出一个科学、合理的进度控制目标。

确定施工进度控制目标的主要因素有：工程建设总进度对工期的要求；工期定额；类似工程项目的进度；工程难易程度和工程条件。在进行施工进度分解目标时，还要考虑以下因素。

① 对于大型工程建设项目，应根据工期总目标对项目的要求集中力量分期分批建设，以便尽早投入使用，尽快发挥投资效益。

② 合理安排土建与设备的综合施工。应根据工程和施工特点，合理安排土建施工与设备基础、设备安装的先后顺序及搭接、交叉或平行作业，明确设备工程对土建工程的要求以及需要土建工程为设备工程提供施工条件的内容及时间。

③ 结合本工程的特点，参考同类工程建设的建设经验确定施工进度目标。避免片面按主观愿望盲目确定进度目标，造成项目实施过程中进度的失控。

④ 做好资金供应、施工力量配备、物资（材料、构配件和设备）供应与施工进度需要的平衡工作，确保工程进度目标的要求不落空。

⑤ 考虑外部协作条件的配合情况。了解施工过程中及项目竣工动用所需的水、电气、通讯、道路及其他社会服务项目的满足程序和满足时间。确保它们与有关项目的进度目标相协调。

⑥ 考虑工程项目所在地区地形、地质、水文和气象等方面的限制条件。

**2. 施工阶段进度控制的内容**

施工项目进度控制是一个不断变化的动态控制的过程，也是一个循环进行的过程。它是指在限定的工期内，编制出最佳的施工进度计划，在执行该计划的施工过程中，经常将实际进度与计划进度进行比较，分析偏差，并采取必要的补救措施和调整、修改原计划，如此不断循环，直至工程竣工验收为止。

施工项目的进度控制主要包括以下内容。

（1）根据合同工期目标，编制施工准备工作计划、施工方案、项目施工总进度计划和单位工程施工进度计划，以确定工作内容、工作顺序、起止时间和衔接关系，为实施进度控制提供相关依据。

（2）编制月（旬）作业计划和施工任务书，做好进度记录以掌握施工实际情况，加强调度工作以促成进度的动态平衡，从而使进度计划的实施取得显著成效。

（3）采用实际进度与计划进度相对比的方法，把定期检查与应急检查相结合，对进度实施跟踪控制。实行进度控制报告制度，在每次检查之后，写出进度控制报告，提供给建设单位、监理单位和企业领导作为进度纠偏提供依据，为日后更好地进行进度控制提供参考。

（4）监督并协助分包单位实施其承包范围内的进度控制。

（5）对项目及阶段进度控制目标的完成情况、进度控制中的经验和问题作出总结分析，积累进度控制信息，促进进度控制水平不断提高。

（6）接受监理单位的施工进度控制监理。

进度控制的循环过程如图 8-12 所示。

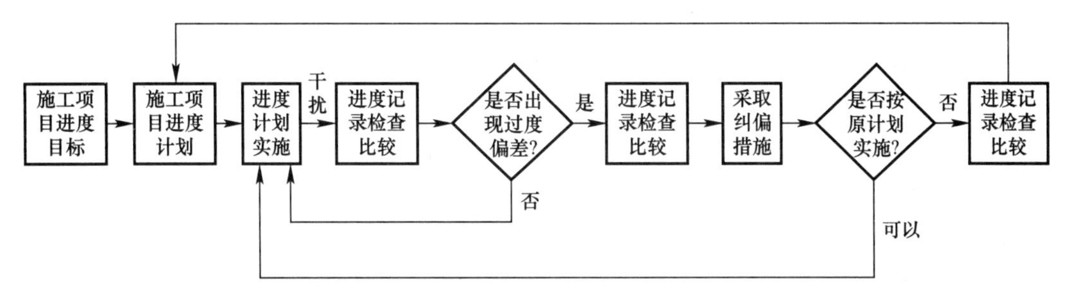


图 8-12　施工项目进度控制循环过程图

### 8.4.5　进度计划实施中的监测与分析

在工程施工过程中，由于外部环境和条件的变化，很难事先对项目实施过程中可能出现的所有问题进行全面的估计。气候变化、意外事故以及其他条件的变化都会对工程进度计划的实施产生影响，造成实际进度与计划进度的偏差。如果这种偏差得不到及时纠正，势必会影响到进度总目标的实现。为此，在施工进度计划的实施过程中，必须采取系统有效的进度控制措施，形成健全的进度报告采集制度收集进度控制数据，采取有效的监测手段来发现问题，并运用行之有效的进度调整方法来解决问题。

**1. 进度监测**

在工程项目的实施过程中，项目管理者必须经常地、定期地对进度的执行情况进行跟踪检查，发现问题，应及时采取有效措施加以解决。

施工进度的监测不仅是进度计划实施情况信息的主要来源，还是分析问题、采取措施。调整计划的依据。施工进度的监督是保证进度计划顺利实现的有效手段。因此，在施工进程中，应经常地、定期地跟踪监测施工实际进度情况，并切实做好监督工作。主要包括以下几方面的工作。

（1）进度计划执行中的跟踪检查

跟踪检查施工实际进度是分析施工进度、调整施工进度的前提。其目的是收集实际施工进度的有关数据。

跟踪检查的主要工作是定期收集反映实际工程进度的有关数据。收集的方式：一是以报表的方式，二是进行现场实地检查。收集的进度数据如果不完整或不正确将导致不全面或不正确的决策，从而影响总体进度目标的实现。跟踪监测的时间、方式、内容和收集数据的质量，将直接影响控制工作的质量和效果。

1）监测的时间

监测的时间与施工项目的类型、规模、施工条件和对进度执行要求程度有关，通常分两类：一类是日常监测，另一类是定期监测。定期监测一般与计划的周期和召开现场会议的周期相一致，可视工程的情况，每月、每半月、每旬或每周监测一次。当施工中的某一阶段出现不利的进度信息，监测的间隔时间可相应缩短。日常监测是常驻现场的管理人员每日进行的监测，监测结果通常采用施工记录和施工日志的方法记载下来。

2）监测的方式

监测和收集资料的方式：

① 经常地、定期地收集进度报表资料。

② 定期召开进度工作汇报会。

③ 派人员常驻现场，监测进度的实际执行情况。

为了保证汇报资料的准确性，进度控制的工作人员要经常到现场察看施工项目的实际进度情况。

3）监测的内容

施工进度计划监测的内容是在进度计划执行记录的基础上，将实际执行结果与原计划的进度要求进行比较，比较的内容包括开始时间、结束时间、持续时间、逻辑关系、实物量或工作量、总工期、网络计划的关键线路及时差利用等。

（2）整理、统计和分析收集的数据

收集的数据要及时进行整理、统计和分析，形成与计划具有可比性的数据资料。例如根据本期检查实际完成量确定累计完成的量、本期完成的百分比和累计完成的百分比等数据资料。

对于收集到的施工实际进度数据，要进行必要的分析整理，按计划控制的工作项目内容进行统计，以相同的量纲和形象进度，形成与计划进度具有可比性的数据系统。一般可以按实物工程量、工作量和劳动消耗量以及累计百分比等整理和统计实际监测的数据，以便与相应的计划完成量对比分析。

（3）对比分析实际进度与计划进度

对比分析实际进度与计划进度主要是将实际的数据与计划的数据进行比较，如将实际累计完成量、实际累计完成百分比与计划累计完成量、计划累计完成百分比进行比较。通常可利用表格形成各种进度比较报表或直接绘制比较图形来直观地反映实际与计划的偏差。通过比较判断实际进度比计划进度拖后、超前还是与计划进度一致。

将收集的资料整理和统计成与计划进度具有可比性的数据后，用实际进度与计划进度的比较方法进行比较分析。可采用的比较分析方法有：横道图比较法、S型曲线比较法、“香蕉”型曲线比较法及前锋线比较法等。通过比较，得出实际进度与计划进度是一致、超前还是拖后，以便为决策提供依据。

（4）编制进度控制报告

进度控制报告是把监测比较的结果，以及有关施工进度现状和发展趋势的情况，以最简练的书面报告形式提供给项目经理及各级业务职能负责人。承包单位的进度控制报告应提交给监理工程师，作为其控制进度、核发进度款的依据。

（5）施工进度监测结果的处理

通过监测分析，如果进度偏差比较小，应在分析其产生原因的基础上采取有效控制和纠偏措施，解决矛盾，排除障碍，继续执行原进度计划。如果经过努力，确实不能按原计划实现时，再考虑对原计划进行必要的调整。如适当延长工期，或改变施工速度等。计划的调整一般是不可避免的，但应当慎重，尽量减少对计划的调整。

项目进度监测系统过程如图 8-13 所示。

**2. 实际进度与计划进度的比较方法**

（1）横道图比较法

横道图比较法是指将在项目实施中检查实际进度收集的信息，经整理后直接用横道线并标于原计划的横道线处，进行直观比较的方法。通过这种简单而直观的比较，为进度控制者提供了实际进度与计划进度之间的偏差，为采取调整措施提供了明确的证据。

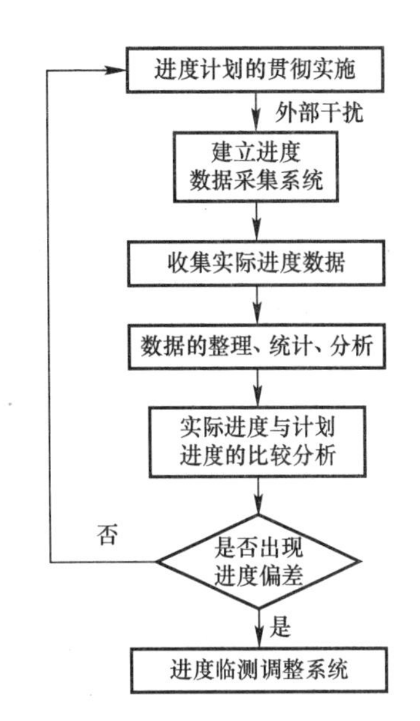

图 8-13　项目进度监测系统过程图

完成任务量可以用实物工程量、劳动消耗量和工作量三种量来表示，为了比较方便，一般用它们实际完成量的累计百分比与计划应完成量的累计百分比进行比较。

根据工程项目实施中各项工作的速度，以及进度控制要求和提供的进度信息的不同，可以采用以下几种方法。

1）匀速进展横道图比较法

匀速进展是指工程项目中每项工作的实际进展进度都是均匀的，即在单位时间内完成的任务都是相等的。

其比较方法的步骤如下：

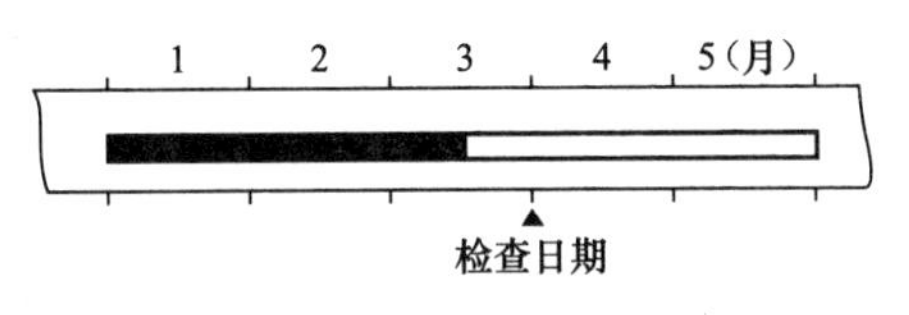

图 8-14　均匀施工横道图

① 编制横道图进度计划。

② 在进度计划上标出检查日期。

③ 将检查收集的实际进度数据，按比例用涂黑的粗线标于计划进度线的下方，如图 8-14 所示。

④ 比较分析实际进度与计划进度。

a. 涂黑粗线右端与检查日期重合，表明实际进度与计划进度相一致。

b. 涂黑的粗线右端在检查日期左侧，表明实际进度比计划进度拖后。

c. 涂黑的粗线右端在检查日期右侧，表明实际进度比计划进度超前。

2）双比例单侧横道图比较法

双比例单侧横道图比较法是适用于工作的进度按变速进展的情况下，实际进度与计划进度进行比较的一种方法。该方法在表示工作实际进度的涂黑粗线同时，并标出其对应时刻完成任务的累计百分比，将该百分比与其同时刻计划完成任务的累计百分比相比较，从而判断工作的实际进度与计划进度之间的关系。

比较方法的步骤如下：

① 编制横道图进度计划。

② 在横道线上方标出各主要时间工作的计划完成任务累计百分比。

③ 在横道线下方标出相应日期工作的实际完成任务累计百分比。

④ 用涂黑粗线标出实际进度线，由开工日标起，同时反映出实际过程中的连续与间断情况。

⑤ 对照横道线上方计划完成任务累计量与同时刻的下方实际完成任务累计量，比较出实际进度与计划进度之间的偏差。

a. 同一时刻上下两个累计百分比相等，表明实际进度与计划进度一致。

b. 同一时刻上面的累计百分比大于下面的累计百分比，表明该时刻实际进度比计划进度拖后，拖后的量为两者之差。

c. 同一时刻上面的累计百分比小于下面的累计百分比，表明该时刻实际进度比计划进度超前，超前的量为两者之差。

这种比较法，不仅适合于进展速度是变化情况下的进度比较，同样，除标出检查日期进度比较情况外，还能提供某一指定时间两者比较的信息。当然，这是在实施部门按规定的时间记录当时的任务完成情况的前提下。

从图 8-15 中可以看出，实际开始时间比计划时间晚一段时间，进程中连续工作，在检查日工作是超前的，第一天比实际进度超前 1%，以后各天分别为 2%、2%、5%。

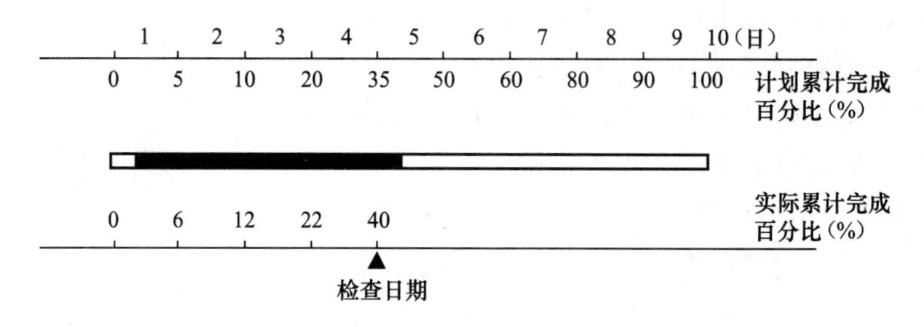


图 8-15　双比例单侧横道图

3）双比例双侧横道图比较法

双比例双侧横道图比较法，同样也是适用于工作进度为变速进展情况下工作实际进度与计划进度比较的方法。它是将表示实际进度的涂黑粗线按检查日期和完成的百分比交替地绘制在计划横道线的上下两侧，其长度表示该时间内完成的任务量。工作的计划累计完成百分比标于横道线的上方，工作的实际完成累计百分比标于横道线下方的检查日期处，通过上下两个百分比相比较，判断该工作的实际进度与计划进度之间的关系。

这种比较方法的步骤如下：

① 编制横道图进度计划表。

② 在计划横道图上方标出各主要日期工作计划完成任务累计百分比。

③ 在计划横道图下方标出相应日期工作的实际完成任务累计百分比。

④ 用涂黑粗线依次在横道线上方和下方交替地绘制每次检查的实际完成百分比，粗黑线的长度表示在相应检查期间内工作的实际进度。

⑤ 比较实际进度与计划进度。通过标在横道线上下方的两个累计百分比，比较各时间段两种进度的偏差，同样可能有上述三种情况。

以上介绍的三种横道图比较方法，由于其形象直观、作图简单和容易理解，因而被广泛用于工程项目进度监测中，供不同层次的进度控制人员使用。而且因为其在计划执行过程中不需要修改的原因，因而使用起来也比较方便。

但是，横道图的使用是有局限性的。一是当工作内容划分较多时，进度计划的绘制比较复杂；二是各工作之间的逻辑关系不能明确表达，因而不便于抓住主要矛盾；三是当某项工作的时间发生变化时，难于借此对后续工作以及整个进度计划的影响进行预测。因此，横道图作为进度控制的工具，在某种程度上有一定的局限性。

（2）S 型曲线比较法

S 型曲线比较法是先以横坐标表示进度时间，纵坐标表示累计完成任务量，绘制出一条按计划时间累计完成任务量的 S 型曲线，然后将工程项目的各检查时间实际完成的任务量也绘制在 S 型曲线上，进行实际进度与计划进度比较的一种方法。在工程项目的进展全过程中，一般是开始和收尾时单位时间投入的资源量较少，中间阶段单位时间投入的资源量较多，所以与其相对应的单位时间完成的任务量也是呈相同趋势的变化。

1）S 型曲线绘制方法

① 确定工程进展速度曲线。

根据单位时间内完成的实物工程量、投入的劳动力或费用，计算出各单位时间计划完成的任务量 $q_i$，如图 8-16（$a$）所示。

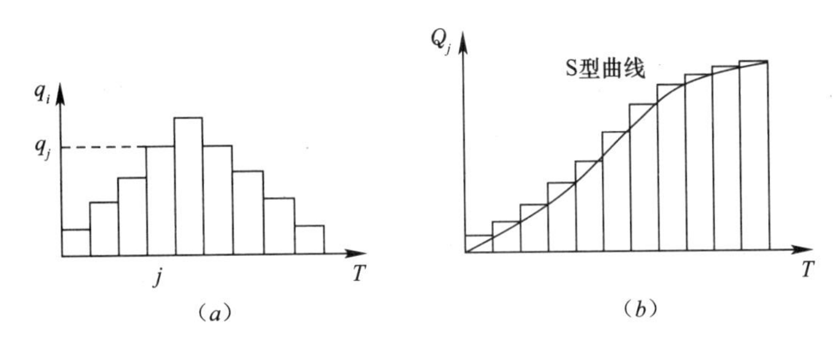


图 8-16　实际工程中时间与完成后任务量关系曲线图

② 计算规定时间 $i$ 累计完成的任务量。

将各单位时间完成的任务量累加求和，即可求出 $j$ 时间累计完成的任务量 $Q_j$，即

$$Q_j = \sum_{i=1}^{j} q_i \qquad \text{式(8-39)}$$

式中　$Q_j$——$j$ 时刻时计划累计完成的任务量；

　　$q_i$——单位时间内计划完成的任务量。

③ 绘制 S 型曲线。

按各规定的时间 $j$ 及其对应的累计完成任务量 $Q_j$ 绘制 S 型曲线，如图 8-16（$b$）所示。

2）S 型曲线比较法

一般情况下，进度控制人员在计划实施前绘制出计划 S 型曲线，在项目实施过程中，按规定时间将检查的实际完成任务情况与计划 S 型曲线绘制在同一张图上，如图 8-16 所示。比较两条 S 型曲线可以得到如下信息。

① 工程项目实际进度与计划进度比较情况。

实际进度点落在计划 S 型曲线左侧，表示此时实际进度比计划进度超前；若刚好落在其上，则表示二者一致；若落在其右侧，则表示实际进度比计划进度拖后。

② 工程项目实际进度比计划进度超前或拖后的时间。

如图 8-17 所示，$\Delta T_a$ 表示 $T_a$ 时刻实际进度超前的时间；$\Delta T_b$ 表示 $T_b$ 时刻实际进度拖后的时间。

③ 工程项目实际进度比计划进度超额或拖欠的任务量。

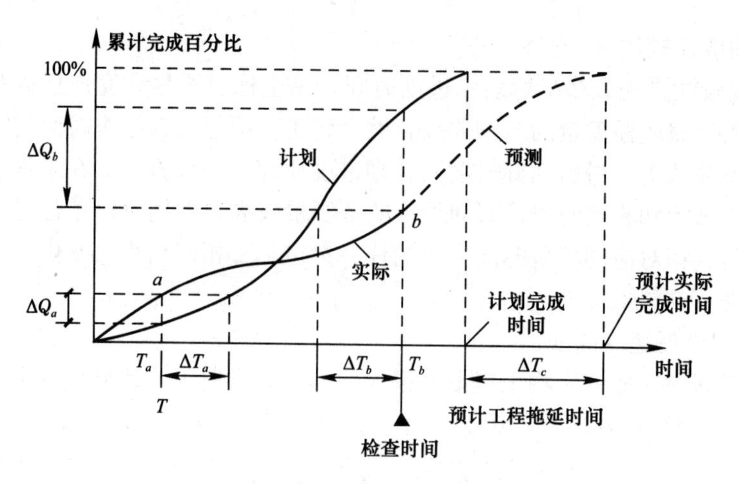


图 8-17　S 型曲线比较图

如图 8-17 所示，$\Delta Q_a$ 表示 $T_a$ 时刻超额完成的任务量；$\Delta Q_b$ 表示在 $T_b$ 时刻拖欠的任务量。

④ 预测工程进度。

后期工程按原计划速度进行，则工期拖延预测值为 $\Delta T_c$。

（3）香蕉型曲线比较法

1）香蕉型曲线的绘制

香蕉型曲线是由两条 S 型曲线组合而成的闭合曲线。由 S 型曲线比较法可知，任一工程项目，其计划时间和累计完成任务量之间的关系，都可以用一条 S 型曲线表示。而在网络计划中，任一工程项目在理论上可以分为最早和最迟两种开始与完成时间。因此，任一工程项目的网络计划都可绘制出两条曲线：一条是以各项工作的计划最早开始时间安排进度绘制而成的 S 型曲线，称为 ES 曲线；另一条是以各项工作的计划最迟开始时间安排进度绘制而成的 S 型曲线，称为 LS 曲线。由于两条 S 型曲线都是从计划的开始时刻开始，在计划完成时刻结束，因此两条曲线是闭合的。一般情况下，ES 曲线上的其余时刻各点均应落在 LS 曲线相应点的左侧，形成一个形如香蕉的曲线，所以称为香蕉型曲线，如图 8-18 所示。

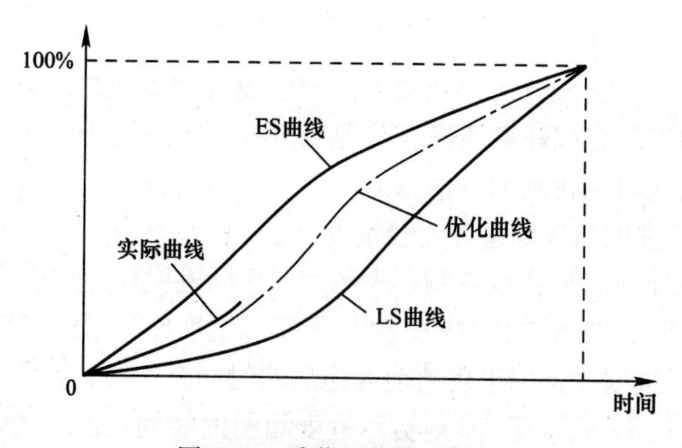


图 8-18　香蕉型曲线比较图

在项目的实施过程中，进度控制的理想状况是任一时刻按实际进度绘出的点应落在该香蕉型曲线的区域内，如图 8-18 中的实际进度线。

2）香蕉型曲线比较法的用途

① 对进度进行合理安排。

② 进行工程实际进度与计划进度的比较。

③ 确定在检查状态下后期工程的 ES 曲线与 LS 曲线的发展趋势。

（4）前锋线比较法

当施工项目的进度计划用时标网络计划表达时，可采用实际进度前锋线法进行实际进度与计划进度的比较。

前锋线比较法是从检查时刻的时标点出发，自上而下地用直线段依次连接各项工作的实际进度点，最后到达计划检查时刻的时间刻度线为止，由此组成一条一般为折线的前锋线。通过比较前锋线与箭线交点的位置判定工程实际进度与计划进度的偏差。

用前锋线比较实际进度与计划进度，可反映出本检查日有关工作实际进度与计划进度的关系。其主要有以下三种情况。

①工作实际进度点位置与检查日时间坐标相同，则该工作实际进度与计划进度一致；

②工作实际进度点位置在检查日时间坐标右侧，则该工作实际进度比计划进度超前，超前天数为二者之差；

③工作实际进度点位置在检查日时间坐标左侧，则该工作实际进度比计划进度拖后，拖后天数为二者之差。

（5）列表比较法

当采用无时标网络图计划时，可以采用列表比较法，比较工程实际进度与计划进度的偏差。该方法是通过记录检查时应该进行的工作名称和已进行的天数，然后列表计算有关时间参数，根据原有总时差和尚有总时差判断实际进度与计划进度偏差的比较方法。

列表比较法步骤如下：

① 计算检查时应该进行的工作 $i-j$ 尚需的作业时间 $T_{i-j}^{2}$，即：

$$T_{i-j}^{2}=D_{i-j}-T_{i-j}^{1} \quad 式(8\text{-}40)$$

式中 $D_{i-j}$——工作 $i-j$ 的计划持续时间；

$T_{i-j}^{1}$——工作 $i-j$ 检查时已经进行的时间。

② 计算工作 $i-j$ 检查时至最迟完成时间的尚余时间 $T_{i-j}^{3}$，即：

$$T_{i-j}^{3}=LF_{i-j}-T_{2} \quad 式(8\text{-}41)$$

式中 $LF_{i-j}$——工作 $i-j$ 的最迟完成时间；

$T_{2}$——检查时间。

③ 计算检查工作 $i-j$ 尚有总时差 $TF_{i-j}^{1}$，即：

$$TF_{i-j}^{1}=T_{i-j}^{3}-T_{i-j}^{2} \quad 式(8\text{-}42)$$

④ 填表分析工作实际进度与计划进度的偏差，可能有以下几种情况。

a. 若工作尚有时差与原有总时差相等，则说明该工作的实际进度与计划进度一致。

b. 若工作尚有总时差小于原有总时差，但仍为正值，则说明该工作的实际进度比计划进度拖后，产生的偏差值为二者之差，但不影响总工期。

c. 若尚有总时差为负值，则说明该工作的实际进度比计划进度拖后，且对总工期有影响。

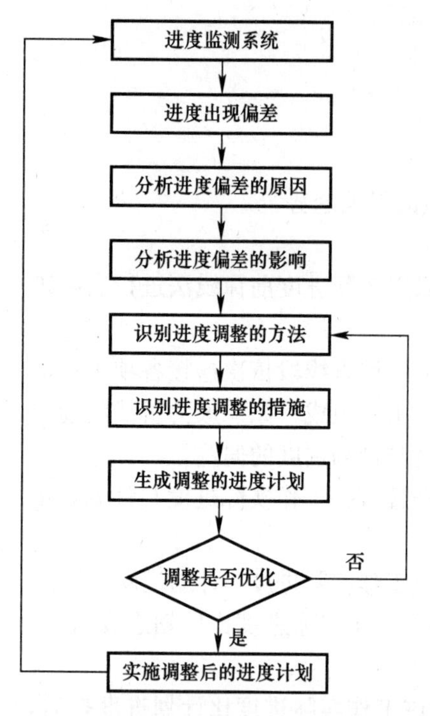


图 8-19　项目进度调整系统过程图

## 8.4.6　施工进度计划的调整

**1. 概述**

在项目进度监测过程中，一旦发现实际进度与计划进度不符，即出现进度偏差时，必须认真寻找产生进度偏差的原因，分析进度偏差对后续工作产生的影响，并采取必要的调整措施，以确保施工进度总目标的实现。

通过检查分析，如果发现原有施工进度计划不能适用实际情况时，为确保施工进度控制目标的实现或确定新的施工进展计划目标，需要对原有计划进行调整，并以调整后的计划作为施工进度控制的新依据。具体的过程如图 8-19 所示。

**2. 进度计划实施中的调整方法**

(1) 分析偏差对后续工作及总工期的影响

根据以上对实际进度与计划进度的比较，能显示出实际进度与计划进度之间的偏差。当这种偏差影响到工期时，应及时对施工进度进行调整，以实现通过对进度的检查达到对进度控制的目的，保证预定工期目标的实现。偏差的大小及其所处的位置，对后续工作和总工期的影响程度是不同的。用网络计划中总时差和自由时差的概念进行判断和分析，步骤如下：

1) 分析出现进度偏差的工作是否为关键工作

根据工作所在线路的性质或时间参数的特点，判断其是否为关键工作。若出现偏差的工作为关键工作，则无论偏差大小，都必须采取相应的调整措施。若出现偏差的工作不是关键工作，则需要根据偏差值 Δ 与总时差 TF 和自由时差 FF 的大小关系，确定对后续工作和总工期的影响程度。

2) 分析进度偏差是否大于总时差

若进度偏差大于总时差，说明此偏差必将影响后续工作和总工期，必须采取相应的调整措施。若进度偏差小于或等于总时差，说明此偏差对总工期无影响，但它对后续工作的影响程度，需要根据此偏差与自由时差的比较情况来确定。

3) 分析进度偏差是否大于自由时差

若进度偏差大于自由时差，说明此偏差对后续工作产生影响，应根据后续工作允许的影响程度来确定如何调整。若进度偏差小于或等于自由时差，则说明此偏差对后续工作无影响。因此，原进度计划可以不做调整。上述分析过程可用图 8-20 表示。

图 8-20 对后续工作和总工期影响分析过程图通过以上分析，可以确定需要调整的工作和调整偏差的大小，以便采取调整措施，获得符合实际进度情况和计划目标的新进度计划。

(2) 进度计划的调整方法

在对实施进度计划分析的基础上，确定调整原计划的方法主要有以下两种。

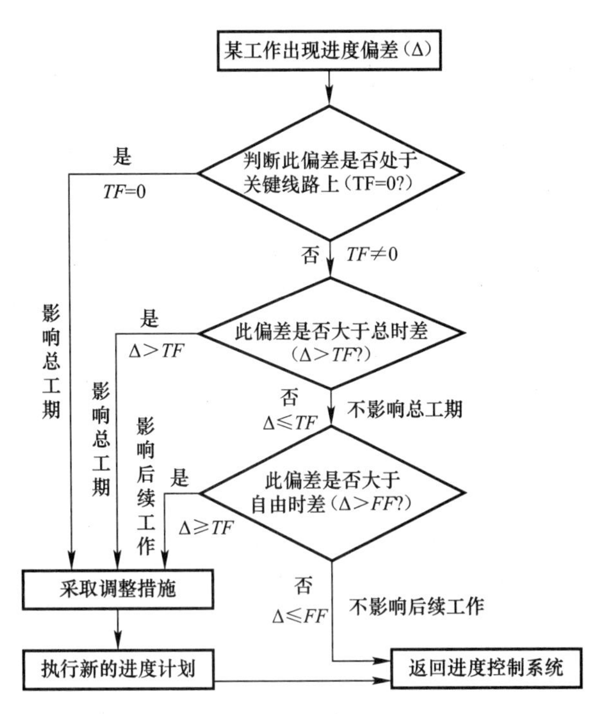


图 8-20　对后续工作和总工期影响分析过程图

1）改变某些工作的逻辑关系

通过以上分析比较，如果进度产生的偏差影响了总工期，并且有关工作之间的逻辑关系允许改变，可以改变关键线路和超过计划工期的非关键线路上有关工作之间的逻辑关系，以达到缩短工期的目的。

这种方法不改变工作的持续时间，而只是改变某些工作的开始时间和完成时间。对于大中型建设项目，因其单位工程较多且相互制约比较少，可调整的幅度比较大，所以容易采用平行作业的方法来调整施工进度计划。而对于单位工程项目，由于受工作之间工艺关系的限制，可调整的幅度比较小，所以通常采用搭接作业的方法来调整施工进度计划。

2）改变某些工作的持续时间

不改变工作之间的先后顺序关系，只是通过改变某些工作的持续时间来解决所产生的工期进度偏差，使施工进度加快，从而保证实现计划工期。但应注意，这些被压缩持续时间的工作应是位于因实际施工进度的拖延而引起总工期延长的关键线路和某些非关键线路上的工作，且这些工作又是可压缩持续时间的工作。具体措施如下：

① 组织措施：增加工作面，组织更多的施工队伍。增加每天的施工时间。增加劳动力和施工机械的数量。

② 技术措施：改进施工工艺和施工技术，缩短工艺技术间歇时间。采用更先进的施工方法，加快施工进度；用更先进的施工机械。

③ 经济措施：实行包干激励，提高奖励金额。对所采取的技术措施给予相应的经济补偿。

④ 其他配套措施：改善外部配合条件，改善劳动条件，实施强有力的调度等。

一般情况下，不管采取哪种措施，都会增加费用。因此，在调整施工进度计划时，应利用费用优化的原理选择费用增加最少的关键工作作为压缩对象。

# 第 9 章　施工项目成本管理

## 9.1　施工项目成本管理的内容

### 9.1.1　施工项目成本管理的任务

施工项目成本管理就是要在保证工期和质量满足要求的情况下，利用组织措施、经济措施、技术措施、合同措施把成本控制在计划范围内，并进一步寻求最大程度的成本节约。施工成本管理的任务主要包括：成本预测、成本计划、成本控制、成本核算、成本分析和成本考核。

**1. 施工项目成本预测**

施工项目成本预测就是根据成本信息和施工项目的具体情况，运用一定的专门方法，对未来的成本水平及其可能发展趋势做出科学的估计，其实质就是在施工以前对成本进行估算。通过成本预测，可以使项目经理部在满足业主和施工企业要求的前提下，选择成本低、效益好的最佳成本方案，并能够在施工项目成本形成过程中，针对薄弱环化，加强成本控制，克服盲目性，提高预见性。因此，施工项目成本预测是施工项目成本决策与计划的依据。预测时，通常是对施工项目计划工期内影响其成本变化的各个因素进行分析，比照近期已完工施工项目或将完工施工项目的成本（单位成本），预测这些因素对工程成本中有关项目的影响程度，预测出工程的单位成本或总成本。

**2. 施工项目成本计划**

施工项目成本计划是以货币形式编制施工项目在计划期内的生产费用、成本水平、成本降低率以及为降低成本所采取的主要措施和规划的书面方案，它是建立施工项目成本管理责任制、开展成本控制和核算的基础。一般来说，一个施工项目成本计划应包括从开工到竣工所必需的施工成本，它是该施工项目降低成本的指导文件，是设立目标成本的依据，可以说，成本计划是目标成本的一种形式。

**3. 施工项目成本控制**

施工项目成本控制是指在施工过程中，对影响施工项目成本的各种因素加强管理，并采用各种有效措施，将施工中实际发生的各种消耗和支出严格控制在成本计划范围内，随时揭示并及时反馈，严格审查各项费用是否符合标准，计算实际成本和计划成本（目标成本）之间的差异并进行分析，消除施工中的损失浪费现象，发现和总结先进经验。

施工项目成本控制应贯穿于施工项目从投标阶段开始直到项目竣工验收的全过程，它是企业全面成本管理的重要环节。因此，必须明确各级管理组织和各级人员的责任和权限，这是成本控制的基础之一，必须给以足够的重视。

施工成本控制可分为事先控制、事中控制（过程控制）和事后控制。

**4. 施工项目成本核算**

施工项目成本核算是指按照规定开支范围对施工费用进行归集，计算出施工费用的实际发生额，并根据成本核算对象，采用适当的方法，计算出该施工项目的总成本和单位成本。施工项目成本核算所提供的各种成本信息是成本预测、成本计划、成本控制、成本分析和成本考核等各个环节的依据。

**5. 施工项目成本分析**

施工项目成本分析是在成本形成过程中，对施工项目成本进行的对比评价和总结工作。它贯穿于施工成本管理的全过程，主要利用施工项目的成本核算资料，与计划成本、预算成本以及类似施工项目的实际成本等进行比较，了解成本的变动情况，同时也要分析主要技术经济指标对成本的影响，系统地研究成本变动原因，检查成本计划的合理性，深入揭示成本变动的规律，以便有效地进行成本管理。

影响施工项目成本变动的因素有两个方面，一是外部的属于市场经济的因素，二是内部的属于企业经营管理的因素。作为项目经理，应该了解这些因素，但应将施工项目成本分析的重点放在影响施工项目成本升降的内部因素上。

成本分析的基本方法包括：比较法、因素分析法、差额计算法和比率法。

**6. 施工项目成本考核**

施工项目成本考核是指施工项目完成后，对施工项目成本形成中的各责任者，按施工项目成本目标责任制的有关规定，将成本的实际指标与计划、定额、预算进行对比和考核，评定施工项目成本计划的完成情况和各责任者的业绩，并以此给予相应的奖励和处罚。通过成本考核，做到有奖有惩，赏罚分明，才能有效地调动企业的每一个职工在各自的施工岗位上努力完成目标成本的积极性，为降低施工项目成本和增加企业的积累，做出自己的贡献。

### 9.1.2 施工项目成本管理的措施

为了取得施工项目成本管理的理想成果，应当从多方面采取措施实施管理，通常可以将这些措施归纳为组织措施、技术措施、经济措施、合同措施 4 个方面。

**1. 组织措施**

组织措施是从施工成本管理的组织方面采取的措施，如实行项目经理责任制，落实施工成本管理的组织机构和人员，明确各级施工成本管理人员的任务和职能分工、权利和责任，编制本阶段施工成本控制工作计划和详细的工作流程图等。施工成本管理不仅是专业成本管理人员的工作，各级项目管理人员都负有成本控制责任。组织措施是其他各类措施的前提和保障，而且一般不需要增加什么费用，运用得当可以收到良好的效果。

**2. 技术措施**

技术措施不仅对解决施工成本管理过程中的技术问题是不可缺少的，而且对纠正施工成本管理目标偏差也有相当重要的作用。因此，运用技术纠偏措施的关键，一是要能提出多个不同的技术方案，二是要对不同的技术方案进行技术经济分析。在实践中，要避免仅从技术角度选定方案而忽视对其经济效果的分析论证。

**3. 经济措施**

经济措施是最易为人接受和采用的措施。管理人员应编制资金使用计划，确定、分解施工成本管理目标。对施工成本管理目标进行风险分析，并制定防范性对策。通过偏差原因分析和未完工程施工成本预测，可发现一些潜在的问题将引起未完工程施工成本的增加，对这些问题应以主动控制为出发点，及时采取预防措施。由此可见，经济措施的运用绝不仅仅是财务人员的事情。

**4. 合同措施**

成本管理要以合同为依据，因此合同措施就显得尤为重要。对于合同措施从广义上理解，除了参加合同谈判、修订合同条款、处理合同执行过程中的索赔问题、防止和处理好与业主和分包商之间的索赔之外，还应分析不同合同之间的相互联系和影响，对每一个合同作总体和具体分析等。

## 9.2 施工项目成本计划的编制

### 9.2.1 施工项目成本计划的编制依据

施工项目成本计划的编制依据包括：合同报价书；施工预算；施工组织设计或施工方案；人、料、机市场价格；公司颁布的材料指导价格；公司内部机械台班价格；劳动力内部挂牌价格；周转设备内部租赁价格；摊销损耗标准；已签订的工程合同、分包合同（或估价书）；结构件外加工计划和合同；有关财务成本核算制度和财务历史资料；其他相关资料。

### 9.2.2 按施工项目成本组成编制施工项目成本计划

施工项目成本可以按成本构成分解为人工费、材料费、施工机械使用费、措施费和间接费。

### 9.2.3 按子项目组成编制施工项目成本计划

大中型的工程项目通常是由若干单项工程构成的，而每个单项工程包括了多个单位工程，每个单位工程又是由若干个分部分项工程构成。因此，首先要把项目总施工成本分解到单项工程和单位工程中，再进一步分解为分部工程和分项工程。

### 9.2.4 按工程进度编制施工项目成本计划

编制按时间进度的施工成本计划，通常可利用控制项目进度的网络图进一步扩充而得。即在建立网络图时，一方面确定完成各项工作所需花费的时间，另一方面同时确定完成这一工作的合适的施工成本支出计划。在实践中，将工程项目分解为既能方便地表示时间，又能方便地表示施工成本支出计划的工作是不容易的，通常如果项目分解程度对时间控制合适的话，则对施工成本支出计划可能分解过细，以至于不可能对每项工作确定其施工成本支出计划。反之亦然。因此在编制网络计划时，应在充分考虑进度控制对项目划分要求的同时，还要考虑确定施工成本支出计划对项目划分的要求，做到二者兼顾。

以上三种编制施工成本计划的方法并不是相互独立的，在实践中，往往是将这几种方法结合起来使用，从而达到扬长避短的效果。例如：将按子项目分解项目总施工成本与按施工成本构成分解项目总施工成本两种方法相结合，横向按施工成本构成分解，纵向按子项目分解，或相反。这种分解方法有助于检查各分部分项工程施工成本构成是否完整，有无重复计算或漏算；同时还有助于检查各项具体的施工成本支出的对象是否明确或落实，并且可以从数字上校核分解的结果有无错误。或者还可将按子项目分解项目总施工成本计划与按时间分解项目总施工成本计划结合起来，一般纵向按子项目分解，横向按时间分解。

## 9.3 施工项目成本核算

### 9.3.1 工程变更价款的确定程序

合同中综合单价因工程量变更需调整时，除合同另有约定外，应按照下列办法确定：

(1) 工程量清单漏项或设计变更引起的新的工程量清单项目，其相应综合单价由承包人提出，经发包人确认后作为结算的依据。

(2) 由于工程量清单的工程数量有误或设计变更引起工程量增减，属合同约定幅度以内的，应执行原有的综合单价；属合同约定幅度以外的，其增加部分的工程量或减少后剩余部分的工程量的综合单价由承包人提出，经发包人确认后作为结算的依据。

### 9.3.2 工程变更价款的确定方法

**1. 我国现行工程变更价款的确定方法**

《建设工程施工合同（示范文本）》约定的工程变更价款的确定方法如下：

(1) 合同中已有适用于变更工程的价格，按合同已有的价格变更合同价款；

(2) 合同中只有类似于变更工程的价格，可以参照类似价格变更合同价款；

(3) 合同中没有适用或类似于变更工程的价格，由承包人提出适当的变更价格，经工程师确认后执行。

采用合同中工程量清单的单价和价格：合同中工程量清单的单价和价格由承包商投标时提供，用于变更工程，容易被业主、承包商及监理工程师所接受，从合同意义上讲也是比较公平的。

采用合同中工程量清单的单价或价格有几种情况：一是直接套用，即从工程量清单上直接拿来使用；二是间接套用，即依据工程量清单，通过换算后采用；三是部分套用，即依据工程量清单，取其价格中的某一部分使用。

协商单价和价格：协商单价和价格是基于合同中没有（适用或类似）或者有但不合适的情况而采取的一种方法。

**2. FIDIC 施工合同条件下工程变更的估价**

工程师应通过 FIDIC（1999 年第一版）第 12.1 款和第 12.2 款商定或确定的测量方法和适宜的费率和价格，对各项工程的内容进行估价，再按照 FIDIC 第 3.5 款，商定或确定合同价格。

各项工作内容的适宜费率或价格，应为合同对此类工作内容规定的费率或价格，如合同中无某项内容，应取类似工作的费率或价格。但在以下情况下，宜对有关工作内容采用新的费率或价格。

第一种情况：

（1）如果此项工作实际测量的工程量比工程量表或其他报表中规定的工程量的变动大于10%；

（2）工程量的变化与该项工作规定的费率的乘积超过了中标合同金额的0.01%；

（3）工程量的变化直接造成该项工作单位成本的变动超过1%；

（4）这项工作不是合同中规定的"固定费率项目"。

第二种情况：

（1）此工作是根据变更与调整的指示进行的；

（2）合同没有规定此项工作的费率或价格；

（3）由于该项工作与合同中的任何工作没有类似的性质或不在类似的条件下进行，故没有一个规定的费率或价格适用。

每种新的费率或价格应考虑以上描述的有关事项对合同中相关费率或价格加以合理调整后得出。如果没有相关的费率或价格可供推算新的费率或价格，应根据实施该工作的合理成本和合理利润，并考虑其他相关事项后得出。

工程师应在商定或确定适宜费率或价格前，确定用于期中付款证书的临时费率或价格。

### 9.3.3 索赔费用的组成

索赔费用的主要组成部分，同工程款的计价内容相似。按我国现行规定（参见建标[2013] 44号《建筑安装工程费用项目组成》），建安工程合同价包括直接费、间接费、利润利税金，我国的这种规定，同国际上通行的做法还不完全一致。按国际惯例，建安工程直接费包括人工费、材料费和机械使用费；间接费包括现场管理费、保险费、利息等。

从原则上说，承包商有索赔权利的工程成本增加，都是可以索赔的费用。但是，对于不同原因引起的索赔，承包商可索赔的具体费用内容是不完全一样的。哪些内容可索赔，要按照各项费用的特点、条件进行分析论证，现概述如下。

**1. 人工费**

人工费包括施工人员的基本工资、工资性质的津贴、加班费、奖金以及法定的安全福利的费用。对于索赔费用中的人工费部分而言，人工费是指完成合同之外的额外工作所花费的人工费用；由于非承包商责任的工效降低所增加的人工费用；超过法定工作时间加班劳动；法定人工费增长以及非承包商责任工程延期导致的人员窝工费和工资上涨费等。

**2. 材料费**

材料费的索赔包括：由于索赔事项材料实际用量超过计划用量而增加的材料费；由于客观原因材料价格大幅度上涨；由于非承包商责任工程延期导致的材料价格上涨和超期储存费用。材料费中应包括运输费、仓储费以及合理的损耗费用。如果由于承包商管理不善，造成材料损坏失效，则不能列入索赔计价。承包商应该建立健全的物资管理制度，记录建筑材料的进货日期和价格，建立领料耗用制度，以便索赔时能准确地分离出索赔事项所引起的材料额外耗用量。为了证明材料单价的上涨，承包商应提供可靠的订货单、采购单，或官方公布的材料价格调整指数。

**3. 施工机械使用费**

施工机械使用费的索赔包括：由于完成额外工作增加的机械使用费；非承包商责任工效降低增加的机械使用费；由于业主或监理工程师原因导致机械停工的窝工费。窝工费的计算，如系租赁设备，一般按实际租金和调进调出费的分摊计算；如系承包商自有设备，一般按台班折旧费计算，而不能按台班费计算，因台班费中包括了设备使用费。

**4. 分包费用**

分包费用索赔指的是分包商的索赔费，一般也包括人工、材料、机械使用费的索赔。分包商的索赔应如数列入总承包商的索赔款总额以内。

**5. 现场管理费**

索赔款中的现场管理费是指承包商完成额外工程、索赔事项工作以及工期延长期间的现场管理费，包括管理人员工资、办公费、通讯费、交通费等。

**6. 利息**

在索赔款额的计算中，经常包括利息。利息的索赔通常发生于下列情况：拖期付款的利息；由于工程变更和工程延期增加投资的利息；索赔款的利息；错误扣款的利息。至于具体利率应是多少，在实践中可采用不同的标准，主要有这样几种规定：

(1) 按当时的银行贷款利率；

(2) 按当时的银行透支利率；

(3) 按合同双方协议的利率；

(4) 按中央银行贴现率加 2 个百分点。

**7. 总部（企业）管理费**

索赔款中的总部管理费主要指的是工程延期期间所增加的管理费。包括总部职工工资、办公大楼、办公用品、财务管理、通信设施以及总部领导人员赴工地检查指导工作等开支。这项索赔款的计算，目前没有统一的方法。在国际工程施工索赔中总部管理费的计算有以下几种：

(1) 按照投标书中总部管理费的比例（3%～8%）计算：

总部管理费＝合同中总部管理费比率（%）×(直接费索赔款额＋现场管理费索赔款额等)

(2) 按照公司总部统一规定的管理费比率计算：

总部管理费＝公司管理费比率（%）×(直接费索赔款额＋现场管理费索赔款额等)

(3) 以工程延期的总天数为基础，计算总部管理费的索赔额：

索赔的总部管理费＝该工程的每日管理费×工程延期的天数

**8. 利润**

一般来说，由于工程范围的变更、文件有缺陷或技术性错误、业主未能提供现场等引起的索赔，承包商可以列入利润。但对于工程暂停的索赔，由于利润通常是包括在每项实施工程内容的价格之内的，而延长工期并未影响削减某些项目的实施，也未导致利润减少。所以，一般监理工程师很难同意在工程暂停的费用索赔中加进利润损失。

索赔利润的款额计算通常是与原报价单中的利润百分率保持一致。

### 9.3.4 索赔费用的计算方法

索赔费用的计算方法有实际费用法、总费用法和修正的总费用法。

**1. 实际费用法**

实际费用法是计算工程索赔时最常用的一种方法。这种方法的计算原则是以承包商为某项索赔工作所支付的实际开支为根据，向业主要求费用补偿。

用实际费用法计算时，在直接费的额外费用部分的基础上，再加上应得的间接费和利润，即是承包商应得的索赔金额。由于实际费用法所依据的是实际发生的成本记录或单据，所以，在施工过程中，系统而准确地积累记录资料是非常重要的。

**2. 总费用法**

总费用法就是当发生多次索赔事件以后，重新计算该工程的实际总费用，实际总费用减去投标报价时的估算总费用，即为索赔金额，即：

索赔金额＝实际总费用－投标报价估算总费用

不少人对采用该方法计算索赔费用持批评态度，因为实际发生的总费用中可能包括了承包商的原因，如施工组织不善而增加的费用；同时投标报价估算的总费用也可能为了中标而过低。所以这种方法只有在难以采用实际费用法时才应用。

**3. 修正的总费用法**

修正的总费用法是对总费用法的改进，即在总费用计算的原则上，去掉一些不合理的因素，使其更合理。修正的内容如下：将计算索赔款的时段局限于受到外界影响的时间，而不是整个施工期；只计算受影响时段内的某项工作所受影响的损失，而不是计算该时段内所有施工工作所受的损失；与该项工作无关的费用不列入总费用中；对投标报价费用重新进行核算：按受影响时段内该项工作的实际单价进行核算，乘以实际完成的该项工作的工程量，得出调整后的报价费用。

按修正后的总费用计算索赔金额的公式如下：

索赔金额＝某项工作调整后的实际总费用－该项工作的报价费用

修正的总费用法与总费用法相比，有了实质性的改进，它的准确程度已接近于实际费用法。

### 9.3.5 工程结算的方法

**1. 承包工程价款的主要结算方式**

承包工程价款结算可以根据不同情况采取多种方式。

(1) 按月结算

即先预付部分工程款，在施工过程中按月结算工程进度款，竣工后进行竣工结算。

(2) 竣工后一次结算

建设项目或单项工程全部建筑安装工程建设期在12个月以内，或者工程承包合同价值在100万元以下的，可以实行工程价款每月月中预支，竣工后一次结算。

(3) 分段结算

即当年开工，当年不能竣工的单项工程或单位工程按照工程形象进度，划分不同阶段进行结算。分段结算可以按月预支工程款。

(4) 结算双方约定的其他结算方式

实行竣工后一次结算和分段结算的工程，当年结算的工程款应与分年度的工作量一致，年终不另清算。

**2. 工程预付款**

工程预付款是建设工程施工合同订立后由发包人按照合同约定，在正式开工前预先支付给承包人的工程款。它是施工准备和所需要材料、结构件等流动资金的主要来源，国内习惯上又称为预付备料款。工程预付款的具体事宜由承发包双方根据建设行政主管部门的规定，结合工程款、建设工期和包工包料情况在合同中约定。在《建设工程施工合同（示范文本)》中，对有关工程预付款作了如下约定："实行工程预付款的，双方应当在专用条款内约定发包人向承包人预付工程款的时间和数额，开工后按约定的时间和比例逐次扣回。预付时间应不迟于约定的开工日期前 7 天。发包人不按约定预付，承包人在约定预付时间 7 天后向发包人发出要求预付的通知，发包人收到通知后仍不能按要求预付，承包人可在发出通知后 7 天停止施工，发包人应从约定应付之日起向承包人支付应付款的贷款利息，并承担违约责任。"

工程预付款额度，各地区、各部门的规定不完全相同，主要是保证施工所需材料和构件的正常储备。一般是根据施工工期、建安工作量、主要材料和构件费用占建安工作量的比例以及材料储备周期等因素经测算来确定。发包人根据工程的特点、工期长短、市场行情、供求规律等因素，招标时在合同条件中约定工程预付款的百分比。

**3. 工程预付款的扣回**

发包人支付给承包人的工程预付款其性质是预支。随着工程进度的推进，拨付的工程进度款数额不断增加，工程所需主要材料、构件的用量逐渐减少，原已支付的预付款应以抵扣的方式予以陆续扣回。扣款的方法由发包人和承包人通过洽商用合同的形式予以确定，可采用等比率或等额扣款的方式，也可针对工程实际情况具体处理。如有些工程工期较短、造价较低，就无需分期扣还；有些工期较长，如跨年度工程，其备料款的占用时间很长，根据需要可以少扣或不扣。

**4. 工程进度款**

(1) 工程进度款的计算

工程进度款的计算，主要涉及两个方面：一是工程量的计量［参见《建设工程工程量清单计价规范》(GB 50500—2013)］；二是单价的计算方法。

单价的计算方法，主要根据由发包人和承包人事先约定的工程价格的计价方法决定。目前我国一般来讲，工程价格的计价方法可以分为工料单价和综合单价两种方法。二者在选择时，既可采取可调价格的方式，即工程价格在实施期间可随价格变化而调整，也可采取固定价格的方式，即工程价格在实施期间不因价格变化而调整，在工程价格中已考虑价格风险因素并在合同中明确了固定价格所包括的内容和范围。

工程价格的计价方法：可调工料单价法将人工、材料、机械再配上预算价作为直接成本单价，其他直接成本、间接成本、利润、税金分别计算。因为价格是可调的，其人工、材料等费用在竣工结算时按工程造价管理机构公布的竣工调价系数，或按主材计算差价，或主材用抽料法计算、次要材料按系数计算差价而进行调整。固定综合单价法是包含了风险费在内的全费用单价，故不受时间价值的影响。由于两种计价方法的不同，因此工程进度款的计算方法也不同。

工程进度款的计算当采用可调工料单价法计算工程进度款时，在确定已完工程量后，可按以下步骤计算工程进度款：

根据已完工程量的项目名称、分项编号、单价得出合价；

将本月所完成全部项目合价相加，得出直接工程费小计；

按规定计算措施费、间接费、利润；

按规定计算主材差价或差价系数；

按规定计算税金；

累计本月应收工程进度款。

用固定综合单价法计算工程进度款比用可调工料单价法更方便、省事，工程量得到确认后，只要将工程量与综合单价相乘得出合价，再累加即可完成本月工程进度款的计算工作。

（2）工程进度款的支付

工程进度款的支付，一般按当月实际完成工程量进行结算，工程竣工后办理竣工结算。

**5. 竣工结算**

工程竣工验收报告经发包人认可后 28 天内，承包人向发包人递交竣工结算报告及完整的结算资料，双方按照协议书约定的合同价款及专用条款约定的合同价款调整内容，进行工程竣工结算。专业监理工程师审核承包人报送的竣工结算报表并与发包人、承包人协商一致后，签发竣工结算文件和最终的工程款支付证书。

**6. 建安工程价款的动态结算**

建安工程价款的动态结算就是要把各种动态因素渗透到结算过程中，使结算大体能反映实际的消耗费用。下面介绍几种常用的动态结算办法。

（1）按实际价格结算法

（2）按主材计算价差

发包人在招标文件中列出需要调整价差的主要材料表及其基期价格（一般采用当时当地工程造价管理机构公布的信息价或结算价），工程竣工结算时按竣工当时当地工程造价管理机构公布的材料信息价或结算价，与招标文件中列出的基期价比较计算材料差价。

（3）竣工调价系数法

按工程价格管理机构公布的竣工调价系数及调价计算方法计算差价。

（4）调值公式法（又称动态结算公式法）

即在发包方和承包方签订的合同中明确规定了调值公式。

价格调整的计算工作比较复杂，其程序是：

首先，确定计算物价指数的品种，一般地说，品种不宜太多，只确立那些对项目投资影响较大的因素，如设备、水泥、钢材、木材和工资等，这样便于计算。

其次，要明确以下两个问题：一是合同价格条款中，应写明经双方商定的调整因素，在签订合同时要写明考核几种物价波动到何种程度才进行调整，一般都在±10%左右。二是考核的地点和时点：地点一般在工程所在地，或指定的某地市场价格；时点指的是某月某日的市场价格。这里要确定两个时点价格，即基准日期的市场价格（基础价格）和与特定付款证书有关的期间最后一天的 49 天前的时点价格。这两个时点就是计算调值的依据。

第三，确定各成本要素的系数和固定系数，各成本要素的系数要根据各成本要素对总造价的影响程度而定。各成本要素系数之和加上固定系数应该等于 1。

第四，建筑安装工程费用的价格调值公式

建筑安装工程费用价格调值公式包括固定部分、材料部分和人工部分三项。但因建筑安装工程的规模和复杂性增大，公式也变得更长更复杂。典型的材料成本要素有钢筋、水泥、木材、钢构件、沥青制品等，同样，人工可包括普通工和技术工。调值公式一般为：

$$P = P_0\left(a_0 + a_1\frac{A}{A_0} + a_2\frac{B}{B_0} + a_3\frac{C}{C_0} + a_4\frac{D}{D_0}\right) \quad 式(9\text{-}1)$$

式中　$P$——调值后合同价款或工程实际结算款；

$P_0$——合同价款中工程预算进度款；

$a_0$——固定要素，代表合同支付中不能调整的部分；

$a_1$、$a_2$、$a_3$、$a_4$——代表有关成本要素（如人工费用、钢材费用、水泥费用、运输费用等）在合同总价中所占的比重，$a_0+a_1+a_2+a_3+a_4=1$；

$A_0$、$B_0$、$C_0$、$D_0$——基准日期与 $a_1$、$a_2$、$a_3$、$a_4$ 对应的各项费用的基期价格指数或价格；

$A$、$B$、$C$、$D$——与特定付款证书有关的期间最后一天的 49 天前与 $a_1$、$a_2$、$a_3$、$a_4$ 对应的各成本要素的现行价格指数或价格。

各部分成本的比重系数在许多标书中要求承包方在投标时即提出，并在价格分析中予以论证。但也有的是由发包方在标书中规定一个允许范围，由投标人在此范围内选定。

## 9.4 施工项目成本控制和分析

### 9.4.1 施工项目成本控制的依据

施工成本控制的依据包括以下内容。

**1. 工程承包合同**

施工成本控制要以工程承包合同为依据，围绕降低工程成本这个目标，从预算收入和实际成本两方面，努力挖掘增收节支潜力，以求获得最大的经济效益。

**2. 施工成本计划**

施工成本计划是根据施工项目的具体情况制定的施工成本控制方案，既包括预定的具体成本控制目标，又包括实现控制目标的措施和规划，是施工成本控制的指导文件。

**3. 进度报告**

进度报告提供了每一时刻工程实际完成量、工程施工成本实际收到工程款情况等重要信息。施工成本控制工作正是通过实际情况与施工成本计划相比较，找出二者之间的差别，分析偏差产生的原因，从而采取措施改进以后的工作。此外，进度报告还有助于管理者及时发现工程实施中存在的隐患，并在事态还未造成重大损失之前采取有效措施，尽量避免损失。

**4. 工程变更**

在项目的实施过程中，由于各方面的原因，工程变更是很难避免的。工程变更一般包括设计变更、进度计划变更、施工条件变更、技术规范与标准变更、施工次序变更、工程数量变更等。一旦出现变更，工程量、工期、成本都必将发生变化，从而使得施工成本控制工作变得更为复杂和困难。因此，施工成本管理人员就应当通过对变更要求当中各类数据的计算、分析，随时掌握变更情况，包括已发生工程量、将要发生工程量、工期是否拖延、支付情况等重要信息，判断变更以及变更可能带来的索赔额度等。

除了上述几种施工成本控制工作的主要依据以外，有关施工组织设计、分包合同文本等也都是施工成本控制的依据。

### 9.4.2 施工项目成本控制的步骤

在确定了项目施工成本计划之后，必须定期地进行施工成本计划值与实际值的比较，当实际值偏离计划值时，分析产生偏差的原因，采取适当的纠偏措施，以确保施工成本控制目标的实现。其步骤如下：

**1. 比较**

按照某种确定的方式将施工成本计划值与实际值逐项进行比较，以发现施工成本是否已超支。

**2. 分析**

在比较的基础上，对比较的结果进行分析，以确定偏差的严重性及偏差产生的原因。这一步是施工成本控制工作的核心，其主要目的在于找出产生偏差的原因，从而采取有针对性的措施，减少或避免相同原因的再次发生或减少由此造成的损失。

**3. 预测**

根据项目实施情况估算整个项目完成时的施工成本。预测的目的在于为决策提供支持。

**4. 纠偏**

当工程项目的实际施工成本出现了偏差，应当根据工程的具体情况、偏差分析和预测的结果，采取适当的措施，以期达到使施工成本偏差尽可能小的目的。纠偏是施工成本控制中最具实质性的一步。只有通过纠偏，才能最终达到有效控制施工成本的目的。

**5. 检查**

指对工程的进展进行跟踪和检查，及时了解工程进展状况以及纠偏措施的执行情况和效果，为今后的工作积累经验。

### 9.4.3 施工项目成本控制的方法

施工成本控制的方法很多，这里着重介绍偏差分析法。

**1. 偏差的概念**

在施工成本控制中，把施工成本的实际值与计划值的差异叫做施工成本偏差，即：

施工成本偏差＝已完工程实际施工成本－已完工程计划施工成本。

式中：已完工程实际施工成本＝已完工程量×实际单位成本

已完工程计划施工成本＝已完工程量×计划单价成本

结果为正表示施工成本超支，结果为负表示施工成本节约。但是，必须特别指出，进度偏差对施工成本偏差分析的结果有重要影响，如果不加考虑就不能正确反映施工成本偏差的实际情况。如：某一阶段的施工成本超支，可能是由于进度超前导致的，也可能由于物价上涨导致。所以，必须引入进度偏差的概念。

进度偏差（Ⅰ）＝已完工程实际时间－已完工程计划时间

为了与施工成本偏差联系起来，进度偏差也可表示为：

进度偏差（Ⅱ）＝拟完工程计划施工成本－已完工程计划施工成本

所谓拟完工程计划施工成本，是指根据进度计划安排在某一确定时间内所应完成的工程内容的计划施工成本，即：

拟完工程计划施工成本＝拟完工程量（计划工程量）×计划单位成本

进度偏差为正值，表示工期拖延；结果为负值表示工期提前。用公式来表示进度偏差，其思路是可以接受的，而表达并不十分严格，在实际应用时，为了便于工期调整，还需将用施工成本差额表示的进度偏差转换为所需要的时间。

**2. 偏差分析的方法**

偏差分析可采用不同的方法，常用的有横道图法、表格法和曲线法。

（1）横道图法

用横道图法进行施工成本偏差分析，是用不同的横道标识已完工程计划施工成本、拟完工程计划施工成本和已完工程实际施工成本，横道的长度与其金额成正比例。

横道图法具有形象、直观、一目了然等优点，它能够准确表达出施工成本的绝对偏差，而且能一眼感受到偏差的严重性，但这种方法反映的信息量少，一般在项目的较高管理层应用。

（2）表格法

表格法是进行偏差分析最常用的一种方法，它将项目编号、名称、各施工成本参数以及施工成本偏差数综合归纳入一张表格中，并且直接在表格中进行比较。由于各偏差参数都在表中列出，使得施工成本管理者能够综合地了解并处理这些数据。用表格法进行偏差分析具有如下优点：

① 灵活、适用性强，可根据实际需要设计表格，进行增减项；

② 信息量大。可以反映偏差分析所需的资料，从而有利于施工成本控制人员及时采取针对性措施，加强控制；

③ 表格处理可借助于计算机，从而节约大量数据处理所需的人力，并大大提高速度。

（3）曲线法

曲线法是用施工成本累计曲线（S 型曲线）来进行施工成本偏差分析的一种方法。

用曲线法进行偏差分析同样具有形象、直观的特点，但这种方法很难直接用于定量分析，只能对定量分析起一定的指导作用。

### 9.4.4 施工项目成本分析的依据

施工项目成本分析，就是根据会计核算、业务核算和统计核算提供的资料，对施工成本的形成过程和影响成本升降的因素进行分析，以寻求进一步降低成本的途径；另一方面，通过成本分析，可从账簿、报表反映的成本现象看清成本的实质，从而增强项目成本的透明度和可控性，为加强成本控制，实现项目成本目标创造条件。

**1. 会计核算**

会计核算主要是价值核算。会计是对一定单位的经济业务进行计量、记录、分析和检查已做出预测，参与决策，实行监督，旨在实现最优经济效益的一种管理活动。它通过设置账户、复式记账、填制和审核凭证、登记账簿、成本计算、财产清查和编制会计报表等一系列有组织有系统的方法，来记录企业的一切生产经营活动，然后据以提出一些用货币来反映的有关各种综合性经济指标的数据。资产、负债、所有者权益、营业收入、成本、利润等会计六要素指标，主要是通过会计来核算。至于其他指标，会计核算的记录中也可以有所反映，但在反映的广度和深度上有很大的局限性，一般不用会计核算来反映。由于会计记录具有连续性、系统性、综合性等特点，所以它是施工成本分析的重要依据。

**2. 业务核算**

业务核算是各业务部门根据业务工作的需要而建立的核算制度，它包括原始记录和计算登记表，如单位工程及分部分项工程进度登记，质量登记，工效、定额计算登记，物资消耗定额记录，测试记录等等。业务核算的范围比会计、统计核算要广，会计和统计核算一般是对已经发生的经济活动进行核算，而业务核算不但可以对已经发生的，而且还可以对尚未发生或正在发生的或尚在构思中的经济活动进行核算，看是否可以做，是否有经济效果。它的特点是对个别的经济业务进行单项核算，只是记载单一的事项，最多是略有整理或稍加归类，不求提供综合性、总括性指标。核算范围不太固定，方法也很灵活，不像会计核算和统计核算那样有一套特定的系统的方法。例如各种技术措施、新工艺等项目，可以核算已经完成的项目是否达到原定的目的，取得预期的效果，也可以对准备采取措施的项目进行核算和审查，看是否有效果，值不值得采纳。业务核算的目的，在于迅速取得资料，在经济活动中及时采取措施进行调整。

**3. 统计核算**

统计核算是利用会计核算资料和业务核算资料，把企业生产经营活动客观现状的大量数据，按统计方法加以系统整理，表明其规律性。它的计量尺度比会计宽，可以用货币计算，也可以用实物或劳动量计量。它通过全面调查和抽样调查等特有的方法，不仅能提供绝对数指标，还能提供相对数和平均数指标，可以计算当前的实际水平，确定变动速度，可以预测发展的趋势。统计除了主要研究大量的经济现象以外，也很重视个别先进事例与典型事例的研究。有时，为了使研究的对象更有典型性和代表性，还把一些偶然性的因素或次要的枝节问题予以剔除。为了对主要问题进行深入分析，不一定要求对企业的全部经济活动做出完整、全面的反映。

### 9.4.5 施工项目成本分析的方法

**1. 成本分析的基本方法**

施工成本分析的方法包括比较法、因素分析法、差额计算法、比率法等基本方法。

(1) 比较法

比较法，又称“指标对比分析法”，就是通过技术经济指标的对比，检查目标的完成情况，分析产生差异的原因，进而挖掘内部潜力的方法。这种方法，具有通俗易懂、简单易行、便于掌握的特点，因而得到了广泛的应用，但在应用时必须注意各技术经济指标的可比性。比较法的应用，通常有下列形式。

① 将实际指标与目标指标对比。以此检查目标完成情况，分析影响目标完成的积极因素和消极因素，以便及时采取措施，保证成本目标的实现。在进行实际指标与目标指标对比时，还应注意目标本身有无问题。如果目标本身出现问题，则应调整目标，重新正确评价实际工作的成绩。

② 本期实际指标与上期实际指标对比。通过这种对比，可以看出各项技术经济指标的变动情况，反映施工管理水平的提高程度。

③ 与本行业平均水平、先进水平对比。通过这种对比，可以反映本项目的技术管理和经济管理与行业的平均水平和先进水平的差距，进而采取措施赶超先进水平。

（2）因素分析法

因素分析法又称连环置换法。这种方法可用来分析各种因素对成本的影响程度。在进行分析时，首先要假定众多因素中的一个因素发生了变化，而其他因素不变，然后逐个替换，分别比较其计算结果，以确定各个因素的变化对成本的影响程度。因素分析法的计算步骤如下：

① 确定分析对象，并计算出实际数与目标数的差异；

② 确定该指标是由哪几个因素组成的，并按其相互关系进行排序；

③ 以目标数为基础，将各因素的目标数相乘，作为分析替代的基数；

④ 将各个因素的实际数按照上面的排列顺序进行替换计算，并将替换后的实际数保留下来；

⑤ 将每次替换计算所得的结果，与前一次的计算结果相比较，两者的差异即为该因素对成本的影响程度；

⑥ 各个因素的影响程度之和，应与分析对象的总差异相等。

（3）差额计算法

差额计算法是因素分析法的一种简化形式，它利用各个因素的目标值与实际值的差额来计算其对成本的影响程度。

（4）比率法

比率法是指用两个以上指标的比例进行分析的方法。它的基本特点是：先把对比分析的数值变成相对数，再观察其相互之间的关系。常用的比率法有以下几种。

① 相关比率法。由于项目经济活动的各个方面是相互联系、相互依存又相互影响的，因而可以将两个性质不同而又相关的指标加以对比，求出比率，并以此来考察经营成果的好坏。例如：产值和工资是两个不同的概念，但它们的关系又是投入与产出的关系。在一般情况下，都希望以最少的工资支出完成最大的产值。因此，用产值工资率指标来考核人工费的支出水平，就很能说明问题。

② 构成比率法。又称比重分析法或结构对比分析法。通过构成比率，可以考察成本总量的构成情况及各成本项目占成本总量的比重，同时也可看出量、本、利的比例关系（即预算成本、实际成本和降低成本的比例关系），从而为寻求降低成本的途径指明方向。

③ 动态比率法。动态比率法，就是将同类指标不同时期的数值进行对比，求出比率，以分析该项指标的发展方向和发展速度。动态比率的计算，通常采用基期指数和环比指数两种方法。

**2. 综合成本的分析方法**

所谓综合成本，是指涉及多种生产要素，并受多种因素影响的成本费用，如分部分项工程成本、月（季）度成本、年度成本、竣工成本等。由丁这些成本部是随着项目施工的进展而逐步形成的，与生产经营有着密切的关系。因此，做好上述成本的分析工作，无疑将促进项目的生产经营管理，提高项目的经济效益。

（1）分部分项工程成本分析

分部分项工程成本分析是施工项目成本分析的基础。分部分项工程成本分析的对象为已完成分部分项工程，分析的方法是：进行预算成本、目标成本和实际成本的“三算”对比，分别计算实际偏差和目标偏差，分析偏差产生的原因，为今后的分部分项工程成本寻求节约途径。

分部分项工程成本分析的资料来源（依据）是：预算成本来自投标报价成本，目标成本来自施工预算，实际成本来自施工任务单的实际工程量、实耗人工和限额领料单的实耗材料。

由于施工项目包括很多分部分项工程，不可能也没有必要对每一个分部分项工程都进行成本分析。特别是一些工程量小、成本费用微不足道的零星工程。但是，对于那些主要分部分项工程则必须进行成本分析，而且要做到从开工到竣工进行系统的成本分析。这是一项很有意义的工作，因为通过主要分部分项工程成本的系统分析，可以基本上了解项目成本形成的全过程，为竣工成本分析和今后的项目成本管理提供一份宝贵的参考资料。

（2）月（季）度成本分析

月（季）度成本分析，是施工项目定期的、经常性的中间成本分析。对于具有一次性特点的施工项目来说，有着特别重要的意义。因为通过月（季）度成本分析，可以及时发现问题，以便按照成本目标指定的方向进行监督和控制，保证项目成本目标的实现。

月（季）度成本分析的依据是当月（季）的成本报表。分析的方法，通常有以下几个方面。

① 通过实际成本与预算成本的对比，分析当月（季）的成本降低水平；通过累计实际成本与累计预算成本的对比，分析累计的成本降低水平，预测实现项目成本目标的前景。

② 通过实际成本与目标成本的对比，分析目标成本的落实情况，以及目标管理中的问题和不足，进而采取措施，加强成本管理，保证成本目标的落实。

③ 通过对各成本项目的成本分析，可以了解成本总量的构成比例和成本管理的薄弱环节。

④ 通过主要技术经济指标的实际与目标对比，分析产量、工期、质量、“二材”节约率、机械利用率等对成本的影响。

⑤ 通过对技术组织措施执行效果的分析，寻求更加有效的节约途径。

⑥ 分析其他有利条件和不利条件对成本的影响。

（3）年度成本分析

企业成本要求一年结算一次，不得将本年成本转入下一年度。而项目成本则以项目的寿命周期为结算期，要求从开工、竣工到保修期结束连续计算，最后结算出成本总量及其盈亏。

由于项目的施工周期一般较长，除进行月（季）度成本核算和分析外，还要进行年度成本的核算和分析。这不仅是为了满足企业汇编年度成本报表的需要，同时也是项目成本管理的需要。因为通过年度成本的综合分析，可以总结一年来成本管理的成绩和不足，为今后的成本管理提供经验和教训，从而可对项目成本进行更有效的管理。

年度成本分析的依据是年度成本报表。年度成本分析的内容，除了月（季）度成本分析的 6 个方面以外，重点是针对下一年度的施工进展情况规划提出切实可行的成本管理措施，以保证施工项目成本目标的实现。

（4）竣工成本的综合分析

凡是有几个单位工程而且是单独进行成本核算（即成本核算对象）的施工项目，其竣工成本分析应以各单位工程竣工成本分析资料为基础，再加上项目经理部的经营效益（如资金调度、对外分包等所产生的效益）进行综合分析。如果施工项目只有一个成本核算对象（单位工程），就以该成本核算对象的竣工成本资料作为成本分析的依据。

单位工程竣工成本分析，应包括以下三方面内容：

① 竣工成本分析；

② 主要资源节超对比分析；

③ 主要技术节约措施及经济效果分析。

通过以上分析，可以全面了解单位工程的成本构成和降低成本的来源，对今后同类工程的成本管理很有参考价值。

# 第10章　施工项目安全管理和环境保护

## 10.1　安全生产管理概论

安全生产是我国的一项基本国策，必须强制贯彻执行。同时，安全生产也是建筑企业的立身之本，关系到企业能否稳定、持续、健康地发展。总之，安全生产是建筑企业科学规范管理的重要标志。

在一个施工项目中，项目经理是安全管理工作的第一责任人，安全员是该工作的专职人员。然而，安全管理和责任并不仅限于项目经理和安全员，其中有关施工方案与技术的安全管理活动，就是以施工员为中心展开的，本章将着重从施工方案与安全技术措施的角度，分析安全生产的各个要素。

施工项目安全管理，就是在施工过程中，项目部组织安全生产的全部管理活动。通过对生产要素的过程控制，使其不安全行为和状态减少或消除，达到减少一般事故，杜绝伤亡事故，从而保证安全管理目标的实现。

### 10.1.1　安全生产方针

建筑企业的安全生产方针经历了从“安全生产”到“安全第一、预防为主”的产生和发展过程，应强调在施工生产中要做好预防工作，尽可能将事故消灭在萌芽状态之中。因此，对于安全生产方针的含义，归纳起来主要有以下三方面的内容。

**1. 安全生产的重要性**

施工过程中的安全是生产发展的客观需要，特别是现代化施工，更不允许忽视，在生产活动中必须强化安全生产，把安全工作放在第一位，尤其当生产与安全发生矛盾时，生产服从安全，这是安全第一的含义。

在我国，安全施工又是国家的一项重要政策，是社会主义企业管理的一项重要原则，这是社会主义制度性质决定的。

**2. 安全与生产的辩证关系**

在施工管理过程中，用辩证统一的观点去处理好安全与生产的关系是最合理的途径。施工员既要抓质量又要抓进度，必须妥善安排好安全工作与生产工作，特别是在生产任务繁忙的情况下，安全工作与生产工作发生矛盾时，更应处理好两者的关系，不要把安全工作挤掉。越是生产任务忙，越要重视安全，把安全工作搞好，否则，就会发生安全事故，既妨碍生产，又影响企业信誉，这是多年来生产实践证明了的一条宝贵经验。

长期以来，在施工管理中往往出现生产任务重，事故发生就频繁；进度均衡，安全情况就好的现象，人们称之为安全生产规律。前一种情况其实质是反映了某些项目管理者在经营管理上的思想片面性。只看到进度的一面，看不见质量和安全的重要性；只看到一段时间内生产数量增加的一面，没有认识到如果不消除事故安全隐患，这种数量的增加只是一种短暂的现象，一旦条件具备了就会发生事故。这是多年来安全施工工作中深刻的教训。总之，安全与生产是互相联系、互相依存、互为条件的。要正确贯彻安全生产方针，就必须按照辩证法办事，克服思想的片面性。

**3. 安全施工必须强调预防为主**

安全施工的预防为主是现代生产发展的需要。现代施工技术日新月异，而且往往又是进行事前控制学科综合运用，安全问题十分复杂，稍有疏忽就会酿成安全事故。预防为主，就是要进行事前控制，“防患于未然”。依靠科技进步，加强安全科学管理，搞好科学预测与分析工作，把工伤事故和职业危害消灭在萌芽状态中。“安全第一、预防为主”两者是相辅相成、互相促进的。“预防为主”是实现“安全第一”的基础。要做到安全第一，首先要搞好预防措施。预防工作做好了，就可以保证安全生产，实现安全第一，否则安全第一就是一句空话，这也是在实践中总结出来的重要经验。

### 10.1.2 安全生产管理制度

安全生产管理制度是依据国家法律法规制定的，项目全体员工在生产经营活动中必须贯彻执行，同时也是企业规章制度的重要组成部分。通过建立安全生产管理制度，可以把企业员工组织起来，围绕安全目标进行生产建设。同时，我国的安全生产方针和法律法规也是通过安全生产管理制度去实现的。安全生产管理制度既有国家制定的，也有企业制定的。企业必须建立的基本制度包括：安全生产责任制、安全技术措施、安全生产培训和教育、安全生产定期检查、伤亡事故的调查和处理等制度。此外，随着社会和生产的发展，安全生产管理制度也在不断发展，国家和企业在这些基本制度的基础上又建立和完善了许多新制度，比如，特种设备及特种作业人员管理，机械设备安全检修以及文明生产等制度。

## 10.2 施工安全管理体系

### 10.2.1 施工安全管理体系概述

施工安全管理体系是项目管理体系中的一个子系统，它是根据 PDCA 循环模式的运行方式，以逐步提高、持续改进的思想指导企业系统地实现安全管理的既定目标。因此，施工安全管理体系是一个动态的、自我调整和完善的管理系统。

**1. 建立施工安全管理体系的重要性**

(1) 建立施工安全管理体系，能使劳动者获得安全与健康，是体现社会经济发展和社会公正、安全、文明的基本标志。

(2) 通过建立施工安全管理体系，可以改善企业的安全生产规章制度不健全、管理方法不适当、安全生产状况不佳的现状。

(3) 施工安全管理体系对企业环境的安全卫生状态规定了具体的要求和限定，从而使企业必须根据安全管理体系标准实施管理，才能促进工作环境达到安全卫生标准的要求。

(4) 推行施工安全管理体系，是适应国内外市场经济一体化趋势的需要。

(5) 实施施工安全管理体系，可以促使企业尽快改变安全卫生的落后状况，从根本上调整企业的安全卫生管理机制，改善劳动者的安全卫生条件，增强企业参与国内外市场的竞争能力。

**2. 建立施工安全管理体系的原则**

（1）贯彻“安全第一，预防为主”的方针，企业必须建立健全安全生产责任制和群防群治制度，确保工程施工劳动者的人身和财产安全。

（2）施工安全管理体系的建立，必须适用于工程施工全过程的安全管理和控制。

（3）施工安全管理体系文件的编制，必须符合《中华人民共和国建筑法》、《中华人民共和国安全生产法》、《建设工程安全生产管理条例》、《职业安全卫生管理体系标准》和国际劳工组织（ILO）167号公约等法律、行政法规及规程的要求。

（4）项目经理部应根据本企业的安全管理体系标准，结合各项目的实际加以充实，确保工程项目的施工安全。

（5）企业应加强对施工项目的安全管理、指导，帮助项目经理部建立和实施安全管理体系。

### 10.2.2 施工安全保证体系

**1. 施工安全保证体系的含义**

施工安全管理的工作目标，主要是避免或减少一般安全事故和轻伤事故，杜绝重大、特大安全事故和伤亡事故的发生，最大限度地确保施工中劳动者的人身和财产安全。能否达到这一施工安全管理的工作目标，关键是需要安全管理和安全技术来保证。

**2. 施工安全保证体系的构成**

（1）施工安全的组织保证体系

施工安全的组织保证体系是负责施工安全工作的组织管理系统，一般包括最高权力机构、专职管理机构的设置和专兼职安全管理人员的配备（如企业的主要负责人，专职安全管理人员，企业、项目部主管安全的管理人员以及班组长、班组安全员）。

（2）施工安全的制度保证体系

施工安全的制度保证体系是为贯彻执行安全生产法律、法规、强制性标准、工程施工设计和安全技术措施，确保施工安全而提供制度的支持与保证体系。制度保证体系的制度项目组成见表10-1。

**制度保证体系的制度项目构成　　表10-1**

| 序　次 | 类　别 | 制度名称 |
|---|---|---|
| 1 | 岗位管理 | 安全生产组织制度（即组织保证体系的人员设置构成） |
| 2 | | 安全生产责任制度 |
| 3 | | 安全生产教育培训制度 |
| 4 | | 安全生产岗位认证制度 |
| 5 | | 安全生产值班制度 |
| 6 | | 特种作业人员管理制度 |
| 7 | | 外协单位和外协人员安全管理制度 |
| 8 | | 专、兼职安全管理人员管理制度 |
| 9 | | 安全生产奖惩制度 |

续表

| 序 次 | 类 别 | 制度名称 |
|---|---|---|
| 10 | 措施管理 | 安全作业环境和条件管理制度 |
| 11 | | 安全施工技术措施的编制和审批制度 |
| 12 | | 安全技术措施实施的管理制度 |
| 13 | | 安全技术措施的总结和评价制度 |
| 14 | 投入和物资管理 | 安全作业环境和安全施工措施费用编制、审核、办理及使用管理制度 |
| 15 | | 劳动保护用品的购入、发放与管理制度 |
| 16 | | 特种劳动防护用品使用管理制度 |
| 17 | | 应急救援设备和物资管理制度 |
| 18 | | 机械、设备、工具和设施的供应、维修、报废管理制度 |
| 19 | 日常管理 | 安全生产检查制度 |
| 20 | | 安全生产验收制度 |
| 21 | | 安全生产交接班制度 |
| 22 | | 安全隐患处理和安全整改工作的备案制度 |
| 23 | | 异常情况、事故征兆、突然事态报告、处置和备案管理制度 |
| 24 | | 安全生产事故报告、处置、分析和备案制度 |
| 25 | | 安全生产信息资料收集和归档管理制度 |

（3）施工安全的技术保证体系

为了达到施工状态安全、施工行为安全以及安全生产管理到位的安全目的，施工安全的技术保证，就是为上述安全要求提供安全技术的保证，确保在施工中准确判断其安全的可靠性，对避免出现危险状况、事态做出限制和控制规定，对施工安全保险与排险措施给予规定以及对一切施工生产给予安全保证。

施工安全技术保证由专项工程、专项技术、专项管理、专项治理 4 种类别构成，每种类别又有若干项目，每个项目都包括安全可靠性技术、安全限控技术、安全保险与排险技术和安全保护技术等 4 种技术，建立并形成如图 10-1 所示的安全技术保证体系。

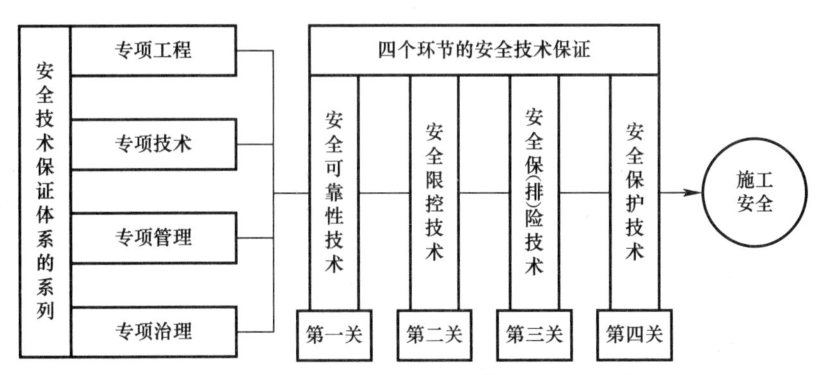


图 10-1　施工安全技术保证体系的系列图

（4）施工安全投入保证体系

施工安全投入保证体系是确保施工安全应有与其要求相适应的人力、物力和财力投入，并发挥其投入效果的保证体系。其中，人力投入可在施工安全组织保证体系中解决，而物力和财力的投入则需要解决相应的资金问题。其资金来源为工程费用中的机械装备费、措施费（如脚手架费、环境保护费、安全文明施工费、临时设施费等）、管理费和劳动保险支出等。

2012 年国家财政部颁发的《企业安全生产费用提取和使用管理办法》规定了安全费用的提取标准：市政公用工程、冶炼工程、机电安装工程、化工石油工程、港口与航道工程、公路工程、通信工程为建筑安装工程造价的 1.5%。建设工程施工企业提取的安全费用列入工程造价，在竞标时，不得删减，列入标外管理。

（5）施工安全信息保证体系

施工安全工作中的信息主要有文件信息、标准信息、管理信息、技术信息、安全施工状况信息及事故信息等，这些信息对于企业搞好安全施工工作具有重要的指导和参考作用。因此，企业应把这些信息作为安全施工的基础资料保存，建立起施工安全的信息保证体系，以便为施工安全工作提供有力的安全信息支持。

施工安全信息保证体系由信息工作条件、信息收集、信息处理和信息服务等 4 部分工作内容组成，如图 10-2 所示。

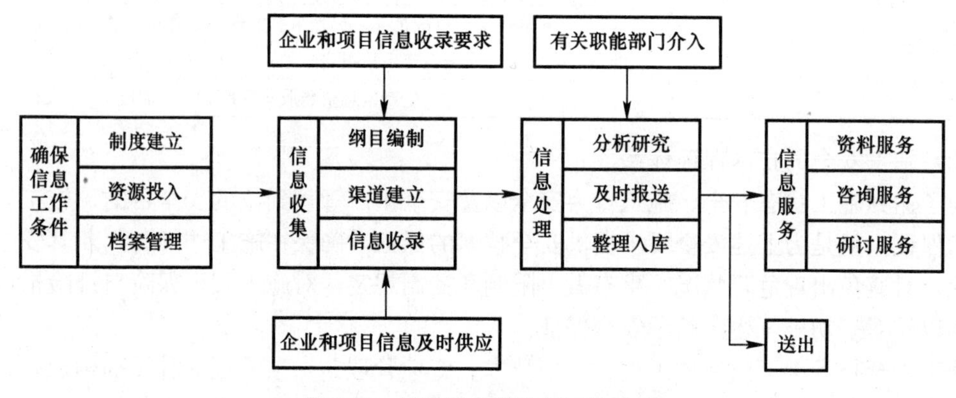


图 10-2　施工安全信息保证体系图

# 10.3　施工安全技术措施

## 10.3.1　概述

施工安全技术措施是在施工项目生产活动中，根据工程特点、规模、结构复杂程度、工期、施工现场环境、劳动组织、施工方法、施工机械设备、变配电设施、架设工具以及各项安全防护设施等，针对施工中存在的不安全因素进行预测和分析。找出危险点，为消除和控制危险隐患，从技术和管理上采取措施加以防范，消除不安全因素，防止事故发生，确保施工项目安全施工。

## 10.3.2　施工安全技术措施的编制要求

（1）施工安全技术措施在施工前必须编制好，并且经过审批后正式下达承包单位指导施工。设计和施工发生变更时，安全技术措施必须及时变更或作补充。

（2）根据不同分部分项工程的施工方法和施工工艺可能给施工带来的不安全因素，制定相应的施工安全技术措施，真正做到从技术上采取措施保证其安全实施。

① 主要的分部分项工程，如土石方工程、基础工程（含桩基础）、砌筑工程、钢筋混凝土工程、钢门窗工程、结构吊装工程及脚手架工程等都必须编制单独的分部分项工程施工安全技术措施。

② 编制施工组织设计或施工方案时，在使用新技术、新工艺、新设备、新材料的同时，必须考虑相应的施工安全技术措施。

(3) 编制各种机械动力设备、用电设备的安全技术措施。

(4) 对于有毒、有害、易燃、易爆等项目的施工作业，必须考虑防止可能给施工人员造成危害的安全技术措施。

(5) 对于施工现场的周围环境中可能给施工人员及周围居民带来的不安全因素，以及由于施工现场狭小导致材料、构件、设备运输的困难和危险因素，制定相应的施工安全技术措施。

(6) 针对季节性施工的特点，必须制定相应的安全技术措施。夏季要制定防暑降温措施；雨期施工要制定防触电、防雷、防坍塌措施；冬期施工要制定防风、防火、防滑、防煤气和亚硝酸钠中毒措施。

(7) 施工安全技术措施中要有施工总平面图，在图中必须对危险的油库、易燃材料库以及材料、构件的堆放位置、垂直运输设备、变电设备、搅拌站的位置等，按照施工需要和安全规程的要求明确定位，并提出具体要求。

(8) 制定的施工安全技术措施必须符合国家颁发的施工安全技术法规、规范及标准。

### 10.3.3 施工安全技术措施的主要内容

施工安全技术措施可按施工准备阶段和施工阶段编写。

**1. 施工准备阶段安全技术措施**

(1) 技术准备

① 了解工程设计对安全施工的要求。

② 调查工程的自然环境（水文、地质、气候、洪水、雷击等）和施工环境（粉尘、噪声、地下设施、管道和电缆的分布、走向等）对施工安全及施工对周围环境安全的影响。

③ 改扩建工程施工与建设单位使用、生产发生交叉，可能造成双方伤害时，双方应签订安全施工协议，搞好施工与生产的协调，明确双方责任，共同遵守安全事项。

④ 在施工组织设计中，编制切实可行、行之有效的安全技术措施，并严格履行审批手续，送安全部门备案。

(2) 物质准备

① 及时供应质量合格的安全防护用品（安全帽、安全带、安全网等），并满足施工需要。

② 保证特殊工种（电工、焊工、爆破工、起重工等）使用工具、器械质量合格，技术性能良好。

③ 施工机具、设备（起重机、卷扬机、电锯、平面刨、电气设备等）、车辆等，须经安全技术性能检测，鉴定合格，防护装置齐全，制动装置可靠，方可进厂使用。

④ 施工周转材料（脚手杆、扣件、跳板等）须经认真挑选，不符合安全要求的禁止使用。

（3）施工现场准备

① 按施工总平面图要求做好现场施工准备。

② 现场各种临时设施、库房，特别是炸药库、油库的布置，易燃易爆品的存放都必须符合安全规定和消防要求，并经公安消防部门批准。

③ 电气线路、配电设备符合安全要求，有安全用电防护措施。

④ 场内道路畅通，设交通标志，危险地带设危险信号及禁止通行标志，保证行人、车辆通行安全。

⑤ 现场周围和陡坡、沟坑处设围栏、防护板，现场入口处设“无关人员禁止入内”的警示标志。

⑥ 塔吊等起重设备安置要与输电线路、永久或临设工程间有足够的安全距离，避免碰撞，以保证搭设脚手架、安全网的施工距离。

⑦ 现场设消防栓，有足够的有效的灭火器材、设施。

（4）施工队伍准备

① 总包单位及分包单位都应持有《施工企业安全生产许可证》方可组织施工。

② 新工人经三级安全教育、变换工种的安全教育后，持证上岗。

③ 高险难作业工人须经身体检查合格，具有安全生产资格，方可施工作业。

④ 特殊工种作业人员，应按《建筑施工特种作业人员管理规定》经培训考试合格后持有《建筑施工特种作业人员操作资格证书》方可上岗。

**2. 施工阶段安全技术措施**

（1）一般工程

① 单项工程、单位工程均有安全技术措施，分部分项工程有安全技术具体措施，施工前由技术负责人向参加施工的有关人员进行安全技术交底，并应逐级和保存“安全交底任务单”。

② 安全技术应与施工生产技术统一，各项安全技术措施必须在相应的工序施工前落实好。

③ 操作者严格遵守相应的操作规程，实行标准化作业。

④ 针对采用的新工艺、新技术、新设备、新结构制定专门的施工安全技术措施。

⑤ 在明火作业现场（焊接、切割、熬沥青等）有防火、防爆措施。

⑥ 考虑不同季节的气候对施工生产带来的不安全因素可能造成的各种突发性事故，从防护上、技术上、管理上有预防自然灾害的专门安全技术措施。

（2）特殊工程

① 对于结构复杂、危险性大的特殊工程，应编制单项的安全技术措施。

② 安全技术措施中应注明设计依据，并附有计算、详图和文字说明。

（3）拆除工程

① 详细调查拆除工程的结构特点、结构强度、电线线路、管道设施等现状，制定可靠的安全技术方案。

② 拆除建筑物、构筑物之前，在工程周围划定危险警戒区域，设立安全围栏，禁止

无关人员进入作业现场。

③ 拆除工作开始前，先切断被拆除建筑物、构筑物的电线、供水、供热、供煤气的通道。

④ 拆除工作应自上而下顺序进行，禁止数层同时拆除，必要时要对底层或下部结构进行加固。

⑤ 栏杆、楼梯、平台应与主体拆除程序配合进行，不能先行拆除。

⑥ 拆除作业工人应站在脚手架或稳固的结构部分上操作，拆除承重梁、柱之前应拆除其承重的全部结构，并防止其他部分坍塌。

⑦ 拆下的材料要及时清理运走，不得在旧楼板上集中堆放，以免超负荷。

⑧ 拆除建筑物、构筑物内需要保留的部分或设备，要事先搭好防护棚。

⑨ 一般不采用推倒方法拆除建筑物，必须采用推倒方法时，应采取特殊安全措施。

### 10.3.4 安全技术交底

**1. 安全技术措施交底的基本要求**

（1）项目经理部必须实行逐级安全技术交底制度，纵向延伸到班组全体作业人员。

（2）技术交底必须具体、明确，针对性强。

（3）技术交底的内容应针对分部分项工程施工中给作业人员带来的潜在危害和存在问题。

（4）应优先采用新的安全技术措施。

（5）应将工程概况、施工方法、施工程序、安全技术措施等向工长、班组长进行详细交底。

（6）定期向由两个以上作业队和多工种进行交叉施工的作业队伍进行书面交底。

（7）保持书面安全技术交底签字记录。

**2. 安全技术交底主要内容**

（1）一般规定（JGJ 59—2011）

1）安全生产六大纪律

① 进入现场应戴好安全帽，系好帽带，并正确使用个人劳动防护用品。

② 2m 以上的高处、悬空作业、无安全设施的，必须系好安全带，扣好保险钩。

③ 高处作业时，不准往下或向上乱抛材料和工具等物件。

④ 各种电动机械设备应有可靠有效的安全接地和防雷装置，才可启动使用。

⑤ 不懂电气和机械的人员，严禁使用和摆弄机电设备。

⑥ 吊装区域非操作人员严禁入内，吊装机械性能应完好，把杆垂直下方不准站人。

2）安全技术操作规程一般规定

① 施工现场

a. 参加施工的员工（包括学徒工、实习生、代培人员和民工）要熟知本工种的安全技术操作规程。在操作中，应坚守工作岗位，严禁酒后操作。

b. 电工、焊工、锅炉工、爆破工、起重机司机、打桩机司机和各种机动车司机，必须经过专门训练，考试合格后发给岗位证，方可独立操作。

c. 正确使用防护用品和采取安全防护措施，进入施工现场，应戴好安全帽，禁止穿拖鞋或光脚；在没有防护设施的高空悬崖和陡坡施工，应系好安全带。上下交叉作业有危险的出入口，要有防护棚或其他隔离设施。距地面 2m 以上作业区要有防护栏杆、挡板或安全网。安全帽、安全带、安全网要定期检查，不符合要求的，严禁使用。

d. 施工现场的脚手架、防护设施、安全标识和警告牌不得擅自拆动，需要拆动的，要经工地负责人同意。

e. 施工现场的洞、坑、沟、升降口和漏斗等危险处，应有防护设施或明显标识。

f. 施工现场要有交通指示标识，交通频繁的交叉路口，应设指挥。火车道口两侧，应设落杆；危险地区，要悬挂“危险”或“禁止通行”牌，夜间设红灯示警。

g. 工地行驶的斗车、小平车的轨道坡度不得大于 3%，铁轨终点应有车挡，车辆的制动闸和挂钩要完好可靠。

h. 坑槽施工，应经常检查边壁土质稳固情况，发现有裂缝、疏松或支撑走动，要随时采取加固措施，根据土质、沟深、水位和机械设备重量等情况，确定堆放材料和机械距坑边距离。往坑槽运材料，先用信号联系。

i. 调配酸溶液，先将酸液缓慢地注入水中，搅拌均匀，严禁将水倒入酸液中。贮存酸液的容器应加盖并设有标识牌。

j. 做好女工在月经、怀孕、生育和哺乳期间的保护工作。女工在怀孕期间对原工作不能胜任时，根据医院的证明意见，应调换轻便工作。

② 机电设备

a. 机械操作时要束紧袖口，女工发辫要挽入帽内。

b. 机械和动力机械的机座应稳固，转动的危险部位要安装防护装置。

c. 工作前应查机械、仪表和工具等，确认完好方可使用。

d. 电气设备和线路必须绝缘良好，电线不得与金属物绑在一起，各种电动机具应按规定接地接零，并设置单一开关，临时停电或停工休息时，必须拉闸上锁。

e. 施工机械和电气设备不得带病运行和超负荷作业。发现不正常情况时应停机检查，不得在运行中修理。

f. 电气、仪表和设备试运转，应严格按照单项安全技术措施进行，运转时不准清洗和修理，严禁将头手伸入机械行程范围内。

g. 在架空输电线路下面作业应停电，不能停电的，应有隔离防护措施。起重机不得在架空输电线下面作业。通过架空输电线路时应将起重臂落下。在架空输电线路一侧作业时，不论在何种情况下，起重臂、钢丝绳或重物等与架空输电线路的最近距离不应小于有关规定。

h. 行灯电压不得超过 36V，在潮湿场所或金属容器内工作时，行灯电压不得超过 12V。

i. 受压容器应有安全阀、压力表，并避免曝晒、碰撞，氧气瓶严防沾染油脂。乙炔发生气、液化石油气，应有防止回火的安全装置。

j. X 光或其他射线探伤作业区，非操作人员，不准进入。从事腐蚀、粉尘、放射性和有毒作业，要有防护措施，并定期进行体检。

③ 高处作业

a. 从事高处作业要定期体检，凡患有高血压、心脏病、贫血病和癫痫病以及其他不适应高处作业的人员，不得从事高处作业。

b. 高处作业衣着要灵便，禁止穿硬底和带钉易滑的鞋。

c. 高处作业所用材料要堆放平稳，工具应随手放入工具袋内，上下传递物件禁止抛掷。

d. 遇有恶劣气候（如风力在6级以上）影响施工安全时，禁止进行露天高空、起重和打桩作业。

e. 梯子不得缺档或垫高使用，梯子横档间距以30crn为宜，使用时上端要扎牢，下端应采取防滑措施。单面梯与地面夹角以60°～70°为宜，禁止工人同时在梯上作业，如需接长使用，应绑扎牢固。人字梯底脚要固定牢。在通道处使用梯子，应有人监护或设置围栏。

f. 没有安全防护措施的，禁止在屋架的上弦、支撑、桁条、挑架的挑梁和半固定的构件上行走或作业。高处作业与地面联系，应设通讯装置并由专人负责。

g. 乘人的外用电梯、吊笼，应有可靠的安全装置。除指派专业人员外，禁止攀登起重臂、绳索和随同运料的吊笼吊物上下。

④ 季节施工

a. 暴雨台风前后，要检查工地临时设施、脚手架、机电设备和临时线路，发现倾斜、变形、下沉、漏雨和漏电等现象，应及时修理加固，有严重危险的应立即排除。

b. 高层建筑、烟囱、水塔的脚手架及易燃、易爆仓库和塔吊、打桩机等机械，应设临时避雷装置。对机电设备的电气开关，要有防雨、防潮设施。

c. 现场道路应加强维护，斜道和脚手板应有防滑措施。

d. 夏季作业应调整作息时间。从事高温工作的场所，应采取通风和降温措施。

e. 冬季施工使用煤炭取暖时，应符合防火要求和指定专人负责管理，并有防止一氧化碳中毒的措施。

3）施工现场安全防护标准

A. 高处作业防护

① 起重机吊砖：使用上压式或网式砖笼。

② 起重机吊砌块：使用摩擦式砌块夹具。

③ 安全平网。

a. 从二层楼面起设安全网，往上每隔四层设置一道，同时再设一道随施工高度提升的安全网。

b. 网绳不破损，应生根牢固、绷紧、圈牢和拼接严密，网杠支杆应用钢管。

c. 网宽不少于7.6m，里口离墙不大于15cm，外高内低，每隔3m设支撑，角度为45°左右。

④ 安全立网。

a. 随施工层提升，网应高出施工层面1m以上。

b. 网之间拼接应严密，空隙不大于10cm。

⑤ 圈梁施工。搭设操作平台或脚手架，扶梯间搭操作平台。

B. 洞口临边防护

① 预留孔洞。

a. 边长或直径在20～50cm的洞口，可用混凝土板内钢筋或固定盖板防护。

b. 边长或直径在50～150cm的洞口，可用混凝土板内钢筋贯穿洞径构成防护网，网格大于20cm时要另外加密。

c. 边长或直径在150cm以上的洞口，四周设护栏，洞口下张安全网，护栏高1m，设两道水平杆。

d. 预制构件的洞，包括缺件临时形成的洞口，参照上述原则防护或架设脚手板，满铺竹笆固定防护。

e. 垃圾井道、烟道，随楼层砌筑或安装消防洞口，或参照预留洞口要求加以防护。

f. 管笼施工时，四周设防护栏，并应设有明显标识。

② 电梯井门口，应安装固定栅门或护栏。

③ 楼梯口。

a. 分层施工楼梯口应安装临时护栏。

b. 梯段每边应设临时防护栏杆（用钢管或毛竹）。

c. 顶层楼梯口，应随施工安装正式栏杆或临时护栏。

④ 利用正式阳台栏板，随楼层安装或装设临时护栏，间距大于2m时设立柱。

⑤ 框架结构。

a. 施工时，外设脚手架不低于操作面，内设操作平台。

b. 周边架设钢管护身栏。

c. 周边无柱时，板口顶埋短钢管，供安装钢管临时护栏立管用。

d. 高层框架无外脚手架时，外设小眼安全网。

⑥ 深坑防护，深坑顶周边设防护栏杆。行人坟道设扶手及防滑措施（深度2m以上）。

⑦ 底层通道、固定出入口通道，应搭设防护棚，棚宽大于道口，多层建筑棚顶应满铺木板或竹笆，高层建筑棚顶须双层铺设。

⑧ 杯型基础、钢管壁上口和未填土的钢管桩上口应及时加盖，杯型基础深度在1.2m以上拆模后也应加盖。

C. 垂直运输设备防护

① 井架。

a. 井架下部三面搭防护棚，正面宽度不小于2m，两侧不小于1m，井架高度超过30m，棚顶设双层。

b. 井架底层入口处设外压门，楼层通道口设安全门，通道两侧设护栏，下设踢脚笆。

c. 井架吊篮安装内落门、冲顶限位和弹闸等防护安全装置。

d. 井架底部设可靠的接地装置。

e. 井架本身腹杆及连接螺栓应齐全，缆风绳及与建筑物的硬支撑应按规定搭设，齐全牢固。

f. 临街或人流密集区，在防坠棚以上三面挂安全网防护。

② 脚手架。

a. 注意材质，不得钢竹混搭，高层脚手架应经专门设计计算。

b. 立杆底部回填土应坚实平整。

c. 按规定设置拉撑点，剪刀撑用钢管，接头搭接不小于40cm。

d. 每隔四步要铺隔篱笆，伸足墙面。二步架起及以上外侧设挡脚笆或安全挂网。

e. 设登高对环扶梯，在外侧设配防护栏杆。转弯平台须设两道水平栏杆。

③ 人货两用电梯。

a. 电梯下部三面应搭设双层防坠棚，搭设宽度正面不小于 7.8m，两侧不小于 1.8m，搭设高度为 4m。

b. 必须设有楼层通讯装置或传话器。

c. 楼层通道口须设防护门及明显标识，电梯吊笼停层后与通道桥之间的间隙不大于 10cm，通道桥两侧须设有防护栏杆和挡脚笆。

d. 应装有良好的接地装置，底部排水要畅通。

e. 吊笼门上要挂设起重量、乘人限额标识牌。

④ 塔吊。

a. “三保险”、“五限位”应齐全有效。

b. 夹轨器要齐全。

c. 路轨纵横向高低差不大于 1%，路轨两端设缓冲器，离轨端不小于 1m。

d. 轨道横拉杆两端各设一组，中间杆距不大于 6m。

e. 路轨接地两端各设一组，中间间距不大于 25m，电阻不大于 4Ω。

f. 轨道内排水应畅通，移动部位电缆严禁有接头。

g. 轨道中间严禁堆杂物，路轨两侧和两端外堆物应离塔吊回转台尾部 50cm 以上。

D. 现场安全用电

① 现场临时变配电所

a. 高压露天变压器面积不小于 3m×3m，低压配电应邻靠高压变压器间，其面积也不小于 3m×3m。围墙高度不低于 8.5m。室内地坪满铺混凝土，室外四周做 80cm 宽混凝土散水坡。

b. 变压器四周及配电板背面凸出部位，须有不小于 80cm 的安全操作通道，配电板下沿距地面为 1m。

c. 配电挂箱的下沿距地面不少于 1.2m。

② 现场下杆箱

a. 电箱应安装双扇开启门，并有门锁、插销，写上指令性标识和统一编号。

b. 电源线进箱有滴水弯，进线应先进入熔断器后再进开关，箱内要配齐接地线，金属电箱外壳应设接地保护。

c. 电箱内分路凡采用分路开关、漏电开关，其上方都要单独设熔断保护。

d. 箱内要单独设置单相三眼插座，上方要装漏电保护自动开关，现场使用单相电源的设备应配用单相三眼插头。

e. 手提分路流动电箱，外壳要有可靠的保护接地，10A 铁壳开关或按用量配上分路熔断器。

f. 要明显分开“动力”、“照明”和“电焊机”使用的插座。

③ 用电线路

a. 现场电气线路，必须按规定架空敷设坚韧橡皮线或塑料护套软线。在通道或马路处可采用加保护管埋设，树立标识牌，接头应架空或设接头箱。

b. 手持移动电具的橡皮电缆，引线长度不应超过 5m，不得有接头。

c. 现场使用的移动电具和照明灯具一律用软质橡皮线的，不准用塑料胶质线代替。

d. 现场大型临时设施的电线安装，凡使用橡皮或塑料绝缘线，应立柱明线架设，开关设置要合理。

④ 接地装置

a. 接地体可用角钢，钢管不少于两根，入土深度不小于 2m，两根接地体间距不小于 7.5m，接地电阻不大于 4Ω。

b. 接地线可用绝缘铜或铝芯线，严禁在地下使用裸铝导线作接地线，接头处应采用焊接压接等可靠连接。

c. 橡皮电缆芯线中“黑色”或“绿黄双色”线作为接地线。

⑤ 高压线防护

a. 在架空输电线路附近施工，须搭设毛竹防护架。

b. 在高压线附近搭设的井架、脚手架外侧在高压线水平上方的，应全部设安全网。

⑥ 手持或移动电动机具。

电源线须有漏电保护装置（包括下列机具：振动机、磨石机、打夯机、潜水泵、手电刨、手电钻、砂轮机、切割机、绞丝机和移动照明灯具等）。

E. 中小型机具

① 拌合机械

a. 应有防雨顶棚。

b. 排水应畅通，要设有排水沟和沉淀池。

c. 拌合机操纵杆，应有保险装置。

d. 应有良好的接地装置，可采用 36V 低压电。

e. 砂石笼挡墙应坚固。

f. 四十式砂浆机拌筒防护栅应齐全。

② 卷扬机。

a. 露天操作应搭设操作棚。

b. 应配备绳筒保护。

c. 开关箱的位置应正确设置，禁用倒顺开关，操作视线必须良好。凡用按钮开关的，在操作人员处应设断电开关。

③ 电焊机。

a. 一机一闸并应装有随机开关。

b. 一、二次电源接头处应有防护装置，二次线要使用线鼻子。

④ 乙炔器、氧气瓶。

a. 安全阀应装设有效，压力表应保持灵敏准确，回火防止器应保持一定的水位。

b. 乙炔器与氧气瓶间距应大于 5m，与明火操作距离应大于 10m，不准放在高压线下。

c. 乙炔器皮管为“黑色”、氧气瓶皮管为“红色”，皮管头用轧箍轧牢。

⑤ 木工机械。

a. 应有可靠灵活的安全防护装置，圆锯设松口刀，轧刨设回弹安全装置，外露传动部位均应有防护罩。

b. 木工棚内应备有消防器材。

4）起重吊装“十不吊”规定

① 起重臂和吊起的重物下面有人停留或行走不准吊。

② 起重指挥应由技术培训合格的专职人员担任，无指挥或信号不清不准吊。

③ 钢筋、型钢、管材等细长和多根物件应捆扎牢靠，支点起吊。捆扎不牢不准吊。

④ 多孔板、积灰斗、手推翻斗车不用四点吊或大模板外挂板不用卸甲不准吊。预制钢筋混凝土楼板不准双拼吊。

⑤ 吊砌块应使用安全可靠的砌块夹具，吊砖应使用砖笼，并堆放整齐。木砖、预埋件等零星物件要用盛器堆放稳妥，叠放不齐不准吊。

⑥ 楼板、大梁等吊物上站人不准吊。

⑦ 埋入地下的板桩、井点管等下有粘连、附着的物件不准吊。

⑧ 多机作业，应保证所吊重物距离不小于3m。在同一轨道上多机作业，无安全措施不准吊。

⑨ 6级以上强风不准吊。

⑩ 斜拉重物或超过机械允许荷载不准吊。

5）气割、电焊“十不烧”规定

① 焊工应持证上岗，无特种作业安全操作证的人员，不准进行焊、割作业。

② 凡一、二、三级动火范围的焊、割作业，未经动火审批，不准进行焊、割。

③ 焊工不了解焊、割现场周围情况，不得进行焊、割。

④ 焊工不了解焊件内部是否安全，不得进行焊、割。

⑤ 各种装过可燃气体、易燃液体和有毒物质的容器，未经彻底清洗和排除危险性之前，不准进行焊、割。

⑥ 用可燃材料作保温层、冷却层、隔声和隔热设施的部位，或火星能飞溅到的地方，在未采取切实可靠的安全措施之前，不准焊、割。

⑦ 有压力或密闭的管道、容器，不准焊、割。

⑧ 焊、割部位附近有易燃易爆物品，在未采取有效安全措施之前，不准焊、割。

⑨ 有与明火作业相抵触的工种在附近作业时，不准焊、割。

⑩ 与外单位相连的结合部，在没有弄清有无险情，或明知存在危险而未采取有效措施之前，不准焊、割。

（2）基础开挖工程

1）开挖沟槽工程安全技术交底

① 进入现场必须遵守安全生产六大纪律。

② 挖土中发现管道、电缆及其他埋设物应及时报告，不得擅自处理。

③ 挖土中要注意土壁的稳定性，发现有裂缝及倾坍趋势时，人员要立即撤离并及时处理。

④ 人工挖土，前后操作人员间距离不小于2～3m，堆土要在1m以外，并且高度不得超过1.5m。

⑤ 应检查土壁及支撑稳定情况，在确保安全的正常情况下才能继续工作。

⑥ 机械挖土，启动前应检查离合器、钢丝绳等，经空车试运转正常后再开始作业。

⑦ 机械操作中进铲不宜过深，提升不宜过猛。

⑧ 机械不得在输电线路下工作，若在输电线路一侧工作时，不论何种情况，机械的任何部位与架空输电线路的最近距离应符合安全操作规程要求。

⑨ 机械应停在坚实的地基上，如基础承载力不够，应采取走道板等加固措施，不得将挖掘机履带与基坑平行 2m 范围内停、驶。运土汽车也不能靠近基坑平行行驶，防止塌方翻车。

⑩ 电缆两侧 1m 范围内应采用人工挖掘。

配合拉铲清坡、清底的工人，不准在机械回转半径内工作。

向汽车上卸土应在车子停稳后进行，禁止铲斗从汽车驾驶室上越过。

基坑四周应设置 1.5m 高的护栏，并设置一定数量的临时上下施工梯。

场内道路应及时整修，确保车辆安全畅通，各种车辆应有专人负责指挥引导。

车辆出门口的人行道下，如有地下管线（道）应铺设厚钢板，或浇注混凝土加固。

在开挖杯型基坑时，应设有切实可行的排水措施，以防止坑内积水。

基坑开挖前，应摸清基坑下的管线排列和地质资料，做好开挖过程中的意外应急防护工作。

必须根据设计标高做好清底工作，不得超挖。如果超挖不准用松土回填。

开挖出的土方，要严格按照施工组织设计要求堆放，不得堆于基坑外侧，以免地面超载引起土体位移、板桩位移或支撑破坏。

挖掘机和机械不得在施工中碰撞支撑，以免引起支撑破坏。

沟槽开挖应有审批开工通知单。

2）回填土石工程安全技术交底

① 进入现场必须遵守安全生产六大纪律。

② 在装载机作业范围内，不得由人工回填土石。

③ 打夯机工作前，应检查电源线是否有缺陷和漏电，运转是否正常，机械是否装漏电开关保护，按一机一开关安装，机械不准带病运转，操作人员应戴绝缘手套。

④ 基坑（槽）的支撑，应按回填的速度和施工组织设计的要求顺序拆除，填土时应从深到浅分层进行，填好一层拆除一层，不能事先将支撑拆掉。

（3）钢筋混凝土工程

1）模板工程安全技术交底

① 进入施工现场人员应戴好安全帽，高处作业人员应系安全带。

② 经医生检查不适宜高处作业的人员，不得进行高处作业。

③ 工作前应检查使用的工具是否牢固，扳手等工具应用绳链系挂在身上，钉子应放在工具袋内，以免掉落伤人。工作时要思想集中，防止钉子扎脚和空中滑落。

④ 安装与拆除 5m 以上的模板，应搭脚手架，并设防护栏杆。应防止上下施工人员在同一垂直面操作。

⑤ 高空、结构复杂模板的安装与拆除，事先应有切实可行的安全措施。

⑥ 遇 6 级以上大风时，应暂停室外的高空作业。雪霜雨后应先清扫施工现场，不滑时再进行工作。

⑦ 两人抬运模板时要互相配合，协同工作。传递模板、工具应用运输工具或绳子系牢后升降，不得乱抛。组合钢模板装拆时，上下应有人接应。钢模板及配件应随装拆随运送，严禁高处掷下。高空拆模时，应由专人指挥，并在下面标出工作区，用绳子和红白旗加以围栏，暂停人员过往。

⑧ 不得在脚手架上堆放大批模板等材料。

⑨ 支撑、牵杠等不得搭在门窗框和脚手架上。通路中间的斜撑、拉杆等应设在 1.8m 高以上。

⑩ 支模过程中，如需中途停歇，应将支撑、搭头和柱头板等钉牢。拆模间歇时，应将已活动的弹板、牵杠和支撑等运走或妥善堆放，防止因踏空、扶空而坠落。

模板上有预留孔洞者，应在安装后将洞口盖好。混凝土板上的预留洞，应在楼板拆除后将洞口盖好。

拆除模板应用长撬棒，不许人站在正在拆除的模板上。在拆除楼板模板时，要注意整块模板掉下，尤其是用定型模板做平台模板时，更要注意。拆模人员要站在门窗洞口外拉支撑，防止模板突然掉落伤人。

在组合钢模上架设的电线和使用电动工具，应用 36V 低压电源或采取其他有效的安全措施。

安装拆除模板时，禁止使用 2×4 木料、钢模板作站立人板。

高处作业要搭设脚手架或操作台，上、下要使用梯子，不许站立在墙上工作，不准在大梁底模上行走。操作人员严禁穿硬底鞋及有跟鞋作业。

装拆模板时，操作人员要站立在安全地点进行操作，防止上下施工人员在同一垂直面工作，操作人员要主动避让吊物，增强自我保护的安全意识。

拆模应一次拆清，不得留下无撑模板。拆下的模板要及时清理，堆放整齐。

拆除的钢模作平台底模时，不得一次将顶撑全部拆除，应分批拆下顶撑，然后按顺序拆下格栅、底模，以免发生钢模在自重下突然大面积脱落。

在钢模及机件垂直运输时，吊点应符合要求，以防坠落伤人。模板顶撑排列应符合施工荷载要求，尤其遇地下室吊装，地下室顶模板、支撑还另需考虑大型机械行走因素，每平方米支撑数必须满足载荷要求。拆模时，临时脚手架应牢固，不得用拆下的模板作脚手板。脚手板搁置应牢固平整，不得有空头板，以防踏空坠落。

混凝土预留孔，应作好技术交底，以免操作人员从孔中坠落。

封柱子模板时，不准从顶部往下套。

禁止使用 2×4 木料作顶撑。

2）滑升模板施工安全技术交底

① 滑模平台在提升前应对全部设备装置进行检查，调试合格后方可使用，重点应放在检查平台的装配、节点、电气及液压系统。

② 平台内、外脚手架在使用前，应一律安装好轻质牢固的安全网，并将安全网靠紧筒壁，经验收合格后方可使用。

③ 为了防止高空物体坠落伤人，筒身内底部一般在 7.5m 高处搭设保护棚，坚固可靠，并在上部铺一层 6～8mm 钢板防护。

④ 避雷设备应有接地线装置，平台上振动器、电机等应接地线。

⑤ 通信设备除信号灯外，还应装备 3～4 部对讲机。

⑥ 滑升模板在施工前，技术部门应做好切实可行的施工方案，操作人员应严格遵照执行。

⑦ 滑模提升时，应统一指挥，并有专人监测千斤顶，出现不正常情况时，应立即停止滑升，待找出原因并制定纠正措施后，方可继续滑升。

⑧ 编制滑模施工组织设计时，应注意施工过程中结构的稳定和安全。

⑨ 滑模施工工程操作人员的上下，应设置可靠楼梯或在建筑物内及时安装楼梯。

⑩ 采用降模法施工现浇楼板时，各吊点应加设保险钢丝绳。

滑模施工中，应严格按施工组织设计要求分散堆载，平台不得超载且不应出现不均匀堆载的现象。

施工人员应服从统一指挥，不得擅自操作液压设备和机械设备。

滑模施工场地应有足够的照明，操作平台上的照明采用 36V 低压电灯。

应遵守施工安全操作规程有关规定。

3）大模板的存放、安装和拆除施工的安全技术交底

① 平模存放时应满足稳定的要求，两块大模板应采取板面对板面的方法存放，大模板存放在施工楼层上，应有可靠的防倾倒措施，不得沿外墙周边放置，并垂直于外墙存放。没有支撑或自稳角不足的大楼板，要存放在专用的堆放架上，或者平堆放，不得靠在其他模板或物件上，严防下脚滑移倾倒。

② 模板起吊前，应检查吊装用绳索、卡具及每块模板上的吊环是否完整有效，然后拆临时支撑，经检查无误后，方可起吊。模板起吊前，应将吊车的位置调整适当，做到稳起稳落，就位准确，禁止用人力搬动模板，严防模板大幅度摆动或碰倒其他模板。

③ 筒模可用拖车整体运输，也可拆成平模用拖车水平叠放运输。平模叠放时，垫木必须上下对齐，绑扎牢固。用拖车运输，车上严禁坐人。

④ 在大模板拆装区域周围，应设置围栏，并挂明显的标识牌，禁止非作业人员入内。组装平模时，应及时用卡具或花篮螺丝将相邻模板连接好，防止倾倒。

⑤ 全现浇结构安装模板时，应将悬挑担固定，位置调整准确后，方可摘钩。外模安装后，应立即穿好销杆，紧固螺栓。安装外模板的操作人员应系好安全带。

⑥ 在模板组装或拆除时，指挥、拆除和挂钩人员应站在安全可靠的地方进行操作，严禁人员随大模板起吊。

⑦ 大模板应有操作平台、上下梯道、走桥和防护栏杆等附属设施，如有损坏，应及时修理。

⑧ 拆模起吊前，应复查穿墙销杆是否拆完，在确认无遗漏后方可起吊。拆除外墙模板时，应先挂好吊钩，紧绳索，再行拆除销杆和担。吊钩应垂直模板，不得斜吊，以防碰撞相邻模板和墙体。摘钩时手不离钩，待吊起高度超过头部方可松手，超过障碍物以上的允许高度，才能行车或转臂。模板就位拆除时，应设置缆风绳。在 6 级以上大风情况下，不得作高空运输，以避免发生模板与其他障碍物的碰撞。

⑨ 模板安装就位后，要采取防止触电的保护措施，尽快将大模板串起来，并与避雷网接通，防止漏电伤人。

⑩ 大楼板拆除后，应及时清除模板上的残余混凝土，并涂刷脱板模剂，模板要临时

固定好，板面停放之间，应留出 50～60cm 宽的人行道，模板上方要用拉杆固定。

预制外墙板运到现场后，应立即将起重卡环卡紧，方可拆开墙板与大板车的连接件，以避免卸车时因大板车停放不平而发生墙板倾倒事故。

墙板应竖直插放于墙板固定架内，严禁以其他物体为支撑存放墙板，固定架下脚应有可靠的连接固定措施。插放墙板时应先将两侧卡好，再摘掉卡环，固定架高度不小于墙板高度的，要经常检查固定架的稳定情况，发现问题及时处理，插板架上面应搭设宽度不小于 50cm 的走道和上下扶梯道，以利操作。

墙板就位前，应根据设计标高找平，墙板平面布置就位后，使用花篮卡具卡在横墙板上，预留钢筋要与预埋铁件焊牢，方可摘掉吊环卡具。

4）钢筋工程安全技术交底

① 进入现场应遵守安全生产六大纪律。

② 钢筋断料、配料和弯料等工作应在地面进行，不准在高空操作。

③ 搬运钢筋要注意附近有无障碍物、架空电线和其他临时电气设备，防止钢筋在回转时碰撞电线或发生触电事故。

④ 现场绑扎悬空大梁钢筋时，不得站在模板上操作，应在脚手板上操作。绑扎独立柱头钢筋时，不准站在钢箍上绑扎，也不准将木料、管子和钢模板穿在钢箍内作为立人板。

⑤ 起吊钢筋骨架，下方禁止站人，待骨架降至距模板 1m 以下后才准靠近，就位支撑好，方可摘钩。

⑥起吊钢筋时，规格应统一，不得长短参差不一，不准一点吊。

⑦ 切割机使用前，应检查机械运转是否正常，是否漏电。电源线须进漏电开关，切割机后方不准堆放易燃物品。

⑧ 钢筋头子应及时清理，成品堆放要整齐，工作台要稳，钢筋工作棚照明灯应加网罩。

⑨ 高处作业时，不得将钢筋集中堆在模板和脚手板上，也不要把工具、钢箍和短钢筋随意放在脚手板上，以免滑下伤人。

⑩ 有雷雨时应暂停露天操作，以防雷击钢筋伤人。

钢筋骨架不论其固定与否，不得在上行走，禁止从柱子上的钢箍上下。

钢筋冷拉时，冷拉线两端必须装置防护设施。冷拉时严禁在冷拉线两端站人，或跨越、触动正在冷拉的钢筋。

钢筋焊接方面。

a. 焊机应接地，以保证操作人员安全。对于接焊导线及焊错接导线处，都应有可靠的绝缘。

b. 大量焊接时，焊接变压器不得超负荷，变压器升温不得超过 60℃。为此，要特别注意遵守焊机暂载率规定，以避免过分发热而损坏。

c. 室内电弧焊时，应有排气通风装置。焊工操作地点相互之间应设挡板，以防弧光刺伤眼睛。

d. 焊工应穿戴防护用具。电弧焊焊工要戴防护面罩。焊工应站立在于木垫或其他绝缘垫上。

e. 焊接过程中，如焊机发生不正常响声，或变压器绝缘电阻过小出现导线破裂、漏电等，均应立即进行检修。

5）混凝土工程安全技术交底

① 进入现场应遵守安全生产六大纪律。

② 串搭车道板时，两头需搁置平稳，并用钉子固定，在车道板下面每隔 1.5m 需加横楞、顶撑，2m 以上高处串跳，应装防护栏杆。车道板上应经常清扫垃圾、石子等，以防车跳坠跌。

③ 车道板单车行走宽度不小于 1.4m，双车道宽度不小于 7.8m。在运料时，前后应保持一定车距，不准奔跑、抢道或超车。终点卸料时，双手扶车车辆倒料，严禁双手脱把，防止翻车伤人。

④ 用塔吊、料斗浇注混凝土时，指挥扶斗人员与塔吊驾驶员应密切配合，当塔吊放下料斗时，操作人员应主动避让，防止料斗碰头和料斗碰人堕落。

⑤ 离地面 2m 以上浇注过梁、雨篷和小平台等，不准站在搭接头上操作。如无可靠的安全设备时，应系好安全带，并扣好保险钩。

⑥ 使用振动机前应检查电源电压，输电应安装漏电开关，保护电源线路良好，电源线不得有接头，机械运转要正常。振动机移动时，不能硬拉电线，更不能在钢筋和其他锐利物上拖拉，防止割破拉断电线而造成触电伤亡事故。

⑦ 井架吊篮起吊时，应关好井架安全门，头、手不准伸入井架内，待吊篮停稳后，方可进入吊篮内工作。

（4）钢结构工程安全技术交底

①大锤、手锤的木把应质地坚实、安装牢固。人工打锤严禁相对站立。

② 多人抬材料和工件时要有专人指挥，精力集中，行动一致，互相照应，轻抬轻放，以免伤人。

③ 使用各种机械，要先进行各部检查，试运转正常后方可正式使用。操作人员应了解机械的性能及安全操作规程。

④ 电焊工作地点 5m 以内不得有易燃、易爆材料。

⑤ 为防止触电应遵守有关电安全规程。

⑥ 气焊、电焊应遵守安全操作规程。

⑦ 使用气焊、电焊时无监护人不得进行操作。

⑧ 在钢结构吊装时，为防止人员、物料和工具坠落或飞出造成事故，需铺设安全网。安全平网设置在梁面以上 2m 处，当楼层高度小于 9.5m 时，安全平网可隔层设置。安全平网要求在建筑平面范围内满铺。安全竖网应铺设在建筑物外围，防止人和物飞出造成事故。竖网铺设的高度一般为两节柱高度。

⑨ 为了便于接柱施工，在接柱处要设操作平台。平台固定在下节柱的顶部。

⑩ 需在刚安装的钢梁上设置存放电焊机、空压机、氧气瓶和乙炔瓶等设备用的平台。放置距离符合安全生产的有关规定。

为便于施工登高，吊装柱子前要先将登高钢梯固定在钢柱上。为便于柱梁节点紧固高强螺栓和焊接，需在柱梁节点下方安装挂篮脚手架。

施工用的电动机械和设备均要接地，绝对不允许使用破损的电线和电缆，严防设备漏电。

高处施工，当风速达到 15m/s 时，所有工作均须停止。

施工时还应注意防火，提供必要的灭火设备和消防监护人员。

(5) 架子工程

1) 金属脚手架工程安全技术交底

① 架设金属扣件双排脚手架时，应严格执行国家行业和当地建设主管部门的有关规定。

② 架设前应严格进行钢管的筛选，凡严重锈蚀、薄壁、弯曲及裂变的杆件不宜采用。

③ 严重锈蚀、变形、裂缝和螺栓螺纹已损坏的扣件不宜采用。

④ 脚手架的基础除按规定设置外，应做好防水处理。

⑤ 高层钢管脚手架座立于槽钢上的，应有地杆连接保护。普通脚手架立杆也应设底座保护。

⑥ 同一立面的小横杆，应对等交错设置，同时立杆上下对直。

⑦ 斜杆接长，应采用叠交方式，两只回转扣件接长，搭接距离视两只扣件间隔而定，一般不少于 0.4m。

⑧ 脚手架的主要杆件，不宜采用木、竹材料。

⑨ 高层建筑金属脚手架的拉杆，不宜采用铅丝攀拉，应使用埋件形式的钢性材料。

⑩ 高层脚手架拆除现场必须设警戒区域，张挂醒目的警戒标志。警戒区域内严禁非操作人员通行或在脚手架下方继续施工。地面监护人员应履行职责。高层建筑脚手架拆除，应配备良好的通讯装置。

应仔细检查吊运机械，包括索具是否安全可靠。吊运机械不允许搭设在脚手架上，应另立设置。

遇强风、雨、雪等特殊气候，应停止脚手架拆除作业。夜间实施拆除作业，应具备良好的照明设备。

所有高处作业人员，均应严格按高处作业规定执行，遵守安全纪律和拆除工艺要求。

建筑物内所有窗户应关闭锁好，不允许向外开启或向外伸挑物件。

拆除人员进入岗位以后，先加固松动部位，清除步层内存留的材料、物件及垃圾块，严禁高处抛掷。

按搭设的反程序进行拆除，即安全网→竖挡笆→垫铺笆→防护栏杆→搁栅→斜拉杆→连墙杆→大横杆→小横杆→立杆。

不允许分立面拆除或上、下两方同时拆除（踏步式）。确保做到一步一清、一杆一清。

所有连墙杆、斜拉杆、隔排扣、登高措施应随脚手架步层拆除同步下降。不准先行拆除。

所有杆件扣件，在拆除时应分离，不允许杆件上附着扣件输送地面，或两杆同时拆下输送地面。

所有垫铺笆拆除，均应自外向里竖立、搬运，防止垫铺笆自里向外翻起和笆面垃圾物件直接从高处坠落伤人。

脚手架内使用电焊气割工艺时，应严格按照国家特殊工种的要求和消防规定执行。

当日完工后，应仔细检查岗位周围情况，如发现留有隐患的部位，应及时进行修复或继续完成至一个程序、一个部位的结束，方可撤离岗位。

输送至地面的所有杆件、扣件等物件，应按类堆放整理。

2）满堂脚手架搭设工程安全技术交底

① 满堂脚手架搭设应严格按施工组织设计要求搭设。

② 满堂脚手架的纵、横距不应大于 2m。

③ 满堂脚手架应设登高防护措施，保证操作人员上下安全。

④ 操作层应满铺竹笆，不得留有空洞。必须留空洞者，应设围栏保护。

⑤ 大型条形内脚手架，操作步层两侧，应设防护栏杆保护。

⑥ 满堂脚手架步距，应控制在 2m 内，大于 2m 者，应有技术措施保护。

⑦ 为保证满堂脚手架的稳固，应采用斜杆（剪刀撑）保护。

⑧ 满堂脚手架不宜采用钢竹混设。

3）电梯井道内架子、安全网搭设工程安全技术交底

① 从二层楼面起张设安全网，往上每隔四层设置一道，安全网应完好无损、牢固可靠。

② 拉结牢靠，墙面预埋张网钢筋不小于 $\phi$14，钢筋埋入长度不少于 30cm。

③ 电梯井道防护安全网不得任意拆除，待安装电梯搭设脚手架时，每搭到安全网高度时方可拆除。

④ 电梯井道的脚手架一律用钢管、扣件搭设，立杆与横杆均用直角扣件连接，扣件紧固力矩应达到 40～50 N·m。

⑤ 脚手架所有横楞两端，均与墙面撑紧，四周横楞与墙面距离，平衡对重一侧为 600mm，其他三侧均为 400mm，离墙空档处应加隔排钢管，间距不大于 200mm，隔排钢管离四周墙面不大于 200mm。

⑥ 脚手架柱距不大于 1.8m，排距为 1.8m，每低于楼层面 200mm 处加搭一排横楞，横向间距为 350mm，满铺竹笆，竹笆一律用铅丝与钢管四点绑扎牢固。

⑦ 脚手架拆除顺序应自上而下进行，拆下的钢管、竹笆等应妥善运出电梯井道，禁止乱扔乱抛。

⑧ 电梯井道内的设施，由脚手架保养人员定期进行检查、保养，发现隐患及时消除。

⑨ 张设安全网及拆除井道内设施时，操作人员应系好安全带，挂点安全可靠。

## 10.4 施工安全教育与培训

### 10.4.1 施工安全教育和培训的重要性

安全生产保证体系的成功实施，有赖于施工现场全体人员的参与，需要他们具有良好的安全意识和安全知识。保证他们得到适当的教育和培训，是实现施工现场安全保证体系有效运行，达到安全生产目标的重要环节。施工现场应在项目安全保证计划中确保对员工进行教育和培训的需求，指定安全教育和培训的责任部门或责任人。

安全教育和培训要体现全面、全员、全过程的原则，覆盖施工现场的所有人员（包括分包单位人员），贯穿于从施工准备、工程施工到竣工交付的各个阶段和方面，通过动态

控制，确保只有经过安全教育的人员才能上岗。

### 10.4.2 施工安全教育和培训的目标

通过施工安全教育与培训，使处于每一层次和职能的人员都认识到：

（1）遵守“安全第一、预防为主”方针和工作程序，以及符合安全生产保证体系要求的重要性。

（2）与工作有关的重大安全风险，包括可能发生的影响，以及其个人工作的改变可能带来的安全因素。

（3）在执行“安全第一、预防为主”方针和工作程序，以及实现安全生产保证体系要求方面的作用与职责，包括在应急准备方面的作用与职责。

（4）偏离规定的工作程序可能带来的后果。

### 10.4.3 施工安全教育主要内容

按安全教育的时间可以分为经常性的安全教育、季节性安全教育、节假日加班的安全教育等。教育的形式通常有会议形式、报刊形式、张挂形式、音像制品、固定场所展示形式、文艺演出和现场观摩等。具体如何选用，应结合工程特点进行。

**1. 现场规章制度和遵章守纪教育**

（1）本工程施工特点及施工安全基本知识。

（2）本工程（包括施工生产现场）安全生产制度、规定及安全注意事项。

（3）工种的安全技术操作规程。

（4）高处作业、机械设备、电气安全基础知识。

（5）防火、防毒、防尘、防爆及紧急情况安全防范自救。

（6）防护用品发放标准及防护用品、用具使用的基本知识。

**2. 本工种岗位安全操作及班组安全制度、纪律教育**

（1）本班组作业特点及安全操作规程。

（2）本班组安全活动制度及纪律。

（3）爱护和正确使用安全防护装置（设施）及个人劳动防护用品。

（4）本岗位易发生事故的不安全因素及其防范对策。

（5）本岗位的作业环境及使用的机械设备、工具的安全要求。

**3. 安全生产须知**

（1）新工人进入工地前必须认真学习本工种安全技术操作规程。未经安全知识教育和培训，不得进入施工现场操作。

（2）进入施工现场，必须戴好安全帽、扣好帽带。

（3）在没有防护设施的2m高处、悬崖或陡坡施工作业必须系好安全带。

（4）高空作业时，不准往下或向上抛材料和工具等物件。

（5）不懂电器和机械的人员，严禁使用和玩弄机电设备。

（6）建筑材料和构件要堆放整齐稳妥，不要过高。

（7）危险区域要有明显标志，要采取防护措施，夜间要设红灯示警。

（8）在操作中，应坚守工作岗位，严禁酒后操作。

(9) 特殊工种（电工、焊工、司炉工、爆破工、起重及打桩司机和指挥、架子工、各种机动车辆司机等）必须经过有关部门专业培训考试合格发给操作证，方准独立操作。

(10) 施工现场禁止穿拖鞋、高跟鞋，易滑、带钉的鞋，禁止赤脚和赤膊操作。

(11) 不得擅自拆除施工现场的脚手架、防护设施、安全标志、警告牌、脚手架连接铅丝或连接件。需要拆除时，必须经过加固后并经施工负责人同意。

(12) 施工现场的洞、坑、井架、升降口、漏斗等危险处，应有防护措施并有明显标志。

(13) 任何人不准向下、向上乱丢材、物、垃圾、工具等。不准随意开动一切机械。操作时思想要集中，不准开玩笑，做私活。

(14) 不准坐在脚手架防护栏杆上休息。

(15) 手推车装运物料时，应注意平稳，掌握重心，不得猛跑或撒把溜放。

(16) 拆下的脚手架、钢模板、轧头或木模、支撑，要及时整理，圆钉要及时拔除。

(17) 砌墙斩砖要朝里斩，不准朝外斩。防止碎砖堕落伤人。

(18) 工具用好后要随时装入工具袋。

(19) 不准在井架内穿行；不准在井架提升后不采取安全措施到下面去清理砂浆、混凝土等杂物；吊篮不准久停空中；下班后吊篮必须放在地面处，且切断电源。

(20) 要及时清扫脚手架上的霜、雪、泥等。

(21) 脚手板两端间要扎牢，防止空头板（竹脚手片应四点扎牢）。

(22) 脚手架超载危险。砌筑脚手架均布荷载不得超过270kN/m$^2$，即在脚手架上堆放标准砖不得超过单行侧放三层高，20孔多孔砖不得超过单行侧放四层高，非承重三孔砖不得超过单行平放五皮高。只允许两排脚手架上同时堆放。要避免下列危险：脚手架连接物拆除；坐在防护栏杆上休息；搭、拆脚手架、井字架不系安全带。

(23) 单梯上部要扎牢，下部要有防滑措施。

(24) 挂梯上部要挂牢，下部要绑扎。

(25) 人字梯中间要扎牢，下部要有防滑措施，不准人坐在上面作骑马式运动。

(26) 高空作业：从事高空作业的人员，必须身体健康，严禁患有高血压、贫血症、严重心脏病、精神症、癫痫病、深度近视眼在500度以上的人员，以及经医生检查认为不适合高空作业的人员从事高空作业，对井架、起重工等从事高空作业的工种人员要每年体检一次。

① 在平台、屋檐口操作时，面部要朝外，系好安全带。

② 高处作业不要用力过猛，防止失去平衡而坠落。

③ 在平台等处拆木模撬棒要朝里，不要向外，防止人向外坠落。

④ 遇有暴雨、浓雾和六级以上的强风，应停止室外作业。

⑤ 夜间施工必须要有充分的照明。

## 10.5 施工安全检查

工程项目安全检查的目的是为了消除隐患、防止事故，它是改善劳动条件及提高员工安全生产意识的重要手段，是安全控制工作的一项重要内容。通过安全检查可以发现工程中的危险因素，以便有计划地采取措施，保证安全生产。施工项目的安全检查应由项目经理组织，定期进行。

### 10.5.1 安全检查的类型

安全检查可分为日常性检查、专业性检查、季节性检查、节假日前后的检查和不定期检查。

（1）日常性检查：日常性检查即经常的、普遍的检查。企业一般每年进行1～4次；工程项目组、车间、科室每月至少进行一次；班组每周、每班次都进行检查。专职安全技术人员的日常检查应该有计划，针对重点部位周期性地进行。

（2）专业性检查：专业性检查是针对特种作业、特种设备、特殊场所进行的检查，如电焊、气焊、起重设备、运输车辆、锅炉压力容器、易燃易爆场所等。

（3）季节性检查：季节性检查是指根据季节特点，为保障安全生产的特殊要求所进行的检查。如春季风大，要着重防火、防爆；夏季高温，雨雷电，要着重防暑、降温、防汛、防雷击、防触电；冬季着重防寒、防冻等。

（4）节假日前后的检查：节假日前后的检查是针对节假日期间容易产生麻痹思想的特点而进行的安全检查，包括节日前进行安全生产综合检查，节日后要进行遵章守纪的检查等。

（5）不定期检查：不定期检查是指在工程或设备开工和停工前，检修中，工程或设备竣工及试运转时进行的安全检查。

### 10.5.2 安全检查的注意事项

（1）安全检查要深入基层，紧紧依靠职工，坚持领导与群众相结合的原则，组织好检查工作。

（2）建立检查的组织领导机构，配合适当的检查力量，挑选具有较高技术业务水平的专业人员参加。

（3）做好检查的各项准备工作，包括思想、业务知识、法规政策和检查设备、奖金的准备。

（4）明确检查的目的和要求。既要严格要求，又要防止一刀切，要从实际出发，分清主次矛盾，力求实效。

（5）把自查与互查有机结合起来，基层以自检为主，企业内相应部门互相检查，取长补短，互相学习和借鉴。

（6）坚持查改结合。检查不是目的，只是一种手段，整改才是最终目标。发现问题，要及时采取切实有效的防范措施。

（7）建立检查档案。结合安全检查表的实施，逐步建立健全检查档案，收集基本的数据，掌握基本安全状况，为及时消除隐患提供数据，同时也为以后的职业健康安全检查奠定基础。

（8）在制定安全检查表时，应根据用途和目的具体确定安全检查表的种类。安全检查表的主要种类有：设计用安全检查表；车间安全检查表；班组及岗位安全检查表；专业安全检查表等。制定安全检查表要在安全技术部门的指导下，充分依靠职工来进行。初步制定出来的检查表，要经过群众的讨论，反复试行，再加以修订，最后由安全技术部门审定后方可正式实行。

### 10.5.3 安全检查的主要内容

（1）查思想：主要检查企业的领导和职工对安全生产工作的认识。

（2）查管理：主要检查工程的安全生产管理是否有效。主要内容包括：安全生产责任制，安全技术措施计划，安全组织机构，安全保证措施，安全技术交底，安全教育，持证上岗，安全设施，安全标识，操作规程，违规行为，安全记录等。

（3）查隐患：主要检查作业现场是否符合安全生产、文明生产的要求。

（4）查整改：主要检查对过去提出问题的整改情况。

（5）查事故处理：对安全事故的处理应达到查找事故原因、明确责任并对责任者作出处理、明确和落实整改措施等要求。同时还应检查对伤亡事故是否及时报告、认真调查、严肃处理。

安全检查的重点是违章指挥和违章作业。安全检查后应编制安全检查报告，说明已达标项目、未达标项目、存在问题、原因分析、纠正和预防措施。

### 10.5.4 项目经理部安全检查的主要规定

（1）定期对安全控制计划的执行情况进行检查、记录、评价和考核，对作业中存在的不安全行为和隐患，签发安全整改通知，由相关部门制定整改方案，落实整改措施，实施整改后应予复查。

（2）根据施工过程的特点和安全目标的要求确定安全检查的内容。

（3）安全检查应配备必要的设备或器具，确定检查负责人和检查人员，并明确检查的方法和要求。

（4）检查应采取随机抽样、现场观察和实地检测的方法，并记录检查结果，纠正违章指挥和违章作业。

（5）对检查结果进行分析，找出安全隐患，确定危险程度。

（6）编写安全检查报告并上报。

### 10.5.5 安全检查评分方法

中华人民共和国住房和城乡建设部于2011年12月7日颁发了《建筑施工安全检查标准》(JGJ 59—2011)（以下简称“标准”）并自2012年7月1日起实施。《标准》适用于我国建设工程的施工现场，是建筑施工从业人员的行为规范，是施工过程建筑职工安全和健康的保障。《标准》共分5章22项条文、18张检查表中的169项安全检查内容。

**1. 检查分类**

（1）对建筑施工中易发生伤亡事故的主要环节、部位和工艺等的完成情况做安全检查评价时，应采用检查评分表的形式：即安全管理、文明工地、脚手架、基坑支护与模板工程、“三宝”“四口”防护、施工用电、物料提升机与外用电梯、塔吊、起重吊装和施工机具共10项分项检查评分表和一张检查评分汇总表。

（2）在安全管理、文明施工、脚手架、基坑支护与模板工程、施工用电、物料提升机与外用电梯、塔吊和起重吊装8项检查评分表中，设立了保证项目和一般项目，保证项目应是安全检查的重点和关键。

**2. 评分方法及分值比例**

（1）各分项检查评分表中，满分为100分。表中各检查项目得分为按规定检查内容所得分数之和。每张表总得分应为各自表内各检查项目实得分数之和。

（2）在检查评分中，遇有多个脚手架、塔吊、龙门架与井字架时，则该项得分应为各单项实得分数的算术平均值。

（3）检查评分不得采用负值。各检查项目所扣分数总和不得超过该项应得分数。

（4）在检查评分中，当保证项目有一项不得分或保证项目小计得分不足40分时，此检查评分表不应得分。

（5）检查评分汇总表满分为100分，各分项检查表在汇总表中所占的满分分值应分别为：安全管理10分、文明施工20分、脚手架10分、基坑支护与模板工程10分、“三宝”“四口”防护10分、施工用电10分、物料提升机与外用电梯10分、塔吊10分、起重吊装5分和施工机具5分。在汇总表中，各分项项目实得分数应按下式计算。

各分项项目实得分数＝汇总表中该项应得满分分值×该项检查评分表实得分数/100。汇总表总得分应为表中各分项项目实得分数之和。

（6）检查中遇有缺项时，汇总表总得分应按下式换算。

汇总表总得分＝（实查项目在汇总表中按各对应的实得分值之和/实查项目在汇总表中应得满分的分值之和）×100。

（7）多人同时对同一项目检查评分时，应按加权评分方法确定分值。权数的分配原则应为：专职安全人员的权数为0.6，其他人员的权数为0.4。

**3. 等级的划分原则**

建筑施工安全检查评分，应以汇总表的总得分及保证项目达标与否作为对一个施工现场安全生产情况的评价依据，分为优良、合格、不合格3个等级。

（1）优良

保证项目分值均应达到规定得分标准，检查评分汇总表得分值应在80分（含）以上。

（2）合格

① 保证项目分值均应达到规定得分标准，检查评分汇总表得分值应在70分及以上。

② 有一份表未得分，但检查评分汇总表得分值必须在75分及其以上。

③ 起重吊装检查评分表或施工机具检查评分表未得分，但汇总表得分值应在80分以上。

（3）不合格

① 检查评分汇总表得分值不足70分。

② 有一份表未得分，且检查评分汇总表得分在75分以下。

③ 起重吊装检查评分表或施工机具检查评分表未得分，且检查评分汇总表得分值在80分（含）以下。

**4. 分值的计算方法**

（1）汇总表中各项实得分数计算方法：

分项实得分＝该分项在汇总表中应得分×该分项在检查评分表中实得分/100

（2）汇总表中遇有缺项时，汇总表总分计算方法：

缺项的汇总表分＝实查项目实得分值之和/查项目应得分值之和×100

（3）分表中遇有缺项时，分表总分计算方法：

缺项的分表分＝实查项目实得分值之和/实查项目应得分值之和×100

（4）分表中遇保证项目缺项时，“保证项目小计得分不足40分，评分表得0分”，计算方法如下：

实得分与应得分之比＜66.7％时，评分表得0分（40/60＝66.7％）。

**5. 有多个检查评分表分值的计算方法**

在各汇总表的各分项中，遇有多个检查评分表分值时，则该分项得分应为各单项实得分数的算术平均值。

### 10.5.6 安全检查计分内容

**1. 汇总表内容**

“建筑施工安全检查评分汇总表”是对18个分项检查结果的汇总，主要包括安全管理、文明施工、脚手架、基坑支护与模板工程、“三宝”“四口”防护、施工用电、物料提升与外用电梯、塔吊起重吊装和施工机具10项内容，利用该表所得分作为对施工现场安全生产情况，进行安全评价的依据。

（1）安全管理。主要是对施工安全管理中的日常工作进行考核，管理不善是造成伤亡事故的主要原因之一。在事故分析中，事故大多不是因技术问题解决不了造成的，都是因违章所致。所以应做好日常的安全管理工作，并保存记录，以提供检查人员对该工程安全管理工作的确认。

（2）文明施工。按照167号国际劳工公约《施工安全与卫生公约》的要求，施工现场不但应做到遵章守纪，安全生产，同时还应做到文明施工，整齐有序，变过去施工现场“脏、乱、差”为施工企业文明的“窗口”。

（3）脚手架。

① 落地式脚手架。包括从地面搭起的各种高度的木、钢脚手架。

② 悬挑式脚手架。包括从地面、楼板或墙体上用立杆斜挑的脚手架，以及提供一个层高的使用高度的外挑式脚手架和高层建筑施工分段搭设的多层悬挑式脚手架。

③ 门型脚手架。是指定型的门型框架为基本构件的脚手架，由门型框架、水平梁和交叉支撑组合成基本单元，这些基本单元相互连接，逐层叠高，左右伸展，构成整体门型脚手架。

④ 悬挂脚手架。是指悬挂在建筑结构预埋件上的钢架，并在两片钢架之间铺设脚手板提供作业的脚手架。

⑤ 吊篮脚手架。是指将预制组装的吊篮悬挂在挑梁上，挑梁与建筑结构固定，吊篮通过手（电）动葫芦钢丝绳带动，进行升降作业。

⑥ 附着式升降脚手架。是指将脚手架附着在建筑结构上，并利用自身设备使架体升降，可以分段提升或整体提升，也称整体提升脚手架或爬架。

（4）基坑支护及模板工程。近年来，施工伤亡事故中坍塌事故比例增大，其中因开挖基坑时未按地质情况设置安全边坡和做好固壁支撑，拆模时楼板混凝土未达到设计强度、模板支撑未经设计验算造成的坍塌事故较多。

（5）“三宝”“四口”防护。“三宝”指安全帽、安全带和安全网的正确使用，“四口”指楼梯口、电梯井口、预留洞口和通道口。在施工过程中，必须针对易发生事故的部位，采取可靠的防护措施或补充措施，同时按不同作业条件佩戴和使用个人防护用品。

（6）施工用电。是针对施工现场在工程建设过程中的临时用电而制定的，主要强调必须按照临时用电施工组织设计施工，有明确的保护系统，符合三级配电两级保护要求，做到“一机、一闸、一漏、一箱”，线路架设符合规定。

（7）物料提升机与外用电梯。施工现场使用的物料提升机和人货两用电梯是垂直运输的主要设备，由于物料提升机目前尚未定型，多由企业自己设计制作使用，存在着设计制作不符合规范规定的现象和使用管理随意性较大的情况。人货两用电梯虽然是由厂家生产的，但也存在组装、使用及管理上不合规范的隐患，所以必须按照规范及有关规定，对这两种设备进行认真检查，严格管理，防止发生事故。

（8）塔吊。塔式起重机因其高度幅度高大的特点大量用于建筑工程施工，可以同时解决垂直及水平运输，但由于其作业环境、条件复杂多变，在组装、拆除及使用中存在一定的危险性，使用、管理不善易发生倒塌事故造成人员伤亡。所以要求组装、拆除必须由具有资格的专业队伍承担，使用前进行试运转检查，使用中严格按规定要求进行作业。

（9）起重吊装。是指建筑工程中的结构吊装和设备安装工程。起重吊装是专业性强且危险性较大的工作，所以要求必须做专项施工方案，进行试吊。

（10）施工机具。施工现场除使用大型机械设备外，也大量使用中小型机械和机具，这些机具虽然体积较小，但仍有其危险性，且因量多面广，有必要进行规范，否则造成事故也相当严重。

**2. 分项检查表结构**

分项检查表的结构形式分为两类：一类是自成整体的系统，如脚手架、施工用电等检查表，列出的各检查项目之间有内在的联系，按其结构重要程度的大小，对其系统的安全检查情况起到制约的作用。在这类检查评分表中，把影响安全的关键项目列为保证项目，其他项目列为一般项目。另一类是各检查项目之间无相互联系的逻辑关系，因此没有列出保证项目，如“三宝”“四口”防护和施工机具两张检查表。

凡在检查表中列在保证项目中的各项，对系统的安全与否起着关键作用。为了突出这些项目的作用，制定了保证项目的评分原则：即遇有保证项目中有一项不得分或保证项目小计得分不足 40 分时，此检查评分不得分。

（1）“安全管理检查评分表”是对承包单位安全管理工作的评价。检查的项目应包括：安全生产责任制、目标管理、施工组织设计、分部工程安全技术交底、安全检查、安全教育、岗前安全活动、特种作业持证上岗、工伤事故处理和安全标志共 10 项内容。通过调查分析，发现有 89%的事故都不是因技术解决不了造成的，而是由于管理不善、没有安全技术措施、缺乏安全技术知识、不作安全技术交底、安全生产责任不落实、违章指挥和违章作业等造成的。因此，把管理工作中的关键部分列为“保证项目”，保证项目能够做好，整体的安全工作也就有了一定的保证。

（2）“文明施工检查评分表”是对施工现场文明施工的评价。检查的项目包括：现场围挡、封闭管理、施工场地、材料堆放、现场宿舍、现场防火、治安综合治理、施工现场标牌、生活设施、保健急救和社区服务等 11 项内容。

(3)“脚手架检查评分表”为落地式外脚手架、悬挑式脚手架、门型脚手架、楼脚手架、吊篮脚手架、附着式脚手架共 6 项内容。近几年来，从脚手架上坠落的事故已占高处坠落事故的 50%以上，脚手架上的事故如能得到控制，则高坠事故可以大量减少。按照安全系统工程学的原理，将近年来发生的事故用事故树的方法进行分析，问题主要出现在脚手架倒塌和脚手架上缺少防护措施上。从两方面考虑，找到引起倒塌和缺少防护的基本原因，由此确定了检查项目，按每分项在总体结构中的重要程度及因其缺陷而引起伤亡事故的频率，确定了它的分值。

(4)“基坑支护安全检查评分表”是对施工现场基坑支护工程的安全评价。检查的项目应包括：施工方案、临边防护、坑壁支护、排水措施、坑边荷载、上下通道、土方开挖、基坑支护变形监测和作业环境 9 项内容。

(5)“模板工程安全检查评分表”是对施工过程中模板工作的安全评价。检查的项目应包括：施工方案、支撑系统、立柱稳定、施工荷载、模板存放、支拆模板、模板验收、混凝土强度、运输道路和作业环境 10 项内容。

(6)“‘三宝’‘四口’防护检查评分表”。两部分之间无有机的联系，但这两部分引起的伤亡事故却是相互交叉的，既有高处坠落又有物体打击，因此将这两部分放在一张表内，但不设保证项目。其中“三宝”为 55 分。在发生物体打击的事故分析中，由于受伤者不戴安全帽的占事故总数的 90%以上，而不戴安全帽都是由于怕麻烦、图省事造成的。无论工地有多少，只要有一人不戴安全帽，就存在被打击造成伤亡的隐患。同样，有一个不系安全带的，就存在高处坠落伤亡一人的危险。因此，在评分中突出了这个重点。对于“四口”防护的要求，考虑了建筑业安全防护技术的现状，没有对防护方法和设施等做统一要求，只要求严密可靠。

(7)“施工用电检查评分表”是对施工现场临时用电情况的评价。检查的项目包括外电防护、接地与接零保护系统、配电箱、开关箱、现场照明、配电线路、电器装置、变配电装置和用电档案共 9 项内容。临时用电也是一个独立的子系统，各部位有相互联系和制约的关系，但从事故的分析来看，发生伤亡事故的原因不完全是相互制约的，而是哪里有隐患哪里就存在着事故的危险，根据发生伤亡事故的原因分析定出了检查项目。其中，由于施工碰触高压线造成的伤亡事故占 30%；供电线在工地随意拖拉、破皮漏电造成的触电事故占 16%；现场照明不使用安全电压造成的触电事故占 15%。如能将这三类事故控制住，触电事故则可大幅度下降。因此，把三项内容作为检查的重点列为保证项目。在临时用电系统中，保护线和重复接地是保障安全的关键环节，但在事故的分析中往往容易被忽略，为了强调它的重要性也将它列为保证项目。检查项目中的扣分标准是根据施工现场的通病及其危害程度、发生事故的概率确定的。

(8)“物料提升机（龙门架与井字架）检查评分表”是对物料提升机的设计制作、搭设和使用情况的评价。检查的项目包括：架体制作、限位保险装置、架体稳定、钢丝绳、楼层卸料平台防护、吊篮、安装验收、架体、传动系统、联络信号、卷扬机操作棚和避雷 12 项内容。龙门架、井字架在近几年建筑中是主要的垂直运输工具，也是事故发生的主要部位。每年发生的一次死亡 3 人以上的重大伤亡事故中，属于龙门架与井字架上的就占 50%，主要由于选择缆风绳不当和缺少限位保险装置所致。因此，检查表中把这些项目都列为保证项目，扣分标准是按事故直接原因、现场存在的通病及其危害程度确定的。在龙门架与井字架的安装和拆除过程中极易发生倒塌事故，这个过程在检查表中没有列出，可由各地自选补充。应注意的是，龙门架与井字架所使用的缆风绳一定要使用钢丝绳，任何情况下都不能用麻绳、棕绳、再生绳、8号铅丝及钢盘所代替。

(9)“外用电梯（人货两用电梯）检查评分表”是对施工现场外用电梯的安全状况及使用管理的评价。检查的内容包括：安全装置、安全防护、司机、荷载、安装与拆卸、安装验收、架体稳定、联络信号、电气安全和避雷10项内容。

(10)“塔吊检查评分表”是塔式起重机使用情况的评价。检查内容包括：力矩限制器、限位器、保险装置、附墙装置与夹轨钳、安装与拆卸、塔吊指挥、路基与轨道、电气安全、多塔作业和安装验收10项内容。由于高层和超高层建筑的增多，塔吊的使用也逐渐普遍。在运行中因力矩、超高、变幅、行走和超载等限位装置不足、失灵、不配套、不完善等造成的倒塌事故时有发生，因此将这些项目列为保证项目，并且增大了力矩限位器的分值，以促使各单位在使用塔吊时保证其齐全有效，以控制由于超载开车造成的倒塌事故。塔吊在安装和拆除中也曾发生过多起倾翻事故，检查表中将它列出。

(11)“起重吊装安全检查评分表”是对施工现场起重吊装作业和起重吊装机械的安全评价。检查的项目内容包括施工方案、起重机械、钢丝绳与地锚、吊点、司机、指挥、地耐力、起重作业、高处作业、作业平台、构件堆放、警戒和操作工12项内容。

(12)“施工机具检查评分表”是对施工中使用的平刨、圆盘锯、手持电动工具、钢筋机械、电焊机、搅拌机、气瓶、翻斗车、潜水泵和打桩机械10种施工机具安全状况的评价。

**3. 安全检查的方法**

(1)“看”：主要查看管理记录、持证上岗、现场标识、交接验收资料、“三宝”使用情况、“洞口”、“临边”防护情况和设备防护装置等。

(2)“量”：主要是用尺进行实测实量。

(3)“测”：用仪器、仪表实地进行测量。

(4)“现场操作”：由司机对各种限位装置进行实际动作，检验其灵敏程度。能测量的数据或操作试验，不能用估计、步量或“差不多”等来代替，要尽量采用定量方法检查。

## 10.6 施工过程安全控制

### 10.6.1 基础施工阶段

**1. 土石方作业安全防护**

(1) 挖掘土方应从上而下施工，禁止采用挖空底脚的操作方法。

(2) 采用机械挖土旋转半径内不得有人停留。

(3) 采用人工挖土时，人与人之间的操作间距不得小于7.5m，并应设人观察边坡有无坍塌危险。

(4) 开挖槽、坑、沟深度超过1.5m，应按规定放坡或加可靠支撑。

(5) 开挖深度超过2m，必须在边沿处设两道护身栏杆或加可靠围护，夜间应在危险处设红色标志灯。

(6) 槽、坑、沟边与建筑物、构筑物的距离不得小于1.5m。

(7) 槽、坑、沟边1m以内不得堆土、堆料、停置机具。

**2. 挡土墙、护坡桩、大孔径桩及扩径桩等施工安全防护**

(1) 必须制定施工方案及安全技术措施，并上报有关部门批准后方可施工。

(2) 施工现场应设围挡与外界隔离，非工作人员不得入内。

(3) 需要下孔作业人员必须戴安全帽，腰系安全带（绳），且保证地面上有监护人。

(4) 人员上下必须从专用爬梯上下，严禁沿孔壁或乘运土工具上下。

(5) 桩孔应备孔盖，深度超过5m时要进行强制通风，完工时应将孔口盖严。

(6) 人工提土需用垫板，应宽出孔口每侧不小于1m，板宽不小于30cm，板厚不小于5cm，孔口大于1m时，孔上作业人员应系安全带。

(7) 挖出的土方应随时运走，暂时不能运走的应堆放在孔口1m以外，且高度不得超过1m，孔口边不能堆放任何物料。

(8) 装土的设施（容器）不能过满，孔上任何人不准向孔内投扔任何物料。

**3. 基坑支护**

(1) 基坑开挖之前，要按照土质情况、基坑深度及周边环境确定支护方案，其内容主要包括：防坡要求、支护结构设计、机械选择、开挖时间、开挖顺序、分层开挖深度、坡道位置、车辆进出道路、降水措施及监测要求等。

(2) 施工方案的制定必须针对施工工艺结合作业条件，要对施工过程中可能造成的坍塌，作业人员安全，防止周边建筑、道路等产生不均匀沉降等因素，设计制定具体可行的措施，并在施工中付诸实施。

(3) 高层建筑的箱型基础，实际上形成了建筑的地下室，随上层建筑荷载的加大，要求在地面以下设置三层或四层地下室，因而基坑的深度常常超过5～6m，且面积较大，给基础工程的施工带来困难和危险，必须制定安全措施防止发生事故。由于基坑加深，土侧压力再加上地下水的出现，所以必须做专项支护设计以确保施工安全。

(4) 支护设计方案必须合理，方案必须经上级机构审批。有的地方规定基坑开挖深度超过6m时，必须经建委专家组审批。

### 10.6.2 结构施工阶段

**1. 临边、洞口作业安全防护**

(1) 临边作业安全防护

① 基坑施工深度达到2m时必须设置1.2m高的两道护身栏杆，并按要求设置固定高度不低于18cm的挡脚板，或搭设固定的立网防护。

② 横杆长度大于2m时，必须加设栏杆柱，栏杆柱的固定及其与横杆的连接，其整体构造应在任何一处能经受任何方向的1000N的外力。

③ 当临边的外侧面临街道时，除防护栏杆外，敞口立面必须采取满挂小眼安全网或其他可靠措施做全封闭处理。

④ 分层施工的楼梯口、竖井梯边及休息平台处必须安装临时护栏。

(2) 洞口作业安全防护

① 施工作业面、楼板、屋面和平台等面上短边尺寸为7.5～25cm以上的洞口，必须

设坚实盖板并能防止挪动移位。

② 25cm×25cm～50cm×50cm 的洞口，必须设置固定盖板，保持四周搁置均衡，有固定其位置的措施。

③ 50cm×50cm～150cm×150cm 的洞口，必须预埋通长钢筋网片，钢筋间距不得大于 15cm，或满铺脚手板，脚手板应绑扎固定，任何人不得随意移动。

④ 150cm×150cm 以上的洞口，四周必须搭设围护架，并设双道防护栏杆，洞口中间支挂水平安全网，网的四周必须牢固、严密。

⑤ 位于车辆行驶道路旁的洞口、深沟、管道、坑、槽等，所加盖板应能承受不小于当地额定卡车后轮有效承载力的 2 倍的荷载。

⑥ 电梯井必须设不低于 1.2m 的金属防护门。

⑦ 洞口必须按规定设置照明装置和安全标志。

**2. 高处作业安全防护**

(1) 凡高度在 4m 以上的建筑物上层四周必须支搭 3m 宽的水平网，网底距地不小于 3m。

(2) 建筑物出入口应搭设长 3～6m，且宽于通道两侧各 1m 的防护网，非出入口和通道两侧必须封严。

(3) 对人或物构成威胁的地方，必须支搭防护棚，保证人、物的安全。

(4) 高处作业使用的凳子应牢固，不得摇晃，凳间距离不得大于 2m，且凳上脚手板至少铺两块以上，凳上只许一人操作。

(5) 作业人员必须穿戴好个人劳动防护用品，严禁投掷物料。

### 10.6.3 起重设备安全防护

(1) 起重吊装的指挥人员必须持证上岗，作业时必须与操作人员密切配合。

(2) 起重机作业时，起重臂和重物下方严禁有人停留、工作或通过。物料吊运时，严禁从人上方通过。严禁用起重机载运人员。

(3) 吊索与物件的夹角宜采用 45°～60°，且不得小于 30°，吊索与物件棱角之间应加垫块。

(4) 起重机的任何部位与架空输电导线的安全距离要按临时用电规范执行。

(5) 钢丝绳与卷筒应连接牢固，放出钢丝绳时，卷筒上应至少保留三圈，收放钢丝绳时，应防止钢丝绳打环、扭结、弯折和乱绳，不得使用扭结、变形的钢丝绳。

(6) 钢丝绳采用编结固接时，编结部分的长度不得小于钢丝绳直径的 20 倍，并不应小于 300mm，其编结部分应捆扎细钢丝。

(7) 当采用绳卡固接时，与钢丝绳直径匹配的绳卡的规格、数量应符合表 10-2 的规定。

**与绳直径匹配的绳卡数　　表 10-2**

| 钢丝绳直径 (mm) | 10 以下 | 10～20 | 21～28 | 28～36 | 36～40 |
|---|---|---|---|---|---|
| 最少绳卡数 (个) | 3 | 4 | 5 | 6 | 7 |
| 绳卡间距 (mm) | 80 | 140 | 160 | 220 | 240 |

(8) 最后一个绳卡距绳头的长度不得小于 140mm。绳卡夹板紧固应在钢丝绳承载时受力的长绳一侧，"U"螺栓应在钢丝绳的尾端（短绳一侧），不得正反交错。绳卡初次固定后，应待钢丝绳受力后再度紧固，并宜拧紧到使两绳直径的高度压扁 1/3。

(9) 每次作业前，应检查钢丝绳及钢丝绳的连接部位。当钢丝绳在一个节距内断丝根数达到或超过表 10-3 所示时，要给予报废。

**钢丝绳报废标准（一个节距内的断丝数）　　表 10-3**

| 采用的安全系数 | 钢丝绳规格 | | | | | |
|---|---|---|---|---|---|---|
| | 6×19+1 | | 6×37+1 | | 6×61+1 | |
| | 交互捻 | 同向捻 | 交互捻 | 同向捻 | 交互捻 | 同向捻 |
| 6 以下 | 12 | 6 | 22 | 11 | 36 | 18 |
| 6～7 | 14 | 7 | 26 | 13 | 38 | 19 |
| 7 以上 | 16 | 8 | 30 | 15 | 40 | 20 |

(10) 吊钩的质量非常重要，其断裂可能导致重大的人身及设备事故。目前，中小起重量的起重机的吊钩是锻造的，大起重梁起重机的吊钩采用钢板铆合，称为片式吊钩。起重机的吊钩和吊环严禁补焊。当出现下列情况时，必须更换。

① 表面有裂纹、破口，可用煤油洗净钩体，用 20 倍的放大镜检查钩体是否有裂纹，特别要检查危险断面和螺纹退刀槽处；

② 危险断面及钩颈有永久变形；

③ 挂绳处断面磨损超过原高度 10%时；

④ 吊钩衬套磨损超过原厚度 50%，应报废衬套；

⑤ 销子（心轴）磨损超过其直径的 3%～5%。

钢丝绳锈蚀或磨损报废标准的折减系数见表 10-4。

**钢丝绳锈蚀或磨损报废标准的折减系数　　表 10-4**

| 钢丝绳表面锈蚀或磨损量（%） | 10 | 15 | 20 | 25 | 30～40 | 大于 40 |
|---|---|---|---|---|---|---|
| 折减系数 | 85 | 75 | 70 | 60 | 50 | 报废 |

### 10.6.4 部分施工机具安全防护

**1. 对焊机**

(1) 对焊机应安置在室内，要有可靠的接地（接零）。多台对焊机并列安装时的间距不得小于 3m，并应分别接在不同的开关箱上，分别有各自的开关及漏电保护。导线截面应不小于表 10-5 的要求：

**对焊机导线截面最小面积表　　表 10-5**

| 对焊机的额定功率（kW） | 25 | 50 | 75 | 100 | 150 | 200 | 500 |
|---|---|---|---|---|---|---|---|
| 一次电压为 220V 时的导线截面（$mm^2$） | 10 | 25 | 35 | 45 | | | |
| 一次电压为 380V 时的导线截面（$mm^2$） | 6 | 16 | 25 | 35 | 50 | 70 | 150 |

(2) 作业前检查，对焊机的压力机构要灵活，夹具要牢固，起、液压系统无泄漏，确

认可靠后，方可施焊。

（3）焊接前，要根据所焊钢筋截面，调整二次电压，不得焊接超过对焊机规定直径的钢筋。

（4）断路器的接触点、电极应定期光磨，二次电路全部连接螺栓应定期紧固。冷却水温度不得超过 40℃；排水量根据温度调节。

（5）焊接较长钢筋时，应设置托架。

（6）闪光区应设挡板。

**2. 电焊机**

重点介绍电焊机二次侧安装空载降压保护装置问题。

（1）电焊机设备的外壳应做保护接零（接地），开关箱内装设漏电保护器。

（2）关于电焊机二次侧安装空载降压保护装置问题：

① 交流电焊机实际就是一台焊接变压器，由于一次线圈与二次线圈相互绝缘，所以一次侧加装漏电保护器后，并未减轻二次侧的触电危险。

② 二次侧具有低电压、大电流的特点，以满足焊接工作的需要。二次侧的工作电压只有 20V 以上，但为了引弧的需要，其空载电压一般为 45～80V（高于安全电压）。

③ 强制要求弧焊变压器加装触电装置，因为此种装置能把空载电压降到安全电压以下（一般低于 24V）。

④ 空载降压保护装置。当弧焊变压器处于空载状态时，可使其电压降到安全电压值以下，当启动焊接时，焊机空载电压恢复正常。

⑤ 防触电保护装置。将电焊机输入端加装漏电保护器和输出端加装空载降压保护器合二为一，采用一种保护装置。

⑥ 电焊机的一次侧与二次侧比较，一次侧电压高，危险性大，如果一次侧线过长（拖地），容易损坏机械或使机械操作发生危险，所以一次侧线安装的长度以尽量不拖地为准（一般不超过 3m），焊机尽量靠近开关箱，一次线最好穿管保护和焊机接线柱连接后，上方应设防护罩防止意外碰触。

⑦ 焊把线长度一般不超过 30m，并不准有接头。接头处往往由于包扎达不到电缆原有的防潮、抗拉、防机械损伤等性能，所以接头处不但有触电的危险，同时由于电流大，接头处过热，接近易燃物容易引起火灾。

⑧ 不得用金属构件或结构钢筋代替二次线的地线。

**3. 潜水泵**

因为要直接放入水中使用，操作时要注意的是：

（1）水泵外壳必须做保护接零（接地），开关箱中装设漏电保护器（15mA×0.1s）。

（2）水泵应放在坚固的筐内置入水中，水泵应直立放置。放入水中或提出水面时，应先切断电源，禁止拉拽电缆。

（3）接通电源应在水外先行运转（试运转时间不超过 5min），确认旋转方向正确无泄漏现象。

（4）叶轮中心至水面距离应在 0.5～5m 之间，水深不得低于 0.5m，泵体不得陷入污泥或露出水面。

### 10.6.5 钻探施工现场的几个重点安全防护

**1. 钻机机场地基的要求**

（1）机场地基必须平整、坚固、适用。钻塔底座的填方部分，不得超过塔基面积的1/4。地基的面积是根据钻机及其辅助系统及循环系统的具体情况来确定的。一般情况下：

100型钻机地基所占总面积最少是60m²，长×宽是10m×6m；

300型钻机地基所占总面积最少是99m²，长×宽是11m×9m；

600型和1000型钻机地基所占总面积最少是143m²，长×宽是13m×11m；

（2）山坡修筑的钻机机场地基，岩石要坚固稳定，坡度一般在60°～80°；地层不稳定时，坡度应小于45°。

**2. 钻机安装、拆卸、搬迁的重点防护**

（1）安装、拆卸钻塔应铺设工作台板，台板、塔板长度、厚度必须符合安全要求；塔上作业必须系安全带。

（2）钻架腿之间应安装斜拉手，应在钻架腿连接处的外部套上钢管结箍加固。

（3）起、放钻架，钻架外边缘与输电线路边缘之间的安全距离，必须符合表10-6要求。

**钻架外边缘与输电线路边缘之间的最小安全距离　　表10-6**

| 电压（kV） | <1 | <10 | 35～110 | 154～220 | 350～550 |
|---|---|---|---|---|---|
| 最小安全距离（m） | | 6 | 8 | 10 | 15 |

（4）安装钻机时，钻架天车轮前缘切点、钻机立轴中心与钻孔中心应成一条直线，直线度范围±15mm。

（5）钻机、动力机、泥浆泵外露齿轮、皮带轮、转动轴、传动带等传动部位应有防护罩或传动栏杆。

（6）设备搬迁时，应有专人指挥；钻机整体迁移时，应在平坦短距离地面上进行，要采取措施防止倾斜。

禁止在高压电线下、坡度超过15°的坡上、凹凸不平和松软的地面整体迁移钻机。

（7）钻机的升降系统是否安全可靠关系到操作过程的安全。升降机的制动装置、离合装置、提引器、滑车和拧卸工具等要可靠、安全、灵敏。天车、绳卡等要定期检查合格；提引器、提引钩应有安全闭锁装置。

（8）钻塔工作台及钻机地基处在陡山坡的山坡边缘应安装可靠的防护栏杆，防护栏杆的高度应大于1.2m，坚固、稳定。工作台的木质塔板应大于50mm或采用防滑钢板。

（9）钻塔的绷绳应采用ϕ17.5mm以上的钢丝绳；18m以下的钻塔应设4根绷绳；绷绳安装要牢固、对称；绷绳与水平面的夹角应小于45°；地锚深度应大于1m。

（10）关于安装避雷针的要求：

① 避雷针与钻塔应使用高压瓷瓶间隔，固定在钻塔人字架中间。

② 接闪器应高出塔顶1.5m以上。

③ 引下线沿钻塔向下敷设时，应使用绝缘子与钻塔构件隔开一定距离，与钻塔绷绳间距应大于1m；引下线沿钻塔向下拐弯的地方不能成直角，引下线入地的地方应选择在

人员活动较少的机场一侧。

④ 接地极与电机的接地、孔口管及绷绳地锚间距离应大于 3m，接地电阻应小于 15Ω（临时用电技术规范要求不得大于 30Ω）；对于电阻率较高的岩石层和砂层可挖槽坑回填黄土，并加木炭和食盐，以保持入地极潮湿状态，降低接地电阻。也可以使用增加接地体的长度和数量来降低接地电阻。

接闪器（避雷针）。雷电接闪器为铜质接闪器。如购买有困难，也可自制铁质避雷针，自制的铁质避雷针可使用长度 1.5～7.5m，直径 42mm 的钻杆，顶部为尖状，在距下部尾端约 0.15m 处加工一个直径为 0.08m 的台阶并配螺帽，以便安装时固定，针体的中间焊接一个接线环（一般焊接一个铜环）。如没有 42mm 的钻杆，自制的铁质避雷针也可选用截面积不少于 100mm2 的钢筋做成。

引下线。应使用截面积不少于 $25mm^2$ 的铜质裸绞线，也可采用截面积不少于 $35mm^2$ 的钢质绞线或直径 8～10mm 的钢筋（一般情况下，宜采用扁钢和圆钢，尤其是圆钢）。

接地装置。用来引泄雷电电流尽快散入大地的装置。接地体的接地电阻一般不应大于 10～15Ω；接地极可用角钢（50mm×50mm×5mm，长度约 3m），或钢管（直径 35～50mm，长度 2～3m）做成。各部分要牢固地焊接。

### 10.6.6 季节施工安全防护

（1）夏季施工：重点注意作息时间和防暑降温工作。

（2）雨季施工：重点做好防止触电、防雷、防坍塌、防大风等安全技术措施。

（3）冬季施工：制定防风、防火、防滑、防煤气中毒的安全措施。

### 10.6.7 关于地理信息工程施工要强调的问题

（1）一是触电事故，二是中毒窒息事故，三是交通事故等。

（2）在高压线下和高压输变电设施附近作业时，要保持有效安全距离，严禁雨天、雾天、雷电天气作业和使用金属塔尺、标杆（与输电线路的有效安全距离规定见表 10-7）。

**塔尺、标杆顶端与输电线路最小安全距离　　表 10-7**

| 电路电压（kV） | <1 | 1～35 | 110 | 220 | 330 | 500 |
|---|---|---|---|---|---|---|
| 最小允许距离（m） | 1.5 | 3.0 | 4.0 | 5.0 | 6.0 | 7.5 |

（3）夜间作业必须有足够的照明。

（4）使用 10W 以上的大功率仪器设备时，作业人员应具备安全用电和触电急救的常识。工作电压超过 36V 时，供电作业人员必须使用绝缘防护用品。接地电极附近应设置明显警示标志，并设专人看管。雷电天气严禁使用大功率仪器设备施工。在井下作业的所有电气设备外壳必须接地。

（5）严禁使用金属杆直接扦插探测地下输电线和光缆。

（6）对地下管线进行开挖验证时，必须小心谨慎，防止损坏管线。

（7）预防缺氧、窒息的对策措施。

① 应遵守先通风、检测，后作业的原则。

打开窨井盖至少 5min 以上才可探视井下情况。

应配备氧气浓度、有害气体浓度检测仪器、报警仪器、隔离式空气保护器具（空气呼吸器、氧气呼吸器等)、通风换气设备和抢救器具（绳缆、梯子等)。

下井调查或施放探头、电极、导线前，必须进行有毒、有害及可燃气体的浓度测定，超标的管道必须采取安全生产防护措施以后才能进行作业。

② 作业环境空气中氧气浓度大于18%和有害气体浓度达到标准要求以后，在密切监视下才能作业；对氧气、有害气体浓度可能发生变化的作业场所，作业过程中应定时或连续检测保证安全作业，严禁用纯氧进行通风换气，以防止氧中毒。

③ 在井口或缺氧、窒息危险的工作场所，要有人看守，在醒目的地方设警示标志，严禁无关人员进入。

④ 禁止在井内或管道等地方吸烟及使用明火；下井人员必须佩戴安全带、安全绳；井下作业完毕应立即盖好井盖。

⑤ 加强有关缺氧、窒息危险的安全管理、教育、抢救等措施。

### 10.6.8 “三宝”、“四口”防护

“三宝”防护：安全帽、安全带、安全网的正确使用。

“四口”防护：楼梯口、电梯井口、预留洞口、通道口等各种洞口的防护应符合要求。

**1. 安全帽**

(1) 安全帽是防冲击的主要用品，由具有一定强度的帽壳和帽衬缓冲结构组成，可以承受和分散落物的冲击力，并保护或减轻由于杂物从高处坠落至头部的撞击伤害。

(2) 人体颈椎冲击承受能力是有限度的，国家标准规定：用5kg钢锤自1m高度落下进行冲击试验，头模受冲击力的最大值不应超过500kg；耐穿透性能用3kg钢锥自1m高度落下进行试验，钢锥不得与头部接触。

(3) 帽衬顶端至帽壳顶内面的垂直间距为20～25mm，帽衬至帽壳内侧面的水平间距为5～20mm。

(4) 安全帽在保证承受冲击力的前提下，要求越轻越好，重量不应超过400g。帽壳表面光滑，易于滑走落物。

(5) 安全帽必须是正规生产厂家生产，有许可证编号、检查合格证等，不得购买劣质产品。

(6) 戴安全帽时，必须系紧下颚系带，防止安全帽坠落失去防护作用。安全帽佩戴在防寒帽外时，应随头型大小调节帽箍，保留帽衬与帽壳之间缓冲作用的空间。

**2. 安全网**

(1) 安全网的每根系绳都应与构架系结，四周边绳（边缘）应与支架贴紧，系结应符合打结方便，连结牢固又容易解开，工作中受力不散脱的原则。有筋绳的安全网安装时还应把筋绳连接在支架上。

(2) 平网网面不宜绷得过紧，平网与下方物体表面的最小距离应不小于3m，两层平网间距不得超过10m。

(3) 立网面应与水平面垂直，并与作业边缘最大间缝不超过10cm。

(4) 安装后的安全网应经专人检验后，方可使用。

(5) 对使用中的安全网，应进行定期或不定期的检查，并及时清理网上落物。当受到较大冲击后应及时更换。

**3. 安全带**

使用安全带要正确悬挂。

（1）架子工使用的安全带绳长限定在1.5～2m。

（2）应做垂直悬挂，高挂低用比较安全，当作水平位置悬挂使用时，要注意摆动碰撞，不宜低挂高用；不应将绳打结使用，不应将钩直接挂在不牢固物体或直接挂在非金属墙上，防止绳被割断。

（3）关于安全带的标准。安全带一般使用5年应报废。使用2年后，按批量抽检，以80kg重量自由坠落试验，不破断为合格。

**4. 楼梯口**

楼梯口边设置1.2m高防护栏杆和0.3m高踢脚杆。

**5. 预留洞口**

可根据洞口的特点、大小及位置采用以下几种措施：

（1）楼、屋面等平面上孔洞边长小于50cm者，可用坚实盖板固定盖设。要防止移动挪位。

（2）平面洞短边长50～150cm者，宜用钢筋网格或平网防护，上铺遮盖物，以防落物伤人。

（3）平面洞口边长大于150cm者，先在洞口四周设置防护栏杆，并在洞口下方张挂安全网，也可搭设内脚手架。

（4）挖土方施工时的坑、槽、孔洞及车辆行驶道旁的洞口、沟、坑等，一般以防护盖板为准。同时，应设置明显的安全挂牌警示、栏杆导向等，必须时可专人疏导。

**6. 阳台、楼板、屋面等临边防护**

（1）阳台、楼板、屋面等临边应设置1.2m和0.6m两道水平杆，并在立杆里侧面用密目式安全网封闭，防护栏杆漆红白相间色。

（2）护栏杆等设施和建筑物的固定拉结必须安全可靠。

**7. 通道口防护**

（1）进出建筑物主体通道口、井架或物料升机进口处等均应搭设独立支撑系统的防护棚。棚宽大于道口，两端各长出1m，垂直长度7.5m，棚顶搭设夺层，采用脚手片的，铺设方向应互相垂直，间距大于30cm，折边翻高0.5m。通道口附近挂设安全标志。

（2）砂浆机、拌和机和钢筋加工场地等应搭设操作简易棚。

（3）底层非进入建筑物通道口的地方应采取禁止出入（通行）措施和设置禁行标志。

### 10.6.9 项目施工安全内业管理

（1）施工现场安全基础管理资料必须按标准整理，做到真实准确、齐全。

（2）作好书面记录并签字。

① 有利于规范安全生产检查、活动、教育及其各项安全生产管理行为。

② 有利于从程序上保证书面记录的内容完整、全面、真实，有利于安全管理部门更好地掌握本单位或各被检查单位安全生产的实际情况。

③ 对安全生产管理部门及人员的工作是一个考核，有利于提高其责任心。

④ 在各单位发生生产安全事故时，书面记录对确定、分清有关人员的生产安全事故

责任提供直接的证据，也可以据此判断有关领导和安全管理人员是否有失职、渎职等行为。

需要作出书面记录的事项有：

① 检查、活动、教育、技术交底等的时间。

② 地点。检查、活动、教育等工作的地点，尽量详细到具体单位和场所。

③ 内容。安全检查的内容，安全活动的内容，安全教育的内容，安全技术交底的内容，开会具体研究的内容等等。

④ 发现的问题及其处理情况。

需要在原始记录上签字，是对其行为的一种监督和制约。

（3）加强各单位安全档案管理。

## 10.7 环境保护与绿色施工

18世纪以工业经济为主体的现代文明，经历了200多年的发展，人类物质生活水平有了极大的提高。但传统工业文明也暴露出一些缺陷，如它以控制和掠夺的方式，以惊人的速度消耗自然资源，排放废弃物，打破了全球生态系统的自然循环和平衡，造成了日益严重的环境危机，不仅使局部地区的公害和环境污染事件屡屡发生，而且造成酸雨、温室效应、臭氧层破坏、水土流失、土壤沙化，物种灭绝等一系列环境问题，其后果是现代文明开始威胁人类的生存发展。1992年6月在巴西里约热内卢召开的联合国环境与发展大会提出了“可持续发展”的概念，称为全球环境保护的战略目标。我国在1973年召开全国环境保护工作会议，确定了“全面规划、合理布局、综合利用、化害为利、依靠群众、保护环境、造福人民”的28字方针，并于1979年正式颁发《中华人民共和国环境保护法》，1989年进行了修改。其后相继出台了《中华人民共和国固体废物污染环境防治法》、《中华人民共和国水污染防治法》、《中华人民共和国环境噪声污染防治法》，从而有力保障和推动了我国环境保护事业的深入方针。

但生产建设中违反相关法律法规的现象时有发生，各个地区发展也不平衡，应引起各方的高度关注，遵纪守法，人人有责，大家一起来保护环境，才能保证能可持续发展。

中华人民共和国宪法第九条、第二十二条、第二十六条都对环境保护有明确规定。

《中华人民共和国环境保护法》对环境保护重大问题做出了原则性规定，它不仅明确了环境保护的任务和对象，而且对环境监督管理体制、环境保护的基本原则和制度、保护自然环境和防治污染的基本要求以及法律责任作出了相应规定。

还有环境保护单行法、环境法规、部门规章和规范性文件、地方性环境法规和地方政府规章及环境标准和国际环境保护公约。

40年来，环境保护以“三废”治理为主，坚持“预防为主，管治结合，以管促治，谁污染谁治理，谁开发谁保护”的原则，坚持环境影响评价及环境保护“三同时”制度，做到经济、社会和环境效益相统一。

工程项目环境保护内容包括：

（1）水土保持

（2）生环境及振动环境保护

（3）水环境保护
（4）大气环境保护
（5）固体废物处理
（6）社会环境保护
（7）环境影响评价、水土保持方案及竣工环境保护验收。

# 参 考 文 献


[1] 中华人民共和国行业标准．JGJ 130—2011 建筑施工扣件式钢管脚手架安全技术规范［S］. 北京：中国建筑工业出版社，2011.

[2] 中华人民共和国行业标准. JGJ/T 194—2009 钢管满堂支架预压技术规程［S］. 北京：中国建筑工业出版社，2010.

[3] 中华人民共和国行业标准. JGJ 166—2008 建筑施工碗口式钢管脚手架安全技术规程［S］. 北京：中国建筑工业出版社，2009.

[4] 刘军主编. 施工现场十大员技术管理手册——安全员［M］. 北京：中国建筑工业出版社，2005.

[5] 中华人民共和国行业标准. JGJ 180—2009 建筑施工土石方工程安全技术规程［S］. 北京：中国建筑工业出版社，2009.

[6] 中华人民共和国行业标准. JGJ 188—2009 液压升降整体脚手架安全技术规程［S］. 北京：中国建筑工业出版社，2009.

[7] 中华人民共和国行业标准. JGJ 164—2008 建筑施工木脚手架安全技术规范［S］. 北京：中国建筑工业出版社，2008.

[8] 中华人民共和国行业标准. JGJ 160—2008 施工现场机械设备检查技术规程［S］. 北京：中国建筑工业出版社，2008.

[9] 中华人民共和国行业标准. JGJ 162—2008 建筑施工模板安全技术规范［S］. 北京：中国建筑工业出版社，2008.

[10] 中华人民共和国行业标准. CJJ 1—2008 城镇道路工程施工与质量验收规范［S］. 北京：中国建筑工业出版社，2008.

[11] 中华人民共和国行业标准. CJJ 38—2008 城镇燃气输配工程施工及质量验收规范［S］. 北京：中国建筑工业出版社，2005.

[12] 全国中等职业学校建筑类专业教材编写组. 建筑施工技术［M］. 北京：高等教育出版社，2004.

[13] 中国建设教育协会. 施工员（工长）专业管理实务［M］. 北京：中国建筑工业出版社，2007.

[14] 王凤宝主编. 施工员（安装）施工现场技术管理指南［M］. 北京：化学工业出版社，2008.

[15] 李俊奇主编. 水工程施工［M］. 北京：中国建筑工业出版社，2010. 1.

[16] 中华人民共和国行业标准. CJJ 2—2008 城市桥梁工程施工与质量验收规范［S］. 北京：中国建筑工业出版社，2008.

[17] 中华人民共和国国家标准. GB 50268—2008 给水排水管道工程施工及验收规范［S］. 北京：中国建筑工业出版社，2008.

[18] 金广谦主编. 2012 三类人员继续教育讲义［M］. 南京：河海大学出版社，2012. 9.

[19] 柴彭颐主编. 项目管理［M］. 北京：中国人民大学出版社.

[20] 混凝土结构工程施工质量验收规范. GB 50204—2002. 北京：中国建筑工业出版社，2011. 5.

[21] 江苏省建设厅. 江苏省建筑安装工程施工技术操作规程［M］. 2007.

[22] 王长峰等主编. 现代项目管理概论［M］. 北京：机械工业出版社.

[23] 张炳达，刘敏编著. 现代项目管理实务. 北京：立信会计出版社.

[24] 潘全祥主编. 怎样当好土建项目经理（第二版）［M］. 北京：中国建筑工业出版社.

[25] 中华人民共和国行业标准. JGJ 59—2011 建筑施工安全检查标准 [S]. 北京：中国建筑工业出版社. 2012. 5
[26] 中华人民共和国行业标准. 给水排水构筑物工程施工及验收规范. GB 50141—2008 [S]. 北京：中国建筑工业出版社. 2008
[27] 中华人民共和国国家标准. 混凝土外加剂应用技术规范. GB 50119—2003 [S]. 北京：中国建筑工业出版社. 2003
[28] 中华人民共和国国家标准. 地下工程防水技术规范. GB 50108—2001 [S]. 北京：中国建筑工业出版社. 2001
[29] 中华人民共和国国家标准. 组合钢模板技术规范. GB50214-2001 [S]. 北京：中国建筑工业出版社. 2001
[30] 钢结构工程施工质量验收规范. GB 50205—2011 [S]. 北京：中国建筑工业出版社. 2011
[31] 中华人民共和国行业标准. 公路隧道施工技术规范. JTGF 60—2009 [S]. 北京：人民交通出版社，2010
[32] 张炳达，刘敏编著. 现代项目管理实务. 北京：立信会计出版社.
[33] 潘全祥主编. 怎样当好土建项目经理（第二版）. 北京：中国建筑工业出版社
[34] 中华人民共和国行业标准. JGJT 250—2011 建筑与市政工程施工现场专业人员职业标准 [S]. 北京：中国建筑工业出版社，2012.
[35] 中国交通建设监理协会. 交通建设工程施工环境保护监理 [M]. 北京：人民交通出版社，2010
[36] 中华人民共和国行业标准. 建筑安装工程费用项目组成 建标 [2013] 44 号。
[37] 中华人民共和国住房与城乡建设部. 建筑与市政工程施工现场专业人员考核评价大纲（试行）. 建人专函（2012）70 号
[38] 中华人民共和国国家标准 GB 50300—2013 建筑工程施工质量验收统一标准 [S]. 北京：中国建筑工业出版社，2014.